PADS Logic/Layout

原理图与电路板设计

周润景　江思敏　等编著

机 械 工 业 出 版 社

本书以 Mentor Graphics PADS 9.2 为基础，以具体电路为范例详尽讲解了元器件建库、原理图设计，电路板布局、布线、仿真，CAM 文件输出等电路板设计的全过程。原理图设计采用 PADS Logic 软件，讲解元器件符号的创建、元件管理及原理图设计；电路板设计采用 PADS 软件，详尽讲解元器件建库、电路板布局、布线；输出采用 CAM350 软件，讲解如何进行导出与校验等。此外，为了增加可操作性，本书附有网络版电子资源包，其中的相关范例可以使读者尽快掌握相关软件工具并能设计出高质量的电路板电路。

本书适合从事电路板设计的技术人员阅读，也可作为高等学校相关专业的教学用书。

图书在版编目（CIP）数据

PADS Logic/Layout 原理图与电路板设计/周润景，江思敏等编著. —北京：机械工业出版社，2011.6（2015.1 重印）
ISBN 978-7-111-34019-5

Ⅰ. ①P… Ⅱ. ①周…②江… Ⅲ. ①电子电路—电路设计：计算机辅助设计—软件包，PADS Ⅳ. ①TN702

中国版本图书馆 CIP 数据核字（2011）第 057171 号

机械工业出版社（北京市百万庄大街 22 号 邮政编码 100037）
策划编辑：吉 玲 责任编辑：吉 玲 王寅生
版式设计：霍永明 责任校对：常天培
封面设计：张 静 责任印制：乔 宇
保定市中画美凯印刷有限公司印刷
2015 年 1 月第 1 版第 4 次印刷
184mm×260mm · 22.75 印张 · 635 千字
标准书号：ISBN 978-7-111-34019-5
定价：53.00元

凡购本书，如有缺页、倒页、脱页，由本社发行部调换

电话服务
社服务中心：（010）88361066
销售一部：（010）68326294
销售二部：（010）88379649
读者购书热线：（010）88379203

网络服务
门户网：http://www.cmpbook.com
教材网：http://www.cmpedu.com

前　言

随着电路设计规模的不断扩大以及高速电路越来越广泛的使用，普通的 EDA 设计工具已经不能满足日益缩短的产品设计周期和复杂的电路功能的要求。PADS 软件是基于 PC 平台开发的，完全符合 Windows 操作习惯，具有高效率的布局、布线功能，是解决电路中复杂的高速、高密度互连问题的理想平台。

Mentor Graphics 公司已经推出 PADS 软件的最新版本 PADS9.2。PADS 软件因其功能强大且易于使用而受到全球电路设计者的喜爱和信赖，被广泛应用于不同领域的电子产品设计中。为了使广大的电路设计者能够对 PADS 中最新的功能有一个初步的了解和认识，加强对 PADS 高级应用功能的了解和掌握，特编写本培训教材，共 17 章，三个部分，包括 PADS Logic、PADS Layout 和 CAM350。

该书介绍的电路系统设计工具包含以下 4 个模块。

（1）原理图设计（PADS Logic）：PADS Logic 是 Mentor Graphic 的 PADS 电路设计软件的一个主要模块。该软件模块主要用来设计绘制原理图，产生 PCB 设计所需要的网络表。该模块与后端的 Layout 模块不论在界面还是操作方法上都有着极大的相似性，这样的优势可以使得原理图以及 PCB 的设计能够高度统一，使用户的操作更加简便，及得心应手。

（2）PCB 库元件编辑工具：可简便、直观、快速、准确地编辑各种标准与非标准封装库文件。在 PADS9.2 版本中增强了在 PADS Decal Wizard （封装向导）中创建热焊盘的能力。

（3）PCB 设计、布线工具：手工布线与自动布线具有推挤布线，支线、总线布线，差分对、等长、均匀间隔布线等功能。自动布线具有很高的布线速度、布通率和布线质量，可以保证信号完整性和电磁兼容性。新版本中 PADS Layout 和 Router 的同步功能更加方便与完善；同时增加了走线与焊盘上显示网络名的功能，使得工程师在布线过程中更容易掌握走线规则；此外，ECO（工程变更）更新功能以及差分对布线功能也都得到了很大的改进。

（4）报表生成（CAM350）：可以生成完善齐全的报表，输出加工 PCB 所需的文档。

本书共 17 章，江思敏与赵建凯编写了第 1～5 章，任冠中编写了第 17 章，其余的内容由周润景负责编写，全书由周润景统稿、定稿。

此外，丁莉、王志军、苏良碧、李可洋、胡训智、解倩倩、朱晓丽、刘煜、于佳、李琳、米立国、田天、李双双、王海涛、郭佳、周计美、李彦龙等同学参与了本书的编写工作，在此表示感谢！

本书的出版得到了 Mentor Graphics 公司的大力支持，在此表示感谢！

为帮助读者尽快掌握这套软件，本书的全部范例均采用网络版的形式提供给读者，请读者登录机械工业出版社的中国科技金书网：www.golden-book.com 注册下载，或发邮件至 Jinacmp@163.com 索取。

由于作者水平有限加上时间仓促，书中错误和不妥之处在所难免，恳请读者批评指正。

作　者

目　录

第1章　印制电路板的基础知识

原理图的设计目标主要是进行后续的 PCB 设计，在学习具体的原理图设计和 PCB 制作之前，了解基本的 PCB 知识是很重要的。

1.1　印制电路板概述

在学习使用 PADS 进行 PCB 设计之前，先了解印制电路板的结构，理解一些基本概念，尤其是涉及布线规则时，这些概念很重要。

1.1.1　印制电路板的结构

一般来说，印制电路板的结构有单面板、双面板和多层板 3 种。

（1）单面板　单面板是一种一面有覆铜，另一面没有覆铜的电路板，用户只可在覆铜的一面布线并放置元件。单面板由于其成本低，不用打过孔而被广泛应用。但由于单面板走线只能在一面上进行，因此，它的设计往往比双面板或多层板困难得多。

（2）双面板　双面板包括顶层（Top Layer）和底层（Bottom Layer）两层，顶层一般为元件面，底层一般为焊锡层面。双面板的双面都可以覆铜，都可以布线。双面板的电路一般比单面板的电路复杂，但布线比较容易，是制作电路板比较理想的选择。

（3）多层板　多层板就是包含了多个工作层或电源层的电路板，一般指三层以上的电路板。除了上面讲到的顶层、底层以外，还包括中间层、内部电源或接地层等。随着电子技术的高速发展，电子产品越来越精密，电路板也就越来越复杂，多层电路板的应用也越来越广泛。

1.1.2　元件封装

通常设计完印制电路板后，将它拿到专门制作电路板的单位制作电路板，取回制好的电路板后，要将元件焊接上去。那么如何保证取用元件的引脚和印制电路板上的焊盘一致呢？那就得靠元件封装了。

元件封装是指元件焊接到电路板时所指的外观和焊盘位置。既然元件封装只是元件的外观和焊盘位置，那么纯粹的元件封装仅仅是空间的概念，因此，不同的元件可以共用同一个元件封装；另一方面，同种元件也可以有不同的封装，比如电阻元件，它的封装形式可以是针脚式或表贴式封装，所以在取用焊接元件时，不仅要知道元件名称，还要知道元件的封装。元件的封装可以在设计原理图时指定，也可以在引进网络表时指定。

注意：通常在放置元件时，应该参考该元件生产单位提供的数据手册，选择正确的封装形式，如果 PADS 没有提供这种封装的话，可以自己按照数据手册绘制。

1. 元件封装的分类

元件的封装形式可以分成两大类，即针脚式元件封装和 SMT（表面贴装技术）元件封装。针脚式封装元件焊接时先要将元件针脚插入焊盘导通孔，然后再焊锡。由于针脚式元件封装的焊盘要过孔贯穿整个电路板，所以其焊盘的属性对话框中，PCB 的层属性必须为 Multi Layer（多层）。SMT

元件封装的焊盘只限于表面层，在其焊盘的属性对话框中，Layer 层属性必须为单一表面，如 Top layer 或者 Bottom layer。

下面讲述最常见的两种封装，它们分别属于针脚式元件封装和 SMT（表面贴装技术）元件封装。

（1）DIP　双列直插封装，简称 DIP（Dual In-line Package），属于针脚式元件封装，如图 1-1 所示。DIP 封装结构具有适合 PCB 穿孔安装、易于对 PCB 布线和操作方便的特点。

DIP 结构形式有多层陶瓷双列直插式 DIP，单层陶瓷双列直插式 DIP，引线框架式 DIP（含玻璃陶瓷封装式、塑料包封结构式和陶瓷低熔玻璃封装式）。

（2）芯片载体封装　属于 SMT 元件封装。芯片载体封装有陶瓷无引线芯片载体（Lead-less Ceramic Chip Carrier，LCCC）封装（见图 1-2）、塑料有引线芯片载体（Plastic Leaded Chip Carrier，PLCC）封装（见图 1-3，与 LCCC 相似）、小尺寸封装（Small Outline Package，SOP）（见图 1-4）、塑料四边引出扁平封装（Plastic Quad Flat Package，PQFP）（见图 1-5）和球栅阵列（Ball Grid Array，BGA）封装（见图 1-6）。与 PLCC 封装或 PQFP 封装相比，BGA 封装更加节省电路板的面积。

说明：SOP 和 PQFP 一般采用 SMT。

图 1-1　DIP

图 1-2　LCCC 封装

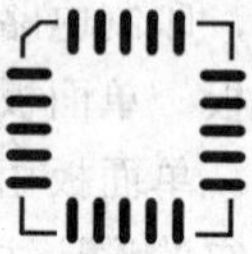
图 1-3　PLCC 封装

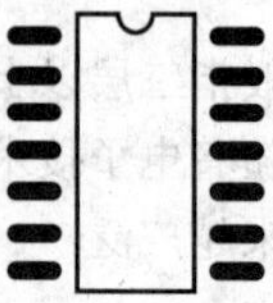
图 1-4　SOP

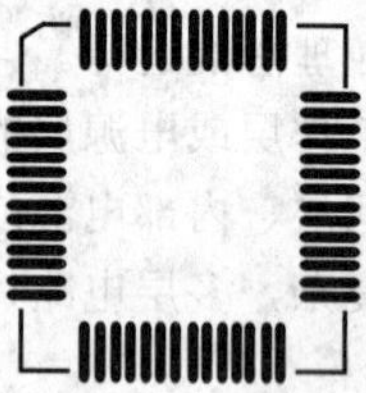
图 1-5　PQFP

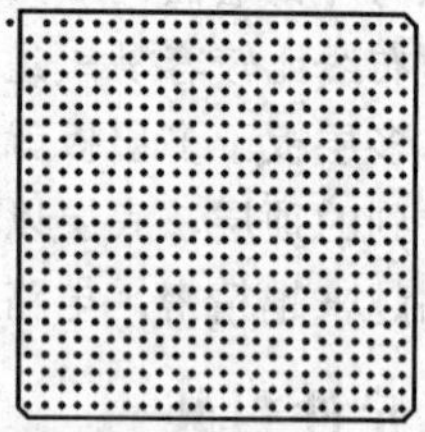
图 1-6　BGA 封装

2. 元件封装的编号

元件封装的编号一般为元件类型+焊盘距离（焊盘数）+元件外形尺寸。可以根据元件封装编号来判别元件封装的规格。如 RES1206 表示此元件为 SMT 元件，两焊盘的几何尺寸为 1206；DIP16 表示双排引脚的元件封装，两排共 16 个引脚。

说明：PADS 可以使用两种单位，即英制和公制。英制单位为 in（英寸），在 PADS 中一般使用 mil，即微英寸，等于 1/1000in。公制单位一般为 mm（毫米），1in=25.4mm，而 1mil=0.0254mm。本书中可能会出现 mil 和 mm 两种单位，请注意换算。

1.1.3　铜膜导线

铜膜导线也称铜膜走线，简称导线，用于连接各个焊盘，是 PCB 最重要的部分。PCB 设计都是围绕如何布置导线来进行的。与导线有关的另外一种线，常称之为飞线，即预拉线，飞线是在引入网络表后，系统根据规则生成的，用来指引布线的一种连线。

飞线与导线有本质的区别，飞线只是一种形式上的连线。它只是在形式上表示出各个焊盘间的连接关系，没有电气的连接意义。导线则是根据飞线指示的焊盘间的连接关系而布置的，是具有电气连接意义的连接线路。

1.1.4　助焊膜和阻焊膜

各类膜（Mask）不仅是 PCB 制作工艺过程中必不可少的，而且更是元件焊装的必要条件。按“膜”所处的位置及其作用，“膜”可分为元件面（或焊接面）助焊膜（TOP 或 Bottom Solder）和元件面（或焊接面）阻焊膜（TOP 或 Bottom Paste Mask）两类。助焊膜是涂于焊盘上提高可焊性能的一层膜，也就是在绿色板子上比焊盘略大的浅色圆。阻焊膜的情况正好相反，为了使制成的板子适应波峰焊等焊接形式，要求板子上非焊盘处的铜箔不能粘锡，因此在焊盘以外的各部位都要涂覆一层涂料，用于阻止这些部位上锡。可见，这两种膜是一种互补关系。

1.1.5　层

PADS 的层不是虚拟的，而是 PCB 材料本身实实在在的铜箔层。现今，由于电子线路的元件密集安装、抗干扰和布线等特殊要求，一些较新的电子产品中所用的 PCB 不仅上下两面可供走线，在板的中间还设有能被特殊加工的夹层铜箔，例如，现在的计算机主板所用的 PCB 材料大多在 4 层以上。这些层因加工相对较难而大多用于设置走线较为简单的电源布线层（Ground Dever 和 Power Dever），并常用大面积填充（如 Fill）的办法来布线。上下位置的表面层与中间各层需要连通的地方用过孔（Via）来沟通。要提醒的是，一旦选定了所用 PCB 的层数，务必关闭那些未被使用的层，以免布线出现差错。

1.1.6　焊盘和过孔

（1）焊盘（Pad）　焊盘的作用是放置焊锡、连接导线和元件引脚。焊盘是 PCB 设计中最常接触也是最重要的概念，但初学者却容易忽视它的选择和修正，在设计中千篇一律地使用圆形焊盘。选择元件的焊盘类型要综合考虑该元件的形状、大小、布置形式、振动和受热情况、受力方向等因素。PADS 在封装库中给出了一系列不同大小和形状的焊盘，如圆、方、八角、圆方和定位用焊盘等，但有时这还不够用，需要自己编辑。例如，对发热且受力较大、电流较大的焊盘，可自行设计成“泪滴状”。一般而言，自行编辑焊盘时除了以上所讲的内容外，还要考虑以下原则：

1）形状上长短不一致时，要考虑连线宽度与焊盘特定边长的大小差异不能过大。

2）需要在元件引脚之间走线时，选用长短不对称的焊盘往往事半功倍。

3）各元件焊盘孔的大小要按元件引脚粗细分别编辑确定，原则是孔的尺寸比引脚直径大 0.2～0.4mm。

（2）过孔（Via）　为连通各层之间的线路，在各层需要连通的导线的交汇处钻上一个公共孔，这就是过孔。过孔有 3 种，即从顶层贯通到底层的穿透式过孔、从顶层通到内层或从内层通到底层的盲过孔以及内层间的隐藏过孔。

过孔从上面看上去，有两个尺寸，即通孔直径和过孔直径，如图 1-7 所示。通孔和过孔之间的孔壁，用于连接不同层的导线。

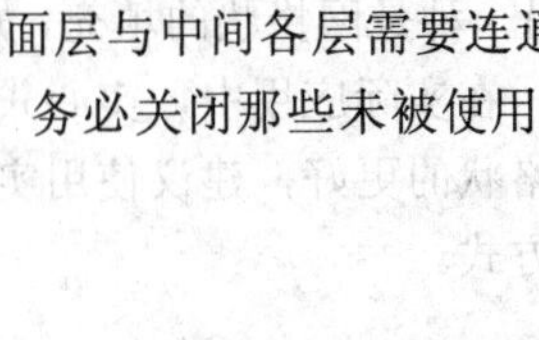

图 1-7　过孔尺寸

一般而言，设计线路时对过孔处理有以下原则：

1）尽量少用过孔，一旦选用了过孔，务必处理好它与周边各实体的间隙，特别是容易被忽视的中间各层与过孔不相连的线与过孔的间隙。

2）需要的载流量越大，所需的过孔尺寸越大，如电源层和地层与其他层连接所用的过孔就要大一些。

1.1.7 丝印层

为方便电路的安装和维修，在 PCB 的上下两表面印上所需要的标志图案和文字代号等，例如元件标号和标称值、元件外廓形状和厂家标志、生产日期等，称为丝印层（Silkscreen Top/Bottom Overlay）。不少初学者设计丝印层的有关内容时，只注意文字符号放置得整齐美观，而忽略了实际制出的 PCB 效果。在他们设计的 PCB 上，字符不是被元件挡住就是侵入了助焊区而被抹除，还有的把元件标号打在相邻元件上，如此种种的设计都将会给装配和维修带来很大不便。

1.1.8 覆铜

对于抗干扰要求比较高的 PCB，常常需要在 PCB 上覆铜。覆铜可以有效地实现 PCB 的信号屏蔽作用，提高 PCB 信号的抗电磁干扰的能力。通常覆铜有两种方式：一种是实心填充方式；另一种是网格状的填充，如图 1-8 所示。在实际应用中，实心式的填充比网格状的更好，建议使用实心式的填充方式。

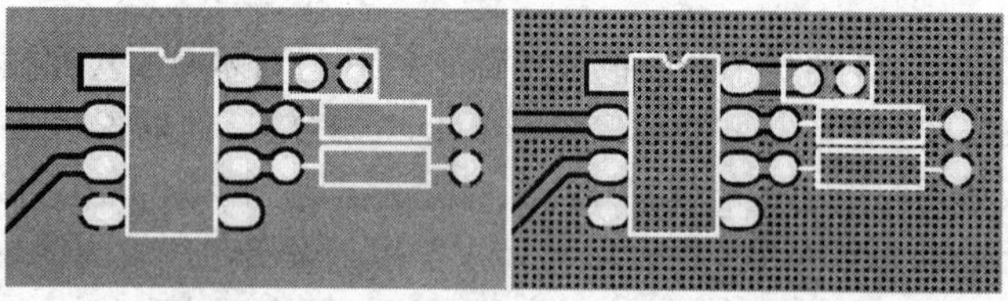

a）实心填充方式　　b）网格状填充方式

图 1-8　覆铜的填充方式

注意：建议对抗干扰要求比较高的 PCB 进行覆铜处理。

1.2 PCB 设计流程

PCB 的设计就是将设计的电路在一块板上实现。一块 PCB 上不但要包含所有必需的电路，而且还应该具有合适的元件选择、元件的信号速度、材料、温度范围、电源的电压范围以及制造公差等信息，一块设计出来的 PCB 必须能够制造出来，所以 PCB 的设计除了满足功能要求外，还要求满足制造工艺要求以及装配要求。为了有效地实现这些设计目标，我们需要遵循一定的设计过程和规范。

图 1-9 所示为一个完整 PCB 项目设计的基本流程，包含了从设计功能要求开始直到产品的制造以及文档的形成的整个过程。这个过程充分利用计算机辅助工具，从而可以确保设计的顺利进行。

（1）产生设计要求和规范。通常，一个新的设计要从新的系统规范和功能要求开始。产生了设计的系统规范和功能要求等说明后，就可以进行功能分析，并且产生成本目标、开发计划、开发成本、需要应用的相关技术以及各种必须的要求。例如，一个电动机控制系统的开发项目，它的设计要求和规范可能包括控制电机的类型[永磁同步电机（PMSM）]、电机的功率（100W）、电压和电流的要求（24V，5A）、控制精度要求、平均无故障时间（MTBF）、通信接口的要求、应用环境等。这些设计规范将是整个设计的起点，后续的设计过程将要严格满足这些规范要求。

（2）生成系统的组成结构框图。一旦获得了系统的设计规范，那么我们就可以产生为实现该系统所要求的主要功能的结构框图。这个系统组成的结构框图描述了所设计的系统是如何进行功能分解，各个功能模块之间的关系如何。

(3) 将系统按实现的功能分解到各个 PCB。主要功能确定后，就可以按照可应用的技术，将实现的电路分解到 PCB 模块中，在一个 PCB 中的功能必须可以有效地实现。各个 PCB 之间可以通过数据总线或其他通信模式进行连接。很多情况下，是通过背板上的总线将各个子 PCB 连接起来，比如 PLC 系统的背板和数据采集子卡之间的连接，再如计算机的主板和内存条、显示驱动、硬盘控制器以及 PCMCIA（个人计算机存储卡接口适配器）卡的接口。

(4) 绘制 PCB 的原理图。根据各个 PCB 的功能模块，绘制 PCB 实现的原理图，从而在原理上实现其功能。在这个过程中，需要选择 PCB 实现所需要的合适元件以及元件之间的连接方式。

(5) 创建 PCB 设计所需的元件库。在设计 PCB 时，必须选择具有电气特性的元件，用来实现线路的连接。通常我们需要根据自己的设计要求，创建 PCB 设计所需要的元件库。这些元件库需要包含以下的属性：

1）封装类型，比如 DIP、SOP、QEP 等；

2）元件的尺寸、引脚的大小、引脚间距以及引脚序号；

3）定义引脚的功能，如输入、输出或电源引脚等；

4）每个引脚的电气属性，如容性、输出阻抗等。

(6) 对原理图进行仿真。目前电子设计自动化（EDA）工具软件一般都具有仿真功能，最常用的仿真模型是基于 SPICE 软件实现的。对于设计的原理图进行仿真是 PCB 设计的重要一步，它可以有助于发现设计中存在的问题，以便及时修正，提高设计效率和产品的开发速度，也可以降低设计成本。只有当仿真结果符合设计要求时，才可以进入 PCB 的设计和布线环节。

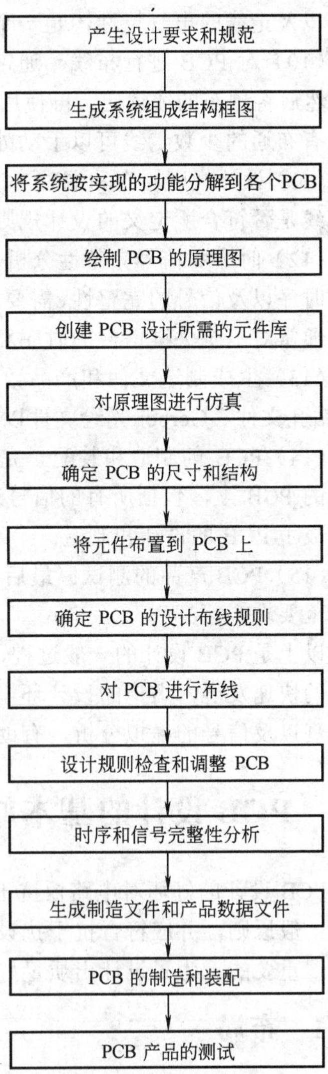

图 1-9 PCB 项目的设计流程

(7) 确定 PCB 的尺寸和结构。确定了原理图的仿真符合要求后，就可以规划 PCB 了。可以根据电路的复杂度和成本要求，确定 PCB 的大小。PCB 的大小和层数也有关系。增加板层可以更容易实现复杂电路的布线，从而减小 PCB 的尺寸。但是板层的增加会增加板的成本。因此，设计人员要折中考虑，如果 PCB 的信号要求比较高，而且线路复杂，可以考虑多层板。如果线路不复杂，则可以使用双面板。具体设计时，应该参考多层板和双面板的成本，以及板的尺寸等对制造成本的影响。

(8) 将元件布置到 PCB 上。在确定了 PCB 的尺寸和结构后，就可以将元件布置到 PCB 上，并且加载相关的电气连接信息，即网络表。将元件布置到 PCB 上是一个非常重要的过程，它关系到后续的 PCB 布线的成功。在放置元件时，应该尽可能将具有相互关系的元件靠近；数字电路和模拟电路应该分放在不同的区域；对发热的元件应该进行散热处理；对敏感信号应该避免产生干扰或被干扰，比如时钟信号，应该引线尽可能短，所以要靠近其连接的芯片。可以使用软件工具的自动放置功能，然后进行手动调整完成元件的放置操作。

(9) 确定 PCB 的设计布线规则。在 PCB 布线前，应该确定布线的规则，比如信号线之间的距离、走线宽度、信号线的拐角、走线的最长长度等规则的设置。PCB 的布线规则最终会影响布线的成功以及走线的电气特性，是一个非常重要的步骤。

（10）对 PCB 进行布线。通常的做法是先手动对重要的信号进行布线，以及对电源和地进行走线，然后将预布的线锁定，再使用软件工具的自动布线功能对剩下的 PCB 连接进行自动布线，最后对没有布通的少数走线可以手动处理。

（11）设计规则检查和调整 PCB。在完成了布线后，还需要对布线后的 PCB 进行设计规则检查，看布线是否符合所定义的设计规则的电气要求。根据检查的结果可以手动调整 PCB 的走线。

（12）时序和信号完整性分析。一个优秀的 PCB 设计，其时序应该满足设计要求。为了检查信号的时序以及信号的完整性，需要对布线后的 PCB 进行时序分析和信号完整性分析。对于时序分析，我们通常对一个关键信号的时序和信号完整性进行分析，比如总线、时钟等信号。

（13）生成制造文件和产品数据文件。根据制造的要求，生成制造文件和产品数据文件，比如 NC 钻孔文件、Gerber 光绘文件以及元件报表等。

（14）PCB 的制造和装配。完成上述步骤后，PCB 就进入制造过程，使设计完整地表现在一块实际的 PCB 上，包括所有的信号连线、封装及层等。然后就可以将芯片焊接装配到 PCB 上，这样就完成了 PCB 的设计和制造。

（15）PCB 产品的测试。最后根据设计规范，对 PCB 进行现场测试，以便评估设计是否达到设计规范要求。

以上是 PCB 设计的一般过程，在通常的设计中，我们都可以遵循这个设计流程。但是随着 EDA 软件的快速发展，虚拟的设计环境将来可能在软件平台中实现，那么这就可以更加有效地实现设计的仿真以及信号的虚拟分析，有助于设计的成功实现及产品的快速开发。

1.3 PCB 设计的基本原则

PCB 设计的好坏对电路板抗干扰能力影响很大，因此，在进行 PCB 设计时，必须遵守 PCB 设计的一般原则，并应符合抗干扰设计的要求。要使电子电路获得最佳性能，元件的布局及导线的布设是很重要的。为了设计出质量好、造价低的 PCB，应遵循下面讲述的一般原则。

1.3.1 布局

首先，要考虑 PCB 尺寸大小。PCB 尺寸过大时，印制电路长，阻抗增加，抗噪声能力下降，成本也增加；尺寸过小时，则散热不好，且邻近线条易受干扰。在确定 PCB 尺寸后，再确定特殊元件的位置。最后，根据电路的功能单元，对电路的全部元件进行布局。

（1）在确定特殊元件的位置时要遵守以下原则：

1）尽可能缩短高频元件之间的连线，设法减小它们的分布参数和相互间的电磁干扰。易受干扰的元件不能相互挨得太近，输入和输出元件应尽量远离。

2）某些元件或导线之间可能有较高的电位差，应加大它们之间的距离，以免放电引出意外短路。带强电的元件应尽量布置在调试时手不易触及的地方。

3）重量超过 15g 的元件，应当用支架加以固定，然后焊接。那些又大又重、发热量多的元件，不宜装在 PCB 上，而应装在整机的机箱底板上，且应考虑散热问题。热敏元件应远离发热元件。

4）对于电位器、可调电感线圈、可变电容器、微动开关等可调元件的布局应考虑整机的结构要求。若是机内调节，应放在 PCB 上方便调节的地方；若是机外调节，其位置要与调节旋钮在机箱面板上的位置相适应。

5）应留出 PCB 的定位孔和固定支架所占用的位置。

（2）根据电路的功能单元对电路的全部元件进行布局时，要符合以下原则：

1）按照电路的流程安排各个功能电路单元的位置，使布局便于信号流通，并使信号尽可能保持一致的方向。

2）以每个功能电路的核心元件为中心，围绕它来进行布局。元件应均匀、整齐、紧凑地排列在PCB上，尽量减少和缩短各元件之间的引线和连接。

3）在高频下工作的电路，要考虑元件之间的分布参数。一般电路应尽可能使元件平行排列，这样，不但美观，而且焊接容易，易于批量生产。

4）位于PCB边缘的元件，离电路板边缘一般不小于2mm。PCB的最佳形状为矩形，长宽比为3∶2或4∶3。PCB面尺寸大于200mm×150mm时，应考虑PCB所受的机械强度。

另外，板厚也可以按照推荐指定。对于FR4材料来说，一般标准的PCB厚度为0.062in（1.575mm）。其他典型的PCB厚度有0.010in（0.254mm）、0.020in（0.508mm）、0.031in（0.787mm）和0.092in（2.337mm）。

1.3.2 布线

布线的方法以及布线的结果对PCB的性能影响也很大，一般布线要遵循以下几个原则：

（1）输入和输出端的导线应避免相邻平行，最好添加线间地线，以免发生反馈耦合。

（2）PCB导线的最小宽度主要由导线与绝缘基板间的黏附强度和流过它们的电流值决定。导线宽度应以能满足电气性能要求而又便于生产为宜，它的最小值由承受的电流大小而定，但最小不宜小于0.2mm（8mil），在高密度、高精度的印制电路中，导线宽度和间距一般可取0.3mm；导线宽度在大电流情况下还要考虑其温升，单面板实验表明，当铜箔厚度为50μm、导线宽度为1～1.5mm、通过电流2A时，温升很小，因此，一般选用1～1.5mm宽度导线就可能满足设计要求而不致引起温升。PCB导线的公共地线应尽可能地粗，可以使用大于2～3mm的导线，这点在带有微处理器的电路中尤为重要，因为当地线过细时，由于流过的电流的变化，地电位变动，微处理器定时信号的电平不稳，会使噪声容限劣化。在DIP的IC引脚间走线，可应用10－10与12－12原则，即当两脚间通过两根线时，焊盘直径可设为50mil（1mil=0.0254mm）、线宽与线距都为10mil；当两脚间只通过一根线时，焊盘直径可设为64mil、线宽与线距都为12mil。

表1-1列出了线宽和流过电流大小之间的关系，读者可以在后面章节学习PCB布线时参考。

表1-1 线宽和流过电流大小之间的关系

电流/A	1oz[①]铜的线宽 /mil	2oz铜的线宽 /mil	电阻率 /（mΩ·in）
1	10	5	52
2	30	15	17.2
3	50	25	10.3
4	80	40	6.4
5	110	55	4.7
6	150	75	3.4
7	180	90	2.9
8	220	110	2.3
9	260	130	2.0
10	300	150	1.7

① 1oz=28.3495g。

（3）对于PCB导线拐弯，一般取圆弧形或45°拐角，而直角或夹角在高频电路中会影响电气性能。此外，尽量避免使用大面积铜箔，否则长时间受热，易发生铜箔膨胀和脱落现象。必须用大面积铜箔时，最好用栅格状。这样有利于排除铜箔与基板间黏合剂受热产生的挥发性气体。

（4）PCB导线的间距。相邻导线间距必须能满足电气安全要求，而且为了便于操作和生产，间距也应尽量宽些，只要工艺允许，可使间距小于0.5～0.8mm。最小间距至少要能适合承受的电压，这个电压一般包括工作电压、附加波动电压以及其他原因引起的峰值电压。如果有关技术条件允许，导线之间存在某种程度的金属残粒，则其间距就会减小。因此设计者在考虑电压时应把这种因素考虑进去。在布线密度较低时，信号线的间距可适当地加大，对高、低电平悬殊的信号线，应尽可能短且加大间距。

表 1-2 列出了推荐的导线以及导体之间的间距，根据电压和导线所在位置的不同，其间距也不同。

表 1-2 推荐的导线以及导体之间的间距 （单位：mm）

电压（DC 或 AC 峰值）/V	PCB 内部	PCB 外部（<3050m）	PCB 外部（>3050m）
0～15	0.05	0.1	0.1
16～30	0.05	0.1	0.1
31～50	0.1	0.6	0.6
51～100	0.1	0.6	1.5
101～150	0.2	0.6	3.2
151～170	0.2	1.25	3.2
171～250	0.2	1.25	6.4
251～300	0.2	1.25	12.5
301～500	0.25	2.5	12.5

1.3.3 焊盘大小

焊盘的直径和内孔尺寸：对焊盘的内孔尺寸，必须从元件引线直径和公差尺寸以及焊锡层厚度、孔径公差、孔金属电镀层厚度等方面考虑，焊盘的内孔一般不小于 0.6mm，因为小于 0.6mm 的孔开模冲孔时不易加工，通常情况下以金属引脚直径值加上 0.2mm 作为焊盘内孔直径，如电阻的金属引脚直径为 0.5mm 时，其焊盘内孔直径对应为 0.7mm，焊盘直径取决于内孔直径。

（1）当焊盘直径为 1.5mm 时，为了增加焊盘抗剥强度，可采用长不小于 1.5mm，宽为 1.5mm 和长圆形焊盘，此种焊盘在集成电路引脚焊盘中最常见。对于超出上述范围的焊盘直径可用下列公式选取：

1）直径小于 0.4mm 的孔：D/d=0.5～3（D——焊盘直径，d——内孔直径）。

2）直径大于 2mm 的孔：D/d=1.5～2。

（2）有关焊盘的其他注意事项如下：

1）焊盘内孔边缘到 PCB 边的距离要大于 1mm ，这样可以避免加工时导致焊盘缺损。

2）焊盘的开口：有些器件是在经过波峰焊后补焊的，但由于经过波峰焊后焊盘内孔被锡封住，使元件无法插下去，解决办法是在 PCB 加工时对该焊盘开一小口，这样波峰焊时内孔就不会被封住，而且也不会影响正常的焊接。

3）焊盘补泪滴：当与焊盘连接的走线较细时，要将焊盘与走线之间的连接设计成水滴状，这样的好处是焊盘不容易起皮，而且走线与焊盘不易断开。

4）相邻的焊盘要避免成锐角或大面积的铜箔，成锐角会造成波峰焊困难，而且有桥接的危险，大面积铜箔因散热过快会导致不易焊接。

1.3.4 PCB 电路的抗干扰措施

印制电路板的抗干扰设计与具体电路有着密切的关系，这里仅就 PCB 抗干扰设计的几项常用措施做一些说明。

（1）电源线设计 根据 PCB 电流的大小，尽量加粗电源线宽度，减少环路电阻。同时，使电源线、地线的走向和数据传递的方向一致，这样有助于增强抗噪声能力。

（2）地线设计 地线设计的原则是

1）数字地与模拟地分开。若电路板上既有逻辑电路又有线性电路，应使它们尽量分开。低频电路的地应尽量采用单点并联接地，实际布线有困难时可部分串联后再并联接地。高频电路宜采用多点串联接地，地线应短而粗，高频元件周围尽量用栅格状的大面积铜箔。

2）接地线应尽量加粗。若接地线用很细的线条，则接地电位随电流的变化而变化，使抗噪声性能降低。因此应将接地线加粗，使它能通过三倍于 PCB 上的允许电流。如有可能，接地线直径应在 2～3mm 以上。

3）接地线构成闭环路。只由数字电路组成的印制板，其接地电路构成闭环能提高抗噪声能力。

（3）大面积覆铜 PCB 上的大面积覆铜具有两种作用：一为散热；另外可以减小地线阻抗，并且屏蔽电路板的信号交叉干扰以提高电路系统的抗干扰能力。注意：初学者设计 PCB 时常犯的一个错误是大面积覆铜上不开窗口，而由于 PCB 板材的基板与铜箔间的黏合剂在浸焊或长时间受热时，会产生挥发性气体无法排除，热量不易散发，以致产生铜箔膨胀、脱落现象。因此使用大面积覆铜时，应将其开窗口设计成栅格状。

1.3.5 去耦电容配置

PCB 设计的常规做法之一是在印制板的各个关键部位配置适当的去耦电容，一般配置原则是

（1）电源输入端跨接一个 10～100μF 的电解电容器。如有可能，接 100μF 以上的更好。

（2）原则上每个集成电路芯片都应布置一个 0.01pF 的瓷片电容，如遇 PCB 空隙不够，可每 4～8 个芯片布置一个 1～10pF 的钽电容。

（3）对于抗噪能力弱、关断时电源变化大的元件，如 RAM、ROM 存储元件，应在芯片的电源线和地线之间直接接入去耦电容。

（4）电容引线不能太长，尤其是高频旁路电容不能有引线。在印制板中有接触器、继电器、按钮等元件时，操作它们时均会产生较大火花放电，必须采用 RC 电路来吸收放电电流。一般 R 取 1～2kΩ，C 取 2.2～47μF。CMOS 的输入阻抗很高，且易受干扰，因此在使用时对不使用的端口要接地或接正电源。

1.3.6 各元件之间的接线

按照原理图，将各个元件位置初步确定下来，然后经过不断调整使布局更加合理，最后就需要对 PCB 中各元件进行接线，元件之间的接线安排方式如下：

（1）印制电路中不允许有交叉电路，对于可能交叉的线条，可以用“钻”、“绕”两种办法解决。即，让某引线从别的电阻、电容、晶体管引脚下的空隙处“钻”过去，或从可能交叉的某条引线的一端“绕”过去。在特殊情况下，如果电路很复杂，为简化设计也允许用导线跨接，解决交叉电路问题。

（2）电阻、二极管、管状电容器等元器件有“立式”和“卧式”两种安装方式。立式指的是元器件垂直于电路板安装、焊接，其优点是节省空间；卧式指的是元器件平行并紧贴于电路板安装、焊接，其优点是元器件安装的机械强度较好。对这两种不同的安装方式，PCB 上的元器件孔距是不一样的。

（3）同一级电路的接地点应尽量靠近，并且本级电路的电源滤波电容也应接在该级接地点上。

特别是本级晶体管基极、发射极的接地不能离得太远，否则因两个接地间的铜箔太长会引起干扰与自激，采用这样“一点接地法”的电路，工作较稳定，不易自激。

（4）总地线必须严格按高频—中频—低频逐级按弱电到强电的顺序排列原则，切不可随便翻来覆去乱接，级间宁可接线长点，也要遵守这一规定。特别是变频头、再生头、调频头的接地线安排要求更为严格，如有不当就会产生自激以致无法工作。调频头等高频电路常采用大面积包围式地线，以保证有良好的屏蔽效果。

（5）强电流引线（公共地线、功放电源引线等）应尽可能宽些，以降低布线电阻及其电压降，可减小寄生耦合产生的自激。

（6）阻抗高的走线尽量短，阻抗低的走线可长一些，因为阻抗高的走线容易发射和吸收信号，引起电路不稳定。电源线、地线、无反馈元件的基极走线、发射极引线等均属低阻抗走线。

（7）电位器安放位置应当满足整机结构安装及面板布局的要求，因此应尽可能放在 PCB 的边缘，旋转柄朝外。

（8）IC 座，设计 PCB 图样时，在使用 IC 座的场合下，一定要特别注意 IC 座上定位槽放置的方位是否正确，并注意各个 IC 引脚位置是否正确，例如第 1 引脚只能位于 IC 座的右下角或者左上角，而且紧靠定位槽（从焊接面看）。

（9）在对进出接线端布置时，相关联的两引线端的距离不要太大，一般为 2～3/10in 左右较合适。进出接线端尽可能集中在 1～2 个侧面，不要过于分散。

（10）在保证电路性能要求的前提下，设计时应力求合理走线，少用外接跨线，并按一定顺序要求走线，力求直观，便于安装和检修。

（11）设计应按一定顺序方向进行，例如可以按由左到右和由上到下的顺序进行。

1.4 PCB 制造材料

PCB 的信号传导层通常都使用铜箔，通过加热和压力作用下粘接在衬底层上。铜箔层的厚度通常由其每平方英尺的质量来指定，常用的有 1oz 或 2oz 规格，其他规格的铜箔材料有 0.25oz、0.5oz、3oz 和 4oz 等类型。1oz 铜的厚度大约为 0.035mm±0.002mm。选择哪种铜箔主要根据它的电阻率，图 1-10 所示为不同质量铜的电阻率和铜箔宽度的关系。

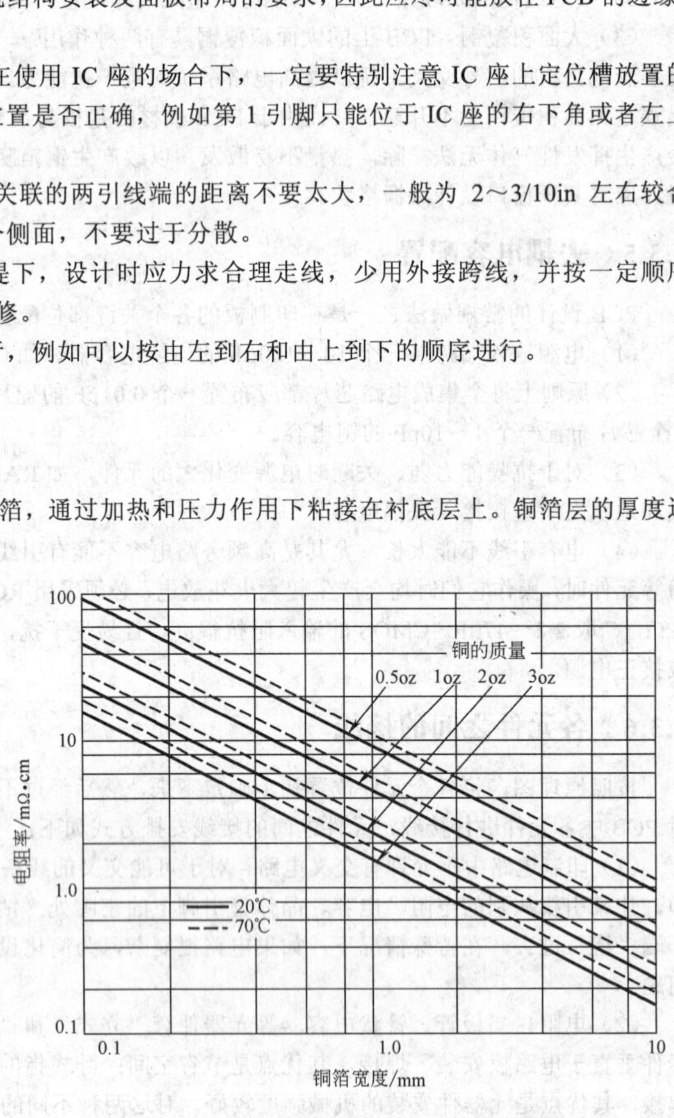

图 1-10 不同质量的铜电阻率和铜箔宽度的关系

最常用的绝缘层材料为环氧树脂玻璃和酚醛纸。酚醛纸是一种更加便宜的并且容易冲孔的材料，因此它主要应用在高产量的非关键性的场合。酚醛纸与环氧树脂玻璃相比，其电气特性差、力学性能较脆、有较差的工作温度范围、很容易吸收水分并且有不适合通孔的涂层结构。

对于低性能要求的场合，可以使用酚醛纸。但是对于一般的或更高要求的应用，一般都是用环氧树脂，比如射频（RF）电路。

环氧树脂玻璃可以有效地应用于通孔涂层和多层板。如果对力学和电气性能有较高要求时，它也可以用于简单结构。环氧树脂玻璃具有很好的尺寸稳定性，具有比酚醛纸更好的力学性能，但是成本要高一些，因为它必须钻孔，而不能实现冲孔。对于更高密度和对尺寸要求更高的 PCB，可以使用另一种材料，即环氧树脂-芳族聚酰胺。表 1-3 列出了一些常用的 PCB 材料特性和选择规范。最常用的 FR4 材料指的是美国 NEMA 规范的环氧树脂玻璃材料，大部分 PCB 制造厂都可以提供这种材料的制造工艺。

表 1-3　PCB 绝缘层材料属性

材料	表面电阻/mΩ	介电常数ε_r	绝缘强度/（kV/mil）	温度补偿系数/（$\times10^{-6}$/℃）	最高温度/℃
标准的 FR4	最小为 1×10^4	最大为 5.4，典型值 4.6～4.9	最小为 1.0	13～16	110～150
FR408（高质量）	1×10^6	3.8	1.4	13	180
环氧树脂-芳族聚酰胺（适用于更小的走线间距离）	5×10^6	3.8	1.6	10	180
聚酰亚胺		3.4	3.8	20	300
聚酯		3.0	3.4	27	105

对于一些特殊的 PCB，比如柔性的 PCB，则基材可以使用聚酯或聚酰亚胺。聚酯比较便宜，但是不容易焊接元件，因为这种材料的软化温度不高。对于聚酰亚胺材料，元件容易焊接，但是价格比较高。

在进行 PCB 设计时，需要考虑到所选择材料，并且要咨询制造工厂是否具有该材料的制造工艺。不同的材料，布线的设计规则会有所不同，比如 FR408 材料就可以选择比 FR4 材料更小的走线间的距离。

1.5　PCB 的结构

1.4 节简单介绍了 PCB 的材料，下面来了解 PCB 的基本结构。一个普通的 PCB 由镀铜的树脂玻璃材料或一层铜箔与树脂材料粘接在一起构成，如图 1-11 所示。

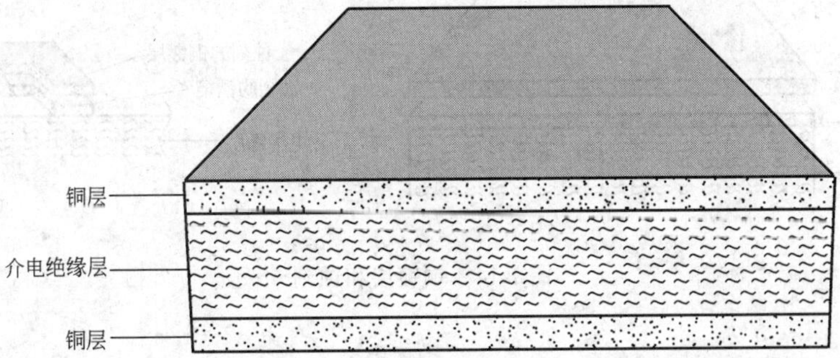

图 1-11　PCB 的结构示例

对于一个多层板（具有两铜层以上的板），在铜核心层之间有一层介电绝缘填充材料，如图 1-12

所示，和多个铜层一起形成实体的 PCB，如图 1-11 所示。介电绝缘填充材料可以和铜层粘接在一起。板的铜层和介电填充材料可以参考 1.4 节的介绍。

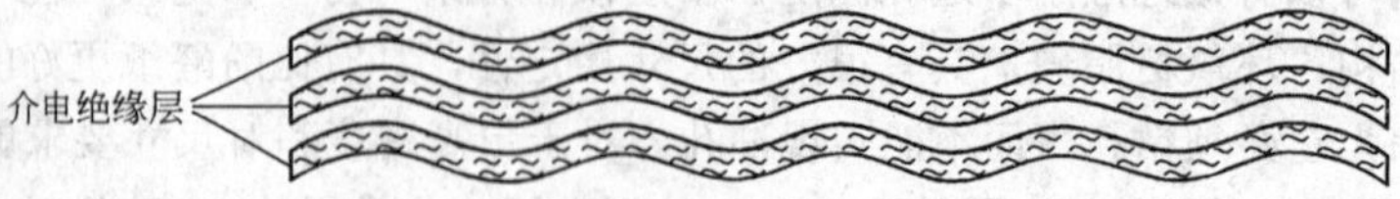

图 1-12　PCB 介电材料层

1. 铜箔

铜箔是一薄层的铜，如图 1-13 所示，放置在介电填充材料之间并且和介电填充材料粘接在一起。这些材料的厚度如下，对应其铜重标准：

1）0.5oz（.0007in[0.01778mm]）；

2）1oz（.0014in[0.03556mm]）；

3）2oz（.0028in[0.07112mm]）。

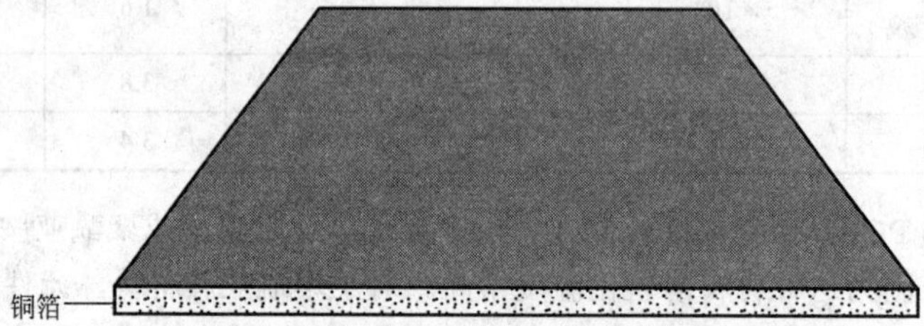

图 1-13　铜箔层

2. 铜镀层

铜镀层主要用于 PCB 的外层，并且当对 PCB 上的钻孔的孔壁进行镀铜层时，也为 PCB 上的铜提供了额外的铜层。钻孔的孔壁镀层是铜镀层的主要目的，但是这样仍然会增加 PCB 的总厚度。镀层的平均厚度大约为 0.0014in（0.0356mm）。

通常，在钻孔后进行 PCB 外层的镀层，然后进行铜蚀刻工艺操作，从而留下信号传输用的走线，如图 1-14 所示。

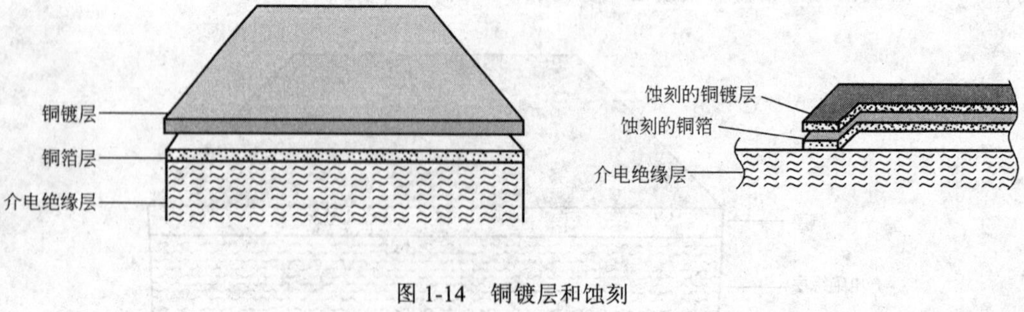

图 1-14　铜镀层和蚀刻

3. 焊锡流

焊锡流是将焊锡铺在 PCB 上的裸露铜表面的工艺，如图 1-15 所示。这样有助于后面装配元件时的焊接，并保护铜放置被氧化。在整个 PCB 表面的裸露铜上都可以进行焊锡流处理，或进行名为 SMOBC（Solder Mask Over Bare Copper，裸露铜上的阻焊镀层）工艺处理。SMOBC 工艺就是在 PCB

表面上的裸露铜（通常为焊盘或要焊接的区域）铺上焊锡流，而在其他区域则铺上一层阻焊层。

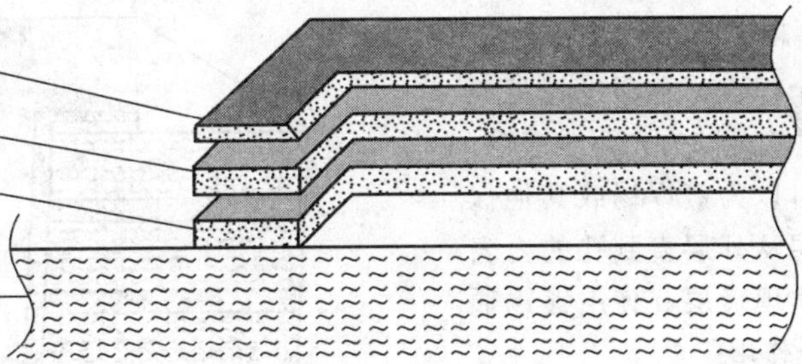

图 1-15　具有焊锡流的 PCB 铜层结构

4. 阻焊层

阻焊层可以防止焊锡附着在上面，如图 1-16 所示，但是可以保护铜层，以防止被氧化。阻焊层可以去绝缘作用，即铺了阻焊层的走线与外界可以实现绝缘。另外，阻焊层还可以防止焊接时出现焊锡桥的情况，以便防止短路。阻焊层还可以保护 PCB 不会被其上面的元件产生的热量所破坏。不过有些标准并不把阻焊层看做是足够有效的绝缘体。

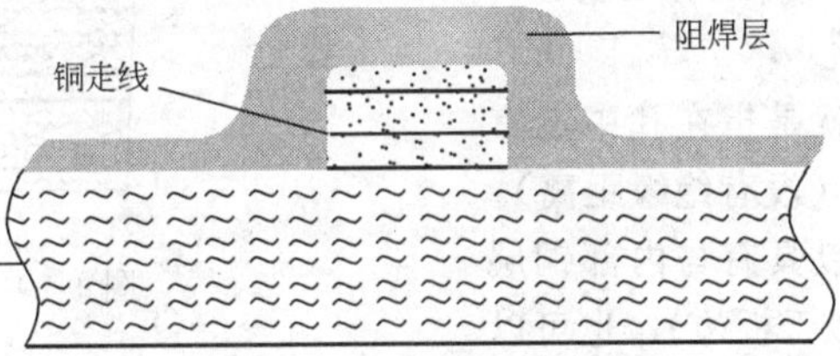

图 1-16　具有阻焊层的 PCB 结构

5. 走线

PCB 上的走线实际上就是信号导线，它提供了相同的传输电信号的功能，它的两端一般与 PCB 上的元件的引脚相连接。PCB 上的走线是通过对铜层进行蚀刻，去掉不需要的部分，而留下的部分就是走线或者焊盘。走线的宽度是 PCB 设计中的重要参数，它与走线所能承受的电流大小相关。

6. 焊盘

一个焊盘可以有几种不同的形状和类型，最常用的两种焊盘类型为表贴元件安装的镀锡焊盘和通孔镀锡焊盘，如图 1-17 所示即为通孔镀锡焊盘。

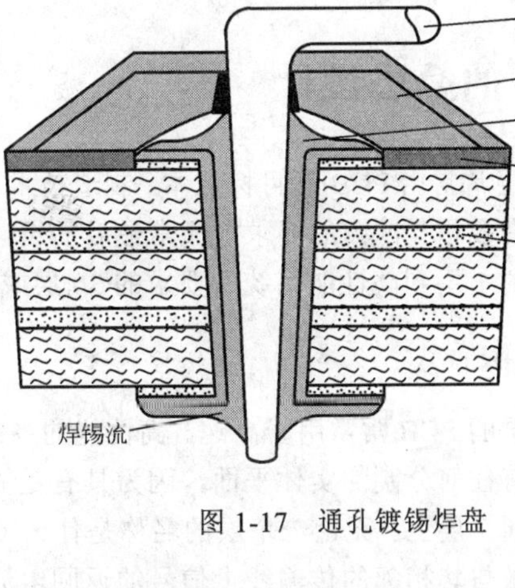

图 1-17　通孔镀锡焊盘

表贴元件安装的镀锡焊盘一般为正方形或长方形铜焊接区域，用于安装表贴元件。尺寸和形状依赖于将要安装在焊盘上的元件。大部分元件制造商会为他们的元件提供焊盘的推荐尺寸。

对于通孔镀锡焊盘，元件的引脚通过通孔，并且焊接在焊盘上。通孔镀锡焊盘的形状一般为圆形或方形。

7. 镀锡的通孔

镀锡的通孔结构如图 1-18 所示，通孔结构包含有一个焊盘，孔通过焊盘而成为一个通孔。孔壁可以为光面或镀铜，在某些情况下，可以为镀焊锡或其他保护镀层。孔的镀层从外层直到孔的内表面，对整个孔壁实现镀层。使用镀锡通孔主要有如下几个作用：

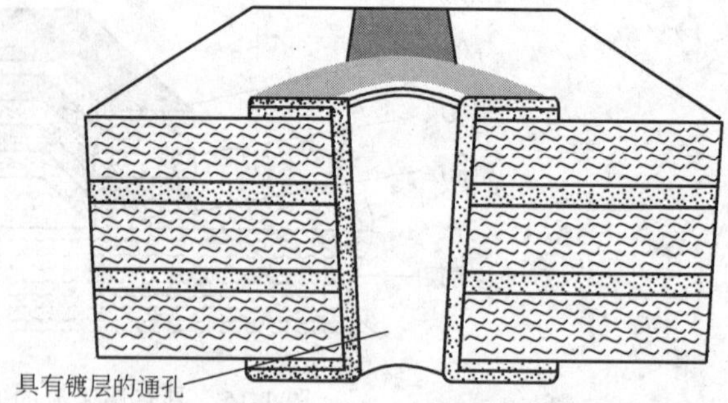

图 1-18　镀锡的通孔结构

1）增强外层焊盘的强度，从而可以使用较小尺寸的焊盘。

2）焊接时可以散热，从而焊盘可以较小。

3）连接顶层和底层的信号。

4）从顶层到底层铺上焊锡流，从而不用在两侧进行焊接。

5）多层板实现内部焊盘的连接。

8. 不镀层的通孔

不镀层的通孔也就是指在孔中没有镀锡，如图 1-19 所示（没有绝缘距离）。

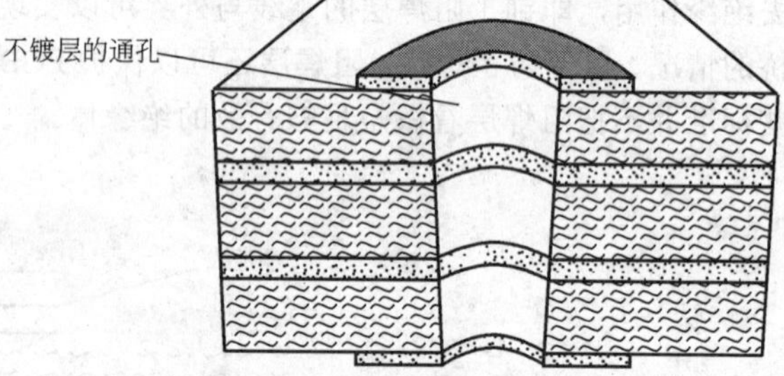

图 1-19　不镀层的通孔结构

不镀层的通孔可以具有与内部铜层之间绝缘的距离（类似于板边），也可以没有这样的绝缘距离。对于具有绝缘距离的不镀层通孔，可以防止任何穿过通孔的元件发生与 PCB 内层的短路。

9. 板边

PCB 的板边也有一些特殊的要求。板边是 PCB 的裸露的界面，那么它必须可以和外界有绝缘安全距离。

1.6　PCB 的叠层设计

PCB 的叠层常常由 PCB 的目标成本、制造技术和所要求的布线通道数所决定的。对于大部分工程设计，存在许多相互冲突的要求，通常最后的设计策略是在考虑各方面的折中后决定的。PCB 可以从最低成本的 1 层到高性能系统所要求的 30 层或更多层。

1.6.1　多层板

具有许多层的 PCB 常常用于高速、高性能的系统。其中多层用于直流电源或地参考平面。这些平面通常是没有任何分割的实体平面，因为具有足够的层用做电源或地层，因此没有必要将不同的直流电压置于同一层上。无论一个层的名称是什么（例如 Ground、+5V、VCC 或 Digital Power 等），该平面将会用做与其相邻的传输线上信号的返回电流通路。构造一个好的低阻抗的返回电流通路是这些平面层的最重要的 EMC 目标。

信号层分布在实体参考平面层之间，它们可以是对称的带状线或非对称的带状线。在大部分设计中，会使用到这些配置的组合。

下面我们以一个 12 层板为例来说明多层板的结构和布局。如图 1-20 所示为一个流行的 12 层 PCB 结构，其分层结构为 T-P-S-P-S-P-S-P-S-S-P-B，这里 T 为顶层；P 为参考平面层；S 为信号层；B 为底层。顶层和底层用做元件焊盘，信号在顶层和底层不会传输太长的距离，以便减少来自走线的直接辐射。该设计所考虑的方面可以用于其他任何叠层配置的设计。

图 1-20　12 层 PCB 的配置

下一个要考虑的就是确定哪个参考平面层将必须包含用于不同的直流电压的多个电源区。对于这个实例，假设第 11 层具有多个直流电压。这就意味着设计者必须将高速信号尽可能远离第 10 层和底层，因为返回电流不能流过第 10 层以上的参考平面，并且需要使用耦合电容（Stitching Capacitor）。在该实例中，第 3、5、7 和 9 层分别为高速信号的信号层。

然后就要规划最重要信号的布线。在大多数设计场合中，走线尽可能以一个方向进行布局，以便优化层上可能的布线通道数。第 3 层和第 7 层可以设定为“东西”走线，而第 5 层和第 9 层设置为“南北”走线。走线布在哪一层上要根据其到达的目的和方向。

一个重要的考虑方面就是对于高速信号的走线时层的变化，并且哪些不同的层将用于一个独立的走线。另一个重要的考虑方面就是确保返回电流可以从一个参考平面流到需要流过的新参考平面。实际上，最好的设计并不要求返回电流改变参考平面，而是简单地从参考平面的一侧改变到另一侧。例如，下面信号层的组合可以一起用做信号层对：第 3 层和第 5 层、第 5 层和第 7 层、第 7 层和第 9 层。这就允许一个东西方向和一个南北方向形成一个布线组合。但是像第 3 层和第 9 层这样的组合就不应该使用，因为这会要求一个返回电流从第 4 层流到第 8 层。尽管一个解耦电容可以放置在过孔附近，但是在高频时，由于存在引线和过孔电感而使电容失去作用。这种增加电容的布线策略也会增加元件的数量和产品的成本。

另一个需要重点考虑的方面就是为参考平面层选定直流电压。假设该实例中，一个处理器因为内部信号处理的高速特性，所以在电源/地参考引脚上存在大量的噪声。因此，在为处理器提供的相同直流电压上使用解耦电容非常重要，并且尽可能有效地使用解耦电容。在后面的有关解耦的章节中，将会讨论 PCB 上解耦电容性能受到所连接的过孔、焊盘和连接走线严格地限制。降低这些元件电感的最好方法就是使连接走线尽可能短和宽，并且尽可能使过孔短而粗。如果第 2 层分配为 Ground 并且第 4 层分配为处理器的电源，则过孔离放置处理器和解耦电容的顶层的距离应该尽可能短。延伸到 PCB 的底层的过孔剩余部分不包含任何重要的电流，并且非常短，从而不会具有天线的作用。图 1-20 所示就是这种叠层设计的描述，如果将一个电容放置在 PCB 的底层，会产生更长的过孔，从而比放置电容在顶层产生更大的电感。

另外，如果将高速信号布在第 3 层和第 5 层，则建议使用一个有效元件所驱动的信号走线具有相同的电源作为参考平面。也就是说，来自处理器例如存储单元的总线和其他高速总线的信号应该布在第 3 层和第 5 层，因此它们可以共享相同的电源，并且返回电流可以更加容易返回到它们的源。

尽管上面的讲述主要是着重于最重要的信号和 IC，但是这些考虑也应该适用于其他信号和 IC。在第 10 层上的信号应该是低速信号，因为第 11 层上的参考平面具有多个电源，并且被切分为多个部分。

1.6.2 6 层板

6 层板是常用的叠层设计。通常，这种叠层用做低成本的产品并且包含 4 个信号层和 2 个参考平面层。图 1-21 所示为一个典型的 6 层板的叠层配置。很明显，这种配置比前一种配置具有较低的自由度，但是设计人员依然可以使用一些选择，从而有助于提高系统的 EMC 性能。

图 1-21　6 层 PCB 的配置

与前面的 12 层配置一样，可以使用一个东西方向和一个南北方向的布线。另外，建议使用不要求返回电流改变参考平面的布线层对。在这种情况下，可以选择第 1 层和第 3 层作为布线层对，第 4 层和第 6 层作为另一个布线层对。顶层和底层必须用做信号布线。为了得到一个好的 EMC 性能，建议将返回电流置于一个参考平面上，而不要将信号埋于两个参考平面之间。因此第 3 层和第 4 层不能用于高速信号的布线层对。

第 2 层和第 5 层为电源和地参考平面层。通常，在 PCB 上会有多个不同的直流电压，因此电源平面有可能会分割为许多个电源岛。如果第 2 层被用做地参考平面层，而设计人员必须保证所有高速信号布在第 1 层和第 3 层上，以便他们不会跨过分割的参考平面。当然，如果一个特定的信号通路不会跨过电源参考平面的分割区，则也可以把这些信号布在第 4 层和第 6 层上。

1.6.3 4 层板

4 层板通常用于低成本的系统。通常，4 层板只有 2 个信号层和 2 个参考平面层。图 1-22 描述了 4 层板的叠层配置。

图 1-22 4 层 PCB 的配置

布线通道数量的优化对于 4 层板来说是至关重要的,可以使用东西方向和南北方向的布线策略。无论如何在此时要为返回电流保持相同的参考平面是不可能的。一个解耦电容必须放置在过孔附近,以便提供一个返回电流通路。连接电容焊盘和过孔的走线必须保持尽可能短和宽，以便使电感/阻抗最小化。

参考平面一般分配为地参考和电源参考。同样，电源参考也可能会分割为许多个不同的电压参考区。当电源参考平面用做走线的信号参考时，要特别注意将走线布在实体参考区上，使走线不会跨过那些分割区。如果必须跨过分割区，则需要在靠近走线跨过分割区的地方放置一个缝合电容（Stitching Capacitor)。另外，连接电容焊盘和过孔的走线必须保持尽可能短和宽，以便使电感/阻抗最小化。

1.6.4 叠层设计布局快速参考

表 1-4 列出了叠层设计布局的参考配置，包括最常用的叠层配置。

表 1-4 叠层设计布局的参考配置

叠层	1	2	3	4	5	6	7	8	9	10
2 层	S1 和地	S2 和电源								
4 层	S1	地	电源	S2						
4 层	地	S1	S2	电源						
6 层	S1	S2	地	电源	S3	S4				
6 层	S1	地	S2	S3	电源	S4				
6 层	S1	电源	地	S2	地	S3				
8 层	S1	S2	地	S3	S4	电源	S5	S6		
8 层	S1	地	S2	地	电源	S3	地	S4		
10 层	S1	地	S2	S3	地	电源	S4	S5	地	S6
10 层	S1	S2	电源	地	S3	S4	地	电源	S5	S6

1.7 PCB 的布线配置

设计 PCB 时，有两种基本的布线配置：微带线（Microstrip）和带状线（Stripline)。图 1-23 描述了这两种布线的结构。

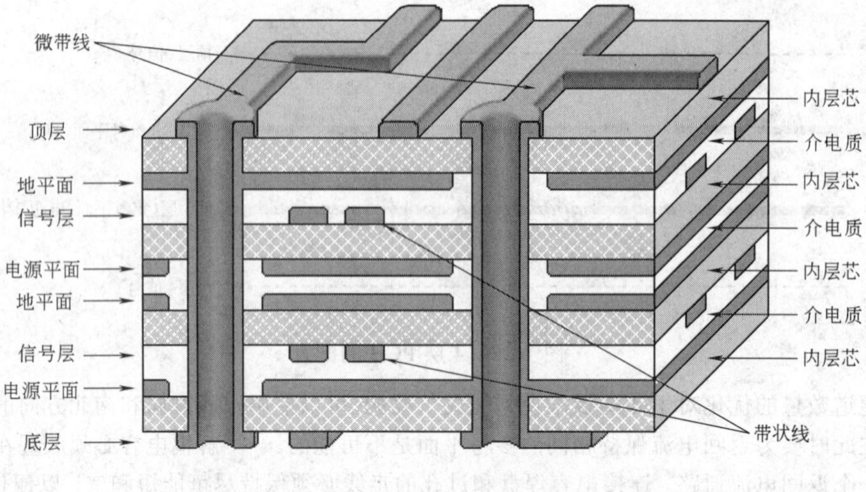

图 1-23 微带线和带状线的结构

1.7.1 微带线

微带线指的是只有一面具有参考平面的 PCB 走线。微带线为 PCB 提供了对射频（RF）的抑制作用，同时也可以允许比带状线更快的时钟或逻辑信号。因为较小的耦合电容及源和负载之间具有较低的空载传输延迟，因此可以允许更快的信号。电容有时候用于时钟信号以减缓数字信号的边沿变化。由于两个实体平面之间具有较小的电容耦合，信号可以传输更快。使用微带线的缺点是 PCB 外部信号层会辐射射频（RF）能量进入环境中，除非此层上下具有金属屏蔽。

1.7.2 带状线

带状线指两边都有参考平面的传输线。带状线可以较好地防止射频（RF）辐射，但只能用于较低的传输速度，因为信号层介于两个参考平面之间，两个平面之间会存在电容耦合，导致降低高速信号的边沿变化速度。在边沿变化速度快于 1ns 的情况下，带状线的电容耦合效应更为显著。使用带状线的主要效果是对内部走线的射频（RF）辐射进行完全屏蔽，因为它对射频辐射具有较好的抑制能力。

图 1-24 所示为微带线和带状线在 PCB 中的布局结构。微带线有表面微带线和埋入式微带线两种。带状线有对称式的和非对称式两种。

一个 PCB 通常是一个具有内部和外部布线的介电质结构，允许元件相互实现机械和电气连接。除了实现元件之间的连接之外，PCB 也为元件提供布局空间。PCB 实际上是由具有多层结构的有机和无机介电材料组成的。层之间的内部连接通过过孔（Via）来实现。这些过孔镀上或填充金属就可以实现层之间的电信号导通。实体参考平面结构为元件提供了电源和地。在设计 PCB 时需要特别注意的是被传输信号的传输延迟和电路之间的串扰问题。

在电路的 EMC 设计中，PCB 的材料已经不再仅仅为元件提供支持。用于电路的材料、尺寸和走线空间都会影响电路的 EMC 特性。特别是在高频 PCB 设计中，信号走线成为电路的一部分，因为在高于 500MHz 的情况下，走线具有电阻、电容和电感特性。在更高频率的工作情况下，传输线的尺寸将对电路的特性具有很大的影响，改变任何尺寸都可能会明显影响到 PCB 的性能。

值得注意的是辐射依然会从其他元件产生，尽管内部的走线不会再产生辐射，其他元件之间的连线（如端部接线、元件引脚、插座、内部连线以其他各种情况）仍然会产生辐射问题。由于内部连接存在阻抗，而阻抗不匹配就会存在于传输线中。这种阻抗不匹配会使射频（RF）能量由内部的走线通过辐射或导通方式（包括串扰）耦合到其他电路或自由空间中，使元件的引脚电感最小，这样就可以降低这种辐射现象。

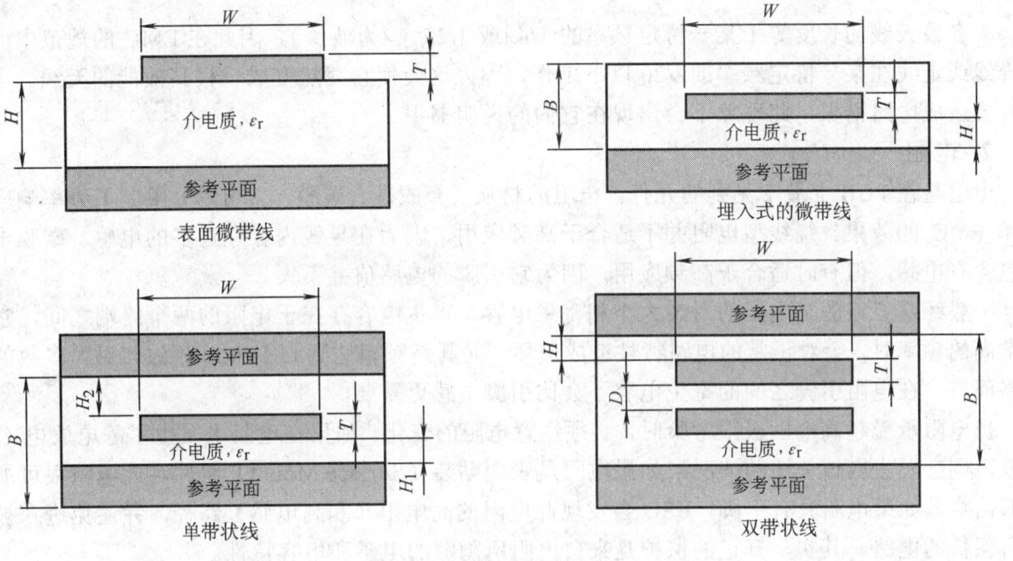

图 1-24 微带线和带状线的配置

① 对称带状线：$H_1=H_2$；不对称带状线：$H_1 \neq H_2$。
② *W*：走线的宽度；*H*：走线离参考平面的高度；*T*：走线的宽度；*B*：全部介电质的厚度；*D*：两条带状线之间的距离。
③ 参考平面也称为镜像平面。

1.8 PCB 设计和电磁兼容

PCB 是电子产品中电路元器件的支撑件，它提供电路元器件之间的电气连接，它是各种电子设备最基本的组成部分，它的性能直接关系到电子设备质量的好坏。随着信息化社会的发展，各种电子产品经常在一起工作，它们之间的干扰越来越严重，所以，电磁兼容问题也就成为一个电子系统能否正常工作的关键。同样，随着电子技术的发展，PCB 的密度越来越高，PCB 设计得好坏对电路的干扰及抗干扰能力影响很大。要使电子电路获得最佳性能，除了元器件的选择和电路设计之外，良好的 PCB 布线在 EMC 中也是一个非常重要的因素。

在 PCB 设计中，元件的选择和电路设计是影响板级 EMC 的主要因素。每一种电子元件都有它各自的特性。因此，在 EMC 设计时，要仔细考虑 PCB 的元件选择和布局布线。下面简单介绍 PCB 设计中的基本元件。

1. 导线和 PCB 走线

导线（Wire）、走线（Trace）、固定架等看似不起眼的组件，却经常成为射频能量的最佳发射器（EMI 的来源）。每一种组件都具有电感，这包含硅芯片的焊接引脚，以及电阻、电容、电感的引脚。每根导线或走线都包含有隐藏的寄生电容和电感。这些寄生性组件会影响导线的阻抗大小，而且对频率很敏感。根据 *LC* 的值（决定谐振频率）和 PCB 走线的长度，在某组件和 PCB 走线之间，可以产生谐振，因此就形成了一根有效的辐射天线。

在低频时，导线只具有电阻的特性；但在高频时，导线就具有电感的特性。因为变成高频后，会造成阻抗大小的变化，从而改变导线或 PCB 走线与接地之间的 EMC 性能，这时就必须使用接地平面（Ground Plane）和接地网格（Ground Grid）。

一般而言，在音频以上工作的导线或走线应该视为电感，不能再看成电阻，而且可以成为射频天线。

大多数天线的长度等于某一特定频率的 1/4λ或 1/2λ（λ为波长）。因此在 EMC 的规范中，不允许导线或走线在某一特定频率的λ/20 以下工作，因为这会使它突然变成一根高效能的天线。电感和电容会造成电路谐振，此现象不会出现在它们的说明书中。

2. 电阻

电阻是在 PCB 上最常见到的元件。电阻的材质（合成碳、碳膜、云母等）限制了频率响应的作用和 EMC 的效果。绕线型电阻并不适合于高频应用，因为在导线内存在过多的电感。碳膜电阻虽然包含有电感，但有时适合于高频应用，因为它引脚的电感值并不大。

一般经常忽略的是电阻的封装大小和寄生电容。寄生电容存在于电阻的两个终端之间，它们在非常高的频率时，会对正常的电路特性造成破坏，尤其是频率达到 GHz 时。不过，对大多数的应用电路而言，在电阻引脚之间的寄生电容不会比引脚电感更重要。

当电阻承受超高电压极限考验时，必须注意电阻的变化。如果在电阻上发生了静电放电（ESD）现象，则会发生应该关注的情况。如果电阻是表面贴装（Surface Mount）组件，此电阻很可能会被电弧击穿。如果电阻具有引脚，ESD 会发现此电阻的高电阻（和高电感）路径，并避免进入被此电阻所保护的电路。其实，真正的保护是来自电阻所隐藏的电感和电容特性。

3. 电容

电容一般是应用在电源总线，提供去耦合（Decouple）、旁路（Bypass）、维持固定的直流电压和电流的功能。真正单纯的电容会维持它的电容值，直到达到谐振频率。超过此谐振频率，电容特性会变成像电感一样。这可以由公式：$X_C=1/(2\pi fC)$来说明，X_C是容抗（单位是Ω）。例如：10μF 的电解电容，在 10kHz 时，容抗是 1.6Ω；在 100MHz 时，容抗降到 160μΩ。因此在 100MHz 时，存在着短路效应，这对 EMC 而言是很理想的。但是，电解电容的电气参数——等效串联电感（Equivalent Series Inductance，ESI）和等效串联电阻（Equivalent Series Resistance，ESR）将会限制此电容只能在频率 1MHz 以下工作。

电容的使用也和引脚电感与体积结构有关，这些因素决定了寄生电感的大小。寄生电感存在于电容的焊接引线之间，它们使电容在超过谐振频率以上时，产生和电感一样的行为，电容因此失去了原先设定的功能。

4. 电感

电感用来控制 PCB 内的 EMI。对电感而言，它的感抗是和频率成正比的。这可以由公式：$X_L=2\pi fL$来说明，X_L是感抗（单位是Ω）。例如：一个理想的 10mH 电感，在 10kHz 时，感抗是 628Ω；在 100MHz 时，感抗增加到 6.2MΩ。因此在 100MHz 时，此电感可以视为开路。在 100MHz 时，如果让一个信号通过此电感，将会造成此信号的品质下降（从时域来观察）。和电容一样，此电感的电气参数（线圈之间的寄生电容）限制了此电感只能在频率 1MHz 以下工作。

问题是，在高频时，若不能使用电感，那要使用什么元件呢？可以使用铁氧体磁珠（Ferrite Bead）。铁磁材料是铁镁或铁镍合金，这些材料具有高磁导率，在高频和高阻抗下，电感内线圈之间的电容值会很小。铁氧体磁珠通常只适用于高频电路，因为在低频时，它们基本上保有电感的完整特性（包含有电阻和抗性分量），因此会造成线路上的一些损失。在高频时，它基本上只具有抗性分量（$j\omega L$），并且抗性分量会随着频率上升而增加。实际上，铁氧体磁珠是射频能量的高频衰减器。

其实，可以将铁氧体磁珠看做一个电阻并联一个电感。在低频时，电阻被电感短路，电流流往电感；在高频时，电感的高感抗迫使电流流向电阻。

本质上，铁氧体磁珠是一种耗散装置（Dissipative Device），它会将高频能量转换成热能。因此，从其功效上看，它只能被当成电阻来解释，而不是电感。

5. 变压器

变压器通常存在于电源供应器中，此外，它可以对数据信号、I/O 连接、供电接口用做隔离。根据变压器种类和应用的不同，在一次（Primary）和二次（Secondary）绕组之间可以有屏蔽（Shielding）存在。此屏蔽连接到一个接地的参考源，是用来防止此两组绕组之间的电容耦合。

变压器也广泛地用来提供共模（Common Mode，CM）隔离。这些装置根据通过其输入端的差模（Differential Mode，DM）信号，将一次绕组和二次绕组产生磁性连接，以传递能量。通过一次绕组的 CM 电压会被排斥，因此达到共模隔离的目的。不过，在制造变压器时，在一次和二次绕组之间会存在信号源电容。当电路频率增加时，电容耦合能力也会增强，因此破坏了电路的隔离效果。如果存在足够的寄生电容，高频的射频能量（来自信号快速边沿跳变、ESD、雷电等）可能会通过变压器，导致在隔离层另一端的电路也会接收到此瞬间变化的高电压或高电流。

6. PCB 元件布局与电磁兼容

首先，要考虑 PCB 的尺寸大小。PCB 尺寸过大时，PCB 走线长，阻抗会增加，因此抗干扰能力下降，成本也增加；尺寸过小，则散热不好，且邻近走线易受干扰。在确定 PCB 尺寸后，再确定特殊元件（如时钟元件）的位置。最后，根据电路的功能单元，对电路的全部元器件进行布局。

在电子设备中，数字电路、模拟电路以及电源电路的元件布局和布线其特点各不相同，它们产生的干扰以及抑制干扰的方法也不相同。此外高频、低频电路由于频率不同，其干扰以及抑制干扰的方法也不相同。所以在元件布局时，应该将数字电路、模拟电路以及电源电路分别放置，将高频电路与低频电路分开。有条件的应使它们各自隔离或单独做成一块电路板。此外，布局中还应特别注意强、弱信号的元件分布及信号传输方向和途径等问题。

在元件布局方面，应把相关的元件尽量放得靠近些，这样可以获得较好的抗干扰效果。元件在 PCB 上的排列位置要充分考虑抗干扰问题。

1.9 PCB 设计常用术语

下面我们列出 PCB 设计中常用的术语。

（1）印制电路（Printed Circuit）：在绝缘基材上，按设计生成的印制元件或印制电路以及两者结合的信号传输电路。

（2）PCB（Printed Circuit Board）：印制电路板是由导电材料和绝缘基材一起组成的印制板，实现了所设计电路的信号连接，并且装配电路所需的所有元件。

（3）层（Layer）：PCB 上由铜箔组成的导电层，包括传输信号的层和电源或地层。

（4）内电层（Internal Layer）：内电层是 PCB 的一种负片层，主要用作电源或地的层。

（5）信号层（Signal Layer）：信号层是 PCB 的一种正片层，主要用作信号的传输和走线。

（6）单层 PCB：只有一面上进行信号走线的 PCB。

（7）双面 PCB：两面都进行信号走线的 PCB。

（8）多层 PCB：有许多导电走线层和绝缘材料层一起粘接，层间的信号走线可以实现互连 PCB。

（9）母板（Mother Board）：可以安装一块或多块 PCB 组件的主 PCB。

（10）背板（Backplane）：一面提供了多个连接器插座，用于点间电气互连 PCB。点间电气互连可以是印制电路。

（11）元件：指的是实现电路功能的基本单元，比如电容、电感、电阻、集成电路芯片等，可以统称为元件。

（12）元件封装（Footprint）：元件封装是指元件焊接到电路板时所指的外观和焊盘位置。既然元件封装只是元件的外观和焊盘位置，那么纯粹的元件封装仅仅是空间的概念，因此，不同的元件可以共用同一个元件封装。

（13）焊盘（Pad）：用于连接元件引脚和 PCB 上走线的电气焊接点，通常由铜层、镀铜和焊锡流组成，在其周围还会有阻焊层。

（14）过孔（Via）：为连通各层之间的线路，在各层需要连通的导线的交汇处钻上一个公共孔。

（15）盲孔（Blind Via）：从中间层延伸到 PCB 一个表面层的过孔。

（16）埋孔（Buried Via）：从一个中间到另一个中间之间的过孔，不会延伸到 PCB 的表面层。

（17）安全间离（Clearance）：防止信号之间出现短路的最小距离，是 PCB 走线的重要设置参数。

（18）布局（Layout）：根据设计要求以及电路的特性，将元件恰当地放置在 PCB 上的操作。它是实现布线的一个重要步骤，好的布局可以有效地实现 PCB 所有信号的布通。

（19）网络表（Net List）：表示 PCB 上元件引脚之间的连接关系的数据表。它描述了 PCB 上所有的电气连接。

（20）布线（Routing）：在布局完成后，根据网络表和设计要求，将所有电气连接用实际的走线连接起来的操作。通常使用人工干预的自动布线来进行 PCB 的设计。

练 习 题

1. 简述 PCB 设计流程并谈谈在 PCB 设计过程中仿真的重要性。
2. 最常用的 PCB 介电绝缘材料是什么？
3. 焊锡流和阻焊层的主要区别是什么？
4. 请简单回答带状线和微带线的区别？如果一个 PCB 设计要求用于射频（RF）屏蔽的环境中，请问最好选择哪种 PCB 走线配置？
5. 为什么在 PCB 设计时需要考虑电磁兼容问题？

第2章 PADS Logic基础

PADS Logic是Mentor Graphic的PADS电路设计软件的一个主要模块。该软件模块主要用来设计绘制原理图，产生PCB设计所需要的网络表。在进行PCB布局和布线之前，通常需要完成原理图的设计，然后根据原理图的网络表进行布局布线。本章主要讲述PADS Logic的基本功能，包括PADS Logic的设计环境、图形用户界面、文件操作和相关参数的设置等。

2.1 PADS Logic概述

PADS Logic（原Power Logic）是一个界面友好、操作简便、功能齐全的原理图设计环境，为PADS Layout（原Power PCB）提供了一个高效、简单的前端设计环境。它提供了元器件库管理、多页/层次式原理图设计、原理图符号创建向导、元器件与网络的浏览与检索、材料明细表（BOM）输出、PCB设计规则定义及网络表输出等全方位的功能。PADS Logic还可以同PADS的PCB环境紧密集成，实现原理图与PCB的同步设计，帮助设计者高效率地完成电子产品的原理图及PCB设计工作。PADS Logic具有如下一些主要的特点。

（1）良好的兼容性。PADS Logic可以导入Protel、P-CAD与OrCAD环境下的原理图及符号库文件，导入过程中原理图的网络连接关系、元器件属性等信息均保持完好。

（2）全方位的设计浏览功能。PADS Logic提供设计浏览器窗口，可以对原理图结构、元器件、封装、网络等设计内容进行快速浏览、检索和定位。所有设计数据在浏览器中一目了然。

（3）原理图与PCB同步设计。PADS支持在原理图加入PCB设计规则，以及在原理图和PCB环境中双向传递设计规则，确保原理图工程师将设计要求准确无误地传递给PCB工程师。PCB中支持的层次式规则、条件规则及高速规则等均可在原理图中定义。

PADS支持前后端并行设计，原理图与PCB工程师中任何一方进行了工程修改命令（ECO）操作后，都可以通过正、反标注（Forward/Backward Annotation）更新对方的数据，确保前后端设计数据的同步性和一致性。

PADS Logic可以同PADS的PCB环境集成，对元器件或网络进行快速交互定位（Cross Probe），提高布局布线效率。有条件的话可以采用双显示屏进行同步设计，一个屏显示原理图；另一个屏显示PCB，增大视图，改善视觉效果。

（4）可定制材料明细表（BOM）的输出。PADS Logic支持Text、Word等格式的材料明细表（BOM）输出。用户可以定制BOM表中需要的元器件属性配置，相同的元器件可以统计数量后单行输出。

（5）智能PDF归档功能。PADS Logic可以将原理图及元器件属性信息等所有设计内容输出为字符型PDF文档，无需PADS软件便可以打开原理图。在Acrobat软件中，可以通过书签窗口浏览原理图的层次结构，通过单击鼠标右键显示的菜单可查看元器件属性信息；同时支持元器件和网络检索功能，只需提供要查找的元器件位号或网络名称，Acrobat即可将之选中并放大显示。

（6）支持SPICE网表输出。PADS Logic可在元器件属性中定义SPICE仿真模型，然后输出原理图中部分电路模块或全部设计的SPICE仿真网表，供其他电路仿真软件（如PSPICE、PADS系统中的Analog A/D等）进行功能仿真验证。

2.2 PADS Logic 的设计环境

当用户启动 PADS Logic 后，系统将进入 PADS Logic 的设计环境，如图 2-1 所示。通过 PADS Logic，我们可以进行原理图设计、元件库的管理、PCB 网络表的生成等操作。这一节主要介绍 PADS Logic 的设计环境。

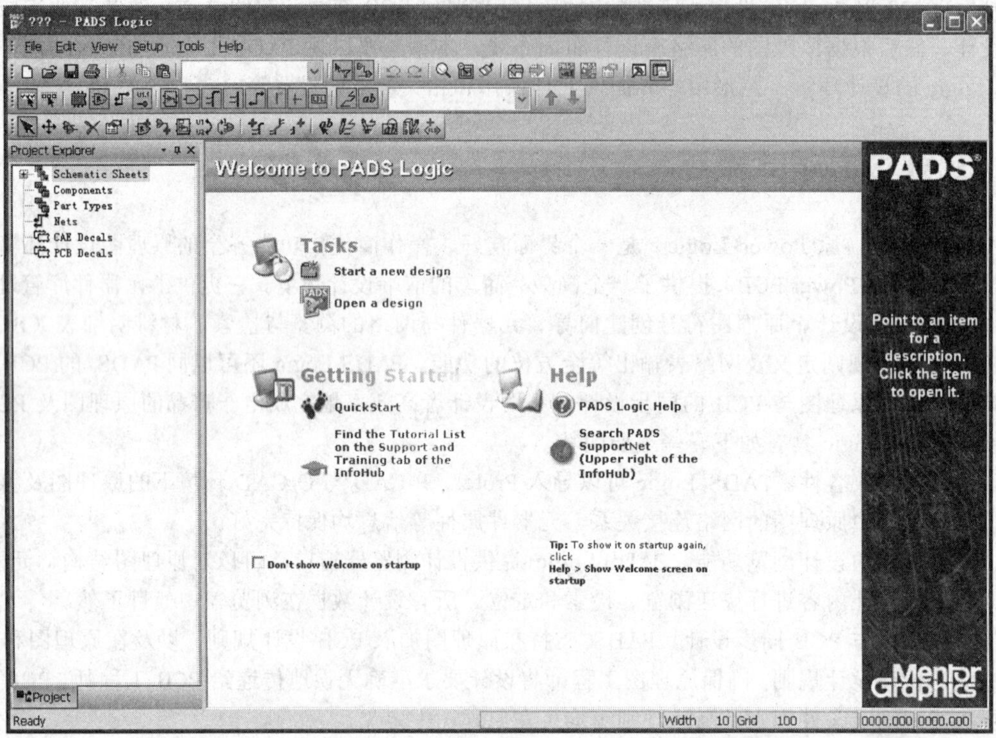

图 2-1 PADS Logic 设计环境

2.2.1 PADS Logic 设计图形界面

PADS Logic 提供了一个友好的图形用户界面。当新建一个设计文件后，系统会打开设计的图形界面，如图 2-2 所示，用户可以使用该界面进行原理图设计的相关操作，如放置元件、连接元件、网络表操作、元件库的管理，打印输出等。下面主要学习 PADS Logic 原理图设计的图形界面。

通常，用户可以使用菜单命令或者工具栏命令执行相关的操作。PADS Logic 设计界面提供了 File（文件）菜单、Edit（编辑）菜单、View（视图）菜单、Setup（设置）菜单、Tools（工具）菜单等。为了方便设计操作，PADS Logic 也提供了 3 个主要工具栏，包括 Standard（标准）工具栏、Design（设计）工具栏和 Selection Filter（选择过滤器）工具栏。

在如图 2-2 所示的设计界面中，左侧有一个操作方便的项目浏览器，通过项目浏览器可以进行原理图（Schematic Sheets）、元件（Components）、部件（Part）、网络（Nets）等操作。

PADS Logic 原理图设计窗口是进行元件放置和网络连接的区域，如图 2-2 所示。在设计区域，如果单击鼠标右键可以从右键快捷菜单中选择相关的命令，通过快捷菜单，可以快速选择需要执行的命令。

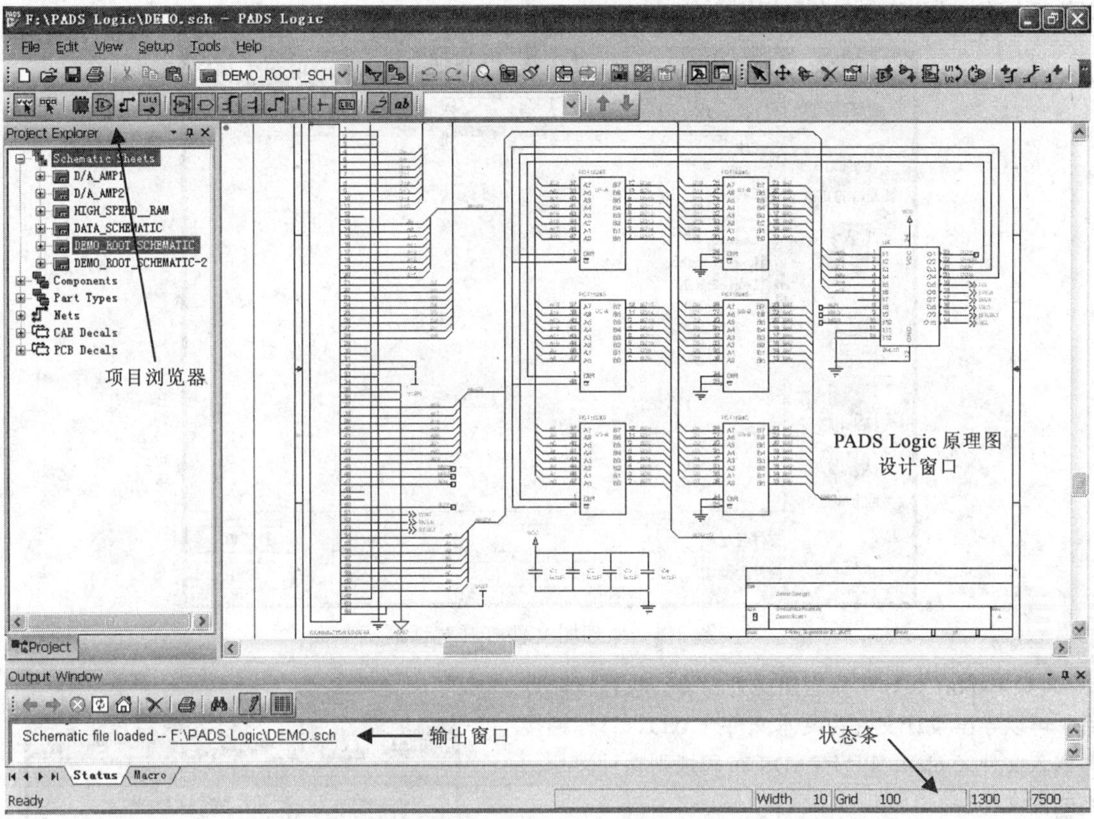

图 2-2　PADS Logic 原理图设计界面

2.2.2　PADS Logic 的菜单命令

1. 文件菜单

如图 2-3 所示，PADS Logic 文件菜单为用户提供了新建原理图设计文件、打开已存在的设计文件、保存文件、导入其他类型的文件，导出其他类型的文件、创建 PDF 文件、库的管理、生成文件的报表以及打印操作。

图 2-3　PADS Logic 文件菜单

（1）New 为新建原理图文件命令。执行该命令可以创建一个新的原理图设计文件。

（2）Open 为打开已经存在的原理图文件命令。执行该命令后，系统会弹出如图 2-4 所示的原理图文件打开对话框，在文件类型选择下拉列表中，可以选择“.sch”或者“.dsn”文件。“.sch”文件是 PADS 或者 Protel 软件的原理图文件，而“.dsn”文件则是 OrCAD 的原理图设计文件类型。

（3）Save 和 Save As 分别为保存一个原理图文件和另存原理图文件命令。

（4）Import 为导入原理图文件命令。执行该命令后，可以导入文本文件（.txt）、目标链接与嵌入文件（.ole）、工程设计更改文件（.eco）以及 PADS 布局规则文件（.asc）。

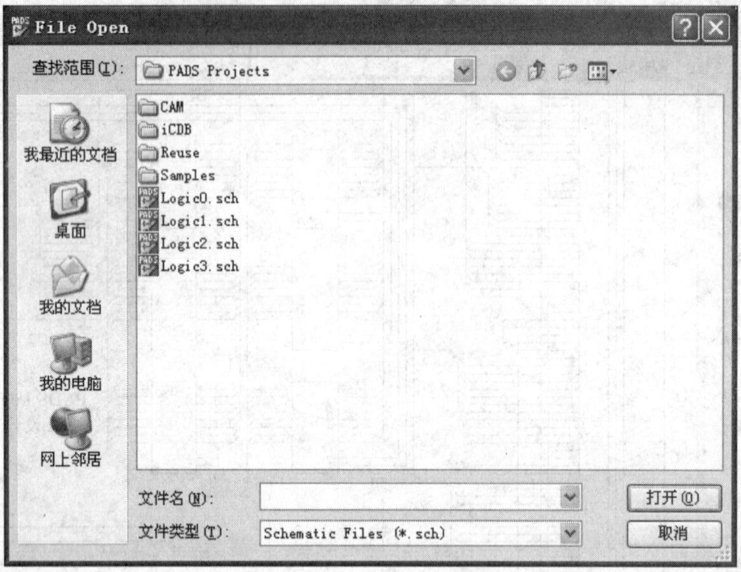

图 2-4　原理图文件打开对话框

（5）Export 为导出原理图文件命令。执行该命令后，可以导出设计文件为文本文件（.txt）、目标链接与嵌入文件（.ole），以及 PADS 布局规则文件（.asc）格式的文件。

（6）Create PDF 命令用来创建 PDF 文档。当执行该命令后，系统会弹出创建 PDF 文件对话框，然后输入所要创建的 PDF 文件名即可。

（7）Archive 用来对设计归档。当执行该命令后，系统会弹出 Archiver 对话框，可以对设计的 PCB 文件、原理图工程文件、库文件，以及需要归档的文件及文件夹等进行归档处理。

（8）Library 命令可以允许进行库的操作。执行该命令后，系统会打开如图 2-5 所示的库管理器对话框。通过该对话框，可以选择当前操作的元件库、创建新的元件库以及元件库的管理等操作，将在后面相关章节进行详细讲解。

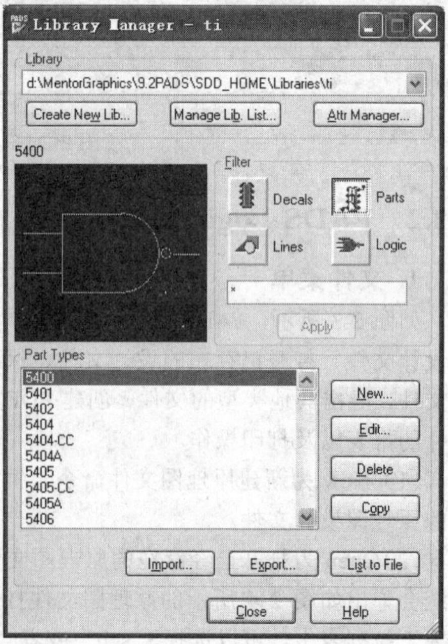

图 2-5　库管理器对话框

（9）Reports 命令主要用来生成报表文件，比如元件统计表、网络统计表、材料报表（BOM）等。执行该命令会打开如图 2-6 所示的对话框。本书将在后面相关章节进行详细讲解。

（10）Plot 命令用来输出所设计的图形文件，可以将文件输出到笔式绘图仪，或者光学绘图仪。关于打印输出文件将在后面相关章节进行详细讲解。

（11）Print Preview 为打印预览命令。可以预览所要打印的设计图形。

（12）Print 为实现打印输出的命令。后面的相关章节会讲述文件的打印输出。

2. 编辑菜单

编辑（Edit）菜单主要提供了原理图编辑所需要的命令，比如重复/取消操作、剪切、复制、粘贴、移动、删除、对象操作等。如图 2-7 所示为 PADS Logic 的编辑菜单。

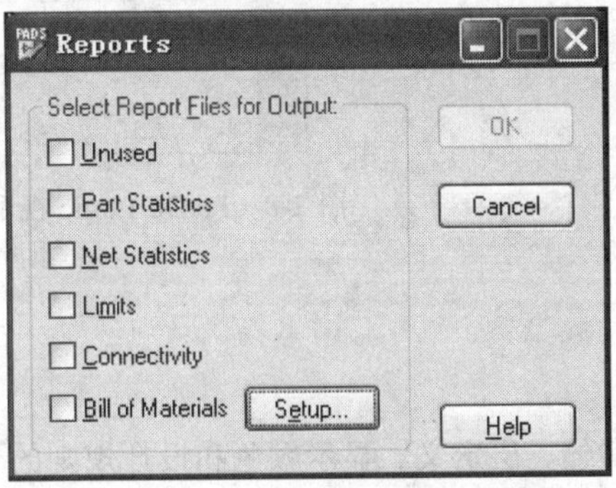

图 2-6　报表操作对话框

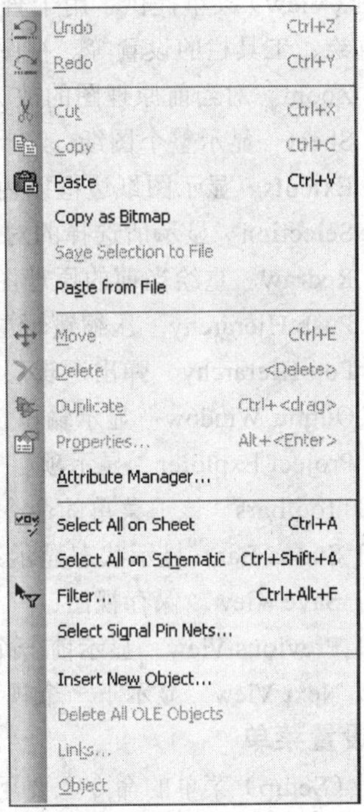

图 2-7　PADS Logic 的编辑菜单

（1）Undo/Redo　取消或重复某一个操作；

（2）Cut　剪切操作；

（3）Copy　复制操作；

（4）Paste　粘贴操作；

（5）Copy as Bitmap　以位图的方式进行粘贴操作；

（6）Save Selection to File　保存所选择对象到文件中；

（7）Paste from File　从一个文件粘贴到当前设计；

（8）Move　移动选择的对象；

（9）Delete　删除所选择的对象；

（10）Duplicate　复制所选中的对象；

（11）Properties　设置所选择对象的属性；

（12）Attribute Manager　属性管理器；

（13）Select All on Sheet　选择图样中所有对象；

（14）Select All on Schematic　选择原理图中所有对象；

（15）Filter　选择对象过滤器；

（16）Select Signal Pin Nets　选择信号引脚网络；

（17）Insert New Object　插入新嵌入式对象；

（18）Delete All OLE Objects　删除所有 OLE 对象；

（19）Links　编辑链接的对象；

（20）Object　激活嵌入式或链接的对象。

3. 视图菜单

视图（View）菜单提供了用于查看图形的相关命令，如放大、缩小、重绘、工具栏的设置等。视图菜单如图 2-8 所示。

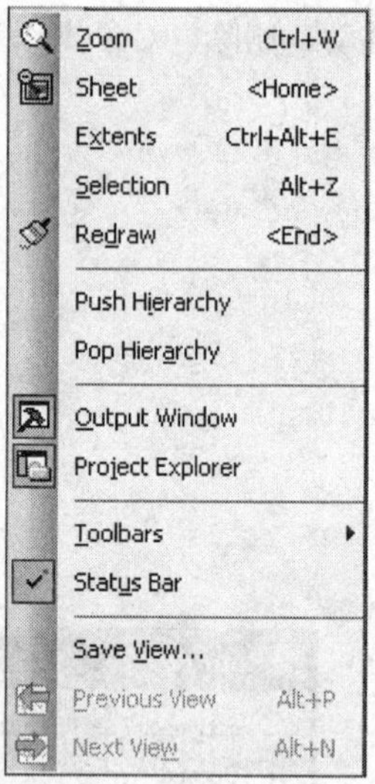

图 2-8　PADS Logic 视图菜单

（1）Zoom　对当前原理图的放大和缩小；

（2）Sheet　显示整个图纸；

（3）Extents　显示图纸边框以内的部分；

（4）Selection　显示所选择的对象部分；

（5）Redraw　重绘当前的原理图；

（6）Push Hierarchy　压缩逻辑层次；

（7）Pop Hierarchy　弹出逻辑层次；

（8）Output Window　显示输出窗口；

（9）Project Explorer　显示项目管理器；

（10）Toolbars　该子菜单的命令为设置工具栏；

（11）Status Bar　显示状态显示条；

（12）Save View　保存视图；

（13）Previous View　显示前一个视图；

（14）Next View　显示下一个视图。

4. 设置菜单

设置（Setup）菜单的命令主要用来进行图纸、字体、层定义、显示颜色和设计规则的设置。设置菜单如图 2-9 所示，下面简单介绍各命令的意义。

（1）Sheets　该命令用来设置图纸，执行该命令后，系统会弹出如图 2-10 所示的对话框，此时如果当前项目中已经打开了一个或多个原理图，则所有原理图名会显示在这个对话框中，并且可以添加新的图纸、重命名已有的图纸、查看所选择的图纸等。

图 2-9　PADS Logic 的设置菜单

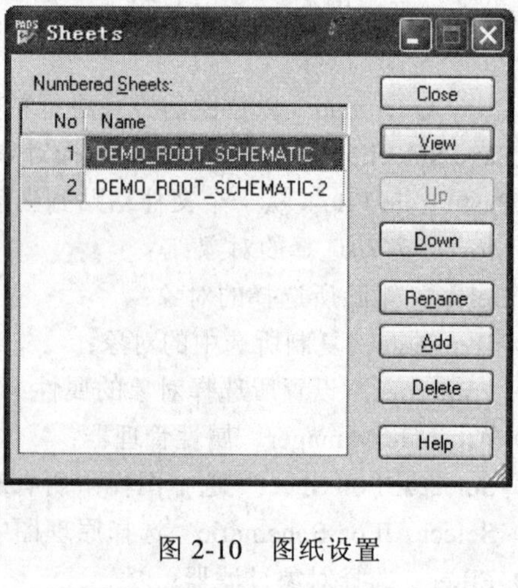

图 2-10　图纸设置

（2）Fonts　该命令可以用来设置系统原理图图纸的文字字体。

（3）Design Rules　该命令用来设置电路图的信号、布局和布线等设计规则。执行该命令后，系统会弹出如图 2-11 所示的对话框，通过该对话框可以选择所要设置的设计规则。

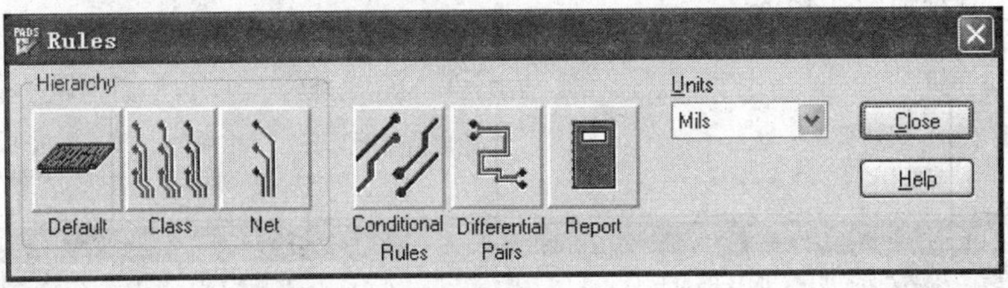

图 2-11　设计规则设置选项对话框

（4）Layer Definition　该命令用来定义和设置层。层对 PCB 的布局和布线非常重要，通常可以在 PCB 布局和布线时设置 PCB 的层。但是 PADS Logic 也可以设置层，然后布局和布线软件可以直接引用 PADS Logic 所设置的层。

（5）Display Colors　该命令用来设置图纸的显示颜色，如背景、选中对象、连线、总线、元件、文本等的颜色。

5. 工具菜单

工具（Tools）菜单提供了用于元件编辑、更新原理图、生成布局所用的网络表、生成 SPICE 网络表、启动 PCB 布局软件模块、启动 PADS Router 布线器软件模块、选项设置等命令，如图 2-12 所示。

图 2-12　PADS Logic 的工具菜单

（1）Part Editor　为打开元件编辑器命令。执行该命令可以打开元件编辑器，进行元件编辑操作；

（2）Update from Library　实现从元件库更新当前原理图的元件引脚、元件端口等信息。如果元件库有了更新，则执行该命令后可以对原理图的元件引脚或端口等进行更新；

（3）Save Off-page to Library　保存端口到元件库中。执行该命令可以将原理图的端口修改保存到元件库中；

（4）Compare/ECO　比较工程改变顺序（Engineering Changing Order），比如比较元件的属性、原理图的网络等，并可以将工程改变顺序输出到文件中；

（5）Layout Netlist　输出布局所需的网络表；

（6）SPICE Netlist　输出 SPICE 仿真用的网络表；

（7）PADS Layout　启动 PADS Layout 软件模块进行布局布线；

（8）PADS Router　启动 PADS Router 软件模块进行 PCB 布线；

（9）Marcos　定义宏，宏操作可以实现对某些操作的自动重复执行；

（10）Basic Scripts　启动脚本编辑器和脚本管理器。

（11）Customize　对用户界面进行定制。

（12）Options　打开选项设置对话框。用户可以根据自己的喜好，设置一些参数，比如光标、显示、栅格、备份等，后面的相关章节会进行详细的介绍。

2.2.3　PADS Logic 的常用工具栏命令

PADS Logic 不但提供了友好的菜单命令，而且还提供了操作方便的工具栏命令。PADS Logic 有三个常用的工具栏，即标准（Standard）工具栏、选择过滤器（Selection Filter）工具栏和设计（Design）工具栏。

（1）标准工具栏如图 2-13 所示。

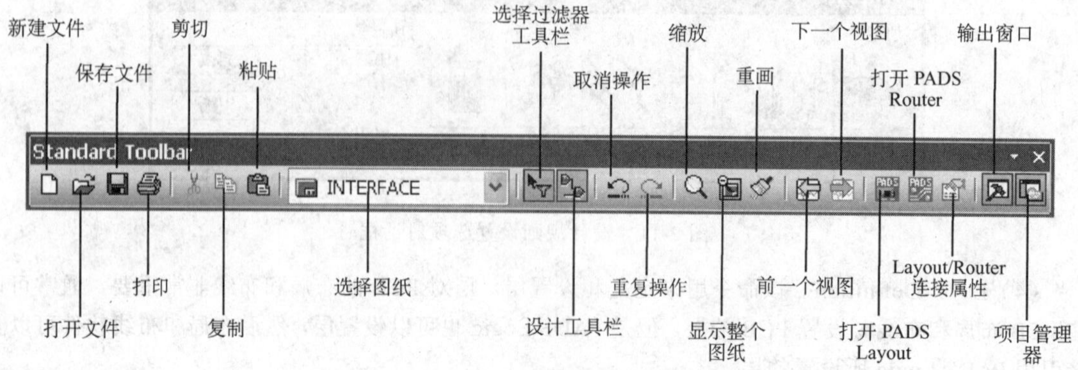

图 2-13　标准工具栏

（2）选择过滤器工具栏如图 2-14 所示。当需要过滤某个对象时，就可以在工具栏上取消该命令选择。

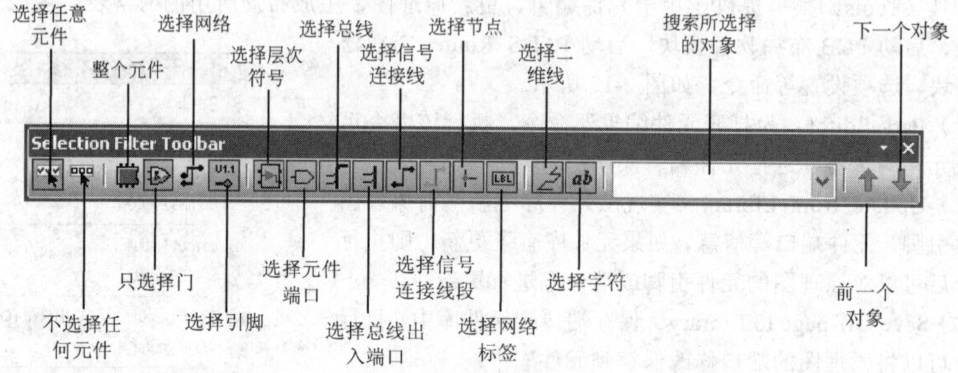

图 2-14　选择过滤器工具栏

（3）设计工具栏如图 2-15 所示。当选择执行设计命令时，直接单击工具栏的命令即可。

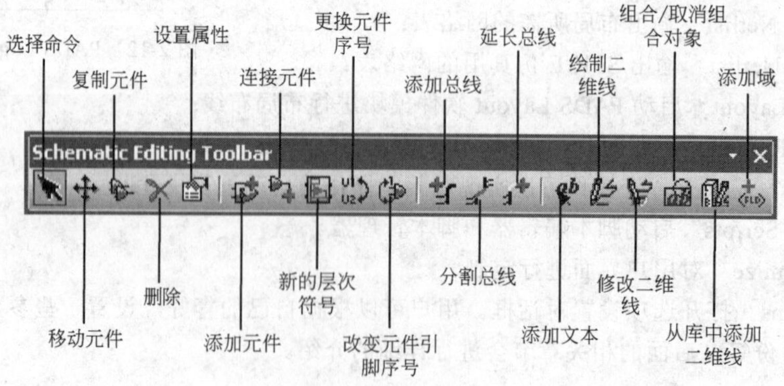

图 2-15　设计工具栏

2.2.4　右键快捷菜单

在使用 PADS Logic 进行原理图设计时，可以使用右键弹出的快捷菜单命令，即单击鼠标右键显示可以执行的菜单命令，或者可以选择的目标项目。

在 PADS Logic 窗口内的任何地方单击鼠标左键，激活这个窗口。然后单击鼠标右键，弹出的快捷菜单将出现在鼠标的位置处，这个弹出的菜单，如图 2-16 所示为在原理图编辑区弹出的鼠标右键快捷菜单。在这个菜单中，可以允许快速进行过滤器的选择，或者也可以通过 Edit→Filter 命令选择配置过滤项目。

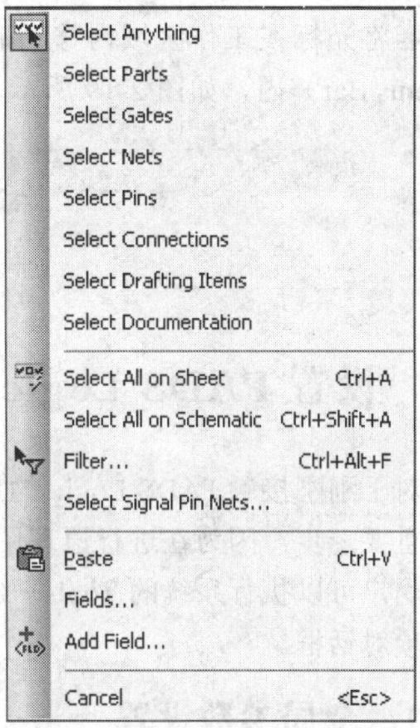

图 2-16　PADS Logic 右键快捷菜单示例

2.2.5　无模命令

用户可以在任何时候使用一个命令的代码字符修改设置和进行功能操作，然后输入新的值，并按 Enter 键实现。这样的操作就是通过无模命令（Modeless Commands）来实现的。

无模命令通常可以在设计中频繁应用修改的值。例如，使用无模命令 g，就可以修改栅格设置。直接按 g 键，输入新的设置值，然后按 Enter 键即可。例如 g50 表示新的栅格设置为 50，其无模命令输入框如图 2-17 所示。

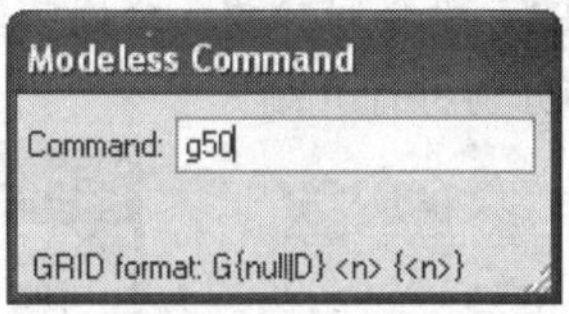

图 2-17　无模命令

2.2.6　状态窗口和状态条

1. 状态窗口

通过状态窗口（Status Window）可以显示当前视图在原理图的位置，以及所选择元件的信息（如元件序号、元件名等），如图 2-18 所示。

（1）视图标记区　在状态窗口的视图标记区（状态窗口的下部），有一个蓝色的位图显示，绿色的全屏视图显示和一个白色的矩形框。使用鼠标可以移动原理图的视图显示区域，为设计操作提供了方便。使用视图标记区的方法如下：

1）将光标放置在视图标记区；

2）按住鼠标右键，拖动鼠标定义一个矩形区域，释放鼠标右键后，就可以发现这个矩形区域成为当前的全屏视图。

（2）Snap to Grid 复选框　如果选中栅格选择框（Snap to Grid），则显示的视图区会自动捕捉当前设计的栅格。

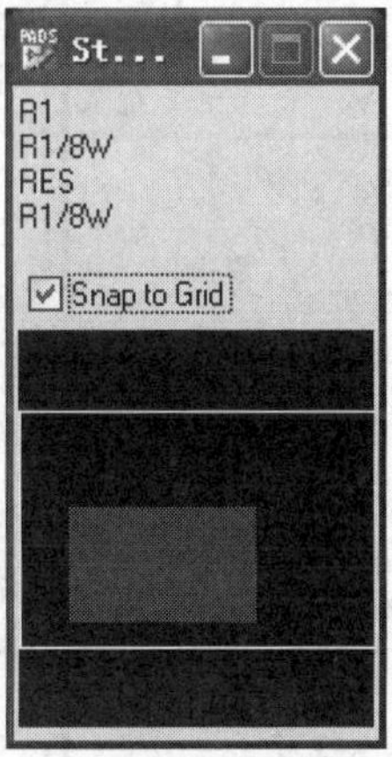

图 2-18　状态窗口

当开始运行 PADS Logic 时，状态窗口会自动显示在屏幕的左面，通过选择状态窗口（Status Window）上的关闭按钮，可以关闭状态窗。

如果在设计界面中没有显示状态窗口，而用户想打开状态窗口以便查看和移动视图，则可以按 Ctrl+Alt+S 组合键打开状态窗口。旧版 PADS Logic 中有一个 Windows 菜单，可以从中选择 Status Window 命令打开状态窗口。但是新版 PADS Logic 中没有这个菜单，所以可以通过快捷键来打开状态窗口。

2. 状态条

当将光标在工作区域内移动时，它所在位置的绝对坐标值将动态地显示在屏幕底部的状态条（Status Bar）内，如图 2-19 所示。状态条上也会显示栅格的大小以及其他相关的信息。

图 2-19 状态条

2.3 设置 PADS Logic 的环境参数

对于刚刚接触 PADS Logic 的用户来说，了解 PADS Logic 设计项目的选项设置是学习使用该软件的重要一步，因为在进行原理图设计之前，应该根据自己的操作习惯对设计环境进行设置。

用户可以执行系统的 Tools→Options 命令进行设置。执行该命令后，系统将弹出如图 2-20 所示的选项对话框。

2.3.1 全局参数设置

全局参数可以通过 General 选项卡进行设置，如图 2-20 所示的 General 选项卡用来设置 PADS Logic 的一般全局参数。全局参数设置包括显示、光标风格、OLE 对象、语言编译、文件备份等，下面将分别进行介绍。

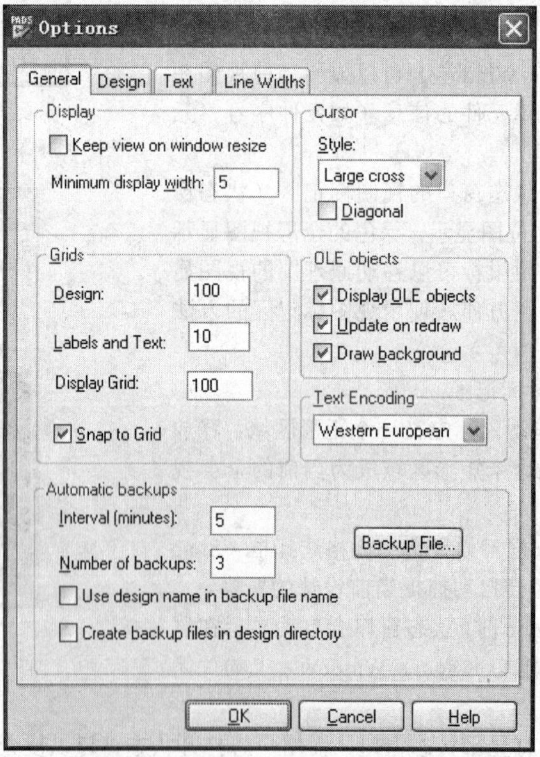

图 2-20 选项对话框

（1）显示（Display）设置 使用显示设置区域，可以指定原理图的视图显示以及重绘速度。

1）当调整 PADS Logic 窗口大小时，如果想通过自动缩放保持设计的视图区域，则可以选中 Keep view on window resize（在窗口大小调整时保持视图）复选框。

2）在 Minimum display width（最小显示宽度）编辑框，可以输入当前设计单位的最小线宽值，小于这个宽度时，实际线就以中心线绘制，从而可以节省存储空间和重绘时间。当在这个编辑框输入 0 时，则以实际宽度显示所有线。设置的值越大，则重绘时间越短。

（2）设置光标（Cursor）风格　在光标（Cursor）区域可以指定指针的物理形状。可以在类型（Style）下拉列表中选择如下 4 种指针形状：

1）Normal（普通）——Arrow（箭头）形状；

2）Small cross（小十字形）——小的“+”形状；

3）Large cross（大十字形）——大的“+”形状；

4）Full screen（全屏）——全屏的十字形。

如果想旋转指针为对角形状，则可以选中 Diagonal（对角）复选框。在 Normal 类型下，该复选框无效。

（3）栅格（Grids）设置　在此设置区域，使用这些设置可以设定栅格的大小，用来辅助放置对象、文本和标签，并且用于绘制直线和图元的导向。可以设置设计栅格（Design）、显示栅格（Display Grid）以及标签和文本（Labels and Text）的显示。

1）Design 编辑框可以设定一个栅格大小，用来确定对象放置。可以设置的值的范围为 2～2000，并且设置的数值应该为 2 的倍数，单位为 mil。

2）Labels and Text 编辑框可以为标签和文本栅格设定一个栅格值，用来确定标签、域、名称、属性和文本的放置。可以设置的值的范围为 2～2000，并且设置的数值应该为 2 的倍数，单位为 mil。

3）Display Grid 编辑框可以为显示栅格设定一个栅格值，显示栅格可以为绘制线条、元件和连线提供一个可见的引导。可以设置的值的范围为 10～9998，并且设置的数值应该为 2 的倍数，单位为 mil。它和状态条上显示的系统栅格（设计栅格）不一样。

如果在工作区栅格不可见，可能是由于设置的栅格值太小，当用缩放（Zoom）将一个小区域放大很多倍时，还是可以看到它的。

（4）指定 OLE 对象　使用 OLE objects（OLE 对象）区域可以指定链接嵌入对象的显示。只有当对象被嵌入在其他应用中，OLE 显示属性才会影响 PADS Logic 的图形显示。

1）如果需要在工作区域显示链接和嵌入的对象，则选择中 Display OLE objects（显示 OLE 对象）复选框。

2）如果需要更新 PADS Layout 所链接的或嵌入的对象，则选中 Update on redraw（重绘时更新）复选框。该选项仅仅用于用户在一个独立的窗口编辑 PADS Logic 对象，并且在不同窗口执行 Redraw（重绘）命令时有效。如果需要增加绘图的速度，则可以取消该复选框的选择。

3）如果需要在链接的或嵌入的 PADS Logic 对象上绘出 PADS Logic 背景颜色，则选中 Draw background（绘制背景）复选框。当取消该选项的选择时，则 PADS Logic 对象的背景是透明的，用户可以透过该对象看到应用的背景。

（5）设置语言编译　在 Text Encoding（语言编译）区域可以指定用于设计窗口中显示的文本字符和标号等的语言编译支持。

为了设置语言编译，可以在 Text encoding（文本编译）列表中，选择显示所用的语言。语言编译选项包括 PADS Logic 当前本地化所支持的语言，也包括设计中已经使用的任何默认编译。PADS Logic 也支持简体中文（Chinese Simplified）和繁体中文（Chinese Traditional）。

（6）设置文件备份（Automatic backups）　当计算机由于突然断电或其他原因导致文件没有及

时保存时，系统会自动产生备份文件，在重新启动计算机时，可以打开备份文件，备件文件一般是系统中断前几分钟内的文件，这样就不会因意外而丢失太多的操作。

在文件备份设置区域，可以设置备份的时间间隔（Interval Minutes）和备份文件数量（Number of Backups）。单击图 2-20 中的 Back File 按钮，系统会弹出如图 2-21 所示的备份文件对话框，在此对话框中可设置备份文件的存储路径和名称。

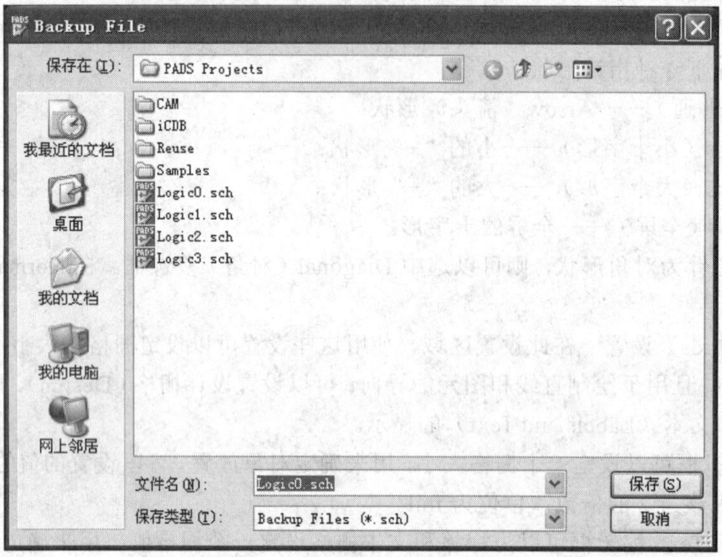

图 2-21　备份文件对话框

2.3.2　原理图设计参数的设置

使用 Design（设计）选项卡可以定义原理图编辑参数，如图 2-22 所示。使用该选项卡可以设置如下几个重要参数：设计栅格、图纸、页间连接、非 ECO（工程更改顺序）注册元件、非电气元件等参数。

（1）参数（Parameters）的设置　在 Parameters 区域可以指定图纸参数、粘贴时保留的元件名、允许浮动的连线等。

1）Tie Dot Diameter（结点直径）编辑框用于设置结点的大小，在该编辑框输入的值的范围为 0～100。

2）Bus Angle Offset（总线拐角偏置）编辑框用于设置总线分支的拐角处拐角的长度，在该编辑框输入的值的范围为 0～250。

（2）选项（Options）的设置　在 Options 区域可以设定粘贴时保留元件名、允许浮动的连线和允许网络名选项的删除等。

1）Preserve Ref Des on Paste（粘贴时保留元件

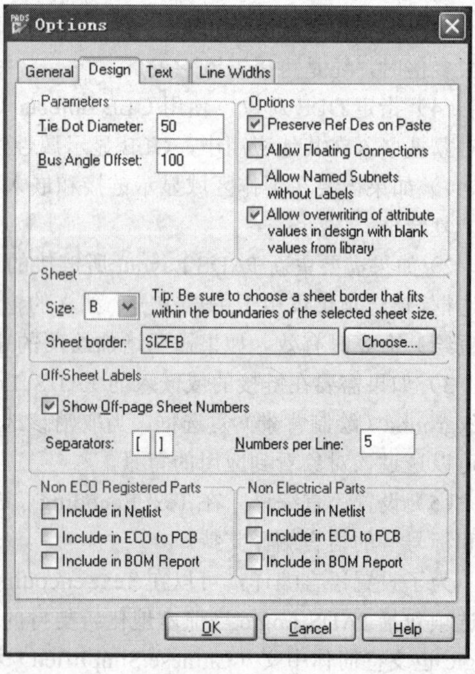

图 2-22　Design（设计）选项卡

名）复选框为是否在复制元件后粘贴元件时保留原元件名。

2）Allow Floating Connections 复选框为是否允许存在浮动连线，选中则表示允许浮动连线。

3）Allow Named Subnets without Labels 复选框设置是否允许删除网络名选项，除了在电源符号连接和该网络连接以外，还覆盖了其默认的网络名的情况。当选择了复选框，则在任何情况下，当前的网络名都不会改变；当清除该复选框，则不能删除连接到总线分支或跨页符号的选项，但是可以删除连接到元件引脚的网络选项。删除网络选项会给网络重新命名为一个系统产生的网络名，当然被删除的网络选项应该是网络上的唯一标签时才会这样。

（3）图纸（Sheet）的设置　使用 Sheet 区域可以设置原理图的大小和图纸边界。从 Size 列表中，可以选择所需要的图纸大小。如果需要改变图纸的边界，则单击图 2-22 中的 Choose（选择）按钮，然后系统会弹出如图 2-23 所示的从库中选择图纸对话框，此时就可以从该对话框中选择所需要的图纸边界类型，选择时要保证所选择图纸边界适合所选择图纸大小。

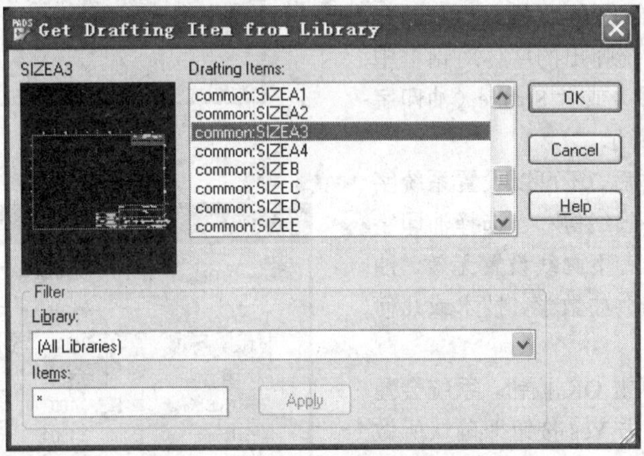

图 2-23　从库中选择图纸对话框

（4）页间连接（Off-Sheet Labels）设置　在多页设计中，往往会有分别位于两张图纸上的零件之间的逻辑连接，则应该使用页间连接。

1）Show Off-page Sheet Numbers 复选框为是否显示页面连接网络所在的页面号，选中则表示显示连接网络所在的页面号。

2）Separators 编辑框为显示页号外框的符号类型，用户可以根据自己的设计规范选择符号类型，默认的符号类型为“[ ]”，也可以使用" "、{}等。

3）Numbers per Line 编辑框代表每行显示的页码数量。设置的值的范围为 0～99。

（5）设置非工程更改注册元件（Non ECO Registered Parts）　使用 Non ECO Registered Parts area 区域可以指定什么地方可以包括非工程更改注册元件。所有元件的设置都保存在原理图设计文件中。我们可以指定三种可以包括非工程更改注册元件的对象：

1）Include in Netlist 复选框指定网络表可以包括非工程更改注册元件；

2）Include in ECO to PCB 复选框指定在传送到 PCB 的 ECO 中可以包括非工程更改注册元件；

3）Include in BOM Report 复选框指定在材料报表（BOM）中可以包括非工程更改注册元件。

（6）设置非电气元件（Non Electrical Parts）　使用 Non Electrical Parts 区域可以指定什么地方可以包括非电气元件。所有的设置都会保存在原理图设计文件中。

1）Include in Netlist 复选框指定网络表可以包括非电气元件；

2）Include in ECO to PCB 复选框指定在传送到 PCB 的 ECO 中可以包括非电气元件；

3）Include in BOM report 复选框指定在材料报表（BOM）中可以包括非电气元件。

2.3.3 字体和文本的设置

1. 字体设置

用户可以设置原理图的文本字体，可以使用 Windows 操作系统中所具有的系统字体或油印字体（Stroke font）。在系统中所安装的字体都可以使用。

如果原理图使用了操作系统中没有的字体，则当文件被加载时会提示选择替换字体。在这个过程中，用户被要求选择其他字体替换系统所没有的字体。

通常可以使用 Fonts（字体）对话框来设置或修改设计中所用的字体。执行 Setup→Fonts 菜单命令，从系统弹出的字体对话框中选择 System（系统字体）或者 Stroke（油印字体）选项。如图 2-24 所示。

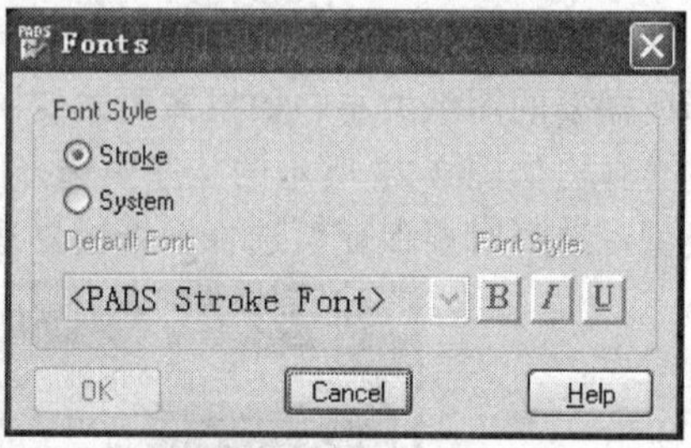

图 2-24　字体对话框

当选择了系统字体后，还可以设置系统字体的粗体、斜体或者下画线等；当选择油印字体后，则粗体、斜体或者下画线设置无效。油印字体不支持图形符号，如数学、技术或几何字符等。

当改变了字体后单击 OK 按钮，系统会弹出一个提示对话框，单击 Yes 按钮即确认所做的修改。

2. 文本设置

对于设置了具体字体的文本，还可以设置文本的大小和宽度等，可以使用选项设置对话框的 Text（文本）选项卡来设置，如图 2-25 所示。当设置文本的字体时，在所需要设置的某类型文本对应的字体处，双击鼠标左键或者选中字体后单击 Edit（编辑）按钮，则可以设置文本的字体。如果需要设置某类型文本的字体大小，则可以选中文本相对应的 Size（大小）项并单击 Edit 按钮，或者双击鼠标左键，则可以设置文本的大小。如果需要设置某类型文本的字体宽度，则可以选中文本相对应的 Width（宽度）项并单击 Edit 按钮，或者双击鼠标左键，则可以设置文本的宽度。

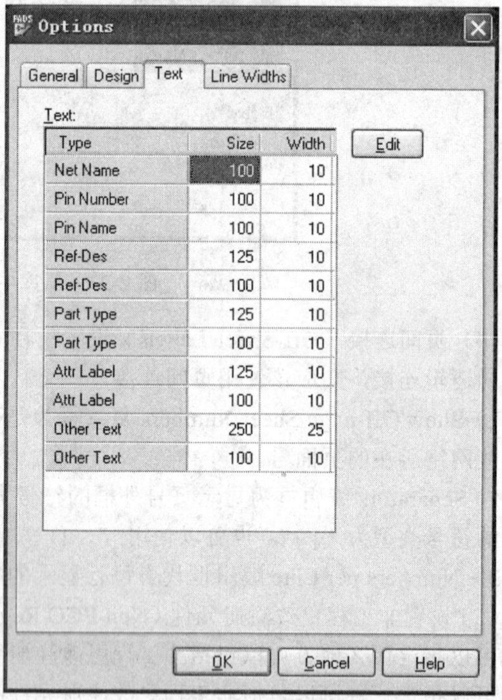

图 2-25　Text（文本）选项卡

2.3.4 线宽的设置

PADS Logic 为用户提供了设置线宽的功能。通常可以设置总线、电气连接线、元件的轮廓线等线宽。设置线宽可以使用选项设置对话框的 Line Widths（线宽）选项卡来设置，如图 2-26 所示。

当设置线宽时，可以选中某类型线的宽度，然后单击 Edit 按钮，或者直接双击鼠标左键进行设置。

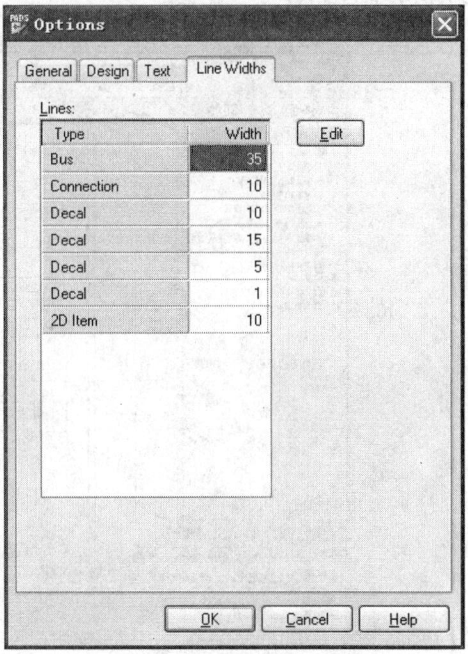

图 2-26　Line Widths（线宽）选项卡

2.4　PADS Logic 的视图操作

在设计原理图时，常常需要进行视图操作，如对视图进行缩放和移动等操作。PADS Logic 为用户提供了很方便的视图操作功能，设计人员可以根据自己的习惯选择相应的方式。通常可以使用 View 菜单中的 Zoom、Sheet、Extents、Selection 和 Redraw 等命令进行操作，也可以使用鼠标进行操作。下面详细讲述如何方便地进行视图操作。

2.4.1　使用视图菜单命令

PADS Logic 的 View 菜单提供了可以用于视图操作的基本命令，可以使用这些命令来进行缩放等操作。下面以实例来说明如何使用菜单命令进行缩放操作。

（1）执行 View→Zoom 命令后，光标会变为缩放指针，如图 2-27 所示，然后可以使用鼠标进行缩放操作；也可以直接从工具栏菜单选择图标 来执行该命令。

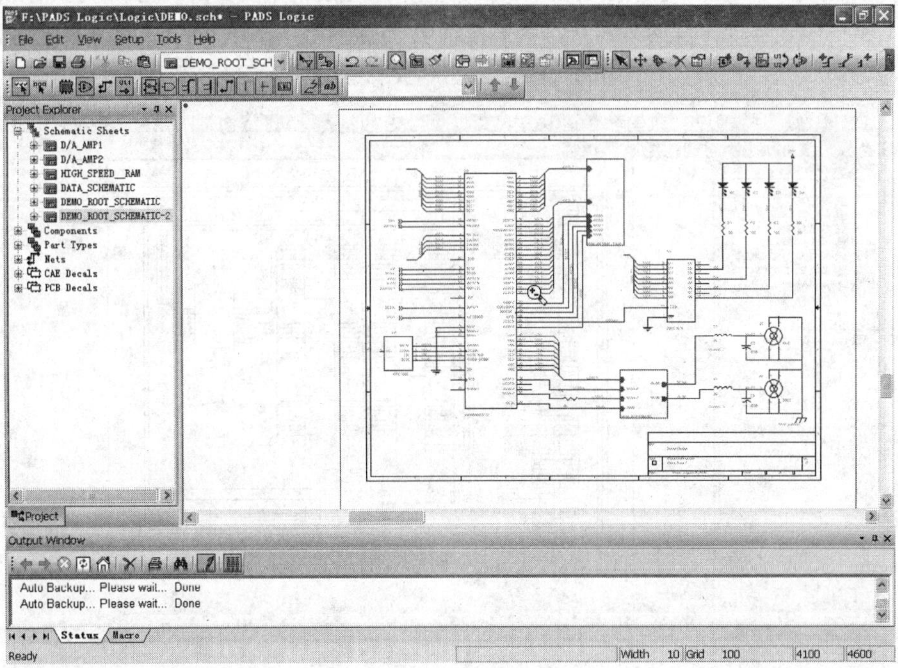

图 2-27　缩放前的图形

如果要放大图形，则可以单击鼠标左键，系统就会以鼠标所单击的地方为中心放大图形，如图 2-28 所示即为放大后的图形；如果要缩小图形，则可以单击鼠标右键，然后系统就会以单击的地方为中心缩小视图。

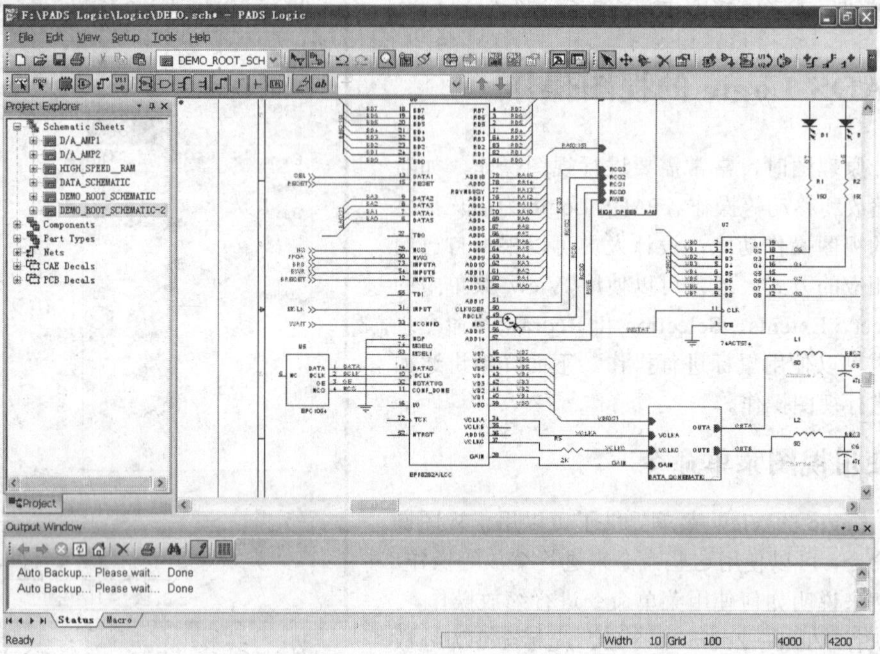

图 2-28 放大后的图形

（2）执行 View→Sheet 命令，可以显示视图为整个原理图。如图 2-29 所示即为执行该命令后所显示的整个原理图。也可以直接从工具栏菜单选择图标来执行该命令。

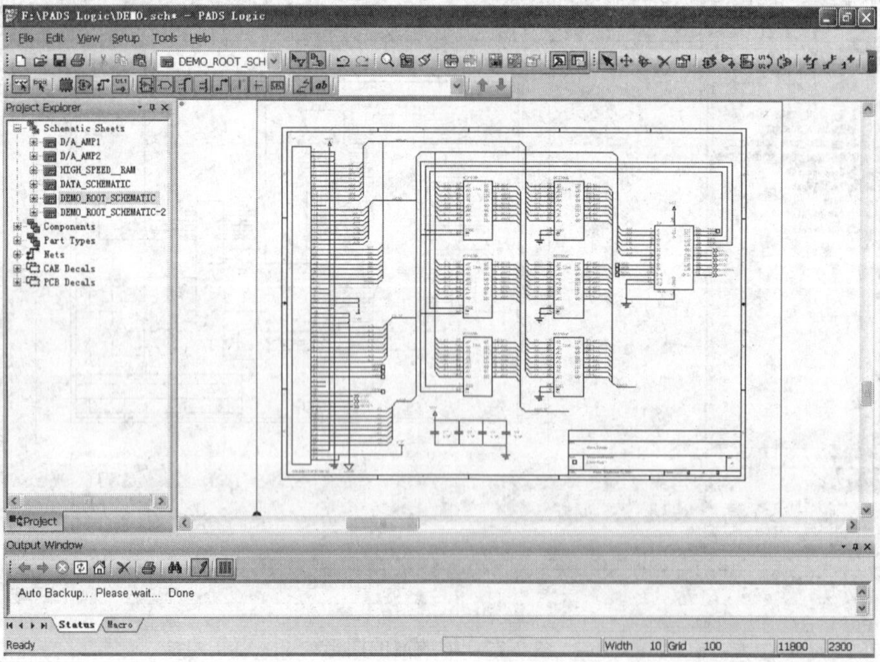

图 2-29 显示整个原理图

（3）执行 View→Extents 命令，可以显示视图为原理图图纸区域。如图 2-30 所示即为执行该命令后所显示的整个原理图图纸区域。读者可以看出图 2-30 和图 2-29 之间的区别。

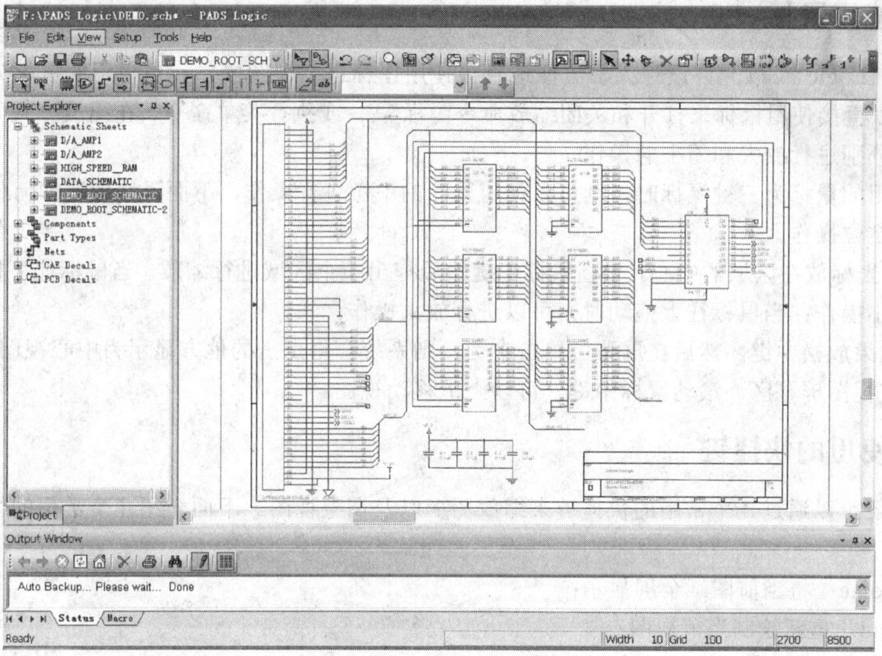

图 2-30　显示整个原理图图纸区域

（4）执行 View→Selection 命令，可以显示视图为所选中的对象。如图 2-31 所示即为执行该命令后所显示的一个被选中的元件，从图中可以看出选中的元件为 U8。

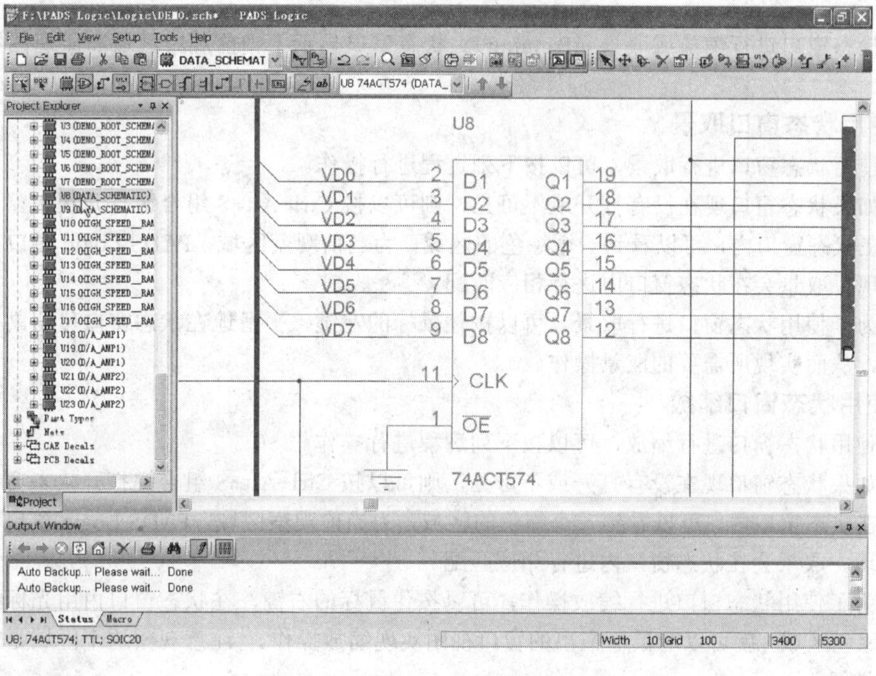

图 2-31　显示的一个被选中的元件

（5）执行 View→Redraw 命令，可以对当前的原理图进行重绘操作，任何修改或更新都会被刷新。也可以直接从工具栏选择图标来执行该命令。

2.4.2 使用鼠标

PADS Logic 可以允许设计人员方便地直接使用鼠标进行视图操作。当使用的鼠标为两键鼠标时，则可以直接使用鼠标来打开和关闭缩放命令图标，或执行菜单命令。在缩放方式下，单击鼠标左右键分别进行放大和缩小的操作。

当使用的鼠标为三键鼠标时，则可以使用鼠标的中键进行操作，下面详细叙述如何使用中键进行缩放和定位操作。

1）将光标放在区域的中心，按住鼠标中键然后拖出一个区域进行缩放。当鼠标往下拖动时，可以进行缩小操作；当鼠标往上拖动时，可以进行放大操作。

2）如果放松中键，然后在屏幕上单击中键，则系统会将点击的地方显示为中心视图。

3）在视图屏幕区，滚动鼠标中键，可以上下移动视图。

2.4.3 使用的快捷键

用户还可以通过几个常用的快捷键来缩放图形以及调整视图。下面介绍几个常用的快捷键的功能：

1）Home：将当前图纸全屏显示；

2）End：重新绘制当前视图；

3）PgUp：以当前的光标为中心放大；

4）PgDn：以当前的光标为中心缩小；

5）Insert：以当前光标所在位置为中心调整视图，没有任何缩放。

2.4.4 使用状态窗口

使用状态窗口进行缩放或取景（Panning）。状态窗口显示了当前观察区域和原理图绘图区域的相对位置。

1. 使用状态窗口取景

为了使用状态窗口进行取景，可以按下列过程进行操作。

（1）如果状态窗口现在没有打开或不可见，则可以按 Ctrl+Alt+S 组合键打开状态窗口。

（2）在状态窗口内，可以看到一个绿色的区域，为当前观察区域，PADS Logic 窗口内的动作会在这里体现。取景会在状态窗口内进行相应匹配。

（3）为了使用状态窗口进行取景，可以按住鼠标的左键，平滑地在状态窗口移动鼠标，就可以平移视图，从而实现所需要的取景操作。

2. 使用状态窗口缩放

为了使用状态窗口进行缩放，可以按下列过程进行操作。

（1）如果状态窗口现在没有打开或不可见，则可以按 Ctrl+Alt+S 组合键打开状态窗口。

（2）在状态窗口内，可以看到一个绿色的区域，为当前观察区域，PADS Logic 窗口内的动作会在这里体现。取景会在状态窗口内进行相应匹配。

（3）为了使用状态窗口进行缩放操作，可以按住鼠标的右键，在状态窗口内用光标拖出一个视窗矩形（绿色区域）就可以对鼠标拖出的窗口视图实现缩放操作。注意观察这个区域是怎样代表所定义的区域的。

在使用状态窗口时，可以执行 Tools→Options 菜单命令设置缓冲大小，从而调节视图的放大缩小操作的速度。

2.5　设置原理图的颜色

在进行原理图设计时，通常可以根据自己的设计习惯，为图形单元设置相应的颜色，如为连线、背景、总线等设置相应的颜色。

为了设置原理图的图形单元颜色，可以执行 Setup→Display Colors 菜单命令，系统会弹出如图 2-32 所示的显示颜色对话框。通过该对话框，可以分别为各种原理图的图形单元设置颜色。

如果需要设置某个单元的颜色，则可以先用鼠标在 Selected Color（选择的颜色）区域选择所需要的颜色，然后再用鼠标单击所需要设置新颜色的对象后面的颜色框即可。

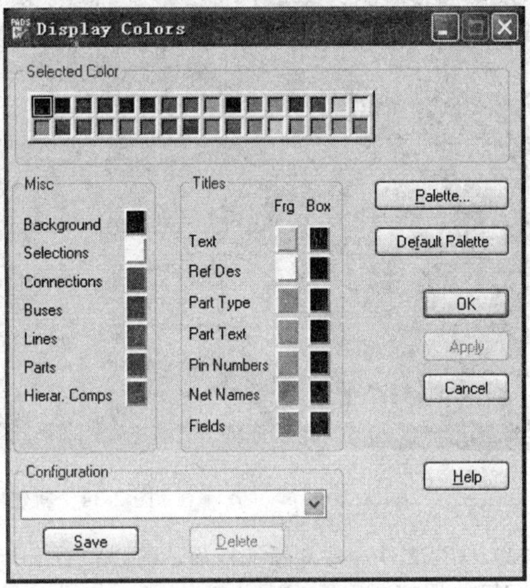

图 2-32　显示颜色对话框

如果想选择更多的颜色，可以单击 Palette（调色板）按钮，系统会弹出 Windows 的颜色对话框，然后可以选择自己所需要的颜色类型，再返回到图 2-32 的对话框中进行操作。

单击 Default Palette（默认的调色板）按钮，则 Selected Color 区域的颜色会自动变为默认的调色板。

用户还可以直接从 Configuration（配置）下拉列表中选择系统设置好的对象颜色，其中有两项选择：一项为 Default（默认），即系统默认的对象颜色设置；另一项为 Monochrome（单色），即使用的是黑、白、灰单色调颜色设置。

如果用户想将自己设置的对象颜色保存下来，可以单击 Save 按钮，然后系统会弹出一个对话框，如图 2-33 所示。在这个对话框中输入所要保存的颜色配置名即可。

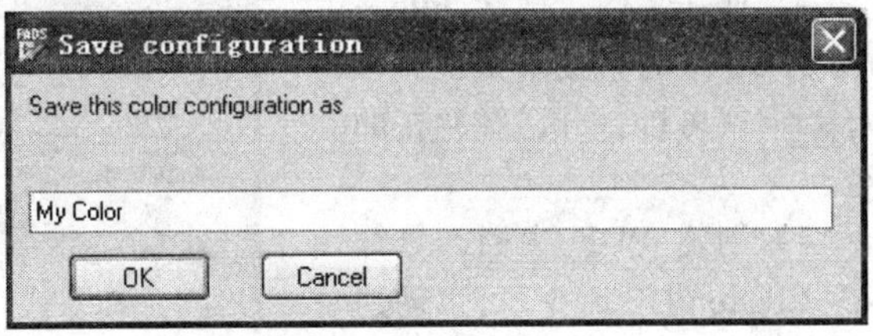

图 2-33　保存颜色配置对话框

设置好了对象颜色后，可以直接单击 OK 按钮完成设置。也可以先单击图 2-32 中的 Apply 按钮，应用了设置后再单击 OK 按钮，退出对话框。

2.6　PADS Logic 的文件管理

在进入具体的设计操作之前，我们需要熟悉 PADS Logic 的文件操作和管理。例如，建立新的设计文件、保存文件、建立 PDF 文件等。

（1）建立新的设计文件。可以直接执行 File→New 菜单命令建立一个新的设计文件，也可以直接单击工具栏中的图标，然后系统就会创建一个新的原理图设计文件。如图 2-34 所示，即为新建的原理图文件。

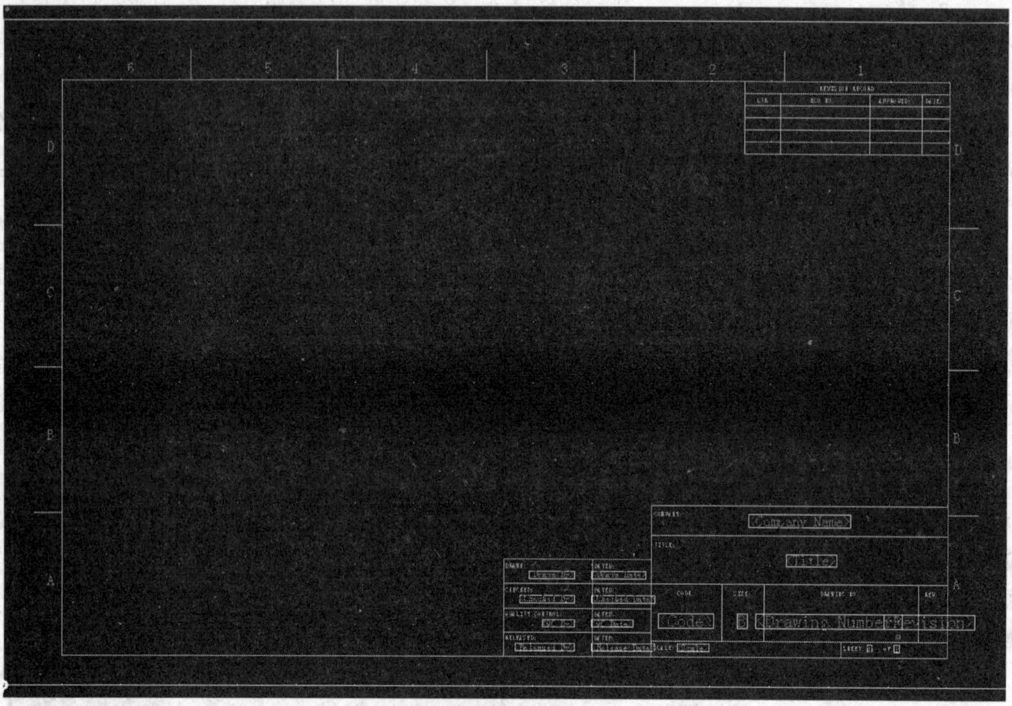

图 2-34　新建的原理图文件

（2）保存文件。建立新文件后，可以执行 File→Save 菜单命令保存文件，或直接单击工具栏中的图标。原理图文件的后缀名为.sch。如果需要另外保存为其他名称，则可以执行 File→Save as 命令。

（3）打开文件。执行 File→Open 命令，或者直接单击工具栏图标，就可以打开已经存在的文件。

（4）创建 PDF 文档。执行 File→Create PDF 命令，可以创建当前设计文件的 PDF 文档。执行该命令后，系统会弹出创建 PDF 文档对话框，设定需要创建的 PDF 文件名即可。

（5）导入文件。执行 File→Import 命令，将其他文件导入到当前设计文档中，选取此项命令，系统会弹出导入文件对话框，选择所需要导入的文档，如图 2-35 所示中的 2407-Total.txt 文件。然后单击打开按钮即可导入该文件。

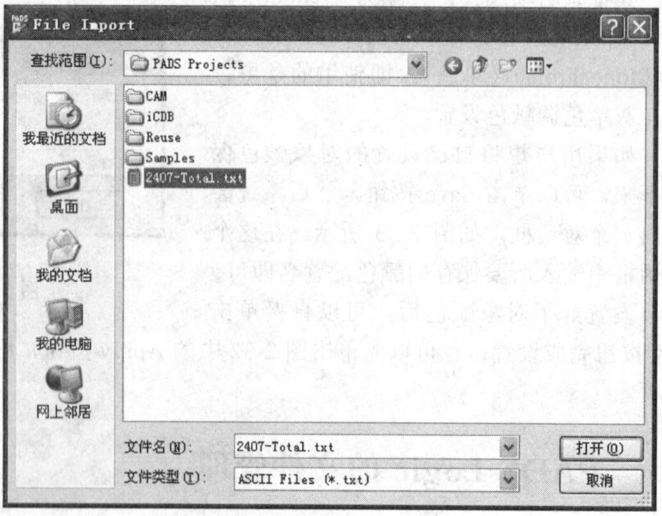

图 2-35　导入文件对话框

通常，PADS Logic 可导入的文件类型有文本文件（.txt）、目标链接与嵌入文件（.ole）、工程设计更改文件（.eco）以及 PADS 布局规则文件（.asc）。

（6）导出文件。将原理图文件导出为其他类型的文件，如文本文件（.txt）、目标链接与嵌入文件（.ole）以及 PADS 布局规则文件（.asc）。执行 File→Export 命令，然后系统会弹出如图 2-36 所示的导出文件对话框，输入需要导出的文件名，单击保存按钮即可。

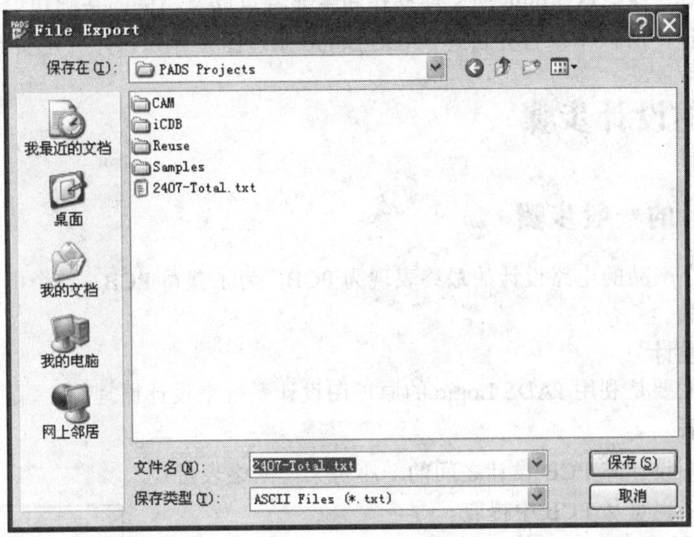

图 2-36　导出文件对话框

练 习 题

1. PADS Logic 的设计环境主要用来实现 PCB 设计的哪一步？
2. 在 PADS Logic 环境中建立新的设计文件 Exam1.sch。
3. PADS Logic 环境的设计栅格和显示栅格有何区别？

第 3 章　PADS Logic 原理图设计

第 2 章主要讲述了 PADS Logic 的文件操作和主要特点以及相关的基础知识。PCB 设计的第一步是进行原理图设计，所以本章首先讲述 PADS Logic 原理图设计知识，并用实例加以说明。

3.1　原理图的设计步骤

3.1.1　电路设计的一般步骤

一般来说，一个产品的电路设计的最终表现为 PCB，为了获得 PCB，整个电路设计过程基本可以分为 5 个主要步骤。

1. 原理图的设计

原理图的设计主要是利用 PADS Logic 的原理图设计系统来设计原理图。

2. 生成网络表

网络表是原理图设计与 PCB 设计之间的一座桥梁。网络表可以从原理图中获得，也可从 PCB 中提取。

3. PCB 的设计

PCB 的设计主要是针对 PADS Logic 的另外一个重要的部分 PCB 模块（即 PADS Layout 和 PADS Router）而言的，在这个过程中，借助 PADS Logic 提供的强大功能实现 PCB 的板面设计，可以完成高难度的布线工作。

4. 生成 PCB 报表并打印 PCB 图

设计了 PCB 后，还需要生成 PCB 的有关报表，并打印 PCB 图。

5. 生成计算机辅助制造文件

在送 PCB 去制造之前，还需要生成计算机辅助制造文件，如 NC 钻孔文件和光绘（Gerber）文件。

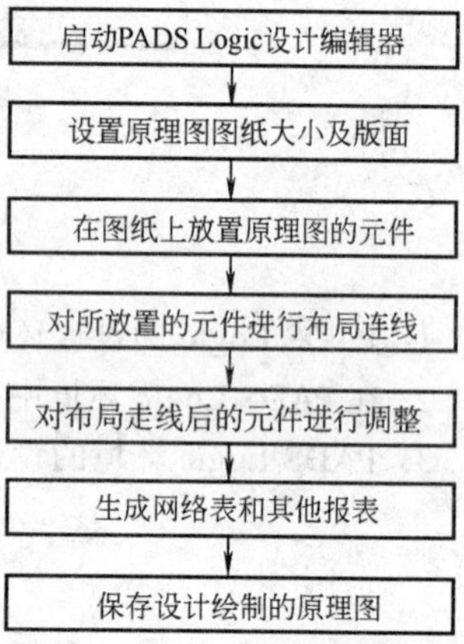

图 3-1　原理图设计一般流程

整个 PCB 的设计过程首先是编辑原理图，然后由原理图文件向 PCB 文件装载网络表，最后再根据元件的网络连接进行 PCB 的布线工作，并生成制造所需要的文件，如 NC 钻孔文件和光绘文件。下面先了解一下原理图设计的有关知识。

3.1.2　原理图设计的一般步骤

原理图设计是整个电路设计的基础，它决定了后面工作的进展。一般地说，设计一个原理图的工作包括：设置原理图图纸大小，规划原理图的总体布局，在图纸上放置元件，进行走线，然后对各元件以及走线进行调整，最后保存并打印输出。原理图的设计过程一般可以按如图 3-1 所示的设计流程进行。

（1）启动 PADS Logic 设计编辑器，建立新原理图文件。该操作可参考 3.2 节。

（2）设置原理图图纸大小及版面。设计绘制原理图前，必须根据实际电路的复杂程度来设置图纸的大小，设置图纸的过程实际上是一个建立工作平面的过程，用户可以设置图纸的大小、方向、网格大小以及标题栏等。

（3）在图纸上放置需要设计的元件。该过程就是用户根据实际电路的需要，从元件库里取出所需的元件放置到工作平面上。用户可以根据元件之间的走线等联系，对元件在工作平面上的位置进行调整、修改，并对元件的编号、封装等进行定义和设定，为下一步工作打好基础。

（4）对所放置的元件进行布局连线。该过程实际就是一个画图的过程。用户利用 PADS Logic 提供的各种工具、指令进行连线，将工作平面上的元件用具有电气意义的导线、符号连接起来，构成一个完整的原理图。

（5）对布局走线后的元件进行调整。该过程用户可以利用 PADS Logic 所提供的各种强大功能对所绘制的原理图进行进一步的调整和修改，以保证原理图的正确和美观。这就需要对元件位置重新调整，对导线位置删除、移动，更改图形尺寸、属性及排列。

（6）生成网络表和其他报表，如元件统计表、材料报表（BOM）和网络统计表等。

（7）保存设计绘制的原理图。该过程是对设计完的原理图进行存盘、打印操作。这个过程实际是对设计的图形文件输出的管理过程，是一个设置打印参数和打印输出的过程。

3.2　建立原理图和设置图纸

3.2.1　建立新的原理图文件

首先选择执行 File→New 菜单命令，或从快捷菜单中执行相应命令，系统将创建一个如图 3-2 所示的原理图文件，然后执行 File→Save 菜单命令保存文件。

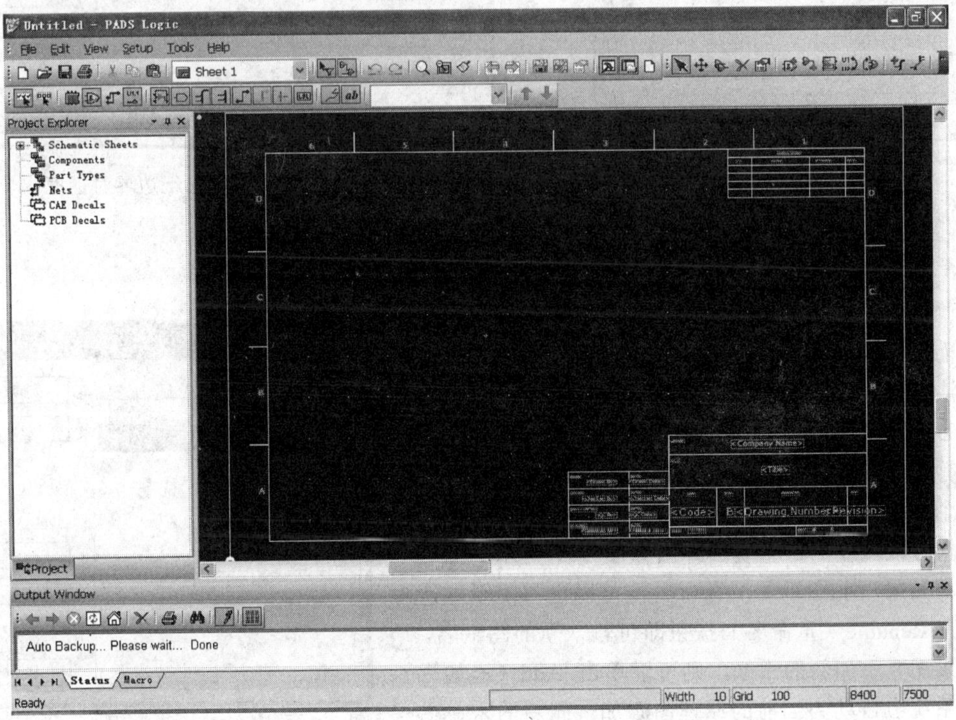

图 3-2　新建的原理图文件

3.2.2 设置图纸

用大小合适的图纸来绘制原理图，可以使显示和打印效果都相当清晰，便于原理图的绘制。

为了设置图纸大小，可执行 Tools→Options 命令，从弹出的选项对话框中选择 Design 选项卡，如图 3-3 所示。

然后从 Sheet 区域的 Size 列表中选择所需要设置的图纸尺寸，如本实例选择了图纸尺寸为 C。

与此同时，还需要选择图纸的边界，要保证图纸边界和图纸大小相匹配，例如本实例选择了图纸 C，则应该选择与图纸尺寸 C 相匹配的图纸边界，即 SIZEC。此时可以单击 Choose 按钮，从图 3-4 所示的对话框的 Drafting Items（图纸边界选择项）列表中选择所对应的图纸边界。如果列表中选项太多，可以使用列表下面的 Filter（过滤器）过滤。图纸边界选项位于 common 库中，选择了该库后单击 Apply（应用）按钮即可。

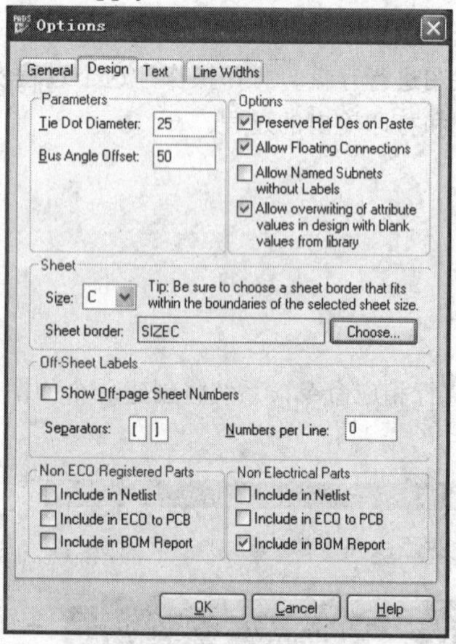

图 3-3　Design 选项卡

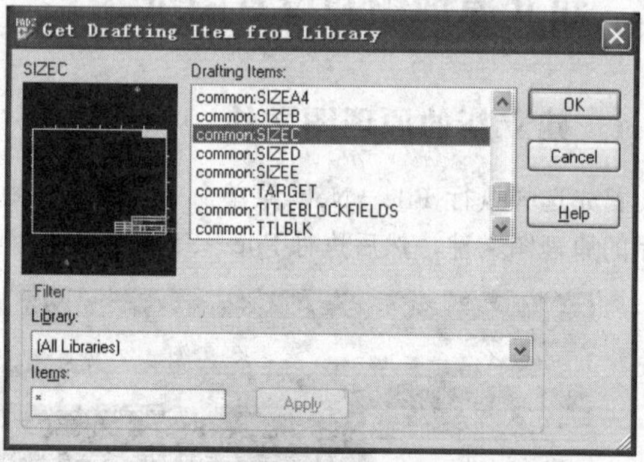

图 3-4　从库中选择图纸边界对话框

3.2.3 原理图的多张图纸设计

当绘制一个复杂的原理图时，一般在多张图纸上实现，从而可以使每张图纸的大小适中，不至于过大打印出来不清楚。

PADS Logic 为用户提供了将一个原理图分在多张图纸上进行绘制的功能。用户可以执行 Setup→Sheets 命令来为一个原理图设置多张图纸。

当执行该命令后，系统会弹出如图 3-5 所示的图纸对话框。如果当前图纸还没有命名，可以选中图纸项，然后单击 Rename（重命名）按钮即可输入新的图纸名。

如果需要添加新的图纸，则可以单击 Add（添加）按钮，系统会自动为当前的原理图添加一张新的未命名的图纸，按上面命名图纸的操作可以命名新添加的图纸。

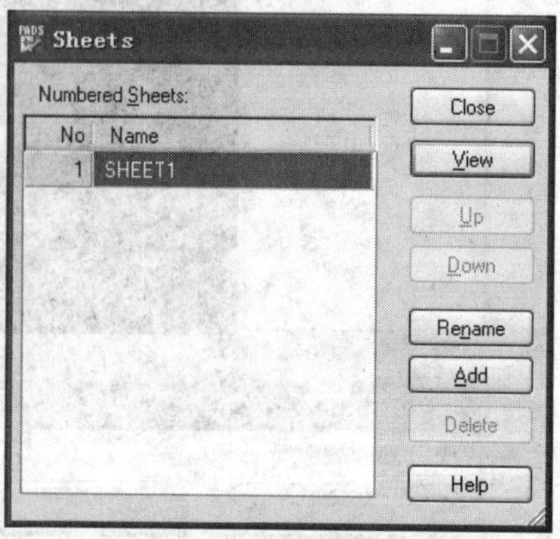

图 3-5　图纸对话框

如图 3-6 所示即为添加了一张新图纸后的对话框，PADS Logic 允许用户为一个原理图设置多达 1024 张图纸。

当有了多张图纸后，如果需要调整图纸的先后顺序，则可以选中某个需要调整顺序的图纸，单击 Up（向上）或 Down（向下）按钮进行调整。如果想删除某张图纸，则可以选中该图纸后单击 Delete 按钮即可。

单击 Close 按钮完成设置。添加了新的图纸后，在项目浏览器中会显示新添加的图纸，如图 3-7 所示，即为当前的原理图添加了新的图纸 SHEET2 后的项目浏览器状态。

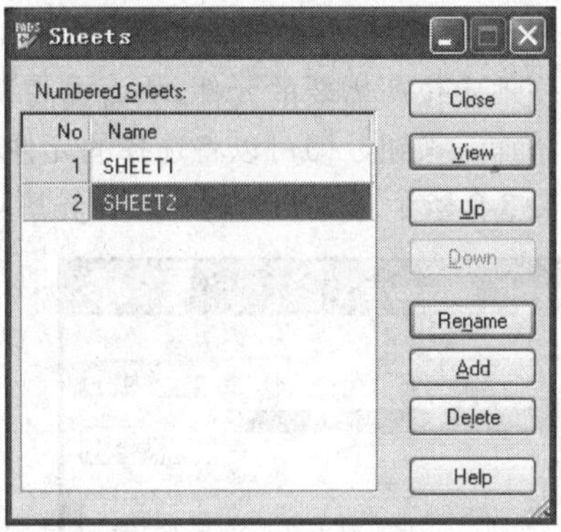

图 3-6　添加了新图纸的对话框

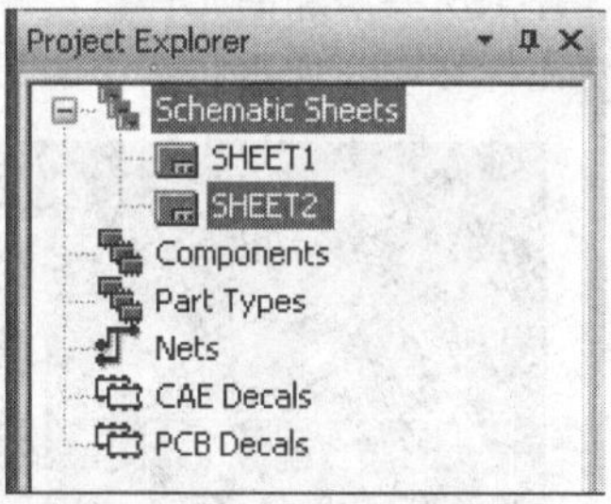

图 3-7　项目浏览器

3.3　添加和删除元件

添加和删除元件是绘制原理图的最基本的操作。首先应该把需要的元件放置在原理图上，然后才能进行连线、仿真或生成网络表等操作。

3.3.1　添加元件

前面讲述了绘制原理图首先要将元件添加到原理图中。在添加元件时，设计者必须知道元件所在的库，并从库中取出或者制作原理图元件，然后装载这些必需的元件库到当前设计编辑器。向原理图添加元件的操作如下：

（1）因为 PADS Logic 只在设计工具栏中提供了放置元件的命令，所以首先应该在标准工具栏中单击设计工具栏图标打开设计工具栏。也可以从 View 菜单的 Toolbar 子菜单中选择打开设计工具栏命令。

（2）然后就可以从设计工具栏中执行添加元件的命令。用户可以从设计工具栏中选择添加元件（Add Part）的命令图标，系统会弹出如图 3-8 所示的从库中添加元件对话框。

（3）在图 3-8 所示的对话框中，可以从 Filter（过滤器）区域选择要添加元件所在的库，比如下面的实例所添加的元件为 LM324N，该

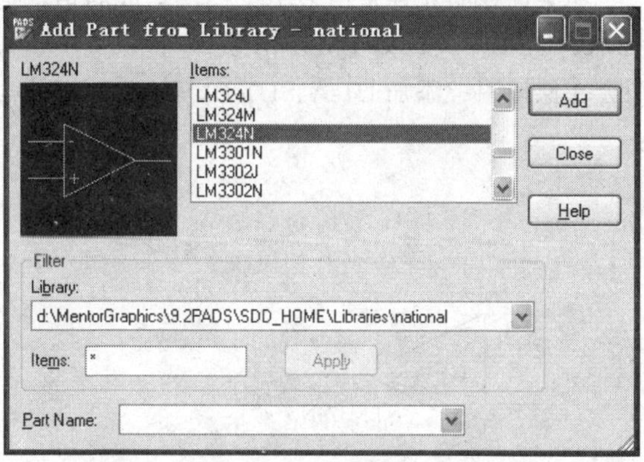

图 3-8　从库中添加元件对话框

元件所在的库为 national，则可以在库下拉列表中选择该库，并按 Apply（应用）按钮，即可以在 Items（项目）列表中显示该库所有的元件。

如果用户已知所要添加的元件名，则可以直接在 Filter（过滤器）区域的 Items（项目）编辑框中输入元件名开头的几个字符过滤出所有以这些字符开头的元件，并显示在上面的 Items（项目）列表中。例如，在 Filter（过滤器）区域的 Items（项目）编辑框中输入“LM324*”，则所有以 LM324 为起始字符的元件都会显示出来。

当然也可以输入“*N”，则所有以 N 结尾的元件会显示在列表中。“*”表示任意一个字符的通配符，也可以使用“？”代表单个字符的通配，在搜索中两种通配符可以并用，例如使用“32*A?”过滤搜索。

使用过滤器的通配符在元件库中搜索元件可以很方便地定位所需要的元件，从而提高设计效率。

（4）选择了所要添加的元件后，就可以单击 Add（添加）按钮，即可以将选择的元件粘连在光标上，并随光标移动。如本实例中的元件 LM324N，如图 3-9 所示左边的光标和元件轮廓。

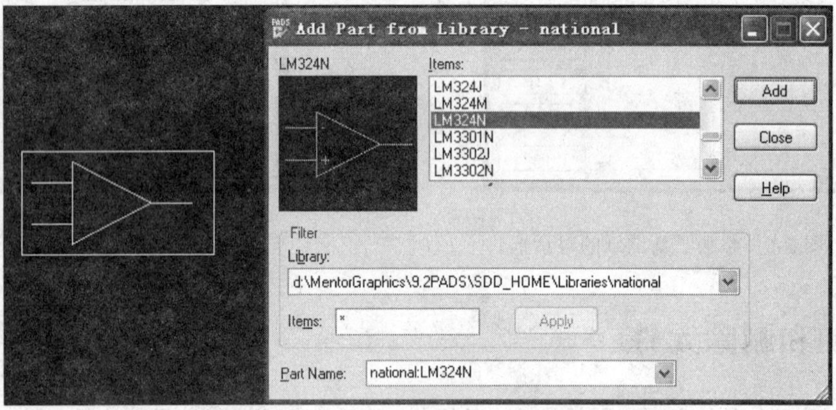

图 3-9　添加元件的操作过程中

（5）然后在原理图中单击鼠标左键，就可以将元件添加到原理图中。此时可以看到 PADS Logic 给这个元件分配了 U1 的流水编号，如图 3-10 所示。PADS Logic 分配元件的流水编号是以没有使用的最小编号来分配的。本实例因为是当前原理图的第一个元件，所以 PADS Logic 分配了编号 U1。PADS Logic 在编号使用时，将自动分配前面未使用过的编号。

如果选择的元件是由多个子模块集成的话，则系统自动增加的顺序是 U1-A、U1-B、U1-C、U1-D、U2-A、U2-B…。比如 LM324N 是一个由 4 个子模块组成的元件，因此如果连续放置该元件四次，则会在原理图中添加 U1-A、U1-B、U1-C、U1-D，如图 3-11 所示。

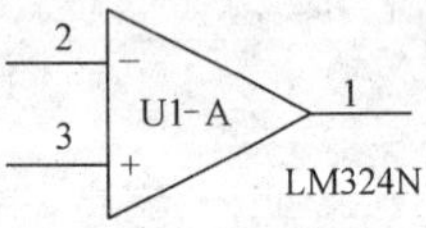

图 3-10　放置了一个元件 LM324N

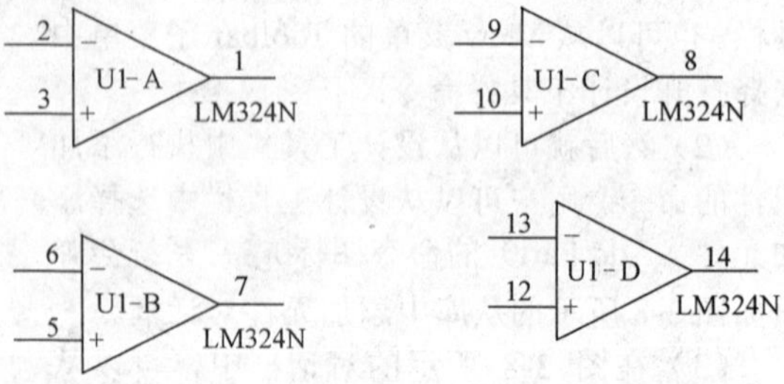

图 3-11　放置了元件 LM324N 的 4 个子模块

注意：无论是单张或多张图纸的设计，都绝对不允许两个元件具有相同的流水编号。

（6）如果放置了一个元件后，继续移动光标，还会看到一个元件的拷贝粘连在光标上，这样很容易放置更多个元件。通过单击鼠标的左键可以继续放置更多的元件。PADS Logic 会继续为接下来放置的元件自动分配流水编号。

（7）当确定完成添加了某个元件后，单击鼠标右键，并从弹出菜单中选择取消（Cancel）或按 ESC 键退出添加元件的操作。

3.3.2　调整元件的方向

在放置元件的过程中，元件会附着在光标上，此时可以使用快捷菜单或者快捷键对元件进行旋转、镜像等操作，从而调整元件的方向。

当放置元件时，可以单击鼠标右键，从如图 3-12 所示的右键快捷菜单中选择如下几个命令调整方向：

1）Rotate 90：可以对元件旋转 90°，也可以直接按 Ctrl+R 快捷键来操作；

2）X Mirror：对元件进行 X 镜像，也可以直接按 Ctrl+F 快捷键进行操作；

3）Y Mirror：对元件进行 Y 镜像，也可以按 Shift+Ctrl+F 快捷键进行操作。

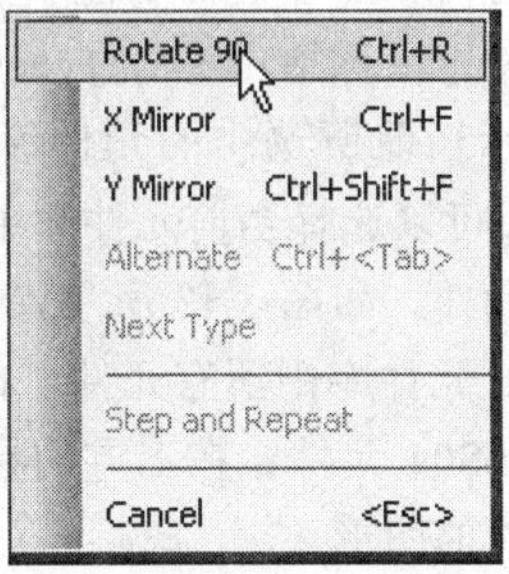

图 3-12　放置元件时右键快捷菜单

3.3.3　删除元件

当需要从原理图中删除某个元件时，可以按如下的操作步骤来实现：

（1）直接从设计工具栏中选择删除（Delete）命令图标，然后在原理图中选择需要删除的元件。

（2）重复上面的操作，即可以删除所有不需要的元件。

（3）执行 View→Redraw 命令，或者单击标准工具栏上的重绘命令图标，刷新工作区域的显示图形。

上面的删除操作可以用于删除所有选定的目标，包括元件、总线或连线。删除元件还可以直接使用鼠标来操作，具体操作方法为：首先单击鼠标左键选中需要删除的元件，选中的元件会亮显，然后直接按键盘的 Delete 键即可删除该元件。

3.4　元件库管理

一般在向原理图放置元件时，常常需要先加载包含该元件的元件库，或者在元件库中查找需要放置的元件，所以需要进行元件库的操作，加载需要的元件库。下面学习如何对 PADS Logic 的元件库进行管理操作。

3.4.1　元件库管理器

执行 File→Libraries 命令，系统就会弹出如图 3-13 所示的元件库管理器对话框。在元件库管理器中，用户可以进行加载或创建新的元件库等操作。

在 PADS Logic 中，按内容分共有四种库，它们分别为：

1）元件库（Parts）：元件在原理图中的图形显示，包含元件的相关属性，如引脚、门、逻辑属性等；

2）封装库（Decals）：元件的 PCB 封装图形；

3）图形库（Lines）：库中存储通用图形数据，如公司标志等；

4）CAE 逻辑库（Logic）：元件的原理图形表示，如与门、与非门等功能单元。

当使用鼠标单击 PartsTypes 按钮时，则会在列表中显示当前所选中的元件库中该类型的库的列表，然后可以选择当前元件库中需要添加到设计中的某个元件。如图 3-13 所示，Part Types 列表中显示的为 ti 元件库中所有元件，在 Part Types 列表中选择 74LS04 元件，在上方的显示区域就会显示该类型元件的图形。

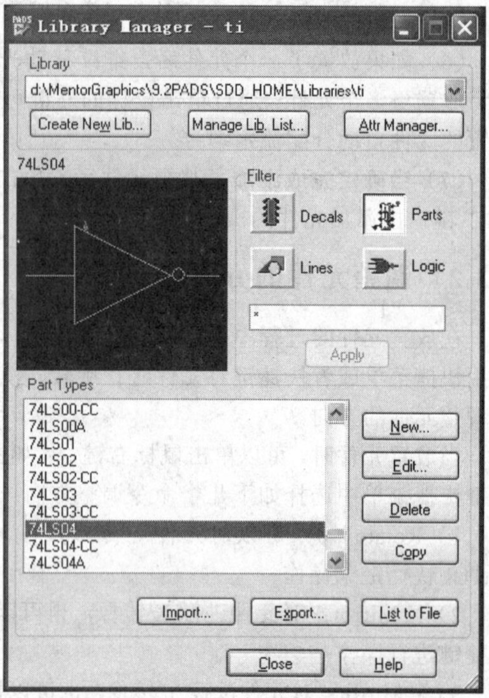

图 3-13 元件库管理器

3.4.2 加载元件库

使用如图 3-13 所示的元件库管理器，可以加载新的元件库到当前应用。按照下面的操作步骤就可以加载新的元件库。

（1）首先单击图 3-13 所示对话框的 Manage Lib List 按钮，系统会打开如图 3-14 所示的库列表对话框。

（2）在该对话框中，Library（库）列表中列出了当前已经加载的库。如果想加载新的库，则可以单击 Add 按钮，系统会弹出如图 3-15 所示的添加库对话框。在该对话框中，可以选择需要添加的库，PADS Logic 的库后缀名为.pt9（PADS 9.2 版本）。如本实例，添加一个 Texas Instruments Footprints 库，然后单击打开按钮即可返回如图 3-14 所示的对话框。此时，在库列表对话框可以看到加载的库。

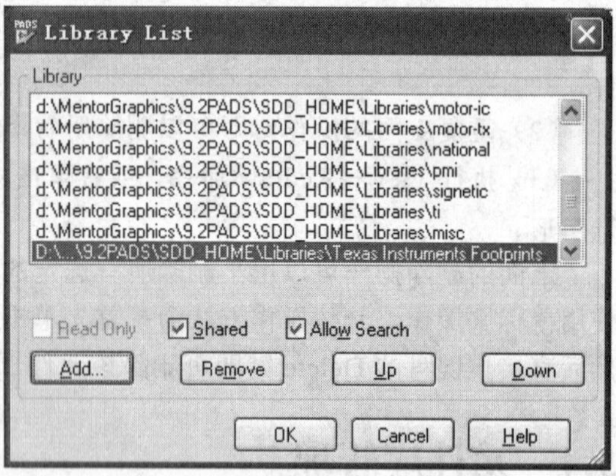

图 3-14 库列表对话框

（3）单击 OK 按钮完成加载库的操作。

如果用户想要从当前所加载的库列表中移去某个库，则可以在如图 3-14 所示对话框中，选中要移去的库，单击 Remove（移去）按钮即可。如果想调整库列表中库的顺序，可以选中需要调整顺序的库，单击 Up 按钮或者 Down 按钮，将选中的库向前移或向后移。

对于所加载的库，还可以设置是否为其他设计文件共享，如果设置为共享（Shared），即选中 Shared 复选框。设置为共享后，如果打开新的设计项目，该库也存在于库列表中，设计人员可以直接从该库中选择元件。

另外，还可以设置所加载的或已存在的库为可以进行搜索（Allow Search），即选中 Allow Search 复选框。如果设置了该复选框，则所设置的库可以进行元件搜索。

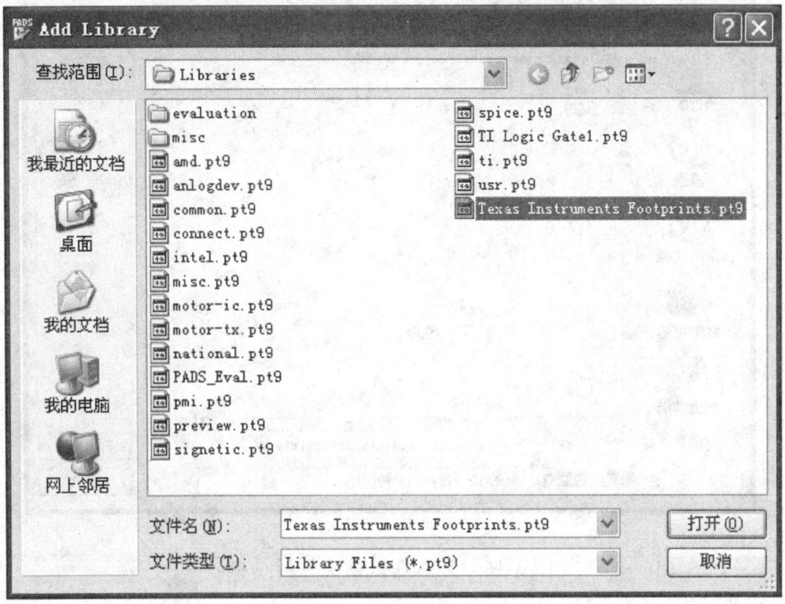

图 3-15　添加库对话框

说明：对于 PADS2007 版本，其元件库的扩展名为.pt07，PADS9.2 版本的元件库扩展名为.pt9。

3.4.3　导入元件库的数据

有时候，创建了一个元件库后，还需要创建元件库的 PCB 封装。PADS Logic 提供了导入元件库数据的功能，用户可以从其他文件中导入，然后元件库就可以直接利用这些数据进行设置。通常导入的文件是二进制文件，有四种类型，分别表示库的四种类型：.d 表示 PCB 封装库；.p 表示元件库；.l 表示图形库；.c 表示 Logic 库。

（1）当需要从外部导入元件库的数据时，可以先在图 3-14 所示的库列表对话框中选中需要导入元件库数据的库，例如我们可以选中上面添加的库 Texas Instruments Footprints。

（2）然后根据需要导入的数据类型，单击相应的按钮，如需要导入 PCB 封装库，则单击 Decal 按钮；如果需要导入 Logic 库，则单击 Logic 按钮；其他依次类推。

（3）单击相应的按钮后，系统会弹出导入数据文件的对话框，例如本实例要导入 PCB 封装库，所以单击 Decal 按钮后单击 Import 按钮，系统就会弹出如图 3-16 所示的对话框，通过该对话框就可以导入需要的 PCB 封装库。

（4）在图 3-16 所示的对话框中，选中需要导入的数据文件，如 Texas Instruments Footprints.d，该文件为 PCB 封装库数据文件。

（5）然后单击打开按钮即可。

导入其他类型的库数据，按照上面的步骤操作即可。这个导入操作非常有用，因为 PADS Logic 提供了一个从其他软件转换元件库和封装库的工具，即 Layout Translator 和 Schematic Translator，分别可以转换 PCB 文件、PCB 封装库、原理图、元件库。当用户分别使用这些工具转换了 PCB 封装库和元件库，就可以将 PCB 封装库和元件库导出为文本文件，然后再导入到相应需要这些库数据的库中，这样就可以将 PCB 封装库和元件库对应起来。

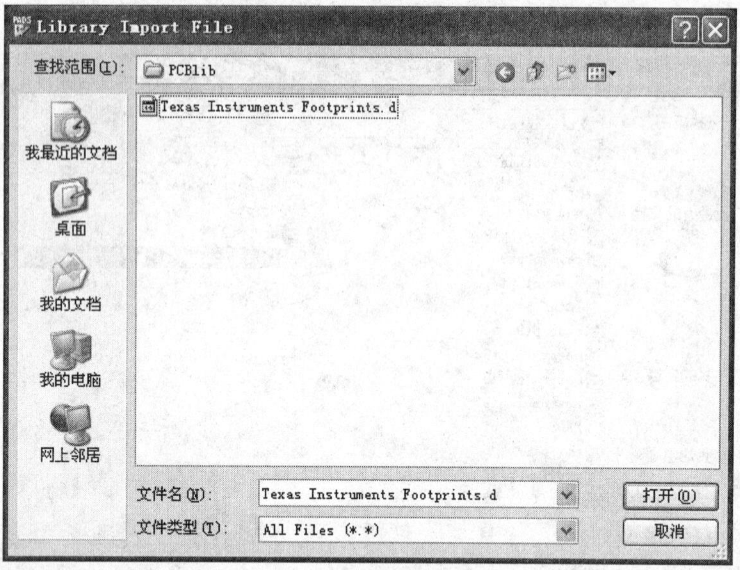

图 3-16　导入库数据文件对话框

3.4.4　导出元件库的数据

同样，用户可以将元件库或其他库数据导出为一个文本文件。例如当加载了某个封装库后，就可以将其导出。下面以实例说明。

通常导出的文件是二进制文件，也有四种类型，分别表示库的四种类型：.d 表示 PCB 封装库；.p 表示元件库；.l 表示图形库；.c 表示 Logic 库。

（1）当需要从当前选中的库导出该库的数据时，可以先在图 3-14 所示的库列表对话框中选中需要导出库数据的库，例如可以选中上面添加的库 Texas Instruments Footprints，这是一个从 Protel 转换过来的库。

（2）然后根据需要导出的库数据类型，单击相应的按钮。如需要导出 PCB 封装库数据，则可以单击 Decal 按钮；如需要导入 CAE 逻辑库，则可以单击 Logic 按钮；其他依次类推。

（3）单击相应按钮后，系统会弹出导出数据文件的对话框。例如本实例要导出 PCB 封装库，单击 Decal 按钮后，在 PCB Decals 列表框中选择该库中所有的封装，如图 3-17 所示。然后单击 Export 按钮，系统就会弹出如图 3-18 所示的对话框，通过该对话框可以导出相应的 PCB 封装库。

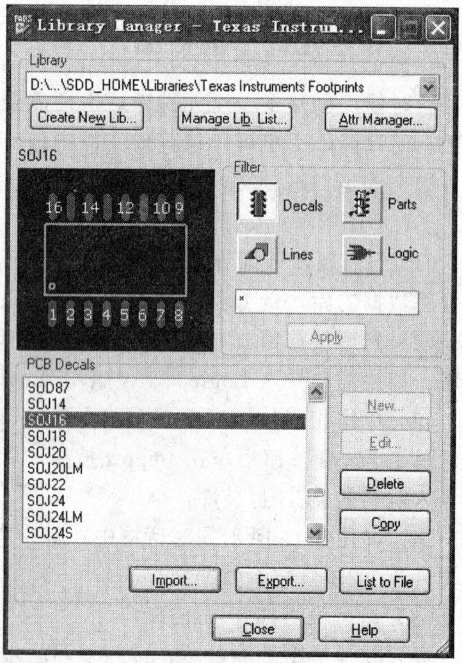

图 3-17　在库管理器对话框中选中当前库的所有 PCB 封装

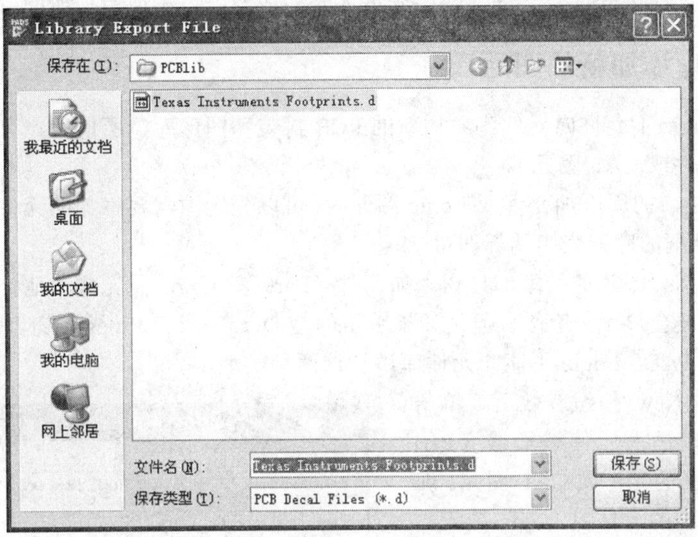

图 3-18　导出库数据文件对话框

（4）在图 3-18 所示的对话框中，选定导出的数据文件，如 Texas Instruments Footprints.d，该文件为 PCB 封装库数据文件。

（5）然后单击保存按钮即可。

如果使用了 PADS 的转换工具从其他软件所提供的库转换了 PCB 封装库和元件库，则可以按上面的导出和导入操作，将 PCB 封装库和元件库都连接到一个库上，从而可以方便后面的原理图设置和 PCB 设计。

3.4.5　创建新的元件库文件

通过元件库管理器，用户还可以创建新的元件库文件。具体操作步骤如下：

（1）从图 3-13 所示的元件库管理器对话框中单击 Create New Lib 按钮，系统会打开如图 3-19 所示的 New Library（新库）对话框。

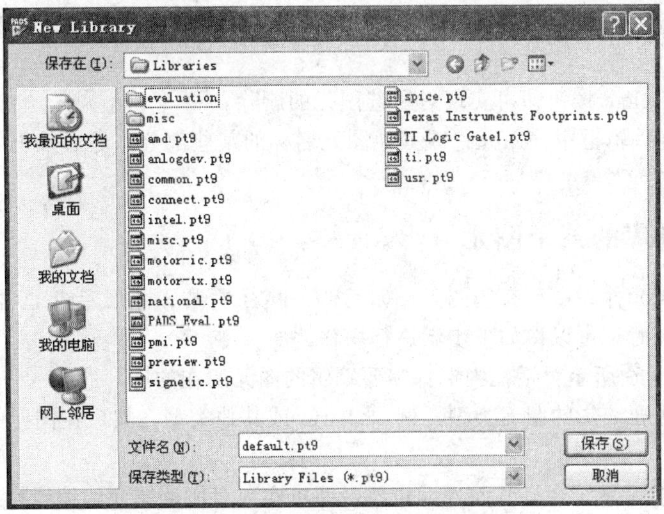

图 3-19　New Library（新库）对话框

（2）然后设置新的库文件名，并选择库文件所在的位置，单击保存按钮即可。

3.4.6 向元件库添加新的图元

由于 PADS Logic 不允许向元件库添加新的 PCB 封装和图形库，所以用户可以向当前的元件库添加新的图元（元件或 CAE 图元）。

（1）当需要向当前的库添加元件或 Logic 图元时，可以先选中需要添加的元件或 CAE 图元的库，从图 3-13 所示对话框的库列表中选择即可。

（2）然后单击需要添加的类型的按钮，如元件（Parts）、Logic 图元或其他类型。单击相应类型的按钮后，New 按钮会显示为有效。但是如果单击的是 Decals 或者 Lines 按钮，则 New 按钮是灰色无效的，也就是说 PADS Logic 不能向元件库添加这两种类型。

（3）当相应的 New 按钮有效后，单击 New 按钮，即可以进入元件编辑器（Part Editor），从而编辑新的元件或 CAE 图元。编辑完成后可以保存新的元件或 Logic 图元，单击 Save 命令后，系统会弹出如图 3-20 所示的保存元件和逻辑图元对话框。

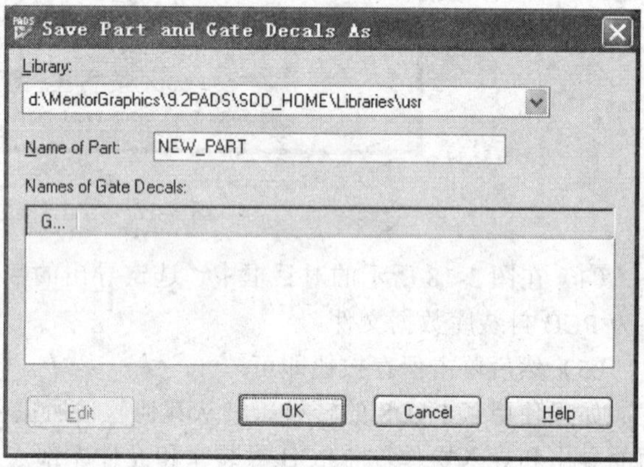

图 3-20 保存元件和逻辑图元对话框

在该对话框中确定新元件或 CAE 图元需要保存在哪个元件库中，并设置元件或 CAE 图元名，最后单击 OK 按钮完成保存，继续执行 File→Exit Part Editor 命令，从而完成向当前元件库添加新元件或 CAE 图元的操作。

3.4.7 从元件库删除图元

用户也可以从元件库中删除已有的图元，如元件、PCB 封装、图形库或 CAE 图元。当需要删除某个库中已有的图元时，可以按如下步骤进行操作：

（1）首先在图 3-13 所示对话框中选择需要从中删除图元的库。

（2）然后选中需要删除的图元类型，例如 Parts 或其他类型，然后在图元的列表框中选择需要删除的具体图元。

（3）最后单击 Delete 按钮即可实现对所选图元的删除。

也可以在 Filter 编辑框中输入元件或其他图元名称的某些部分，然后单击 Apply 按钮就可以过滤出需要的元件或图元。

3.4.8 编辑元件库的某个图元

我们也可以编辑元件库中已有的图元，如元件、PCB 封装、图形库或 CAE 图元。当需要编辑某个库中已有的图元时，可以按如下步骤进行操作：

（1）首先在图 3-13 所示对话框中选择需要编辑的图元所在的库。

（2）然后选中需要编辑的图元类型，例如 Parts 或其他类型，然后在图元的列表框中选择需要编辑的具体图元。

（3）单击 Edit 按钮系统会打开元件编辑器，即可实现对所选图元的编辑操作。

注意：对于只读的库，Edit 按钮操作无效。

3.4.9 复制元件库的某个图元

PADS Logic 允许用户复制元件库中已有的图元，如元件、PCB 封装、图形库或 CAE 图元。当需要复制某个库中已有的图元时，可以按如下步骤进行操作：

（1）首先在图 3-13 所示对话框中选择需要复制的图元所在的库。

（2）然后选中需要复制的图元类型，例如 Parts 或其他类型。然后在图元的列表框中选择需要复制的具体图元。

（3）单击 Copy 按钮，系统会打开如图 3-21 所示的保存复制的图元到库文件对话框。此时可以在保存名称编辑框中输入新的图元名，然后单击 OK 按钮即完成复制操作。

图 3-21 保存复制的图元到库文件对话框

注意：对于只读的库，Copy 按钮操作无效。

3.4.10 打印库的图元

PADS Logic 允许用户打印元件库中的图元，如打印元件、PCB 封装、图形库或 CAE 图元。当需要打印某个库中已有的图元时，可以按如下步骤进行操作：

（1）首先在图 3-13 所示对话框中选择需要打印的图元所在的库。

（2）然后选中需要打印的图元类型，例如 Parts 或其他类型。然后在图元的列表框中选择需要打印的具体图元。

（3）单击 List to File 按钮，系统会打开 Report Manager 对话窗口，进行相应设置后单击 Run 按钮，弹出如图 3-22 所示的库列表文件对话框。此时可以在保存名称编辑框中输入需要打印输出的库列表文件名，然后单击保存按钮，系统会弹出如图 3-23 所示的提示对话框，提示生成了一个库列表文件；

（4）最后单击确定按钮，即完成了打印输出库中的图元，并保存

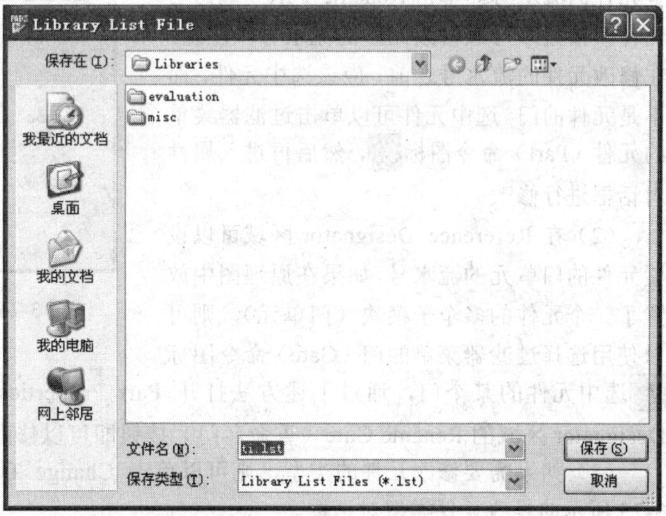

图 3-22 库列表文件对话框

图 3-23 图元打印输出提示

在一个文本文件中，系统会自动打开这个文本文件，用户可以打印出这个所输出的库列表文本。

说明：通过图 3-13 所示的对话框，用户还可以对元件库的属性进行修改，可以单击该对话框的 Attr Manager 按钮对库的属性进行修改。

3.5 编辑元件

原理图中所有的元件对象都具有自身的特定属性，在设计绘制原理图时常常需要设置元件的属性。

3.5.1 编辑元件的流水号和类型

在原理图上放置了元件后，就可以对元件属性进行编辑。用鼠标左键双击元件，或者使用右键快捷菜单，从快捷菜单中选择 Properties 命令，则可以进入如图 3-24 所示的 Part Properties（元件特性）对话框，可在此对话框中编辑元件的特性。下面详细讲解该对话框的操作。

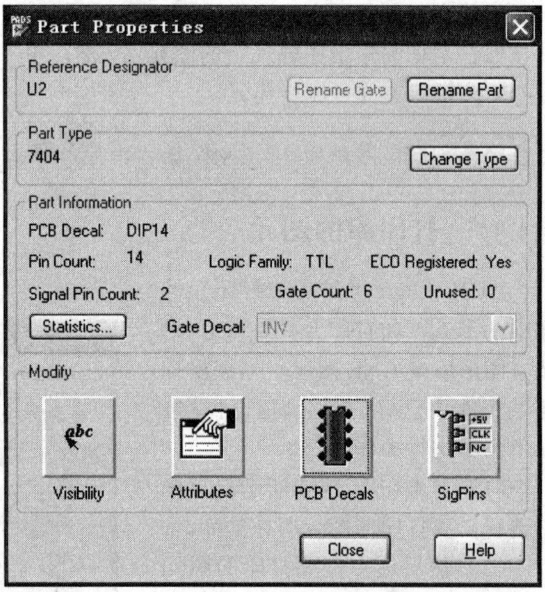

图 3-24 Part Properties（元件特性）对话框

（1）在 Reference Designator 区域可以设置元件的流水号。单击 Rename Part（重命名元件）按钮即可以修改元件的流水号。注意，在修改元件的流水号之前，应该选中元件，而不是元件的门。选中元件可以单击过滤器菜单的元件（Part）命令图标，然后再进入属性对话框进行修改。

（2）在 Reference Designator 区域可以设置元件的门单元的流水号。如果在原理图中放置了一个元件的多个子模块（门单元），则可以使用选择过滤器菜单的门（Gate）命令图标选中元件的某个门，通过上述方法打开 Part Properties（元件特性）对话框，单击 Reference Designator 区域的 Rename Gate（重命名门）按钮即可以修改元件的某个门单元的流水号。

（3）如果需要修改元件的类型，则可以单击 Change Type（修改类型）按钮，系统会弹出如图 3-25 所示的修改元件类型对话框。

在该对话框中，可以在 Part Types 列表中选择不同的元件，并且可以在 Items 编辑框中输入过滤字符，从而快速定位元件。

在 Attributes（属性）操作区域，可以选择 Update attributes common to design and library 复选框，从而可以更新具有新元件中相同属性的元件。

如果选中 Preserve attributes in design not present in library 复选框，则可以保留存在于当前元件但不一定存在于新元件中的属性。

在 Apply update to 操作区域，如果选择 This Gate 单选框，则只更新所选的门；如果选择 This Part 单选框，则只更新所选的元件；如果选择 All Parts This Type 单选框，则更新设计中所有匹配的门或元件。

用户可以使用库中修改后的版本更新元件的定义，还可以选择相同的元件，然后选择 All Parts This Type 单选框，也可以更新该元件的定义。

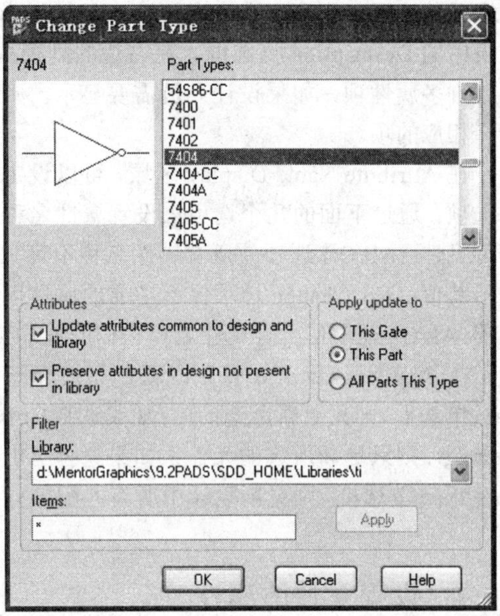

图 3-25　修改元件类型对话框

3.5.2　设置元件的 PCB 封装

在原理图绘制时，每个元件都应该具有其 PCB 封装类型，一种元件可以有不同的封装类型。PADS Logic 允许用户对某个元件进行封装修改设置。

用户可以通过如图 3-24 所示对话框来设置元件的封装。单击该对话框中的 PCB Decals 按钮，系统会打开如图 3-26 所示的 PCB 封装设置对话框。

在 Assigned in Schematic 编辑框中，显示的是当前元件的 PCB 封装类型。如果在 Alternates in Library 列表中具有多个封装类型，则可以选择需要设置的一个，单击 Assign（分配）按钮，将选择的封装类型取代原来的封装类型。如果需要选择列表中没有的不同封装类型，则可以单击 Browse（浏览）按钮，系统会打开如图 3-27 所示的从库中获取 PCB 封装对话框，用户可以选择一个库，然后从中选择所需要的封装。

在 Apply update to 操作区域，如果选择 This Part 单选框，则只更新所选的元件；如果选择 All Parts This Type 单选框，则更新设计中所有匹配的元件。

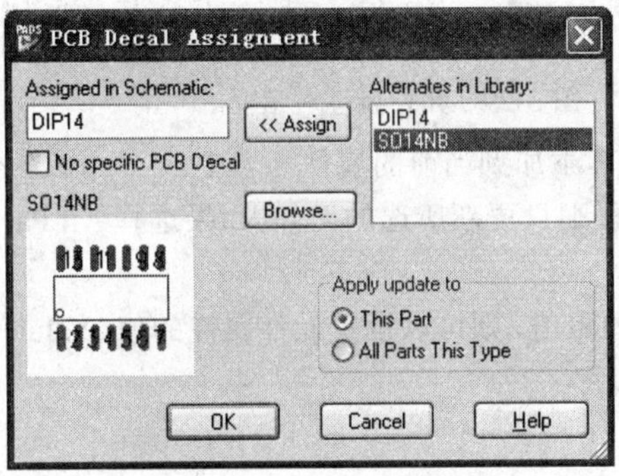

图 3-26　PCB 封装设置对话框

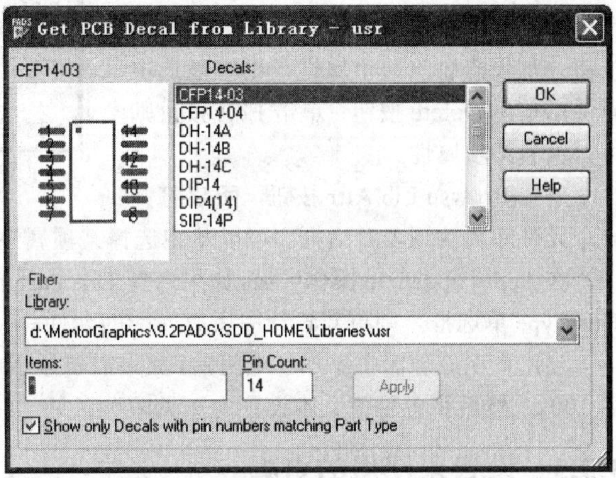

图 3-27　从库中获取 PCB 封装对话框

3.5.3　设置文本的可见性

对于元件的描述文本，如元件名、流水号、引脚名称等可以设置它们的可见性。为了设置元件文本的可见性，可以单击如图 3-24 所示 Part Properties（元件特性）对话框的 Modify（修改）区域的 Visibility（可见）按钮，即 图标按钮，系统会打开如图 3-28 所示的对话框。

在 Item Visibility 区域可以选择是否显示元件流水号、元件类型、引脚号和引脚名称等。如果想显示元件注释，则可以选中右边 Attributes（属性）列表中的 Description 复选框。在右边的列表框中，还有许多属性项，如果设计人员需要显示，则可以选择相应的项。

在 Attribute Name Display 区域，可以设定属性名选项。通过下面的几个选项来设置属性名称和值的可见性：All Off 选项使所有属性名称不可见，只显示其值；No Change 选项保留当前的属性可见性设置；All On 选项使所有属性名和它们的值均可见。

在 Apply update to 操作区域，如果选择 This Gate 单选框，则只更新所选的门；如果选择 This Part 单选框，则只更新所选的元件；如果选择 All Parts This Type 单选框，则更新设计中所有匹配的门或元件。

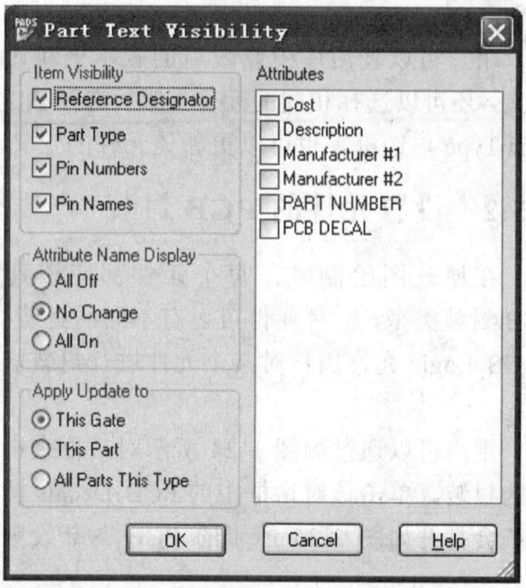

图 3-28 元件文本可见性对话框

3.5.4 设置元件的属性

元件的属性有很多内容，如元件的注释、封装参考等。用户可以单击图 3-24 所示对话框的 Attributes 按钮，即按钮，系统会打开如图 3-29 所示的元件属性对话框，通过该对话框，可以设置元件的各种相关属性。

如果想添加新的属性，可以单击 Add 按钮；如果想删除某个属性，则可以选中属性后单击 Delete 按钮；单击 Edit 按钮则可以编辑某项属性。

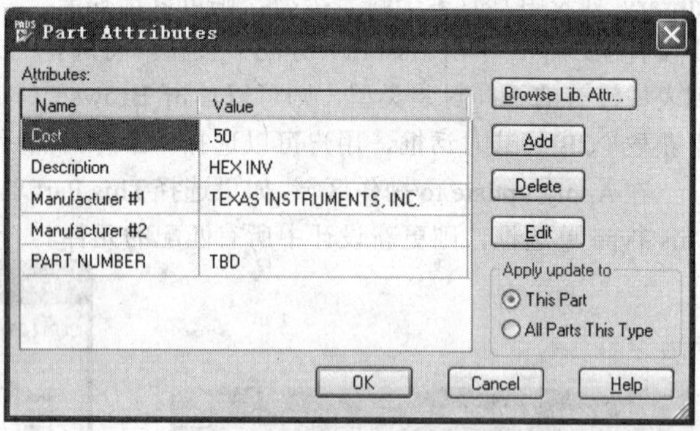

图 3-29 元件属性对话框

单击 Browse Lib Attr 按钮，可以打开一个元件库属性列表对话框，可以从中选择某项属性，将其添加到当前的属性列表中。

在 Apply update to 操作区域，如果选择 This Part 单选框，则只更新所选的元件；如果选择 All Parts This Type 单选框，则更新设计中所有匹配的元件。

当用户在原理图中添加了电阻后，如果需要显示电阻的阻值，则可以设置元件属性的值（Value），如 100k，然后将电阻值文本设置为可见即可（见 3.5.3 节）。

3.5.5 设置未使用的引脚

PADS Logic 允许用户把元件中没有使用的引脚分配为信号引脚。当创建了元件类型并存储在库中时，标准的电源和地引脚已经被定义。当创建元件时，被分配的信号引脚不可通过创建元件的对话框进行修改，但是可以使用元件库管理器来分配信号给元件引脚。具体操作步骤如下：

（1）首先选中元件，然后进入如图 3-24 所示的 Part Properties（元件特性）对话框。

（2）然后单击 SigPins 按钮，系统会打开如图 3-30 所示的元件信号引脚对话框，通过该对话框就可以对未使用的引脚分配信号引脚。

元件信号引脚对话框列出了引脚和它们相应的信号名。一个信号引脚是一个具有信号网络（如

GND）的引脚，是在元件创建时就已经分配好了的。

在如图 3-30 所示的对话框中，如果该元件具有未使用的引脚，则会列出在 Unused Pins（未使用引脚）列表框中，可以选中未使用的引脚，然后单击 Add 按钮，将其加到信号引脚列表中。

如果想修改元件引脚的信号名称，则可以在 Signal Name（信号名称）列表框选中信号名称，然后单击 Edit 按钮，即可以修改其名称。如果需要将一个引脚从元件信号列表中移去，则可以选中该信号，然后单击 Remove 按钮即可。

在 Apply update to 操作区域，如果选择 This Part 单选框，则只更新所选的元件；如果选择 All Parts This Type 单选框，则更新相同类型中所有元件。

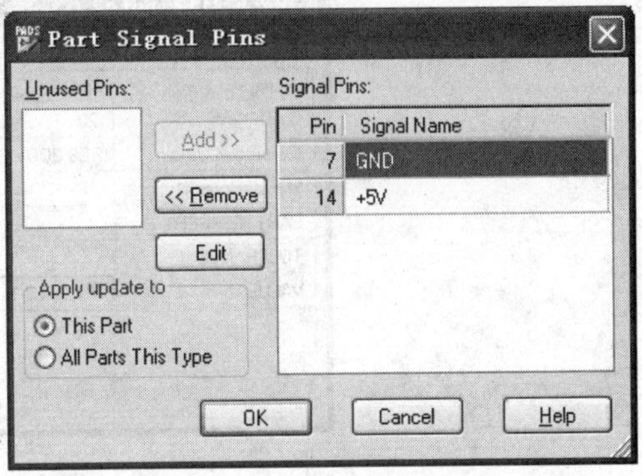

图 3-30　元件信号引脚对话框

3.6　设置电阻、电容和电感值

在原理图设计过程中，电阻、电容和电感元件需要显示出其电阻值、电容值和电感值。设置和显示这些元件的值可以通过设置元件的属性来实现。这一节主要讲述一下如何设置和显示这些元件的值。

首先在原理图上放置 3 个元件，分别为电阻、电容和电感，如图 3-31 所示，其值显示为“???”。然后用户可以设置其值并选择其 PCB 封装类型等。

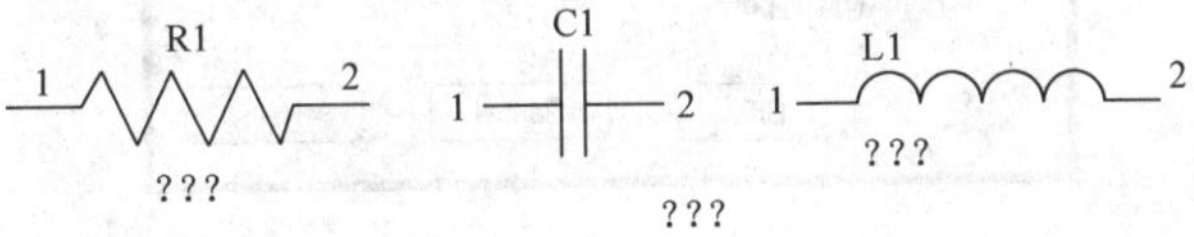

图 3-31　放置的电阻、电容和电感

（1）使用鼠标左键直接双击元件，或者使用右键快捷菜单，从快捷菜单中选择 Properties 命令，则可以进入如图 3-32 所示的元件特性对话框。

（2）然后单击 Attributes 按钮，即按钮，系统会打开元件属性对话框，此时可以在属性列表中找到 VALUE 属性，并在其值编辑框中输入电阻值、电容值或电感值，如图 3-33 所示，我们输入了电阻值 10K。

如果属性列表中没有 VALUE 属性，则可以单击 Add 按钮，添加 VALUE 属性。

（3）接着单击 OK 按钮回到图 3-32 所示的元件特性对话框。单击 Visibility（可见）按钮，即按钮，系统会打开如图 3-28 所示的元件文本可见性对话框。在该对话框中，可以选择右边属性列表中的 VALUE 复选框，如图 3-34 所示。

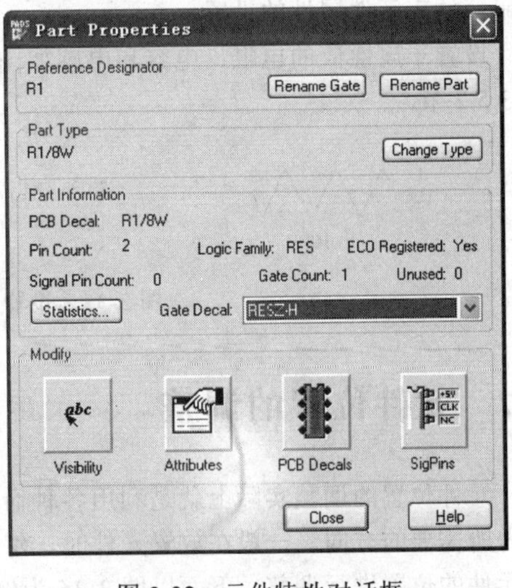

图 3-32　元件特性对话框

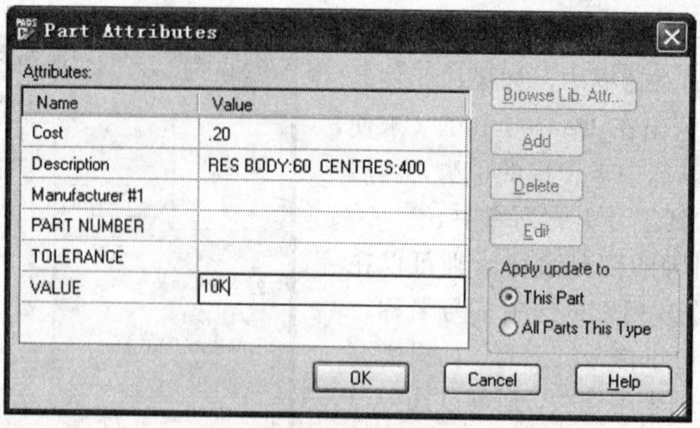

图 3-33　输入属性值

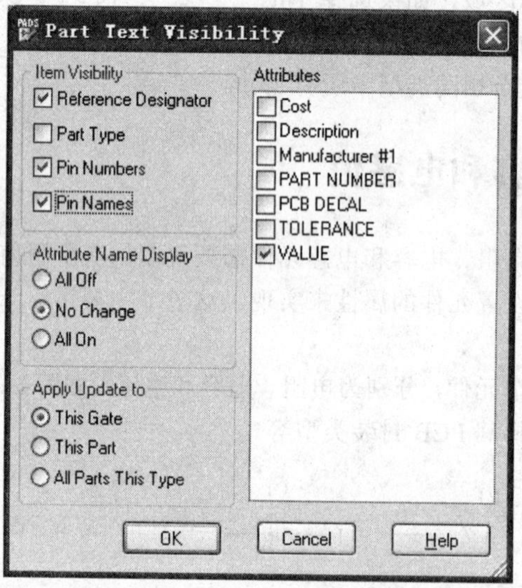

图 3-34　选择显示值属性

（4）单击 OK 按钮退出元件文本可见性对话框，回到图 3-32 所示的元件特性对话框，单击 Close 按钮，结束元件属性的设置。

设置了属性值的电阻、电容和电感如图 3-35 所示。如果想重新设置元件的 PCB 封装，可以参考 3.5.2 节。

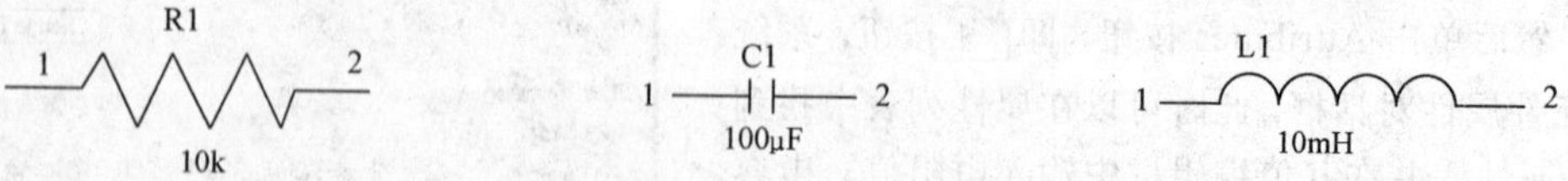

图 3-35　设置属性值的电阻、电容和电感

3.7　元件位置的调整

元件位置的调整实际上就是利用各种命令将元件移动到工作平面上所需要的位置，并将元件旋转为所需要的方向。一般在放置元件时，每个元件的位置只是估计的，在进行原理图布线前还需要对元件的位置进行调整。下面以图 3-36 为例说明如何调整元件的位置。

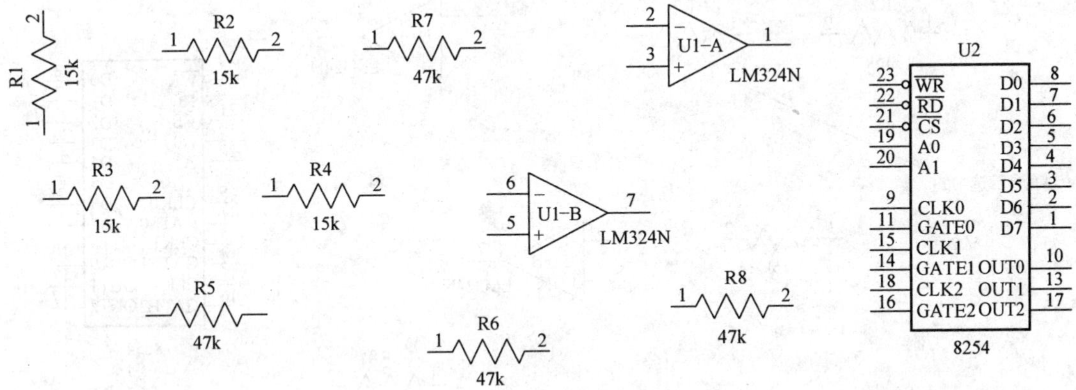

图 3-36 放置一些元件的图纸

3.7.1 对象的选取

元件最简单、最常用的选取方法是直接在图纸上拖出一个矩形框，框内的元件全部被选中。

具体方法是：在图纸的合适位置按住鼠标左键，光标变成十字状，如图 3-37 所示。拖动光标至合适位置，松开鼠标，即可将矩形区域内所有的元件选中，如图 3-38 所示的被选中元件将以高亮显示，表明该元件被选中。如果按住 Ctrl 键，然后单击鼠标左键，则可实现选取多个元件。

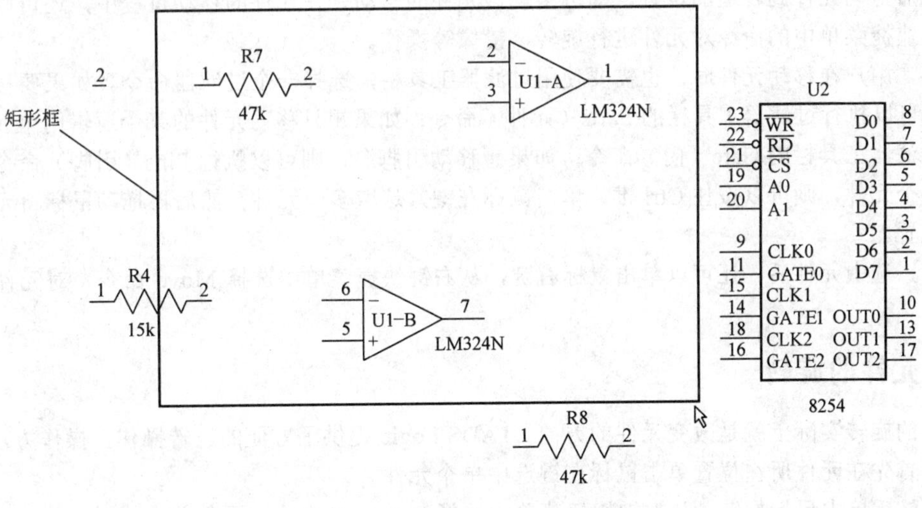

图 3-37 按住鼠标左键拉出一个矩形框

也可以使用快捷菜单来选择对象。首先使用鼠标左键单击所需要选择的对象，然后按鼠标右键，选择 Select 命令，就可以选择该对象。

PADS Logic 还提供了选择过滤器工具栏命令，用于选择元件或元件的图形单元，如序列号、门单元、网络标号、引脚、总线、连线等单元。如果设计人员想使用鼠标直接选择元件，则可以单击选择过滤器工具栏的 Parts（元件）命令；如果想只选取元件的逻辑门单元，则可以选择过滤器工具栏的 Gate（门）命令；如果想选取引脚，则可以选择 Pins（引脚）命令；其他依此类推。使用选择过滤器工具栏对于元件或元件图元的选择非常方便。

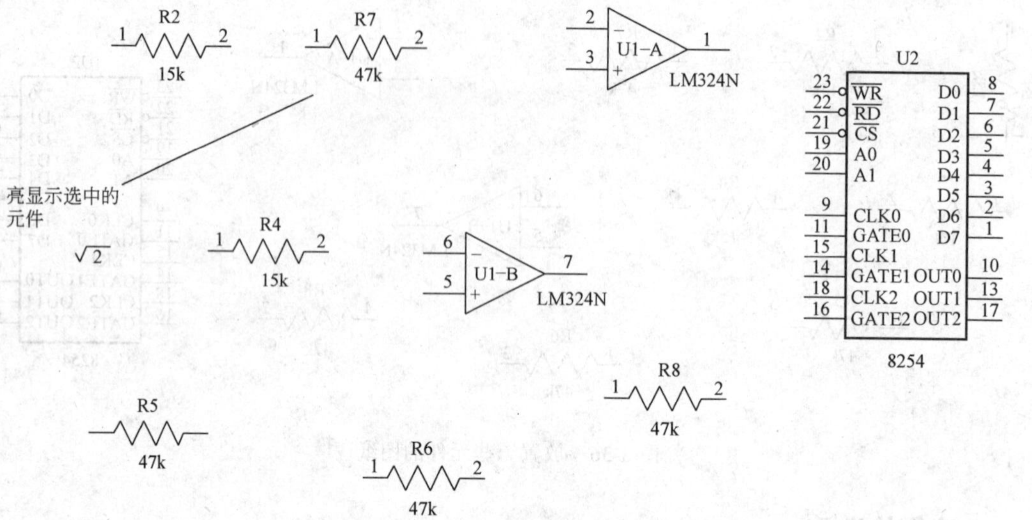

图 3-38 选取元件后的效果

3.7.2 元件的移动

在 PADS Logic 中，移动元件最简单的方法是：将光标移动到元件位置，按住鼠标左键，选中元件，然后拖动元件到合适的位置，即可实现该元件的移动。在元件的移动过程中，还可以使用鼠标的右键快捷菜单中的命令对元件进行旋转、镜像等操作。

同样，用户在移动元件时，也需要使用过滤器工具栏，选择一个过滤器命令。如果要移动整个元件，则可以执行过滤器工具栏的 Parts（元件）命令；如果想只移动元件的某个逻辑门单元，则可以执行过滤器工具栏的 Gate（门）命令；如果想移动引脚名，则可以执行 Pins（引脚）命令。如果想移动多个元件，则可以按住 Ctrl 键，单击鼠标左键，选取多个元件；然后再拖动鼠标将元件移动到目标位置。

另外，选中元件后，还可以单击鼠标右键，从右键快捷菜单中选择 Move 命令，对元件进行移动操作。

3.7.3 元件的旋转

元件的旋转实际上就是改变元件的方向。PADS Logic 提供了方便的旋转操作，操作方法如下：

（1）首先在元件所在位置单击鼠标左键选中单个元件。

（2）然后单击鼠标右键，从右键快捷菜单中选择 Rotate 90 命令，元件就会旋转 90°。如图 3-39 中的电阻 R1 即旋转了 90°。

3.7.4 复制粘贴元件

PADS Logic 同样有复制粘贴操作，包括对元件的复制、剪切和粘贴。在对元件进行复制粘贴操作之前，首先要选中元件或其他对象，注意使用选择过滤器进行操作。然后就可以进行具体的复制、剪切和粘贴操作。

1. 一般的复制粘贴操作

（1）复制　执行 Edit→Copy 命令，将选取的元件作为副本，放入剪贴板中。

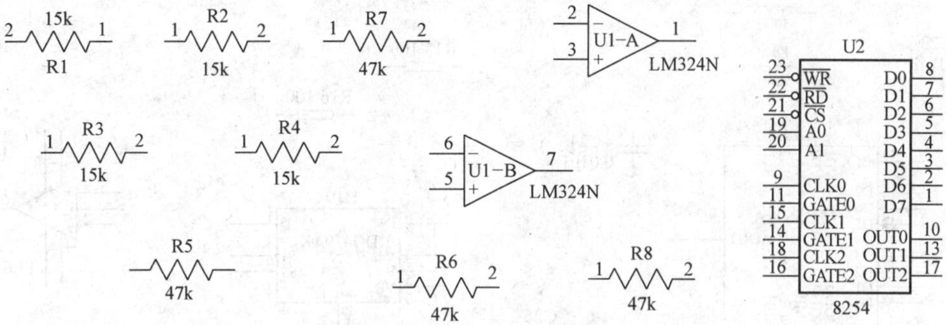

图 3-39　旋转元件后的图形

（2）剪切　执行 Edit→Cut 命令，将选取的元件直接移入剪贴板中，同时原理图上的被选元件被删除。

（3）粘贴　执行 Edit→Paste 命令，将剪贴板里的内容作为副本，复制到原理图中。

这些命令也可以在主工具栏中选择执行。另外系统还提供了功能热键来实现剪贴复制。

1）Copy 命令：Ctrl+C 键；

2）Cut 命令：Ctrl+X 键；

3）Paste 命令：Ctrl+V 键。

用户也可以从右键快捷菜单中选择执行这些命令，实现相应的操作。

2. 快速的复制操作

执行 Edit→Duplicate 命令可以直接快速地对元件进行复制。当选中了元件后，执行该命令，将要复制的元件就会附着在光标处，然后拖动鼠标就可以直接将元件复制在目标位置，并且可以连续复制多个元件。当完成复制操作后，按 Esc 键或者从右键快捷菜单中选择 Cancel 命令即可退出。当然，用户也可以从右键快捷菜单中选择执行 Duplicate 命令。

3.8　连接线路

3.8.1　新的连线

当所有元件放置在原理图上后，就可以将原理图中的元件按照设计连接起来。连线的最主要目的是按照电路设计的要求建立网络的实际连通性。下面我们以如图 3-40 所示的一个数/模转换电路为例讲述线路连接操作。

要进行连线操作时，可单击设计工具栏的 Add Connection（连线）命令按钮图标，此时光标形状也会变为连线的指针。这时只需将连线指针指向预拉线的一端，单击鼠标左键，就会出现一个可以随鼠标指针移动的预拉线，当鼠标指针移动到连线的转弯点时，每单击鼠标左键一次可以定位一次转弯。当拖动虚线到元件的引脚上并单击鼠标左键时，就可以连接到该元件的引脚上。单击鼠标右键并从快捷菜单中选择 Cancel 命令，或者按 Esc 键可以终止连线命令；否则还会处于连线状态，可以继续连接新的线路。

当连线连接了多个信号通路于一个交点时，这个交点就会成为一个节点，如图 3-41 所示。该图所示的图形为已经按照电路设计连接了元件的电路图，不过电路中还没有电源和接地，将在下一节介绍如何添加电源和接地。

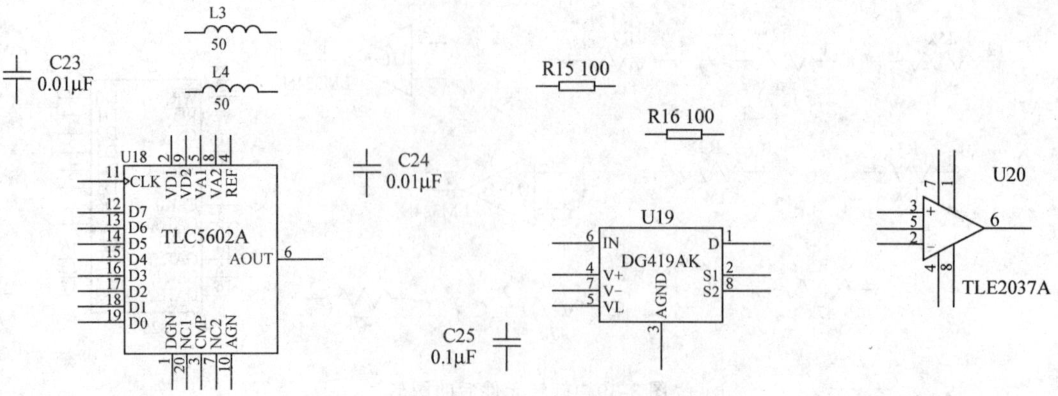

图 3-40 未连接的数/模转换电路的元件

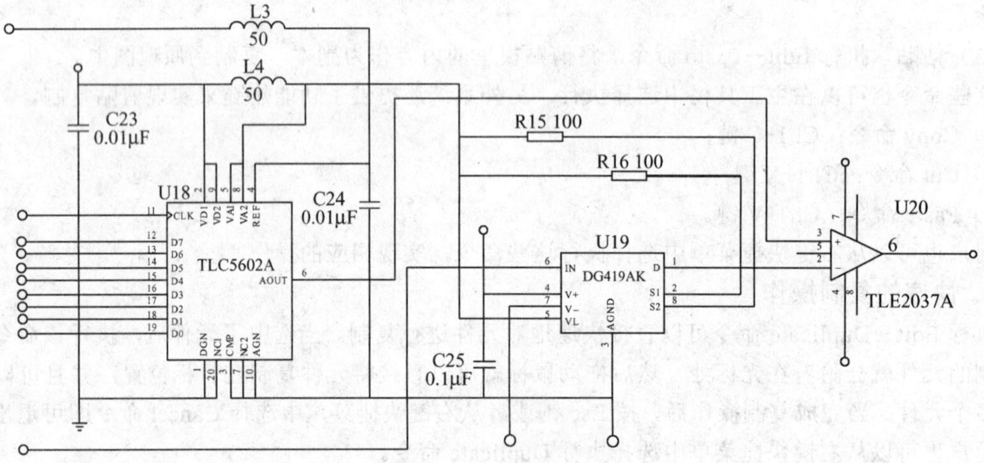

图 3-41 连接线路

3.8.2 在不同页面间连线

在原理图设计时，常常会将一个大项目分成若干小的项目文件进行设计。例如原理图可以分为多页进行设计，如果不同页的信号需要连通起来，那么就可以使用不同页面之间的连线功能。页间连接（Off-page）符号就是用于在相同的页面或不同的页面之间进行元件的连接。当生成网络表（Netlist）文件时，PADS Logic 会自动地将具有不同页面的相同连接网络连接在一起。下面以如图 3-42 所示的电路图为例讲述如何进行不同页面间的连线。

用户可以分别在 L5 的左边添加一个页间连接网络符号 VREF；在 U19 的第六脚左边添加一个页间连接网络符号 GAIN；以及 U20 的第六脚输出端添加一个页间连接网络符号 OUT；在 U18 的 CLK、D7~D0 脚左边分别添加页间连接网络符号 VCLK、DQ0~DQ7。具体操作如下：

（1）首先从设计工具栏选择连线（Add Connection）命令，然后在 L5 的左边引脚处单击鼠标左键，开始进行连线操作。

（2）然后单击鼠标右键，从弹出的快捷菜单中选择页间连接命令（Off-page），如图 3-43 所示。此时会出现一个页间连接符号，单击右键从另一个快捷菜单中选择 Alternate 命令或者按 Ctrl+Tab 键，选择合适方向的页间连接符号，如图 3-44 所示。用户可以从弹出菜单中选择 X 镜像（X Mirror）

或 Y 镜像（Y Mirror）对页间连接符镜像，也可以选择 Rotate 90 对其进行旋转。

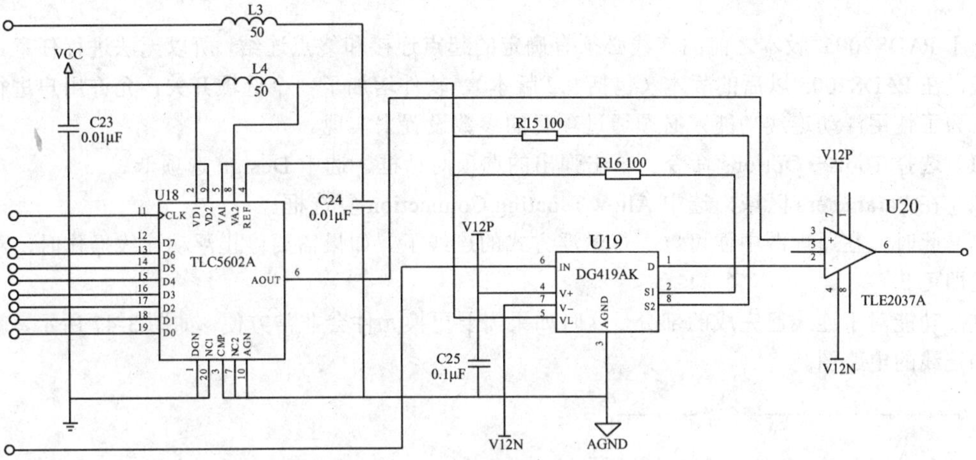

图 3-42 一个数模转换电路实例

（3）单击鼠标左键，在 L5 的左边引脚处放置一个页间连接符号，系统会打开添加网络名称对话框，如图 3-45 所示。此时可以输入连接符网络名称 VREF。

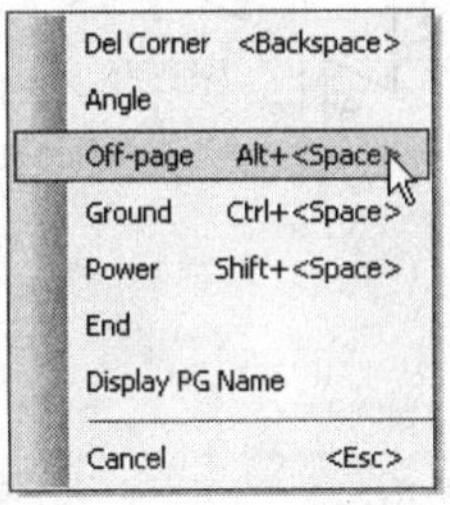

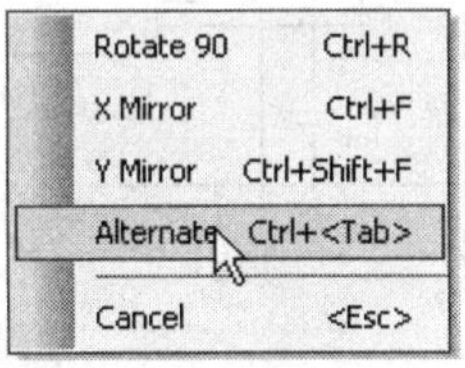

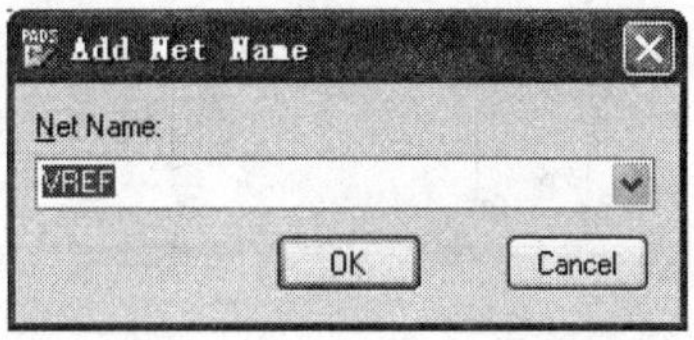

图 3-43 连线快捷菜单 图 3-44 添加电源或接地快捷菜单 图 3-45 添加网络名称对话框

（4）输入连接符网络名称后，单击 OK 按钮即完成页间连接符的添加操作。

（5）按照（1）到（4）步，同样可以添加其他页间连接符。添加了页间连接符的电路图如图 3-46 所示。

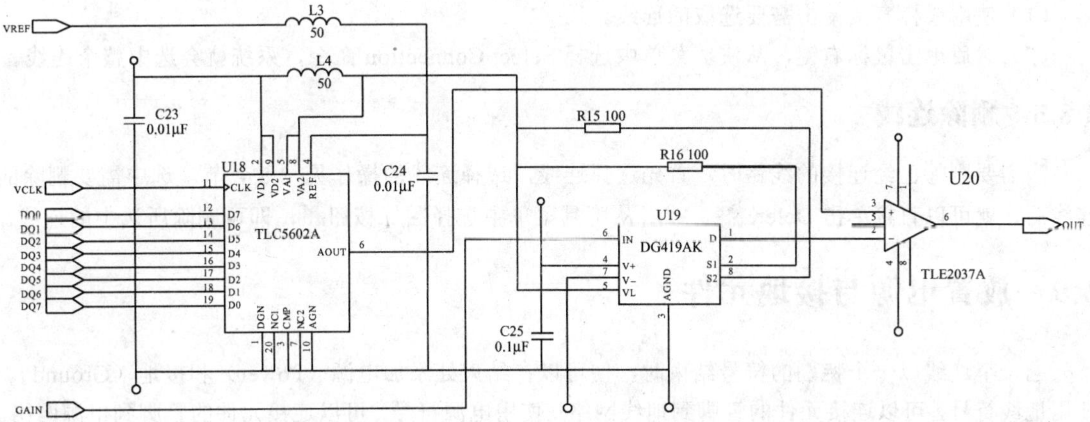

图 3-46 添加了页间连接符的电路

3.8.3 浮动连线

由于 PADS2005 版本之前的连线必须有确定的起点连接和终点连结，所以无法进行任意点之间的连线。在 PADS2005 以后的版本（包括 9.2 版本），软件增加了一个选项开关，允许用户进行悬浮连接。为了使用浮动连线功能，必须通过项目的参数设置来实现。

（1）选择 Tools→Options 命令，单击弹出的选项对话框，选中 Design 选项卡。

（2）在 Parameters 区域，选中 Allow Floating Connection 复选框。

（3）此时，在原理图中便可以进行悬浮方式的连线了。如果需要停止浮动连线操作时，双击鼠标左键即可。

这个功能对于连线已完成的部分，这时如果需要更换元件会非常方便。如图 3-47 所示，就是具有浮动连线的电路图。

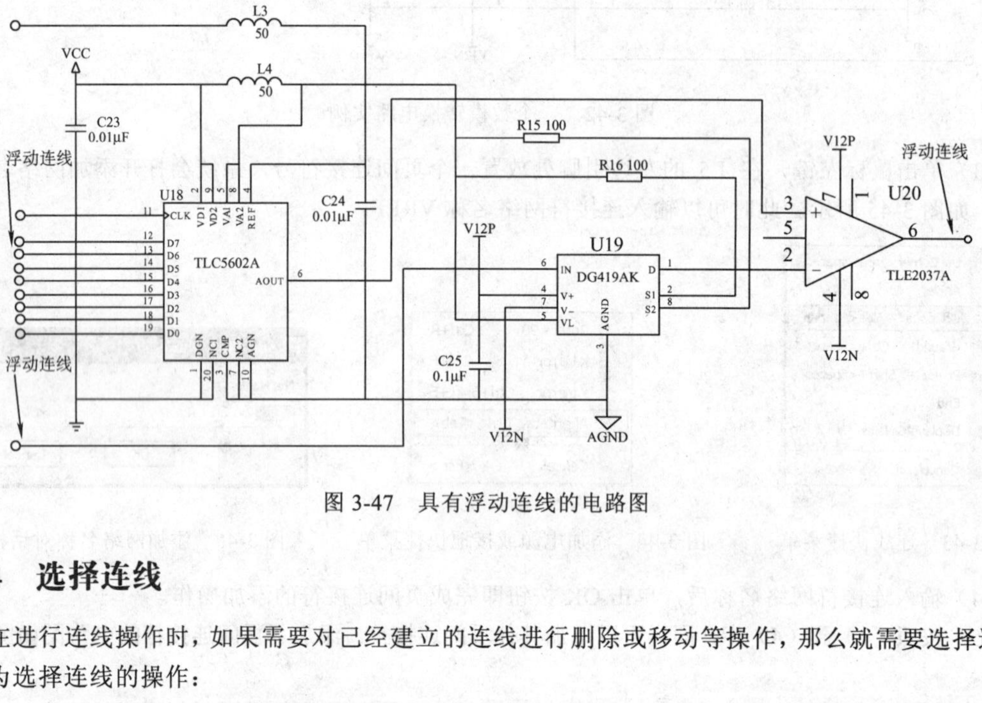

图 3-47 具有浮动连线的电路图

3.8.4 选择连线

在进行连线操作时，如果需要对已经建立的连线进行删除或移动等操作，那么就需要选择连线。下面为选择连线的操作：

（1）使用鼠标直接单击需要选取的连线。

（2）然后单击鼠标右键，从快捷菜单中选择 Select Connection 命令，系统就会选中整个连线。

3.8.5 删除连线

当需要删除已经连接的线路时，首先选择连线，选择连线的操作见 3.8.4 节。选中需要删除的连线后，就可以直接单击 Delete 键，或者从工具菜单中选择图标按钮，即可删除所选中的连线。

3.9 放置电源与接地元件

当一个连线以一个特别的符号结束时，便可以在结束处添加电源（Power）和接地（Ground）。使用地线符号，可以连接元件的管脚到地线网络；使用电源符号，可以连接元件的管脚到电源网络。下面讲述添加电源和接地的操作步骤。我们将在图 3-41 的电路中添加 V12P、V12N、VCC 和 AGND

模拟地，以及数字地（GND）网络。

（1）首先从设计工具栏执行选择连线命令，单击图标按钮（Add Connection）即可，然后选择需要添加 VCC 电源的元件引脚，如 U18 的引脚 2 和 19。

（2）单击鼠标右键，在弹出的快捷菜单中选择显示信号名（Display PG Name），不想显示则可省去此操作步骤。如图 3-43 所示。

（3）在右键快捷菜单中包含了添加接地（Ground）和电源符号（Power）的命令选项。单击鼠标右键，从弹出菜单中选择电源（Power）选项，一个电源符号将附着在光标上。

（4）为了连接 U18 的 2 脚和 19 脚到 VCC，此时应该循环各种各样的电源符号，直到希望的电源符号出现。此时连接的线还处于亮显状态。单击鼠标右键，从弹出的快捷菜单中选择循环（Alternate），或者按 Ctrl+Tab 多次，直到自己希望的电源符号出现。如图 3-44 所示。

（5）在合适的位置单击鼠标左键，此时电源网络就会被放在这个位置，系统会打开如图 3-45 所示的添加网络名称对话框。

（6）接着可以添加接地（Ground）。如果没有退出连线状态，则可以直接在 U18 下面的 1 脚和 20 脚连接端进行连线。如果退出了连线状态，则重复第（1）步的操作。

（7）产生预拉线后，可以单击鼠标右键，从右键快捷菜单中选择 Ground 命令。一个接地符号将附着在光标上。

（8）此时连接的线还处于亮显状态，并由接地符号显示在光标处，单击鼠标右键，从弹出的快捷菜单中选择循环（Alternate），或者按 Ctrl+Tab 多次，直到自己希望的接地符号出现。

（9）在合适的位置单击鼠标左键，则可以实现接地的添加。因为在原理图中只有一个 Ground 网络，所以系统不会打开添加网络名称对话框。

（10）添加了电源和接地的电路图如图 3-48 所示。

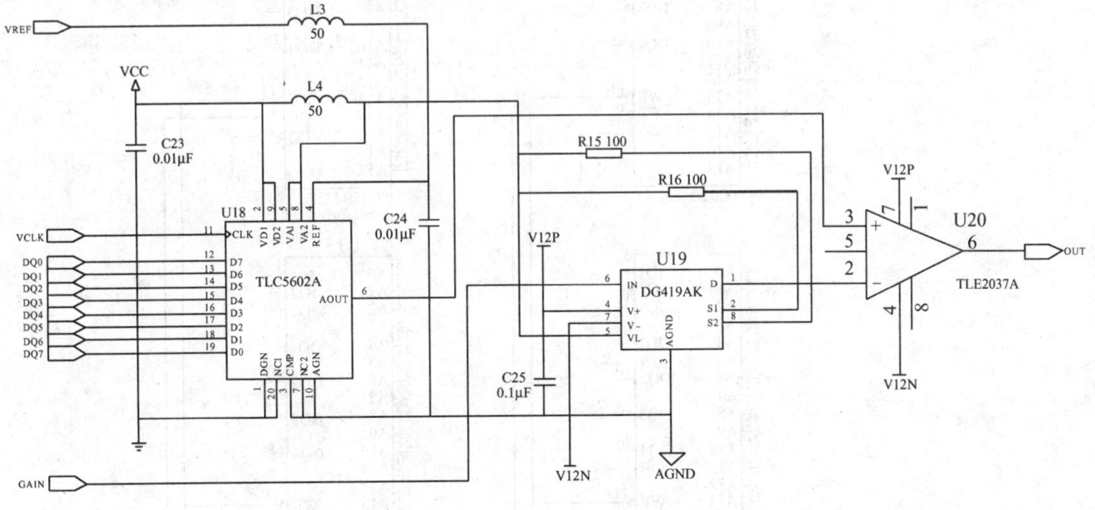

图 3-48 添加了电源和接地的电路图

3.10 添加总线并连接总线

前面讲述了如何放置元件及元件的编辑、添加电源和接地、连接线路等操作，完成了这些任务基本就可绘制出一张原理图。但是有时候原理图中需要有总线连接，因此原理图还需要添加总线并连接总线到元件引脚。下面就讲述如何为原理图添加并连接总线。

3.10.1 添加总线

所谓总线（Bus）是指一组具有相关性的信号线，原理图（Schematic）中使用较粗的线条代表总线。

在原理图中，总线纯粹是为了迎合人们绘制原理图的习惯而设置的，其目的仅是为了简化连线的表现方式。通常总线会有网络定义，会将多个总线信号集中在一起定义为一个网络，而以总线名称开头，后面接相应的数字，即是总线各信号的网络名。例如图 3-49 所示，即为总线的示范。In[0:2]为总线名称，In 表示总线名，[0:2]表示该总线有 0～2 共 3 条总线信号，表示方法必须为[xx:yy]，xx 表示总线的起始信号，yy 表示总线的结束信号。而总线各信号的网络分别为 In0，In1，In2 等，即总线名加相应的信号序号。

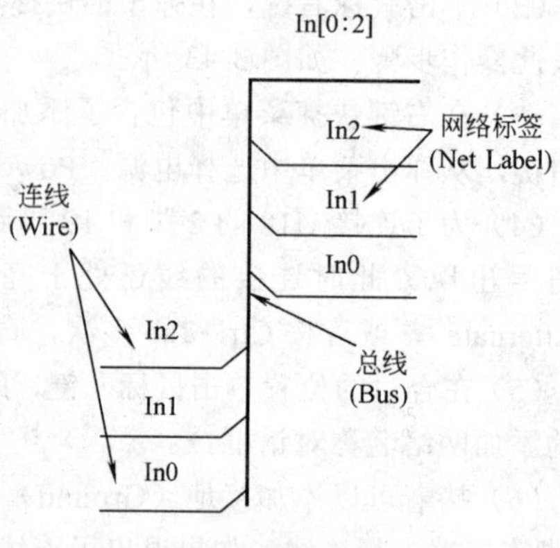

图 3-49 总线示范

下面我们以实例来说明如何添加总线，添加总线前的原理图如图 3-50 所示。

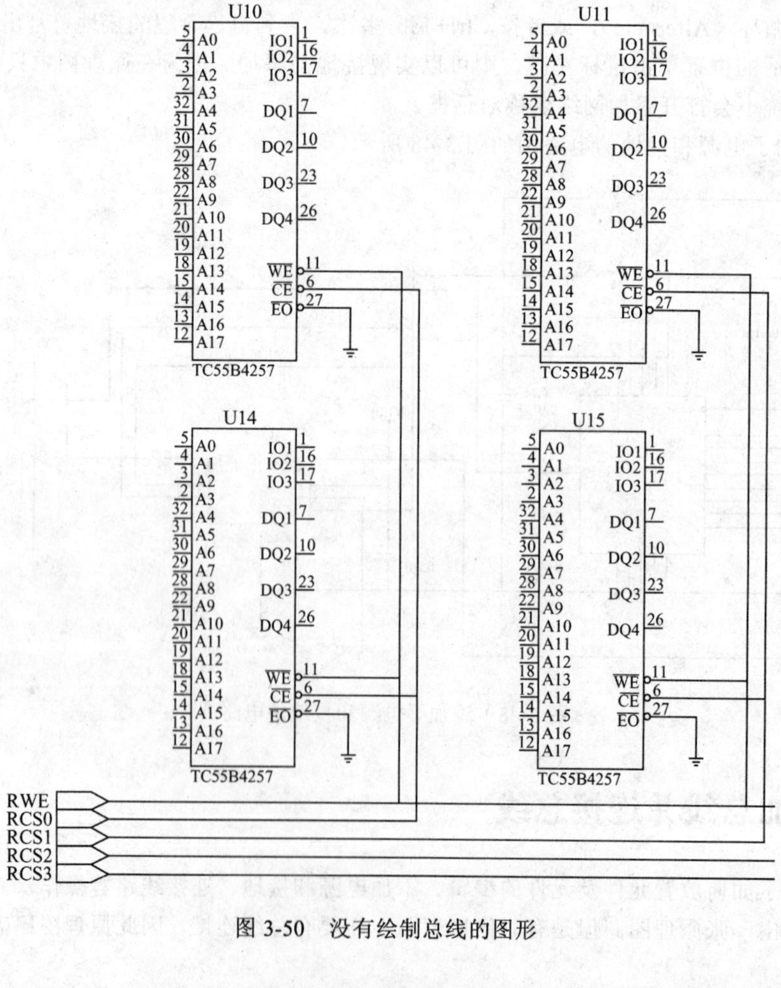

图 3-50 没有绘制总线的图形

在该实例中，我们将 U3 和 U4 的 A0～A15 引脚信号连接到总线 A[0:15]；将 U3 的 I/O1～I/O8 引脚信号连接到总线 D[0:15]，并将它们定义为 D0～D7 总线网络；将 U4 的 I/O1～I/O8 引脚信号连接到总线 D[0:15]，并将它们定义为 D8～D15 总线网络。

下面就在该图形基础上绘制数据总线。具体添加总线的操作过程如下：

（1）首先从设计工具栏选择添加总线命令，即单击 Add Bus（添加总线）图标按钮。

（2）在合适的位置上单击鼠标左键建立总线的第一个点，然后拖动鼠标建立一个拐角，在合适的位置结束。当结束总线时，可以双击鼠标左键或者按 Enter 键结束总线，系统就会打开添加总线（Add Bus）对话框，如图 3-51 所示。

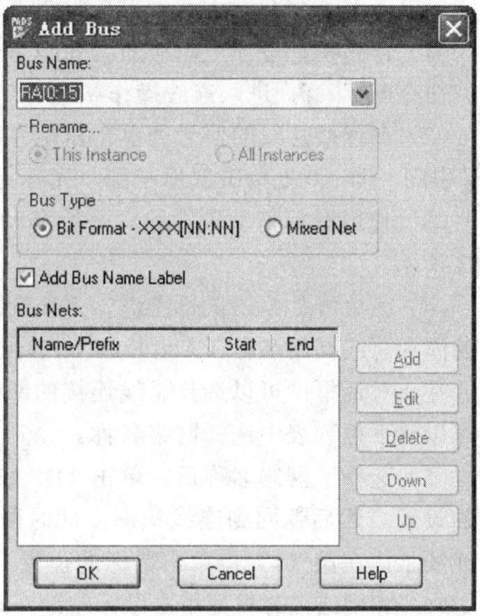

图 3-51　添加总线（Add Bus）对话框

（3）在 Bus Name（总线名）编辑框中输入总线名 RA[0:15]，即总线名称为 RA，其总线标号从 0 到 15。在此对话框中，还可以在 Bus Type（总线类型）区域中选择总线类型。另外可以选择 Add Bus Name Label（添加总线名称标号）复选框，从而在总线上添加总线名称标号。

（4）单击 OK 按钮，总线标号外框将附着在光标上。

（5）移动总线标号外框到总线上的某一点，在需要放置的地方单击鼠标左键即完成总线的添加。如图 3-52 所示即为添加了 RA[0:15]和 RD[0:7]的图形。

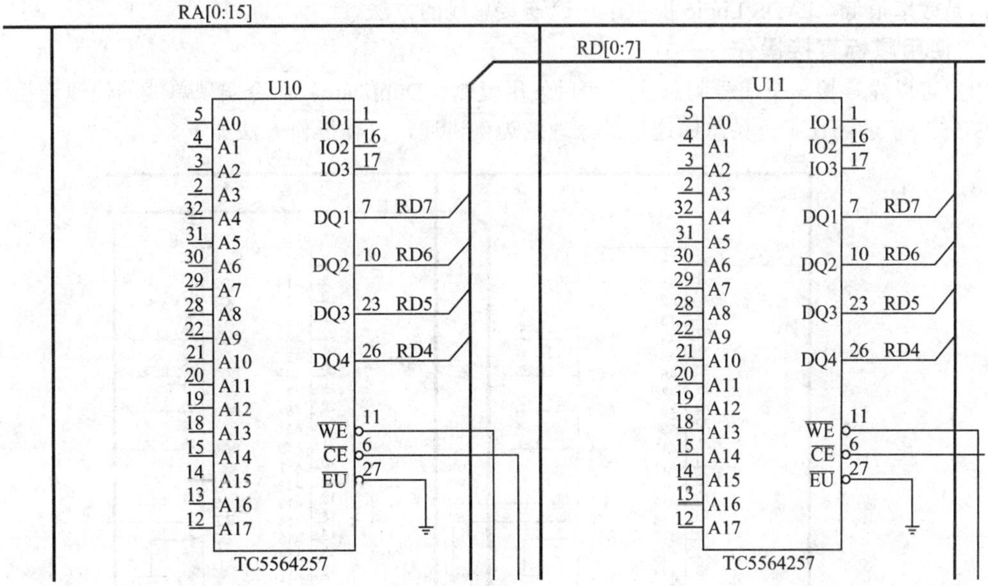

图 3-52　添加了总线后的图形

如果总线的位置不合适，还可以进行调整。通常可以在设计工具栏上单击 Split Bus（分割总线）命令图标和 Extend Bus（延长总线）命令图标。

3.10.2 连接总线

添加了总线后，还需要将总线和信号连接起来。连接总线可以通过 Add Connection（添加连线）命令来实现。

（1）首先执行设计工具栏的 Add Connection（添加连线）命令图标，进入连线操作状态。

（2）在连接总线的信号处单击鼠标左键，如在 U10 的 5 号引脚，即 A0 处单击鼠标左键，光标将变为连线状态。

（3）使用鼠标拖动预拉线，平行移动到总线处，如图 3-53 所示。

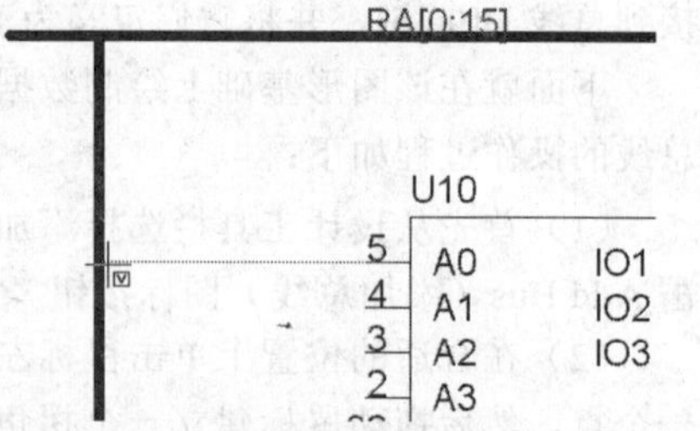

图 3-53 平行移动预拉线至总线处

（4）在总线处单击鼠标左键，系统会打开如图 3-54 所示的添加总线网络名称（Add Bus Net Name）对话框。

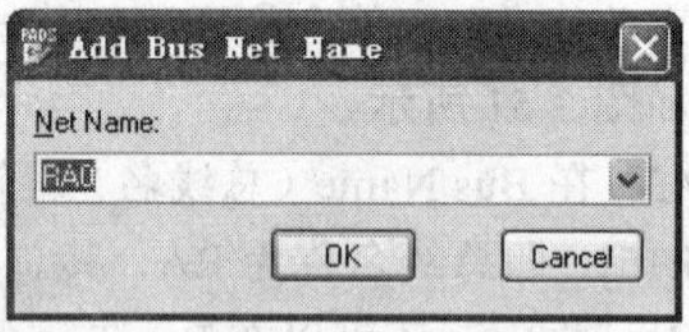

图 3-54 添加总线网络名称对话框

在该对话框中可以选择总线连接的网络名称，如 RA0；也可以从下拉列表中选择网络名称。

（5）选择了网络名称后，单击 OK 按钮，完成网络名称的设置。然后返回到连线状态，此时网络名称框就显示在连线上，在第（4）步单击鼠标的位置。

（6）在网络名称框处单击鼠标左键，即完成了一个总线信号的连接。图 3-55 所示即为添加了一条总线信号连接的原理图部分。

3.10.3 快速连接总线

上一节中讲述了如何实现总线连接，重复上述的步骤，当然可以连接所有总线信号到元件引脚上，但是效率很低。PADS Logic 提供了快速连接总线的方法。

1. 使用鼠标直接操作

用户可以先连接一个信号到总线，然后使用复制（Duplicate）命令实现总线的快速连接。下面以图 3-55 所示的添加了一条总线连接的原理图为例讲述，具体操作方法如下。

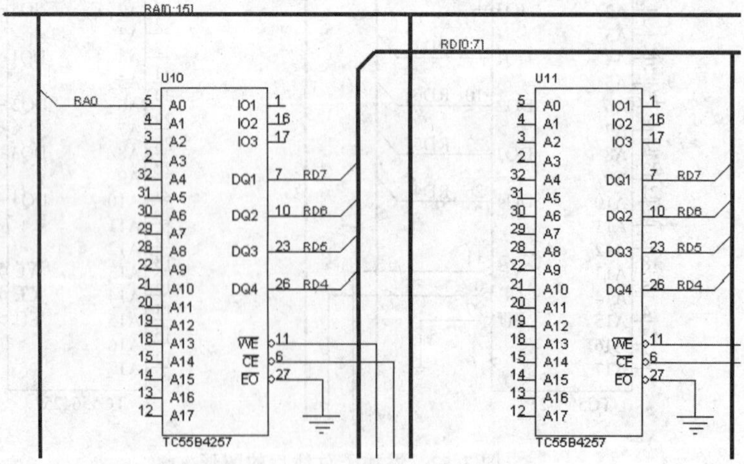

图 3-55 添加了一条总线连接的原理图部分

（1）执行设计工具栏的图标命令，进入复制操作状态。

（2）使用鼠标左键单击已经连接的总线连接，即 RA0。此时在光标处会出现一个所复制的总线连线框。

（3）在 A1 引脚处（即 4 号引脚），单击鼠标左键，A1 信号引脚就会自动连接到总线，并且自动分配给该总线连接 RA1 网络名称。附着总线连接的光标会自动跳到 A2 引脚处。

（4）不用移动鼠标，直接单击鼠标左键就可以完成 A2 信号的总线连接。依次操作，如图 3-56 所示，直到完成 A15 信号的总线连接，然后退出复制命令状态。

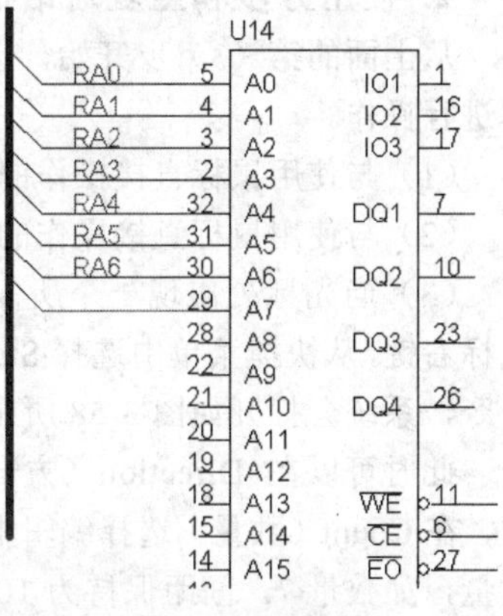

图 3-56 依次通过复制连接总线

同样可以使用复制方式快速连接 RD0～RD7 总线。不过此时 D0～D3 和 D4～D7 是在两个元件上。

如果 U10 到总线 RA[0:15]的距离和 U11 到总线 RA[0:15]的距离相等，则可以完成 U10 的 A0～A15 的总线连接后，直接将光标移到 U11 的 A0～A15 进行操作，从而实现 U11 与 RA[0:15]的总线连接。注意，当将光标移到 U11 的 A0 引脚时，单击鼠标左键，即重新开始从 A0 网络连接总线。将光标移到 U11 的 A1 引脚，才可以进行连续复制操作。

注意：如果要连续将总线和两个元件快速连接起来，那么应该确保总线和这两个元件的距离相等。

（5）在完成了 RA15 或 RD15 的总线连接后，按 Esc 键或从右键快捷菜单中选择 Cancel 命令退出复制状态。

如图 3-57 所示，即为完成了所有总线连接的原理图部分。

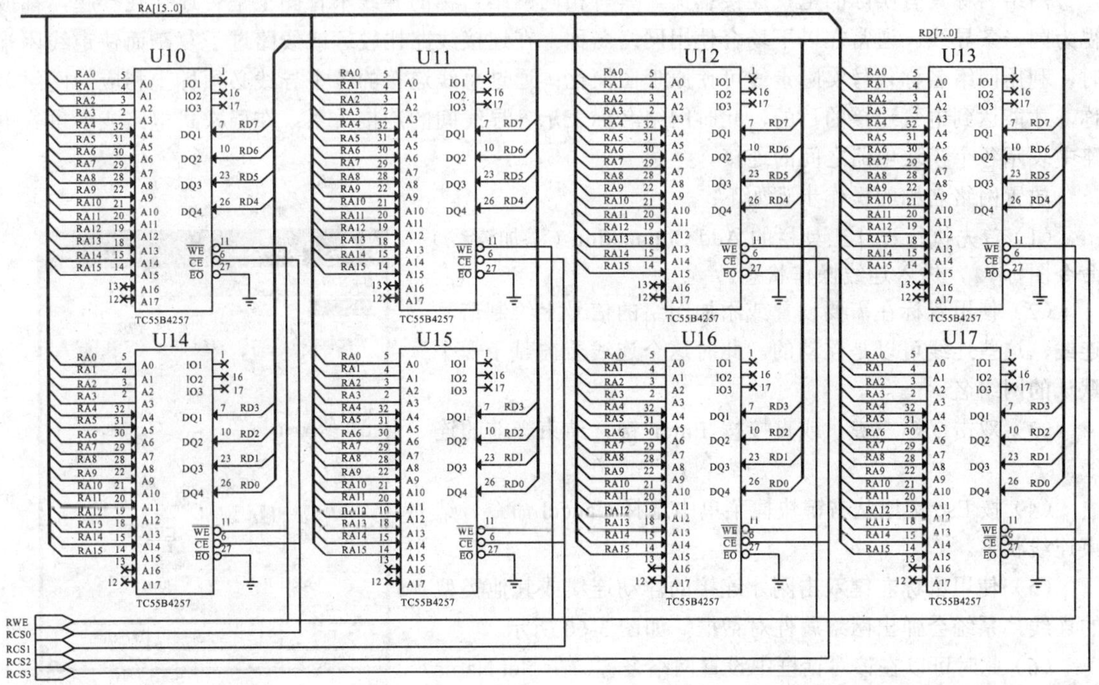

图 3-57 通过复制连接总线后的原理图

2. 使用分步和重复对话框操作

从上面的第（3）步开始，也可以使用分步和重复对话框进行操作。

（1）与使用鼠标直接操作的第（1）步一样。

（2）与使用鼠标直接操作的第（2）步一样。

（3）当光标处出现一个所复制的总线连线框时，单击鼠标右键，从快捷菜单中选择 Step and Repeat（分步和重复）命令，系统会打开如图 3-58 所示分步和重复对话框。

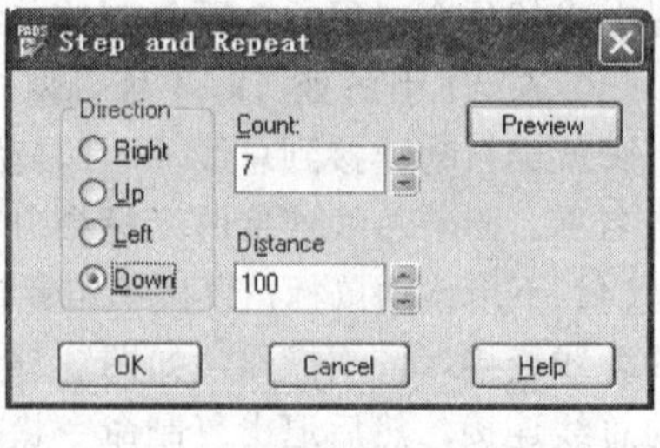

图 3-58　分步和重复对话框

此时可以在 Direction（方向）区域设定重复复制的方向，在 Count（数量）选择编辑框中选择或输入需要复制的数量，如数量 7。间距保持为 100。

单击 Preview（预览）按钮，则可以预览重复复制的情况，如图 3-59 所示即为重复复制连线的预览图。

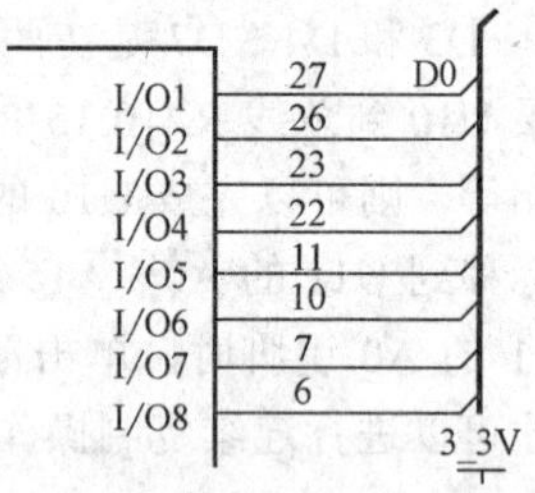

图 3-59　重复复制连线的预览图

（4）单击 OK 按钮，即可以完成总线连接的重复复制操作，从而快速地实现总线的连线。实现总线连线的图形如图 3-57 所示。

（5）从右键快捷菜单中选择 Cancel 命令，或者按 Esc 键，结束复制操作。

3.11　添加网络

网络名称具有实际的电气连接意义，具有相同网络名称的导线不管图上是否连接在一起，都被视为同一条导线。通常在以下场合使用网络名称：在连接线路比较远或线路过于复杂而使走线困难时，利用网络名称代替实际走线可使原理图简化；通过总线连接的各个导线必须标上相应的网络名称，才能达到电气连接的目的，此时网络名称表示各导线间的连接关系；在层次式电路或多重式电路中表示各个模块电路之间的连接。

放置网络名称的操作步骤如下：

（1）首先执行设计工具栏的 Add Connection（添加连线）命令图标，进入连线操作状态。

（2）使用鼠标在需要设置或添加网络的信号上绘制信号连线，这些连线可以是浮动的。此时这个连线会被赋予一个默认的网络名。

（3）双击鼠标左键，或直接按 Enter 键，结束当前的连线。

（4）按 Esc 键或从右键快捷菜单中选择 Cancel 命令，结束连线状态。

（5）使用鼠标左键双击刚才连接的浮动连线或其他类型的连线，系统会弹出网络属性对话框，如图 3-60 所示。

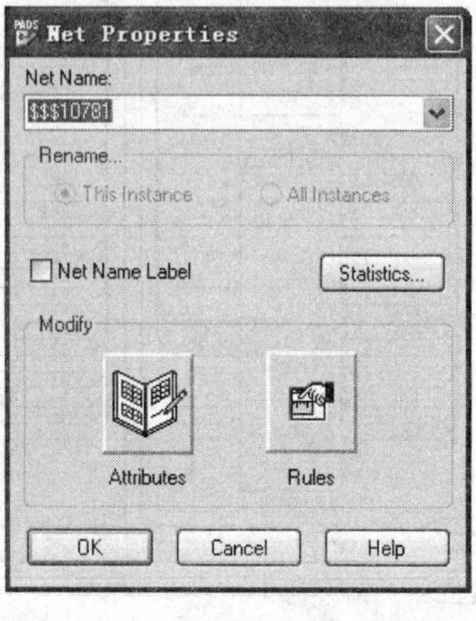

图 3-60　网络属性对话框

（6）此时可以在该对话框中设置网络名称。在 Net Name 选择编辑框中输入或选择网络名称。选中 Net Name Label 复选框还可以在图上显示该网络名称。

设置了网络名称后，单击 OK 按钮即结束了连线的网络设置。如图 3-61 所示为在浮动连线上设置几个网络的原理图。

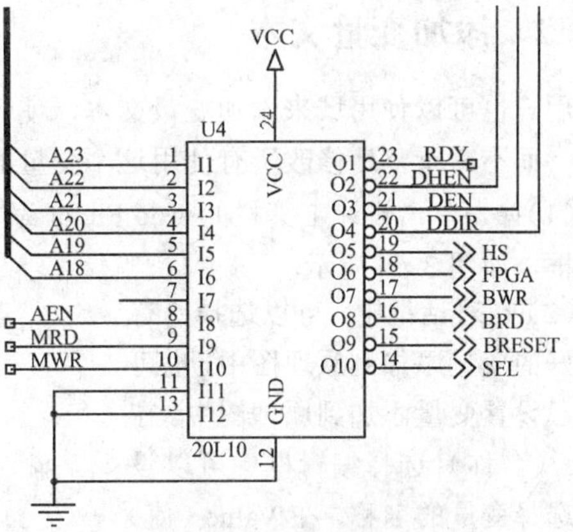

图 3-61 设置网络名称的图形

3.12 添加文本

当绘制了原理图后，用户常常还需要在原理图上添加一些文本，以便于识别一些信息，比如公司信息、技术信息、设计人员信息、电路功能名称等。

3.12.1 添加普通文本

用户可以通过 Create Text（添加文本）命令来实现向原理图添加文本的操作。具体操作过程如下：

（1）首先单击设计工具栏的 Create Text（添加文本）图标，系统会打开如图 3-62 所示的文本属性对话框。

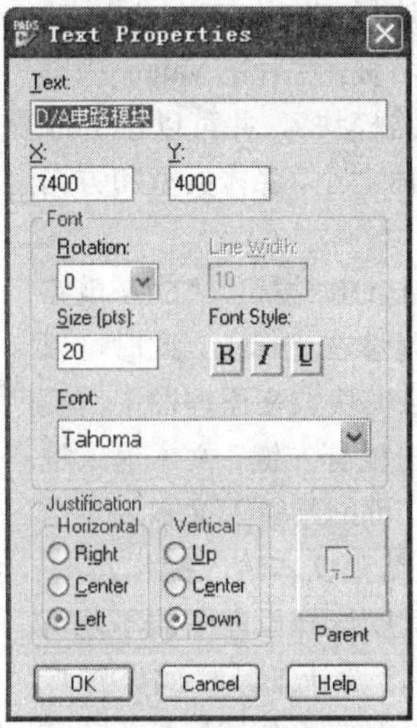

图 3-62 文本属性对话框

（2）此时可以在 Text 编辑框中输入文本信息，还可以在 Font 区域设置字体大小、字体类型和旋转角度等。在 Justification 区域可以设置对齐方式。

（3）单击 OK 按钮，退出该对话框，进入放置文本状态，一个文本框会附着在光标上。

（4）此时可以在需要放置文本的地方单击鼠标左键，就可以将该文本放置在原理图上，如图 3-63 所示，即为放置了一个实例文本的图形。

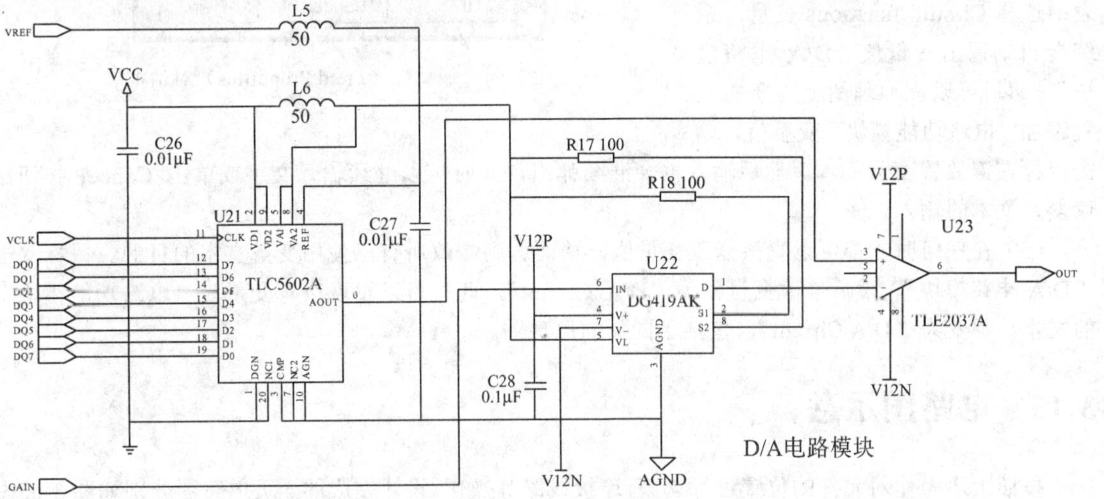

图 3-63 添加文本的原理图

3.12.2 添加变量文本

用户也可以使用域来添加变量文本，使一个文本为某个变量，从而在后面使用时只需修改这个变量，而不需重复地修改所有使用这个变量的文本。下面讲述具体的操作方法：

(1)首先单击设计工具栏的 Add Field(添加域)命令图标，系统会弹出域属性(Field Properties)对话框，如图 3-64 所示。

(2) 在对话框中，可以选择原有设置好的变量添加到原理图中，也可以自己设置变量添加到原理图中。在 Name（名称）选择编辑框中可以设置或选择变量的名称，在 Value（值）编辑框中输入变量的值。如本实例，在 Name 中选择 Circuit functions 等已设置好的名称，然后在 Value 中输入“D/A 电路模块”，并可以在 Font 区域设置字体大小、字体类型和方向等。

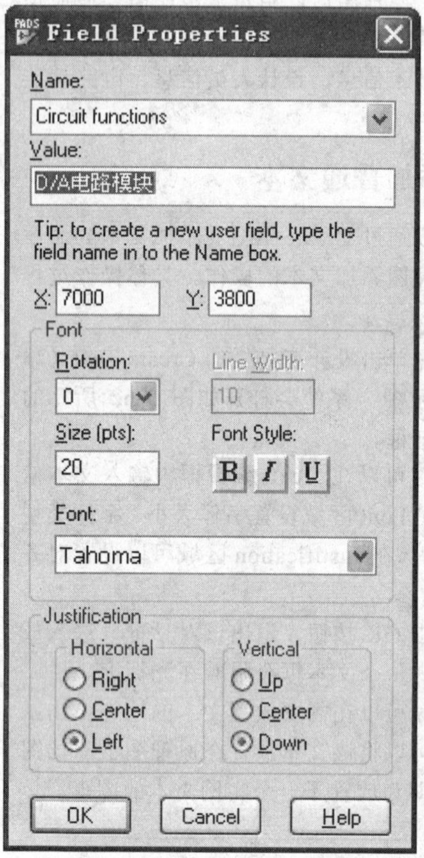

图 3-64 域属性（Field Properties）对话框

(3) 单击 OK 按钮，“D/A 电路模块”就会附着在光标上，此时可以将 D/A 电路模块放在原理图中需要的位置。单击鼠标左键，文本输入框会继续弹出，可继续输入文本或点击 Cancel 按钮结束文本输入操作。

(4)还可以选择原理图的不同页面，然后执行设计工具栏的添加域（Add Field）按钮，从域属性（Field Properties）对话框的 Name 的下拉列表中选择 Circuit functions 变量，系统会自动调出变量值“D/A 电路模块”，然后可以在原理图上需要的位置添加“电路功能模块”变量值，单击鼠标左键放置变量文本。然后输入框会继续弹出，此时可以继续输入文字或单击 Cancel 按钮结束变量文本的输入。

(5) 在任何时候都可以直接修改变量值，从而达到修改所有已使用变量文本的目的。鼠标双击“D/A 电路模块”，然后修改变量值为“D/A Circuit”，此时可以发现所有变量为“电路功能模块”的文本，都变为“D/A Circuit”，包括不同页的原理图。

3.13 电路图示意

按照上述操作对元件的位置进行调整，连接线路等操作。设计完成的 5 页电路图分别如图 3-65～图 3-69 所示。

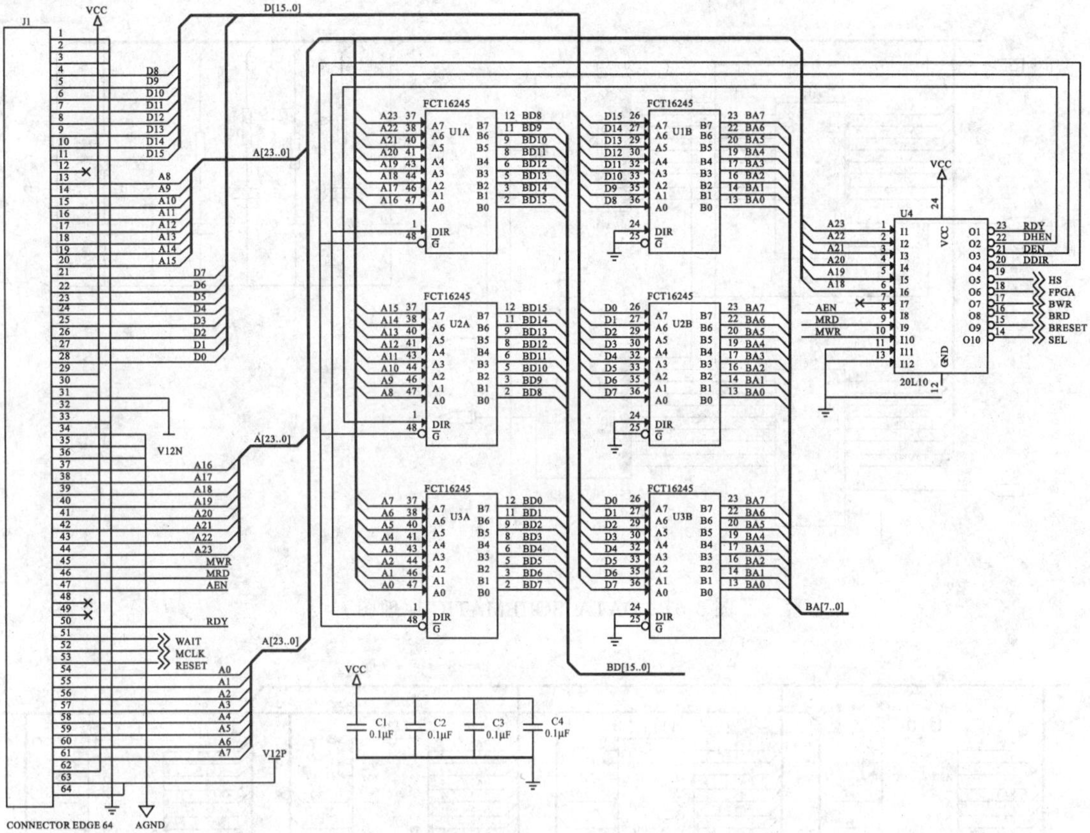

图 3-65　DEMO_ROOT_SCHEMATIC_1 原理图

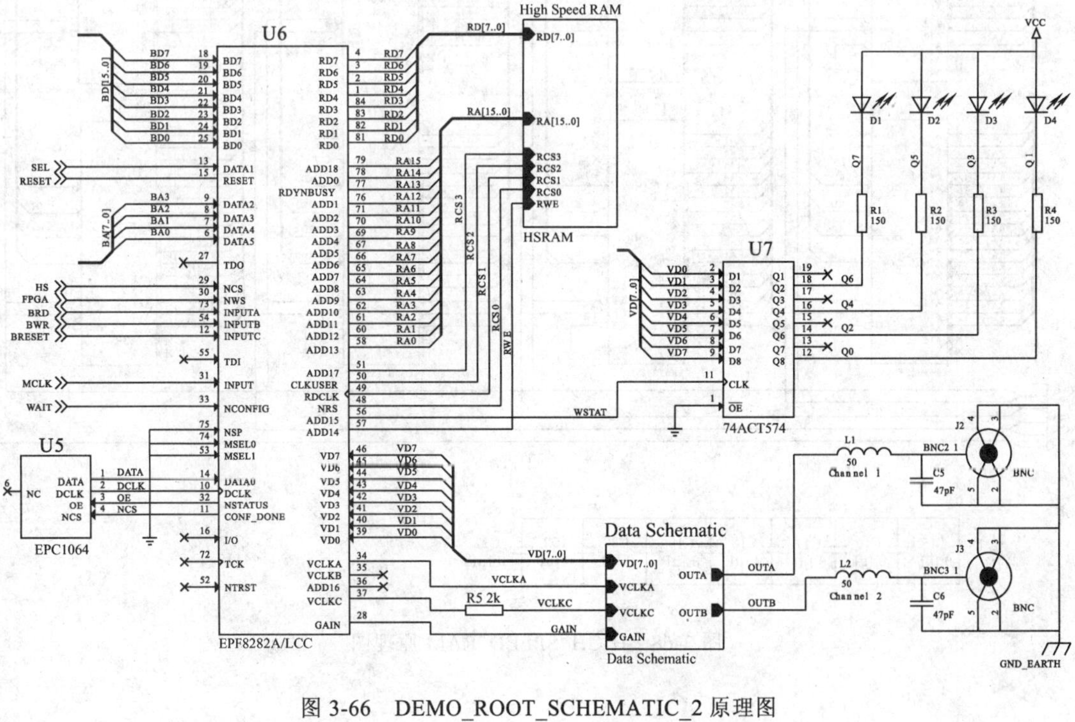

图 3-66　DEMO_ROOT_SCHEMATIC_2 原理图

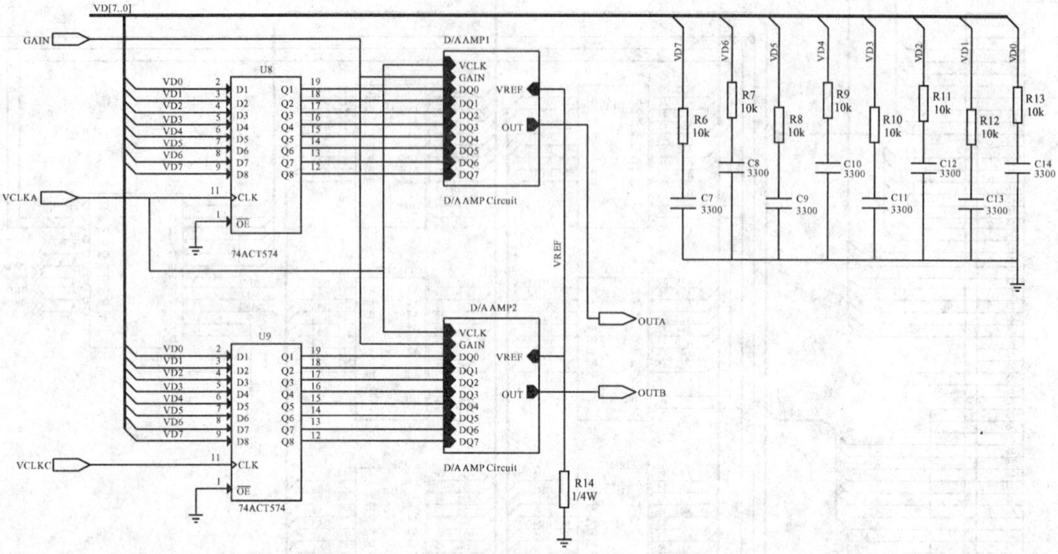

图 3-67 DATA_SCHEMATIC 原理图

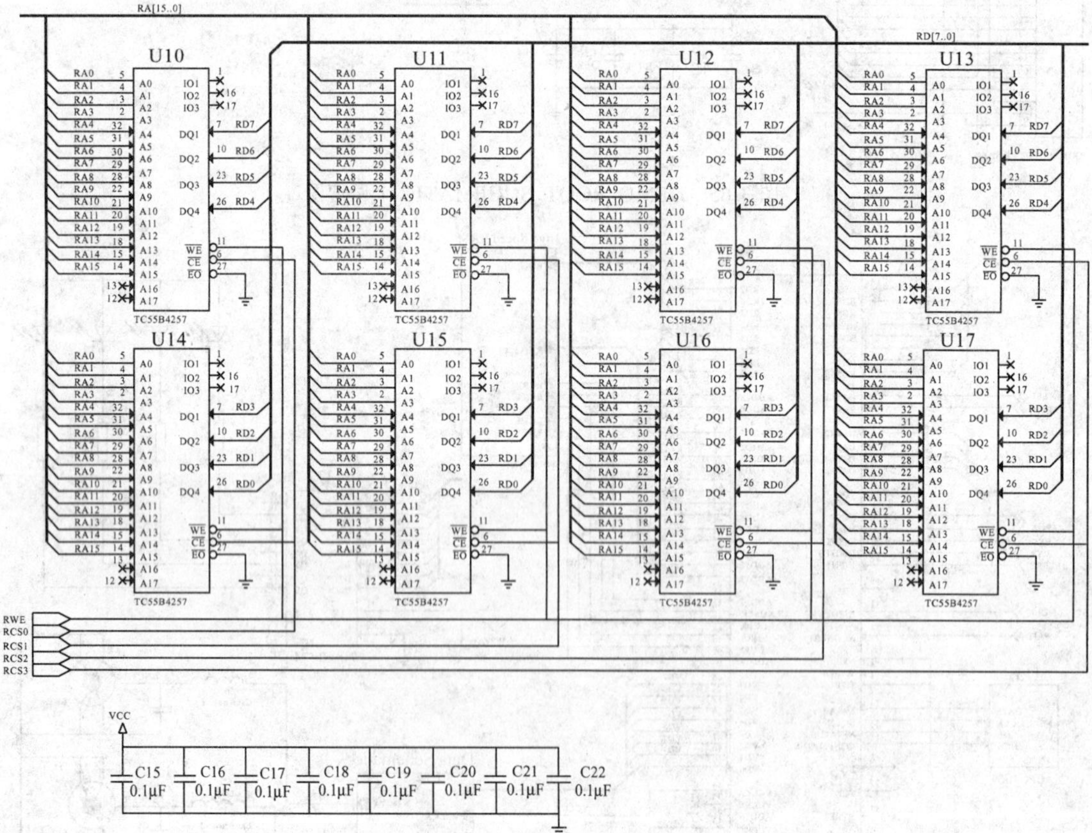

图 3-68 HIGH_SPEED_RAM 原理图

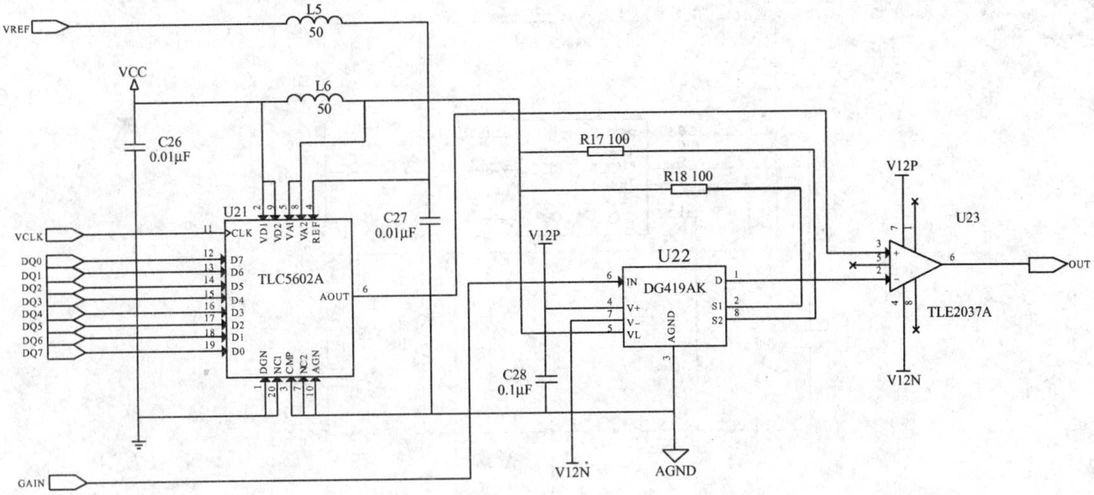

图 3-69　D/A_AMP1/D/A_AMP2 原理图

练　习　题

1. 请练习绘制如图 3-70～图 3-73 所示的电路原理图，放置元件时注意其位置。

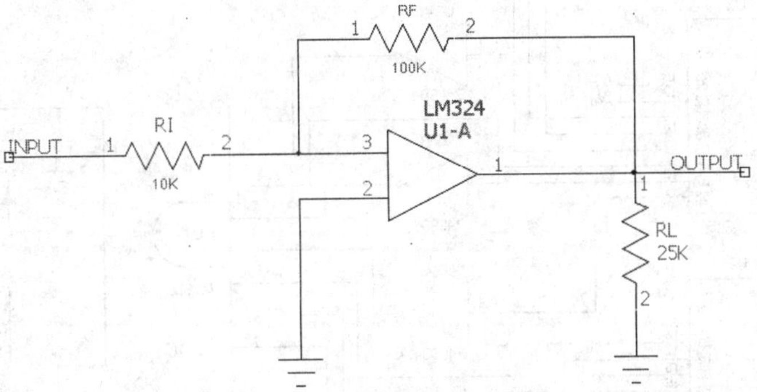

图 3-70　模拟放大电路

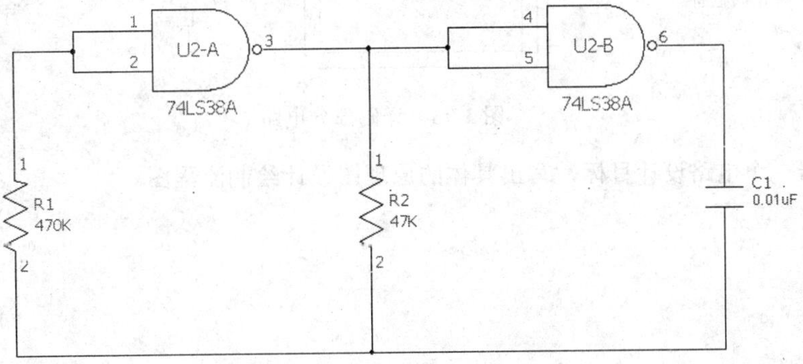

图 3-71　CMOS 振荡器电路

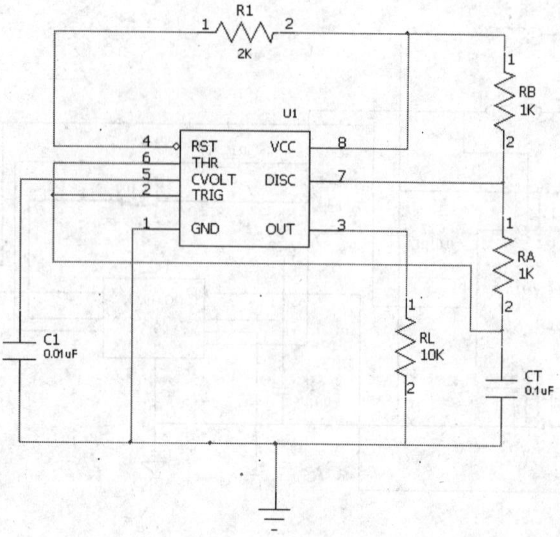

图 3-72　555 振荡器电路

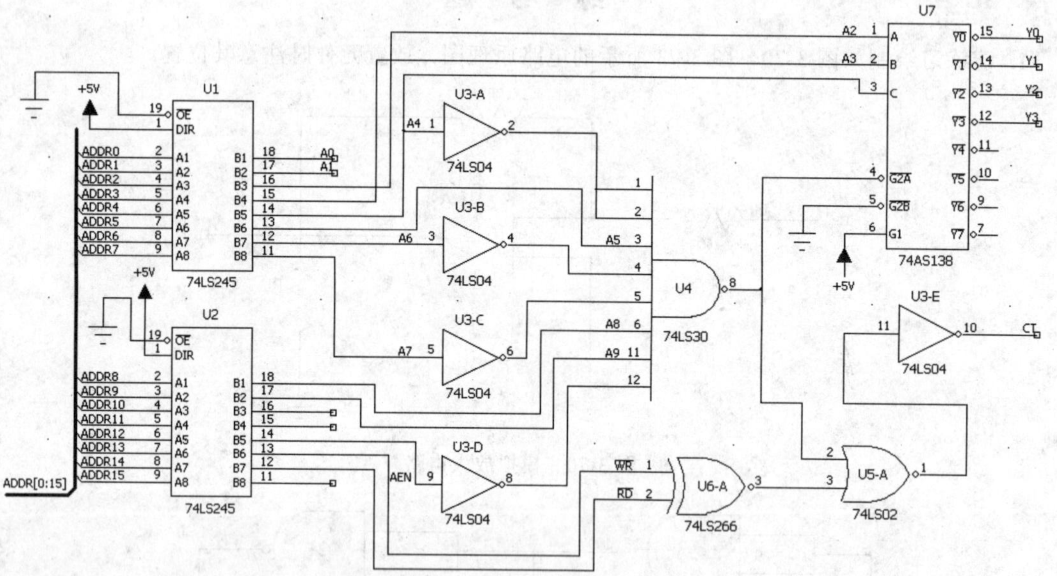

图 3-73　译码部分电路

2. 请根据一个电路设计目标，写出具体的原理图设计绘制流程图。

第 4 章　层、设计规则和报表

第 3 章已经讲述了如何根据设计要求绘制电路原理图。在完成了原理图的绘制后，PADS Logic 还允许用户在这个阶段定义设计规则，并设置图层。设计规则和图层信息可以直接输入到 PADS Layout 软件中，进行布局布线。这一章主要讲述如何在 PADS Logic 环境下设置图层，并定义设计规则。完成了电路原理图并设置了设计规则后，就可以生成相应的报表，如网络报表等，然后可以将这些信息输入到布局布线软件模块中进行布线。

4.1　设置电路板层

在使用 PADS Logic 进行电路设计时，用户还可以设置图层。PADS Layout 可以利用这些图层信息进行布局和布线。当用户完成了原理图设计后，就可以在此基础上设置图层。

为了设置图层，可以执行 Setup→Layer Definition 菜单命令。执行该命令后，系统会打开如图 4-1 所示的层设置对话框。

4.1.1　显示层信息

在图 4-1 所示对话框中，上部的层列表中显示了指定层的序号、类型、方向和层名。

1）Lev：显示层号。第 1 层和其后的电气层都用于元件布局和布线。顶层和底层被自动分配为元件层。当添加新的电子层时，最后的电气层会变为新的底层。最后一个电气层后面的层是非电气层或文档层，非电气层或文档层主要放置文本、用于说明安装的图形、阻焊层或助焊层的说明等。

2）Type：图层类型。包括元件和非平面层（CM），布线和非平面层（RT），布线和平面层（PL），元件和平面层（CP），元件和分割/混合平面层（CX），以及布线和分割/混合平面层（RX）。

3）Dir：层的方向，指定布线的方向。布线方向可以是水平的（Horizontal，H）、垂直的（Vertical，V）、任意方向（Any，A）、45°（/）或–45°（\）。

4）Name：层的名称。可以给每个层指定唯一的名称，以易于区分。这个名称会出现在层列表的名称栏。

如果在层列表中选择了某个层，则该层会显示在列表下方的 Name（名称）编辑框中。例如图 4-1 中选择 Top 层。

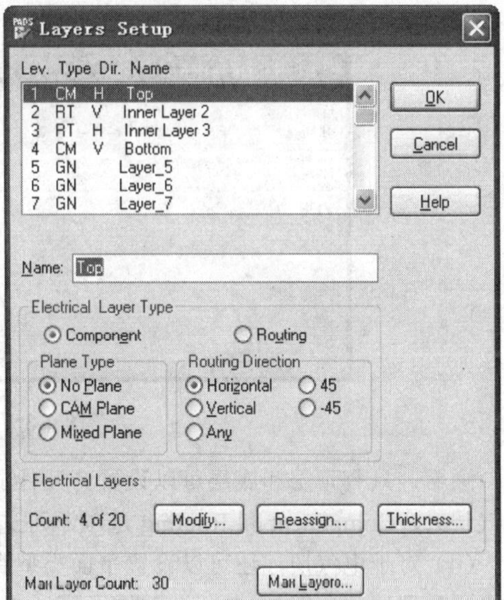

图 4-1　层设置对话框

4.1.2　设置层类型

在层设置对话框的 Electrical Layer Type 区域可以设置电气层的类型，例如可以在层列表中选择

Top 层，然后在这个区域设置其他层类型属性。

（1）首先在层列表中选中需要设置的层，例如顶层（Top）或底层（Bottom），或其他电气层。

（2）如果需要设置层为元件放置层，则选择 Component（元件）复选框。如果设置顶层或底层为元件放置层，则表示它们将被用于放置元件。当然元件放置层也是允许布线的。

（3）如果需要将层设置为布线层，则选中 Routing（布线）复选框。所有电气层都可以设置为布线、电源平面或分割/混合平面层。当一个层被选择为电源平面或分割/混合平面层时，则可以设置该平面连接到哪个网络。

例如，假设我们设置四层电气层，另两层为 Power 和 GND 层，如图 4-2 所示。可以设置 Power 层为 CAM Plane（CAM 平面），然后单击右侧出现的 Assign Nets（分配网络）按钮，分配一个网络连接到该层。单击 Assign Nets 按钮后，系统会打开如图 4-3 所示的平面层网络对话框。在该对话框中，可以从左边的网络列表中选择一个网络，然后单击 Add 按钮，将其连接到 Power 平面，例如本实例设置了 VCC 网络连接到 Power 平面层。其他平面的网络连接设置类似。如果需要移去平面的网络连接，则从右边的列表中选择需要移去的网络，然后单击 Remove 按钮即可。

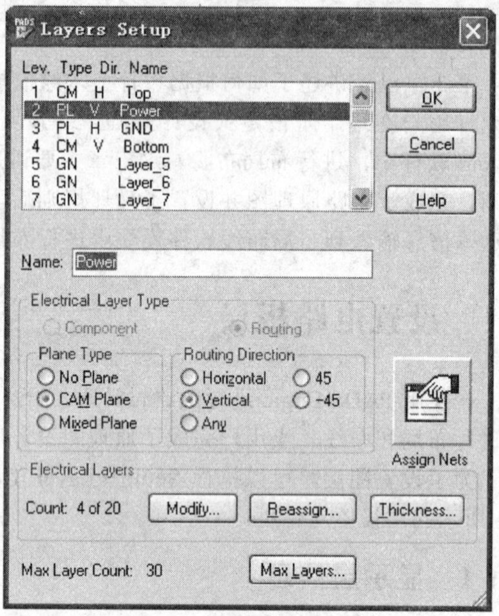

图 4-2 设置电源平面

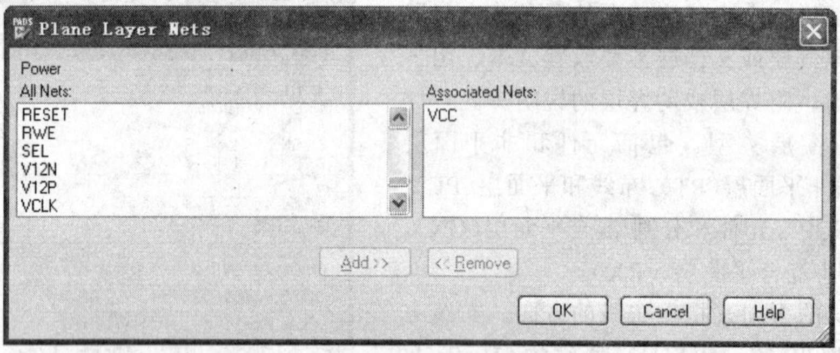

图 4-3 平面层网络对话框

通常，只有顶层和底层可以设置为元件放置层，中间电气层只能设置为布线层。当选择了中间电气层时，Component 和 Routing 选项不可选。

（4）对于电气层，还可以设置平面类型和布线方向。在 Plane Type（平面类型）选择区域有三个平面类型选项，即 No Plane（非平面）、CAM Plane（CAM 平面）和 Mixed Plane（混合平面）。在 Routing Direction（布线方向）选择区域有五种布线方向可选择，即 Horizontal（水平）、Vertical（垂直）、Any（任意方向）、45°和–45°方向，如图 4-2 所示。

布线方向信息可以直接输入到 PADS Layout 布局软件中，然后输入到布线模块 PADS Router 中。布线方向会影响到手动和自动布线，例如，如果选择水平布线时，层上的大部分走线是垂直的，则布线编辑将会变慢，另外，选择任意方向也会影响布线的编辑效果。

4.1.3　设置电气层数

通常，多层 PCB 设计是目前电子设计的主流，PADS Logic 可以为后续的布局和布线设计设置多层 PCB。可以使用层设置对话框来修改电气层的数量，用户可以设置符合自己设计要求的层数量。

（1）当设置板层数量时，首先进入层设置对话框，如图 4-1 所示。

（2）然后在 Electrical Layers 区域单击 Modify 按钮，系统就会打开如图 4-4 所示的修改电气层数量对话框。此时，在编辑框中输入新的板层数，本实例设置 4 层电气层的板，所以输入 4。

（3）输入电气层数后，单击 OK 按钮，系统会打开如图 4-5 所示的重新分配层对话框。在该对话框中，可以对层进行重新分配。通常，系统会默认把顶层保持为新的顶层，即第 1 层依然是第 1 层，底层变为最后一层，例如本实例的底层（原第 2 层）变为第 4 层，当然用户也可以按自己的要求进行设置。

重新分配层时，可以先在列表中选择需要分配的层，然后在 New Layer（新层）编辑框中输入新的层。

完成分配层操作后，单击 OK 按钮，回到层设置对话框，就会在对话框中显示当前设置的新电气层数。

如果在设置层数操作后想重新分配层，则可以在图 4-1 所示层设置对话框中，单击 Reassign（重新分配）按钮，系统会弹出如图 4-5 所示的重新分配层对话框，此时可以对层进行重新分配。

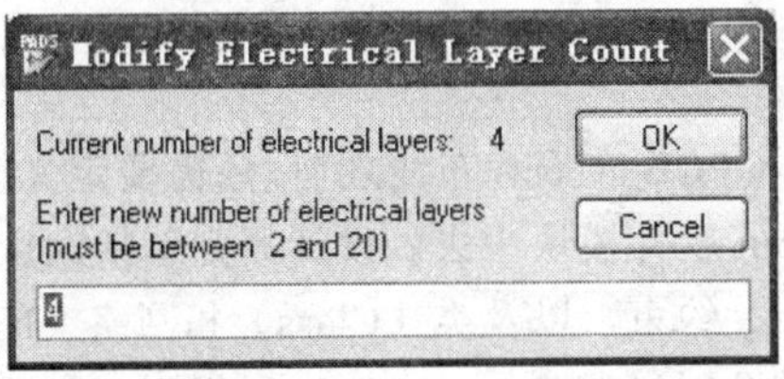

图 4-4　修改电气层数量对话框

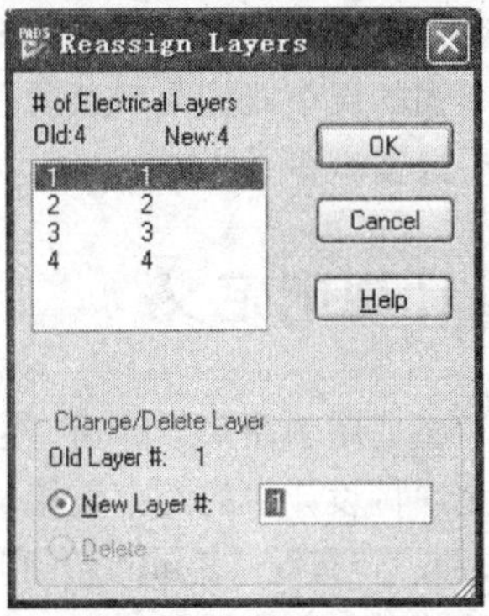

图 4-5　重新分配层对话框

4.1.4　设置层的厚度

PCB 的电气层和基板具有一定的厚度，以便实现信号的隔离和绝缘。另外，还需要设置电路板层之间的电介质信息。PADS Logic 的层设置对话框可以设置电气层和基板厚度，以及电介质。

（1）在如图 4-1 所示的层设置对话框中，单击 Thickness（厚度）按钮，系统会打开如图 4-6 所示的层厚度对话框。

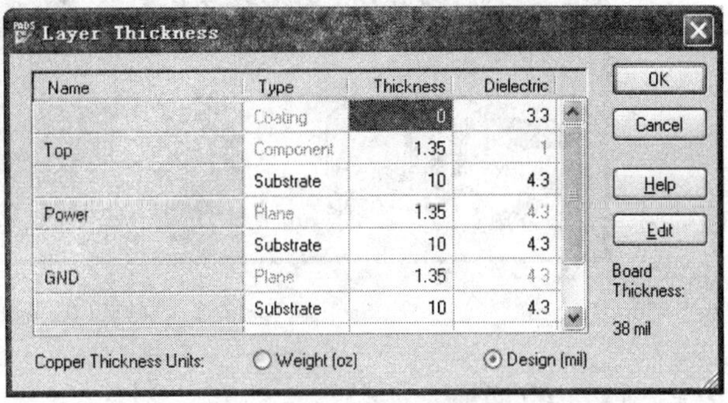

图 4-6　层厚度对话框

（2）在该对话框中，如果用户使用重量单位（盎司）来表示铜厚度，则可以选择 Weight（oz），也可以选择设计单位（mil）来表示铜厚度，此时就要选择“Design（mil）”选项。

（3）如果要设置基板（Substrate），则可以在 Type 栏中选择某两层之间的 Substrate，单击 Edit 按钮，选择 Substrate 或 Prepreg 层。前者为基板，后者为树脂层。

（4）如果想设置层的厚度，则可以在 Thickness 栏选中需要设置的层，单击 Edit 按钮，或者使用鼠标双击该编辑框，就可以输入新的厚度设置。

（5）在电介质（Dielectric）栏中，可以设置涂层、基板或树脂层的电介质厚度，双击其有效的编辑框，或者选中后单击 Edit 按钮，就可以输入该层的电介质厚度。

对于信号或电平面的铜层，这是不可操作的。例如 Top 层，其 Dielectric 栏是无效的。

在对话框中，还会显示电路板的总厚度，例如 Board Thickness: 38mil。

4.1.5 设置非电气层数

PADS Logic 支持两种层增量模式，即默认的层模式和增强的层模式。当原理图为默认的层模式时，则最大的层数为 30。当原理图为增强的层模式时，则最大的层数为 250。在增强的层模式中，最大的电气层数为 64，非电气层数为 186。

当需要设置层模式时，可以单击图 4-1 所示的层设置对话框下方的 Max Layers 按钮，然后会弹出一个说明对话框，说明所设置的层模式为哪种模式即可。

当由默认的层模式变为增强的层模式时，对话框信息会告诉设计人员最大的层数为 250，所有非电气层数被增加了 100。

当由增强的层模式变为默认的层模式时，对话框信息会告诉设计人员最大的层数减小到 30，所有非电气层数被减少了 100。

4.2 设计规则定义

完成了原理图的图形设计后，在生成网络表并进入 PCB 布局和布线之前，还需要定义设计规则。设计规则允许将设计中的约束直接输入到 PADS Layout 软件模块中去。设计规则包括默认的安全间距（Clearance）、布线（Routing）和高速（High speed）约束，以及类（Class）和网络（Net）规则。另外，还可以指定条件规则（Conditional Rules）和差分对（Differential Pairs）规则。本节主要讲述各设计规则的意义以及如何设置设计规则。

在设置设计规则之前，首先需要执行 Setup→Design Rules 菜单命令，系统会打开如图 4-7 所示规则（Rules）对话框。通过这个对话框可以设置各种设计规则。

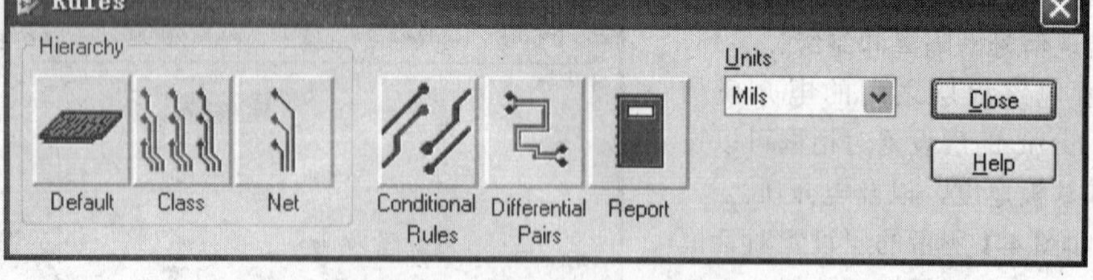

图 4-7 规则（Rules）对话框

4.2.1 默认的规则

默认的设计规则包括安全间距（Clearance）、布线（Routing）和高速（High speed）约束。单击

图 4-7 中的 Default 按钮，系统会打开如图 4-8 所示的默认规则对话框。

图 4-8 默认规则对话框

通过默认规则对话框，可以分别设置安全间距、布线和高速约束。下面分别进行介绍。

1. 安全间距约束

安全间距约束规定了 PCB 上不同网络的走线焊盘过孔之间必须保持的距离。当设置安全间距约束时，可以按以下步骤设置安全间距约束。

（1）首先执行 Setup→Design Rules 菜单命令，系统会打开如图 4-7 所示的规则对话框选择设计规则的单位为 Mils，从 Units(单位)列表中选择 Mils。

（2）单击 Default（默认）按钮，系统会打开如图 4-8 所示的默认规则对话框。

（3）从默认规则对话框中单击 Clearance 按钮，系统会打开如图 4-9 所示的安全间距规则对话框。

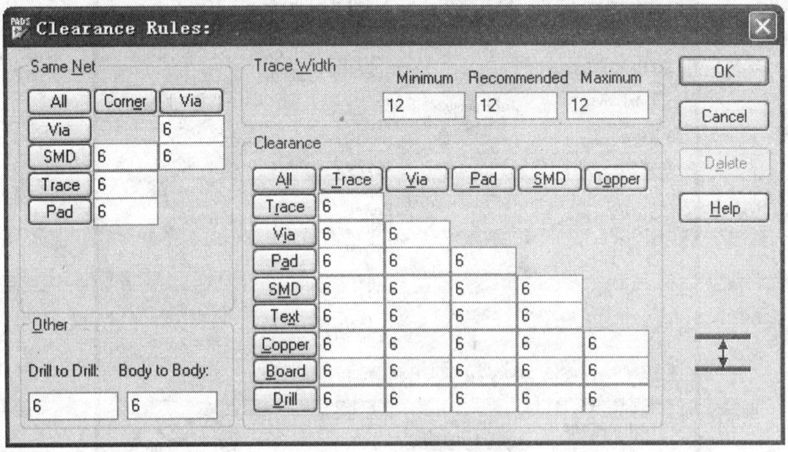

图 4-9 安全间距规则对话框

（4）在导线宽度（Trace Width）区域，可以设置导线的宽度，其中包括导线的最小值（Minimum）、推荐值（Recommended）和最大值（Maximum）。

（5）在 Same Net（相同网络）区域设置允许相同网络的对象之间安全间距。可以对每个对象之间的间距进行设置，比如 Via（过孔）和 Via 之间，也可以一次性设置所有项，此时可以单击 All 按钮，系统会打开安全间距值输入对话框，如图 4-10 所示。用户可以输入间距设置值，单击 OK 按钮完成所有间距值的设置。例如设置所有相同网络对象之间的安全间距为 10mil。

图 4-10 安全间距值输入对话框

（6）在安全间距规则对话框的安全间距(Clearance)区域中包含了 PCB 安全间距矩阵。该矩阵允许设计人员设置所有电气类型或每一个电气类型之间安全间距值。通过单击 Clearance 区域矩阵左上角的 All（所有）按钮，可以设置全局默认的安全间距值，即同时设置所有的间距值。此时系统也会打开如图 4-10 所示的对话框，然后可以一次性输入所有的安全间距值，比如在本实例中输入安全间距值为 10。单击 OK 按钮，则矩阵内所有的值都同时改变。

（7）在 Other（其他）区域，可以设置钻孔和钻孔（Drill to Drill）、元件体和元件体（Body to Body）

之间的安全间距。

（8）完成了安全间距设置后，单击安全间距规则对话框的 OK 按钮，保存设置并回到默认规则对话框。

2. 布线约束

布线约束是 PCB 设计中常常需要考虑的约束。比如为了避免在平面层上布线，可以将它们从布线规则定义的有效布线层中移去。下面的操作可以在 PADS Logic 中完成 PCB 的布线约束设置。

（1）首先执行 Setup→Design Rules 菜单命令，系统会打开如图 4-7 所示的规则对话框。

（2）单击 Default（默认）按钮，系统会打开默认规则对话框，如图 4-8 所示。

（3）从默认规则对话框中单击 Routing 按钮，系统会打开如图 4-11 所示的布线规则对话框。

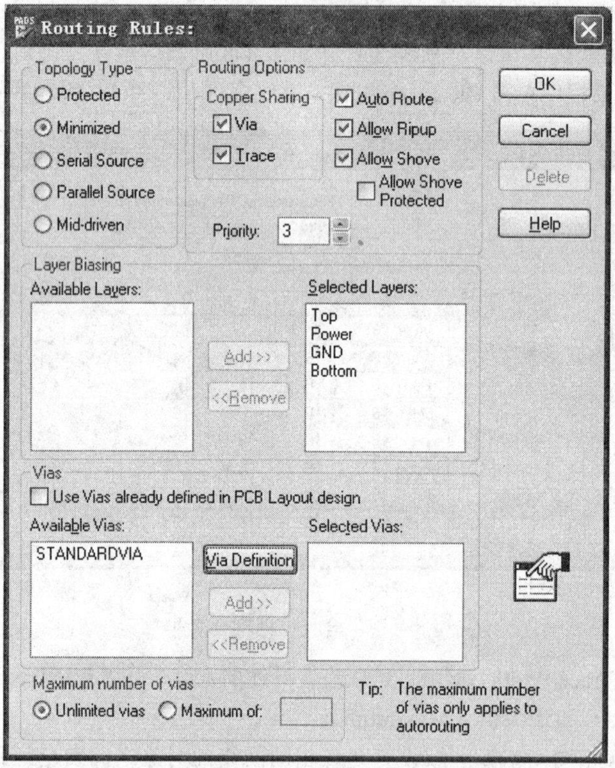

图 4-11　布线规则对话框

（4）在 Topology Type（拓扑类型）区域可以指定布线的拓扑类型，确定引脚到引脚的网络布线顺序或者移动元件的顺序。当交互布线时，一个预拉线会引导设计人员从一个引脚布线到另一个引脚。布线拓扑类型包括如下几种设置：

1）Protected：不改变网络的连接顺序，这个选项会使长度最小化无效。

2）Minimized：通过使两引脚之间距离最短来布线，允许网络重新连接。

3）Serial Source：按从源引脚到负载引脚，再到终端的级联顺序对网络进行布线。

4）Parallel Source：与 Serial Source 类似，不同的是这是以每个源到负载连接的并行连接来对网络布线的。

5）Mid-driven：将网络分为两条分支，每条分支以源到负载，再到终端的顺序进行布线。

（5）在 Routing Options 区域可以设置布线选项。布线选项包括如下的设置：

1）Via（过孔）：该选项表示过孔可以和其他对象共享相同的铜，如图 4-12a 所示为过孔和其他对象不共享铜，如图 4-12b 所示为过孔和其他对象共享铜。尽管该规则可以在 PADS Logic、PADS Layout 和 PADS Router 中定义，但只适用于 PADS Router。

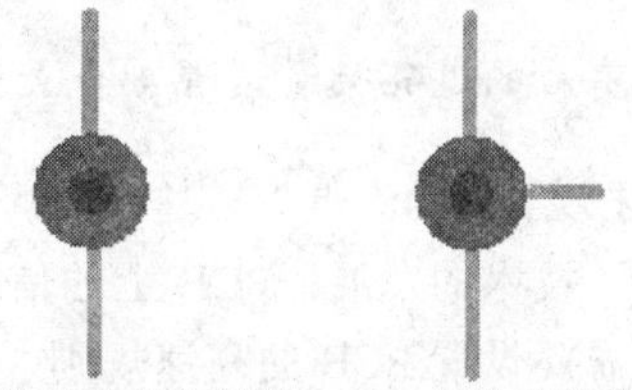

a）过孔和其他对象不共享铜　b）过孔和其他对象共享铜

图 4-12　过孔和其他对象不共享铜及共享铜的示例

2）Trace（导线）：该选项表示导线可以和其他对象共享相同的铜，如图 4-13a 所示为导线和其他对象不共享铜，如图 4-13b 所示为导线和其他对象共享铜。尽管该规则可以在 PADS Logic、PADS Layout 和 PADS Router 中定义，但只适用于 PADS Router。

a）导线和其他对象不共享铜　b）导线和其他对象共享铜

图 4-13　导线和其他对象不共享铜及共享铜的示例

3）Priority（优先级）：给网络定义布线优先级，优先级别可以为 0~100。具有高优先级的网络先布线。PADS Router 不会使用优先级值，这个设置仅仅用于 SPECCTRA。

4）Auto Route（自动布线）：能使自动布线器对网络进行布线。

5）Allow Ripup（允许重布）：选择该选项后，可以删除已经布好的导线并重新对其布线。

6）Allow Shove（允许推挤）：将没有保护的导线向一边推挤，以便为新的导线获得足够的空间。

7）Allow Shove Protected（允许推挤保护）：将保护的导线移向一边，以便为新的导线获得足够的空间。

（6）Layer Biasing（层偏移）规则指定了哪些层可以用于布线。为了指定可以布线的层，在可获得的（Available）层列表中，选择层后单击 Add 按钮即可。

如果要设定层为不可布线，则可以从选择（Selected）列表中选择层，然后单击 Remove 按钮即可。

（7）Vias（过孔偏移）规则可以指定哪些过孔可以用于布线。为了指定可以布线的过孔，在可获得的（Available）过孔列表中选择过孔后单击 Add 按钮即可。

如果要设定过孔为不可布线，则可以从选择（Selected）列表中选择过孔，然后单击 Remove 按钮即可。

如果想在 PADS Logic 中定义过孔，则可以单击 Via Definition 按钮，系统会弹出如图 4-14 所示的过孔设置对话框。

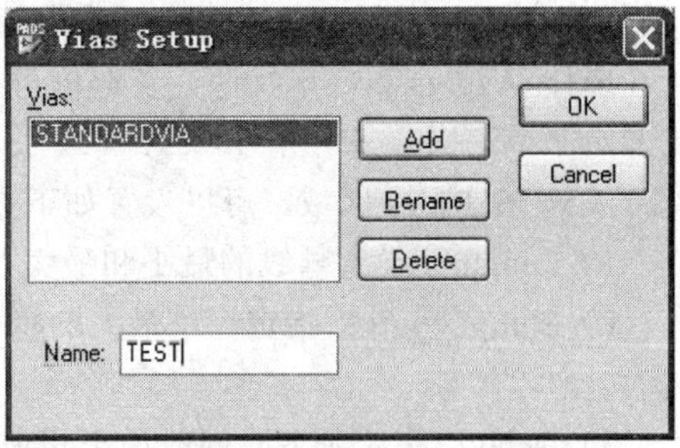

图 4-14　过孔设置对话框

此时在 Name 编辑框中输入新的过孔名，然后单击 Add 按钮即可。如果想重命名某个过孔，则可以输入选择需要重命名的过孔，然后输入新的过孔名，并单击 Rename 按钮即可。

（8）在进行 PCB 设计时，常常会设置最大的过孔数量，以便提高 PCB 的电磁兼容性能。通过布线规则设置，可以指定自动布线器会添加到网络的最大过孔数量。

为了指定过孔的最大数量，可以选择图 4-11 所示的 Maximum number of vias 项，然后在其后的编辑框输入需要设置的值即可，设置的值的范围为 0～5000。

如果不想限制过孔的数量，单击 Unlimited vias 选项即可。

注意：不足的过孔数量设置，会大大增加自动布线时间，还会降低布通率。

3. 高速规则

随着电子技术的发展，PCB 上的信号速度越来越快，目前 PCB 上的信号可以达到 GHz 级。因此我们常常需要设置 PCB 的高速规则，以便提高 PCB 的信号特性和电磁兼容性能。

下面的操作可以在 PADS Logic 中完成 PCB 的高速规则设置。

（1）首先执行 Setup→Design Rules 菜单命令，系统会打开如图 4-7 所示的规则对话框。

（2）单击 Default（默认）按钮，系统会打开默认规则对话框，如图 4-8 所示。

（3）从默认规则对话框中单击 Hi Speed 按钮，系统会打开如图 4-15 所示的高速规则设置对话框。在该对话框中，用户可以为平行、级联、屏蔽、布线长度、短截线长度、延迟、容抗、阻抗匹配长度。

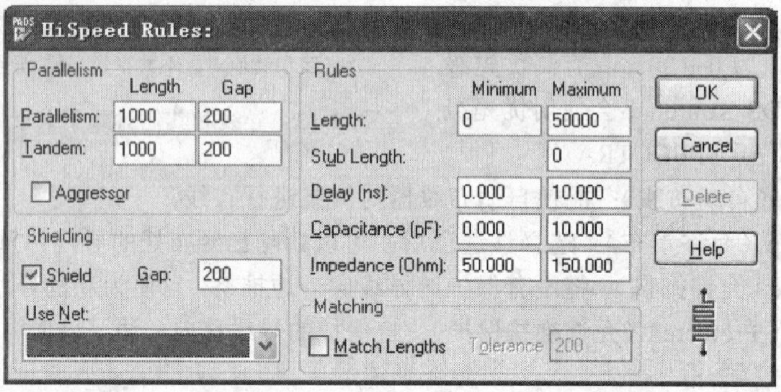

图 4-15　高速规则设置对话框

当进行布线时，EDC（Electrodynamic Checking）程序会检查在布线后是否正确满足了所设置的规则（除屏蔽和匹配长度外）。用户可以使用条件规则，将一个高速规则设置保存为一个集，或者将高速规则仅当条件匹配时才用于所选择对象。

（4）在 Parallelism（平行）区域的 Parallelism（平行）编辑框中分别输入长度值和间距值，可以限制相同层上不同网络的导线可以正常工作的距离。

在 Parallelism（平行）区域的 Tandem（级联）编辑框中分别输入长度值和间距值，可以限制不同层上不同网络的导线可以正常工作的距离。

选择 Aggressor（串扰源）复选框可以指定在平行/级联检查时，一个网络是否是一个串扰源，或者是一个干扰源。

（5）在 Rules 区域，可以设置如下参数项的最小值和最大值：

1）Length：设定导线的最小和最大长度值。

2）Stub Length：指定一个最大的短截线长度。短截线长度是指从一个 T 型节点到布线端的距离。

3）Delay：指定延迟时间的最小和最大值，以 ns（纳秒）为单位。

4）Capacitance：设定允许电容的最小和最大值，以 pF（皮法）为单位。

5）Impedance：设定允许阻抗的最小和最大值，以 Ω（欧姆）为单位。

这些参数的设置会把导线宽度限制在一定的范围内。推荐值将是布线开始时导线的宽度。这些最小值和最大值会使布线程序使用导线宽度来获得高速布线功能，如阻抗匹配。

（6）有些布线器可以设定某些网络为屏蔽其他网络。如果设置网络屏蔽，则可以在 Use Net 下拉列表中选择网络，这些网络可以上下布保护线，从而防止来自其他网络的干扰。为了设置网络屏蔽，可以在 Shielding 区域选择 Shield 复选框，从而激活屏蔽规则。

注意：用户只能设置那些和平面层相关联的网络来屏蔽其他网络。这些关联网络可以在层设置对话框中设置，请参考 4.1 节。对于没有和平面层关联网络的设置，则屏蔽设置是不可操作的。

如果布线器支持屏蔽，则用户可以通过 Gap 编辑框设置屏蔽距离值，在 Use Net 下拉列表中选择所屏蔽的网络。

（7）在 Matching（匹配）区域，可以选择 Match Lengths（匹配长度）复选框，从而激活匹配规则，并可以在 Tolerance 编辑框中输入误差值。

长度匹配是一个可以传递到布线器的长度要求参数。这个规则指定匹配的最短长度和最长的长度之间所允许的最大差值。

4.2.2 类规则

PADS Logic 允许用户定义类规则，即将一个网络或多个网络定义为一个类规则，在布线时，系统会使用这些类规则进行检查。

类规则是优先于默认规则的，布线器会优先采用类规则的设置，如果网络没有类规则设置，才会参考默认规则。

下面讲述设置类规则的操作步骤：

（1）首先执行 Setup→Design Rules 菜单命令，系统会弹出如图 4-7 所示的规则对话框。

（2）单击 Class 按钮，系统会打开类规则对话框，如图 4-16 所示。

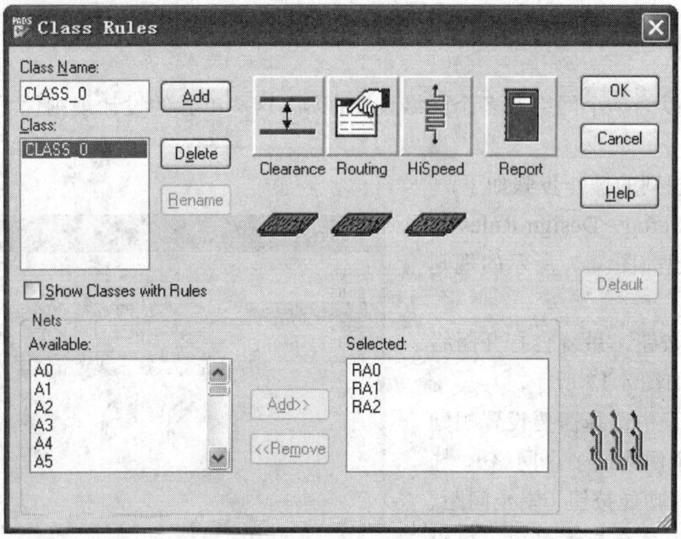

图 4-16 类规则对话框

（3）在 Class Name 编辑框中，可以输入一个类名，如图 4-16 中所示的 CLASS_0，然后单击 Add 按钮即可建立一个新的类。

如果想删除已经存在的类，则可以在 Class 列表框中选中需要删除的类，单击 Delete 按钮即可。

（4）在 Nets 区域，可以向类添加网络或删除网络。在 Available 列表框中，选择需要添加到类的网络，单击 Add 按钮即可。

如果想从类的相关网络中删除某些网络，则可以从右边的 Selected 列表框中选择需要删除的网络，单击 Remove 按钮即可。

注意：一个网络只能属于一个网络类，在 Available 列表框中的网络不属于当前设置的类，但是可以添加到这个类中。

（5）如果选择 Show Classes with Rules 复选框，则只列出至少具有一个规则定义集的类。

（6）对于每个类，我们都可以单击右边的相应图标，设置网络类的安全间距约束、布线约束和高速规则。

如果想设置某个规则，可以单击相应的按钮图标，系统会打开相应的设置对话框，对于网络类的安全间距约束、布线约束和高速规则实际上和默认规则的这些项的设置是一样的，读者可以参考 4.2.1 节。

注意：当为类定义了规则后，那些规则类型会以字符形式显示在类后的括号中。

说明：在每种规则按钮下面的图片表示这种规则的层次级。例如，我们为类定义了某个规则后，就会在这个规则按钮下显示类层次的图片。如果某类型的规则使用默认的设置，则在这个规则按钮下方显示的是绿色的方形。

如果想将已经定义的规则从类中移去，从而使用默认的规则定义，那么可以选中该类，然后单击 Default 按钮，则可以将默认的设计规则应用到该类。

注意：当选中了某个网络类设置其规则时，这些设置的规则只对选择的网络类有效。

4.2.3 网络规则

PADS Logic 可以为单个网络或多个网络设置规则，这些单独的设计规则优先于默认的设计规则和类规则。

具体设置网络规则的操作步骤如下：

（1）首先执行 Setup→Design Rules 菜单命令，系统会弹出如图 4-7 所示的规则对话框。

（2）单击 Net 按钮，系统会打开网络规则设置对话框，如图 4-17 所示。

（3）在 Nets 列表中选择需要设置规则的网络（可以是一个网络或多个网络），选择了网络后，右边的功能按钮（安全间距、布线、高速规则等）就会显示有效，可以单击相应的按钮设置规则。

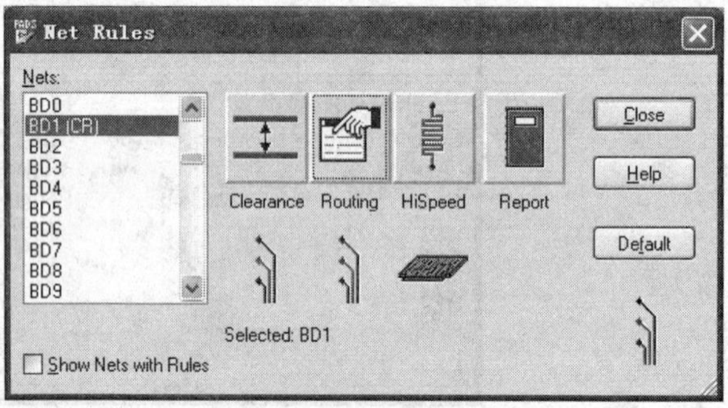

图 4-17 网络规则设置对话框

如果想为网络设置规则，可以单击相应的按钮图标，系统会打开相应的设置对话框。对于网络的安全间距约束、布线约束和高速规则实际上和默认规则的设置是一样的，读者可以参考 4.2.1 节。

如果选择 Show Nets with Rules 复选框，则只列出至少具有一个规则定义集的那些网络。

注意：当为网络定义了规则后，那些规则类型会以字符形式显示在网络后的括号中。

说明：在每种规则按钮下面的图片表示这种规则的层次级。例如，我们为网络定义了某个规则后，就会在这个规则按钮下显示网络层次的图片。如果某类型的规则使用默认的设置，则在这个规则按钮下方显示的是绿色的方形。

如果想将已经定义的规则从网络中移去，从而使用默认的规则定义，那么可以选中该网络，然后单击 Default 按钮，则可以将默认的设计规则应用到该网络。

4.2.4 条件规则

用户可以使用一个层作为一个相对对象，然后设置一个条件，允许一个网络在这个层上才应用所定义的规则。这样的规则就是条件规则。

当电路中有两个网络除了对应其他目标的规则外，还需要说明它们之间的安全间距时，就必须定义条件规则。条件规则可以定义当两个网络在相互非常接近的区域内布线的条件，也可以对许多层次化的设计规则的元件指定条件规则。条件规则可以在网络、网络和类、网络和层、类和类、类和层等之间进行定义。

当需要定义条件规则时，可以按照如下的操作来实现：

（1）首先执行 Setup→Design Rules 菜单命令，系统会弹出如图 4-7 所示的规则对话框。

（2）选择 Conditional Rules 按钮，系统会打开条件规则设置对话框，如图 4-18 所示。

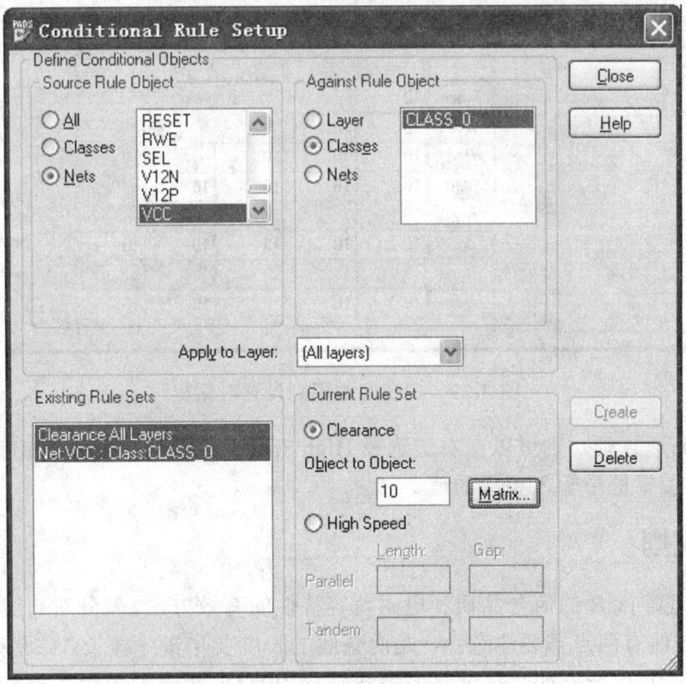

图 4-18 条件规则设置对话框

（3）在 Source Rule Object（源规则对象）区域，可以选择 Classes（类）、Nets（网络），或 All（所有）同时指定类和网络。如果选择类或网络复选框，则在其右边的列表中会显示电路中的网络或定义的类；然后可以指定用于检查规则的相对对象。

（4）在 Against Rule Object（相对规则对象）区域，可以选择 Classes（类）、Nets（网络），或 Layer（层）作为检查规则的相对对象。

如果选择了类、网络或层复选框，在其右边的列表中会显示出电路中的网络、定义的类或层。可以根据设计要求选择类、网络或层作为相对对象。

（5）当需要将设置的条件规则用于某个层或某些层时，可以在 Apply to Layer 下拉列表中选择层。

（6）然后可以在 Current Rule Set（当前的规则集）区域，指定需要定义的规则类型，如 Clearance（安全间距）或 High Speed（高速）规则。选择规则集后单击 Create 按钮即可创建一个新的条件规则。

（7）当创建了一个条件规则后，在 Existing Rule Sets 列表框中可以选择一个已经创建的条件规则，设置 Clearance（安全间距）或 High Speed（高速）规则的值。

如果选择的是安全间距规则，则可以在 Object to Object 编辑框中输入最小的安全间距值，这个值就是适用于前面所定义的对象和相对对象之间的安全间距的条件值。如果单击 Matrix 按钮，则可以进入一个如图 4-19 所示的安全间距规则设置对话框，可以对电气对象逐个设置安全间距。例如，本实例定义了一个 VCC 网络和 CLASS_0 类之间的条件规则，在图 4-19 中，可以看出这些参数的设置只适用于 VCC 网络和 CLASS_0 类之间，但是应用于所有层。

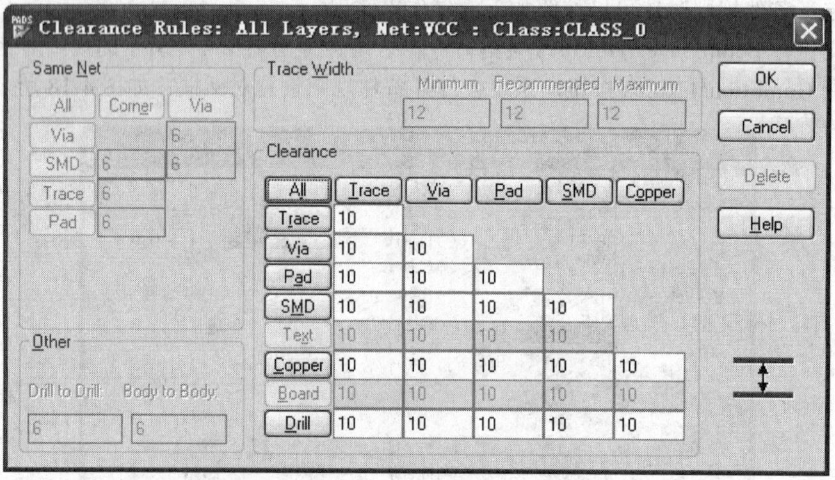

图 4-19　安全间距规则设置对话框

如果选择的是高速规则，则可以在右边选择 High Speed 复选框，然后在相应的 Parallel（平行）和 Tandem（级联）编辑框中输入相应的值。

4.2.5　差分对规则

差分对布线是提高 PCB 的信号品质和电磁兼容特性的有效方法。差分对布线常常用于高速信号电路中。差分对的布线有两点需要注意：一是两条线的长度要尽量一样长；二是两线的间距(此间距由差分阻抗决定)要一直保持不变，也就是要保持平行。PADS Logic 提供了差分对规则设置功能。下面我们讲述如何设置差分对规则。

（1）首先执行 Setup→Design Rules 菜单命令，系统会弹出如图 4-7 所示的规则对话框。

（2）选择 Differential Pairs 按钮，系统会打开差分对规则设置对话框，如图 4-20 所示。通过该对话框，可以设置差分对规则。

注意： 尽管我们可以在 PADS Logic 中定义差分对规则，但是它只用于 PADS Router 布线器。

（3）创建差分对。在 Available 列表中，选择需要设置的差分对规则的第一个差分信号，然后单击上部的 Select 按钮；或者使用鼠标直接双击该差分信号。这个差分信号就会显示在下部 Select 按钮的右下方。

然后在 Available 列表中，选择需要设置的差分对规则的第 2 个差分信号，单击 Select 按钮，或者使用鼠标直接双击该差分信号。这个差分信号就会显示在 Select 按钮的右下方。

选择了两个差分信号后，单击 Add 按钮，即创建了一个差分对，如图 4-20 所示。

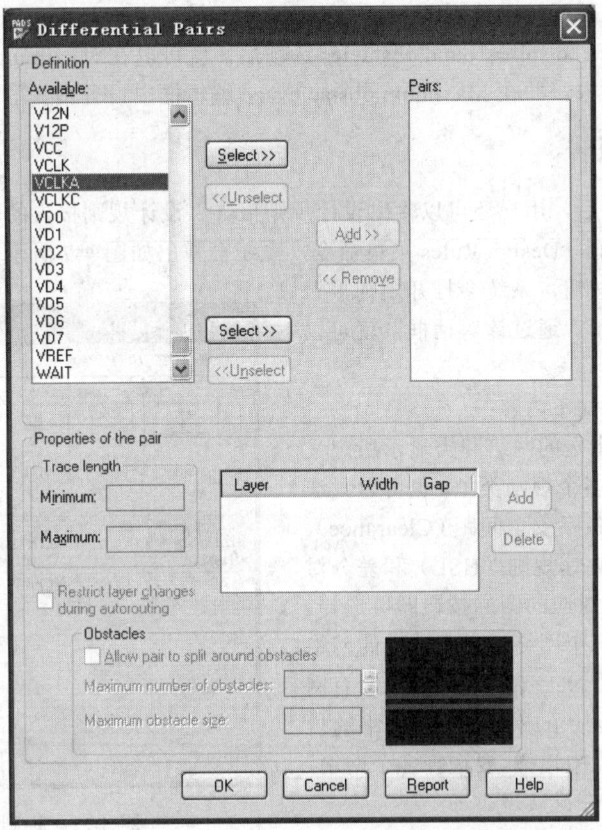

图 4-20　差分对规则设置对话框

如果想删除一个差分对，则可以在 Pairs 列表中选择需要删除的差分对，单击 Remove 按钮即可。

（4）设置差分对属性。创建了差分对后，用户还可以设置差分对的属性，如差分对导线的长度、导线间距、障碍的通过、层的限制等属性。

1）导线长度：在 Trace length 的编辑框中可以分别输入最小长度和最大长度。

2）用户可以设置所有层的导线宽度和间距，也可以设置某个层的导线宽度和间距。如果想设置某层的导线宽度和间距，则可以单击宽度和间距设置编辑框右边的 Add 按钮，然后会在列表框中新添加一个层的宽度和间距设置项，从层列表中选择需要设置的层，并分别设置宽度和间距值。

注意：用户可以删除新添加的层，但是不能删除 All Layers（所有层）项。

按层设置差分对的宽度和间距可以更好地控制阻抗。间距规则优先于定义的其他任何差分对之间的安全间距。因此，当设置了差分对间距时，间距是最小的安全间距。

如果选择了多个差分对，并且一个层设置不属于所有差分对，则层那一列将不可操作。如果选择了具有相同层设置的多个差分对，但是宽度和间距值不匹配，则宽度和间距列将为空。当然，此时可以输入新的值，新输入的值将会应用到所有选择差分对。

如果选择了 Restrict layer changes during autorouting 项，则在自动布线时会强制差分对布线在一层上。当交互布线时，这个设置不会限制层的改变。

如果选择 Allow pair to split around obstacles 选项，则在布线时，如果遇到障碍时允许围绕这个障碍布线，此时差分对之间的距离会暂时超过其间距设置值。这个设置会应用于自动布线，但是当交互布线时不会限制从障碍周围分割。

当选择了 Allow pair to split around obstacles 选项后，就可以在 Maximum number of obstacles 编辑框中设置最大的障碍数，并在 Maximum obstacle size 编辑框中设置最大的障碍尺寸。

4.2.6 设置规则报告

当设置了设计规则后，用户还可以输出设计规则报告。设计规则报告的输出操作过程如下：

（1）首先执行 Setup→Design Rules 菜单命令，系统会弹出如图 4-7 所示的规则对话框。

（2）选择 Report 按钮，系统会打开规则报告对话框，如图 4-21 所示。通过该对话框，就可以设置报告输出的内容。

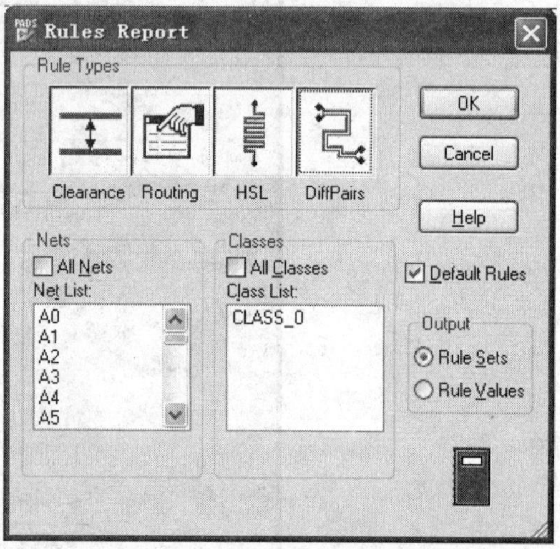

图 4-21 规则报告对话框

设置规则报告包括如下内容：

1）规则类型：为指定的网络和类显示所定义的规则，可以同时选择多个规则类型，也可以只选择一个规则类型。具体包括安全间距（Clearance）、布线规则（Routing）、高速规则（HSL）和差分对（DiffPairs），分别单击对应的图标按钮即可选择。

2）网络：可以为每个网络或多个选定的网络显示规则。如果选择 All Nets 选项，则输出所有网络的规则。如果要输出某个或某些指定网络的规则，可以从网络下拉列表中选择。要选择多个网络，可以按住 Ctrl 键用鼠标左键实现。

3）类：可以为单个或多个类显示设定的规则。如果选择 All Classes 选项，则输出所有类的规则。如果只输出某个或某些指定类的规则，可以从类下拉列表中选择。要选择多个类，可以按住 Ctrl 键用鼠标左键实现。

4）输出：选择 Rule Sets（规则集）选项，可以显示当前层次的所有不同于默认规则的设置。如果选择 Rule Values（规则值）选项，则显示当前层次的所有规则，即使那些值和默认规则相同。

5）默认规则：如果选择 Default Rules 选项，则为所指定的类和网络显示默认规则。

（3）最后单击 OK 按钮，即可生成文本文件的规则报告。

4.3 生成材料清单（BOM）和其他报表

4.3.1 生成材料清单（BOM）

原理图的元件材料清单（BOM）主要用于整理一个电路或一个项目文件中的所有元件，它主要包括元件的名称、标注、封装等内容。

（1）首先执行 File→Reports 命令，系统会打开报告对话框，如图 4-22 所示。

（2）在 Select Report Files for Output（选择输出的报告文件）区域选择 Bill of Materials（材料清单）选项。

（3）选择 Setup（设置）按钮，系统会打开材料清单设置对话框，如图 4-23 所示。然后可以设置材料清单的输出内容。

（4）在 Attributes（属性）选项卡中，可以修改属性内容，并可以添加新的属性。在材料清单报告中最多可以有 12 项属性输出。

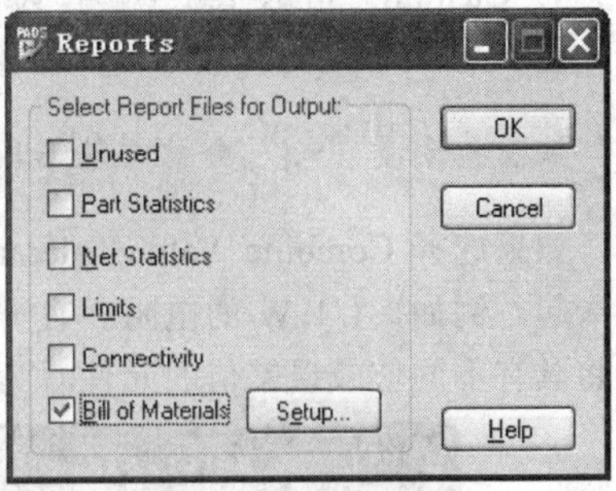

图 4-22 报告对话框

单击 Add 按钮，可以在 Part Attribute 列打开一个新的下拉选项列表，可以选择新的属性内容，如 Part Number，然后系统会在 Field Header 给定一个默认的字符串作为域名的头，双击 Field Header 可以修改为自己希望的字符串，可以使用除冒号“:”之外的任何字符。如果双击 Width，可以修改字符串宽度，字符串宽度可以为 1～200。

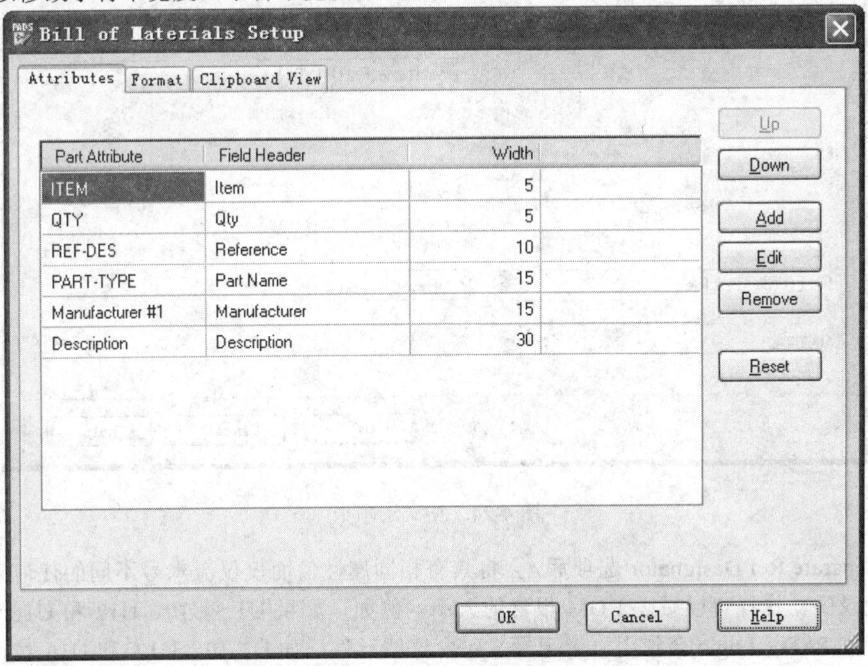

图 4-23 材料清单设置对话框

注意：可以在 BOM 表中输出 12 个属性，每个属性都会以一列的形式输出到 BOM 表中。PADS Logic 会在每列保留一个空格，所以实际列宽小于设定字符串宽度一个字符。

单击 Up 和 Down 按钮可以调整属性输出的顺序。单击 Edit 按钮可以编辑某属性，如果想删除某属性，则可以选中后单击 Remove 按钮即可。

（5）材料清单输出格式。单击 Format（格式）选项卡可以设置材料表的输出格式。如图 4-24 所示。

在 Delimiter（分隔符）区域，可以设定分隔列的格式：

1）Separator：将一个竖条放置在域之间；

2）Tab：将一个制表符放置在列之间起分隔作用；

3）Comma：放置一个逗号字符在域之间起分隔作用；

4）Custom：指定任意字符作为分隔符。

在 Format Options（格式选项）区域的 Report Title 编辑框中，可以输入一个报告标题。

注意：变量“%j”会被文件名所代替，“%d”会被日期所代替。

如果选择 Combine Value/Tolerance（组合值和误差）项，则会将元件类型的值和误差属性组合在一起。例如，1/4 W 的电阻会有一个 R1/4W 或者 R1/4W.4.7K,+/–5%的元件类型名。PADS Logic 会将具有不同值或误差值的元件看为不同元件类型。

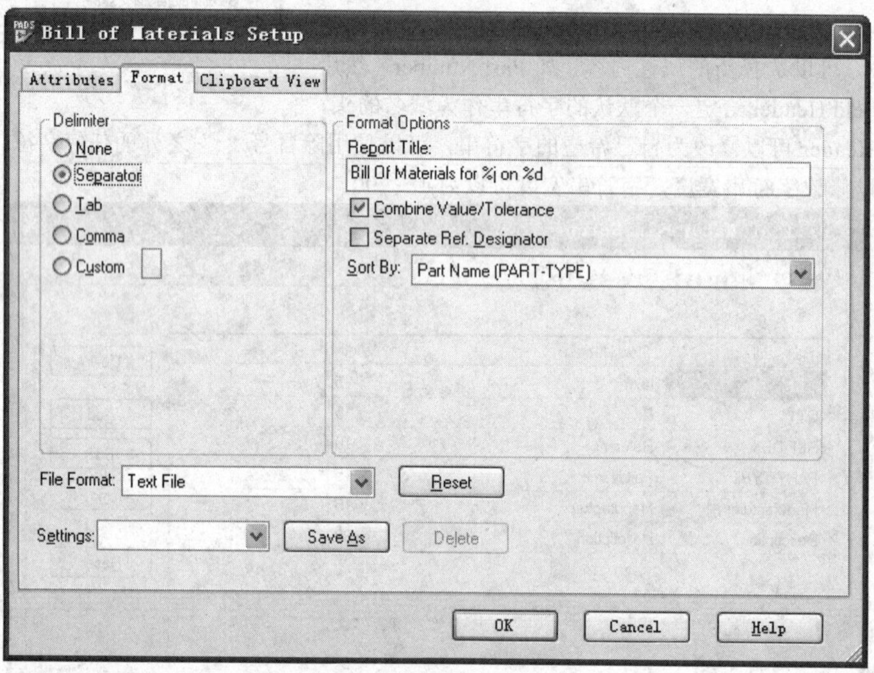

图 4-24 格式选项卡

选择 Separate Ref Designator 选项后，会将具有相同属性值而仅仅流水号不同的任何元件放在报告的一个记录中，这样可以减少 BOM 报告的大小。例如，如果 U1～U10、U12 和 U16～U18 是相同的元件，则 PADS Logic 会使用一个记录来包含这些元件，如 U1-10、U12 和 U16-18，如果不选择这项，则元件总是出现在不同行。

如果想排列元件的顺序，则可以在 Sort By 下拉列表中选择排序的方式。如果选择 None 则按元件类型排序。

在 File Format 列表中，可以选择输出文件的格式。文件格式有文本文件（Text File）和 MS Word Merge Data Fotmat（MS Word 合成数据格式）。

如果单击 Save As 按钮，则可以将当前设计的报告格式设置保存为一个指定的文件，因此用户可以为不同设计创建不同的格式配置。PADS Logic 会将 BOM 格式设置文件保存在“\PADS Projects”目录中，扩展名为“.rep”。如果单击 Delete 按钮则可以从列表中删除所选择的设置文件。

如果单击 Reset 按钮则可以恢复默认的报告设置。

（6）剪贴板。单击 Clipboard View 可以进入剪贴板选项卡，如图 4-25 所示，此时可以预览元件材料清单报告格式，并可以将内容复制到 Windows 剪贴板中。

（7）最后单击 OK 按钮回到图 4-22 所示的报告对话框，还可以选择其他需要输出的报告，如元件统计（Part Statistics）、网络统计（Net Statistics）、未使用的门和引脚（Unused）等。单击图 4-22 中的 OK 按钮，即可生成元件材料列表报告，系统会在输出窗口输出如下生成报告文件的信息：

Bill Of Materials report file saved -- D:\PADS Projects\BillOfMaterials.rep

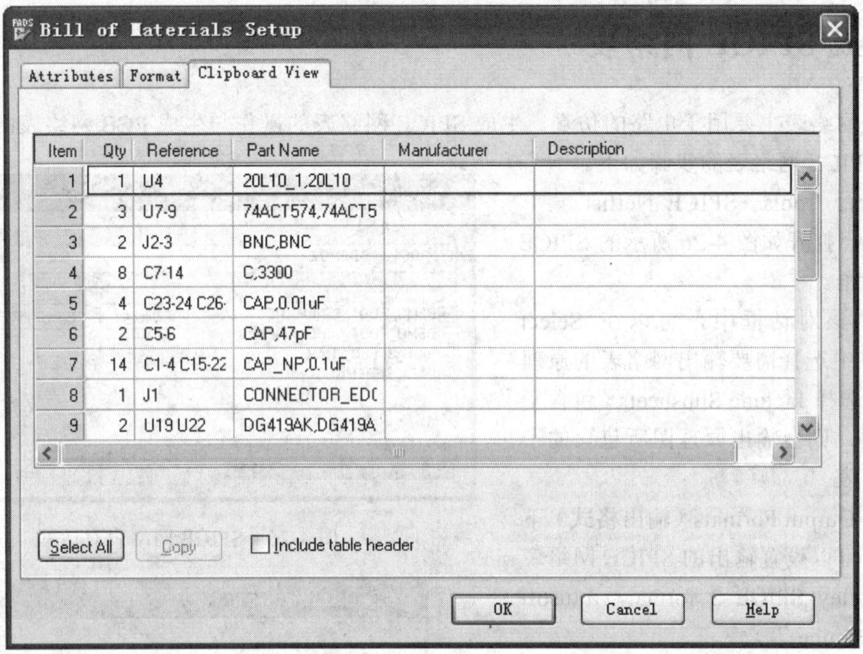

图 4-25 剪贴板选项卡

4.3.2 生成其他报告内容

除了材料清单外，还可以生成其他报告内容，在图 4-22 所示的对话框中，用户还可以选择如下的输出内容：

1）Unused：该报告包括所有未使用的门和引脚的信息。

2）Part Statistics：该报告会列出所有元件的信息，包括元件流水号、元件类型、元件的每个引脚和引脚类型、原理图的位置、信号名等。

3）Net Statistics：该报告会列出原理图中每个网络的信息，包括网络的所有元件的流水号和引脚。

4）Limits：该报告会显示系统所允许的每个 PADS Logic 数据项的最大数，包括元件、网络和文本等，这个限制随虚拟内存的大小而变化。

5）Connectivity：该报告会列出所有页间连接符号、地和电源信号的坐标位置和原理图序号。使用无模命令 S 可以快速地报告一个页面连接符号的位置。当一个网络仅仅包含一个页间连接符号时，会报告错误。

当选择了上述的报告输出选项时，单击 OK 按钮就会分别输出这些报告内容。系统会在输出窗口输出如下生成报告文件的信息：

Unused Items report file saved -- D:\PADS Projects\UnusedGatesPins.rep

Part Statistics report file saved -- D:\PADS Projects\PartStatistics.rep

Net Statistics report file saved -- D:\PADS Projects\NetStatistics.rep
Design Limits report file saved -- D:\PADS Projects\DesignLimits.rep
Connectivity report file saved -- D:\PADS Projects\ConnectivityReport.rep
Bill Of Materials report file saved -- D:\PADS Projects\BillOfMaterials.rep

4.4 生成 SPICE 网络表

SPICE 网络表主要用于电路的仿真。生成 SPICE 网络表的操作与生成 PCB 网络表的过程类似。具体生成 SPICE 网络表的步骤如下。

（1）执行 Tools→SPICE Netlist 菜单命令，系统会打开如图 4-26 所示的 SPICE 网络表对话框。

（2）在该对话框中，可以在 Select Sheets 列表中选择需要输出网络表的原理图纸。如果选择 Include Subsheets（包含子页面）选项，则会输出原理图所包含的子页面的网络表。

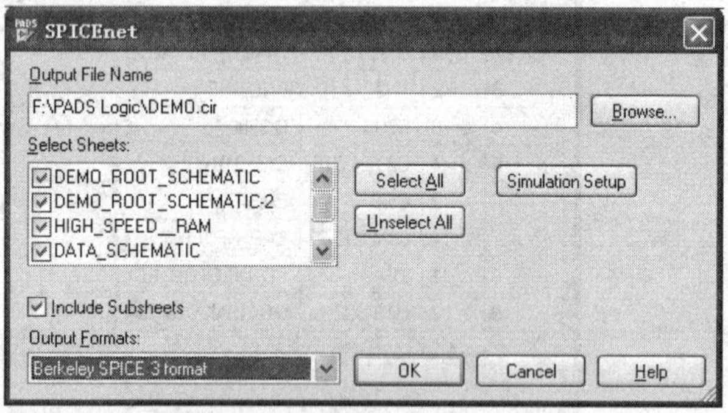

图 4-26 SPICE 网络表对话框

（3）在 Output Formats（输出格式）下拉列表中，可以设置输出的 SPICE 网络表格式（Berkeley SPICE 3 format，Intusoft ICAP/4 或 PSpice 等）。

（4）通过 SPICE 网络表对话框，还可以设置仿真。单击 Simulation Setup 按钮，进入仿真设置对话框，如图 4-27 所示。

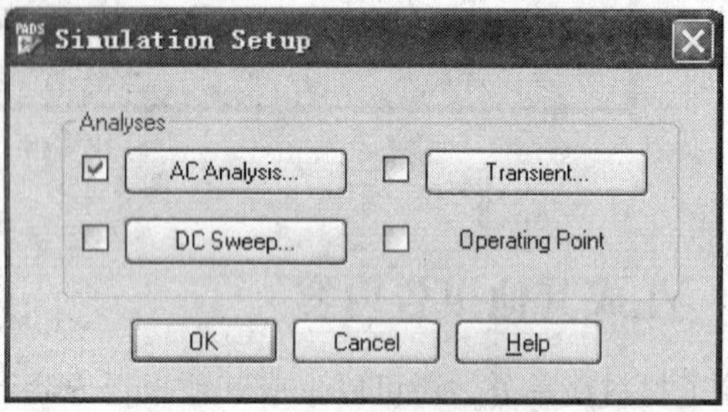

图 4-27 仿真设置对话框

通过该对话框，可以设置交流分析（AC Analysis）、直流扫描分析（DC Sweep Analysis）和瞬态分析（Transient Analysis）等。

1）交流分析：使 SPICE 仿真器执行频域分析。

2）直流扫描分析：使 SPICE 仿真器在指定频率下执行操作点分析。

3）瞬态分析：使 SPICE 仿真器执行时域分析。

在该对话框中还可以设置操作点（Operating Point）选项，设置了操作点后，会使 SPICE 仿真器确定电路的直流操作点。

1）交流分析设置。单击图 4-27 所示的仿真设置对话框中的 AC Analysis 按钮，系统会打开如图 4-28 所示的交流分析设置对话框。

在 Interval（间隔）区域，可以输入间隔的点数，并选择变量类型，包括 Decade（十进制）、Octave（八进制）或 Linear（线形）。

在 Frequency（频率）区域，输入仿真分析的起始和结束频率。

2）直流分析设置。单击图 4-27 所示的仿真设置对话框中的 DC Sweep Analysis 按钮，系统会打开如图 4-29 所示的直流扫描分析设置对话框。

在 Source（源）编辑框中，可以输入电压或电流源的名称；在 Start 编辑框中，可以输入扫描起始电压值；在 End 编辑框中，可以输入扫描的终止电压值；在 Step 编辑框中，可输入扫描的增量值。

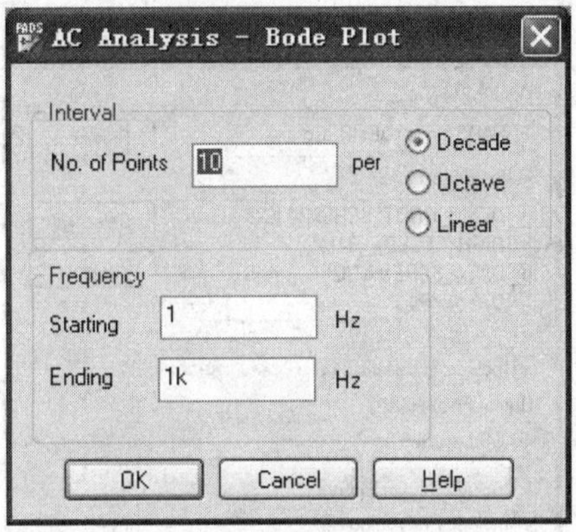

图 4-28 交流分析设置对话框

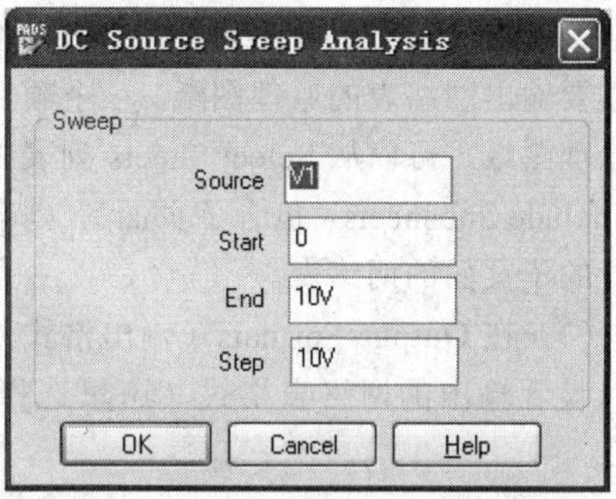

图 4-29 直流扫描分析设置对话框

3）瞬态分析设置。单击图 4-27 所示的仿真设置对话框的 Transient Analysis 按钮，系统会打开如图 4-30 所示的瞬态分析设置对话框。

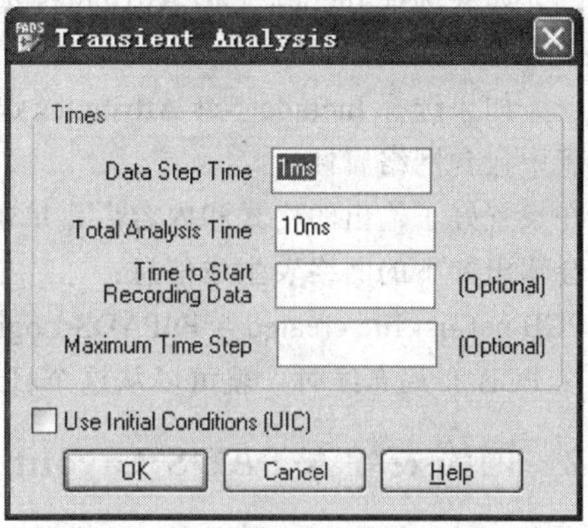

图 4-30 瞬态分析设置对话框

在 Data Step Time（数据步长时间）编辑框中，可以输入分析的增量值。

在 Total Analysis Time（总分析时间）编辑框中，可以输入分析结束的时间。

在 Time to Start Recording Data（开始记录数据的时间）编辑框，可以输入分析开始记录数据的时间。如果仿真文件会变得很大，并且用户对开始分析的数据不感兴趣，这个设置很有帮助。

在 Maximum Time Step（最大时间步长）编辑框中，可以输入最大时间步长值。

如果在开始瞬态分析之前，不想让 SPICE 求解静态操作点，则可以选择 Use Initial Conditions（使用初始条件）项。如果这个选项被选择，那么 SPICE 就会使用由“IC=...”所设定的初始瞬态条件进行瞬态分析。

设置了所有 SPICE 网络表输出需要的参数后，单击 OK 按钮，即生成 SPICE 网络表，PADS Logic 会打开一个文本窗口，显示所生成的 SPICE 网络表文本。PADS Logic 生成的 SPICE 网络表文本文件的后缀名为.cir。

4.5 生成网络表

网络表表示的是原理图中元件之间的连接。在进行 PCB 设计或 SPICE 仿真时，需要元件之间的连接。在 PADS Logic 中，可以为 PCB 和 SPICE 生成网络表。

4.5.1 生成 PCB 网络表

在设计 PCB 时，可以在 PADS Logic 中生成网络表，然后将其导入到 PADS Layout 中进行布局布线。当然用户也可以在 PADS Layout 中执行 Tools→PADS Layout Link 菜单命令连接网络表。

在 PADS Logic 中生成 PCB 网络表的步骤如下：

（1）执行 Tools→Layout Netlist 菜单命令，系统会打开如图 4-31 所示的 PCB 网络表对话框。

（2）在该对话框中，可以在 Select Sheets 列表中选择需要输出网络表的原理图纸。一个项目中可能包含多张原理图纸，可以从 Select Sheets 列表中选择。如果选择 Include Subsheets（包含子页面），则会输出原理图所包含的子页面的网络表。

（3）在 Output Formats（输出格式）下拉列表中，可以设置输出的网络表格式（这里选择 PADS Layout 9.0）。

（4）如果选择 Include Design Rules 选项，则在网络表中会包含设计规则和导线宽度设置。

（5）如果选择 Include Part Attributes 选项，则在网络表中包含元件属性。

（6）如果选择 Include Net Attributes 选项，则会在网络表中包含网络属性。

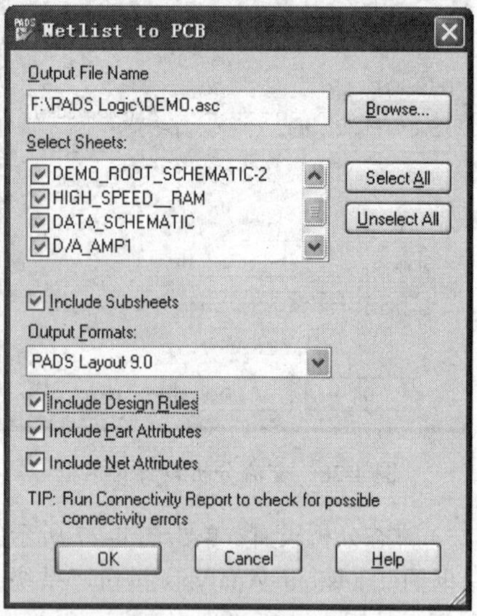

图 4-31　PCB 网络表对话框

在设置好了输出的格式和内容后，单击 OK 按钮，即生成 PCB 网络表，在 PADS Logic 的输出窗口会输出如下的网络表生成信息：

PCB net list file created -- F:\PADS Logic\DEMO.asc

在 PCB 布局布线时，就可以从这个目录下导入这个网络表。

4.5.2　网络表导入 PADS Layout

按照上述步骤生成网络表以后，即可打开 PADS Layout 进行网表的导入，首先新建一个空白的 PCB 文件，保存于指定路径，Layout 界面如图 4-32 所示。

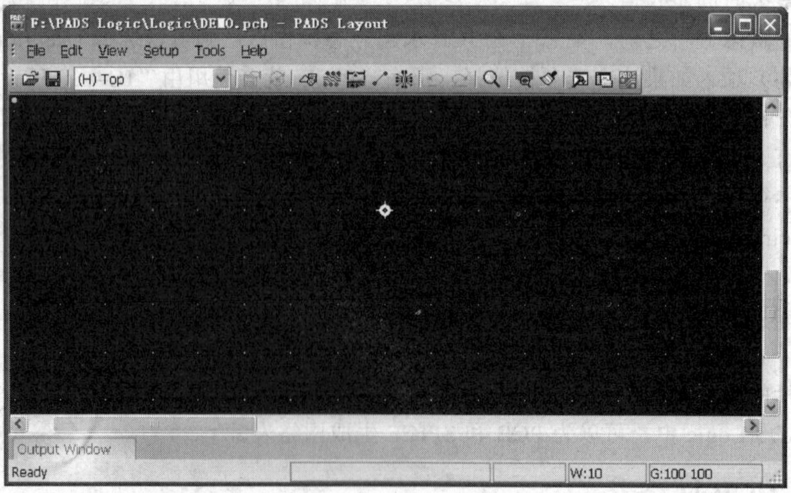

图 4-32　PADS Layout 界面

执行 File→Import 菜单命令弹出 File Import 窗口后，查找并打开 Logic 生成的 Demo.asc

文件，如图 4-33 所示。

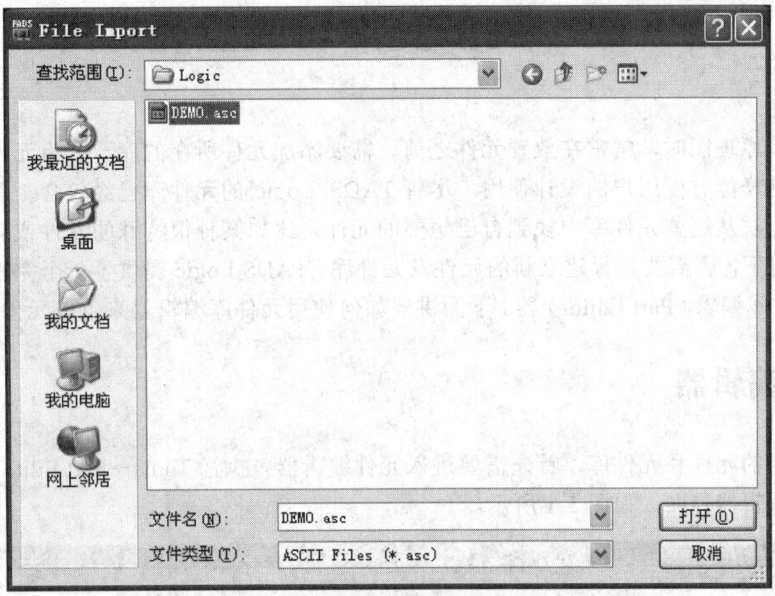

图 4-33　File Import 窗口

向 PADS9.2 Layout 中导入 Logic 生成的.asc 文件后，PADS Layout 中将生成如图 4-34 所示的元件初始摆放结果。PCB 的具体设计步骤详见后面章节部分。

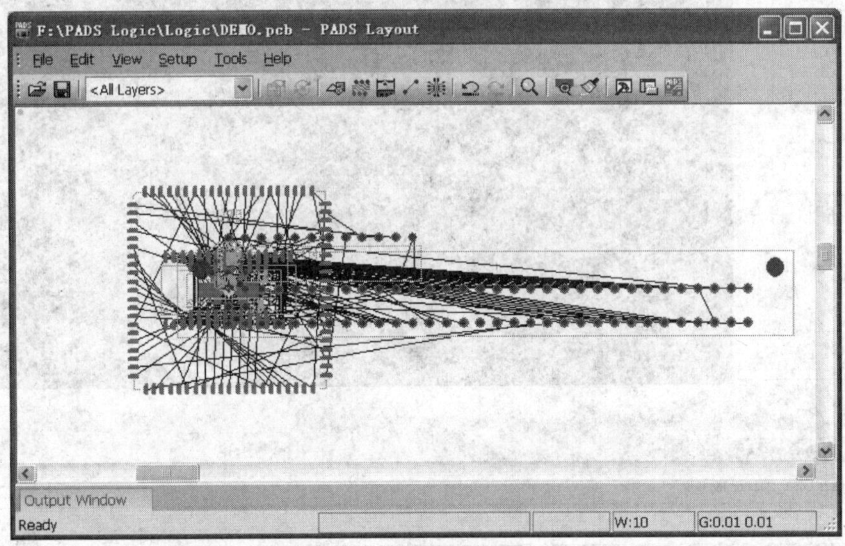

图 4-34　导入 DEMO.asc 文件

练　习　题

1. 理解电气层和非电气层的差别。
2. 定义设计规则的主要目的是什么？
3. 对于 PCB 设计来说，有哪几类重要的设计约束，定义时需要注意哪几方面的问题？

第 5 章　制作元件与建立元件库

当设计绘制原理图时，常常在放置元件之前，需要添加元件所在的库，因为元件一般保存在一些元件库中，这样能方便用户的设计使用。尽管 PADS Logic 的元件库已经包含一些常用元件，但有时用户还是无法从这些元件库中找到自己想要的元件，比如某种很特殊的元件或新开发出来的元件。在这种情况下，就需要自行建立新的元件及元件库。PADS Logic 提供了一个完整地建立元件库的工具，即元件库编辑（Part Editor）器。下面讲解如何使用元件库编辑器来生成元件和建立元件库。

5.1　元件编辑器

为了创建新的元件和元件库，首先需要进入元件编辑器。执行 Tools→Part Editor 菜单命令，系统会打开元件编辑器界面，如图 5-1 所示。

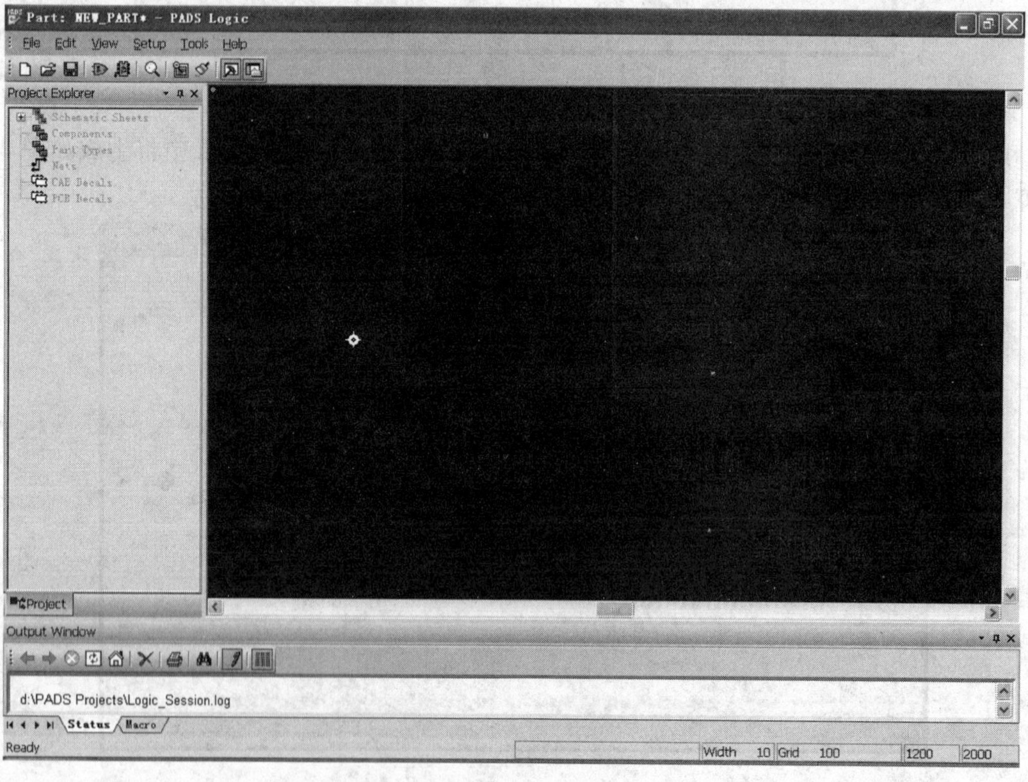

图 5-1　元件编辑器界面

在元件编辑器中，有两个重要的命令，即 Edit→Part Type Editor 命令（对应工具栏的按钮图标）和 Edit→CAE Decal Editor 命令（对应工具栏的按钮图标）。这两个编辑器命令分别可以用于创建元件的如下工作：

1）Edit/CAE Decal Editor（CAE 图形编辑器）命令：主要用于编辑元件的 CAE 图形外形，即在原理图中的元件几何形状以及引脚。

2）Edit→Part Type Editor（元件类型编辑器）命令：主要用于设置元件的类型，包括逻辑门、PCB 封装、信号引脚和属性等选择或定义。

一个 PADS Logic 元件由以下三个基本单元组成：

1）元件类型：元件类型属于元件的电气信息，包括逻辑单元、元件名、连接引脚、门交换信息、属性等。

2）CAE 图形符号：原理图中的元件几何形状。

3）PCB 封装：PCB 设计中的元件的几何表示，通常称为封装。

前两个单元可以在 PADS Logic 的元件编辑器中创建和设置，而 PCB 封装只能在 PADS Layout 中创建。但是在 PADS Logic 的元件编辑器中可以为元件选择封装类型（如果创建的元件已经存在这种封装的话）。因此要创建一个新元件，不但要绘制 CAE 封装外形，还需要绘制引脚，定义元件的电气属性、引脚、逻辑门和 PCB 封装。

5.1.1　CAE 图形编辑器

当用户创建一个新元件时，在设置电气信息之前，首先需要创建 CAE 图形。

为了创建一个元件的 CAE 图形，用户可以执行 File→New 命令，系统会打开如图 5-2 所示的选择编辑对象类型对话框，此时可以选择 CAE Decal 选项，单击 OK 按钮，系统就会打开如图 5-3 所示的 CAE 图形编辑器界面。

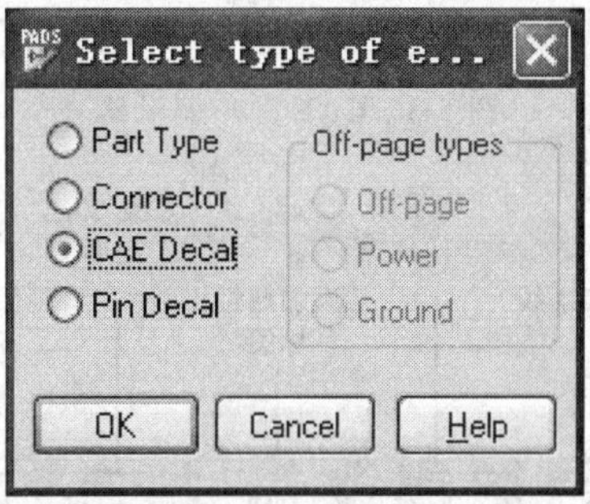

图 5-2　选择编辑对象类型对话框

通过这个方式打开的 CAE 图形编辑器，用户只能绘制 CAE 图形，但是不能设置引脚序号和名称。此时如果打开编辑图形工具栏，则可以看到工具栏的引脚设置和编辑命令是不可操作的。

在 CAE 图形编辑器中，可以通过手动方法或自动向导来绘制 CAE 图形。CAE 图形绘制命令可以从 Editing Decal Toolbar（编辑图形工具栏）上选择。用户可以从标准工具栏上单击图标打开编辑图形工具栏，如图 5-4 所示。此时可以看出工具栏的后半部分是灰色的，说明引脚设置和编辑命令不可选。

进入 CAE 图形编辑器后，几个字符标记和一个 CAE 图形原点标记将显示出来。这些标记放在这里用来指示和 CAE 图形有关的目标。一旦将这些标记放在 CAE 图形中，这些标记将会出现在原理图中。原点标记作为在原理图中移动或放置 CAE 图形的基准点使用，如图 5-3 所示。

1）REF 是一个参考编号。

2）PART_TYPE 是一个元件类型（如 74LS04、74LS138 等）。

3）Free Label 1 是显示元件类型的第一个属性。

4）Free Label 2 是显示元件类型的第二个属性。

图 5-3 CAE 图形编辑器

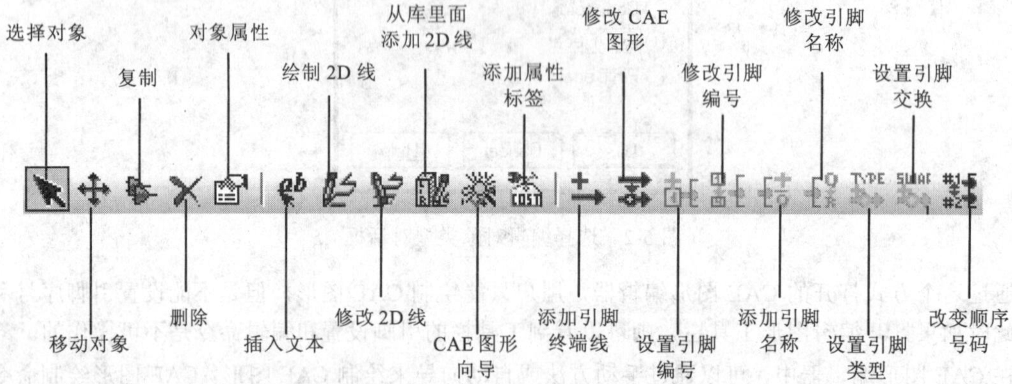

图 5-4 编辑图形工具栏

5.1.2 元件编辑器

用户也可以从图 5-1 所示的元件编辑器中直接执行 Edit→CAE Decal Editor 命令，或者单击工具栏上的图标，系统同样会打开具有所有元件编辑功能的 CAE 元件编辑器，如图 5-5 所示。比较图 5-4 和图 5-5，可以发现在编辑图形工具栏中，后者的引脚设置和编辑命令显示为有效。通常，用户可以直接执行 Edit→CAE Decal Editor 命令来创建元件，可以同时绘制 CAE 图形、设置引脚和相应的属性。

图 5-5　元件编辑器

注意：在执行 Edit→CAE Decal Editor 命令时，如果是一个新元件，系统会提示还没有逻辑门（Gate），此时可以直接单击 OK 按钮，系统就会创建新的门。如果已经存在逻辑门，则系统会打开如图 5-6 所示的对话框提示选择逻辑门，此时可以选择需要编辑的门。

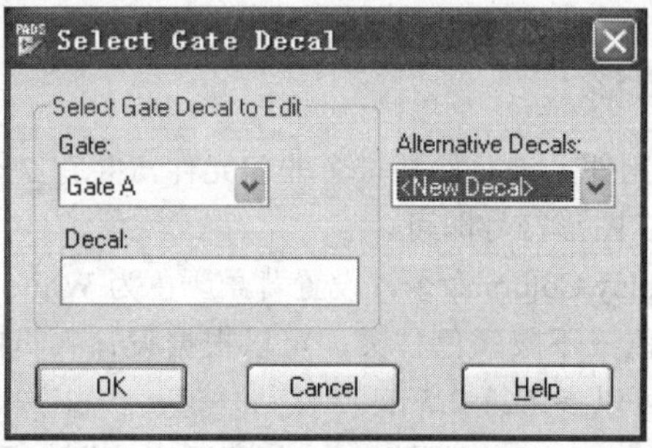

图 5-6　选择逻辑门对话框

5.1.3　元件类型编辑器

在绘制了元件的图形和引脚后，就可以容易地编辑元件类型，为元件设置电气属性，包括 PCB 封装、信号引脚的定义、逻辑门的定义等操作。

用户可以执行 Edit→Part Type Editor 菜单命令，或者直接单击工具栏的图标，然后就可以进入元件类型编辑器对话框，如图 5-7 所示。

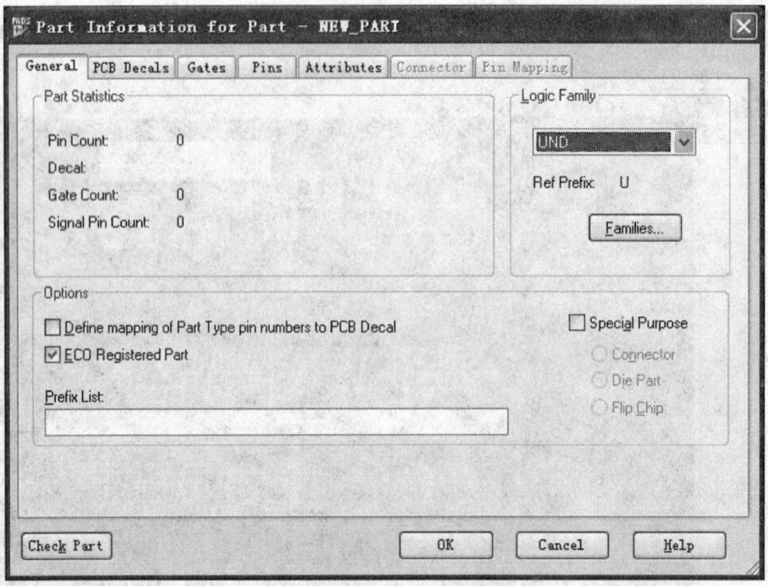

图 5-7 元件类型编辑器对话框

关于使用元件编辑器创建元件，并使用元件类型编辑器设置元件电气属性的操作，将会在本章后面以实例方式详细讲解。

5.2 创建元件的 CAE 图形

如果用户只创建元件的 CAE 图形，则可以执行 File→New 命令，单击 CAE Decal 选项，进入 CAE 图形编辑器，如图 5-3 所示。

创建元件的 CAE 图形有两种方式：一种方式是手动绘制图形；另一种方式是使用向导。下面我们分别以实例来介绍。

5.2.1 手动绘制 CAE 图形

例如要绘制一个 74LS14 元件，该元件是一个非门元件，共有 7 个逻辑门组成，只要建立一个 CAE 图形符号即可。

（1）首先执行 Setup→Display Colors 命令，设置背景颜色为 White（白色），其他图元和文本为深颜色（不限颜色种类，可以根据设计人员的爱好设置）。编辑器颜色的设置可以参考第 2.5 节。

（2）单击 Decal Editing Toolbar 工具栏图标，打开图形编辑工具栏。

（3）从图形工具栏中选择二维（2D）线绘图工具图标。

（4）单击鼠标右键，在弹出菜单选择多边形（Polygon）和任意角度（Any Angle）绘图方式，如图 5-8 所示。也可以选择 45°角（Diagonal）或正交（Orthogonal）。如果想绘制圆或正方形，可以选择 Circle 或 Rectangle 命令。如果想绘制简单线段，则可以选择 Path 命令。

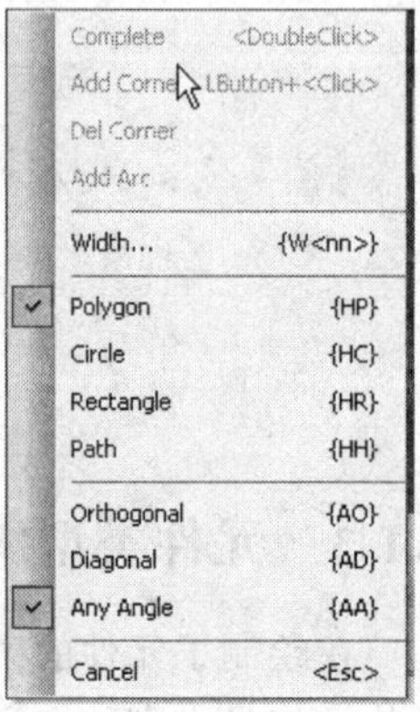

图 5-8 绘图快捷菜单

（5）执行选择 Polygon 和 Any Angle 命令后，就可以在编辑器中绘制图形。在任意点单击鼠标左键，开始绘制二维图，在需拐角的地方单击鼠标左键，当多边形绘制完成回到起点时双击鼠标左键自动结束绘制。绘制的 74LS14 门的外形如图 5-9 所示。

（6）如果所绘制的 2D 线需要修改，可以单击修改 2D 线图标，进行修改。

（7）然后继续选择 Path 和 Any Angle 命令，绘制施密特触发输入特性的符号，绘制的结果如图 5-10 所示。如果需要修改线条，可以单击修改 2D 线图标进行修改。

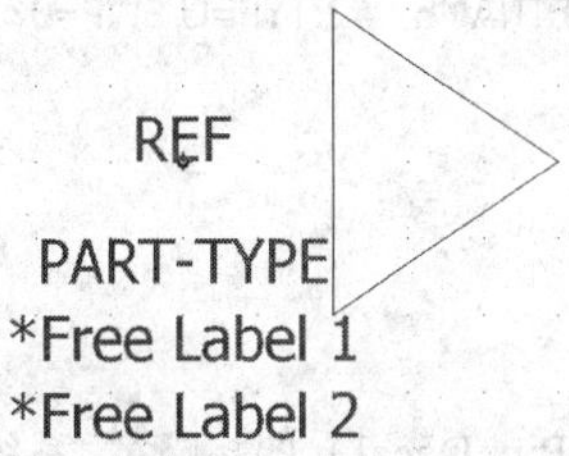

图 5-9 绘制的基本形状

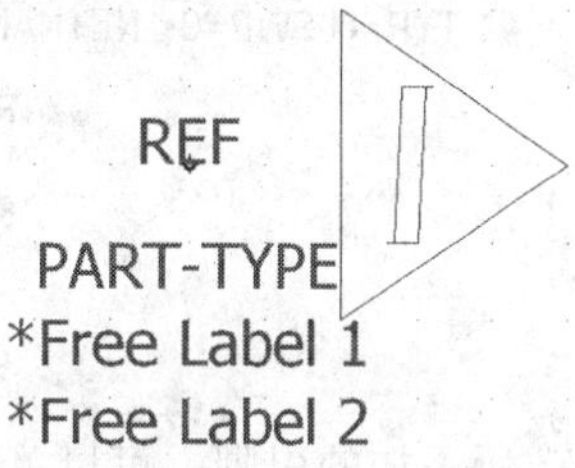

图 5-10 绘制施密特触发输入特性的符号

另外，PADS Logic 还提供了 2D 图形库，用户可以单击从库中添加 2D 线（Add 2D line from library）图标，系统会打开如图 5-11 所示的从库获取图形单元对话框，此时可以从中选择需要的图形单元。

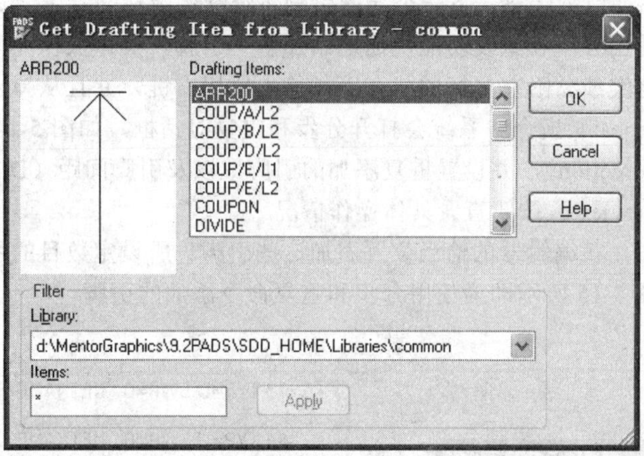

图 5-11 从库获取图形单元对话框

5.2.2 添加元件引脚

1. 添加和修改元件引脚

添加新的引脚（Terminals）。从工具栏中单击添加引脚（Add Terminal）图标，在弹出的对话框中选择引脚 PIN，放在 74LS14 元件逻辑封装外形的左边。如图 5-12 所示。然后重新执行该命令，从对话框的引脚列表中选择引脚 PINB，选择好引脚类型后，单击 OK 按钮，引脚的端点将跟随光标，单击鼠标右键从弹出菜单中选择旋转（Rotate 90）或镜像（X Mirror 或 Y Mirror），使引脚按所需方向放置。添加引脚后，可以继续添加相同的下一个引脚，如果想退出则按 ESC 键即可。

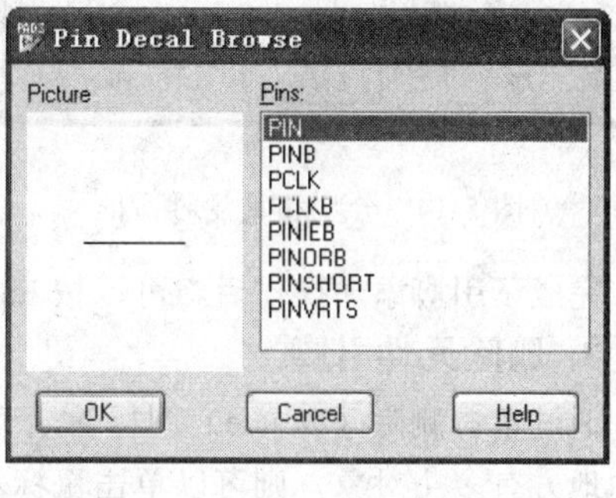

图 5-12 引脚类型选择对话框

REF 点为参考基准点，当绘制原理图时，放置该元件会以该点为基准。

对于相同的引脚可以执行一次添加终端命令，但是对于不同的引脚，如本实例添加的两种引脚，则要执行两次命令，分别选取不同的引脚类型。

如图 5-13 所示即为所绘制的 74LS14 元件编辑门的 CAE 图形。

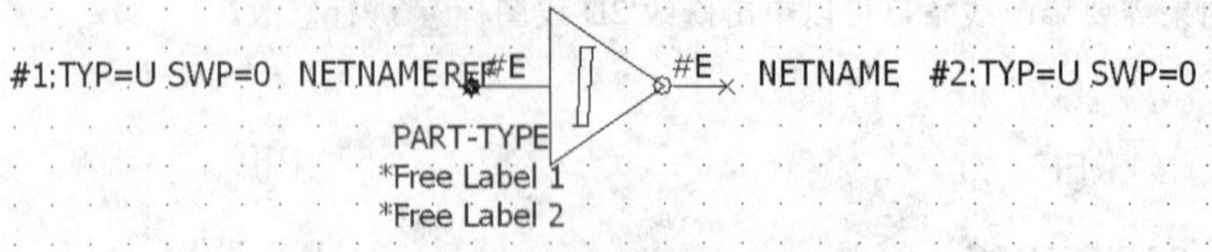

图 5-13　绘制 CAE 图形

如果想修改所添加的引脚，可以单击修改引脚（Change Pin Decal）图标，系统会打开如图 5-12 所示的对话框，设计人员可以重新选择引脚，然后按所需要修改的引脚对象即可替换为新的引脚。

2. 分步重复添加元件引脚

用户也可以使用分步和重复（Step and Repeat）命令添加新的引脚。当添加了一个引脚后，PADS Logic 将依然保持在添加引脚状态，下一个新的引脚将继续黏附在光标上。如果要替代这种逐个添加引脚的方式，可以使用分步和重复功能快速地添加多个引脚。具体操作如下：

（1）在新的引脚将继续黏附在光标的状态下，单击鼠标右键，并且从弹出的快捷菜单中选择分步和重复（Step and Repeat）指令。系统会打开分步和重复对话框，如图 5-14 所示。

（2）设置方向（Direction），并设置重复添加的引脚数以及引脚间距（Distance）。

（3）单击预览（Preview）按钮查看具体操作情况。

（4）单击 OK 按钮，在编辑器的恰当位置添加这些引脚。所设定数目的引脚就会按设置参数添加到当前的图形。如图 5-15 所示即为使用分步和重复命令添加的引脚。

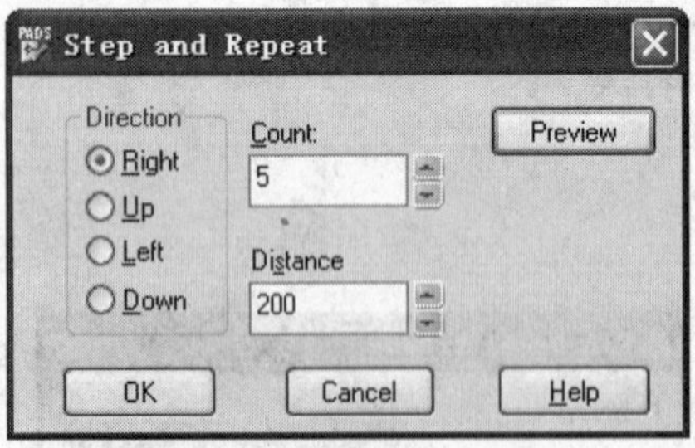

图 5-14　分步和重复对话框

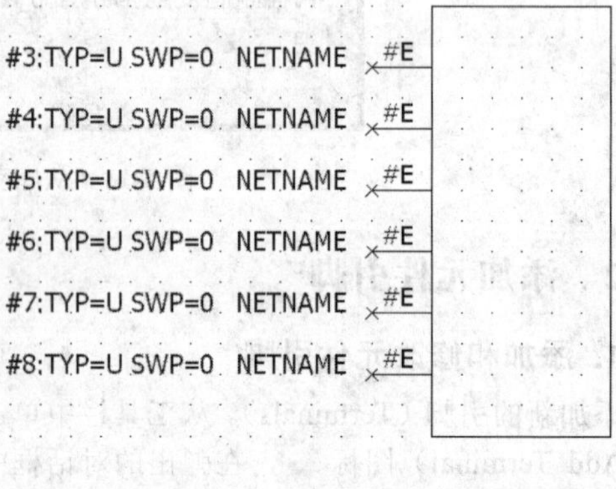

图 5-15　使用分步和重复命令添加的引脚

完成了引脚添加操作后，可以按 Esc 键退出命令状态。

3. 删除元件引脚

通过单击删除（Delete）图标，可以删除不需要的引脚。当执行该命令后，如果需要删除引脚的地方有多个对象，则可以单击鼠标右键，从弹出的快捷菜单中选择 Select Terminal 指令，然后就可以直接使用鼠标去选择需要删除的引脚。

例如，如果用户想删除图 5-15 所示的引脚#6，则可以使用鼠标直接选择引脚#6 位置（在#E 处或者引脚名称处），单击 Delete 图标就完成了删除操作。紧跟在引脚#6 后面的引脚序号将改变为删除掉的这个号码，后面依次改变。如图 5-16 所示。

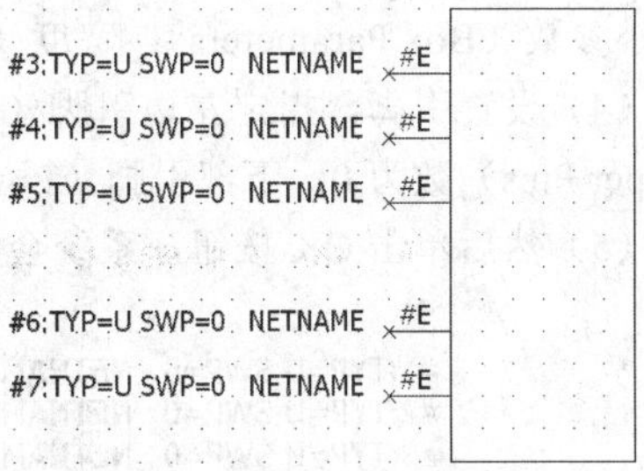

图 5-16 删除引脚

5.2.3 保存 74LS14 元件的 CAE 图形

图 5-13 所示为绘制的 74LS14 元件逻辑门的 CAE 图形， 现在需要将它保存起来。为了保存 CAE 图形到库中，可以执行如下的操作：

（1）执行 File→Save 命令，或者直接从工具栏中单击图标。然后保存 CAE 图形到库（Save CAE Decal to Library）对话框会弹出，如图 5-17 所示。

图 5-17 保存 CAE 图形到库对话框

（2）选择目标库，如本实例的 d:\MentorGraphics\9.2PADS\SDD_HOME\Libraries\usr 库。

（3）在 CAE 图形名编辑框中，输入 74LS14 替换 New_Decal。单击 OK 按钮即完成了该 CAE 图形的创建和保存操作。

注意：如果已经存在这个 CAE 图形，系统会提示是否覆盖，确定后可以覆盖这个 CAE 图形的原图形。

（4）最后执行 File→Exit Part Editor 命令，从元件编辑器中退出，返回到原理图编辑器中。

5.2.4 使用向导创建 CAE 图形

除了手动绘制 CAE 图形外，我们还可以使用向导创建 CAE 图形。具体操作步骤如下：

（1）执行 File→New 命令，选择 CAE Decal 选项，进入 CAE 图形编辑器，如图 5-3 所示。单击“Decal Editing Toolbar”工具栏图标，打开图形编辑工具栏。

（2）从图形工具栏单击 CAE 图形向导（CAE Decal Wizard）图标，系统会打开如图 5-18 所示的 CAE 图形向导对话框。

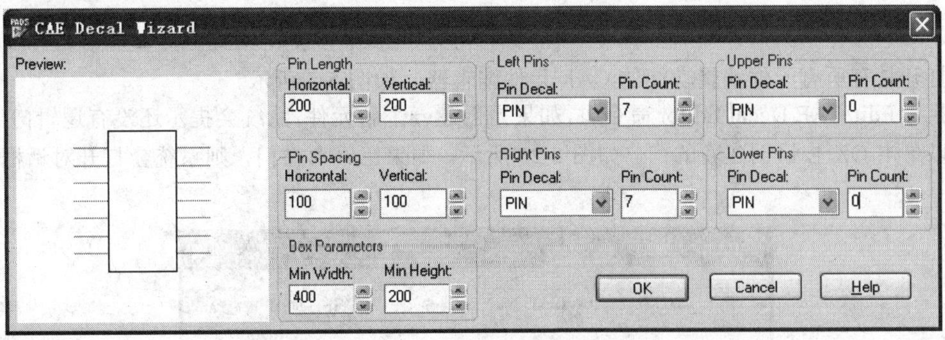

图 5-18 CAE 图形向导对话框

（3）在 CAE 图形向导对话框中，可以快速地定义一个方形的逻辑符号，可根据需要输入相应参数。在本实例中，引脚长度（Pin Length）：水平长度（Horizontal）为 200，垂直长度（Vertical）为

200；引脚间距（Pin Spacing）：水平（Horizontal）间距为 100，垂直（Vertical）间距为 100；方框的大小参数（Box Parameters）：宽度（Min Width）为 400，高度（Min Height）为 200。

（4）设置引脚。指定左边引脚（Left Pins）数为 7，右边引脚（Right Pins）数为 7，上部引脚（Upper Pins）数为 0，下部引脚（Lower Pins）数为 0。

（5）然后单击 OK 按钮，系统会创建一个 CAE 图形，如图 5-19 所示。

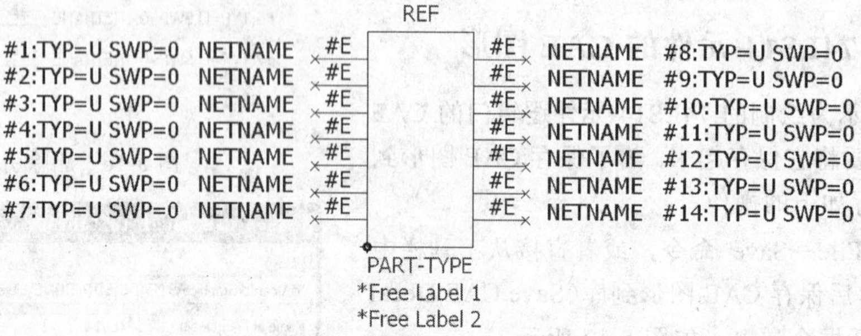

图 5-19 使用向导创建的 CAE 图形

如果使用向导生成的图形中，有些引脚多余，则可以单击工具栏的删除图标，将不需要的引脚删除。

如果需要添加新的引脚，则可以单击添加引脚（Add Terminal）图标，添加新的引脚，具体可以参考 5.2.2。

如果需要编辑某些引脚，则可以单击修改引脚（Change Pin Decal）图标，对具体的引脚进行修改操作。

5.3 创建并设置元件

上一节我们讲解了如何创建 CAE 图形，而元件不但具有 CAE 图形，而且还需要定义引脚名称、引脚需要和引脚类型等。本节将详细叙述如何建立一个元件，以及如何在这个元件的基础上定义电气属性。下面以实例来讲述元件的创建和设置过程。

5.3.1 创建 CAE 图形

（1）进入元件编辑器界面后，执行 Edit/CAE Decal Editor 命令，或者单击工具栏上的图标，系统会打开具有所有元件编辑功能的 CAE 元件编辑器，如图 5-5 所示。

在执行 Edit/CAE Decal Editor 命令时，如果是创建一个新元件，系统会提示还没有逻辑门（Gate），此时可以单击 OK 按钮创建新的门。如图 5-20 所示。如果已经存在门，则系统会打开对话框提示选择门。

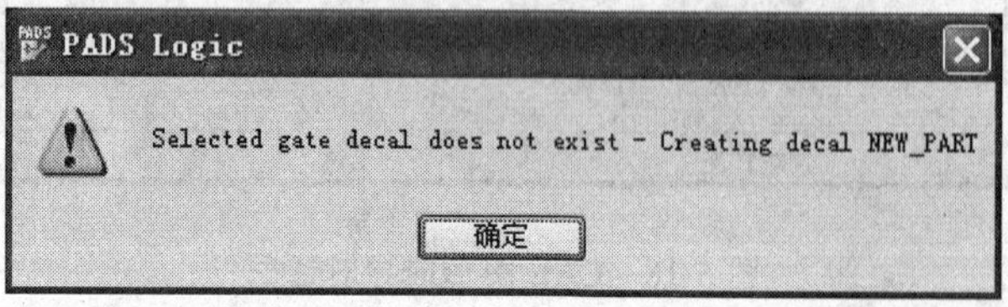

图 5-20 提示选择的门不存在

（2）然后可以手动或使用向导创建 CAE 图形，具体操作可以参考 5.2 节。假设用户已经创建了图 5-13 所示的 CAE 图形，但不能直接使用上节在 CAE 图形编辑器中创建的 CAE 图形，就应该在元件编辑器环境下操作。具体创建过程请参考上一节。

（3）尽管创建 CAE 图形的过程和上一节类似，但是新建的图形与原图形还存在一些区别。这里新建的元件 CAE 图形如图 5-21 所示。其中元件的引脚序号都为 0，而上一节的元件引脚序号都为 #E。

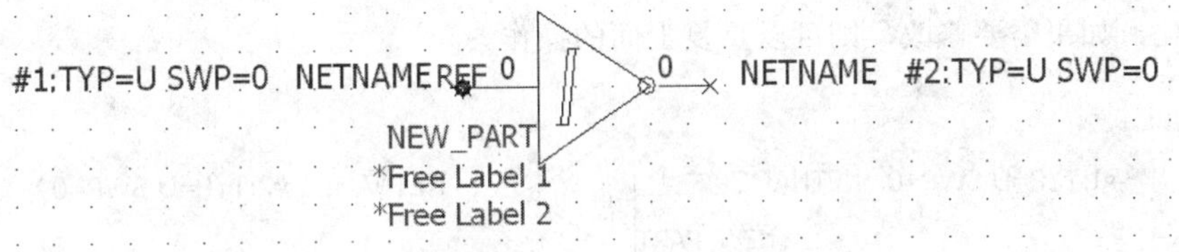

图 5-21　新建的元件 CAE 图形

引脚的表示符号描述如下：

1）#1 或#2 表示引脚序号为 1 或 2；

2）TYP 和 SWP 指示引脚类型和门交换值（Gate Swap Values）；

3）0 表示还没有设置引脚号，REF 表示元件的参考编号；

4）NEW_PART 表示元件类型；

5）Free Label 1 显示元件类型（Part Type）的第一个属性；

6）Free Label 2 显示元件类型的另一个属性；

7）NEW_PART 表示新建的元件。

5.3.2　设置引脚号

创建了元件的 CAE 图形后，如图 5-21 所示，就可以设置和编辑引脚。具体的操作如下：

（1）首先单击设置引脚号（Set Pin Number）图标，系统会打开如图 5-22 所示对话框，此时可以设置引脚的起始号（Start Pin Number）和增量值（Step Value），例如 1。当然用户可以根据自己的要求设置。

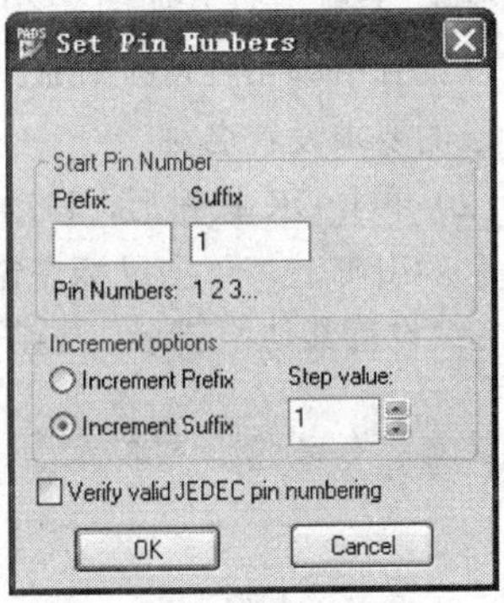

图 5-22　设置引脚号对话框

（2）单击 OK 按钮后，移动光标到需要设置引脚号的引脚上，单击鼠标左键，就可以设置该引脚号。然后可以继续使用鼠标单击其他引脚，引脚号会依次增加。设置了引脚号的 74LS14 元件如图 5-23 所示。

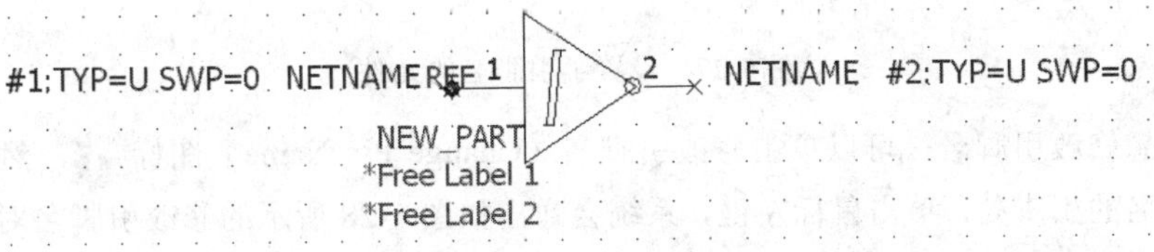

图 5-23　设置了引脚号的元件

（3）如果想修改引脚号，可以单击修改引脚号（Change Pin Number）图标，然后移动光标到需要修改引脚号的引脚处，单击鼠标左键，系统会弹出如图 5-24 所示的修改引脚号对话框。在编辑框中输入新的引脚号，单击 OK 按钮即及完成引脚号的修改操作。如图 5-25 所示，即为将引脚 2 修改为引脚 3 的元件图形。修改了一个引脚号后，其他引脚不会自动变化，如果需要修改，则可以重复上面的操作。

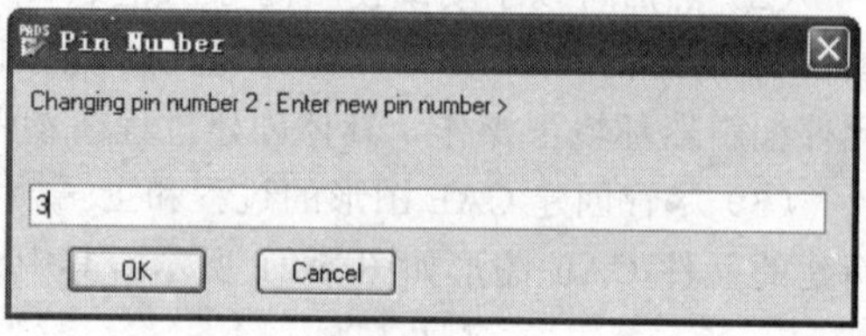

图 5-24　修改引脚号对话框

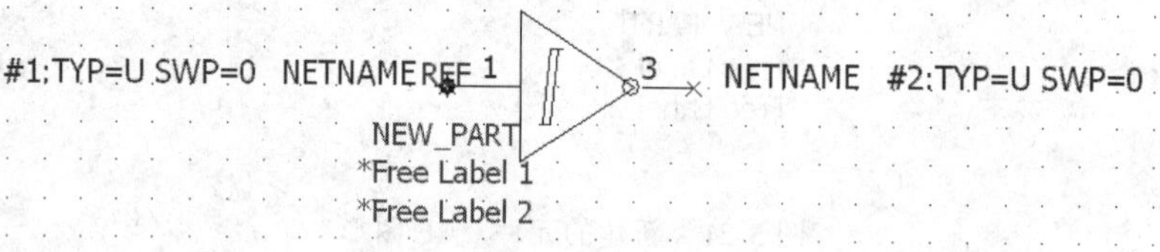

图 5-25　修改了引脚号的元件

5.3.3　设置引脚名称

除了设置引脚号，用户还需要设置引脚名称。下面以图 5-23 为例来讲述设置引脚名的具体操作：

（1）首先单击设置引脚名（Set Pin Name）图标，系统会打开如图 5-26 所示对话框，此时可以设置引脚名称，例如 A。当然用户可以根据自己的要求设置名称。

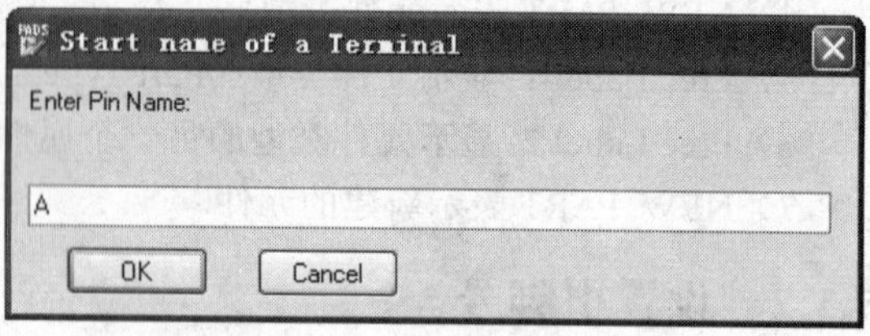

图 5-26　设置引脚名对话框

（2）单击 OK 按钮后，移动光标到需要设置引脚名的引脚上，单击鼠标左键，就可以设置该引脚名。然后可以重新执行该命令，输入新的引脚名，继续设置其他引脚名。设置了引脚名的 74LS14 元件如图 5-27 所示，分别设置了 A 和 $\overline{A}$ 引脚名。

注意：如果想输入名称 $\overline{A}$，在编辑框中需要输入\A 表示，即反斜杠加字符。

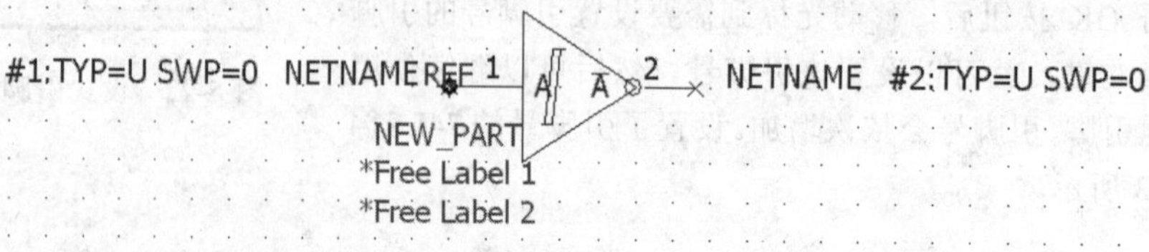

图 5-27　设置了引脚名的元件

（3）如果想修改引脚名，可以单击修改引脚名（Change Pin Name）图标，然后移动光标到需要修改引脚名的引脚处，单击鼠标左键，系统会弹出如图 5-28 所示的修改引脚名对话框。在编辑框中输入新的引脚名，例如 B，单击 OK 按钮即完成引脚名的修改操作。

如图 5-29 所示，即为将引脚 2 的名 $\overline{A}$ 修改为 B 的元件图形。修改了一个引脚名后，其他引脚不会自动变化，如果需要修改，可以重复上面的操作。

图 5-28 修改引脚名对话框

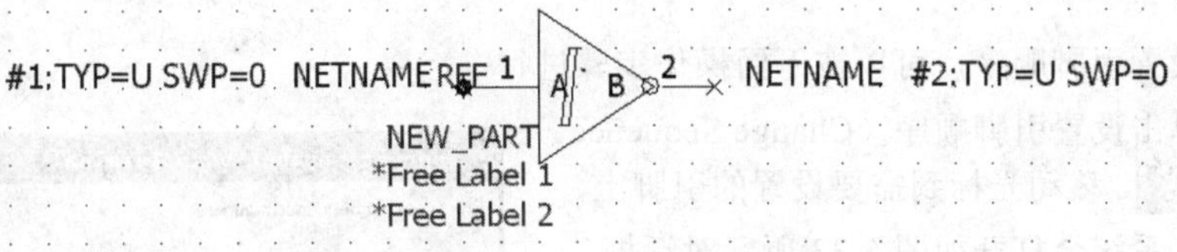

图 5-29 修改了引脚名的元件

5.3.4 设置引脚类型

下面以图 5-23 为例来讲述设置引脚类型的具体操作：

（1）首先单击设置引脚类型（Set Pin Type）图标，系统会打开如图 5-30 所示对话框，用户可以根据自己的需求从下拉列表中选择引脚的类型。在元件类型下拉列表中，包括如下几种元件引脚类型：

图 5-30 引脚类型对话框

1）Source：引脚为信号源；

2）Bidirectional：引脚为双向引脚；

3）Open Collector：开集电极；

4）Or-Tieable Source：或可连接的源；

5）Tristate：三态信号引脚；

6）Load：负载引脚；

7）Terminator：信号终端引脚；

8）Power：电源引脚；

9）Ground：地信号引脚；

10）Undefined：没有定义的类型。

例如选择 Source 引脚类型，单击引脚 1，引脚 1 就被设置为信号源类型；再选择 Load 类型，单击引脚 2，引脚 2 就被设置为负载类型。

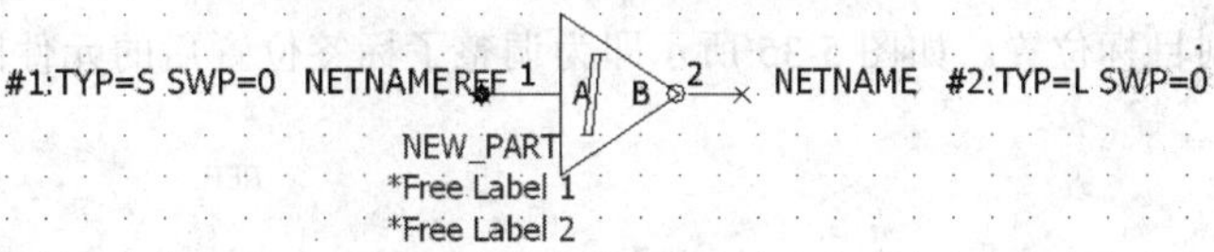

图 5-31 设置了引脚类型的元件

（2）完成引脚类型的设置后即可关闭引脚类型对话框。设置了两个引脚类型后的元件如图 5-31 所示。

5.3.5 设置门交换值

如果需要设置门交换值，可以按下面操作步骤进行：

（1）首先单击设置引脚交换值（Set Pin SWAP）图标，系统会打开如图 5-32 所示对话框，此时可以在编辑框中输入需要设置的值。

（2）单击 OK 按钮后，移动光标到需要设置引脚门交换值的引脚上，单击鼠标左键，就可以设置该引脚的门交换值。然后可以重新执行该命令，输入新的引脚门交换值，继续设置其他引脚。

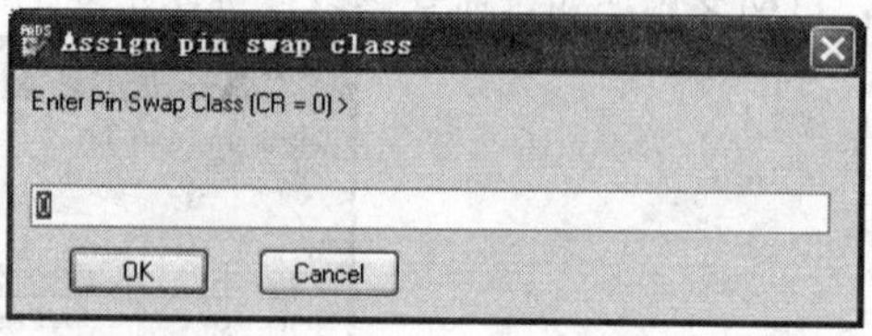

图 5-32　引脚门交换值对话框

5.3.6　设置引脚顺序

如果需要设置引脚顺序，可以按下面操作步骤进行：

（1）首先单击设置引脚顺序（Change Sequence Number）图标，移动光标到需要设置的引脚上，单击鼠标左键，系统会打开如图 5-33 所示对话框，此时可以在编辑框中输入需要设置的顺序号。

（2）单击 OK 按钮后，系统会自动修改两个引脚的顺序号，如图 5-34 所示。读者可以看出和图 5-31 的区别。

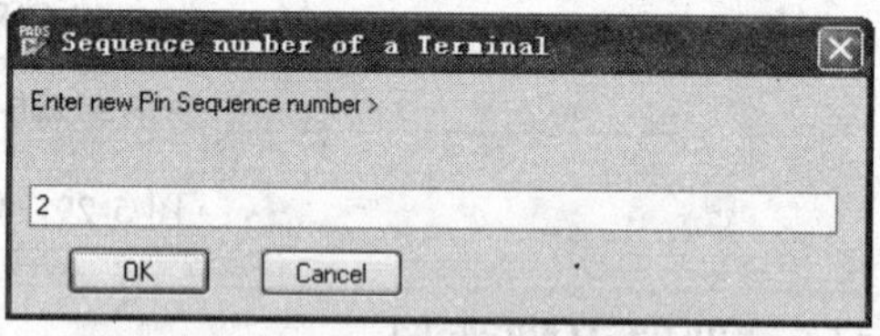

图 5-33　设置引脚顺序对话框

上面已经讲述了如何设置元件的引脚号、引脚名、引脚类型、门交换值和引脚顺序。当完成了某个设置命令后，可以按 Esc 键或者从右键快捷菜单选择 Cancel 命令退出操作。

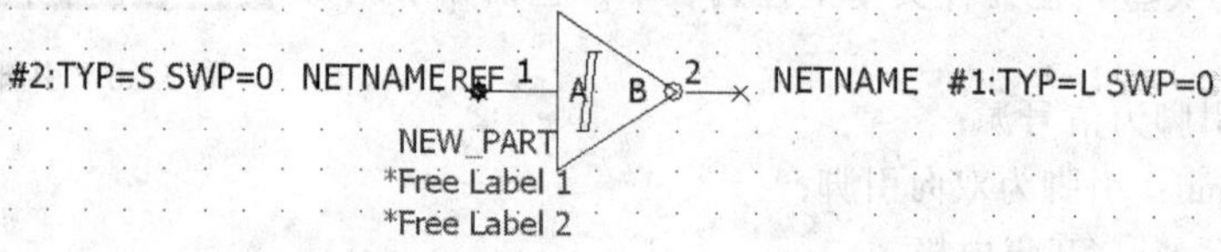

图 5-34　修改了引脚的顺序号的元件

5.3.7　调整标签的位置

在图 5-34 中，如果标签的默认位置和引脚有所重叠，通常可以移动标签，以便调整它们在 CAE 图形上的位置。

单击鼠标左键选中需要移动的标签，例如 REF，然后拖动鼠标，将标签移动到目标位置即可。也可以在选中需要移动的标签后，单击鼠标右键，从快捷菜单中选择 Move 命令，也可以移动标签到目标位置。如图 5-35 所示即为调整了标签位置后的元件图形。

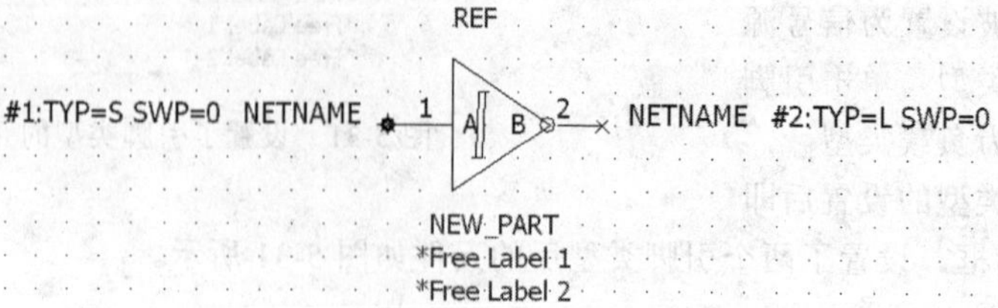

图 5-35　调整标签位置后的元件

5.3.8　添加或设置标签

在图 5-34 中，REF、NEW_PART、Free Label 1 和 Free Label 2 都属于标签，可以用于注释元件的名称。当创建元件时，系统会默认建立这几个标签。但是用户也可以添加更多的标签。可以按下面操作步骤进行。

（1）首先单击添加属性标签（Add Attribute Label）图标，系统会打开如图 5-36 所示对话框，此时可以在属性名称（Attribute Name）编辑框中输入需要设置的标签属性名，或者从下拉列表中选择。

在 Height 编辑框中输入标签的高度，在 Width 编辑框中输入标签的宽度。在 Justification（对齐）区域可以设置水平和垂直对齐方式。

如果想从 PADS Logic 的属性库中选择一个已经定义的属性，则可以单击 Browse Lib. Attr...按钮，系统会弹出一个浏览库属性对话框，从中可以选择一个属性。

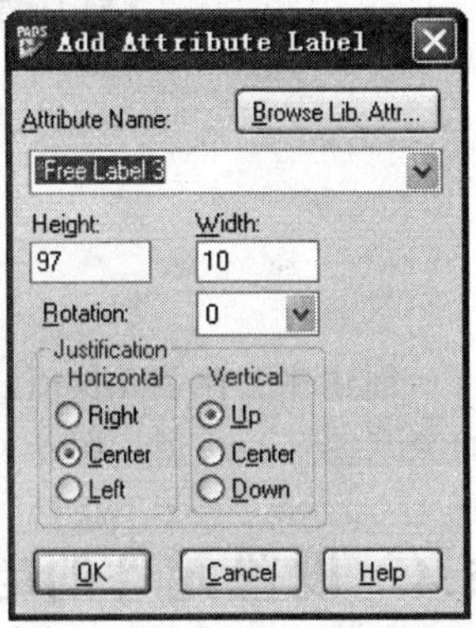

图 5-36　添加属性标签对话框

（2）单击 OK 按钮后，移动光标到需要放置标签的位置，单击鼠标左键，系统会添加一个新的属性标签。

上面已经讲述了如何设置元件的引脚号、引脚名、引脚类型、门交换值和引脚顺序。当完成了某个设置命令后，可以按 Esc 键或者从右键快捷菜单选择 Cancel 命令退出操作。

5.3.9　保存元件

当完成了元件的 CAE 图形的绘制和引脚的创建和设置，以及相关的其他设置后，就可以将其保存起来。

（1）首先执行 File→Return to Part 命令，系统会返回到元件编辑界面。注意：当进入 CAE 元件编辑器后，File 菜单只有一项，即 Return to Part 命令。

（2）此时可以执行 File/Save 命令，保存该元件。系统会弹出如图 5-37 所示的保存元件和门对话框。在该对话框中，可以在 Library 下拉列表中选择该元件需要保存在哪个库中；Name of Part 编辑框中可以输入该元件保存的名称；在 Names of Gate Decals 的列表中，可以输入各个门的名称，例如目前只创建了一个门，可以在 CAE Decal 1 编辑框中输入门的名称为“INVST”。

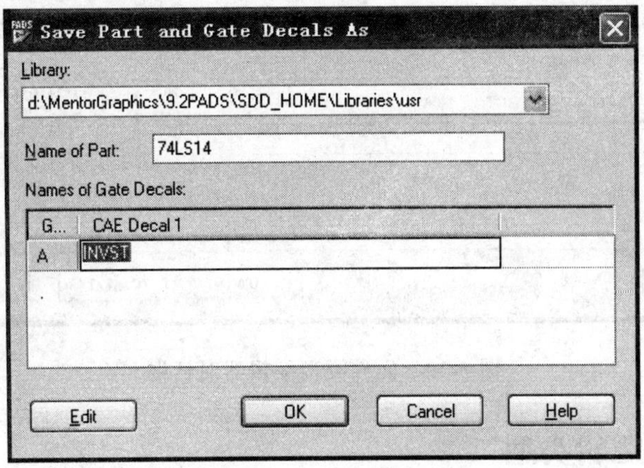

图 5-37　保存元件和门对话框

（3）单击 OK 按钮完成元件的保存。本实例将前面所创建的元件保存为 74LS14，门为 INVST。保存后的元件如图 5-38 所示。

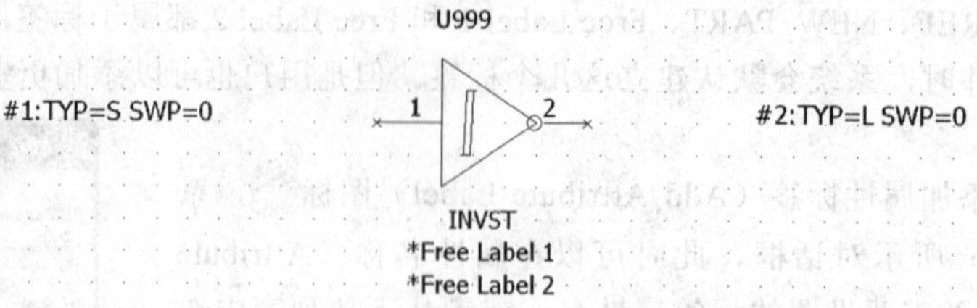

图 5-38　保存后的元件

创建并保存了元件后， REF 变成了 U999 字符，表示该元件的参考编号，即在插入到原理图中的流水编号。注意：图 5-38 的元件并没有设置引脚名。

5.4　设置元件的电气属性

上一节详细讲述了如何创建一个元件，但是还没有设置任何电气属性。任何一个有效的元件必须具有基本的电器属性，比如门、引脚、PCB 封装和信号等。下面就以图 5-38 为例来讲述如何为元件设置电气属性，即设置元件的类型。

首先执行 Edit→Part Type Editor 菜单命令，或者直接单击工具栏的图标，然后就可以进入元件类型编辑器对话框，如图 5-39 所示。通过该对话框，就可以设置元件的相应电气属性。

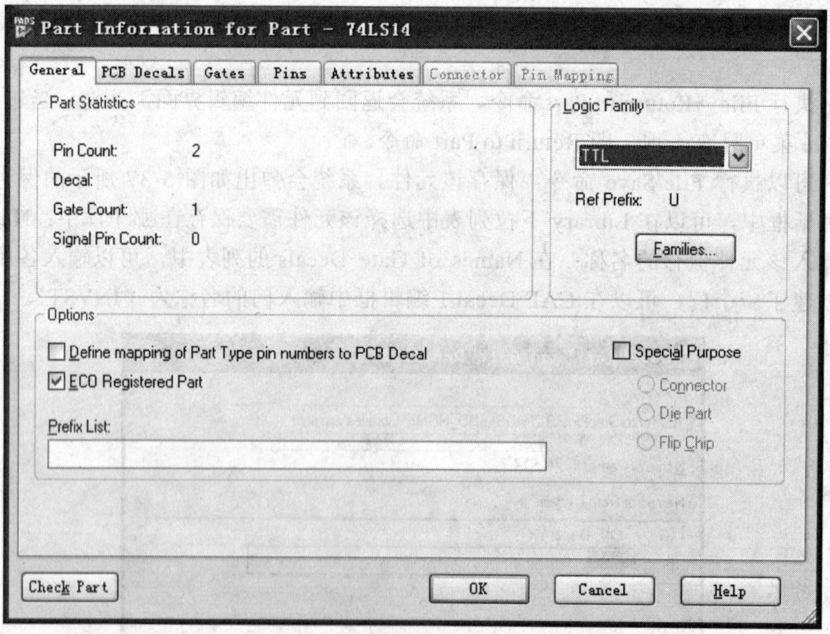

图 5-39　元件类型编辑器对话框

5.4.1　设置元件的逻辑类型

在元件类型编辑器对话框中，用户可以在通用（General）选项卡中，在 Logic Family（逻辑族）

下拉列表中选择元件的逻辑族。例如，创建的 74LS14 为一个 TTL 元件，所以可以从列表中选择 TTL。

用户也可以单击 Families 按钮，添加新的逻辑族类型，单击这个按钮后，系统会打开如图 5-40 所示的对话框。

此时可以单击 Add 按钮添加新的逻辑族类型，然后可以在 Family 编辑框输入新的逻辑族名，并在 Prefix 编辑框中输入这种元件在原理图中的前缀名。

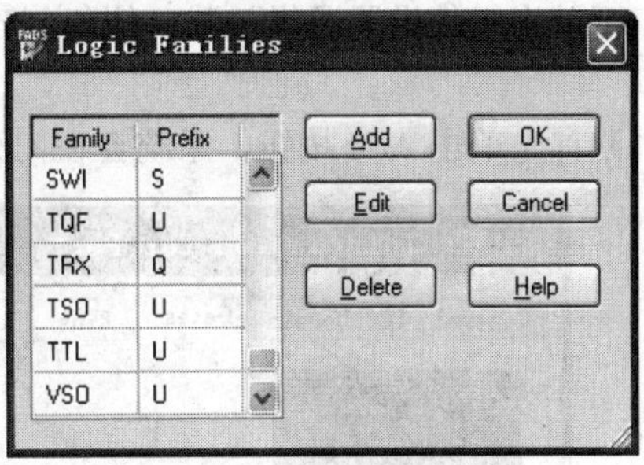

图 5-40　逻辑族对话框

5.4.2　设置元件的普通信息

（1）元件的统计信息。在 5-39 所示的通用选项卡中，用户可以在 Part Statistics 区域看到元件的统计信息。具体包括如下内容：

1）引脚数（Pins Count）：对于元件库中已有的元件，可以看到引脚数，但不可编辑；如果创建了一个新元件，可以在这里定义其引脚数。

2）封装（Decal）：对于元件库中已有的元件，可以看到其 PCB 封装是什么；如果创建了一个新元件，这里将是空白，除非已经为元件选择了 PCB 封装。

3）逻辑门数（Gates Count）：对于元件库中已有的元件，可以看到其逻辑门数是多少。

4）信号引脚数（Signal Pin Count）：对于元件库中已有的元件，可以看到其信号引脚数是多少，除非已经为元件设置了信号引脚。

目前所创建的元件只包括一个门和两条引脚，所以在统计信息栏中显示了这两条信息，而封装和信号引脚则为空。

（2）元件的前缀。在 Prefix List 编辑框中可以输入查询的前缀。键入“？”前缀表示用户想查找任意字符，以便编辑前缀列表中的元件。通过元件前缀搜索，可以允许编辑一个元件。例如在前缀中如果为 7400，那么元件的编辑会应用到前缀列表中所有 7400 搜索到元件。

用户可以在前缀列表中使用多个变量进行搜索。例如，可以设置 7402 逻辑族前缀如下：

?4 ?4HC ?4HCT ?4AS ?4ALS ?4AS ?4LS

任何对于当前元件的编辑都会应用到上面前缀所包含的所有元件。

对于 5400 和 7400 的一个速记描述可以使用前缀和后缀来创建。后缀可以定义整个 IC 的逻辑族，以便存储在一个元件类下，这样便使这个逻辑族的所有变量都包括在一个库中。后缀的第一部分应为反斜杠（\），再在后面跟数字，从而可以唯一地表示元件族。例如“\00”可以表示 7400, 74LS00, 54L00；“\192”可以表示 74192, 74HCT192 等。

（3）如果允许引脚映射功能，便可以映射逻辑引脚到不同的物理引脚，则可以选择 Define mapping of Part Type pin numbers to PCB Decal 复选框。

（4）当用户创建或修改连接器时，会自动选择 Connector（连接器）项。如果创建或打开的是元件，则该项无效。

（5）为了允许一个元件可以在设计和原理图文件中传递，则可以选中 ECO Registered Part（ECO 注册元件）。默认情况下，该选项为选中的。

5.4.3　设置元件的逻辑门数

为了设置元件的逻辑门数，用户需要进入逻辑门（Gates）选项卡，如图 5-41 所示。在该对话框中，可以为元件设置逻辑门数。例如创建的元件 74LS14 具有 6 个门，通过该对话框创建的操作如下。

（1）首先单击 Add 按钮，系统会在门列表中添加一个新的门，例如 B，如图 5-41 所示。

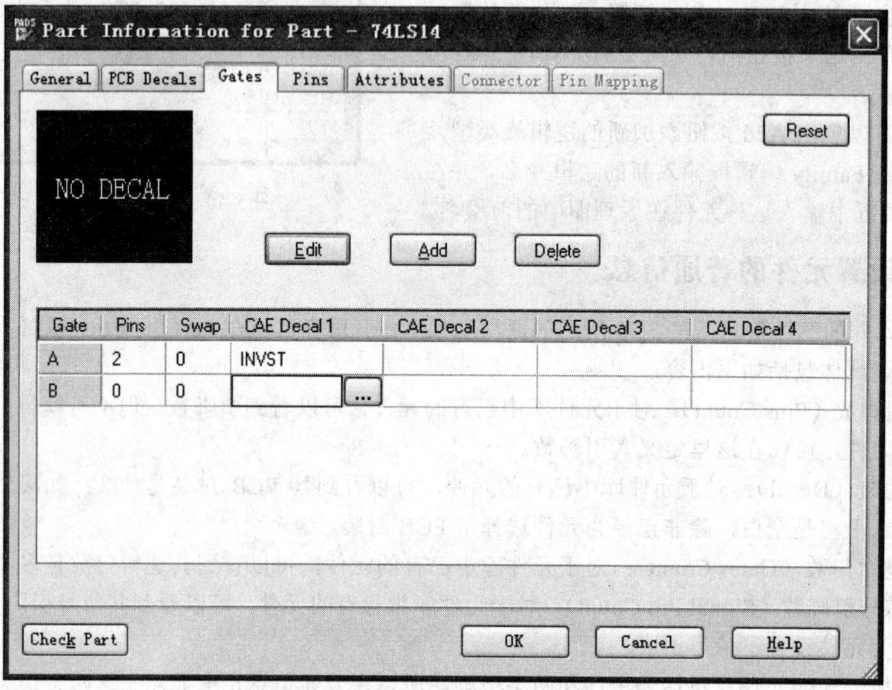

图 5-41 逻辑门选项卡

（2）然后选中新添加的门 B，双击 CAE Decal1 列和门 B 对应的位置，此时该位置就可以编辑输入图形名，如 INVST。此时也可以单击 ... 按钮，系统会弹出如图 5-42 所示的逻辑门图形选择对话框，在该对话框中的 Unassigned Decals（未分配的图形）列表中选择所需的图形，单击 Assign 按钮，即可分配所选择图形给该门，分配了图形后单击 OK 按钮即可返回到逻辑门选项卡（见图 5-41）。

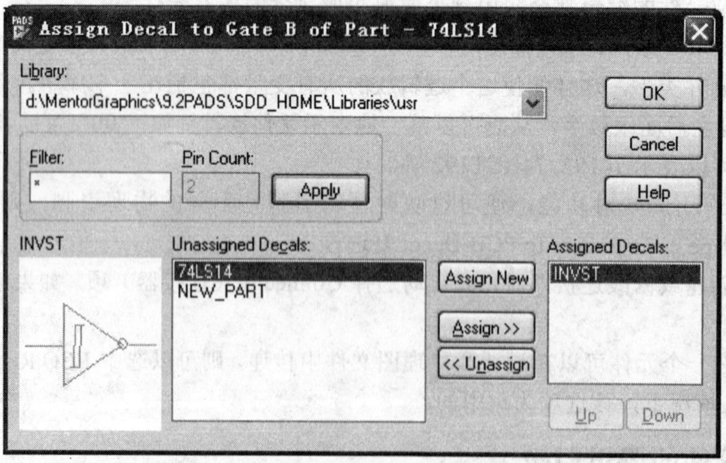

图 5-42 逻辑门图形选择对话框

（3）重复上述的操作，完成后面 4 个逻辑门的设置，即 C、D、E 和 F。

设置的所有逻辑门都会显示在图 5-41 所示的对话框中。由于此时新设置的逻辑门都还没有分配元件的引脚，所以只有逻辑门 A 具有引脚，其他逻辑门还需要分配引脚，下一小节将会进一步讲述。

5.4.4　分配元件的引脚

设置了元件的逻辑门后，就可以为各个逻辑门分配元件的引脚，具体操作如下。

（1）首先单击 Pins 选项卡，进入分配引脚对话框，如图 5-43 所示。

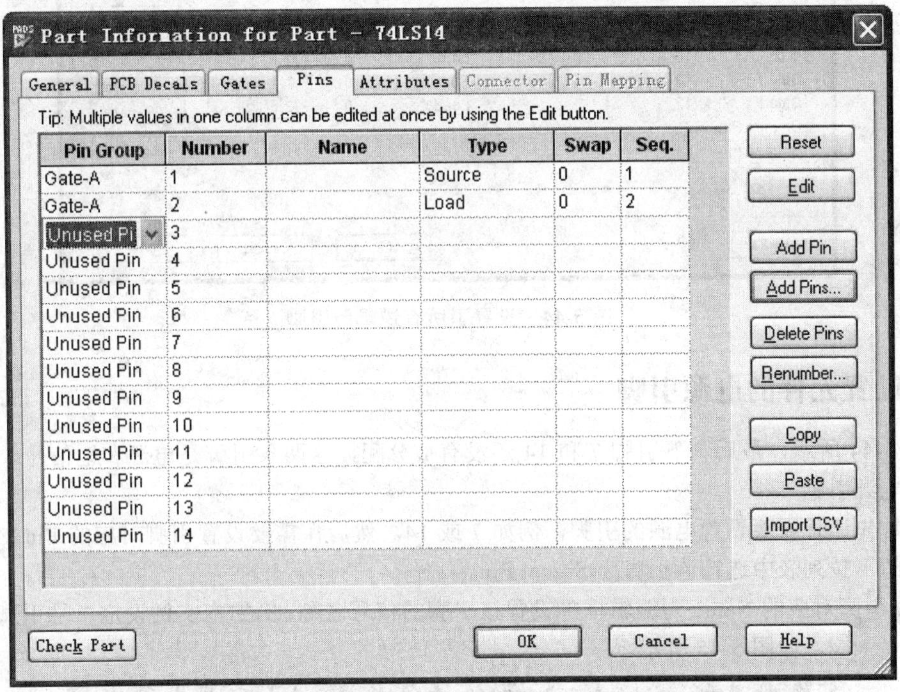

图 5-43　分配引脚对话框

（2）然后单击 Add Pins（添加引脚）按钮，添加所需要的所有引脚，例如本实例需要添加 3～14 号引脚，如图 5-43 所示。当然也可以单击 Add Pins 按钮，从弹出的对话框设置需要添加的引脚数量，然后系统可以自动添加所需数量的引脚。如果需要删除引脚，则可以选择需要删除的引脚，然后单击 Delete Pins 按钮即可。

（3）在需要设置的引脚对应的 Pin Group（引脚组）列的下拉列表中选择该引脚所属的逻辑门，例如引脚 3 所属的逻辑门为 B。同理，可以分配所有的引脚给相应的逻辑门。引脚分配需要参考相关元件的数据手册。

（4）双击引脚对应的 Type 列，可以从下拉列表中选择引脚类型。例如设置引脚 3 为源（Source），引脚 4 为负载（Load）。同理，可以为所有逻辑门引脚设置引脚类型。

（5）如果需要调整引脚的顺序，则可以选中一个引脚，然后在 Seq.列对应的位置，按 Up 或 Down 按钮，设置引脚的顺序。例如引脚 8 和引脚 9，引脚 9 的逻辑门顺序号为 1，而引脚 8 的逻辑门顺序号为 2。

（6）重复上述的操作，完成所有逻辑门的设置。如图 5-44 所示，即为设置了所有逻辑门引脚的结果。

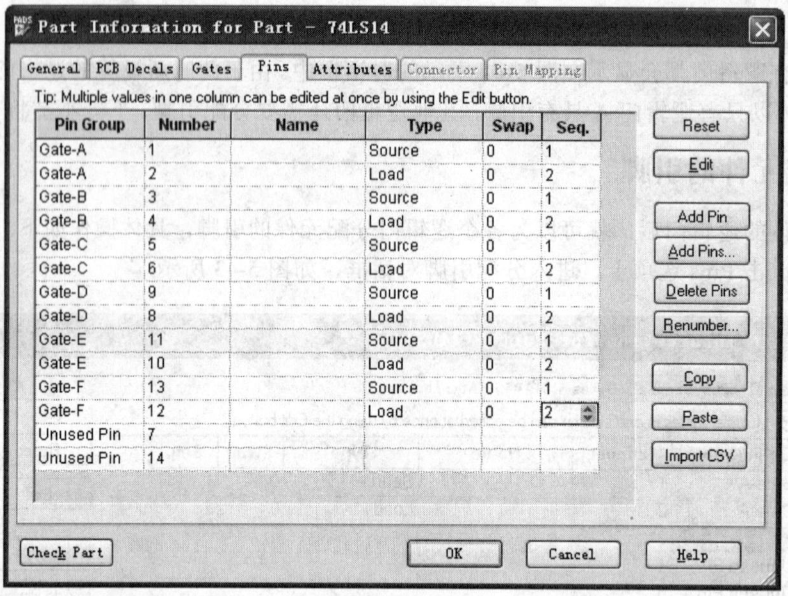

图 5-44　设置了所有逻辑门引脚

5.4.5　设置元件的电源引脚

如图 5-44 所示，最后剩下引脚 7 和 14 还没有被分配，这两条引脚是电源和地信号。下面讲述如何设置电源引脚。

（1）首先选择需要设置电源的引脚，例如 7 或 14。然后在需要设置引脚对应的 Pin Group（引脚组）列的下拉列表中选择该引脚为 Signal Pin。

（2）在引脚对应的 Name 列编辑框中设置该引脚的信号名称，例如本实例设定 7 号引脚为 GND，14 号引脚为+5V，如图 5-45 所示。

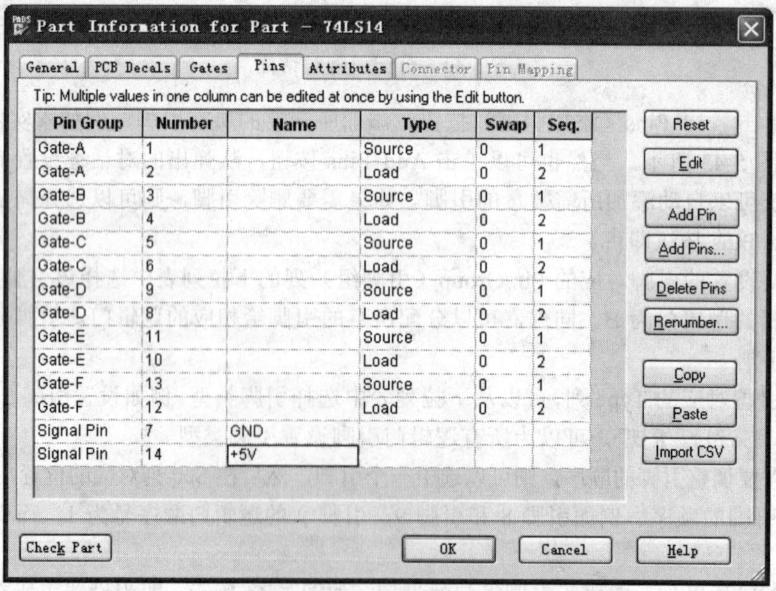

图 5-45　设置电源信号引脚

5.4.6 设置元件的 PCB 封装

在 PCB 封装（PCB Decals）选项卡中，可以设置元件的 PCB 封装。PCB 封装选项卡如图 5-46 所示。

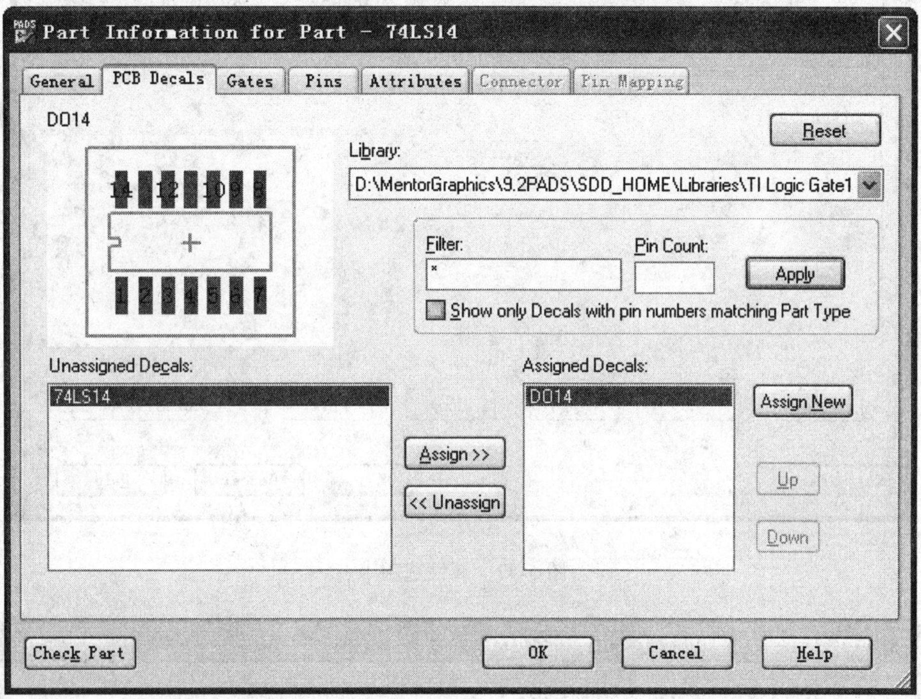

图 5-46 PCB 封装选项卡

首先，用户可以在 Library 下拉列表中选择需要设置的 PCB 封装所在的库，例如本实例选择为 common 库。

然后在 Unassigned（未分配）列表中选择需要设置的封装类型，例如可以设置为 DO14。用户可以为一个元件分配多个 PCB 封装，然后在电路设计中可以根据需要进行选择。用户还可以使用 Filter 来进行过滤，从而可以快速定位封装。选定封装后，会在 Pin Count 编辑框中显示引脚数。如果单击 Assign New 按钮，系统会弹出一个对话框，提示用户输入一个新的封装名。

为元件分配了正确的 PCB 封装后，单击 OK 按钮即可完成操作。

5.4.7 设置元件的属性

进入属性（Attributes）选项卡，可以设置元件的属性。如图 5-47 所示。

首先，可以单击 Add 按钮，为元件添加一个新属性，然后在有效的 Attribute 编辑框中输入新的属性名。可以双击 Value 列打开编辑框输入属性值。

用户也可以直接单击浏览库属性（Browse Lib. Attr…）按钮，从系统已有的属性列表中选择一个属性。

本实例为元件设置了如图 5-47 所示的属性，用户也可以加入更多的属性。

至此，已经为元件设置了元件电气或其他属性，现在重新进入通用选项卡，如图 5-48 所示，可以看到已经设置了 PCB 封装和信号引脚，元件的逻辑门也变为 6。

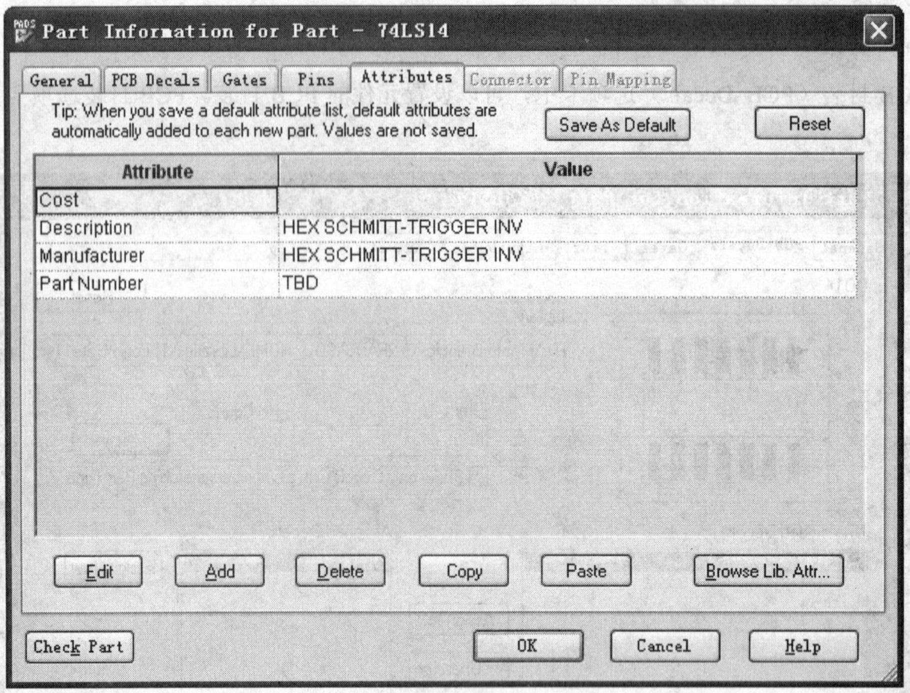

图 5-47 属性选项卡

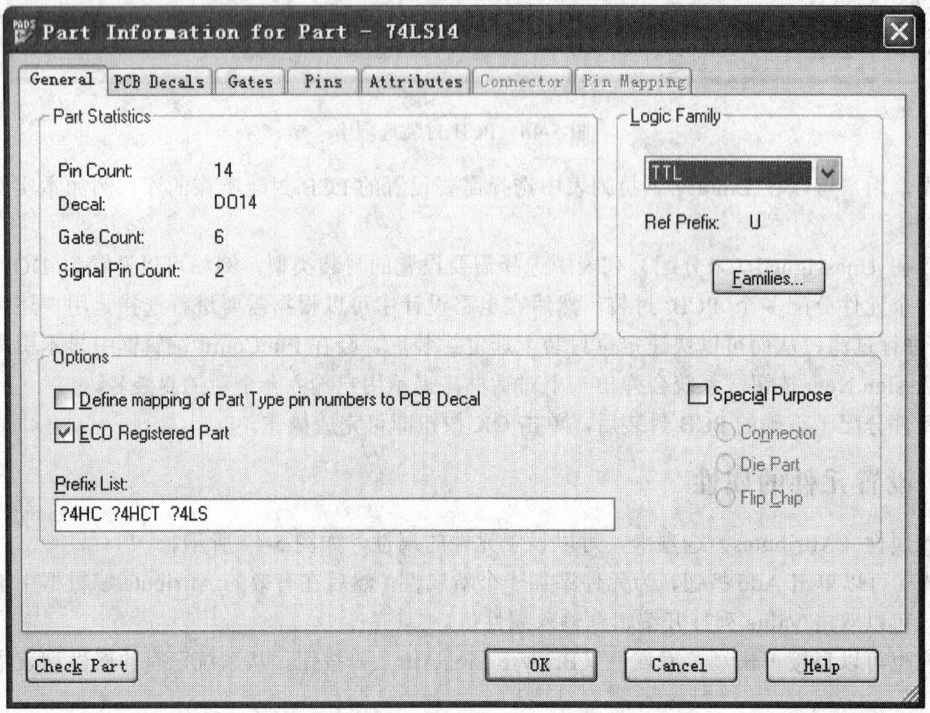

图 5-48 设置了元件电气或其他属性后，重新进入通用选项卡

单击 OK 按钮完成元件电气属性的设置。最后得到的元件如图 5-49 所示，最后可以保存该元件。

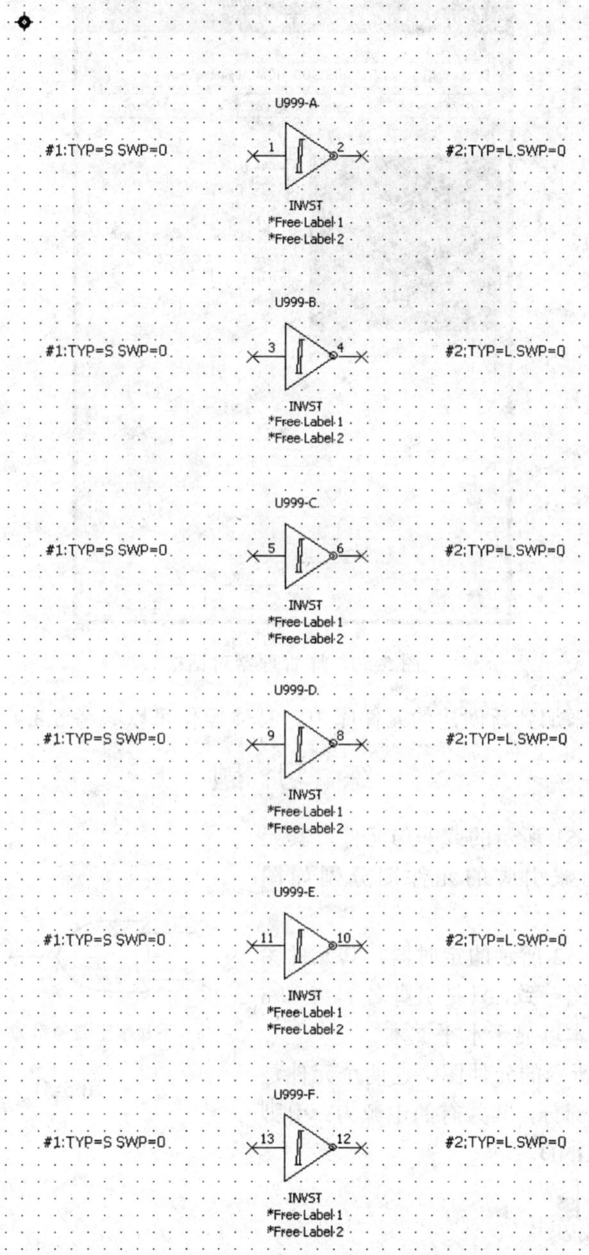

图 5-49　设置了电气属性的元件

5.5　创建新的元件库

前面讲述了如何创建新的元件和元件的图形。通常，用户可以将创建的元件保存在已有的元件库中，如 Common 等元件库，但是也可以创建新的元件库。

（1）在创建了元件后，可以执行 File→Library 命令，系统会打开库管理器对话框，单击 Create New Library 按钮，如图 5-50 所示。在打开的新建库对话框中输入新建的库文件名，如 Example.pt9。

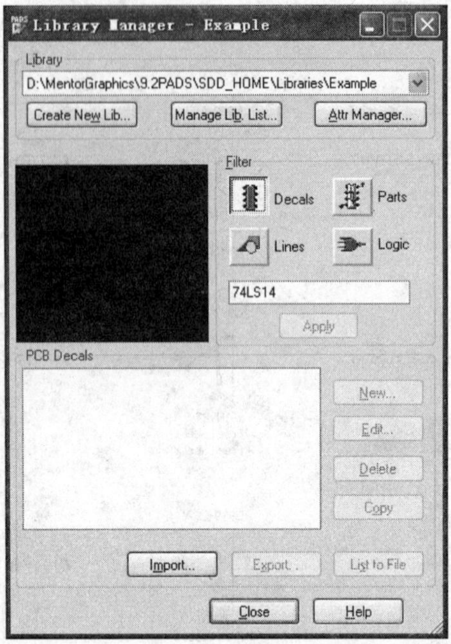

图 5-50　库管理器对话框

（2）将新建的元件添加到新创建的元件库中。具体操作可以参考 5.3.9 节。

练　习　题

1. 练习绘制如图 5-51 所示的或非门元件，其元件图和不显示/显示隐藏引脚的元件图分别如图 5-51a）和 b）所示。

2. 练习绘制如图 5-52 所示的定时器，其元件图和显示隐藏引脚的元件图一致，只是引脚名 1、4 和 8 没有显示，重新添加文本以显示水平文本。

3. 绘制如图 5-53 所示的元件图。这两个元件是一个复合封装元件的两部分，其共有的电源为：引脚 14 是 VCC，引脚 7 是 GND。

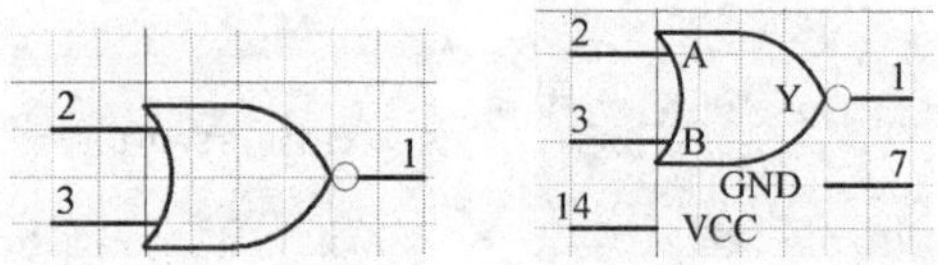

a）不显示隐藏的引脚　　b）显示隐藏的引脚

图 5-51　或非门元件图

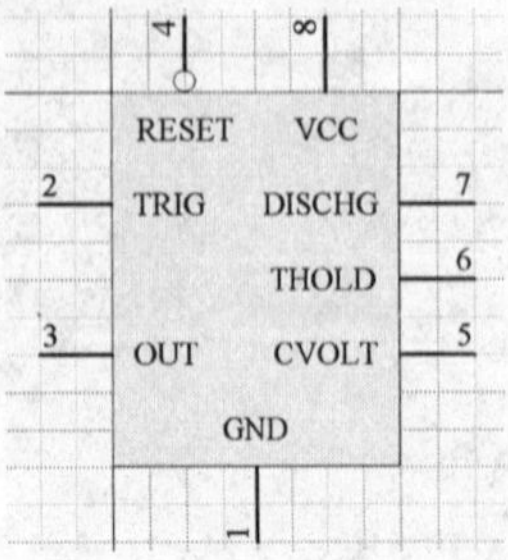

图 5-52　定时器元件

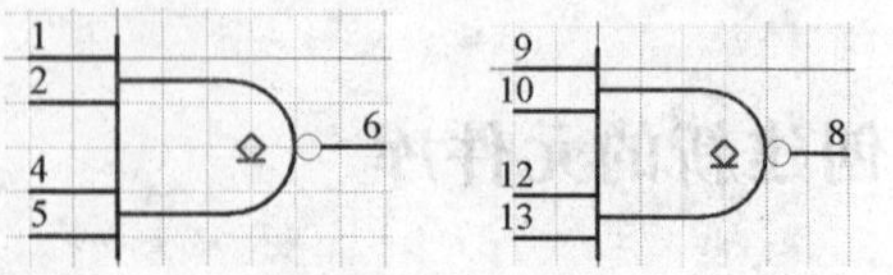

图 5-53　四与非门元件

第 6 章　PADS Layout 的属性设置

本章主要介绍：PADS Layout 界面介绍，PADS Layout 的菜单，PADS Layout 与其他软件的链接等内容。

6.1　PADS Layout 界面介绍

1. 主工作界面

双击 PADS Layout 图标，或在程序文件夹中选择 PADS Layout 启动 PADS Layout 程序，此时出现如图 6-1 所示的对话窗口。

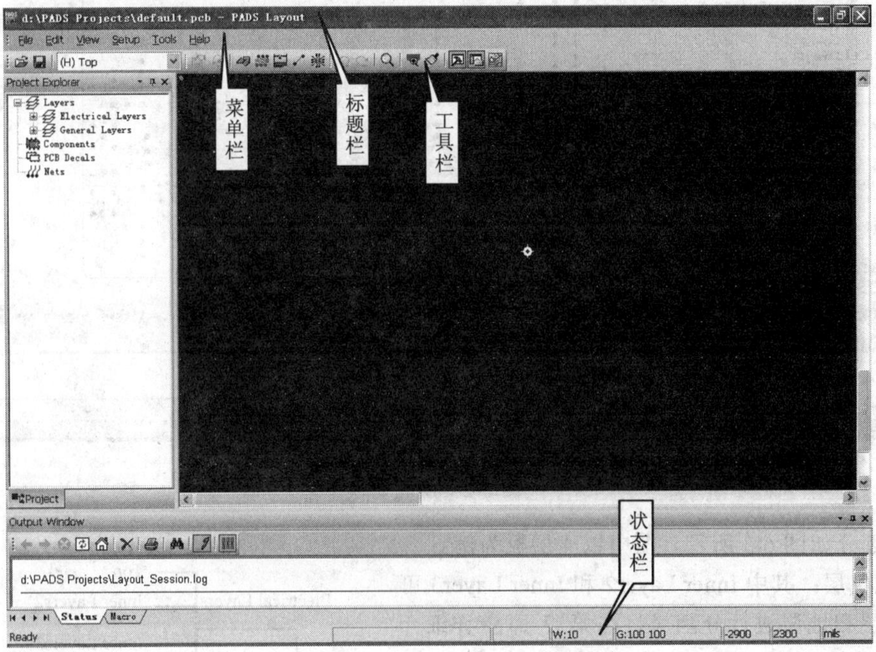

图 6-1　PADS Layout 界面

（1）标题栏（Title Bar）　显示所选用的开发平台、设计名称、存放路径等信息。如果没有打开任何设计文件时，文件名称显示为无标题。例如，图 6-1 显示开发平台 PADS Layout 的图标，存放路径d:\PADS Projects\default.pcb - PADS Layout，设计名称default.pcb。

（2）菜单栏（Menu Bar）　菜单栏采用标准的 Windows 菜单风格，将 PADS Layout 所有的操作命令归类在一起。

（3）工具栏（Tool Bar）　分类显示最常用的命令图标。

（4）状态栏（Status Bar）　显示线宽 W、格点 G、光标坐标及当前操作信息。例如，图 6-1 中状态栏左侧显示当前操作，右侧依次显示为线宽 W：10、显示格点 G：100 100、光标坐标（-2900, 2300）。

（5）工作区（Work Area）　工作区是进行 PCB 设计的主要区域，显示当前 PCB 的设计图形。

2. Project Explorer 窗口

单击图标，出现如图 6-2 所示界面，左侧的 Project Explorer 窗口显示 Layers、Components、PCB Decals 和 Nets 等信息。

（1）Layers（层） 分为 Electrical Layers 和 General Layers。可以通过单击相应层名称实现层间切换，如图 6-2 所示。

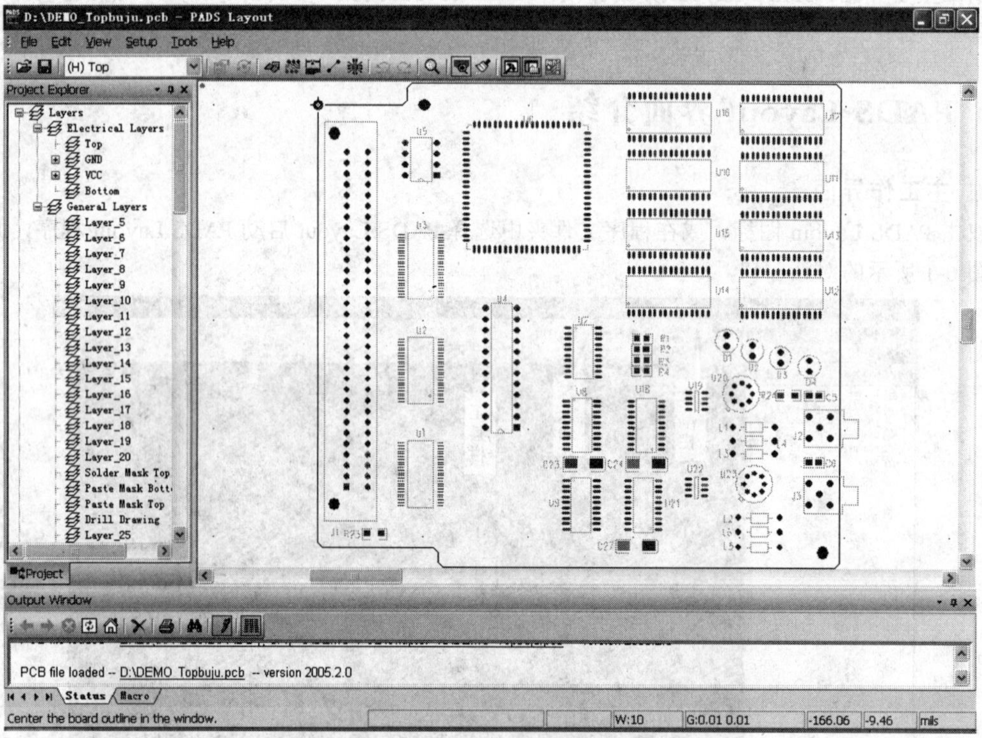

图 6-2 层间切换

层的划分如图 6-3 所示，图中以 4 层板为例。

1）电气层：其中 Inner Layer2 和 Inner Layer3 可作为电源层和地层进行分割（将在第 7 章中详细介绍）。Top 层和 Bottom 层为布线元器件放置层。

2）普通层：其中 Layer_5～Layer_20 层供从 AutoCAD 中导入 DXF 文件及隐藏处理各种文本信息时使用。Solder Mask Top（阻焊层）、Paste Mask Top（锡膏层）、Drill Drawing（钻孔层）、Silkscreen Top（丝印层）和 Assembly Drawing Top（装配层）为后期定义 CAM 文档提供信息（将在第 16 章定义 CAM 文件中详细介绍）。

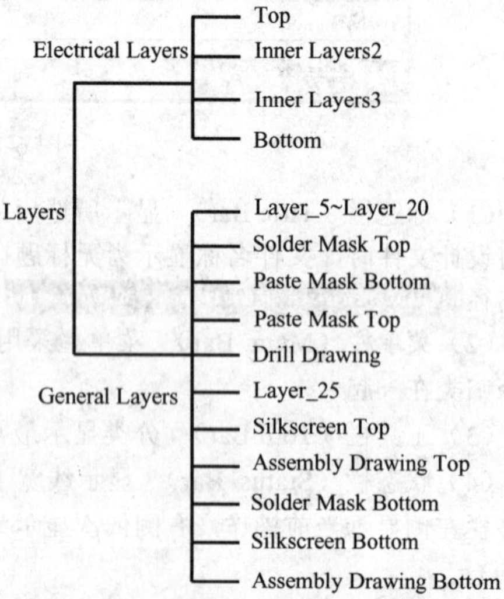

图 6-3 层的划分

Layer_25（装配层）只是在出负片的时候才有用，通常只有当电源层定义为 CAM Plane 的时候 Gerber 文件才会出负片，不加这一层的 Pads 及 Vias，在出负片的时候这一层的引脚和过孔会短路。PADS 中对电源层和地层的设置有两种选择，即 CAM Plane 和 Split/Mixed Plane。Split/Mixed Plane 主要用于多个电源或地共用一个层的情况，只有一个电源和地时也可以用。它的主要优点是输出时的图和光绘的一致，便于检查。而 CAM Plane 一般用于单个的电源或地，这种方式是负片输出，且不允许进行走线。要注意输出时需加上第 25 层。第 25 层包含了地/电信息，主要指电层的焊盘要比正常的焊盘约大 20mil 的安全距离，保证金属化过孔后，不会有信号与地/电相连。这就需要每个焊盘都包含有第 25 层的信息。因为在钻孔的过程中会发生偏差，内层要有足够大的空间，这样在工艺生产过程中就会避免发生短路。

（2）Components（元器件）　包含 PCB 中所有元器件的参考名称。单击 Project Explorer 窗口中元器件参考名称，右侧窗口将全屏高亮显示该元器件，如图 6-4 所示。

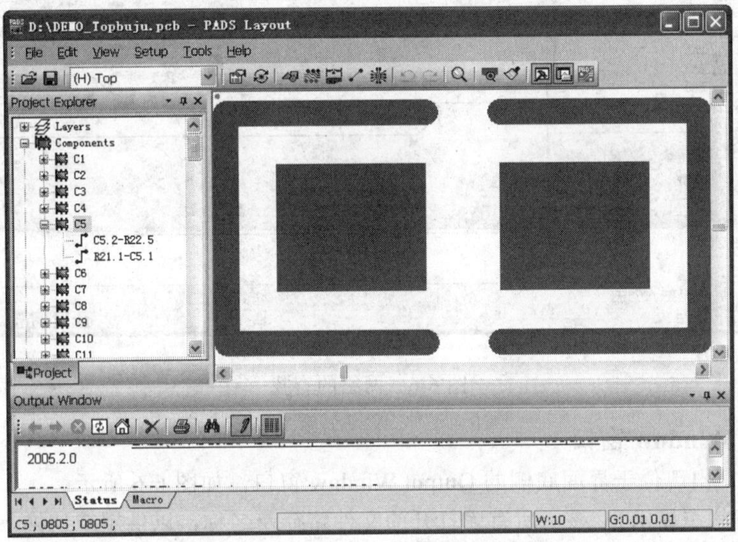

图 6-4　元器件查找

（3）PCB Decals（PCB 封装）　包含 PCB 中所有元器件的封装类型。单击 Project Explorer 窗口中元器件封装类型名称，右侧窗口将全屏高亮显示所有具有该封装形式的元器件，如图 6-5 所示。

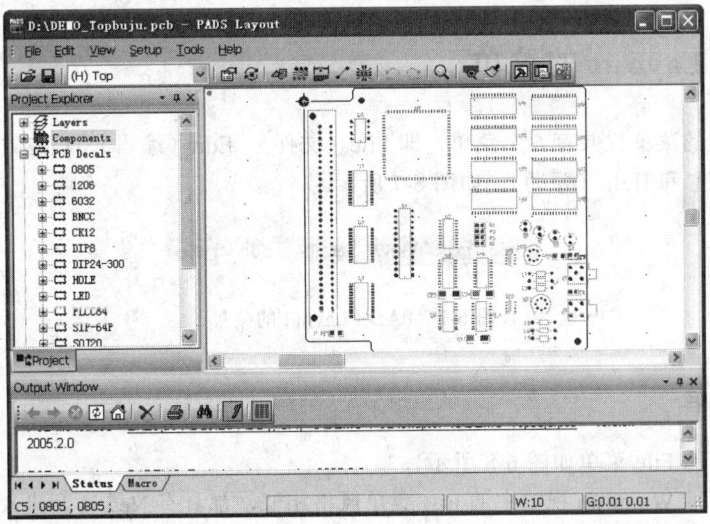

图 6-5　元器件的封装

（4）Nets（网络） 包含 PCB 中所有网络名称。单击相应网络名称，右侧窗口将全屏高亮显示该网络中的所有连接，如图 6-6 所示。

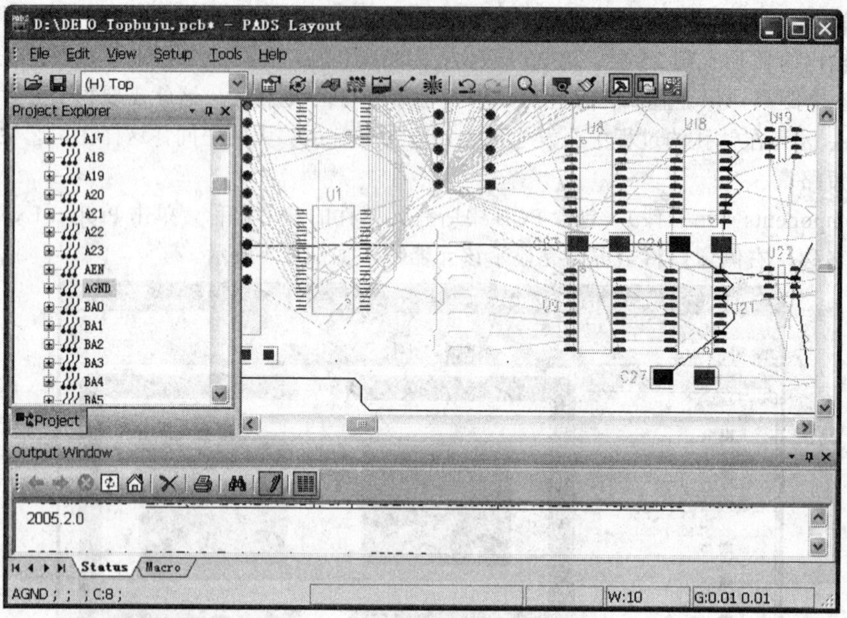

图 6-6 网络的查找

3. Output Window 窗口

单击图标，出现位于界面底侧的 Output Window 窗口，如图 6-6 所示。

（1）Status（状态显示） 显示所有曾打开的文件路径及名称，以供用户切换。

（2）Macro（宏标签） 在宏标签里可以编辑、运行、调试宏脚本。通过宏编辑器，用户可以打开复合宏命令和嵌套宏命令。所谓宏是将许多命令、按键、鼠标单击动作进行联合，而作为一个单独动作。事实上用户可以记录任何一套程序上的步骤用于重复，因此可以使复杂的设置（参数选择和层/显示设置等）简单化。

6.2 PADS Layout 的菜单

PADS Layout 的菜单栏共有 6 个菜单，即 File（文件）、Edit（编辑）、View（视图）、Setup（设置）、Tools（工具）和 Help（帮助），如图 6-7 所示。

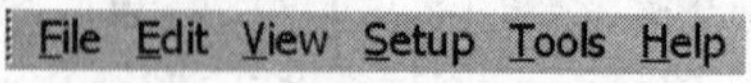

图 6-7 PADS Layout 的菜单

6.2.1 File 菜单

PADS Layout 的 File 菜单如图 6-8 所示。

File 菜单与标准 Windows 视窗中的 File 菜单风格相似，都具有 New（新建）、Open...（打开）、Save/Save As...（保存/保存为）及 Print Setup...（打印）等功能。此外 PADS Layout 中的 File 菜单

还具有 Import/Export…（导入/导出）、Set Start-up File…（设置启动文件）、Save As Start-up File…（保存启动文件）、CAM…（光绘输出）、CAM Plus…（导出元器件坐标）、Reports…（报告）及 Library…（元器件库管理）等特色功能。

图 6-8　File 菜单

1. 基本操作类

（1）New　新建一个 PCB 设计文件，关闭当前打开的 PCB 设计文件。如果当前打开的设计文件没有保存，PADS Layout 会弹出对话框询问是否保存当前设计文件。

（2）Open　打开一个已经存在的 PCB 设计。选择该命令后 PADS Layout 会弹出 File Open 对话框，从中选择要打开的 PCB 文件即可。

（3）Save/Save As　保存当前 PCB 设计。保存过的文件，则仅保存当前设计的变更。没有保存过的与需变更保存名称或路径的 PCB 设计，则需在 File Save As 对话框中设置名称及路径。

（4）Print Setup 功能　用于分层打印 PCB 文件。

2. 个性化操作类

（1）Save As Start-up File：打开 Save As Start-up File 对话框，将当前设计中的各种参数设置另存为一个.stp 格式文件。

（2）Set Start-up File：打开 Set Start-up File 对话框，选择.stp 格式文件。选择 File→New 命令，此时出现如图 6-9 所示的对话框。

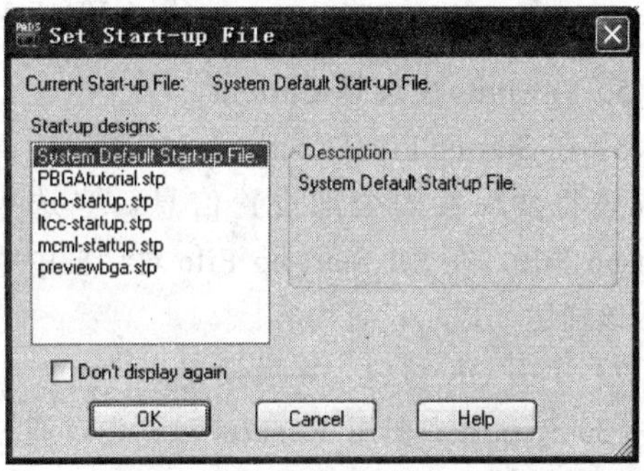

图 6-9　Set Start-up File 对话框

在 Set Start-up File 对话框中为新的设计文件选择 Start-up File 类型。Start-up File 中将包含设计中的全部设置信息，如 Layer Definitions（层定义）、Grids（格点）、Clearance Rules（间距规则）和 Attribute Dictionary（属性辞典）等。注意，改动 Set Start-up File 只影响将要进行的新设计，对已完成的设计没有影响。

也可以将已完成的设计文件中的设置信息创建成新的 Start-up File，当再次进行类似设计时可以重复使用，以节省设计时间。为新设计设置 Start-up File 的方法如下：

1）在当前设计中，将想要包含在 Start-up File 中的信息，如 Layer Definitions、Grids、Clearance Rules 和 Attribute Dictionary 等设置好。

2）选择 File→Save As Start-up File 命令，弹出如图 6-10 所示的 Save As Start-up File 对话框。

3）在 Save As Start-up File 对话框中命名 Start-up File，单击 保存(S)，弹出如图 6-11 所示的 Start-up File Output 对话框。

4）在 Start-up File Output 对话框中选择需要包含在 Start-up File 中的设置信息。PCB Parameters 为 PCB 参数，如 Colors（颜色）、Layer Definitions（层定义）及 Grids（格点）等；Vias 为过孔信息，如 Default Via Type（默认过孔类型）、Jumpers（跳线）及 Padstack（焊盘）的定义和定位信息；Layer Data 为层数据，如 Number of Layers（层数）、Layer Names（层的名字）、Routing Direction for the Layer（层布线方向）、Electrical Type（电气类型）及 Associations（层联合）；Rules 为规则信息，如 Clearance（间距）、Routing（布线）及 High-Speed（高速）规则；CAM 为 CAM 信息，定义 CAM 文档（将在第 16 章详细介绍）；Attributes 为属性信息，对当前设计中的各个对象设置的属性信息。

图 6-10 Save As Start-up File 对话框

5）在 Units 中选择 Current。

6）在 Startup File Description 编辑框中简单描述将要保存的全部设置信息。当选中 Start-up File，在 Set Start-up File 对话框中将显示该描述，提示设置内容。

7）单击 OK 按钮，完成设置。

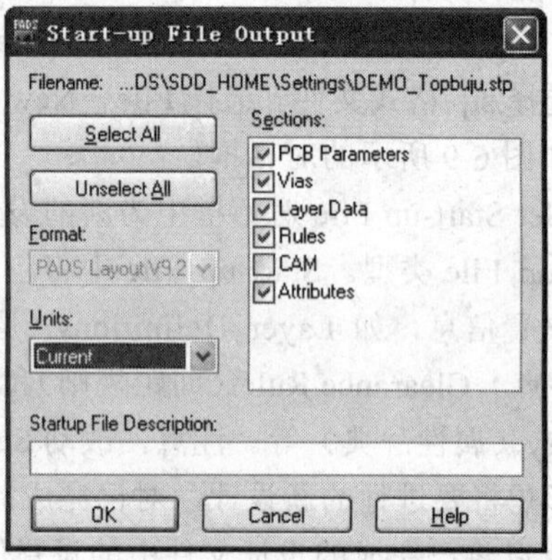

图 6-11 Start-up File Output 对话框

（3）Reports：打开 Reports 对话框，通过对话框的设置产生关于当前设计的各种报告，其界面如图 6-12 所示。

（4）Library：打开 Library Manager 对话框，通过对话框实现元器件和库管理。例如查看元器件、建立元器件库（将在第 9 章元器件类型及库管理中详细介绍）。

（5）CAM：打开 Define CAM Documents 对话框进行设置。为导入到 CAM350 进行预处理（将在第 16 章定义 CAM 文件中详细介绍）。

（6）CAM Plus：包括与 SMT 自动装配和元器件插件机的基本接口，支持 Dyanpert，Universal，Philips，Siemens，Quad，Daum 和 Zevatech 等格式。

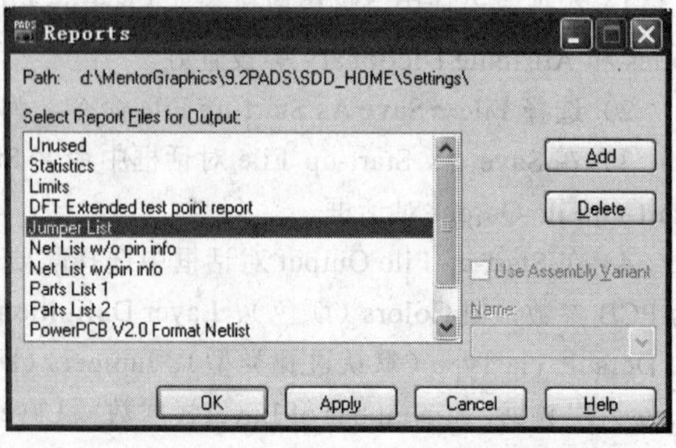

图 6-12 Reports 输出报告对话框

（7）Import/Export：完成 PADS Layout 与 AutoCAD、CAM 350 等的连接。例如，可以将 AutoCAD 中的图纸设计以.dxf 文件格式导入到 PADS Layout 中，以便绘制板框和放置元器件；也可将 PCB 设计以.asc 格式导出。

（8）Create PDF：创建 PCB 文件的 PDF 视图文件。选择该命令，系统会弹出如图 6-13 所示 PDF Configuration 对话框。该对话框共有两个页面，单击 PDF Document 出现 PDF 文件设置页面，单击 PDF Document 下任一页面出现 PDF 文件的单独页面设置对话框，如图 6-14 所示。

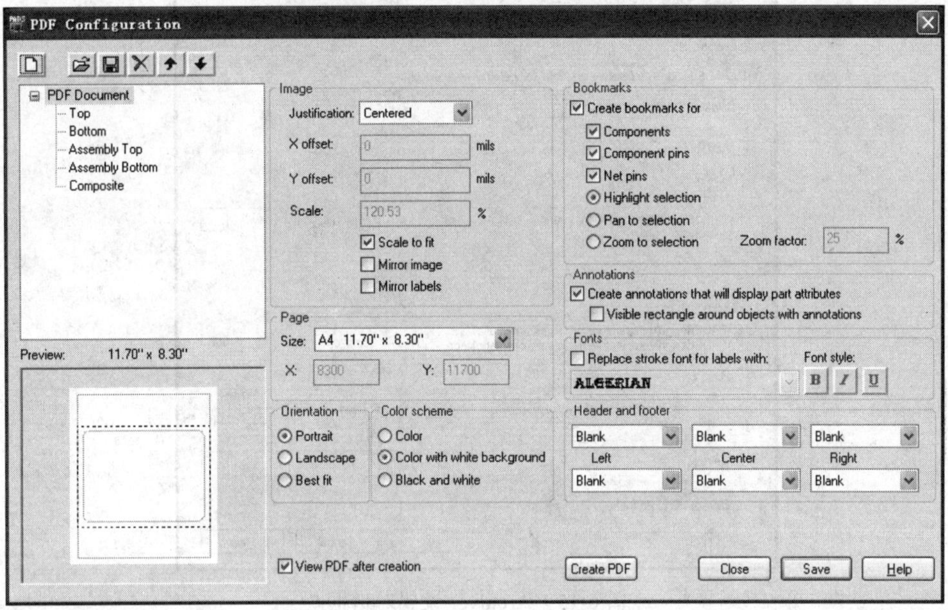

图 6-13 PDF Configuration 对话框

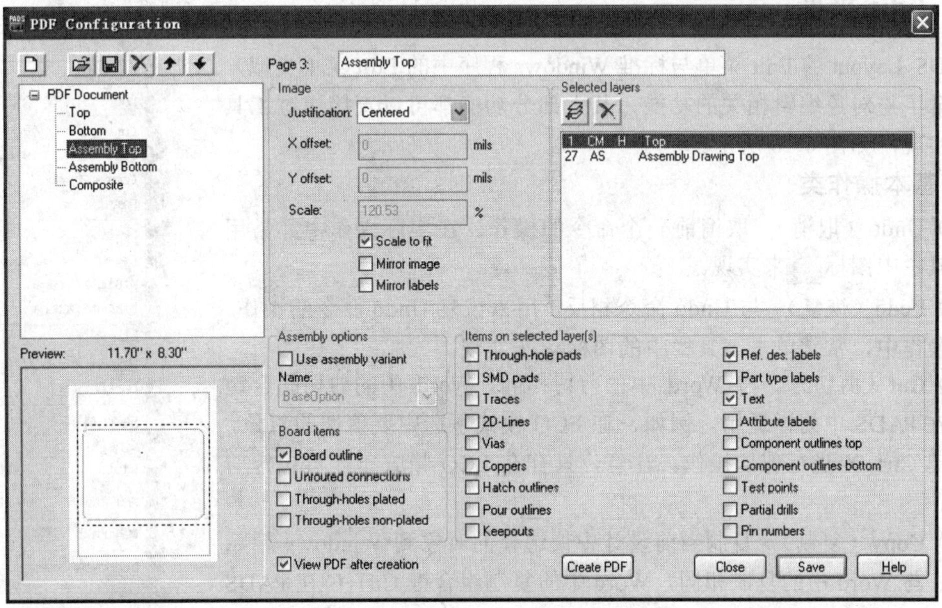

图 6-14 PDF 页面设置对话框

（9）Archiver：通过归档对话框，对设计的 PCB 文件、原理图工程文件、库文件、以及需要归档的文件及文件夹等进行归档处理。选中 Archiver 选项，系统会弹出如图 6-15 所示的 Archiver 设置对话框。

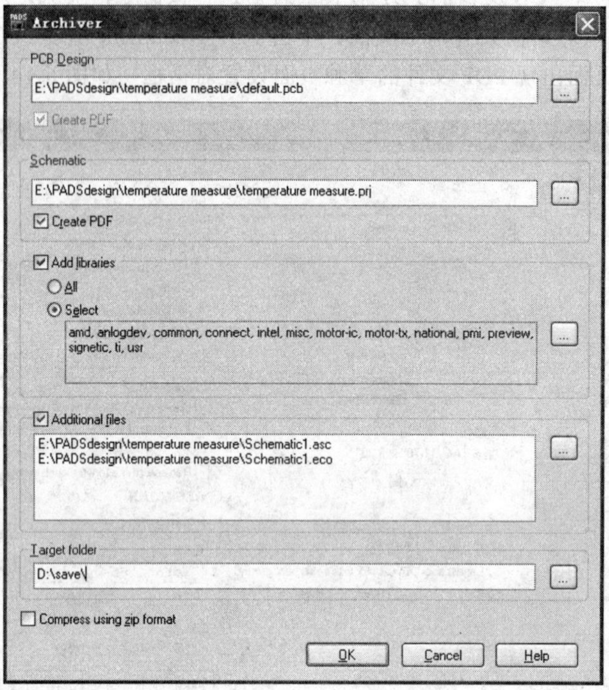

图 6-15　Archiver 设置对话框

（10）Loaded File List：显示最近使用过的文件列表。

6.2.2　Edit 菜单

PADS Layout 的 Edit 菜单与标准 Windows 程序中的 Edit 菜单类似，主要包含了与对象编辑相关的功能，其大部分功能都可以直接通过工具快捷键实现，如图 6-16 所示。

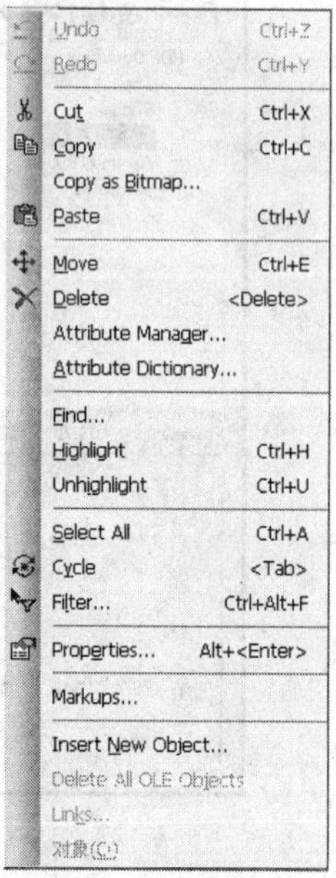

图 6-16　Edit 菜单

1. 基本操作类

（1）Undo（取消）　取消前一个命令的操作。在实际操作中经常用单击工具栏中图标来实现。

（2）Redo（恢复）　与 Undo 命令相反，用来恢复 Undo 命令的操作。在实际操作中，常常单击工具栏中的图标来实现。

（3）Cut（剪切）　与 Word 中的剪切相同，Word 中的剪切组合键 Ctrl+X 在 PADS 中同样适用。例如，在 ECO 模式下选中要剪切的对象，按组合键 Ctrl+X 进行剪切操作。注意，只有在 ECO 模式下才可进行剪切操作。

（4）Copy（复制）　复制当前设计中被选择的对象到 Windows 粘贴缓冲区。与 Word 中的复制相同，Word 中的复制组合键 Ctrl+C 在 PADS 中同样适用。例如，选中要复制的对象，按组合键 Ctrl+C 进行复制操作。

（5）Paste（粘贴）：把 Windows 粘贴缓冲区内容粘贴到当前设计中。与 Word 中的粘贴相同，Word 中的粘贴组合键 Ctrl+V 在 PADS 中同样适用。注意，只有在 ECO 模式下才可进行粘贴操作。

2. 特色操作类

（1）Copy as Bitmap（以位图复制）　将被选对象以位图的形式复制到 Windows 粘贴缓冲区。

（2）Delete（删除）　从当前设计中删除被选择对象。注意，只有在 ECO 模式下才可进行删除操作。

（3）Markups（标记）：使用标记对话框查看或者标记设计中的项目。

3. 对象属性操作类

（1）Move（移动）　移动当前设计中被选择的对象。

（2）Attribute Manager（属性管理器）　在 Edit 菜单中选择 Attribute Manager…命令，打开 Attribute Manager 对话框，查看当前设计中的所有对象，如元器件、网络、封装、过孔等属性；也可以通过此对话框对对象属性进行编辑、修改或删除操作。

（3）Attribute Dictionary（属性辞典）　可以通过属性辞典创建、编辑、删除当前设计中的属性。注意，这里的属性是整个设计的属性，而不是对单个对象而言的。例如，创建一个新属性。打开 Attribute Dictionary 对话框，如图 6-17 所示，单击 New…按钮，出现 Attribute Properties 对话框，在该对话框中的 Types 和 Objects 两个选项卡中设置好参数后，如图 6-18 所示。单击 OK 按钮，Attribute Dictionary 对话框中将出现此新属性名称。

1）Types：该选项卡如图 6-18 所示，用于设置新创建的属性的值类型，提供了 6 种类型可供选择：Free Text 表示允许设置属性的值为自由文本；Yes/No 表示允许设置属性值为 Yes/No；Number 表示允许设置属性值为整数；Decimal number 表示允许设置属性值为小数；Measure 表示属性值的测量选择方法；List 表示添加一个属性值清单，以供选择。例如，可以把当前设计中用到的元器件的制造厂商做成清单，以供选择。

图 6-17　Attribute Dictionary 对话框

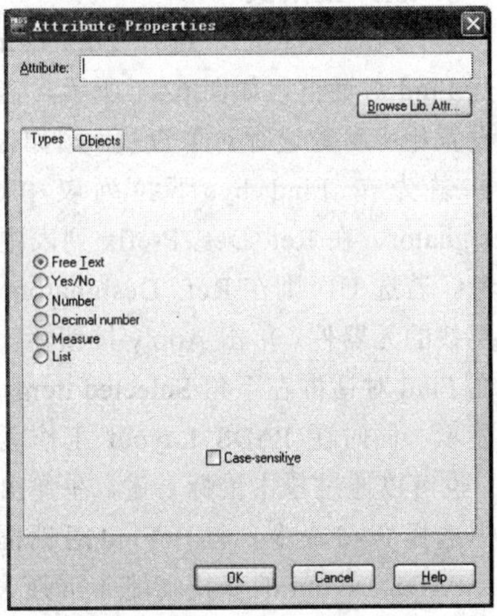

图 6-18　Types 选项卡

2）Objects：该选项卡如图 6-19 所示，主要用于设置可以为之设置属性的对象清单。PADS 提供了 8 种对象供选择：Pin（引脚），Via（过孔），Net（网络），NetClass（网络类），Part（元器件），Decal（封装），PartType（元器件类型），PCB（印制电路板）。

根据实际设计的需要设置，可以设置属性的对象范围。

（4）Properties（特性）　先选中一个对象，可以是元器件、网络、引脚对、鼠线等所有包含在当前设计中的对象。例如，可以选中一个元器件，然后选择 Edit→Properties 命令，打开如图 6-20 所示的 Component Properties 对话框，通过该对话框可以进行元器件属性、焊盘、规则设置。此外，该对话框中还会显示对象位置（坐标、旋转度、所在层）、封装等信息。其他类型对象的 Properties 对话框与此类似，不再一一介绍。

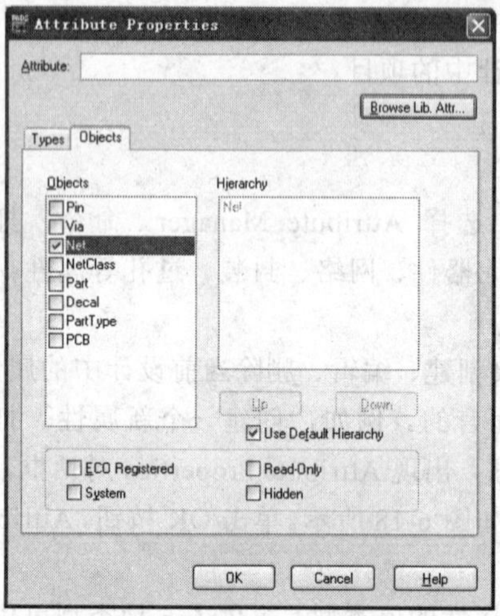

图 6-19 Objects 选项卡

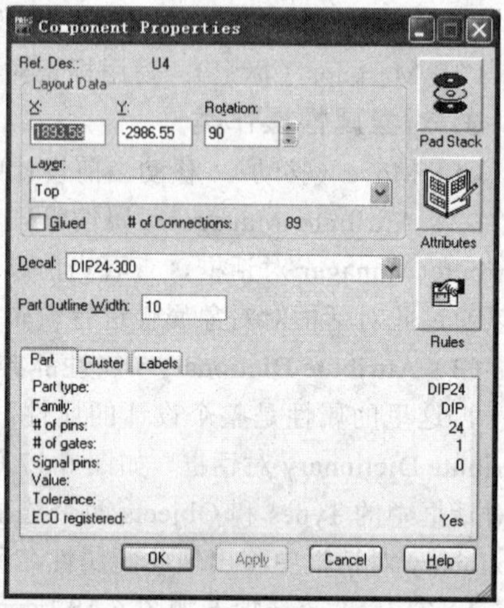

图 6-20 Component Properties 对话框

也可以在选中一个对象之后，单击鼠标右键，在弹出式右键菜单中选择 Properties 命令，打开对象的 Properties 对话框。

4. 选择查找类

（1）Find（查找） 选择 Edit→Find 命令，打开 Find 对话框，如图 6-21 所示，在该对话框中设置相应参数进行对象查找。例如，查找元器件。首先在 Find by 下拉列表中选定 Ref. Designator，在 Ref. Des. Prefix 列表中选择一个参考。若选 U，则在 Ref. Designators 列表中选择要找的元器件。单击 Apply 按钮后，所选元器件在 Find 对话框左下角 Selected items 区域中白亮显示，同时在 PADS Layout 工作区内白亮显示。也可以通过单击鼠标右键，在弹出的右键菜单中选择 Find 命令，打开 Find 对话框。

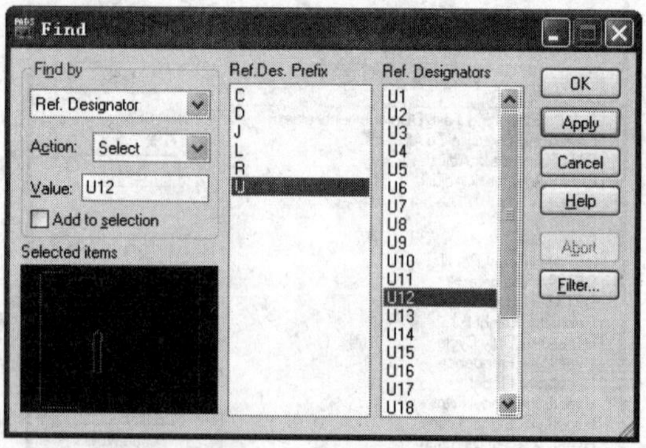

图 6-21 Find 对话框

PADS Layout 的查找功能非常强大，这只是查找方式的一种，将在后面章节中逐一介绍各种查找方法。

（2）Highlight（高亮） 使被选中对象以高亮颜色显示。高亮颜色可以进行设置，首先选择 Setup→Display Colors 命令，打开如图 6-22 所示的 Display Colors Setup 对话框，在 Selected Color 颜料盒中用鼠标左键单击选择相应的颜色，然后单击如图所示的 Hightlight 项完成高亮颜色的设置。

（3）Unhighlight（反高亮） 取消之前高亮操作的效果。

（4）Select All（全选） 将当前设计中的对象全部选中。

（5）Cycle（循环选择） 与工具栏中的图标对应。当工作区内有两个或多个对象重叠时可用循环选择操作，从上到下依次选择重叠的对象。

（6）Filter（过滤器）　打开 Selection Filter 对话框，如图 6-23 所示，从中设置查找对象的范围。此功能在 PCB 设计的实际操作中经常用到。

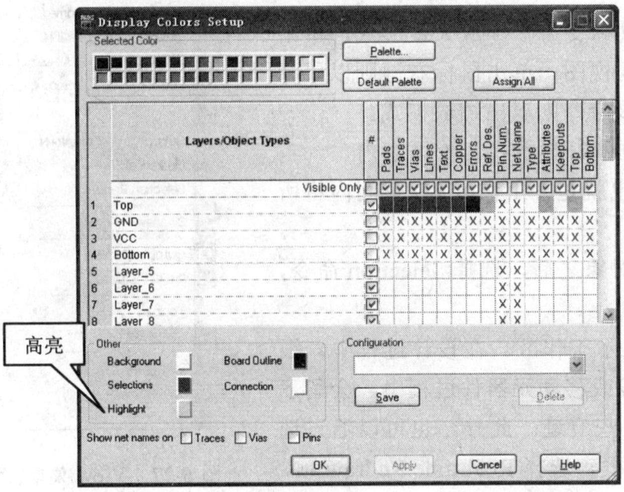

图 6-22　Display Colors Setup 对话窗口

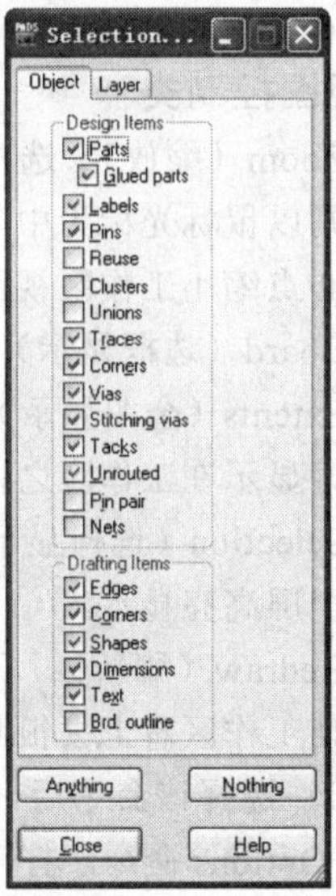

图 6-23　Selection Filter 对话框

5. OLE 对象插入类

（1）Insert New Object（插入新客体）　在当前设计中插入 OLE 对象，如图 6-24 所示。

图 6-24　插入 OLE 对象

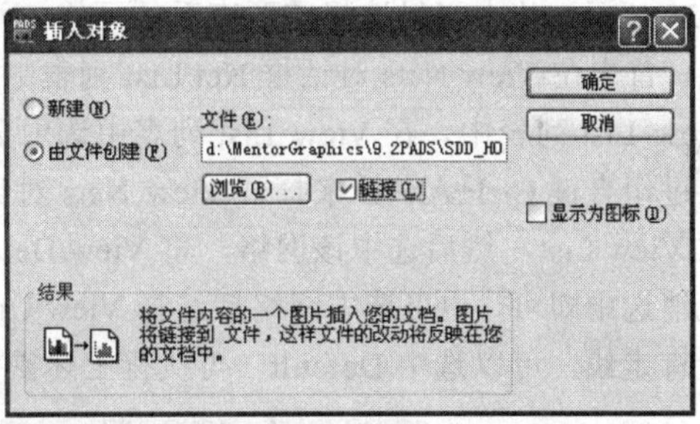

图 6-25　插入存在的文件作为 OLE 对象

（2）Links（链接）　在插入 OLE 对象对话窗口中选择由文件创建选项，在如图 6-25 所示对话框中，再选中链接选项，单击浏览...按钮选择文件，单击确定按钮，完成 OLE 对象插入。只有这时 Links 命令才可用，打开链接对话框，如图 6-26 所示，进行当前设计中的嵌入对象管理。

（3）对象　只有选择当前设计中的某个 OLE 对象时，该命令才会有效，然后才能对该对象进行打开、编辑、转换等操作。

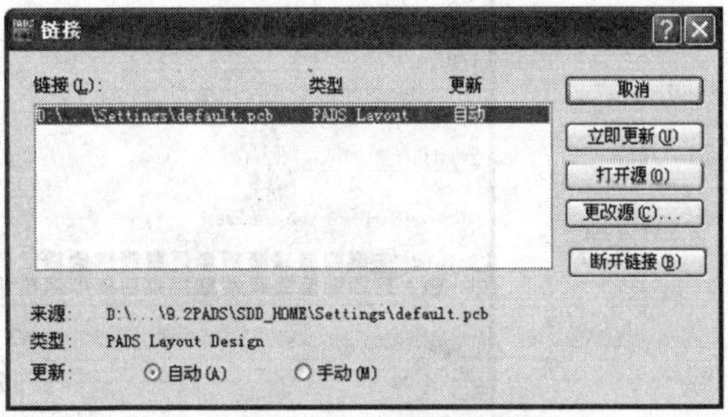

图 6-26　链接对话框

6.2.3 View 菜单

PADS Layout 的 View 菜单主要用于调整工作区视图。在图 6-7 所示的菜单栏中选择 View 选项，弹出如图 6-27 所示 View 菜单。

1. 视图控制类

（1）Zoom（缩放） 选择该命令后，鼠标变为一个放大镜形式，单击鼠标左键则以鼠标光标为中心点放大工作区视图；单击鼠标右键则以鼠标光标为中心点缩小工作区视图；再次选择该命令则退出缩放模式。

（2）Board（边框显示） 使设计的边框刚好显示在工作区之内。

（3）Extents（全图显示） 顾名思义，也就是在工作区 2D 空间内将所有对象刚好显示在工作区之内。

（4）Selection（选择显示） 选中一个对象之后，选择 Selection 命令，该对象被全屏高亮显示。

（5）Redraw（刷新） 刷新用来重新显示工作区。在设计过程中，很多操作会使工作区看上去很乱（如删除走线或移动元器件过程中，会留下一些痕迹），选择该命令后，会自动消除这些痕迹。此外，也可以通过选择 Tools→Options 命令，打开 Options 对话框，选择 Real.time Redraw 项，进行实时刷新，那么视图就会自动保持干干净净。

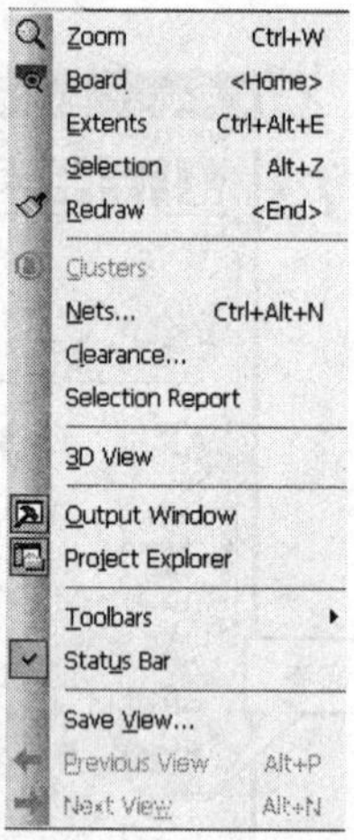

图 6-27 View 菜单

2. 网络、簇、距离等查看类

（1）Clusters（簇） 查看当前设计中的簇。此命令很少使用。

（2）Nets（网络） 查看当前设计中的网络。选择该命令后系统会弹出 View Nets 对话框，如图 6-28 所示。从中可以选择需要查看的网络，并可以设置选中网络的颜色。例如，设置 AGND 网络颜色，首先在 View Nets 对话框 Net List 列表中选择 AGND 网络，单击 Add 按钮，则 AGND 会出现在 View List 列表中，在 View List 列表中选中 AGND，然后在颜色栏中选择需要设置的颜色。也可以通过组合键 Ctrl+Alt+N 来打开 View Nets 对话框。在设计中如果想要隐藏某个网络，可以先将其选入 View List，然后选中该网络，将 View Details 区域中的 Traces Plus the Following Unroutes 复选框取消选中即可，也可选中网络后选择 View Unroutes Details 区域中的 None 进行隐藏。如果想要隐藏所有走线，可以选中 Default，再执行上述操作，或者在颜色设置中选择取消走线 Traces 的显示。

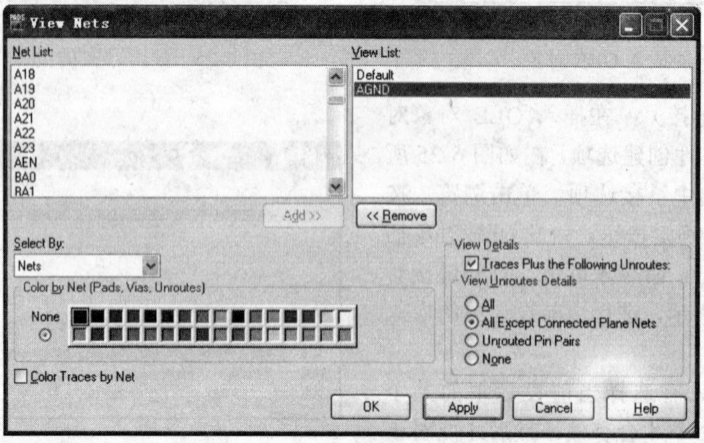

图 6-28 View Nets 对话框

（3）Clearance（间距）　查看对象之间的间距。例如，选择该命令之后，系统会弹出如图 6-29a 所示的对话框，单击 Item to Item 按钮，然后在工作区内选择两个对象，则 Min Clearance 框中将显示两个对象之间的间距，如图 6-29b 所示。如果想在工作区标注尺寸，则在空白处单击鼠标左键，完成尺寸的标注，如图 6-30 所示。

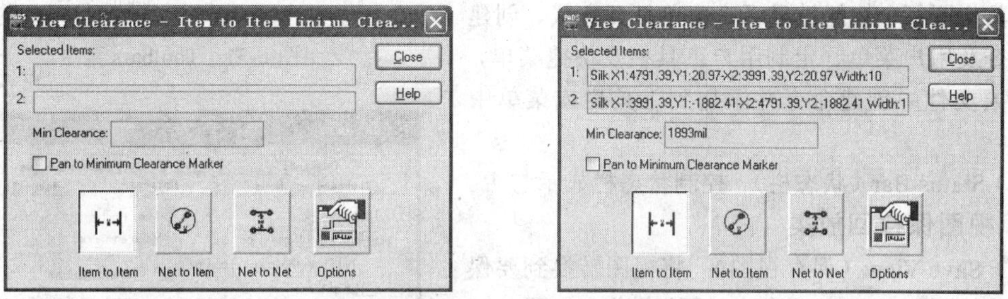

图 6-29　间距检测

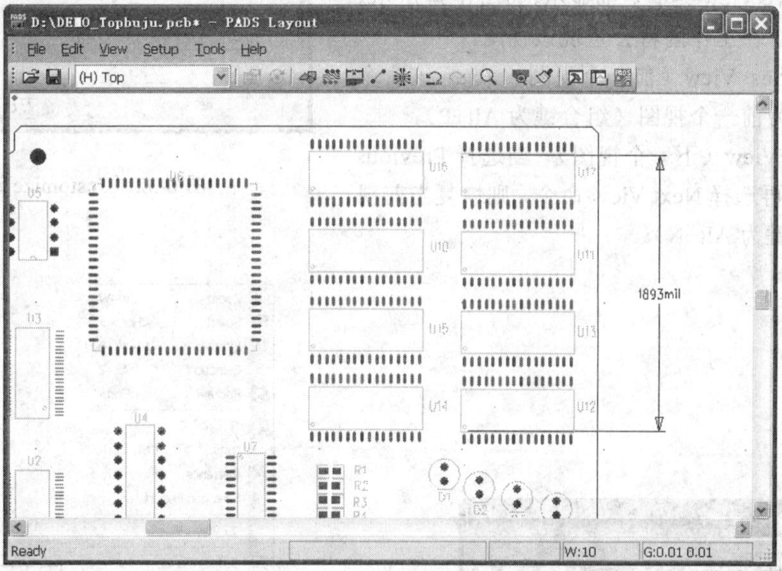

图 6-30　距离标注

（4）Selection Report（选中报告）　选中该选项以后将会弹出 report.rep 文件报告，该报告列出所有当前选中的项目。

3. 视窗管理类

（1）3D View（3D 显示）　选中该选项，可以看到所设计 PCB 的 3D 视图，元器件高度为创建封装时设置的高度。

（2）Output Window（输出视窗）　参见 6.1 节。

（3）Project Explorer（工程浏览器）　参见 6.1 节。

4. 工具栏、状态栏切换类

（1）Toolbars（工具栏命令）　工具栏中图标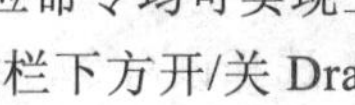与该命令的菜单对应。如图 6-31 所示，单击工具栏中图标与单击 Toolbars 菜单中相应命令均可实现工具切换。例如选择 Drafting Toolbar 命令或者单击工具栏中相应图标，则可以在工具栏下方开/关 Drafting 工具栏的显示。在 Toolbars 菜

单中再次选择 Drafting Toolbar 命令，或在工具栏中再次单击相应图标，则相应工具盒消失。

Toolbars 菜单中 Customize 项可供用户个性化菜单显示。如图 6-32 所示，共包含 5 个选项卡，可以设置工具栏图标、快捷键显示、菜单打开方式、创建用户命令及用户菜单、定制用户工具栏及快捷菜单，以及从宏文件中创建命令并添加到工具栏或菜单中等。

(2) Status Bar（状态栏） 控制状态栏显示与否。

5. 视图保存回放类

(1) Save View（保存视图） 将视图转换到要保存的形式。选择 Save View 命令，系统会弹出如图 6-33 所示对话框。通过该对话框捕捉视图保存，保存后视图名称将在 Save View 菜单下部显示，如图 6-34 所示。单击视图名称，在工作区将会重现该视图。

(2) Previous View（前一个视图） 选择该命令后，重新显示为前一个视图（组合键为 Alt+P）。

(3) Next View（下一个视图） 当选择 Previous View 命令后，再选择 Next View 命令，则恢复当前视图显示（组合键为 Alt+N）。

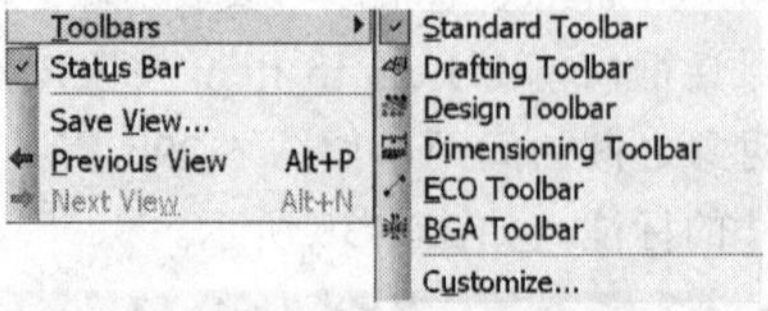

图 6-31 Toolbars 菜单

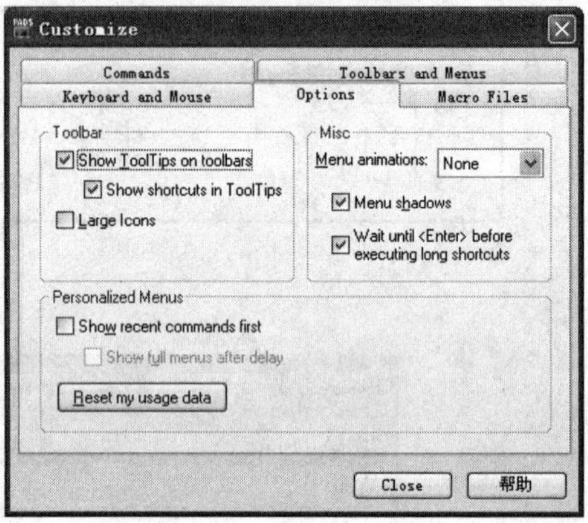

图 6-32 Customize 设置

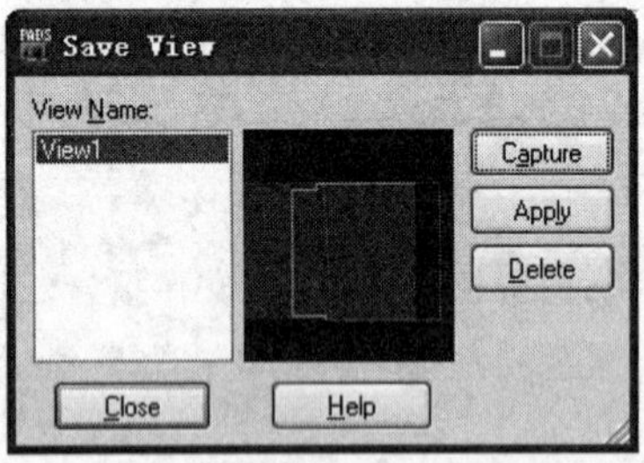

图 6-33 Save View 对话框

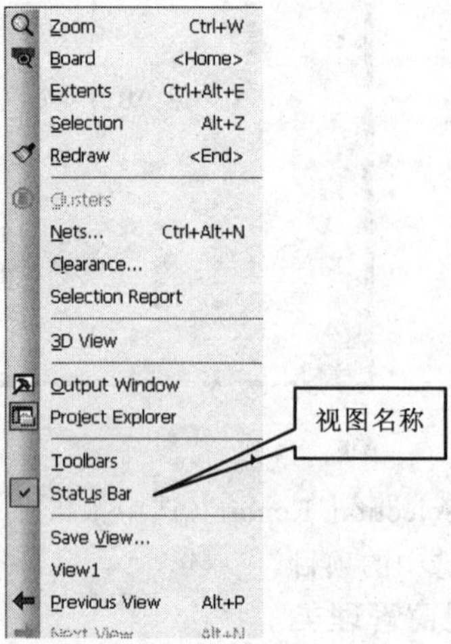

图 6-34 视图保存后菜单变化

6.2.4 Setup 菜单

PADS Layout 的 Setup 菜单主要是对 PCB 设计的各种参数进行设置。选择如图 6-7 所示菜单栏中的 Setup 选项，系统会弹出 Setup 菜单，如图 6-35 所示。

1. 设计参数设置类

(1) Pad Stacks（焊盘栈设置） 选择该命令，系统会弹出 Pad Stacks Properties 对话框，通过该对话框可以建立、修改焊盘栈，对当前设计中的焊盘、引脚和过孔进行编辑，还可以设置它们在不同板层的属性，甚至可以对同一封装的不同引脚设置不同的属性。

（2）Drill Pairs（钻孔层对）　选择 Drill Pairs 命令，系统会弹出 Drill Pairs Setup 对话框，可以定义钻孔层对。

（3）Jumpers（跳线设置）　打开 Jumpers 对话框，调整默认的跳线设置。

图 6-35　Setup 菜单

（4）Design Rules（设计规则）　选择 Design Rules 命令，打开 Rules 对话框，进行布线规则的设置和编辑。这是一个非常重要的设置，通过该规则的设置，PADS 会实时监控当前设计过程，从而避免设计过程中相应错误的发生。

（5）Layer Definition（层定义）　选择 Layer Definition 命令，进行当前设计的 Count（板层数）、Name（各个板层的名称）、Electrical Layers（电气层）和 Nonelectrical Layers（非电气层）的设置。

2. 工作区域原点、颜色设置

（1）Set Origin（设置原点）　在 PADS Layout 工作区域中所有的坐标都是相对于坐标原点而言的，通过该命令可以改变工作区域坐标原点的位置。

（2）Display Colors（显示颜色）　打开 Display Colors...对话框，设置显示颜色。用户可以对不同对象不同板层设置不同颜色，也可以对不同板层的同类型对象设置不同颜色。根据自己的习惯设置一个适合自己视觉的颜色体系，对提高工作效率大有裨益。

PADS Layout 的 Setup 菜单在 PCB 设计过程中占有相当重要的位置。在后面章节中将详细介绍。

6.2.5　Tools 菜单

PADS Layout 的 Tools 菜单主要用于提供各种工具及其接口。选择图 6-7 所示菜单栏中的 Tools 命令，系统会弹出 Tools 菜单，如图 6-36 所示。

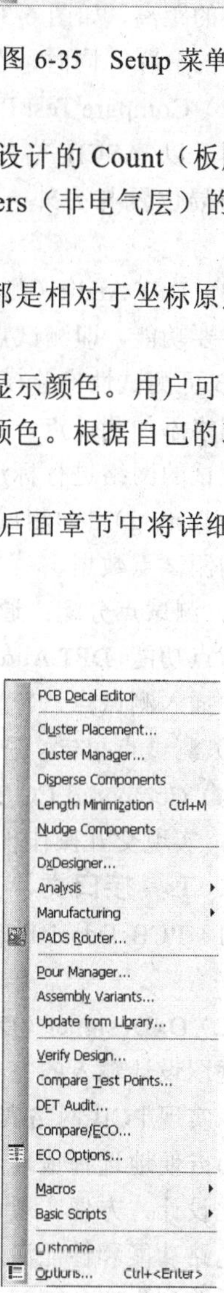

图 6-36　Tools 菜单

1. 基本操作命令类

（1）Cluster Placement（簇放置）　自动布局模块，可将 PCB 上的所有元器件按照电路关系定义为不同模块，实现整个模块的集体移动、旋转等布局操作，支持自动布局。交互式和半自动元器件分组功能允许元器件组按功能不同分区放置。例如，一个 IC 器件和周边的分立元件（如去耦电容等）可以组成一个 Cluster（簇）。

（2）Cluster Manager（簇管理）　打开 Cluster Manager...对话框可以进行簇管理。

（3）Disperse Components（打散元器件）　把没有固定的元器件打散，放在边框外，固定元器件不受影响。如果在 Cluster View 模式下使用该命令，那么簇也会被打散。

（4）Length Minimization（长度最小化）　通常在放置元器件之前，需要为网络选择一种拓扑结构。拓扑结构是指在一个网络内部连接各个引脚焊盘的走线风格和连接顺序。选择 Length Minimization（长度最小化）命令重新安排一个网络内部的引脚焊盘连接顺序，使在选定的拓扑形式内的走线长度尽可能短。

（5）Nudge Components（元器件推挤）　根据设置自动推挤重叠元器件，调整元器件位置。

（6）Pour Manager（覆铜管理）　打开 Pour Manager...对话框可以进行覆铜操作。

（7）Update from Library（封装更新） 用于从库中更新当前设计 PCB 文件中已修改的封装。

（8）Assembly Variants PADS Layout 设计中的派生管理。支持从一个 PCB 设计衍生出不同规格的生产料表、装配图等，以适应不同档次、型号的产品备料、加工的需要。可以设置 PCB 上不同元器件安装与否、替换型号等选项。

2. 验证设计类

（1）Verify Design（验证设计） 打开 Verify Design 对话框，根据需要设置该对话框的参数、选项，PADS Layout 根据 Setup→Design Rules 中的规则设置，对当前设计进行检查。例如，检查当前设计中的距离，如图 6-37 所示，在 Verify Design 对话框中以文本形式显示错误的数量、位置、类型及错误的解释。同时，在 PADS Layout 工作区内以黄色圆圈标注错误位置。

（2）Compare Test Points（比较测试点） 该命令用于以 ASCII 格式比较当前设计中的测试点的布局位置与另外一个文件中的测试点布局位置。

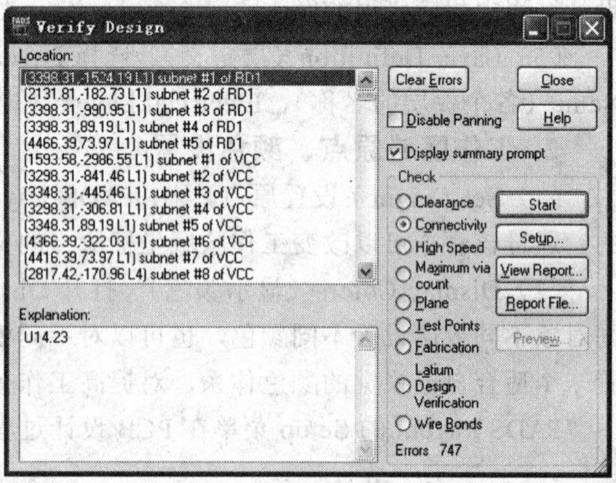

图 6-37 设计验证

（3）DFT Audit（测试点分配和稽查） 提供两种主要功能，即测试点分配和测试点报告。高级 PCB 可测试性检验模块，可以自动为 PCB 上所有网络添加测试点，并优化测试点布线，对于无法测试的网络进行标注；支持 PCB 的 ICT（In Circuit Testing）自动测试设备，可以输出符合 IPC 标准的测试点数据。

1）测试点分配：通过使用 PADS Router 中的测试点功能，DFT Audit…命令可在通常的布线过程中插入测试点，转换现有过孔和焊盘为测试点，或在规则基础上增加一些重要的测试点。

2）测试点报告：在任何时候都可以为设计检查产生一个全面的测试点覆盖率报告。

（4）Compare/ECO Tools（设计比较） 该命令用于比较 Schematic（原理图）和 PCB Layout（PCB 设计），实现交互操作。

3. 工具接口类

（1）PCB Decal Editor（封装编辑器接口） 单击该命令，打开封装编辑器，编辑或建立元器件封装。

（2）DxDesigner（DxDesigner 连接器） 单击该命令，打开 DxDesigner 主工作界面，DxDesigner 是原理图设计输入的完整解决方案，包括设计创建、设计定义和设计复用，提供强大的原理图输入功能，实现 PCB 网络表的自动转换，支持 LMS（Library Management System，库管理系统），确保快速而方便地选择最理想、最便宜，同时也是最容易采购的元器件；DxDesigner 支持层次化分页式模块化设计，方便实现设计复用从而缩短设计周期；集成的仿真和高速电路分析环境确保概念设计阶段电路功能和性能满足设计指标，从而减少失误导致的设计反复；设计数据集中管理确保企业内部从采购到生产各部门之间数据信息的高度一致性，进一步提高效率并减少失误。

（3）Analysis（分析） 包括 Signal→Power Integrity 和 Thermal Analysis 两个分析模块，选中 Signal→Power Integrity 选项打开 Boardsim 对话框，Boardsim 是 PCB 布局布线后信号完整性分析工具。它可以对门特性、传输线特性及信号特性进行分析。选中 Thermal Analysis 选项打开 Hyperlynx Thermal，可以进行电路板的热分析。

（4）PADS Router（布线连接器）：PADS 智能自动布线器可对任意多层的复杂 PCB 进行自动布

线、布线优化、元器件及过孔优化等操作。PADS9.2 增强了 Layout 与 Router 的同步能力，可同时打开 PADS Layout 与 PADS Router 环境并加载设计，在 PADS Layout 中进行一个任意的操作，在 Router 中也会自动执行，反之亦可。

4. 用户化设置类

（1）Macros（宏）　宏能够联合记录的命令、按键和鼠标单击动作，使其成为一个单独动作。宏文件以.mcr 为后缀名。一般以 ASCII 格式保存，可以在记事本中编辑。例如，用户可以创建宏，然后在启动 PADS 时播放宏文件，这样可以用宏定义启动 PADS。

（2）Basic Scripts（脚本）　BASIC 语言是一种脚本语言，越来越多的 Windows 应用程序，如 Microsoft Word、Microsoft Excel、PADS Layout 等，都能兼容 BASIC 语言，供用户自定义应用程序。

（3）Customize（自定义）　单击该命令，则弹出 Customize 的对话框，PADS2007 新增了强大的用户菜单、命令定制功能，在该对话框中可以设置工具栏和菜单的显示风格、定制新菜单和工具栏、定制宏命令、创建或修改快捷键等。

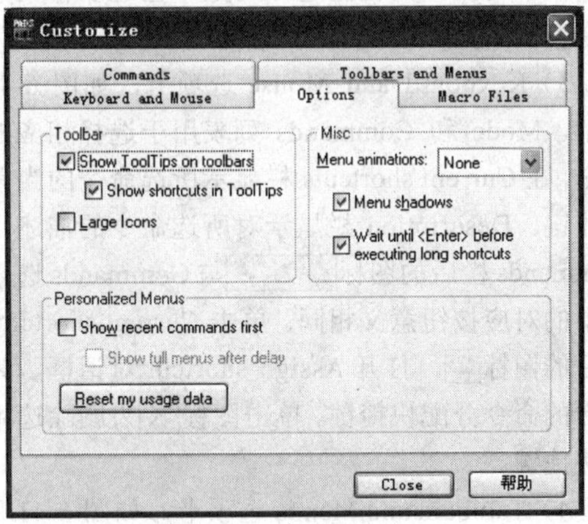

图 6-38　Options 选项卡

1）Options 选项卡，如图 6-38 所示。

① Show ToolTips on toolbars：选择该选项，在当将鼠标移动到工具栏中相应的图标上面时，显示该图标的标题。

② Show shortcuts in ToolTips：选择该选项，则在显示的图标标题中还显示该图标对应的快捷方式。

③ Large Icons：选择该选项，则工具栏中的图标显示为大图标。

④ Menu animations：通过选择该选项的下拉列表中的各项，来改变各种菜单弹出方式。

⑤ Menu shadows：选择该选项，使菜单命令上显示阴影。

⑥ Wait until <Enter> before executing long shortcuts：选择该选项，由多个按键组成的快捷键直到用户按下 Enter 键后才被执行。

⑦ Show recent commands first：选择该选项，则在选择菜单命令时显示用户最近使用的菜单选项。

⑧ Show full menus after delay：选择该选项，在优先显示用户最近使用过的菜单项时，经过延迟后显示完整菜单。

⑨ Reset my usage data：单击该按钮，可删除用户的设置记录，恢复到默认的菜单和工具栏设置。

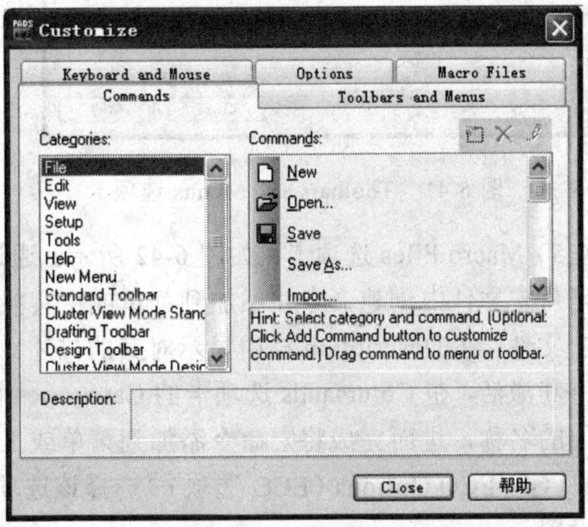

图 6-39　Commands 选项卡

2）Commands 选项卡，如图 6-39 所示。在 Categories 列表中选择一个菜单或工具栏的名称，则其所包含的命令项会显示在 Commands 列表中，单击所要编辑的命令，在 Description 栏中出现对其的描述。单击图标打开 Add Command 对话框，可在其中设置新增命令的名称、属性、基于的命令，还可以自定义其在工具栏中的图标。单击图标用于删除用户新建的命令。单击图标打开 Edit Command 对话框，该对话框与 Add Command 对话框内容相同，用于对已有命令进行编辑。

用鼠标点中一项命令，可将其拖动到工具栏中，或放置于某个菜单内。注意，打开 Customize 对话框后，六个菜单及其中的命令失效，可以对各个菜单中命令的位置进行调整，也可以将某项命令复制到另一个菜单或工具栏中。

3）Keyboard and Mouse 选项卡，如图 6-40 所示。Mode 和 Commands 列表用于选择相应的命令，在 Current shortcuts 栏显示所选命令的当前快捷键。Description 栏显示对所选命令的描述。Commands 栏后的图标与 Commands 选项卡中的对应按钮意义相同。单击 Current shortcuts 栏后的图标，打开 Assign shortcut 对话框，为选择的命令分配快捷键。单击图标为删除选中的快捷键。

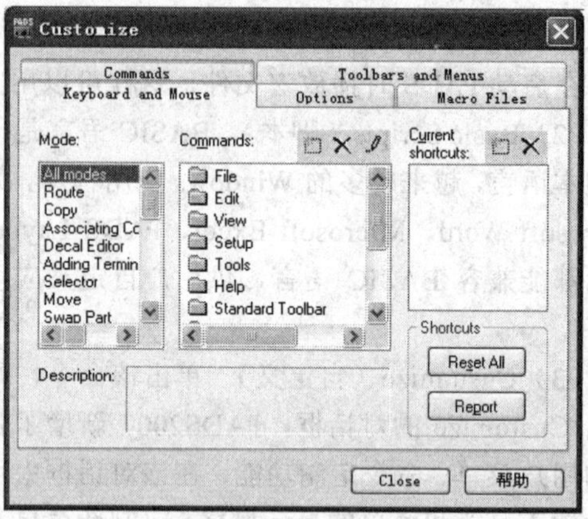

图 6-40 Keyboard and Mouse 选项卡

4）Toolbars and Menus 选项卡，如图 6-41 所示。使用该选项卡创建自定义工具栏和快捷菜单。选中 Show text labels 复选框，在工具栏对应按钮下显示相应的文字说明。

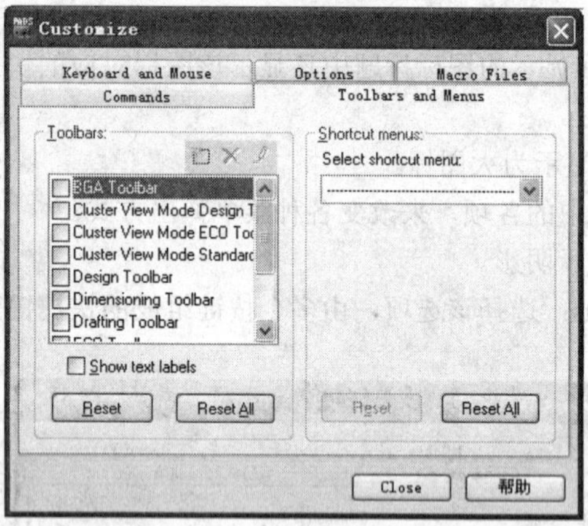

图 6-41 Toolbars and Menus 选项卡

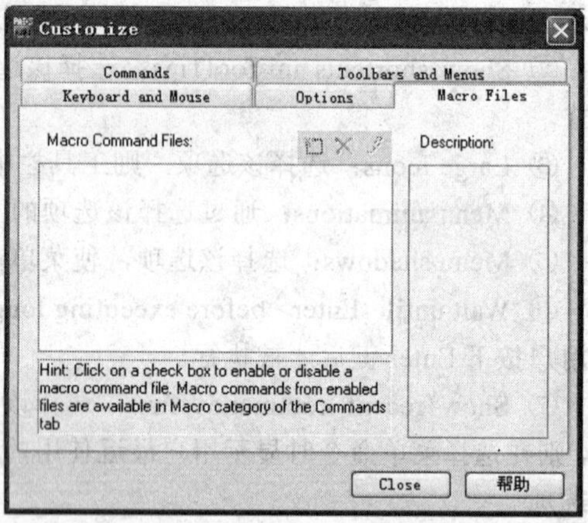

图 6-42 Macro Files 选项卡

5）Macro Files 选项卡，如图 6-42 所示。通过该选项卡，用户可以为宏命令分配快捷键或菜单，也可从宏文件中创建命令并添加到菜单或工具栏中。单击图标打开 Open Macro Files 对话框，打开宏文件，在 Description 栏中显示对其的描述。选中该宏文件前的复选框，PADS 将加载该宏文件，并将其激活。在 Commands 选项卡的 Categories 栏中选择 Macros 项，则在 Commands 栏中出现该宏文件的名称，进而完成将宏命令添加到菜单或工具栏等操作。

（4）ECO Options（ECO 选项） 选择该选项，系统会弹出 ECO Options 对话框，可以进行 ECO 的设置。

（5）Options（选择） 选择该命令，系统会弹出 Options 对话框，可以进行各种基本设置。

6.2.6 Help 菜单

PADS Layout 的 Help 菜单主要包含帮助和版本信息。用户可以通过 Help 菜单熟悉该软件的使用方法和解决设计当中的疑难问题。

选择图 6-7 所示菜单栏中的 Help 选项，系统会弹出 Help 菜单，如图 6-43 所示。

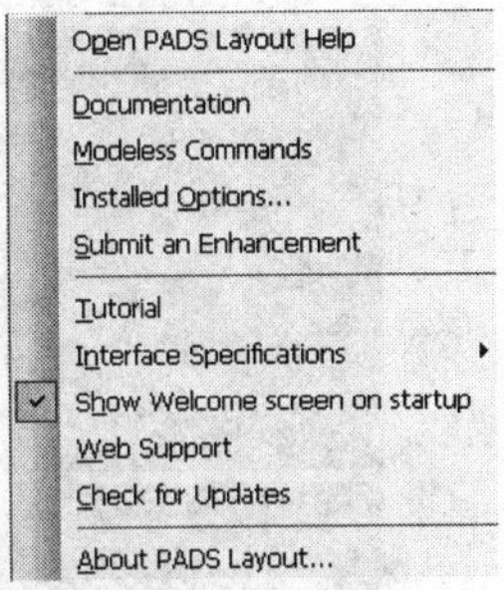

图 6-43 Help 菜单

（1）Open PADS Layout Help（打开帮助文件） 选择该命令可以打开 PADS Layout 用户手册，如图 6-44 所示。

（2）Modeless Commands（无模式命令） 选择该命令可以分类显示 PADS 中所有无模式命令，并解释其含义。

（3）Installed Options（安装选项） 选择该命令，打开 Installed Options 对话框，核实和配置用户的授权文件信息。

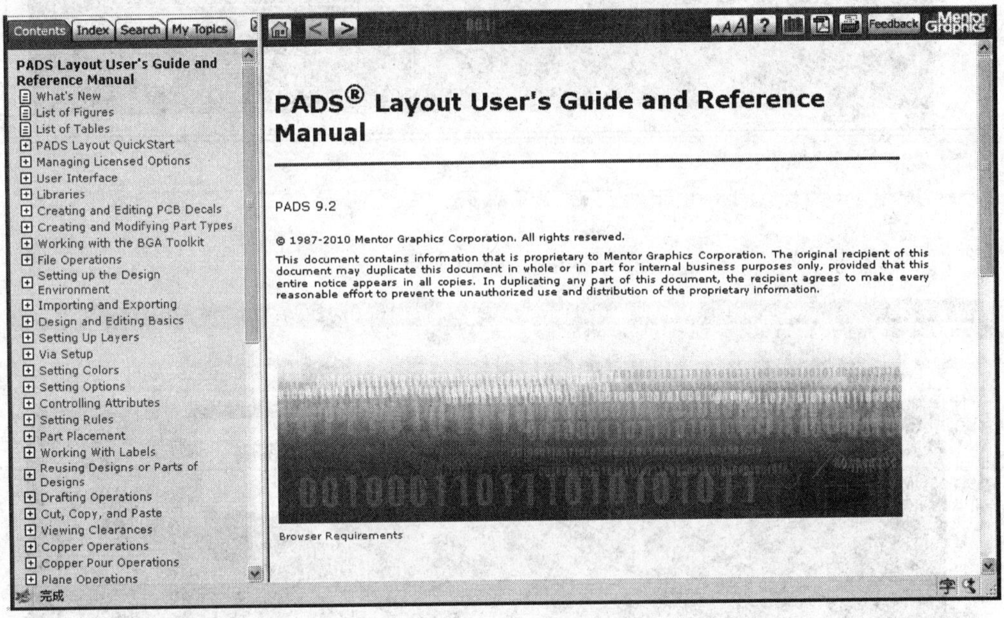

图 6-44 PADS Layout 用户手册

6.3 PADS Layout 与其他软件的链接

PADS Layout 提供了与其他 PCB 设计软件、CAM 加工软件、机械设计软件的接口，方便了不同设计环境下的数据转换和传递工作。

1. PADS Layout 提供与 AutoCAD 的接口

PADS Layout 支持 AutoCAD 的 DXF 文件格式，可以导入 AutoCAD 环境下的机械框图作为设计边框，也可将 PCB 设计导出至 AutoCAD 中进行标注处理等。

（1）用 AutoCAD 打开一个要转换的 CAD 文档，如图 6-45 所示。

（2）删除与板框无关的信息，如文字说明、阴影图等，如图 6-46 所示。

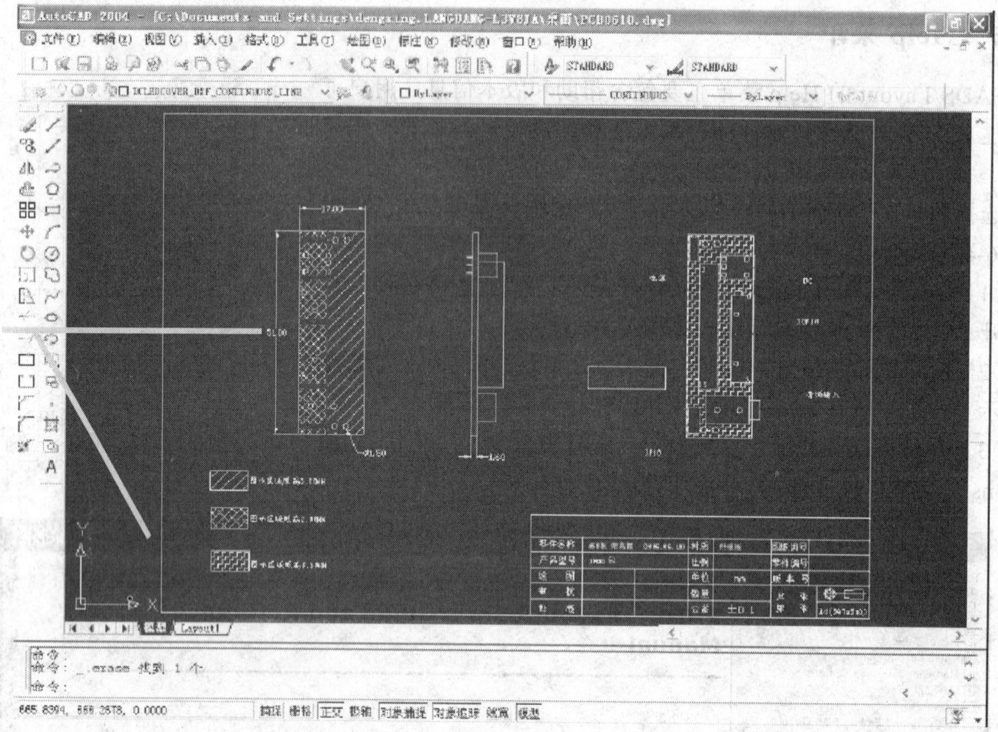

图 6-45　CAD 文档

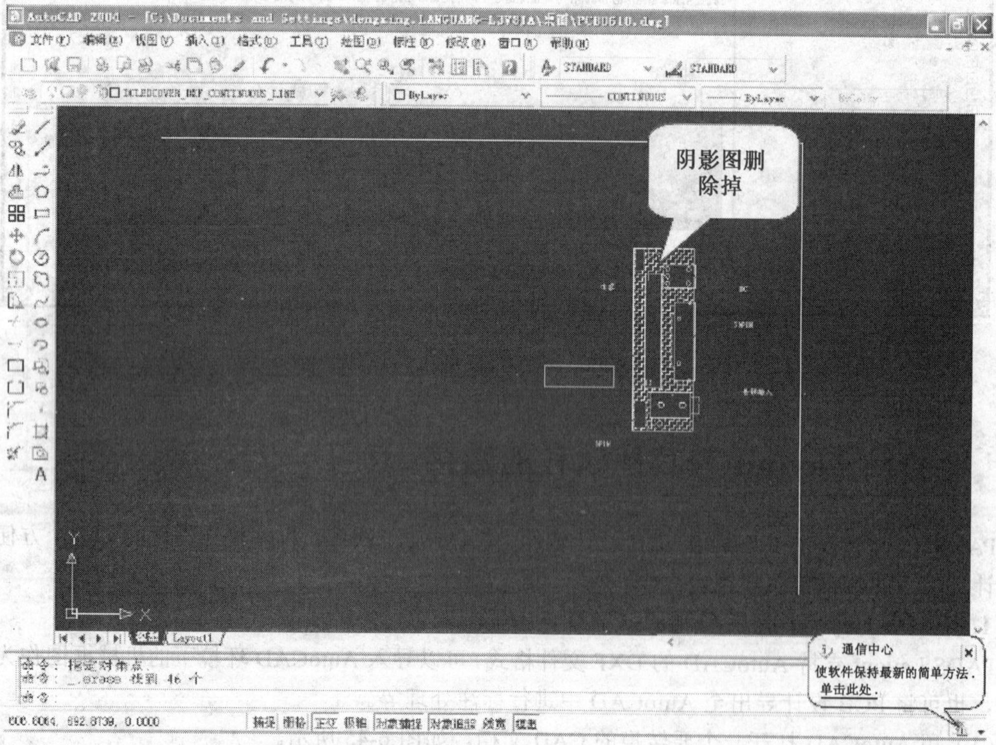

图 6-46　删除阴影图

（3）删除阴影图的结果，如图 6-47 所示。

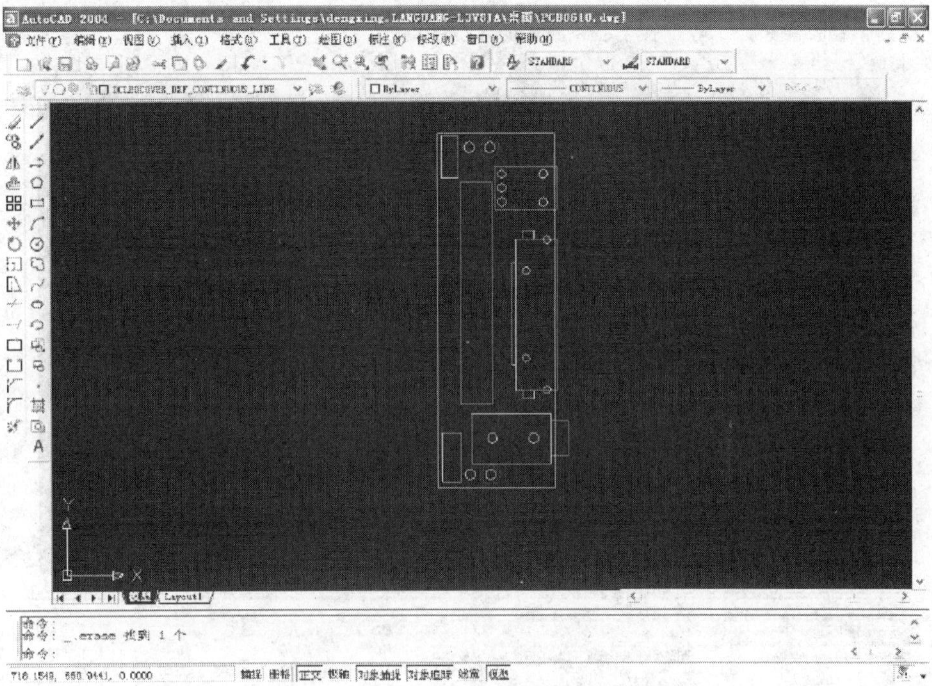

图 6-47　删除阴影图的结果

（4）单击窗口左边的缩放图标，如图 6-48 所示。

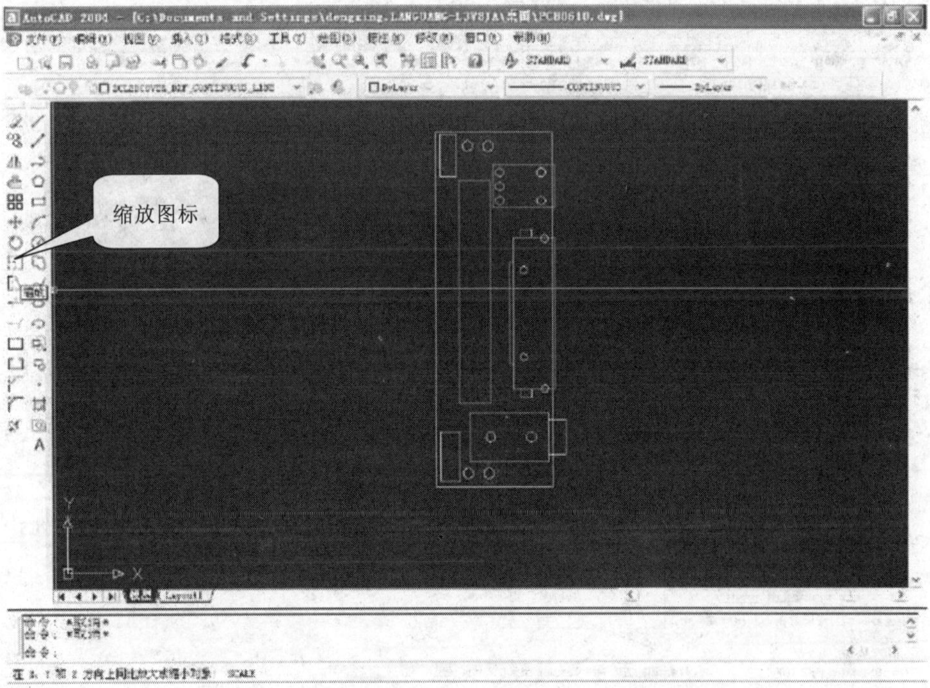

图 6-48　单击缩放图标

（5）框选板框图，按 Enter 键结束选择，如图 6-49 所示。

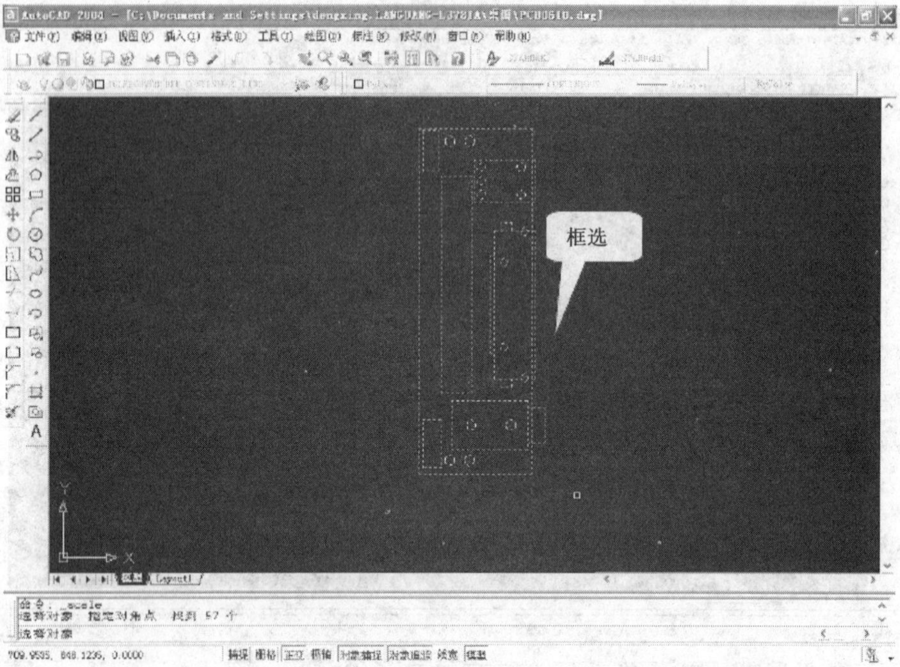

图 6-49　框选板框图

（6）指定缩放基点。可以直接在窗口中单击选取一点，注意不要离原图太远，最好就在左下角，如图 6-50 所示；否则，可能看不到放大后的图。

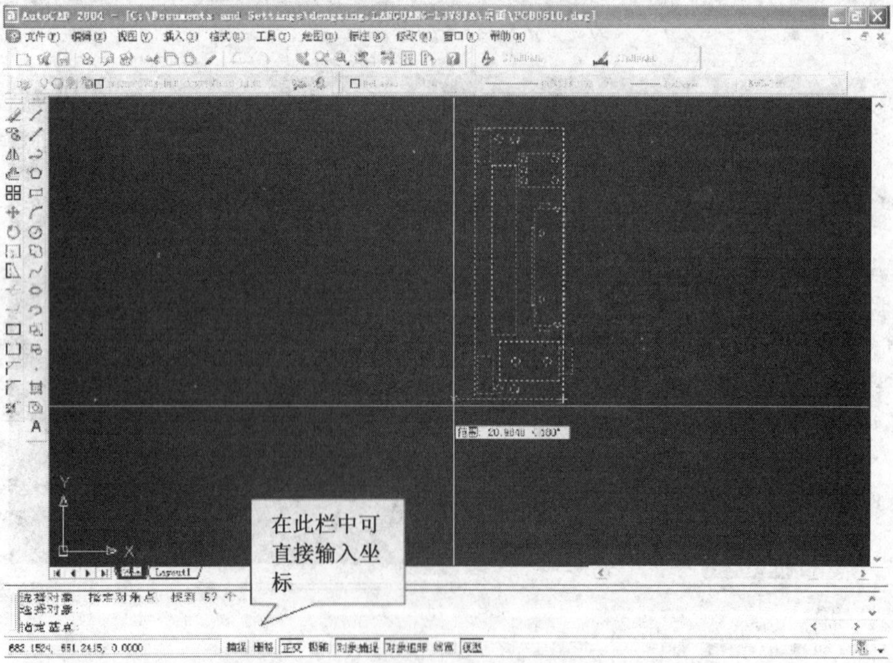

图 6-50　指定缩放基点

（7）指定比例因子。在此直接输入 39.37（1mm=39.37mil），如图 6-51 所示。

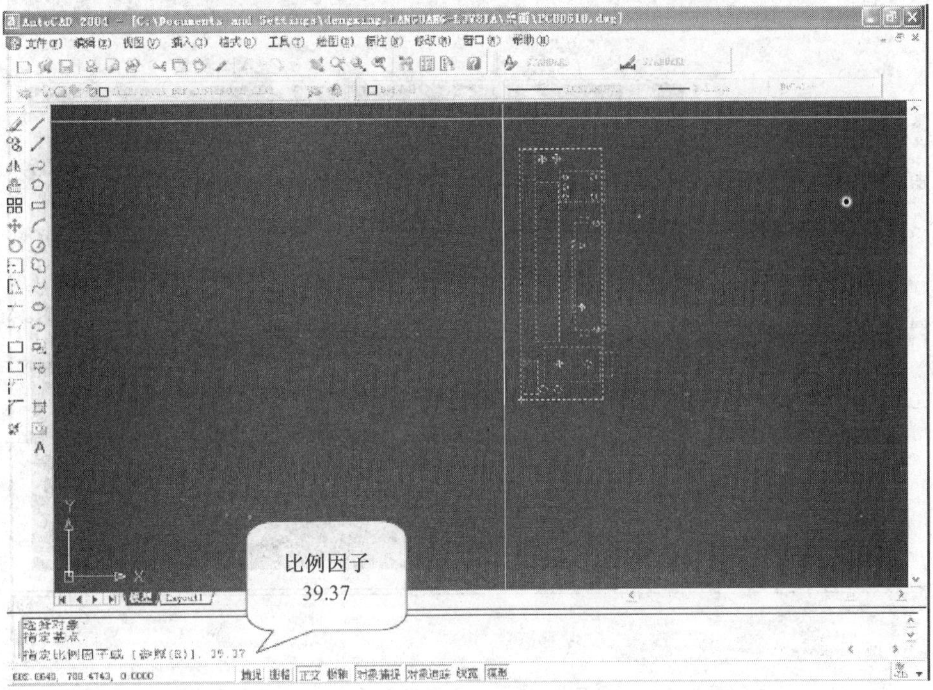

图 6-51　指定比例因子

（8）放大后的图如图 6-52 所示。

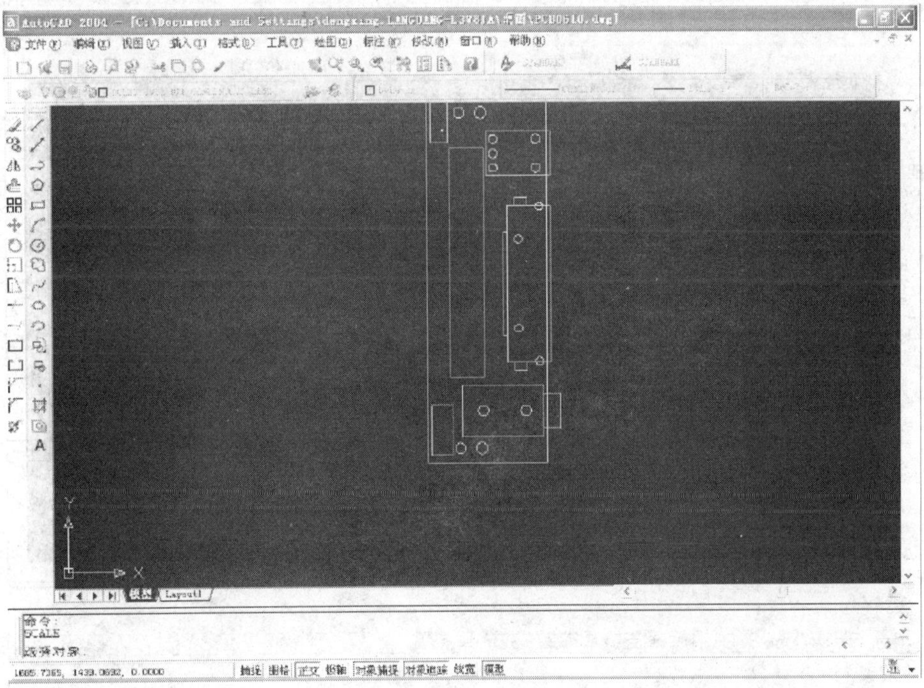

图 6-52　放大后的图

（9）另存图形文件，如图 6-53 所示。

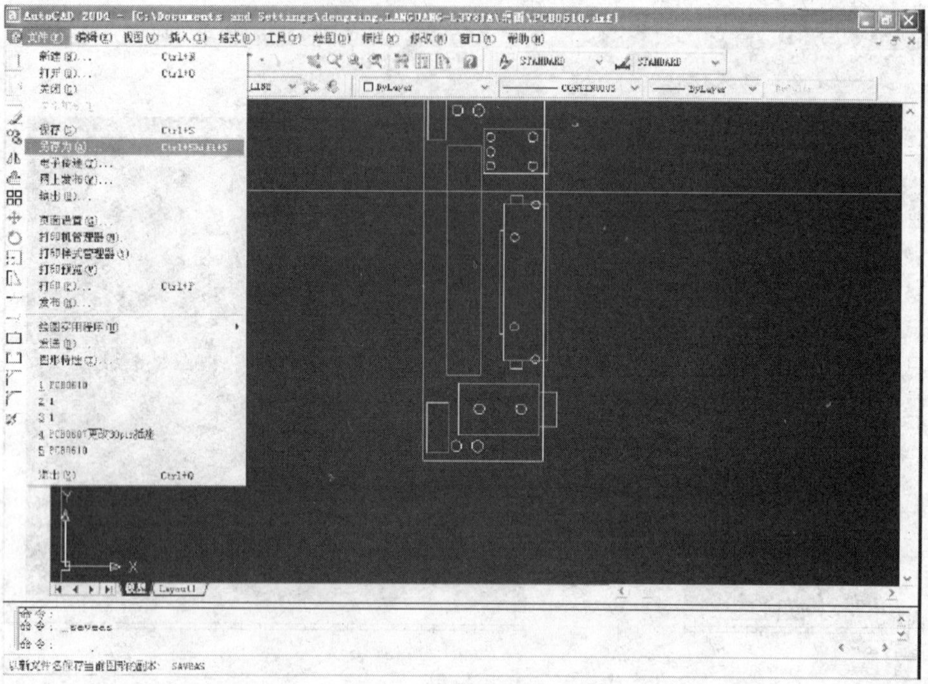

图 6-53 另存图形文件

（10）选取文件类型为 AutoCAD 2000/LT2000.dxf，如图 6-54 所示。

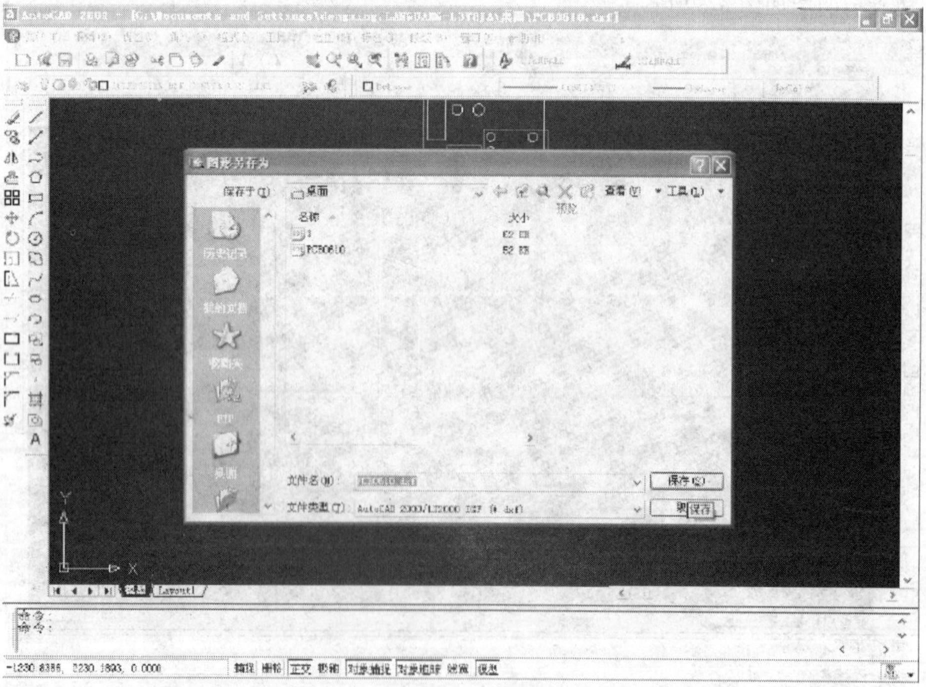

图 6-54 选取文件类型

（11）打开一个空白的 PADS Layout 文档，选择 File→Import...命令，如图 6-55 所示。

注意：不要在已有元器件的 PADS Layout 文档中导入板框，以免出现错误。

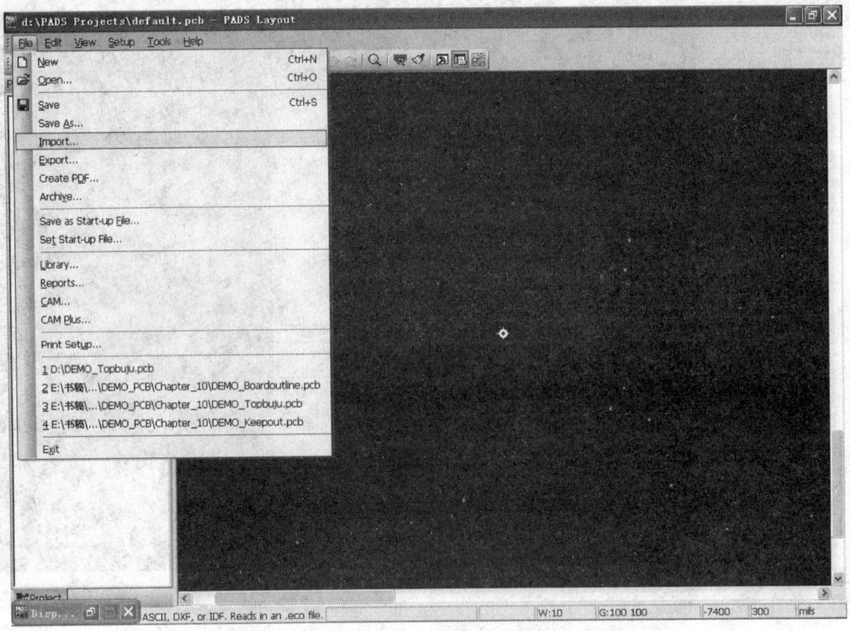

图 6-55　打开一个空白的 PADS Layout 文档

（12）系统会弹出如图 6-56 所示的对话框。在文件类型中选择.dxf 文件，选中刚才在 AutoCAD 中保存的.dxf 文件。

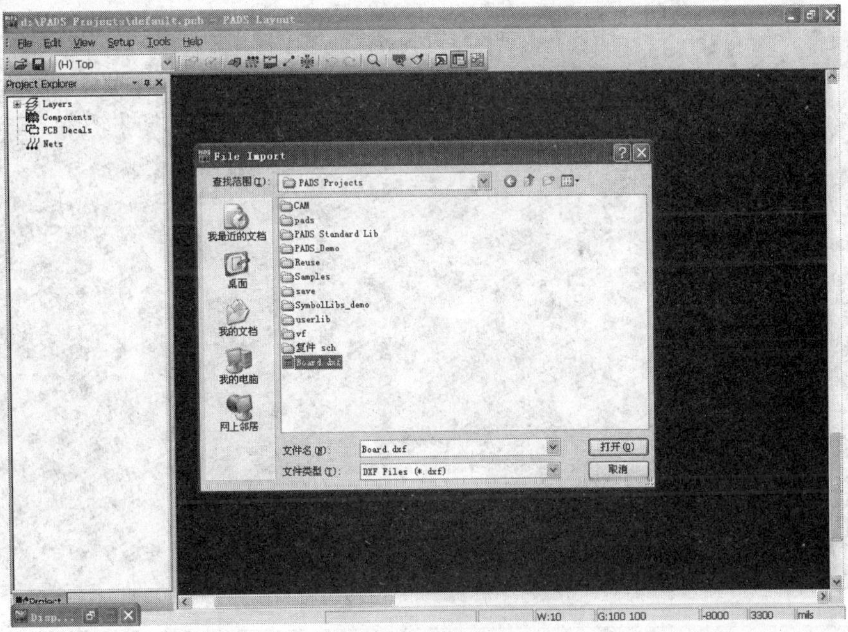

图 6-56　选择导入文件

（13）然后系统会弹出如图 6-57 所示的对话框。在 DXF.File 栏中选择 Mils，单击 OK 按钮。

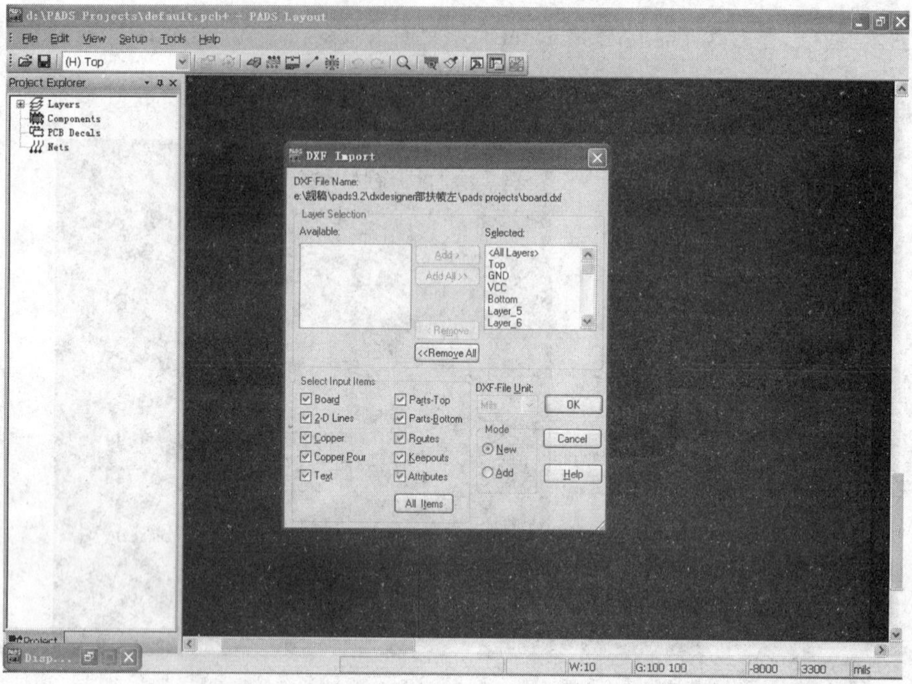

图 6-57　DXF Import 对话框

（14）导入板框，按快捷键 Q 验证导入的板框限高图是否正确，如图 6-58 所示。

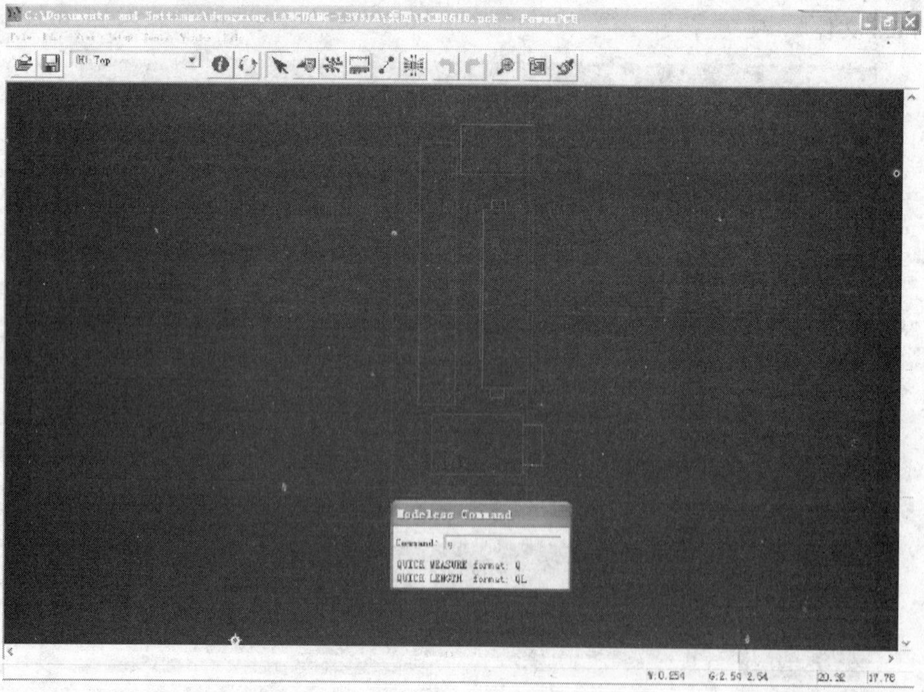

图 6-58　验证导入的板框限高图是否正确

（15）如图 6-59 所示，将板框限高图转换到所需要的层面上。

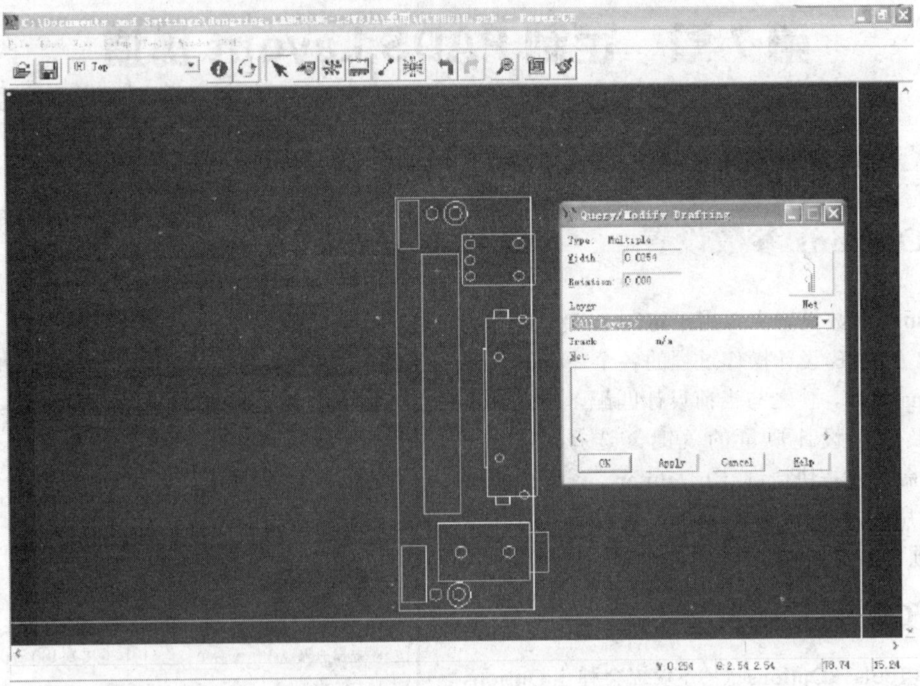

图 6-59 设置板框限高图所在的层

2. PADS Layout 具备 Protel 设计转换器

可与 Protel 进行 PCB 设计和封装库的双向数据转换。这里不对该方法进行详细介绍，通常很少使用该转换，而且转换的效果也不是很好，还需要进行修改，因此不推荐使用。

3. PADS Layout 提供 ProE 接口

PADS Layout 提供的 ProE 接口即 IDF（ProE）Link。3D 机械设计软件 ProE 的双向数据转换接口，可以将 PCB 设计文件导出至 ProE 中，察看 PCB 设计的立体显示效果。也可以将 PCB 文件导入在 ProE 中修改的元器件平面尺寸、高度等参数。这一功能要求用户会使用 Pro/E 2000。但是，这一功能也不常用，有兴趣的话可以自己查找相关资料进行尝试。

4. PADS Layout 提供 CAM350 接口

可以将 PCB 设计文件导出至 CAM350 中进行排版或做一些初步处理后导出。将导出文件交给制板厂商进行 PCB 制造。这一功能将在第 16 章和第 17 章中详细介绍。

练 习 题

1. PADS Layout 中的 PCB 板层有哪些，分别具有什么意义？
2. 怎样保存或者调用一个规则或进行参数的设置？

第 7 章　定制 PADS Layout 环境

本章主要介绍：Options 参数设置及设置 Setup 参数。

7.1　Options 参数设置

Options 参数设置主要用于定制 PADS Layout 环境，涉及 PCB 设计操作过程的各个环节。设置好 Options 参数，使之与当前设计匹配，是提高工作效率及确保设计质量的关键。选择 Tools→Options 命令或按快捷键 Ctrl+Enter，系统会弹出如图 7-1 所示的 Options 对话框。该对话框中共有 13 个选项卡，对应 13 种不同的设置。

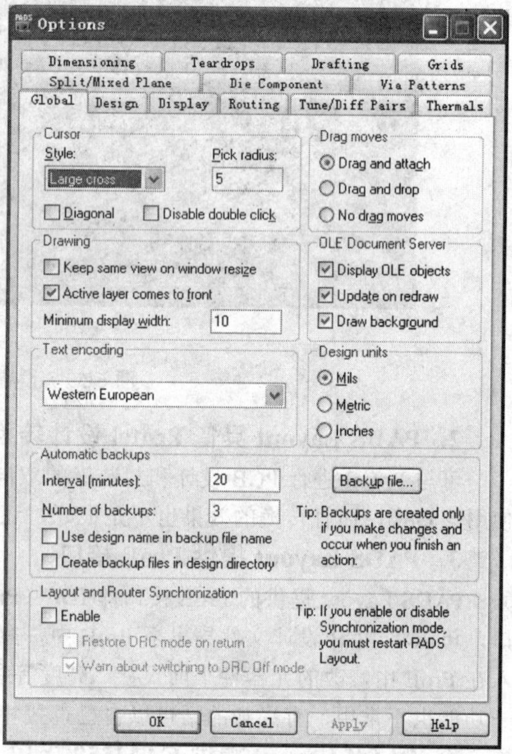

图 7-1　Options 对话框

7.1.1　Global 选项卡设置

选择 Tools→Options 命令，系统会弹出 Options 对话框，选择 Global 选项卡，如图 7-1 所示。

顾名思义，Global 选项卡是针对整体设计而言的，无论在什么情况下其设置均有效。该选项卡中共包括 8 个选项组。

1. Cursor（光标设置）**选项组**

（1）Style（光标样式）：该选项用于设置光标样式。PADS Layout 提供了 Normal（普通）、Small cross（小十字）、Large cross（大十字）和 Full cross（全屏）4 种光标样式。例如，选 Full cross（全屏）便于操作中的对齐。读者可以依次选择，体会每种光标的不同。

（2）Pick radius（捕捉半径）：该选项用于设置捕捉半径。所谓捕捉半径就是在单击鼠标左键选择一个对象时，允许离对象最远的距离。默认值为 5mil，建议采用默认值。设置的数值过小时，捕捉对象就需要更加精确的单击操作；设置过大时，则容易选错对象。

（3）Diagonal（对角显示）：选择该选项时，光标以×形显示。

（4）Disable double click（双击无效）：选择该选项时，则在当前设计中双击鼠标左键被视为无效操作。双击鼠标左键在很多操作中都用得到，如开始或完成布线，查看编辑元器件属性等。建议使用默认值。

2. Drag moves（拖动）**选项组**

（1）Drag and attach（拖动并且附着）：选择该选项意味着可以附着拖动被选对象。也就是说，在选中对象并按住鼠标左键进行拖动时，松开鼠标左键，被拖动对象依然附着在光标上。把对象移至所需位置，单击鼠标左键即可释放该对象。

（2）Drag and drop（拖动并且释放）：选择该选项意味着可以按住鼠标左键不放，拖动被选对象。也就是说，在选中对象并按住鼠标左键不放进行拖动时，松开鼠标左键，对象便被释放。在要放置对象的位置松开鼠标左键完成放置。

（3）No drag moves（不使用拖动）：选择该选项意味着不可以用鼠标拖动对象。也就是说，只有选定对象，然后单击鼠标右键在弹出的右键菜单中选择 Move 命令后才可进行拖动操作。此时的拖动是 Drag and attach（拖动并且附着）。

3. Drawing（绘图）选项组

（1）Keep same view on window resize（窗口变化时保持相同视图）：该选项用于设置 PADS Layout 窗口发生变化时，PCB 板框视图的变化，默认为不选中状态，选中后 PADS Layout 窗口改变时板框大小随着窗口大小而变。

（2）Active layer comes to front（激活层在最前方显示）：该选项用于设置是否保持激活层在最上面显示。所谓激活层就是工具栏中的 Layers List 对话框中显示的层。该选项默认为选中状态。

（3）Minimum display width（最小显示线宽度）：该选项用于设置最小显示线宽度，其单位为当前设计单位。对于设计中小于该选项设定值的线，PADS Layout 只显示其中新增线而不按实际线宽显示；对于大于该选项设定值的线，按实际宽度显示。若该选项的值被设置成 0，则所有的线都以实际宽度显示。该值越大，视图越简洁，故刷新速度越快。

4. OLE Document Server（OLE 文件服务）选项组

（1）Display OLE objects（显示 OLE 对象）：该选项用于设置是否显示已插入的 OLE 对象。

（2）Update on redraw（刷新更新数据）：该选项仅用于 PADS Layout 被嵌入到其他程序中的情况。

（3）Draw background（画图背景）：该选项仅用于 PADS Layout 被嵌入到其他程序中的情况。选择该选项，可以为嵌入的 PADS Layout 对象设置背景颜色；不选择该选项，PADS Layout 对象的背景为透明状态。

5. Automatic backups（自动备份）选项组

（1）Interval（minutes）（时间间隔）：该选项以 min 为单位，表示自动存盘操作的时间间隔。用户可以通过单击 Backup file... 按钮来指定自动存盘的文件名和存放路径。

（2）Number of backups（备份次数）：设定自动存盘的文件个数。这些文件的文件名是连续且不同的，如 powerpcb1.pcb、powerpcb2.pcb 等。最多可以设置 9 个，默认值为 3。

6. Text encoding（文本编码）选项

该选项用于设置文本字体。例如，选择 Western European、Chinese Simplified 等。

7. Design units（设计单位）选项

该选项用于设置设计单位，包括 Mils（密尔）、Metric（公制）、Inches（英制）。

8. Layout and Router Synchronization（Layout 和 Router 同步）选项

该选项用于设置 Layout 与 Router 是否同步，如果同步，则选中 Enable 前的复选框即可，此时重新打开 Layout，单击工具栏或者 Tools 下的 Router 即可打开 Router，在同步模式下，在所操作的软件中做任何一个动作，另一个软件都会同步跟进；需要在另一个软件中操作时，只需在工具栏单击相应图标即可转换。

7.1.2 Design 选项卡设置

选择 Tools→Options 命令，弹出 Options 对话框，单击 Design 选项卡，如图 7-2 所示。

顾名思义，Design 选项卡是用于设置约束设计模式下的元器件布局和布线操作方式。该选项卡中包括 9 个选项组。

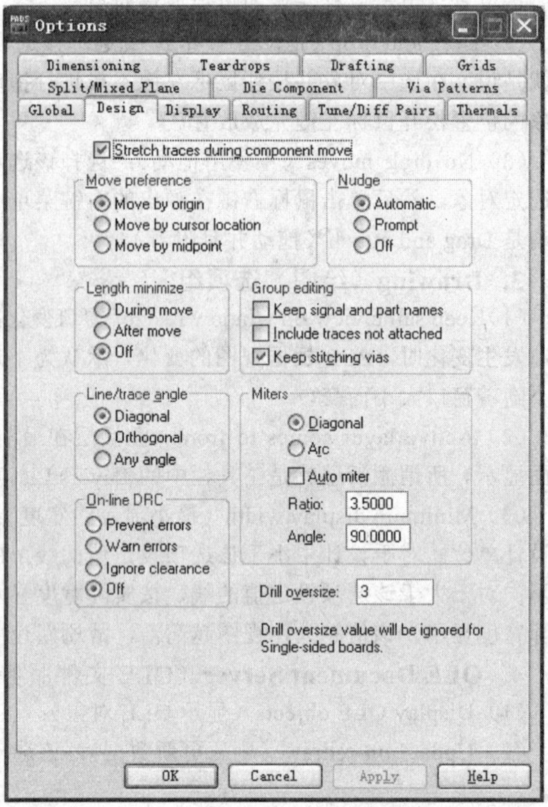

图 7-2 Design 选项卡

1. Stretch traces during component move（在移动元器件过程中延伸布线）**复选框**

选择该选项后，在移动元器件、交换元器件引脚或逻辑门时，布线将被重新布置且依然保持布线连接；若不选择该选项，则在移动元器件、交换元器件引脚或逻辑门时，PADS 将以鼠线连接布线、引脚和逻辑门。

2. Move preference（移动参考）**选项组**

该选项组主要用于设置移动元器件时以何点为中心。该选项组有 3 个单选框，每次只允许选择其中一个。

（1）Move by origin（以原点为参考点移动元器件）：选定该选项后，在移动元器件时光标会自动定位在元器件的原点上。注意，这里讲的元器件的原点是指在编辑元器件封装时设置的位置，一般在元器件的中心位置。放置好元器件后，Component Properties 显示的元器件的坐标信息是其坐标原点的坐标。

（2）Move by cursor location（以光标的位置为参考点移动元器件）：选定该选项后，PADS Layout 将以鼠标单击位置为基准移动元器件，即 Component Properties 显示的元器件的坐标信息是移动该元器件时鼠标单击位置的坐标。

（3）Move by midpoint（以中心为参考点移动元器件）：选择该选项后，PADS Layout 将以元器件中点为基准移动元器件。光标将自动定位在元器件中心位置。Component Properties 显示的元器件的坐标信息是该元器件中心的坐标。

3. Nudge（推挤）**选项组**

推挤选项组主要用于设置放置元器件时是否允许推挤和以何种方式进行推挤。

（1）Automatic（自动推挤）：选择该选项后，放置元器件时自动推挤。例如，当元器件或元器件组移动中选择放置位置时，如果放置该元器件的位置和另一元器件重叠或间距不满足 Setup→Design Rules 中的间距规则设置时，则自动推挤。注意，如果两个元器件已经被重叠放置了，再修改 Design 选项卡中的设置，则不能实现自动推挤功能。

（2）Prompt（提示推挤）：选择该选项后，放置元器件时提示推挤。例如，当元器件或元器件组移动中选择放置位置时，如果放置该元器件的位置和另一元器件重叠或间距不满足 Setup→Design Rules 中的间距规则设置时，则提示推挤。注意，如果两个元器件已经被重叠放置了，再修改 Design 选项卡中的设置，则不能实现提示推挤功能。

（3）Off（关闭推挤）：该选项用于关闭推挤功能。

4. Length minimize（长度最小化）**选项组**

（1）During move（移动中）：选择该选项后，在移动元器件时 PADS Layout 会自动计算鼠线长度，使鼠线始终最短显示。

（2）After move（移动后）：选择该选项后，在移动元器件时 PADS Layout 不会自动计算鼠线长度并使之始终最短显示，而是在元器件位置固定后才会进行鼠线长度最短化计算，最终鼠线最短显示。

（3）Off（关闭）：选择该选项后，PADS Layout 不会自动进行鼠线长度最短化计算。

5. Group editing（组编辑）选项组

该选项组用于设置对于多个对象进行整体操作时，如何选择和编辑选择。

（1）Keep signal and part names（保持信号和元器件名称）：选择该项后，当使用 Edit→Paste 命令插入数据时，保持信号和元器件名称不变。例如，先框选复制当前设计中的一个功能块并粘贴（该操作需在 ECO 模式下进行），如图 7-3 所示。当未选择该选项时，粘贴的部分与原设计没有鼠线连接，元器件名称变更；当选择该选项时，粘贴部分与原设计保持原来的连接关系，元器件名称没有变更。注意，这里讲的元器件名称其实是指元器件的实际名称，而不是元器件的标号。

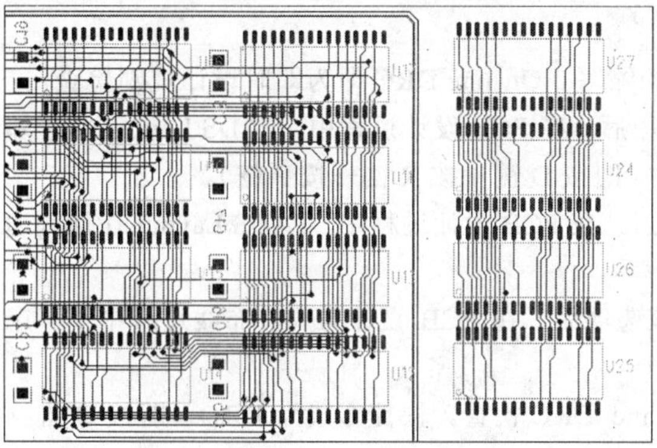

a）不保持信号和元器件名称效果

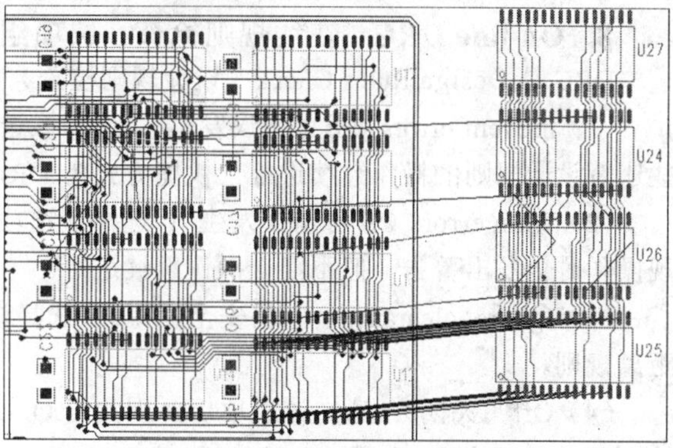

b）保持信号和元器件名称效果

图 7-3　保持信号和元器件名称效果比较

（2）Include traces not attached（包含没有连接的布线）：选择该选项后，当框选当前设计中的一部分时，那些穿过该框选区域，但是与该区域内的元器件没有鼠线连接的布线也会被包含在框选的组中。

（3）Keep stitching vias（禁止删除缝纫过孔）：选择该选项后，在进行编辑时禁止删除 Stitching Vias（缝纫过孔）。

6. Line/trace angle（2D 线/布线角度）选项组

（1）Diagonal（对角）：选择该选项后，则 PADS Layout 在绘图或布线时，布线采用 45° 的整数倍数改变线的方向。对应的快捷方式是 AD+Enter（即按 A 键→按 D 键→按 Enter 键，余同）。

（2）Orthogonal（直角）：选择该选项后，则 PADS Layout 在绘图或布线时，布线采用 90° 的整数倍数改变线的方向。对应的快捷方式是 AO+Enter。

（3）Any angle（任意角度）：选择该选项后，则 PADS Layout 在绘图或布线时，布线采用任意角度来改变线的方向。对应的快捷方式是 AA+Enter。

7. Miters（倒角）选项组

该选项组用于设置绘图时在拐角处选择用对角来代替还是用圆弧来过渡。

（1）Diagonal（对角）：选择该选项后，则走直角时采用两个 135° 来代替，如图 7-4a 所示。

（2）Arc（圆弧）：选择该选项后，则走直角时采用圆弧来代替，如图 7-4c 所示。

（3）Auto miter（自动添加倒角）：选择该复选框后，则 PADS Layout 在绘图布线时自动添加倒角，所加倒角形式为“Arc”（圆弧）或“Diagonal”（对角）。

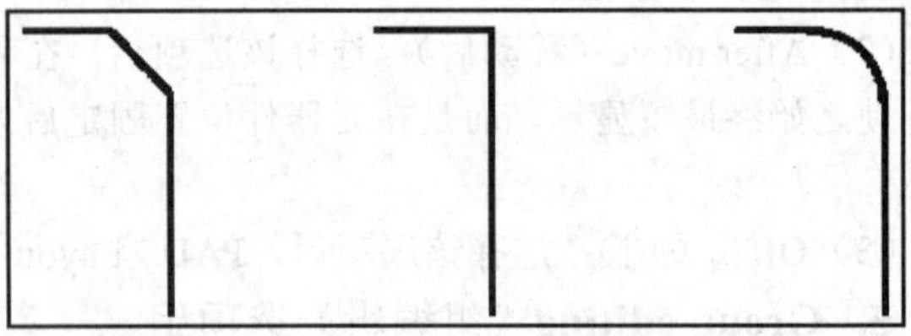

图 7-4 Miter（倒角）示例

（4）Ratio（比率）：设置 Auto miter 后需设置 Miter（倒角）的 Ratio（比率），即设置 Miter（倒角）的大小。当倒角采用圆弧形式时，则该处用来设定圆弧半径与线宽的比例，如线宽为 8mils、Ratio 为 5，则会产生半径为 40mil 的圆弧；如果倒角采用对角形式，则该处设置的是对角长的 1/2 与线宽的比例，如线宽为 8mils、Ratio 为 5，则会产生长、宽均为 20mil 的对角。

（5）Angle（角度）：设置 Auto miter（自动加倒角）的角度范围。例如，这里赋值为 90°，则表示小于或等于 90° 的角度转化成圆弧。

8. On-line DRC（在线规则检查）选项组

DRC 是 Design Rules Check（设计规则检查）的缩写。On-line DRC 即为即时设计规则检查。

（1）Prevent errors（阻止错误发生）：选择该选项后，在 PCB 设计过程中，PADS Layout 阻止那些违背设计规则的操作继续进行。快捷方式为 DRP（即按 D 键→按 R 键→按 P 键）。

（2）Warn errors（警告错误发生）：选择该选项后，在 PCB 设计过程中，PADS Layout 在遇到违规操作时会发出警告，但不阻止操作继续进行。

（3）Ignore clearance（忽略安全间距）：选择该选项后，在 PCB 设计布局、布线过程中不考虑距离规则。

（4）Off（关闭）：选定该选项后，则关闭 On-Line DRC 检查。快捷方式为 DRO（即按 D 键→按 R 键→按 O 键）。

9. Drill oversize（钻孔豁量）选项

在加工 PCB 时，先钻孔，后电镀，才能使之导通。PCB 设计中包含 Via（过孔）、Pin Drill Holes（引脚孔）两种钻孔。该选项设置的数值实际上是电镀金属层厚度的 2 倍，单位为 Global 选项卡中设置的单位。

Drill oversize（钻孔豁量）+Drill Size（实际直径）= Finished NC Drill Size diameter（最终 NC Drill 直径）。

> **注意：**上式中 NC Drill 是 Numerical Control Drill 的缩写。数字钻孔技术能产生一个包含当前设计中每一个钻孔的坐标、孔径信息和加工钻孔时的相关参数，输出给自动钻孔机进行钻孔。

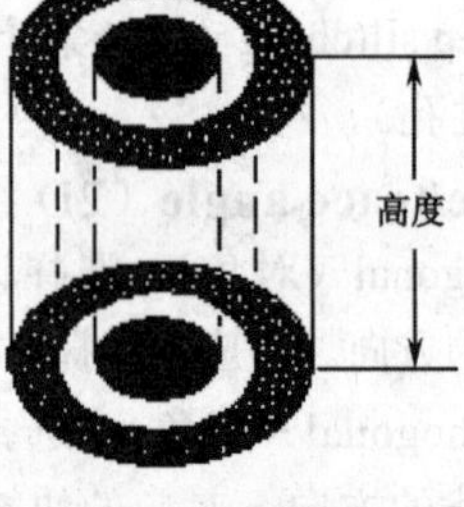

图 7-5 钻孔结构

注：花色圆环是锡膏层，横向分布（上下各有一薄层）；白色圆环是电镀层（Drill Oversize/2），纵向分布；黑色圆环部分为实际镂空过孔（Drill Size）；圆柱体的高为 PCB 厚度；白色圆环宽度+黑色圆环直径=NC Drill 孔径尺寸。

在实际设计中，Drill oversize 的设置并不重要，一般只要在“Pad Stack Setup”对话框中或 CAM350 中进行标注是否 Plated（电镀）即可。例如，标注 NP 的过孔为不电镀钻孔；反之 P 代表电镀钻孔。钻孔结构如图 7-5 所示。

7.1.3　Routing 选项卡设置

选择 Tools→Options 命令，系统会弹出 Options 对话窗口，单击 Routing 选项卡，如图 7-6 所示。

顾名思义，Routing 选项卡是设置关于设计中布线的相关参数的。好的 Routing 选项卡参数设置将使设计更加方便和可靠。

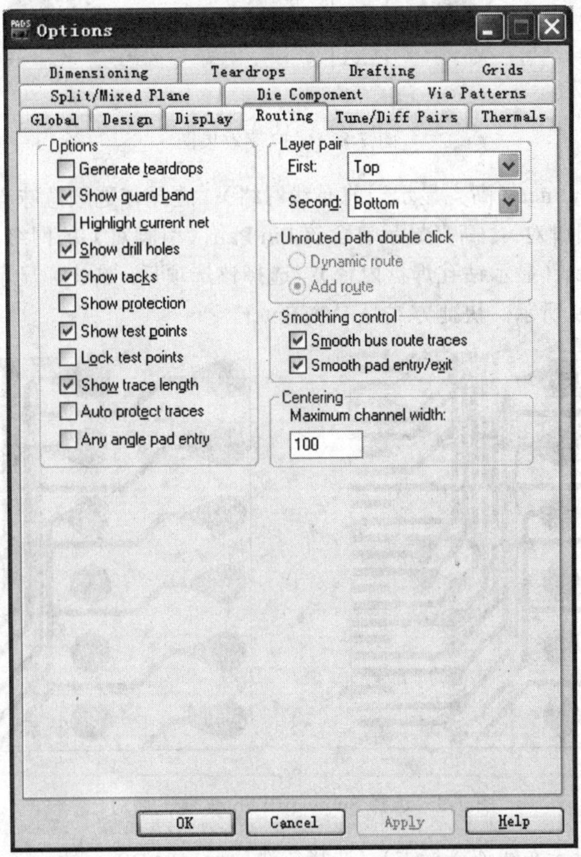

图 7-6　Routing 选项卡

1. Options 选项组

（1）Generate teardrops（产生泪滴）：选择该选项意味着当布线进、出焊盘时将自动产生泪滴。泪滴有助于加固布线与焊盘的连接。图 7-7 所示为选择和不选择该选项的情况。

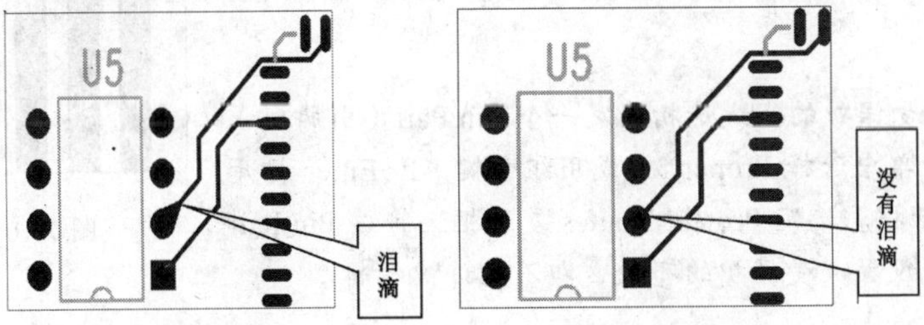

a）选择　　b）不选择

图 7-7　泪滴效果图

（2）Show guard band（显示保护带）：如果 On-line DRC 被设置成 Prevent errors（阻止错误发生），则在错误发生的地方显示八边形标记，即保护带，如图 7-8 所示为有保护带与没有保护带两种情况。

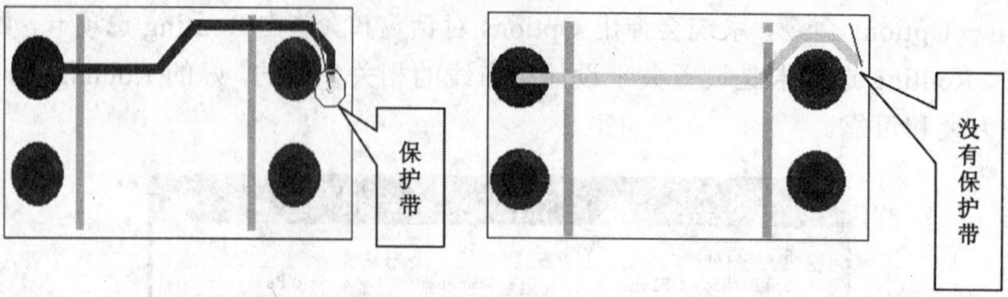

图 7-8 保护带效果图

（3）Highlight current net（高亮显示当前布线网络）：选择该选项意味着当从已选择的对象开始布线时，如 Pin Pair（引脚对），高亮显示包含该 Pin Pair（引脚对）的网络的所有连接。

（4）Show drill holes（显示钻孔焊盘内径）：选择该选项后，PADS 显示所有钻孔焊盘内径，否则以实心显示，如图 7-9 所示。快捷方式是 DO+Enter。

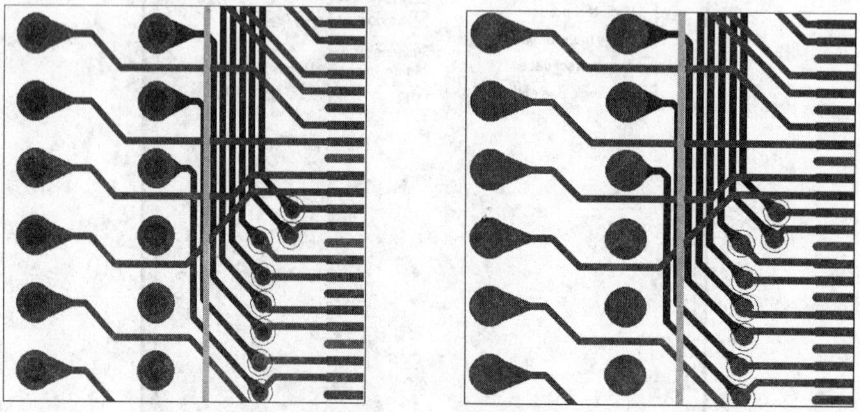

图 7-9 选择 Show drill holes 前、后对比

（5）Show tacks（显示布线连接标志）：选择该选项后，PADS 显示不同布线的连接标志。所谓不同布线是指同一根连接线中不同的线段，如图 7-10 所示。

（6）Show protection（显示受保护线）：选择该选项后，PADS 将把受保护的布线区分开来，以边框形式显示，如图 7-11 所示。如果当前设计处于边框显示模式，则受保护的布线以实体形式显示，以示区别。

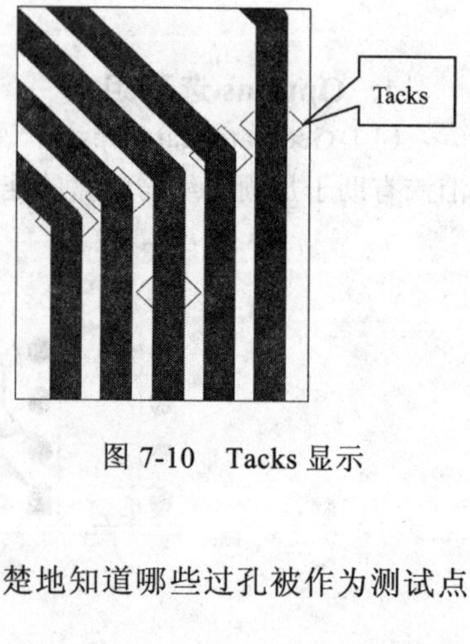

图 7-10 Tacks 显示

注意： 所谓的受保护的布线是指选定一个 Pin Pair（引脚对）后，在鼠标右键菜单中选择 Properties 或用组合键 Alt+Enter 打开如图 7-12 所示对话框。选定 Protect Routes 复选框，将该 Pin Pair（引脚对）间连线设置成受保护的布线，即不允许被编辑。

（7）Show test points（显示测试点）：选择该选项后，用户会清楚地知道哪些过孔被作为测试点使用，如图 7-13 所示。

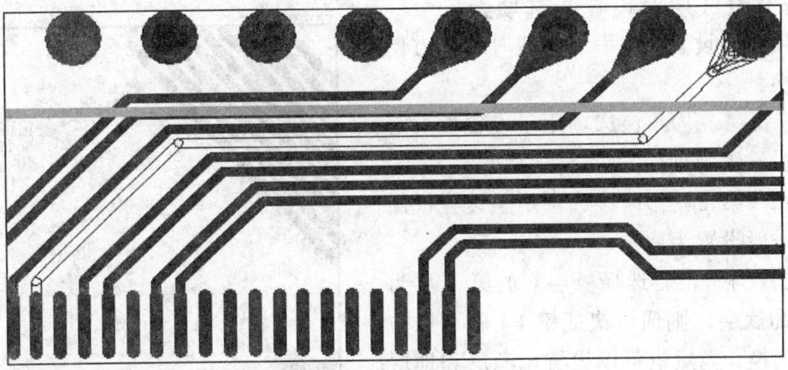

图 7-11　显示受保护线

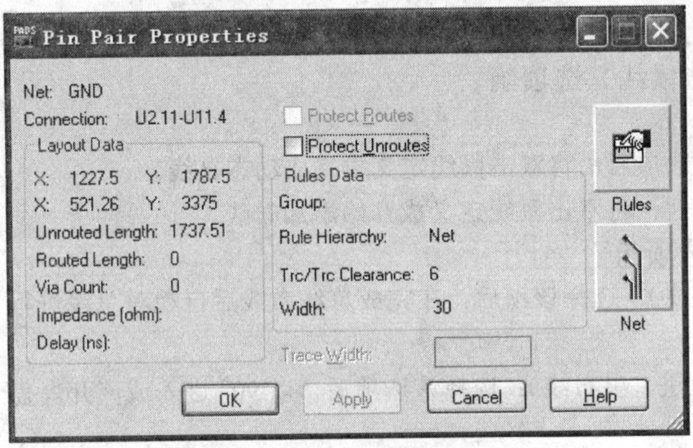

图 7-12　设置受保护线

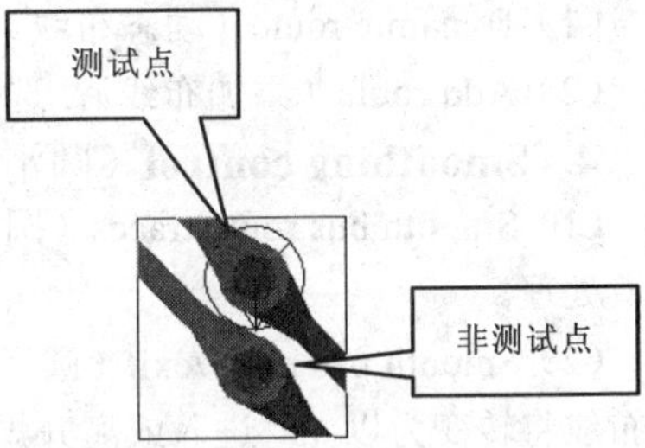

图 7-13　显示测试点

注意： 所谓测试点是调试 PCB 时进行信号采样的焊点，既可以是钻孔也可以是焊盘。先选择一个过孔，然后在 Via Properties 对话框中选定 Test Points 即可，如图 7-14 所示。

（8）Lock test points（锁定测试点）：选择该选项后，测试点被锁定，即不允许在移动元器件过程中移动测试点。另外，在以下 3 种删除操作情况下，不允许删除锁定的测试点：对已布线的引脚对或网络，进行 Unroute 操作时；删除线段、过孔或跳线时；改变一个线段的层时。

（9）Show trace length（显示布线长度）：选择该选项后，在布线时将显示已布线长度和总长度，如图 7-15 所示。

（10）Auto protect traces（自动保护走线）：该选项用于设置是否自动保护走线不被拉伸、移动、推挤、圆滑处理。

（11）Any angle pad entry（任意角度进出焊盘）：选择该选项后，布线可以以任意角度进出焊盘而不管当前 Design 选项卡中 trace angle 中的设置。

图 7-14　设定测试点

2. Layer Pair（层对设置）选项组

通过该选项组的设置，在手工布线时可以方便地进行层间切换。

（1）First（第 1 层）：该选项用于设置板层对的第 1 层。一般设置为顶层。

（2）Second（第 2 层）：该选项用于设置板层对的第 2 层。一般设置为底层。

以 4 层 PCB 为例，若选择板层对的第 1 层为顶层，第 2 层为底层，则通过快捷键 F4 就可以方便地进行层间切换。当然也可以设置电源层和地层为板层对进行层间切换，这主要取决于哪两层之间需进行频繁切换，这样可以大大提高工作效率。否则，必须使用工具栏中的 Layer List 按钮进行层间切换。

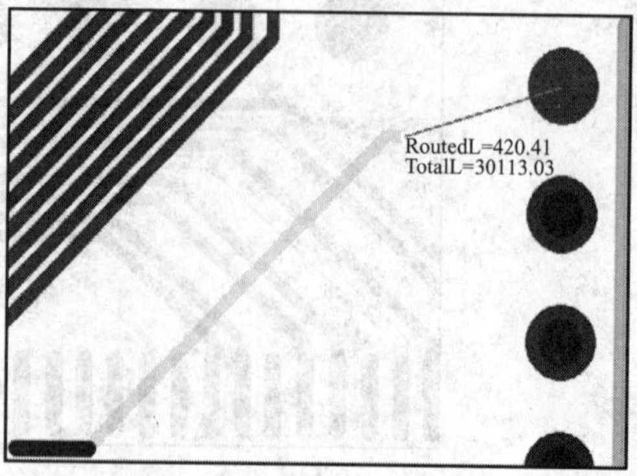

图 7-15　显示布线长度

3. Unrouted path double click（双击鼠线）选项组

该选项组用于定义双击鼠线的作用效果。

（1）Dynamic route（动态布线）：选择该选项后，将双击鼠线定义成完成动态布线。

（2）Add route（添加布线）：选择该选项后，将双击鼠线定义成开始添加布线。

4. Smoothing control（圆滑处理）选项组

（1）Smooth bus route traces（圆滑处理总线）：选择该项后，在完成总线布线后自动对总线进行圆滑处理。

（2）Smooth pad entry/exit（圆滑处理焊盘进、出布线）：选择该选项后，以 90° 进入或离开焊盘的布线将转变为以 45° 进入或离开焊盘。

5. Centering（居中显示）选项组

该选项仅仅在 PADS Router 中起作用。选择该选项意味着在 PADS Router 中，当遇到宽度小于 Maximum Channel Width 设定值的布线空隙时，布线自动居中。例如，当布线从芯片的两个引脚间穿过时，若引脚间距小于该设定值，则布线自动居中；反之则不然。

7.1.4 Thermals 选项卡设置

Thermals 选项卡主要用于设置花孔（热焊盘）的各项参数。在 PCB 设计中，大面积覆铜后铜箔一般都与地或电源连接起来，铜箔与地或电源网络连接的焊盘或过孔称为花孔（热焊盘），如图 7-16 所示。

选择菜单中的 Tools→Options 命令，系统会弹出 Options 对话框，选择 Thermals 选项卡，如图 7-17 所示。

图 7-16　热焊盘

1. Drilled thermals（钻孔热焊盘）选项组

（1）Width（线宽）：该选项用于设置热焊盘的连接线宽。

（2）Min. spoke（最小连接线根数）：该选项用于设置连接线根数。默认值为 2，最大值为 4。在默认情况下，如铜箔的边缘，可能不是 4 根连接线。如果连接线根数小于 4，PADS 会给出警告。

（3）Pad shape（焊盘形状清单）：该选项用于选择焊盘形状。可供选择的形状包括 Round（圆形）、Oval（椭圆形）、Square（方形）和 Rectangle（长方形）。

（4）热焊盘形状设置有以下 4 种：Orthogonal（正交）表示热焊盘的连接线以正交形式显示；Diagonal（对角）表示热焊盘的连接线以对角形式显示；Flood over（覆盖）表示热焊盘的连接线被覆盖，即连接线区被覆盖；No connect（不连接）表示热焊盘连接线全部消失（不显示），即焊盘断开与铜箔的连接。

2. Non-drilled thermals（非钻孔热焊盘）选项组

该选项组设置与 Drilled thermals 选项组基本相同，这里不再赘述。

注意：热焊盘包括两种形式，一是 Drilled thermals（钻孔热焊盘），即焊盘中间钻孔内径不为 0；二是 Non-drilled thermals（非钻孔热焊盘），即焊盘中间钻孔内径为 0。

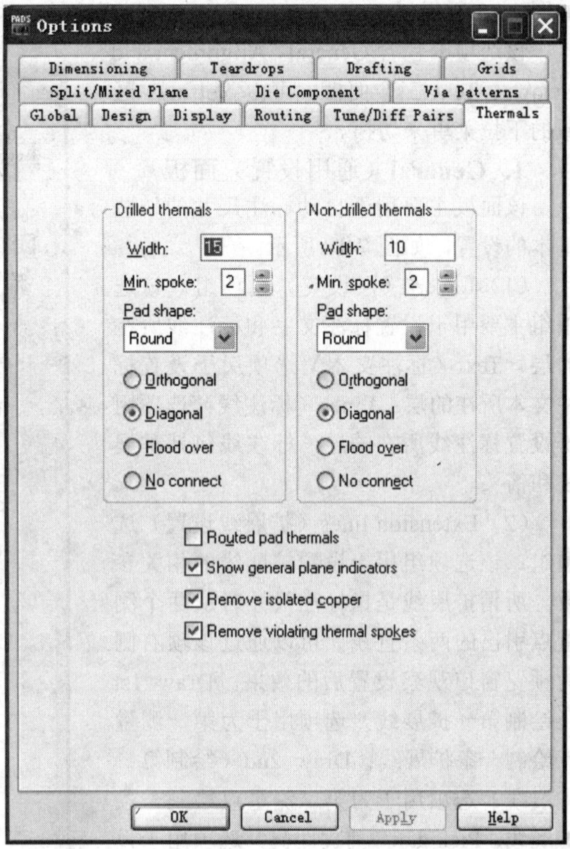

图 7-17　Thermals 选项卡

3. 其他相关设置

（1）Routed pad thermals（使布线焊盘成为花孔）：热焊盘一般不在布线的连接上产生。该选项用于设置在布线焊盘或布线连接上产生热焊盘。

（2）Show general plane indicators（显示内层热焊盘标志）：选择该选项后，在 Pad stack（焊盘栈）中若有一个连接在 CAM 层或 Split/Mix 层时，则系统显示热焊盘标志，即在焊盘中心显示×图形标志，告知用户内层有热焊盘存在，通过不同层颜色的设置可以判断具体是哪一层的热焊盘。

注意：一般 CAM 层或 Split/Mix 层的热焊盘“×”图形标志在编辑的过程中，有时会被覆盖。刷新屏幕，可显示全部“×”图形标志。

（3）Remove isolated copper（自动移除孤立的铜箔）：该选项用于设置在覆铜操作时，自动移除孤立的铜箔。所谓孤立的铜箔是指那些没有与地或电源网络连接的铜箔。

（4）Remove violating thermal spokes（自动移除违背规则的热焊盘连接线）：选择该选项后，若热焊盘连接线在 Non-plane Layers（非平面层）上违反了安全间距规则时，PADS 会自动移除该连接线。

7.1.5　Dimensioning 选项卡设置

自动标注尺寸对 PCB 设计非常重要，可以方便用户进行距离测量和标注设计尺寸。PADS 提供了非常全面的自动标志尺寸功能。

选择菜单中的 Tools→Options 命令，系统会弹出 Options 对话框，选择 Dimensioning 选项卡，如图 7-18 所示。

该选项卡包含 General、Alignment and Arrows、Text 三个面板，可由 Settings 区域的下拉菜单来切换。

1. General（通用设置）面板

该面板主要用于自动标注尺寸的一些基本的设置，如图 7-18 所示。

（1）Layers（层设置）选项组：该选项组主要用于设置标注文字和标注线所在的层。Text（标注文本）选项用于设置标注文本所在的层；Lines（标注线）选项用于设置标注线所在的层，标注线包括扩展线和箭头。

（2）Extension lines（扩展线设置）选项组：该选项组用于设置扩展线的相关参数。所谓扩展线是指标注尺寸时从两个测量点引出的两条直线。可以通过该项右侧的预览窗口观察设置后的效果。Draw 1st（绘制第一扩展线）选项用于为第一测量点绘制一条扩展线；Draw 2nd（绘制第二扩展线）选项用于为第二测量点绘制一条扩展线；Pick gap（捕捉距离）选项用于设置测量点与扩展线第一段点之间的距离；Arrow offset（箭头偏移）选项用于设置扩展线超过箭头的长度（在扩展线方向上）；Width（扩展线宽度）选项用于设置扩展线的宽度。

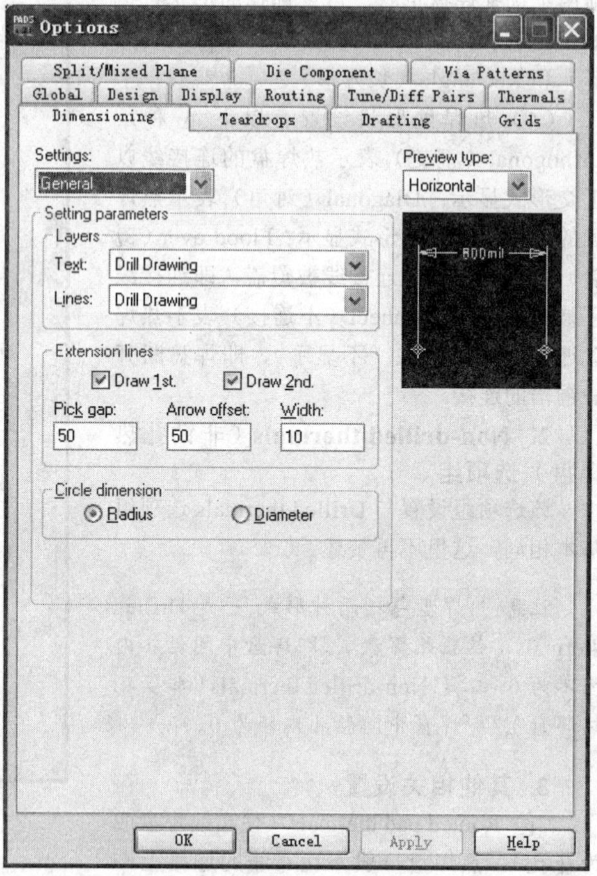

图 7-18 Dimensioning 选项卡

（3）Circle dimension（圆形的尺寸标注）选项组：Radius（半径）标注圆形尺寸时，以半径形式标注；Diameter（直径）标注圆形尺寸时，以直径形式标注。

（4）Preview type（预览模式）选项组：该选项组用于查看当前的设置情况。设置该选项组并不会对标注尺寸产生影响。例如，若改变 Extension lines（扩展线设置）选项组的设置，便可立即在预览窗口内查看结果。该选项的下拉菜单中包含 5 个选项，即 Horizontal（水平模式）、Vertical（垂直模式）、Aligned（对齐模式）、Angular（角度模式）和 Circular（圆形模式）。这 5 项可以为各种不同标注情况下的标注形式提供对应的预览。

2. Alignment and Arrows（定位标记和箭头设置）面板

从 Setting 区域的下拉菜单中选择 Alignment and Arrows 选项，显示出 Alignment and Arrows（定位标志和箭头设置）面板，如图 7-19 所示。

（1）Alignment tool（对齐标志设置工具）选项组：所谓对齐标志是指尺寸标注中对应测量点的标志，如图 7-19 所示。在预览窗口中扩展线右侧对应的白色标志就是对齐标志。Alignment tool 选项组中提供了 6 个图形按钮，供用户随意组合，设置自己喜欢的对齐标志图形。例如，在图 7-19 中选择了组合成图中的“+”字形对齐标志；Size（尺寸）选项用于设置对齐图形标志的大小；

Line width（线宽）选项用于设置对齐图形标志的线宽。

（2）Arrows（箭头）选项组：该选项组用于设置标注尺寸的箭头形式。Arrows 选项组中提供了 3 种箭头形式供用户选择。如图 7-19 所示，当用户改变箭头形状时，将会在下面的预览窗口中看到变化结果。Text gap（文本距离）选项用于设置标注文字与标注箭头尾部的距离；Arrow length（箭头长度）选项用于设置箭头长度，如图 7-20 所示；Arrow size（箭头尺寸）选项用于设置箭头宽度；Tail length（箭尾长度）选项用于设置箭尾长度，如图 7-20 所示；Line width（线宽）该选项用于设置箭尾的线宽。

注意：选择最右边的 iii 按钮后，标注图形中不显示箭头，它表示的是数据标注线。

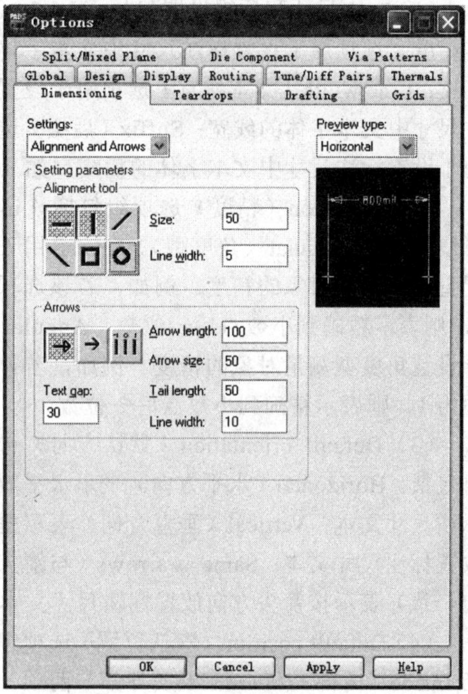

图 7-19 Alignment and Arrows 设置面板

（3）Preview type（预览模式）选项组：该选项组的设置与 General 面板中的 Preview 选项组相同。

3. Text（文本）面板

从 Settings 区域的下拉菜单中选择 Text 选项，显示出 Text（文本）面板，如图 7-21 所示。

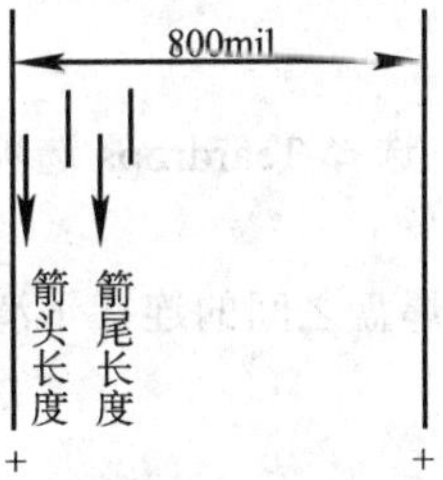

图 7-20 箭头图形

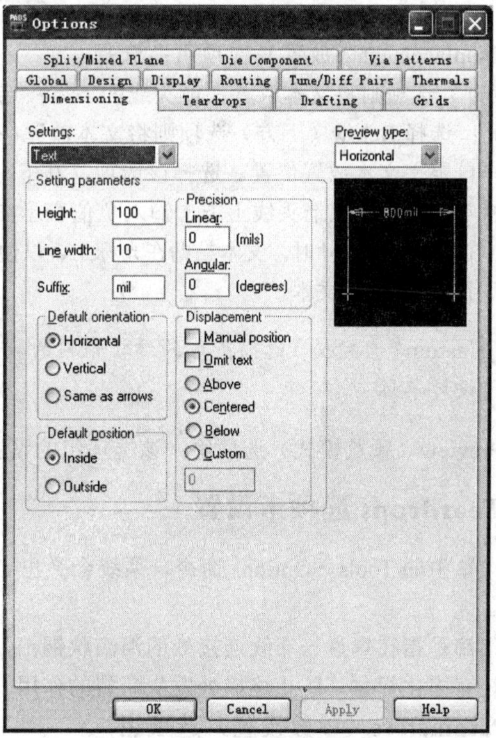

图 7-21 Text 设置面板

（1）文本尺寸和后缀设置包括：Height（文本高度）选项用于设置标注尺寸中文本字体的高度；Line width（文本线宽）选项用于设置标注尺寸中文本字体的线宽；Suffix（后缀）选项用于设置标注尺寸中文本字体的后缀，如 mil。

（2）Precision（精度）选项组包括 Linear（线型）和 Angular（角度型）。Linear 用于设置直线型测量对象的精度。例如，若该选项为 1，则表示精确到小数点后一位数。Angular 用于设置角度型测量对象的精度。例如，若该选项为 1，则表示精确到小数点后一位数。

（3）Default orientation（默认方向）选项组包括：Horizontal（水平方向）表示水平放置标注尺寸文本；Vertical（垂直方向）表示垂直放置标注尺寸文本；Same as arrows（与箭头方向一致）表示按箭头方向放置标注尺寸文本。

（4）Default position（默认位置）选项组包括 Inside（内部）和 Outside（外部）两项。选择 Inside 则标注尺寸文本放置在扩展线内部；选择 Outside 则标注尺寸文本放置在扩展线外部。

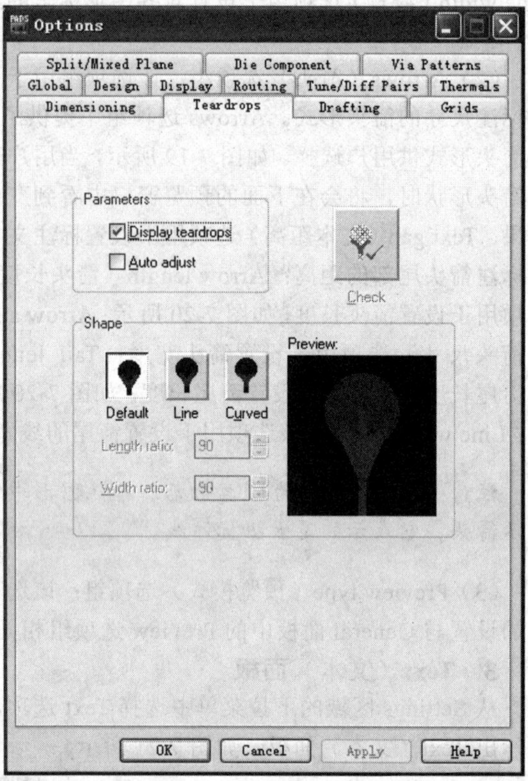

图 7-22　Teardrops 选项卡

（5）Displacement（放置）选项组：选择 Above（上方）选项则将文本放置在箭头线的上方；选择 Centered（中间）选项则将文本放置在箭头线的中间；选择 Below（下方）选项则将文本放置在箭头线的下方；选择 Custom（自定义）选项则允许用户自定义文本放置位置。选择该选项，其下方的编辑框处于有效状态，输入 0 表示在箭头线中间，输入正值表示在箭头线上方，输入负值表示在箭头线的下方。选择 Manual position（手动放置）选项则在添加标注尺寸时，文本粘贴在光标上，以便用户摆放；选择 Omit text（不标注文本）选项则在标注尺寸时，不添加文本。

注意：Custom（自定义）选项下方的编辑框内的数值代表自动标注文本中心线距离箭头线距离，单位是当前设计单位。

（6）Preview（预览模式）选项组：该选项组的设置与 General 面板中的 Preview 选项组相同。

7.1.6 Teardrops 选项卡设置

选择菜单中的 Tools→Options 命令，系统会弹出 Options 对话框，选择 Teardrops 选项卡，如图 7-22 所示。

所谓泪滴是指在焊盘与布线连接处的泪滴状铜箔，泪滴使布线与焊盘之间的连接平滑过渡。同时，泪滴还有固化焊盘，防止连接处发生断裂的作用。

1. Parameters（参数设置）选项组

（1）Display Teardrops（显示泪滴）：选择该选项，则显示泪滴。泪滴的实现与否不影响 DRC 检查和 CAM 操作。

（2）Auto Adjust（自动调整泪滴）：选择该选项后，则允许PADS自动调整泪滴形状。

2. Shape（形状设置）**选项组**

Shape选项组提供了如下3种泪滴基本形状供选择：

（1）Default（默认）：使用PADS默认的泪滴形状，不允许设置长/宽比率；

（2）Line（线型）：使用线型泪滴，其轮廓为直线，允许设置长/宽比率；

（3）Curved（曲线型）：使用曲线型泪滴，其轮廓为曲线，允许设置长/宽比率。

另外，可以通过调整长/宽比率，来微调线型和曲线型泪滴：

（1）Length ratio（长度比率）：设置泪滴长度和与其连接的焊盘直径的比率；

（2）Width ratio（宽度比率）：设置泪滴宽度和与其连接的焊盘直径的比率。

7.1.7 Drafting选项卡设置

选择菜单中的Tools→Options命令，系统会弹出Options对话框，选择Drafting选项卡，如图7-23所示。该选项卡用于设置与绘图相关的参数。

1. Default width（默认宽度）**选项**

在当前设计中添加绘图对象时，默认线宽值为10，单位为当前设计的单位。

改变已存在的绘图对象的线宽，可以通过Drafting Properties对话框进行设置。如图7-24所示，选定绘图对象后，单击鼠标右键，选择Properties选项，弹出Drafting Edge Properties对话框，单击该对话框中的Parent图标，弹出Drafting Properties对话框，在该对话框中进行线宽设置。

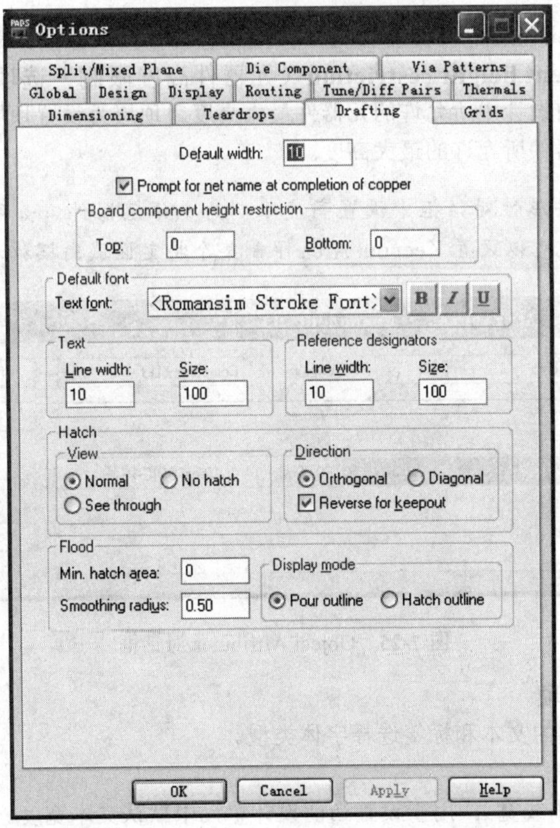

图7-23 Drafting选项卡

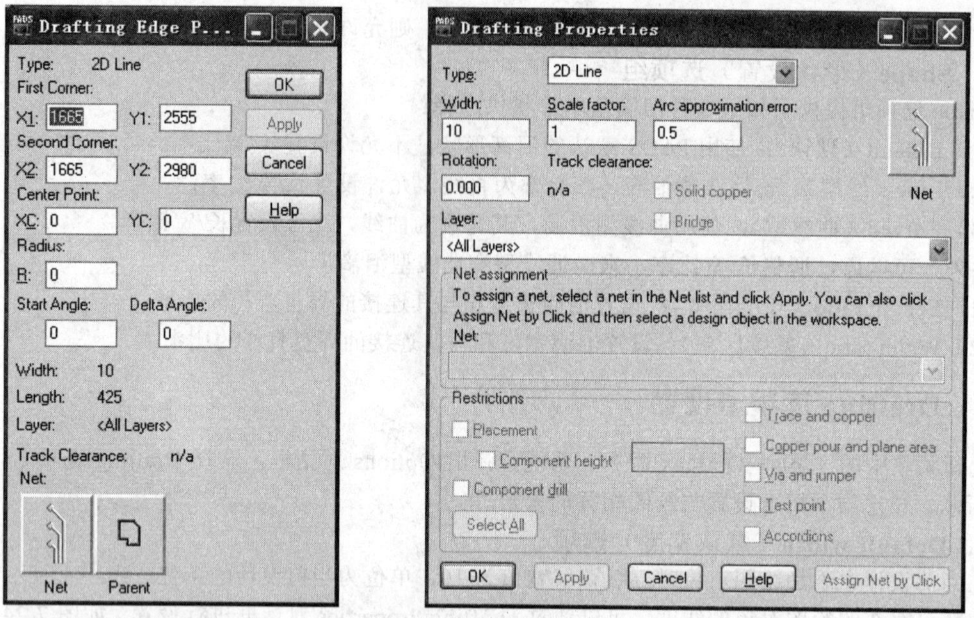

图 7-24　2D 线宽设置

2. Prompt for net name at completion of copper（当绘制完铜箔提示为新铜箔分配网络）**复选框**

该选项用于设置 PADS 是否自动弹出 Add Drafting 对话框，提示为新铜箔分配网络。

3. Board component height restriction（元器件高度限制）**选项**

该选项用于设置当前设计中所允许的元器件最大高度。顶层为设置顶层元器件所允许的最大高度；底层为设置底层元器件所允许的最大高度。

注意：可以在元器件属性对话框中设置高度限制为个体元器件。如图 7-25 所示，单击 Add 按钮，添加高度属性。也可以设置 Keepout Area 限制某个特定区域内摆放元器件的高度。

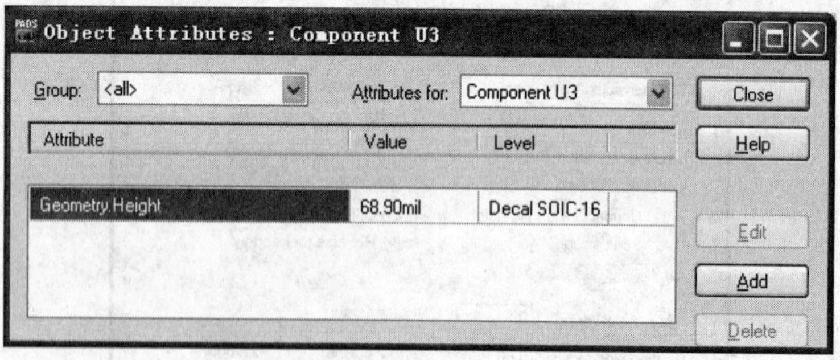

图 7-25　Object Attributes 对话框

4. Default font 选项

该选项用于为新创建的文本和标签选择字体类型。

5. Text 选项组

（1）Line width（文本线宽）：用于设置当前设计单元中默认文本宽度。

（2）Size（文本高度）：用于设置当前设计单元中默认文本高度。

6. Reference designators（元器件参考标志）选项组

该选项组用于设置元器件参考标志、引脚参考标志和引脚名文本的线宽及高度。Add New Decal Label 对话框和 Add New Label 对话框中的默认宽度及高度都来源于这里的设置。

（1）Line width（文本线宽）：设置元器件参考标志、引脚参考标志和引脚名文本的宽度。

（2）Size（文本高度）：设置元器件参考标志、引脚参考标志和引脚名文本的高度。

注意：若改变了默认宽度和高度，引脚参考标志和引脚名便为新设定的值，而标签的字体宽度和高度不变。若想改变标签，选择标签→单击鼠标右键→选择 Properties 选项→修改标签高度与宽度值。

7. Hatch（影线设置）选项组

影线设置包括两部分，一为影线查看效果；二为影线方向设置。

在 View（查看）选项组中，Normal 为正常显示覆铜影线；No hatch 为不显示覆铜影线；See through 为影线以边框形式显示。3 种设置的铜箔影线效果如图 7-26 所示。

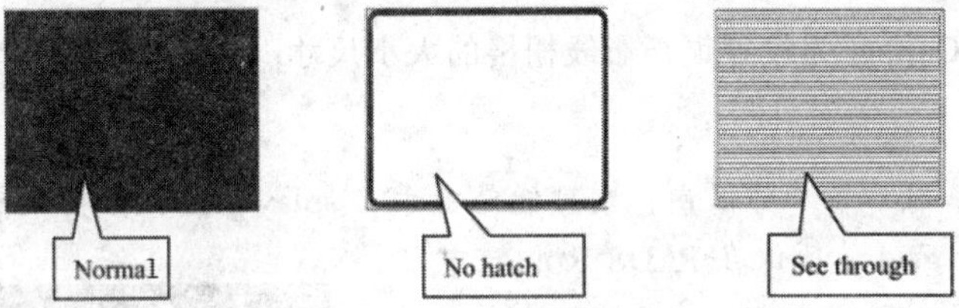

图 7-26　影线效果图

在 Direction（方向）选项组中，Orthogonal（水平）为设置水平线形式的影线方向；Diagonal（斜向）为设置斜线形式的影线方向；Reverse for keepout（在 Keepout 区反方向）复选框为在 Keepout 区使用与其他区域相反的影线方向。

8. Flood（覆铜设置）选项组

在该选项组中 Min. hatch area（最小铜箔区）为设置最小铜箔区的面积，单位是当前设计单位的二次方；Smoothing radius（圆滑半径）为设置覆铜拐角处的小圆角半径。

9. Display mode（显示模式）选项组

在该选项组中 Hatch outline（影线边框）为显示每一个影线的边框；Pour outline（覆铜边框）为显示覆铜边框。

7.1.8　Grids 选项卡设置

选择菜单中的 Tools→Options 命令，系统会弹出 Options 对话框，选择 Grids 选项卡，如图 7-27 所示。

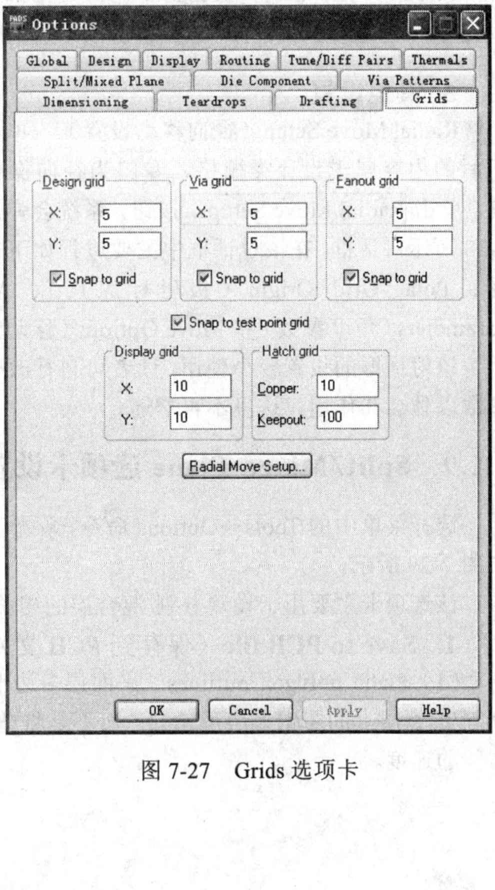

图 7-27　Grids 选项卡

栅格分为设计对象类栅格和显示类栅格两种。

设计对象类栅格（Grids for Design Objects）主要用于设置设计当中布线、移动等操作的最小距离，包括 Design Grid（设计栅格）、Via Grid（过孔栅格）和 Fanout Grid（扇出栅格）；显示类栅格即在当前设计工作区内显示的栅格，包括 Display Grid（显示栅格）和 Hatch Grid（影线栅格），主要用于衡量距离，辅助设计。

1. 设计对象类栅格

（1）Design grid　快捷命令为 GR <xx>。X 为栅格的 *X* 轴方向长度；Y 为栅格的 *Y* 轴方向长度；Snap to grid（对齐栅格）复选框为是否附着在栅格上。

（2）Via grid　快捷命令为 GV <xx>。X 为栅格的 *X* 轴方向长度；Y 为栅格的 *Y* 轴方向长度；Snap to grid（对齐栅格）复选框为是否附着在栅格上。

（3）Fanout grid　X 为栅格的 *X* 轴方向长度；Y 为栅格的 *Y* 轴方向长度；Snap to grid（对齐栅格）复选框为是否附着在栅格上。

2. 显示类栅格

（1）Display grid　快捷命令为 GD <x> {<y>}。X 为栅格的 *X* 轴方向长度；Y 为栅格的 *Y* 轴方向长度。

（2）Hatch grid　Copper 为设置铜箔影线栅格的大小尺寸；Keepout 为设置 Keepout 区影线栅格的大小尺寸。

注意：若没有栅格显示在工作区内，则可能是由于 Display grid 设置得太小或设置成 0 造成的。

Snap to test point grid 选项仅在 PADS Router 中发生作用。

Copper 是指铜箔；Keepout 是指禁止覆铜区。图中所指分别为 Copper 和 Keepout 的影线栅格距离，但是这两个选项中将 X 坐标与 Y 坐标合并为一项。

3. 其他设置

Radial Move Setup（径向移动设置）　单击该按钮后的内容属于设计类栅格，专门为径向操作而设置。单击 Radial Move Setup... 按钮，系统会弹出如图 7-28 所示对话框，在该对话框中主要进行如下 3 项设置：Polar Grid Origin（极坐标原点）、Angular Parameters（角度参数）和 Move Options（移动设置）。

该对话框的设置较少使用，读者可自行改变其中参数以体会其作用，这里不再赘述。

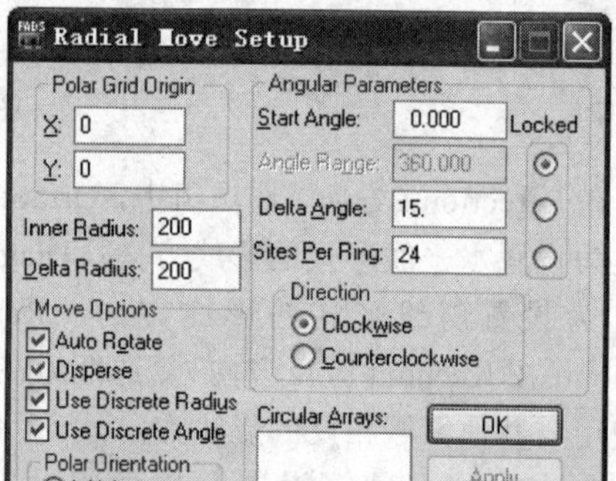

图 7-28　Radial Move Setup 对话框

7.1.9　Split/Mixed Plane 选项卡设置

选择菜单中的 Tools→Options 命令，系统会弹出 Options 对话框，选择 Split/Mixed Plane 选项卡，如图 7-29 所示。

该选项卡主要用于设置分割/混合层的相关参数。

1. Save to PCB file（保存到 PCB 文件）选项组

（1）Plane polygon outlines（平面层多边形轮廓）：若选择该选项，则保存当前设计时，只保存分割/混合层上的覆铜多边形轮廓，而不是将整个覆铜数据保存。这样可以节省存储空间，加快读取文件的速度。

（2）All plane data（所有平面层数据）：保存整个分割/混合层覆铜数据。选择该选项后，保存 PCB 设计时所占用的存储空间将增加，文件读取速度将变慢。

（3）Prompt to discard plane data（提示丢失平面层数据）：若选择该选项，则在选择 Plane Polygon Outlines 选项后，当保存当前 PCB 设计时会弹出 Discarding Plane Data 对话框。

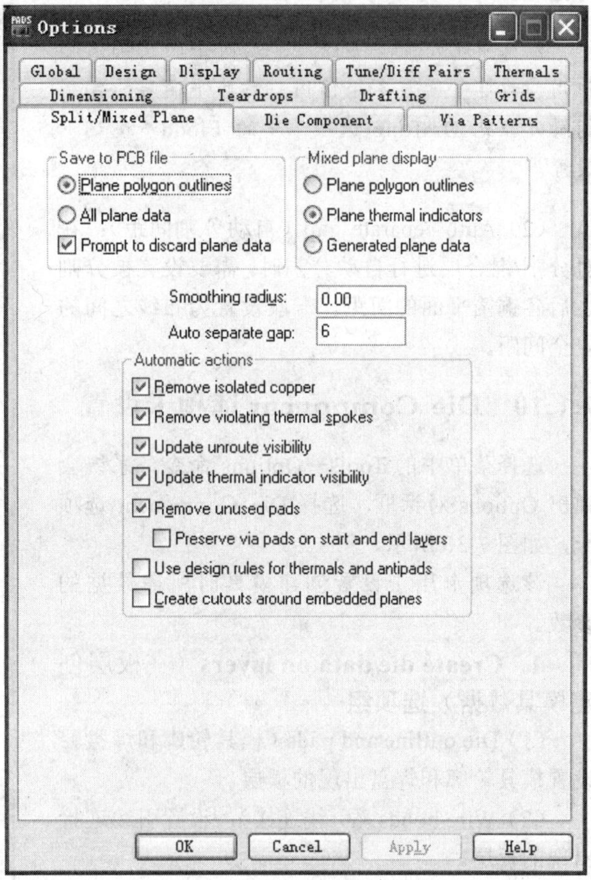

图 7-29　Split/Mixed Plane 选项卡

2. Mixed plane display（混合层显示）选项组

（1）Plane polygon outlines：选择该项后，则只显示平面层的多边形外框。

（2）Plane thermal indicators：选择该项后，则只显示热焊盘标志及连接线。

（3）Generated plane data：选择该项后，则显示平面层全部信息。

3. Automatic actions（自动动作）选项组

（1）Remove isolated copper（自动移除孤立的铜箔）：移除混合层中的孤立的（即不与任何网络连接的）铜箔。

（2）Remove violating thermal spokes（自动移除违背规则的热焊盘连接线）：当混合层上的热焊盘到铜箔的连接线违反了安全间距规则时，系统将自动移除对应的连接线。

（3）Update unroute visibility（更新鼠线的可见性）：当信号线与混合层存在连接时使鼠线不可见。

（4）Update thermal indicator visibility（更新热焊盘的可见性）：自动更新热焊盘的可见性。

（5）Remove unused pads（自动移走未使用的焊盘）：自动移走未使用的焊盘，用反焊盘代替。

（6）Preserve via pads on start and end layers（在开始和结束层保护过孔焊盘）：该选项是针对未使用的焊盘是盲孔或半隐藏孔进行设置的。选择该选项则当未使用的焊盘是盲孔或半隐藏孔时，不移出其起始层和结束层焊盘。

（7）Use design rules for thermals an antipads（热焊盘和反焊盘使用设计规则）：当进行灌铜操作连接平面层时，应用间距规则设置中的焊盘到铜箔的间距规则到热焊盘；应用间距规则设置中的钻孔到铜箔的间距规则到反焊盘。

（8）Create cutouts around embedded planes（创建铜箔挖空区嵌入平面层）：使用该选项创建铜箔挖空区嵌入平面层。

4. 其他设置

（1）Smoothing radius（圆滑半径）：该选项用于当对分割/混合层覆铜时，自动圆滑处理各个分割区域多边形轮廓的拐角。其值越大，拐角圆滑半径越大；其值为 0 时，表示不对铜箔拐角进行圆滑处理。

注意：此处圆滑半径值，只对平面层铜箔起作用，对非平面层不起作用。对非平面层的铜箔圆滑处理见 Drafting 选项卡中的 Flood（覆铜）设置。

（2）Auto separate gap（自动分割间距）：在对分割/混合层进行自动分割时，需要设置被分割之后各铜箔平面的间距。一般设置为布线之间的安全间距。

7.1.10 Die Component 选项卡设置

选择菜单中的 Tools→Options 命令，系统会弹出 Options 对话框，选择 Die Component 选项卡，如图 7-30 所示。

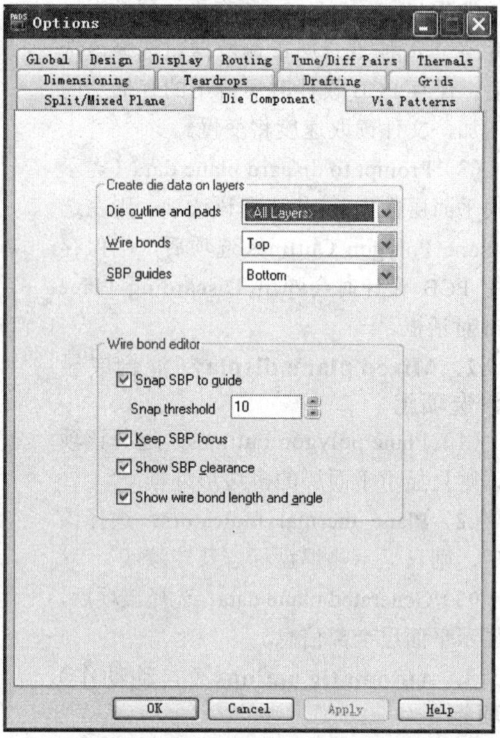

图 7-30 Die Component 选项卡

该选项卡用于设置创建模具时所需数据的参数。

1. Create die data on layers（在板层创建模具数据）**选项组**

（1）Die outline and pads（模具轮廓和焊盘）：设置模具轮廓和焊盘出现的板层。

（2）Wire bonds（引线连接）：设置引线连接出现的板层。

（3）SBP guides（SBP 向导）：设置 SBP 向导出现的板层。

2. Wire bond editor（引线连接编辑器）**选项组**

该选项组包括 Snap SBP to guide（使 SBP 对齐向导）、Keep SBP focus（保持 SBP 焦点）、Show SBP clearance（显示 SBP 间距）和 Show wire bond length and angle（显示引线连接长度和角度）四个选项。

Die Component 选项卡中的内容这里不再详述，有兴趣的读者可以参见 Help 菜单。

7.1.11 Via Patterns 选项卡设置

选择菜单中的 Tools→Options 命令，系统会弹出 Options 对话框，选择 Via Patterns 选项卡，如图 7-31 所示。

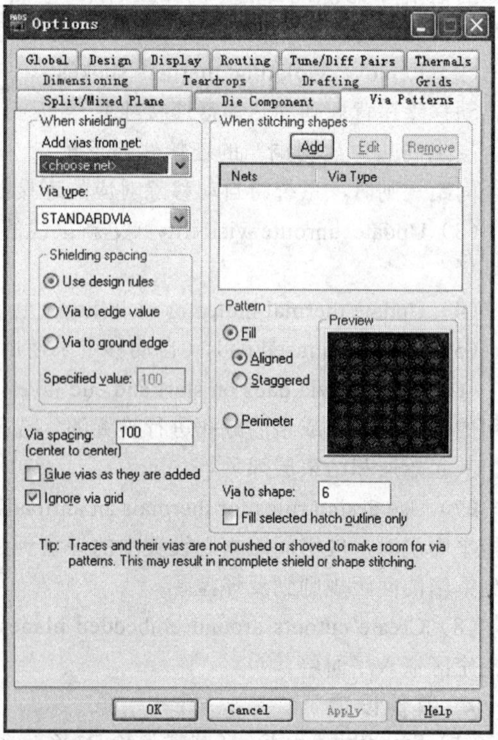

图 7-31 Via Patterns 选项卡

该选项卡用于设置缝纫过孔和保护过孔的相关参数。

1. When shielding（保护过孔）选项组

（1）Add vias from net（从网络中添加）：选择保护过孔所属的网络。

（2）Via type（过孔类型）：选择保护过孔的类型。

（3）Shielding spacing（防护间隔）：设置此项要先选中下面的 Ignore via grid 复选框，否则过孔附着在过孔栅格上。Use design rules（应用设计规则）为应用设计规则中关于过孔到保护对象之间的距离规定；Via to edge（过孔到边缘距离）定义不同于设计规则中的过孔到布线或铜箔的最小间距；Via to ground edge（过孔到地边缘距离）可以激活下面的 Specified value（给定值）框，可设定过孔到铜箔地的距离。

2. When stitching shapes（缝纫过孔）选项组

（1）Nets/Via type 表：将指定的网络通过指定的过孔类型缝纫到铜箔上。

（2）Pattern（模式）：Fill（填充模式）为用 Aligned（成行排列）或 Staggered（交错排列）模式填满区域；Perimeter（围绕模式）为将过孔排列在区域的周界上。

（3）Via to shape（过孔到区域边界距离）：指定过孔到区域边界的距离，取值范围为 0~1000mil。

7.1.12　Display 选项卡设置

选择菜单中的 Tools→Options 命令，系统会弹出 Options 对话框，选择 Display 选项卡，如图 7-32 所示。

该选项卡用于设置导线、过孔及引脚上显示网络名的相关显示参数，这是 PADS9.2 的新增功能，与 Display Colors Setup 中的新增功能 Show Net name on Traces/Vias/Pins 相对应。该选项卡可以设置显示文本的最小及最大字体，以及同一导线上网络名称的显示间距。

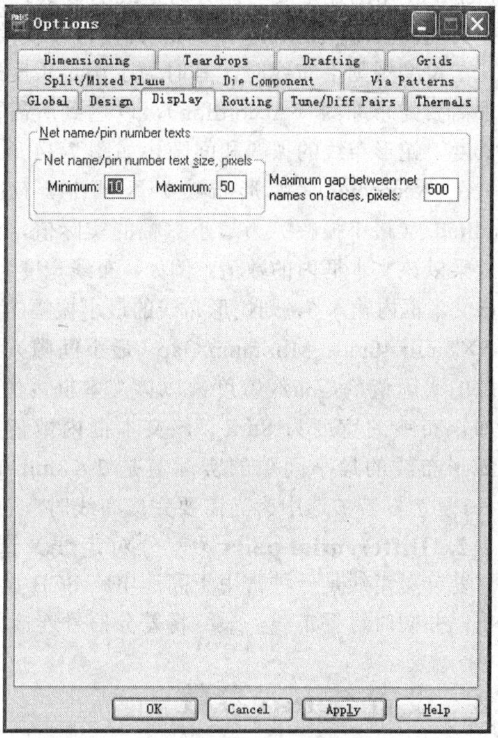

图 7-32　Display 选项卡

7.1.13　Tune/Diff Pairs 选项卡设置

选择菜单中的 Tools→Options 命令，系统会弹出 Options 对话框，选择 Tune/Diff Pairs 选项卡，如图 7-33 所示。该选项卡用于设置在 PADS

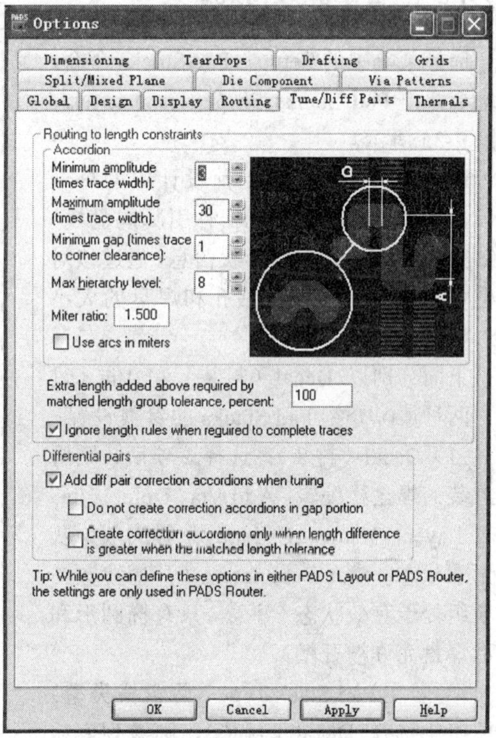

图 7-33　Tune/Diff Pairs 选项卡

Router 中使用的蛇形线与差分对走线的参数。

1. Routing to length constraints（长度约束下的布线）选项组

在长度规则下布线时，有时为了满足长度规则的要求需要蛇形布线（Accordion），以达到所需要的布线长度。蛇形布线的振幅和间隙，如图 7-34 所示。

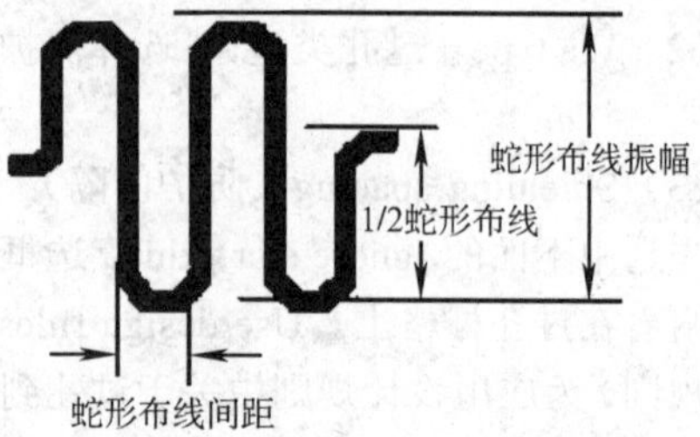

图 7-34　蛇形布线

在 Accordion（蛇形布线）区域中，Minimum amplitude（最小振幅）为最小振幅的实际值，是布线宽度乘以该文本框内的数值。例如，布线宽度为 8mil，在该文本框内输入 5，则蛇形布线的最小振幅的实际值是 5×8mil=40mil；Minimum Gap（最小间隙）为最小间隙的实际值，是布线宽度乘以该文本框内的数值。例如，布线的宽度为 8mil，该文本框内数值为 2，则蛇形布线的最小间隙的实际值是 2×8mil=16mil；Ignore length rules when reguired to complete traces 复选框若被选中为当需要完成布线时，忽略此长度规则。

2. Differential pairs（差分对走线）选项组

差分对走线是一种常用于高速电路 PCB 设计中差分信号的走线方法，将差分信号同时从源管脚引出，并同时进行走线，最终将差分信号连接到目标管脚位置，即差分走线的终点。

7.2　设置 Setup 参数

7.2.1　设置 Pad Stacks 参数

选择菜单中的 Setup→Pad Stacks 命令，系统会弹出 Pad Stacks Properties 对话框，如图 7-35 所示。

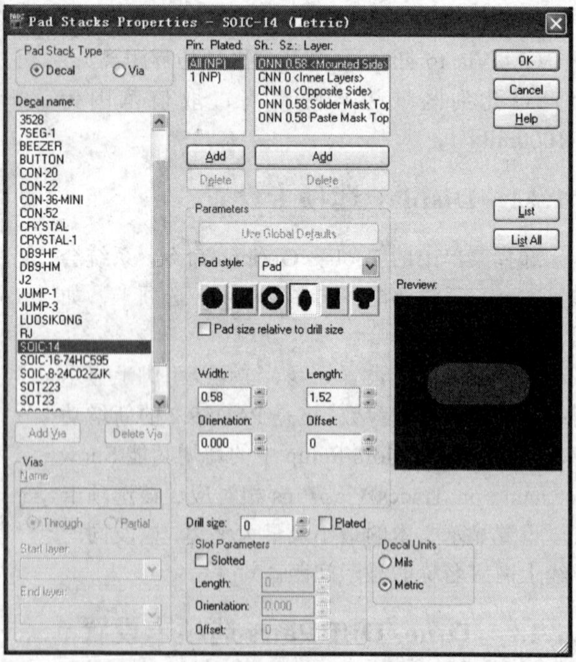

图 7-35　Pad Stacks Properties 对话框

该对话框显示的是当前设计中的每一个焊盘栈（包括过孔和元器件引脚焊盘栈）中钻孔和焊盘的大小和形状信息，通过该对话框可以编辑焊盘栈中钻孔和焊盘的大小和形状。

下面分别以 Decal（封装）和 Via（过孔）两种情况介绍 Pad Stacks 的参数设置。

（1）Decal（封装）：选择该项后，则进入封装的焊盘栈编辑。Add Via、Delete Via、Start Layer、Name、End Layer 等选项为灰色无效状态；Slot Parameters（开槽参数）选项组处于有效状态（注意，只有椭圆形和矩形焊盘允许被开槽）。

1）若在 Pad Stack Type（焊盘栈类型）选项组中选择 Decal（封装），则该列表显示当前设计中的所有封装名称供选择、编辑其焊盘栈。

2）Pin:Plated 显示 X（P）/X（NP），其中 X 表示将该封装中的引脚进行分类，以便进行整体同步编辑，例如，All（P）/All（NP）中的 All 表示将该封装中的所有引脚进行整体同步编辑；1.2（P）/1.2（NP）表示对①、②引脚进行整体同步编辑。

单击 Add 按钮，系统会弹出如图 7-36 所示 Add Pin 对话框，从中选择要添加的引脚的范围，如单击 Selected even 按钮，再单击 OK 按钮，则表示该封装中所有偶数引脚作为一类（具有相同的形式）可以同时进行编辑。

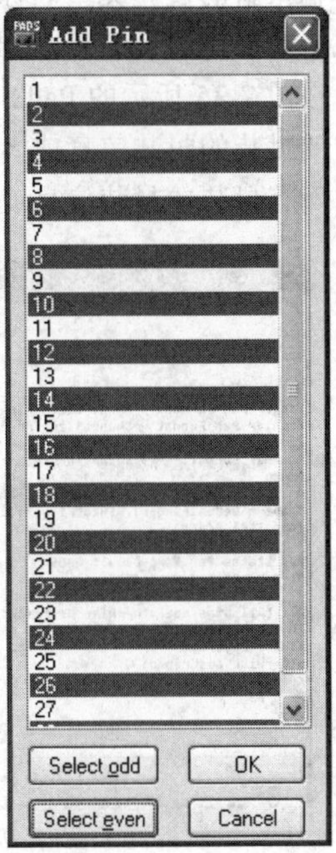

图 7-36 Add Pin 对话框

在 Pin:Plated 栏中，选择要删除的引脚类别，单击“Delete”按钮即可删除整体同步编辑分类。

3）Sh:Sz:Layer 显示该类别引脚焊盘栈在各层的形状大小。单击 Add 按钮，即可进行引脚焊盘栈层的添加；单击 Delete 按钮，即可删除在 Sh:Sz:Layer 栏中选择的引脚焊盘栈层。

4）在 Parameters 选项组区域中，Pad style 为焊盘风格选项，有 Pad 和 Thermal 可供选择。其中 Pad 为普通焊盘，有圆环形、奇异形、椭圆形、正方形、圆形、长方形焊盘可供选择，如图 7-35 所示，其中：

- ● 圆形焊盘
- ■ 正方形焊盘
- ◎ 圆环形焊盘
- 椭圆形焊盘
- 奇异形焊盘
- 矩形焊盘

Thermal 为热焊盘，有圆形、正方形两种焊盘形状可供选择。

不同的焊盘形状有不同的参数需要设置，如长度、宽度、直径等。Pad size relative to drill size 用于设置显示焊盘的尺寸时，是否是相对于钻孔的尺寸。例如，直径 60、钻孔 35 的焊盘，选择该项时则 Diameter 栏显示 25（60.35=25）。但是对于 SMDA 焊盘该项无效。

5）Drill size 用于设定焊盘钻孔的直径。

6）Plated 项用于设置钻孔是否镀金或 SMD 焊盘是否镀金。

7）Slot Parameters 为开槽参数选项组，其中，Length（长度）定义槽形钻孔的长度；Orientation（方位）定义槽形钻孔的方位（旋转角度）；Offset（偏置）定义槽形钻孔的中心点与整个焊盘的中心点的偏差。

（2）Via（过孔）：选择该项后，则进入过孔的焊盘栈编辑。Add Via、Delete Via、Start Layer、Name 和 End Layer 等选项为有效状态；Slot Parameters 开槽参数选项组为无效状态。

1）若在 Pad Stack Type（焊盘栈类型）选项组中选择 Via（过孔），则该列表显示当前设计中的所有过孔类型名称，供选择、编辑其焊盘栈。单击 Add Via 命令，可以增加新过孔类型，在 Name 编辑框中输入新过孔类型名称，单击 OK 按钮，则在过孔清单中显示其名字。如要删除过孔类型，则可以在过孔清单中选中要删除的过孔类型，单击 Delete Via 按钮，然后再单击 OK 按钮，即可删除过孔。

2）建立新的过孔类型。通过 Though（贯通孔）选项可以添加各种尺寸形状的贯通孔，作为新的过孔类型。通过 Partial（隐藏/半隐藏孔）选项可以添加各种尺寸形式的隐藏/半隐藏过孔类型。

在 Pad Stack Type（焊盘栈类型）选项组中选择 Via（过孔），单击 Add Via 按钮。在 Name 编辑框中输入新的过孔类型名称。在 Start layer 和 End layer 栏分别输入过孔的开始层和结束层。编辑焊盘风格的操作参考 Decal（封装）中的相关介绍。

在图 7-35 所示的 Pad Stacks Properties 对话框中，单击 List 按钮，可以产生 Decal 清单中被选定的封装的封装信息或者过孔信息报告，如图 7-37a 所示；单击 List All 按钮，可以生成当前设计中所有封装的封装信息或者过孔信息报告，如图 7-37b 所示。

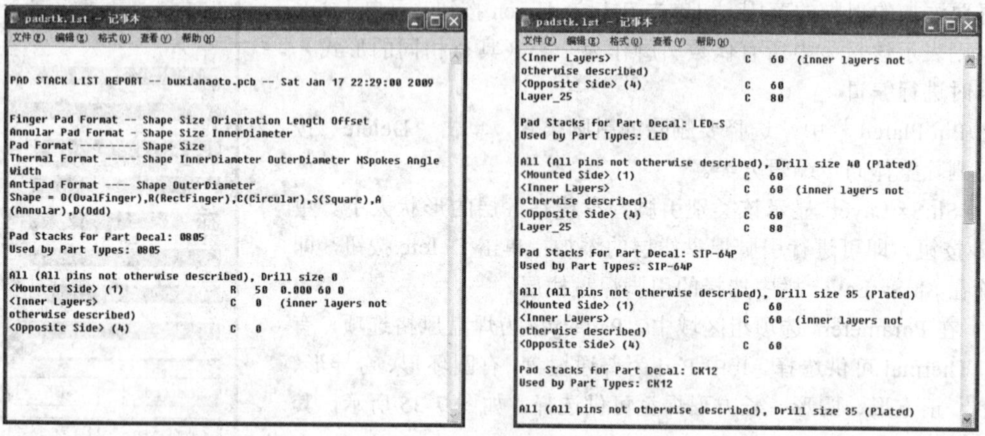

a）　　　　b）

图 7-37　信息报告

7.2.2　设置 Drill Pairs 参数

本节重点介绍 Drill Pairs（钻孔层对）中的钻孔概念，包括 Via（过孔）和 Pin（封装引脚）两部分。在定义过孔之前，需要先设置钻孔层对，通过钻孔层对的设置，来禁止没有在 Drill Pairs Setup 对话框中定义的层对之间定义和安装钻孔。注意，当用户不在 Drill Pairs Setup 对话框中定义任何钻孔层对信息时，PADS 允许在任意层对之间定义和安装钻孔。

下面结合图形介绍 Drill Pairs（钻孔层对）的设置。

（1）单击图 7-38a 中的 Add 按钮，则 Drill Pairs Setup 对话框中增加一行编辑框，如图 7-38b 所示。

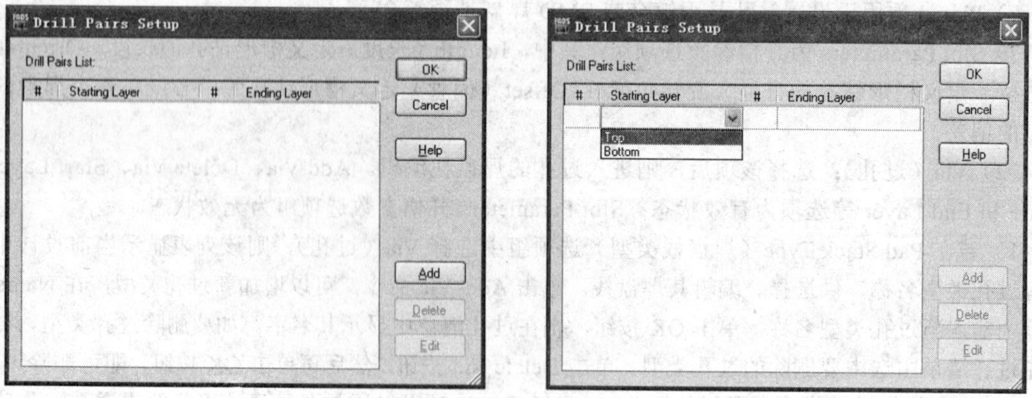

a）　　　　b）

图 7-38　Drill Pairs Setup 对话框

（2）双击 Starting Layer 下方的空白框，则会出现下拉菜单，选择其中顶层作为钻孔开始层，在 Ending Layer 下拉菜单中选择底层作为钻孔结束层。单击编辑栏下方空白处，该钻孔层对设置结束，如图 7-39 所示。注意，开始层和结束层不能定义成同一层。设置好各个 Drill Pairs 参数后，单击 OK 按钮结束 Drill Pairs 参数设置。

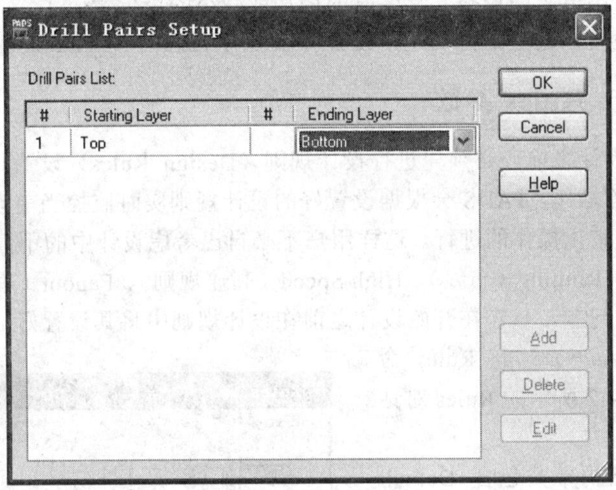

图 7-39　钻孔层对设置

7.2.3　设置 Jumpers（Single Layer Jumpers）参数

PADS 允许在布线过程中随时添加跳线。用户可以在布线过程中或选定布线后，单击鼠标右键，在弹出菜单中选择 Add Jumper 命令，添加跳线，如图 7-40 所示。若添加跳线之前没有进行跳线参数设置，则 PADS 会按默认参数设置添加跳线。添加跳线之后，也可以选择菜单中的 Setup→Jumpers 命令，系统会弹出如图 7-41 所示 Jumpers 对话框，在该对话框中进行跳线参数的设置。

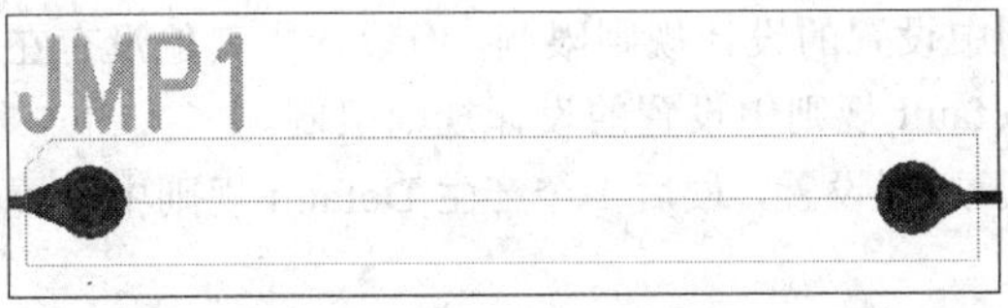

图 7-40　Jumper（跳线）效果图

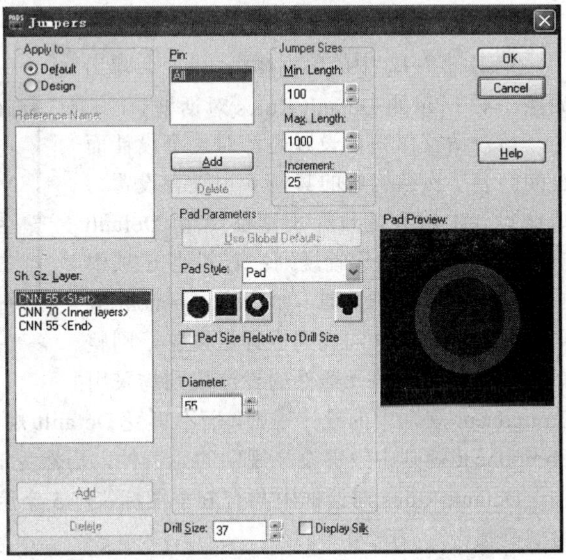

图 7-41　Jumpers 对话框

（1）当选择 Apply to 区域中的 Default 选项时，对默认跳线参数进行修改。

（2）当选择 Apply to 区域中的 Design 选项时，对当前设计中存在的跳线进行参数修改设置。

（3）在 Jumper Sizes（跳线尺寸）选项组中，Min.Length（最小长度）为设置允许添加的跳线最小长度；Max.Length（最大长度）为设置允许添加的跳线最大长度；Increment（增量）为设置添加跳线时，在最大值与最小值之间调整其长度时的增加或减小的单位量。

跳线的其他参数设置，这里不再赘述，读者可以参考 7.2.1 节中 Pad Stacks 参数的设置方法。

7.2.4 设置 Design Rules 参数

在开始一个 PCB 设计之前，必须先进行设计规则（Design Rules）设置，在设定好的规则之下进行 PCB 布局、布线等操作。PADS 会根据设置好的设计规则实时监控当前设计，当违反设计规则时 PADS 会给出警告或禁止操作的进行。这样用户不必自己考虑设计中的不同 Hierarchy（层次）的 Clearance（安全间距）、Routing（布线）、High Speed（高速规则）、Fanout（扇出）和 Pad Entry（焊盘进入方式）等方面的问题，只需在开始设计之前在设计规则中将其设置好。

选择菜单中的 Setup→Design Rules 命令，系统会弹出如图 7-42 所示的 Rules 对话框。

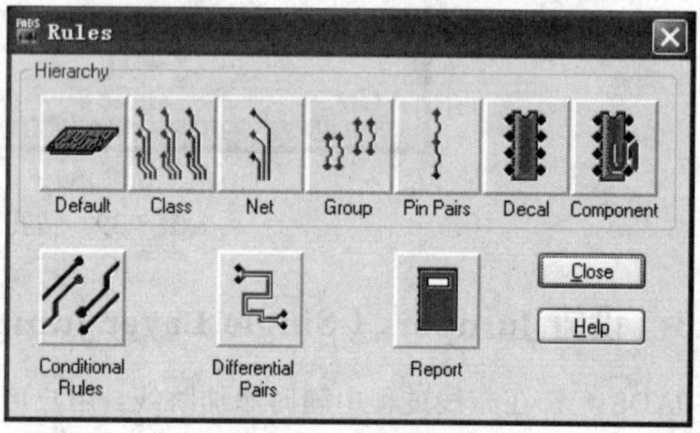

图 7-42 Rules 对话框

设计规则的层次结构中共包含 Default（默认）、Class（类）、Net（网络）、Group（组）、Pin Pairs（引脚对）、Decal（封装）和 Component（元器件）7 个层次结构，优先级依次升高，其中 Default 中规则设置优先级最低，Component 中规则设置最高。另外，还有 Conditional Rules（条件规则）和 Differential Pairs（差分对规则）。

下面将逐一进行介绍。

1. Default（默认）

单击图 7-42 中的图标，系统会弹出如图 7-43 所示的 Default Rules 对话框。

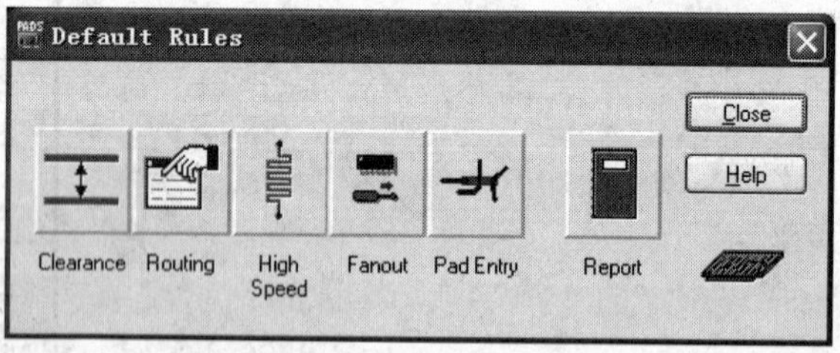

图 7-43 Default Rules 对话框

该对话窗口中的设置是针对整个设计而言的。若层次结构中的其他 6 项没有设置，则在设计中所有的设计规则都使用 Default Rules 对话框中的设置规则；若其他 6 项中的任何一项设置了规则，如在 Component 规则中对某一元器件的规则进行了设置，则整个设计中的关于该元器件的设计规则均采用 Component 规则中的设计规则，而不再受 Default 规则中设置的设计规则限制，但设计中其他没有在 Component 规则中设置设计规则的元器件，仍然受 Default 规则中设置的设计规则限制。

Default Rules 对话框中共有 6 个图标，前 5 个用于规则设置，最后 1 个产生 Default 规则中设置的规则报告。

（1）Clearance（间距）设置　单击图 7-43 中的图标，系统会弹出如图 7-44 所示的 Clearance Rules：Default rules 对话框。

1）Same net（同一网络）选项用来设置同一网络中两个对象之间边缘到边缘的安全间距。

2）Trace width（布线宽度）选项用于设置设计工程中的布线宽度。Maximum（最大值）为改变布线宽度时不能大于的最大值；Minimum（最小值）为改变布线宽度时不能小于的最小值；Recommended（推荐值）为在实际布线中以推荐值为准布线。

3）在 Other（其他）选项组中，Drill to Drill 为两个钻孔边缘之间的最小距离；Body to Body 为两个元器件边缘之间的最小距离。

4）Clearance（间距）选项组中列出了 PADS 中存在的所有对象，两个对象交错的空格中的数值代表两个对象之间的安全间距。例如，现在要将 Via 和 SMD 之间安全间距设置成 8mil，则在处于第 4 行、第 2 列的文本框内输入 8 即可（前提是 Options 中单位设置为 mil）。

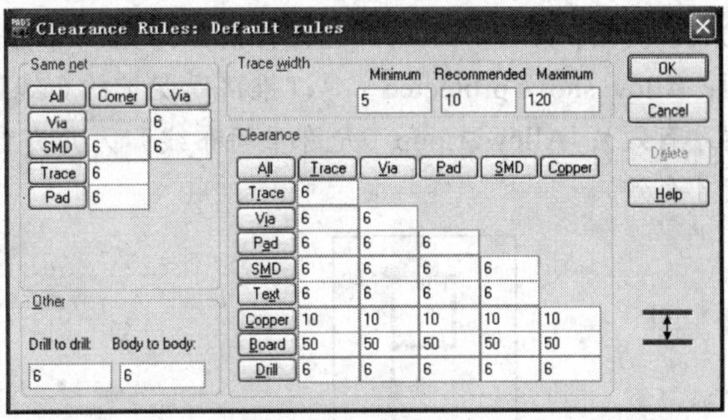

图 7-44　Clearance Rules：Default rules 对话框

（2）Routing（布线）设置　单击图 7-43 中的图标，系统会弹出如图 7-45 所示的 Routing Rules：Default rules 对话框。

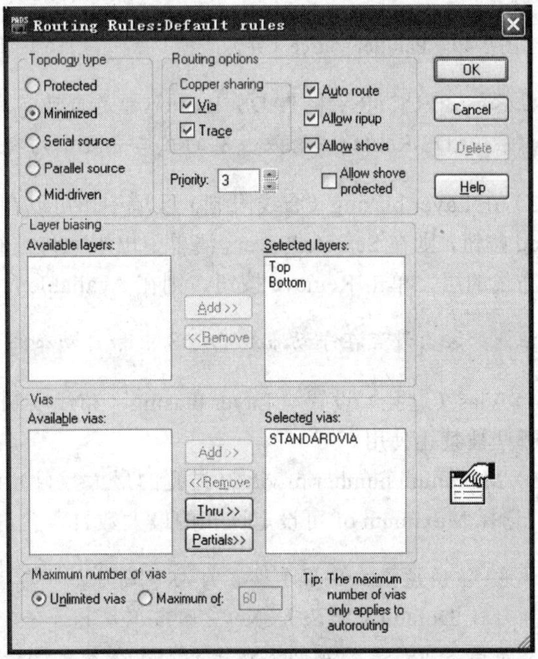

图 7-45　Routing Rules：Default rules 对话框

1）在 Topology type（拓扑类型）选项组中，Protected 为保护类型，如图 7-46 所示；Minimized 为长度最小化类型，如图 7-47 所示；Serial source 为串源类型，如图 7-48 所示；Parallel source 为并源类型，如图 7-49 所示；Mid-driven 为中间驱动类型，如图 7-50 所示。

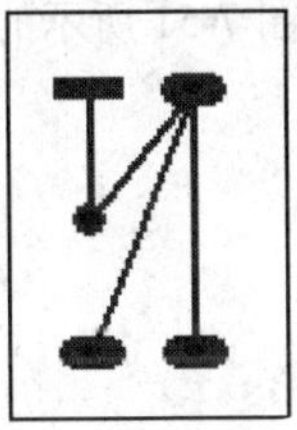

图 7-46　Protected（保护类型）

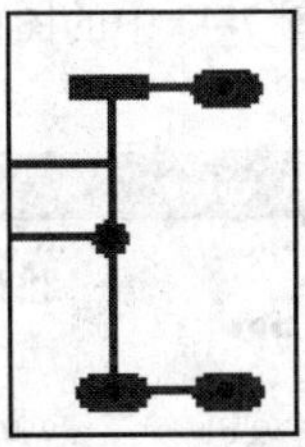

图 7-47　Minimized（长度最小化类型）

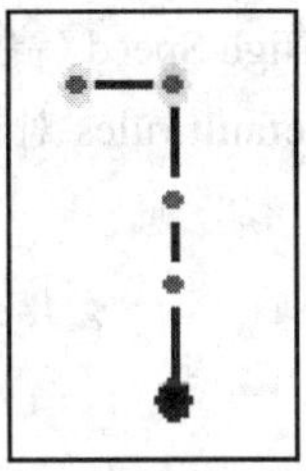

图 7-48　Serial source（串源类型）

2）在 Routing options（布线选择）选项组中，Via（过孔）为允许 PADS Router 将过孔与其他对象分享；Trace（布线）为允许 PADS Router 将布线与其他对象分享；Priority（优先级）为在

SPECCTRA 布线器中各网络的优先级；Auto route（自动布线）为允许 PADS Router、SPECCTRA 自动布线网络；Allow shove（允许推挤）为允许自动布线器推挤非受保护的布线，为其他布线提供空间；Allow shove protected（允许推挤受保护的布线）为允许自动布线器推挤受保护的布线（DRC 开启才有效）；Allow ripup（允许重新布线）为允许自动布线器重新布线已完成布线的网络（DRC 开启才有效）。

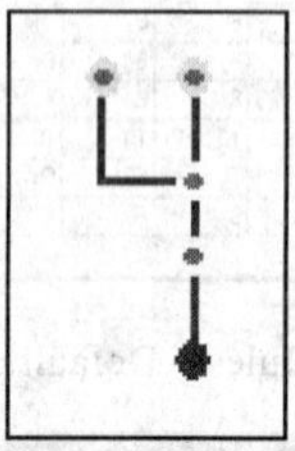

图 7-49 Parallel source（并源类型）

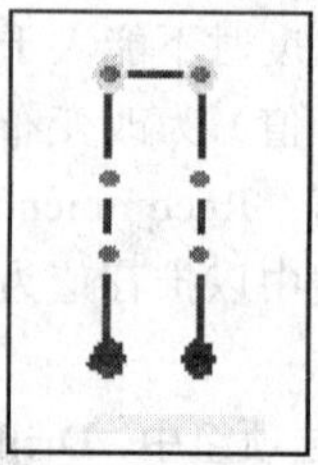

图 7-50 Mid-driven（中间驱动类型）

注意：SPECCTRA 和 PADS Router 都是自动布线器，以上设置有的只在 SPECCTRA 中有效，有的只在 PADS Router 中有效，有的在二者之中均有效。

3）在 Layer biasing（布线限制）区域中，可以在 Available layers 清单中选择需要布线的层，单击 Add 按钮，则在 Selected layers 清单中出现允许被布线的层名称。在 Selected layers 清单中选择要禁止布线的层，单击 Remove 按钮，则在 Available layers 清单中出现禁止被布线的层名称。

注意：该项设置在手动布线 PADS 中和自动布线 PADS Router 及 SPECCTRA 中均起作用。

4）Vias（过孔）设置与 Layer biasing（布线限制）设置思路一致，用来设置哪些过孔可以被使用，哪些被禁止使用。

5）Maximum number of vias（过孔的最大数目）设置。若不想限制过孔的数目，选择 Unlimited vias；选择 Maximum of 可设定过孔的最大数目，允许设置的范围为 0～50000。

注意：该项设置主要用于设置自动布线时允许自动布线器添加的过孔的最大数目这一硬性规则。该选项只在 Default（默认）、Net（网络）、Class（类）的设置当中为可以设置的有效状态，其他情况下显示为不可设置的灰色无效状态。在交互布线和设计验证时检查该项设置。

6）Delete 按钮功能对 Default（默认）设置无效，仅用于其他层次结构的设置规则的移除，如取消被选择的网络、引脚对、组、类的规则设置。

（3）High Speed（高速规则）设置　单击图 7-43 中的图标，系统会弹出如图 7-51 所示的 HiSpeed Rules：Default rules 对话框。

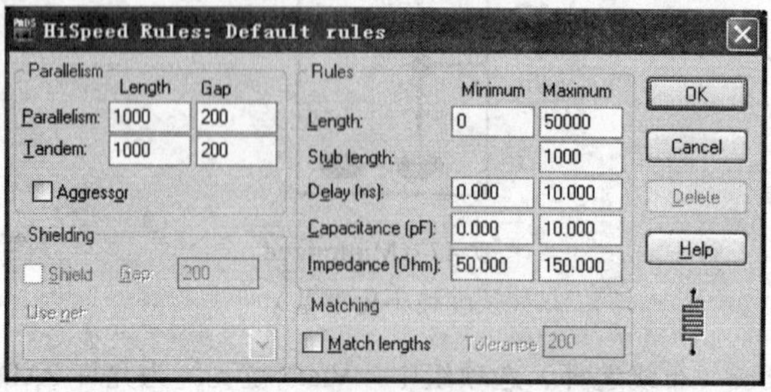

图 7-51 HiSpeed Rules：Default rules 对话框

1）在 Parallelism（平行度）选项组中，Parallelism 用于设置在同一层面内相互平行的布线的平行延伸长度及其间距；Tandem 用于设置在不同层面内相互平行的布线的平行延伸长度及其间距；选择 Aggressor 复选框，则在使用 EDC 时一个网络或引脚对被当作 Source of Interference（干扰源）。

注意：若在 HiSpeed Rules：Default rules 对话框和 Conditional Rules：Default rules 对话框中都设置了 Parallelism 和 Tandem 规则，则以 Conditional Rules：Default rules 对话框中的设置为准。

2）Shielding（屏蔽）选项组　为了屏蔽指定网络免受电磁干扰，有的布线器可以自动使布线连接平面层。

Shielded：首先选定该项，选择 Shielding（屏蔽）功能，使 Gap、Use net 项有效。

Use net：在该清单中选择用来屏蔽指定网络的网络。

Gap：设置 Shielding（用来屏蔽指定网络的网络）与 Shielded（指定的被屏蔽网络）的间距。

注意：若没有平面层则该选项组设置无效。PADS 不自动连接 Shielding 网络与 Plane Layer（平面层）。PADS 不检查该项规则设置。

3）在 Rules（规则）选项组中，Length 用来设置布线长度范围；Stub length 用来设置分支布线长度；Delay 用来设置延时，单位为 ns；Capacitance 用来设置布线之间的寄生电容大小，单位为 pF；Impedance 用来设置布线的阻抗，单位为Ω。

4）Matching（匹配）选项组用于设置一组信号线布线的长度匹配。例如，差分对信号需要进行长度匹配，使时钟信号延迟一致。所谓匹配就是使一组信号线的长度尽可能一致。

选择 Match lengths 复选框则 PADS 对成组的信号布线进行匹配；Tolerance 项内数值代表允许的匹配误差。

（4）Fanout（扇出规则）设置　单击图 7-43 中的图标按钮，系统会弹出如图 7-52 所示的 Fanout Rules：Default rules 对话框。

该对话框的设置既可在 PADS 中进行，也可在 SPECCTRA 和 PADS Router 等自动布线器中进行，但该设置只用于自动布线器中。该规则设置主要针对 SMD（表面贴装元器件）封装的元器件。所谓扇出是指在 SMD 元器件的焊盘上添加一小段布线或铜箔，以方便布线。扇出的典型结构是一个或多个布线片断连接一个 SMD 封装的元器件的焊盘到一个可以与其他层相连的过孔。

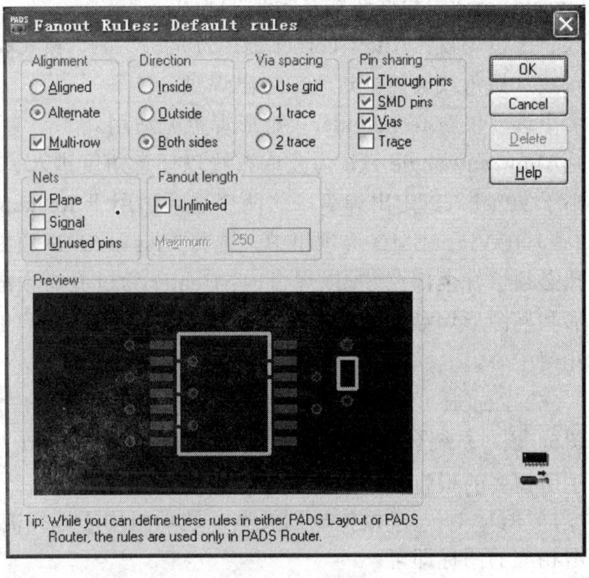

图 7-52　Fanout Rules：Default rules 对话框

1）Alignment 选项组中，Aligned 项可以使在元器件内侧（外侧）的扇出过孔横向、纵向均按队列方式排列；Alternate 项可以使扇出过孔排列围绕一中线左右摇摆；Multi-row 项只在选择 Alternate 时有效，使扇出过孔排成一列或多列。

2）在 Direction 选项组中，Inside 项使扇出过孔全部在元器件边框内侧；Outside 项使扇出过孔全部在元器件边框外侧；Both sides 项使扇出过孔在元器件边框两侧均可。

3）Via spacing 选项组中，Use grid 为扇出过孔被放置在 Options 中设置好的扇出栅格上；1 trace 为一线宽，可以使自动布线器在相邻两列扇出过孔之间布一根线；2 trace 为两线宽，可以使自动布线器在相邻两列扇出过孔之间布两根线。

4）Pin sharing 选项组的部分设置如图 7-53 所示。

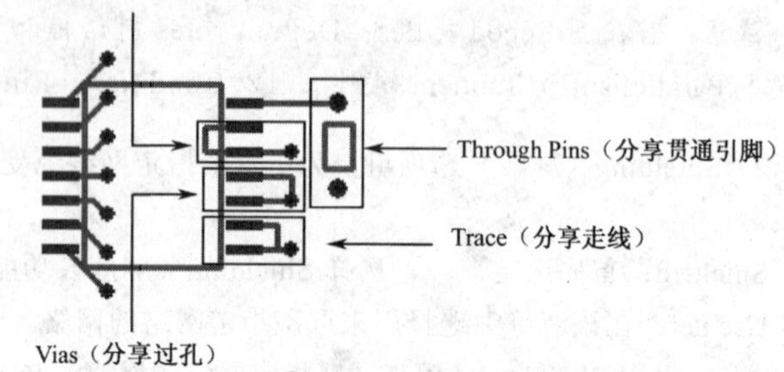

图 7-53　Pin sharing 选项组设置

5）Nets 选项组用于设置哪些网络可以创建扇出。Plane 可以为属于平面层的引脚创建扇出；Signal 可以为属于信号网络的引脚创建扇出；Unused pins 可以为不属于信号、平面层网络的引脚创建扇出。

在 Fanout length（扇出长度）选项组中，若选择 Unlimited 复选框则表示不限制扇出长度；若不选择 Unlimited 复选框，则需要在 Maximum 栏内输入最大允许的扇出长度。

（5）Pad Entry（布线进入焊盘）设置　单击图 7-43 中的图标，系统会弹出如图 7-54 所示的 Pad Entry Rules: Default rules 对话框。

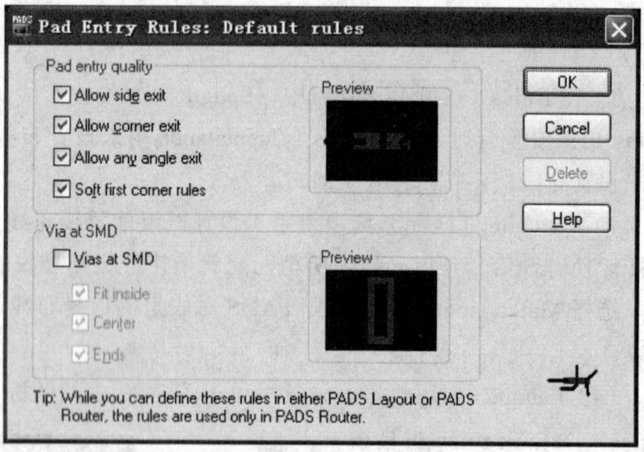

图 7-54　Pad Entry Rules：Default rules 对话框

1）在 Pad entry quality 选项组中，Allow side exit 为允许布线从矩形的长边进入、走出焊盘；Allow corner exit 为允许布线从拐角或圆弧处进入、走出焊盘。这两个选项仅对 rectangular（矩形焊盘）适用。

Allow any angle exit 为允许布线以任意角度进入、走出焊盘；Soft first corner rules 为允许布线略小于 90°进入、走出焊盘。这两个选项适用于 Rectangular（矩形焊盘）和 Round（圆形焊盘）。

2）在 Via at SMD 选项组中，选择 Vias at SMD 项则允许在 SMD 焊盘上放置过孔。Fit inside 为过孔必须恰好全部在 SMD 焊盘内；Center 为过孔必须放置在 SMD 焊盘的几何中心；Ends 选项对于矩形和椭圆形焊盘来说，过孔必须放置在 SMD 焊盘的末端；对于圆形和方形焊盘，则必须放置在其几何中心。

（6）Report（定义报告）设置　该项用来产生用户定义的各种设计规则的报告。单击图 7-43 中的图标，系统会弹出如图 7-55 所示的 Rules Report 对话框，用户可以通过其中不同按钮的组合，产生所需要的报告。

1）Rule types（报告规则类型）选项组用于选择需要报告的规则类型。用户根据自己的需要，单击相应的图标即可。

2）在 Output（输出）选项组中，Rule sets 为报告当前层次结构中不同于默认规则的全部规则；Rule values 为报告当前全部规则的所有值，即使这些值与默认规则中的一样。

3）在输出对象选择区域中有 6 类输出对象可供选择：Pin pairs（引脚对）为选择需要按选定规则类型报告的引脚对；Groups（组）为选择需要报告的组；Components（元器件）为选择需要报告

的元器件；Nets（网络）为选择需要报告的网络；Classes（类）为选择需要报告的类；Decals（封装）为选择需要报告的封装。

2. Class（类）

Default 规则中的参数设置，主要是针对整个设计而言的，即在层次结构中没有进行其他设置（优先级更高的规则）时均使用 Default 规则。但是，在实际设计中，可能要针对某些网络、引脚对、元器件和封装等进行特殊的设置，此时 PADS 将忽略 Default 规则中的设置。

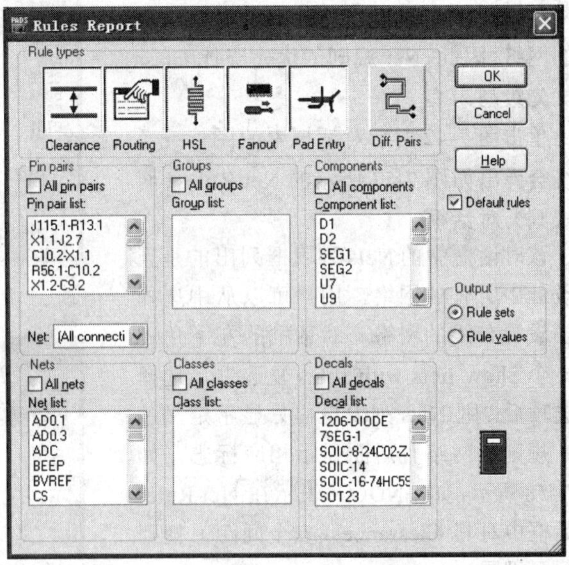

图 7-55　Rules Report 对话框

不管是网络还是引脚对，当它们具有相同的设计规则时，就可以把其归为一类。具有相同设计规则的某些网络，在 PADS 中被称为 Class（类）；具有相同设计规则的某些引脚对，在 PADS 中被称为 Group（组）。可以给每一类、每一组设置布线规则。

本小节将要讲述 Class（类）规则的设置。单击如图 7-42 所示对话框中的图标，系统会弹出 Class Rules 对话框，如图 7-56 所示。

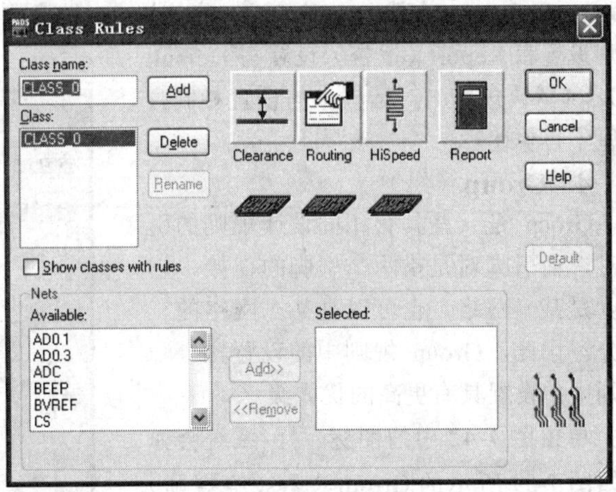

图 7-56　Class Rules 对话框

若之前没有建立过任何类，则需要先添加类。用户可以根据需要设置多个类，然后对每个类设置不同的布线规则。如果类的布线规则和默认的布线规则发生冲突，则以类的布线规则为准，这也反映了层次结构中优先级的高低。类的创建过程如下。

（1）在 Class Rules 对话框的 Class name 文本框中输入新的类名，默认的类名为 CLASS_0。

（2）单击 Add 按钮后，PADS 将弹出确认窗口。确认后，在 Class 列表框中会出现一个类 CLASS_0，如图 7-56 所示。

（3）选择新添加的类 CLASS_0，从 Class Rules 对话框左下角的 Available 列表框中选择要组成一个类的网络。Available 列表框列出了当前设计中的所有网络，在还没有选择任何网络时，刚刚建立的 CLASS_0 为空的类，不包含任何网络。

（4）从 Available 列表框中选择所有要添加到类 CLASS_0 中的网络，单击 Add 按钮，则步骤（3）中选中的网络就出现在 Selected 列表框中。Selected 列表框中列出了类中所包含的全部网络。

（5）完成类的建立后，就可以对这个类进行布线规则的设置了。在 Class Rules 对话框中的 Clearance（安全间距）、Routing（布线）、HiSpeed（高速）规则设置和 Report（报告）设置与本节中 Default 的设置相同，只不过设置的对象是针对具体的对象——类，而不是针对整个设计。

3. Net（网络）

与 Class 规则设置不同之处在于，Class 规则设置的对象是一组具有相同设计规则的网络，而 Net 规则设置的对象是每个单独的网络。因此，Net 规则的优先级比 Class 的优先级高。

单击图 7-42 所示对话框中的图标，系统会弹出如图 7-57 所示的 Net Rules（网络规则）对话框。

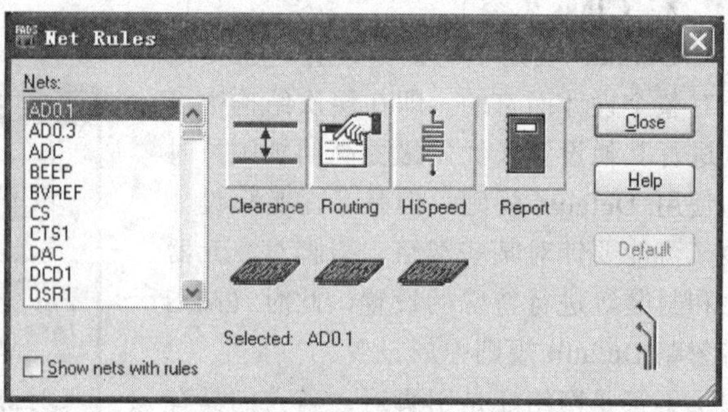

图 7-57 Net Rules 对话框

该对话框中的 Nets 列表框列出的是当前设计中所有的网络，用户可以从中选择需要设置布线的网络。对话框的左下角还有一个 Show nets with rules 复选框，选择该选项后，则 Nets 列表框内只显示定义过设计规则的网络且后面显示相应标志，如图 7-58 所示，如 GND（C）表示在 Net Rules 对话框中对其 Clearance（安全间距）规则进行了设置。

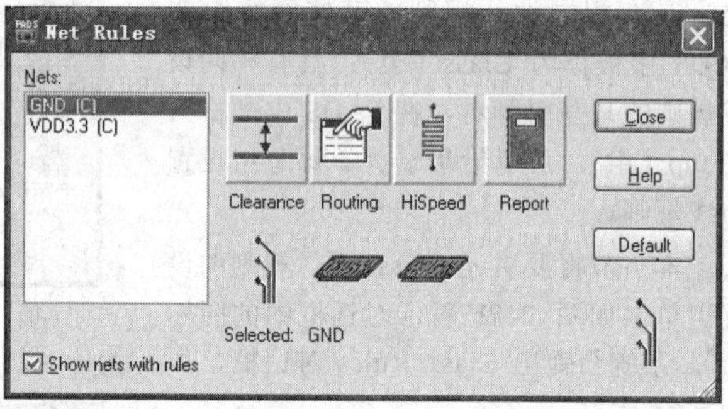

图 7-58 选择 Show nets with rules 选项

Net Rules 对话框中的 Clearance（安全间距）、Routing（布线）、HiSpeed（高速）规则设置和 Report（报告）设置与 Default Rules（默认规则）对话框中的设置相同，这里不再赘述。

4. Group（组）

Group 是一些具有相同设计规则的引脚对，而引脚对是指两个引脚的连接，它可以是某一网络，也可以是某一网络的一部分。因此，Group 规则中的设置比 Net 规则中的设置具有更高的优先级。

单击图 7-42 中的图标，系统会弹出如图 7-59 所示的 Group Rules（组规则）对话框。

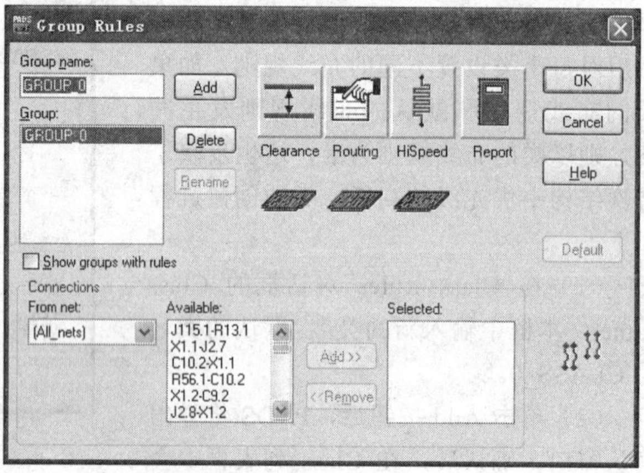

图 7-59 Group Rules 对话框

若没有组存在，首先需要新建一个组。新建组的操作与 Class 的新建方式类似，步骤如下。

（1）在 Group Rules 对话框的 Group 文本框中输入新的组名，默认的组名为 GROUP_0。

（2）单击 Add 按钮后，PADS 将弹出确认窗口。确认后，在 Group 列表框中会出现一个组 GROUP_0。

（3）选择新添加的组 GROUP_0。从 Group Rules 对话框左下角的 Available 列表框中选择要组成一个组的引脚对。Available 列表框列出了当前设计中的所有引脚对，为了方便查找某个引脚对，

Group Rules 对话框的左下角多了一个 From net 下拉列表，其中列出了当前设计中的所有网络。选择某一网络后，Available 列表框中只显示所选网络中的引脚对。

（4）单击 Add>> 按钮，则步骤（3）中选中的引脚对就出现在 Selected 列表框中。Selected 列表框中列出了组中所包含的全部引脚对。

（5）添加完需包含在该组中的引脚对后，单击 OK 按钮，完成该组的建立。

完成一个组的建立后，用户就可以对这个组进行布线规则的设置了。在 Group Rules 对话框中的 Clearance（安全间距）、Routing（布线）、HiSpeed（高速）规则设置和 Report（报告）设置与本节中 Default Rules（默认规则）的设置相同，这里不再赘述。

5. Pin Pairs（引脚对）

Pin Pairs（引脚对）规则设置的对象是某一引脚对，而 Group（组）规则设置的对象是具有相同设计规则的引脚对，前者比后者具有更高的优先级。

单击图 7-42 中的图标，系统会弹出如图 7-60 所示的 Pin Pair Rules（引脚对规则）对话框。

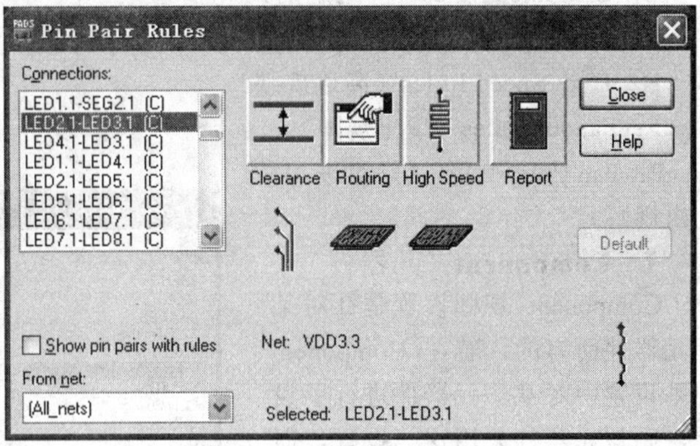

图 7-60 Pin Pair Rules 对话框

Pin Pair Rules（引脚对规则）对话框中的 Clearance（安全间距）、Routing（布线）、HiSpeed（高速）规则设置和 Report（报告）设置与 Net Rules（网络规则）对话框中的设置相同，这里不再赘述。

6. Decal（封装）

Decal 规则设置是针对某一元器件的封装而言的，若在 Decal 规则设置中对某一封装进行了设置，则在整个设计中所有具有相同封装的元器件都采用这一设置。

单击图 7-42 中的图标，系统会弹出如图 7-61 所示的 Decal Rules（封装规则）对话框。

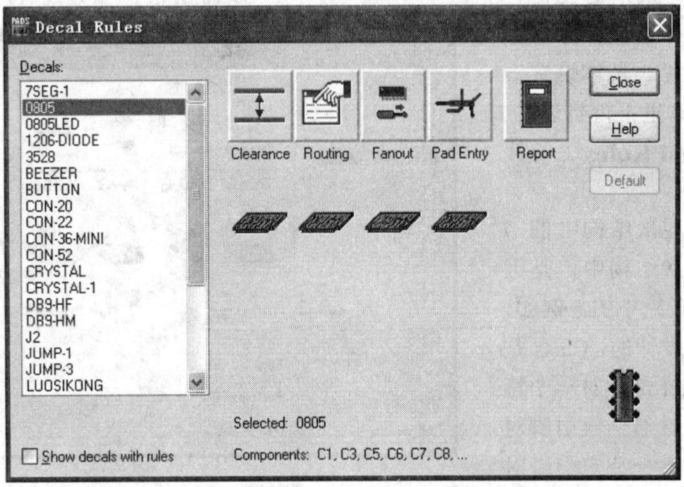

图 7-61 Decal Rules 对话框

Decal Rules（封装规则）对话框中的 Clearance（安全间距）、Routing（布线）、Fanout（扇出）、Pad Entry（布线进入焊盘）规则设置和 Report（报告）设置与 Default Rules（默认规则）对话框中的设置相同，这里不再赘述。

注意：如图 7-61 所示，在图标下方均对应显示图标，表示该项设置采用默认规则设置。与之同理，若显示图标，则表示采用相应其他规则。

如图 7-62 所示的下拉菜单中，选中 DIP8 封装，在按钮下显示按钮，表示 DIP8 封装的元器件设置了 Decal Rules 中的 Clearance 规则。DIP8 封装后面显示（C）也表示设置了 Decal Rules 中的 Clearance 规则。与之同理，若封装后显示不同的字母及字母组合，代表设置了相应规则。如：

C：Clearance Rules（间距规则）
R：Routing Rules（布线规则）
H：High Speed Rules（高速规则）
F：Fanout Rules（扇出规则）
P：Pad Entry Rules（焊盘进入、走出规则）

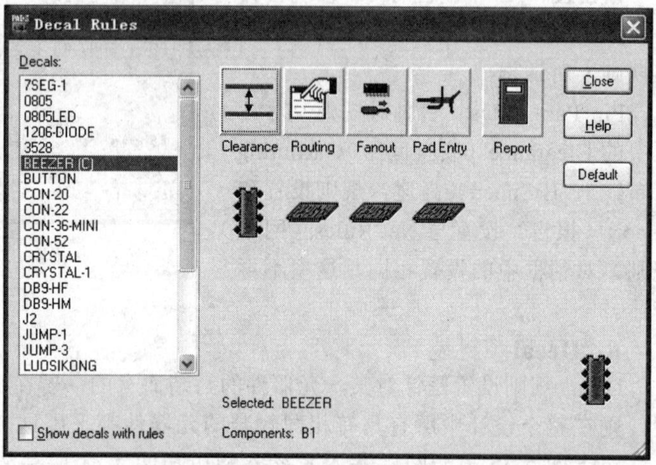

图 7-62　Decal Rules（封装规则）对话框

7. Component（元器件）

Component 规则设置是针对某一元器件而言的，若在 Component 规则设置中对某一元器件进行了设置，则该元器件采用这一设置，而忽略层次结构中其他级别的规则设置。

单击图 7-42 中的图标，系统会弹出如图 7-63 所示的 Component Rules（元器件规则）对话框。

在该对话框左侧的 Components 栏中显示当前设计中的所有元器件名称，用户可以从中选择任意元器件进行各项规则设置。具体设置方法参考以上各节，这里不再赘述。

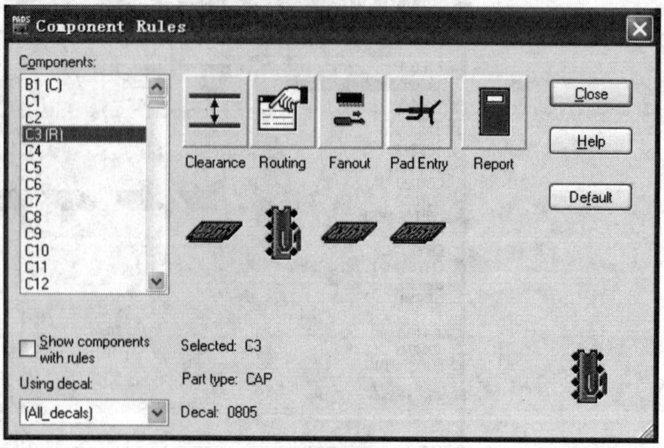

图 7-63　Component Rules 对话框

8. Conditional Rules（条件规则）

之所以说前述层次结构中的 7 类设置处于一个层次结构中，是因为它们的范围是逐渐缩小的。例如，Default 是针对整个设计的；Class 是针对一组网络的；Net 是针对一个特定网络的；Group 是针对一组引脚对的；Pin Pairs 是针对某一特定引脚对的；Decal 是针对一组具有相同封装的元器件的；Component 是针对某一特定元器件的。规则设置的对象越具体，优先级就越高。

单击如图 7-42 中的图标，系统会弹出如图 7-64 所示的 Conditional Rule Setup（条件规则）对话框。

（1）Source rule object（源规则对象）设置选项组　在设置条件规则时，首先需要指定源规则对象。该选项组一共提供了 5 个类别供选择，用户需先确定对象所属的类别。

（2）Against rule object（相对规则对象）设置选项组　在设置条件规则时，还需要设置相对规则对象。该选项组的设置与 Source rule object（源规则对象）选项组设置方法相同。

（3）Apply to layer（规则应用的板层）选项　该选项用于设置规则应用的板层。若相对规则对象是 Layers（板层），则该选项无效。

在完成以上 3 项设置后，Create 按钮被激活，单击该按钮可以创建源规则对象和相对规则对象之间的关系。

（1）Existing rule sets（已存在的规则设置）列表框　该列表框列出已经建立好的规则集。

（2）Current rule set（当前规则设置）选项组　该选项组用于对 Existing rule sets 列表框中的规则集进行 Clearance（安全间距）或 High Speed（高速）两个选项的设置。

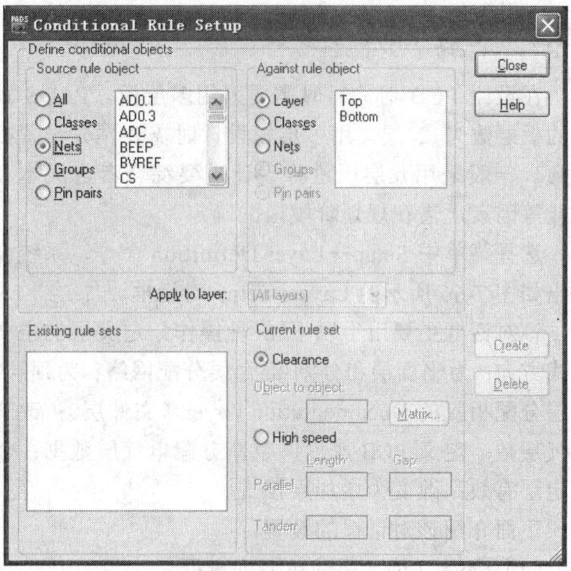

图 7-64　Conditional Rule Setup 对话框

9. Differential Pairs（差分对规则）

单击图 7-42 中的图标，系统会弹出如图 7-65 所示的 Differential Pairs（差分对）对话框。

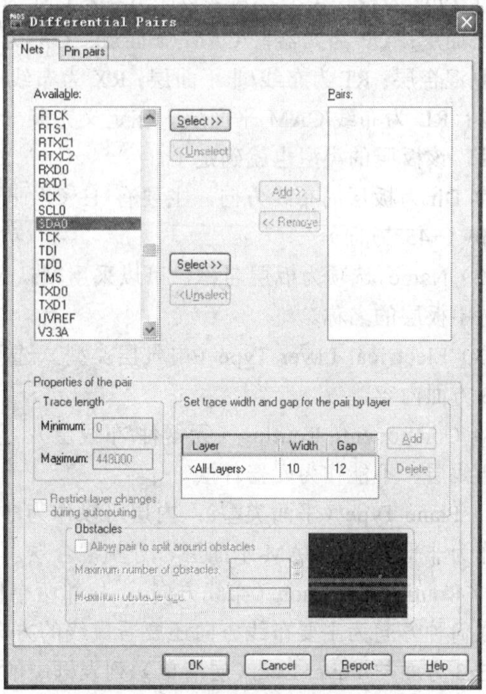

图 7-65　Differential Pairs（差分对）对话框

（1）在 Nets（网络）选项卡　Available（网络清单）列出了当前设计中全部的网络，供选择使用；Pairs（对清单）列出当前选择的欲建立差分对的两个网络；Minimum 为设置差分对布线的最小长度；Maximum 为设置差分对布线的最大长度；

Set trace width and gap for the pair by layer 区域为设置宽度和距离为差分对；Restrict layer changes during autorouting 复选框为限制在自动布线期间层变换；Allow pair to split around obstacles

复选框为允许差分对分裂围绕障碍物；Maximum number of obstacles 栏为允许的最大障碍物数量；Maximum obstacles size 栏为允许的最大障碍物尺寸。

（2）Pin pairs（引脚对）选项卡　该选项卡的设置与 Nets 选项卡的设置类似，这里不再赘述。

7.2.5　设置 Layers 参数

在设计 PCB 时，有时需要采用多层板。PADS 默认的板层数为 2 层，用多层板设计时需要预先设置板层数。一般采用几层板进行设计需要综合考虑成本和性能等因素，需在规划阶段斟酌确定。

选择菜单中 Setup→Layer Definition 命令，系统会弹出如图 7-66 所示的 Layers Setup 对话框。

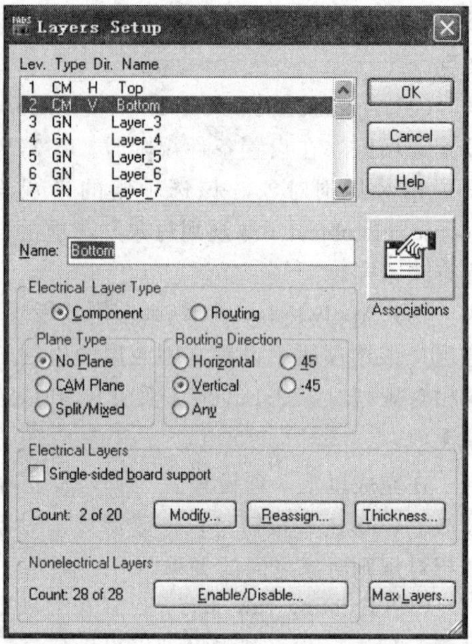

图 7-66　Layers Setup 对话框

该对话框主要用于以下 8 种操作：定义层的主要布线方向；为平面层和分割/混合层分配网络；为顶层、底层分配相应的 Documentation Layer（文件层）；改变电气层数；定义 PCB 厚度；重新分配电气层数据；使指定层有效；改变为增加层模式。

下面介绍该对话框的设置。

（1）Layer List（层清单）列表框

1）Lev.为板层序号，统一编号板层。

2）Type 为板层类型，包含以下 6 类：CM 为元器件/非平面层；CP 为元器件/CAM 平面层；CX 为元器件/分割混合层；RT 为布线/非平面层；RX 为布线/分割混合层；RL 为布线/CAM 平面层。在定义完某一层的属性后，该板层的类型也就确定了。

3）Dir.为板层的布线方向，主要有 H（水平方向）、V（垂直方向）、A（任意方向）、/（45°方向）和\（-45°方向）。

（2）Name 选项为板层名称，可以采用默认名称，也可自主编辑。该项的文本框用于输入自主编辑选中板层的名称。

（3）Electrical Layer Type（电气层类型）选项组用于设置板层的电气类型。所谓电气类型包含以下 3 方面内容。

1）Component/ Routing（元器件/布线层）：顶层和底层可以作为元器件层、布线层；内层可以作为布线层，不能作为元器件层。

2）Plane Type（平面类型）：内层可以作为非平面层、CAM 平面层、分割混合层；顶层和底层可以作为非平面层、CAM 平面层、分割混合层。

3）Routing Direction（布线方向）：相邻两个板层的布线方向，最好减少相互平行的布线；某一层选取何种方向为主要布线方向还要看鼠线的方向。若水平鼠线居多，则不宜采用垂直布线方向。

这 3 方面与 Layer List（层清单）列表框中的 Lev.、Type、Dir. 相对应。

（4）非电气属性的设置。单击图 7-66 中图标，系统会弹出如图 7-67 所示的 Component Layer Associations 对话框，设置 CX、CM、CP 类型的板层的非电气属性，为 CAM 输出设置关联文件层。

例如，为底层设置关联文件层。

通常将 Silkscreen（丝印层）、Paste Mask（锡膏层）、Solder Mask（阻焊层）、Assembly（装配

层）的底选项与底层设置成关联层。

单击图 7-66 中的 Enable/Disable... 按钮，系统会弹出 Enable/Disablc Layers 对话框，从中可以设置非电气层是否处于有效状态。非电气层的定义参见第 6 章中有关于层的划分章节。

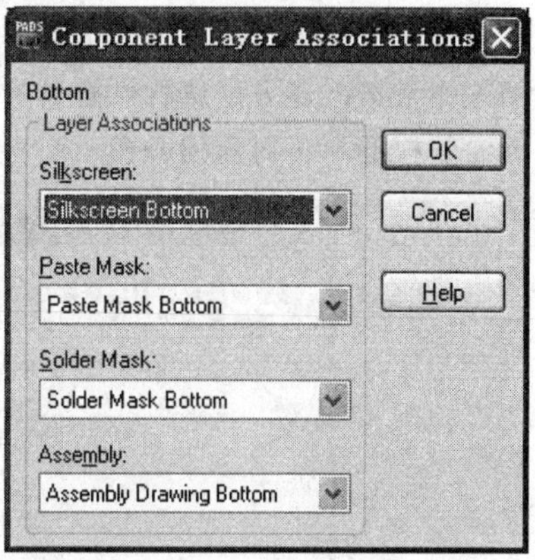

图 7-67　Component Layer Associations 对话框

（5）Electrical Layers（电气层选项组）用来改变板层数、重新定义板层序列号、改变板层的厚度及电介质信息。单击图 7-66 中的 Modify... 按钮，系统会弹出 Modify Electrical Layer Count 对话框，从中可以改变当前设计的板层数。单击 Reassign... 按钮，系统会弹出 Reassign Electrical Layers 对话框，从中可以将一个电气层的数据转移到另一个电气层。单击 Thickness... 按钮，系统会弹出如图 7-68 所示的 Layer Thickness 对话框，从中可以设置层的厚度和电介质的介电常数、厚度等信息。PCB 的结构如图 7-69 所示。

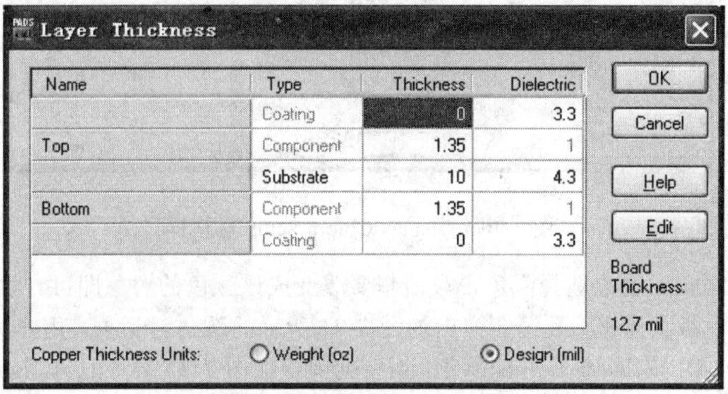

图 7-68　Layer Thickness 对话框

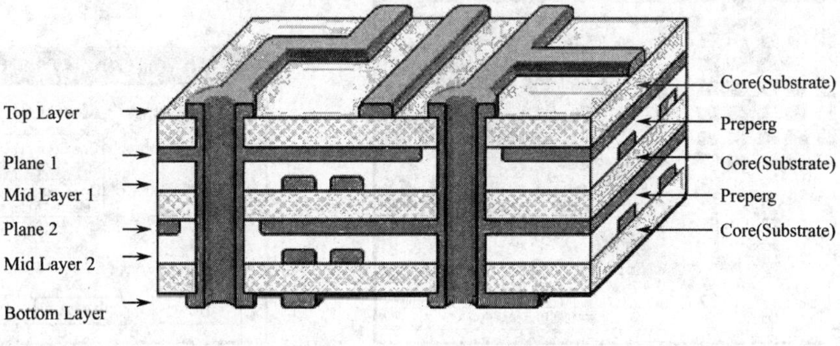

图 7-69　PCB 结构层次图

7.2.6　设置 Display Colors（显示颜色）及 Origin（原点）

1. Display Colors（显示颜色）的设置

显示颜色的设置直接关系到设计工作的效率。用快捷键 Ctrl+Alt+C 或执行菜单中 Setup→

Display Colors 命令，系统会弹出如图 7-70 所示的 Display Colors Setup 对话框。

该对话框用于设置当前设计中的各种对象的颜色及可见性。通过设置不仅为设计者提供适合自己习惯的工作背景，还方便选择性查看设计中的各种对象效果。

（1）设置板层中各对象的颜色

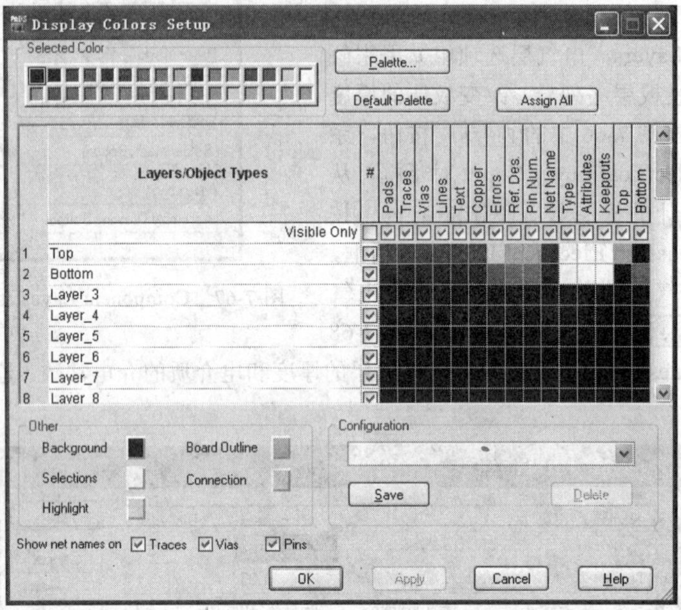

图 7-70 Display Colors Setup 对话框

1）在 Selected Color 栏中选择颜色，单击想要改变成该颜色的对象即可。也可以自定义颜色，单击 Palette…（调色板）按钮，系统会弹出如图 7-71 所示的颜色对话框，用户可以从中调配颜色。

2）单击 Assign All 按钮，统一分配颜色，系统会弹出如图 7-72 所示的 Assign Color to All Layers 对话框。

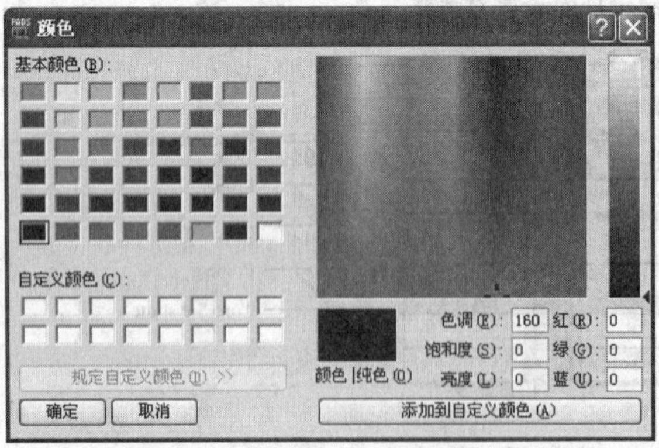

图 7-71 颜色对话框

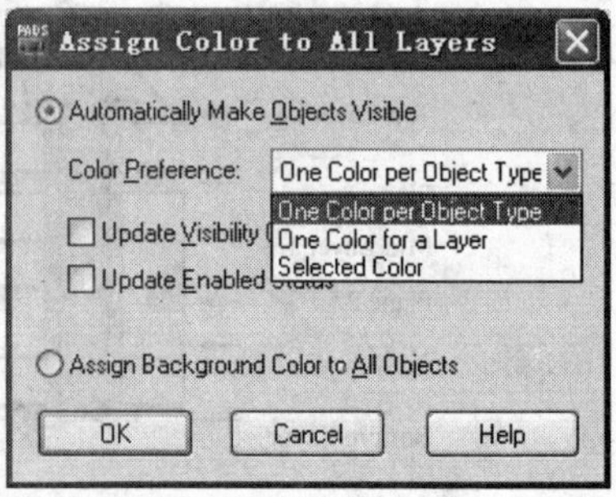

图 7-72 Assign Color to All Layers 对话框

Color Preference 栏目中包含 One Color per Object Type（每个对象为同一颜色）、One Color for a Layer（每一层为同一颜色）以及 Selected Color（设置为所选颜色）三个项目，其中 One Color per Object Type 与 One Color for a Layer 所设置的颜色为系统自动选择。Selected Color 正确使用的前提是在

Display Colors Setup 对话框中由 Selected Color 选定想要设置的颜色，然后单击确定按钮，即可将所有对象设置为选定的颜色。

3）Layers/Object Types 列表为一个以层为行，以对象为列的矩阵，每一个小方块所在的行说明它所在 PCB 的层数，所在的列说明它代表的是何种对象。

4）设置某一个对象的颜色。首先在 Selected Color 中选择想要设置的颜色，如果没有想要的颜色可以单击 Palette...（调色板）按钮打开如图 7-71 的颜色对话框进行颜色选择，然后单击 Layers/Object Types 列表中想要设置的对象即可。

5）设置所有层同一个对象为相同颜色。首先将鼠标光标移动到 Layers/Object Types 列表中对象的名称上，单击鼠标左键选中整列，然后单击 Selected Color 中想要设置的颜色即可。

6）设置同一层所有对象为相同颜色。首先将鼠标光标移动到 Layers/Object Types 列表中层名称左侧数字标号处单击鼠标左键，选中该层，然后单击 Selected Color 中想要设置的颜色即可。

（2）设置板层中各对象的可见性

1）设置显示某一层（对象），只要单击某一层（对象）复选框就可以实现该层的可见性切换。

2）设置显示某一层的某一对象，可以在 Selected Color 栏中选择与工作区背景颜色一致的颜色，单击要使之不可见的对象的颜色方块即可使之不可见；反之在 Selected Color 栏中选择与工作区背景颜色不一致的颜色，单击该对象的颜色方块使之可见。

3）点选 Layers/Object Types 列表中 Visible Only 后的复选框，列表中将会只显示经过颜色设置的，且已经设置可见性为可见的层。

（3）其他

1）在 Other 选项组中可以设置 Background（工作区背景）、Board Outline（板框）、Selections（被选中对象）、Connection（鼠线）和 Highlight（高亮对象）的颜色。在 Selected Color 栏中选择颜色，单击要改变为该颜色的对象即可。

2）Show net names on、Traces、Vias 和 Pins 功能是 PADS9.2 新增的功能，点选复选框以后，网络名将会显示到导线、过孔或者引脚之上，效果如图 7-73 所示。

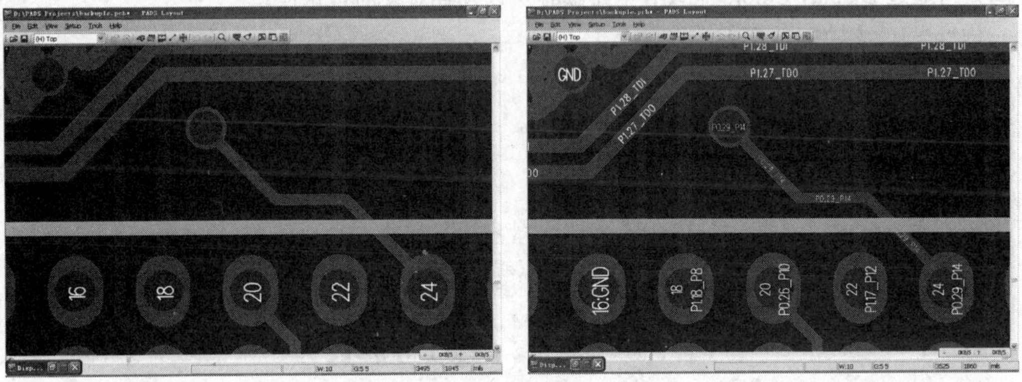

图 7-73　Show net names on 效果

能正确显示的前提是要设置 Layers/Object Types 列表中的 Net Name 为可见，且将其颜色设置为不同于走线过孔以及引脚的颜色。

3）保存颜色配置信息。单击 Display Colors Setup 对话框中的 Save 按钮，弹出 Save configuration 对话框，输入要保存的名字，单击 OK 进行保存，则该名称的配置将会显示到 Setup 菜单栏。例如，设置颜色为显示顶层，则保存配置命名为顶；设置颜色为显示底层，则保存配置命名为底；设置颜色为显示所有层，保存配置命名为 All Layers，则可以在 Setup 菜单看到如图 7-74 所示选项。这样做的好处是可以在设计中实时方便地通过打开 Setup 菜单来切换各层的显示，而避免每次都重新设置 Display Colors（显示颜色）的繁杂操作。

2. Origin（原点）的设置

PADS 的工作区的原点由一个白色的基准点表示，如图 7-75 所示。

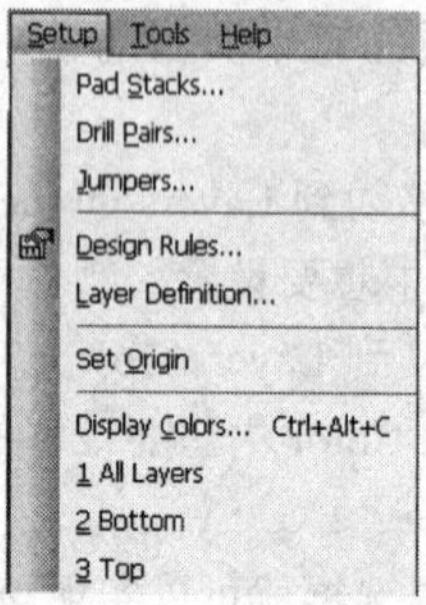

图 7-74 Setup 颜色配置

图 7-75 工作区原点

在创建新文件时，原点以中等放大的程度位于工作区的几何中心。改变原点位置的步骤如下。

（1）选择菜单中的 Setup→Set Origin 命令。

（2）在需要设置原点的位置单击鼠标左键，则原点被设置到鼠标单击的位置。

练 习 题

1. NC Drill 直径是由什么参数组成？NC Drill 直径与实际孔径有什么数量关系？
2. Drill Pairs 的设置有什么意义？
3. 层的设置中需要设置哪些参数？需要注意什么？
4. 如何通过 Display Colors 来设置电路板各层以及各对象的可见性？

第 8 章　PADS Layout 的基本操作

本章主要介绍：视图控制方法；PADS Layout 的 4 种视图模式；无模式命令和快捷键；循环选择（Cycle Pick）；过滤器基本操作；元器件基本操作；绘图基本操作。通过前面章节的学习，用户熟悉了 PADS Layout 的界面，从整体层次上了解了 PADS Layout。本章主要是让读者熟悉键盘和鼠标的操作，介绍 PADS Layout 的视图控制方法、鼠标右键过滤菜单的应用及绘图模式的基本运用。

8.1　视图控制方法

（1）基本缩放操作

1）单击工具栏中的图标或选择菜单栏中 View→Zoom 命令，或用快捷键 Ctrl+W 进行缩放操作，单击鼠标左键放大单击区域；单击鼠标右键则缩小单击区域。

2）按 Pgup 键放大光标所在的位置视图；按 PgDn 键则缩小光标所在的位置视图。

3）按住鼠标中键不放，向左上方或右上方拖动光标可放大视图；向左下方或右下方拖动光标则缩小视图。

4）按住 Ctrl 键不放，滚动鼠标滑轮，可放大或缩小光标所在位置的视图。

（2）单击工具栏中的图标或选择菜单栏中 View→Board 命令，或用快捷键 Home 键刷新当前设计，同时以边框为准全工作区域放大设计图。

（3）选择菜单栏中 View→Extents 命令，或用快捷键 Ctrl+Alt+E 刷新当前设计，同时以内容为准全工作区域放大设计图。

（4）单击工具栏中的图标，或按 End 键刷新当前设计图。

（5）移动滚动条（Scroll Bars）或使用三键鼠标的中键进行上、下、左、右移动视图。

8.2　PADS Layout 的 4 种视图模式

PADS 的视图模式分为边框视图模式、透明视图模式、负片视图模式和正常视图模式 4 种。读者可以根据需要选择合适的视图模式，以方便设计。

1. 边框视图模式

用户可以使用无模式命令 O 切换边框视图模式和正常视图模式。选择边框显示模式，则当前设计中的走线、过孔、焊盘、文本内容和板框（Board Outline 或 Board Cut Out）等，全部以边框形式显示，以此加快刷新速度。如图 8-1 所示为边框视图模式，图 8-2 所示为正常视图模式。

2. 透明视图模式

用户可以使用无模式命令 T 切换透明视图模式和正常视图模式。在透明视图模式下，用户可以看到不同层的走线，即可以看见被当前活动层挡住的走线或原件等对象，如图 8-3 所示。重叠部分将用由用户设定的走线颜色决定的第 3 种颜色加以区分；不使用透明视图模式将不显示重叠部分。

3. 负片视图模式

用户可以使用无模式命令 C 切换负片视图模式和正常视图模式。在负片视图模式下用户可以看到平面层的 Thermals（热焊盘）和 Anti.pads（反焊盘），如图 8-4 所示。

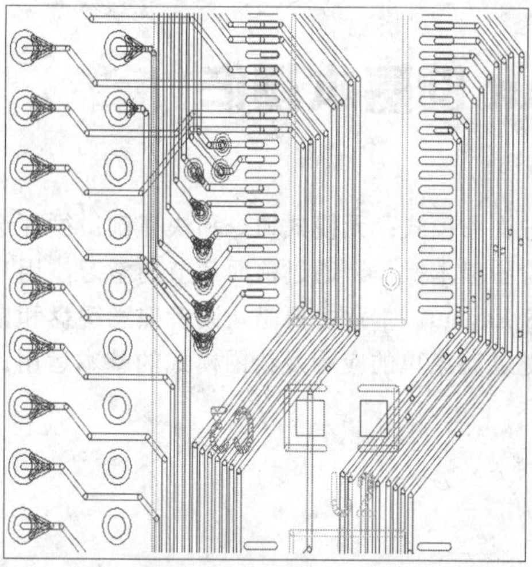

图 8-1　边框视图模式

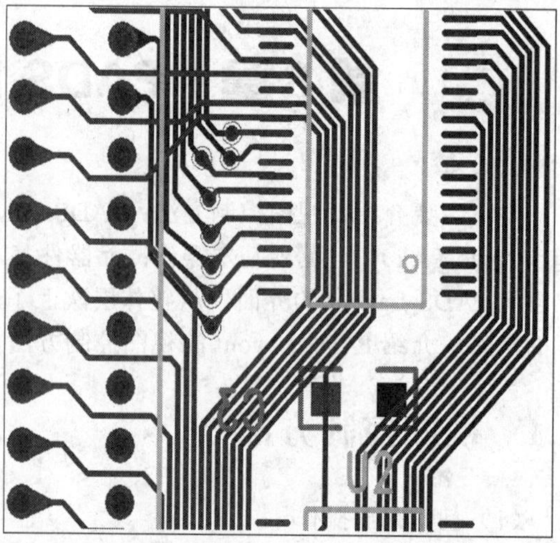

图 8-2　正常视图模式

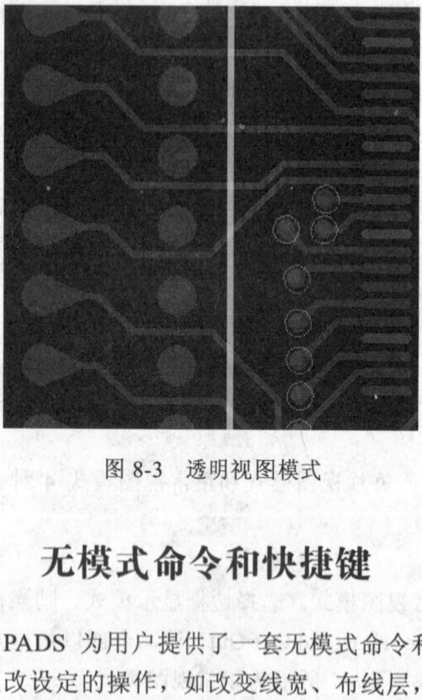

图 8-3　透明视图模式

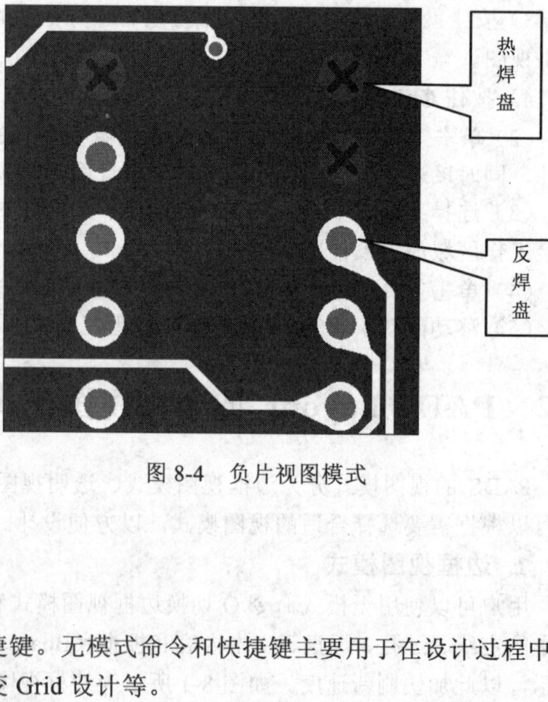

图 8-4　负片视图模式

8.3　无模式命令和快捷键

PADS 为用户提供了一套无模式命令和快捷键。无模式命令和快捷键主要用于在设计过程中频繁更改设定的操作，如改变线宽、布线层，改变 Grid 设计等。

无模式命令的操作方法为，从键盘上输入命令字符串，按照格式输入数值，然后再按 Enter 键即可。快捷键的操作方法是直接按下相应的按键组合。

例如，改变当前层时，只要从键盘上按下快捷键 L，然后输入新的布线层（如数字 2），按 Enter 键即可，操作非常方便。当用户具有一定的 PADS 使用经验时，无模式命令和快捷键将为设计带来许多方便。

1. 无模式命令

（1）全局设置命令

1）C　补充格式，在内层负片设计时用来显示 Plane 层的 Anti.pad（反焊盘）及 Thermal（热焊盘）。使用方法是，从键盘上输入 C 以补充格式显示，再次输入 C 去除补充格式显示。

2）D　打开/关闭当前层显示。使用方法是，从键盘上输入 D 来切换。建议设计时用 D 将 Display Current Layer Last 设置成 ON 状态。

3）DO　贯通孔外形显示切换。ON 时孔径高亮显示，焊盘则以底色调显示。使用方法是，从键盘上输入 DO 来切换。

4）E　布线终止方式切换，可在下列 3 种方式间切换：布线时按下 Ctrl 键，单击鼠标左键暂停走线时，走线以 No Via 方式终止；布线时按下 Ctrl 键，单击鼠标左键暂停走线时，走线以 Via 方式终止；布线时按下 Ctrl 键，单击鼠标左键暂停走线时，走线以 Test Point 方式终止。使用方法是，从键盘上输入 E 来切换。

5）I　数据库完整性测试，设计过程中发现系统异常时，可进行此测试。

6）L <n>　从当前层切换到第 *n* 层。<n> 可为数字或是名字，如 L 2 或 L top。

7）N<s>　用来让网络高亮显示，<s>为要显示的信号名。可以堆栈方式逐个显示信号，如 N GND 会高亮显示整个 GND 网络。

8）N　将会逐个去除所有的高亮信号。

9）O<r>　选择用外形线来显示焊盘与配线。

10）PO　自动覆铜外形线 On/Off 切换。

11）Q　快速测量命令。可以快速测量 dx，dy 和 d。注意，在精确测量时将状态框中的 Snaps to the design grid 取消。

12）QL　快速测量配线长度。可对线段、网络、配线对进行测量。测量方法是，首先选择线段、网络或者配线对，然后输入 QL 就会得到相关长度报告。

13）R <n>　改变最小实际显示线宽到 <n>。例如，输入 R 50，则当前设计中宽度小于 50 的走线，将以中心线形式显示，不显示实际宽度。

14）RV　在输出复用文件 Reuse 时，用于切换参数设定。

15）SPD　显示 Split/mixed Planes 层数据。该命令控制 Split/mixed Planes 参数对话框中的一个参数。

16）SPI　显示 plane 层的 thermal。该命令控制 Split/mixed Planes 参数对话框中的一个参数。

17）SPO　显示 Split/mixed Planes 层的外形线。该命令控制 Split/mixed Planes 参数对话框中的一个参数。

18）T　透明显示模式切换。在复杂 PCB 设计时很有用。

19）X　Text 文字外形线显示切换。

20）W <n>　改变线宽到 <n>，如 W 5。

（2）Grid 命令

1）G <x> {<y>}　Grid 全局设定，第二个参数为可选项。可同时改变设计与 Via Grid。例如，G25 或者 G25 25。

2）GD <x> {<y>}　屏幕上显示 Grid（栅格）设定。第二个参数为可选项，例如，GD25 25 或者 GD100。

3）GP　切换极坐标格点。极坐标格点在设计圆形元器件，或者元器件布局按极坐标方式放置时使用。

4）GP r a　极坐标下的元器件指定移动方式（r 为半径，a 为角度）。

5）GPR r　极坐标下的元器件指定移动方式，在角度不变时，改变到半径 r。

6）GPA a　极坐标下的元器件指定移动方式，在半径不变时，改变到角度 a。

7）GPRA da　极坐标下的元器件指定移动方式，在半径不变时，改变到当前角度 da。

8）GPRR dr　极坐标下的元器件指定移动方式，在角度不变时，改变到当前半径 dr。

9）GR <xx>　设计 Grid 设定，如 GR 8.1/3、GR 25 25 或 G 25。

10）GV <xx>　贯通孔 Via grid 设置，如 GV 8.1/3、GV 25 25 和 GV 25。

（3）检索命令

1）S <s>　检索元器件参照名或端子，如 S U1、S U1.1。

2）S <n> <n>　检索绝对坐标，如 S 1000 1000。

3）SR <n> <n>　检索相对坐标 X 与 Y，如 SR .200 100。

4）SRX <n>　检索相对坐标 X，如 SRX 300。

5）SRY <n>　检索相对坐标 Y，如 SRY 400。

6）SS <s>　检索并选中元器件参数名，如 SS U10。

注意：快捷命令中的空格非常重要，如 SS W1 与 S SW1 具有完全不同的含义。SS W1 是检索并选中 W1 这个元器件，而 S SW1 则是检索元器件 SW1。

7）SS <s>*　在检索命令中可以使用*号进行批处理选择。方法是在 SS 后输入空格，再输入要检索的字符名和*号，如 SS C*，可以选中所有以字母 C 开头的元器件。

注意：该命令在进行元器件布局时非常有用，如可以用 SS R*选中所有的电阻，然后选择右键弹出菜单中的 Move Sequential 命令来逐个移动元器件，进行布局。

8）SX <n>　保持 Y 坐标不变，移动到 X 的绝对坐标 n 处，如 SX 300。

9）SY <n>　保持 X 坐标不变，移动到 Y 的绝对坐标 n 处，如 SY 400。

10）XP　以像素而非线宽的方式来检索和选择配线。当拐角处的宽度小于线宽时，允许进行调整。

（4）角度命令

1）AA　任意角度。

2）AD　45°角度。

3）AO　直角。

4）UN <n>　用户设定 Undo 的次数。<n>是可选项，取值范围为 1～100，如 UN 2 的含义是只允许一次 Undo。

5）RE <n>　用户设定 Redo 的次数。<n>是可选项，取值范围为 1～100，如 RE 2 的含义是只允许一次 Redo。

（5）设计规则检查命令（DRC）

1）DRP　设置系统处于防止安全间距错误状态。

2）DRW　设置系统处于警告安全间距错误状态。

3）DRI　设置系统处于忽略安全间距错误状态。

4）DRO　关闭系统 DRC（注意，此时有些功能无法使用）。

（6）布线命令

1）E　布线终止方式切换，可在 3 种方式之间切换。

2）LD　快速设置当前层的布线方向，在水平与垂直布线层间切换。

3）L <n> <n>　设置布线层对，该处<n>可为层数或是层名。如 L　1　2 设置第一层和第二层为布线层对。

4）SH　推挤方式 On /Off 切换。

5）V <name>　选择过孔（Via）类型，如 V <STANDARTVIA>。

6）VA　自动过孔选择。

7）VP　选择使用半贯通孔（Partial Via）。

8）VT　选择使用贯通孔（Through Via）。

9）T　透明显示切换（在设计较复杂的 PCB 时很有用）。

（7）绘图相关命令（Drafting Objects）

1）HC　设定为画圆形模式。

2）HH　设定为画不封闭的线段模式。

3）HP　设定为画多边形模式。

4）HR　设定为画长方形模式。

（8）与鼠标动作相关的命令

1）M　与鼠标右键具有相同功能，打开当前状态下的快捷命令菜单。

2）Spacebar（空格键）　与鼠标左键有相同功能。可以用来对当前光标处的对象进行选择、完成和追加拐角等操作。

（9）其他命令

1）?　打开英文帮助文件。

2）BMW　创建宏命令。

3）BLT　实行基本的 Log 测试。

4）F <s>　快速打开文件，<s>为文件路径与文件名。

2. 快捷键

（1）File 类快捷键

1）Ctrl+N　创建新文件。

2）Ctrl+O　打开文件。

3）Ctrl+S　保存当前设计文件。

（2）Edit 类快捷键

1）Ctrl+Z　取消操作（Undo）。

2）Ctrl+Y　恢复操作（Redo）。

3）Ctrl+E　移动操作（Move）。

4）Ctrl+H　高亮操作（Highlight）。

5）Ctrl+U　反高亮操作（Unhighlight）。

6）Ctrl+Alt+F　打开过滤器（Filter）。

7）Tab　循环选择（Cycle）。

8）Alt+Enter　打开选定对象属性对话框（Properties）。

（3）View 类快捷键

1）Ctrl+W　进入缩放模式（Zoom）。

2）Ctrl+Alt+E　以内容为准显示（Extents）。

3）Home　以边框为准显示（Board）。

4）Ctrl+D　刷新当前设计（Redraw）。

5）Ctrl+Alt+N　网络显示设置（Nets）。

6）Alt+P　回放前一个视图（Previous View）。

7）Alt+N　回放下一个视图（Next View）。

（4）其他类快捷键

1）Ctrl+Alt+C　显示颜色对话框（Display Color）。

2）Ctrl+ Enter　暂停走线，打开 Options 对话框。

3）F1　打开帮助窗口。

4）F2　加布线。

5）F3　动态布线。

6）F4　层对之间切换。

7）F5　选择引脚对。

8）F6　选择网络。

9）F7　自动布线。

8.4　循环选择（Cycle Pick）

若要选择的对象与其他对象重叠且密度很高，则不易选中对象。此时用循环选择命令选择则很方便。首先选择其中一个对象，再单击图标或按 Tab 键，则依次选中重叠对象，直到选中需要的对象为止。

8.5　过滤器基本操作

PADS 是一种面向对象的操作方式，即对任何与具体对象有关的操作必须在选中该对象的状态下进行。PADS 为用户提供了过滤器，方便选择操作。

8.5.1　鼠标右键菜单过滤器

鼠标右键菜单过滤器是 PADS 中最常用的操作。在没有任何命令被激活的状态下，在当前设计的空白处单击鼠标右键，系统会弹出如图 8-5 所示的鼠标右键菜单过滤器，菜单中有如下命令可供选择。

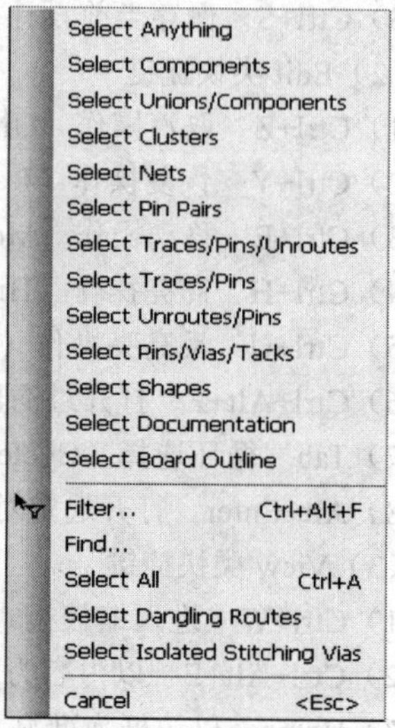

图 8-5　鼠标右键菜单过滤器

1. 选择类命令

1）Select Anything　选择任意对象。

2）Select Components　选择元器件。

3）Select Unions/Components　选择单元/元器件。

4）Select Clusters　选择簇。

5）Select Nets　选择网络。

6）Select Pin Pairs　选择引脚对。

7）Select Traces/Pins/Unroutes　选择布线/引脚/鼠线。

8）Select Traces/Pins　选择布线/引脚。

9）Select Unroutes/Pins　选择鼠线/引脚。

10）Select Pins/Vias/Tacks　选择引脚/过孔/Tacks 标志。

11）Select Shapes　选择各种图形。

12）Select Documentation 选择文档。

13）Select Board Outline 选择边框。

选择类命令规定了可选择的对象范围。例如，选择 Select Anything 命令→单击鼠标左键，可以选择捕捉半径范围内的任意对象；选择 Select Components 命令则只可以选择元器件对象。

2. 其他命令

1）Filter 选择该命令，则弹出 Selection Filter 对话框（见图 8-7）。

2）Find 选择该命令，则弹出如图 8-6 所示的 Find 对话框。

3）Select All 选择该命令，则选择当前设计中的所有对象。

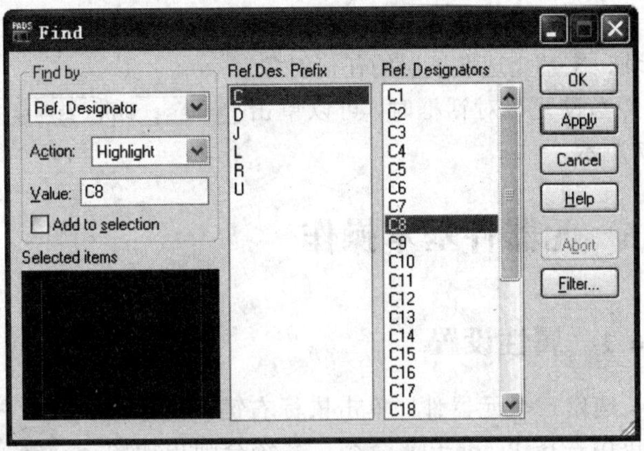

图 8-6 Find 对话框

4）Select Dangling Routes 选择该命令，则选择全部的没有布完的线，无论其是否以过孔结束布线。

5）Select Isolated Stitching Vias 选择孤立的缝纫过孔。

6）Cancel 选择该命令，则退出鼠标右键菜单过滤器，也可以在设计空白处单击鼠标左键退出。

8.5.2 Selection Filter 对话框

Selection Filter 对话框中详细列出了鼠标右键菜单中包含的各项对象种类，如图 8-7 所示。通过该对话框的设置可以从 Object 和 Layer 两方面来控制鼠标右键菜单过滤器的各选择命令对应的对象范围。例如，若在 Object 选项卡中选择 Parts 项而不选择 Glued Parts 项，则单击鼠标右键菜单过滤器中的任何选择命令，均不能选中 Glued Parts 类型元器件；若在 Layer 选项卡中取消对顶层的选中，则在鼠标右键菜单过滤器中选择任何命令均不可选中顶层的对象。

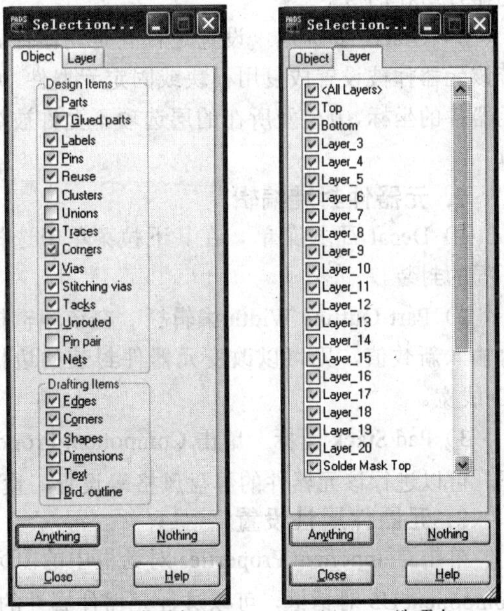

a）Object 选项卡　　b）Layer 选项卡

图 8-7 Selection Filter 对话框

1. Object 选项卡

（1）Design Items（设计项目）

Design Items 包括：

Parts（元器件），Glued Part（固定元器件），Labels（标签），Pins（引脚），Reuse（可复用模块），Clusters（簇），Unions（单元），Traces（布线），Corners（拐角），Vias（过孔），Stitching vias（缝纫过孔），Tacks（“Tacks”标志），Unrouted（鼠线），Pin Pair（引脚对），Nets（网络）。

（2）Drafting Items（绘图项目）

Drafting Items 包括：

Edges（边），Corners（拐角），Shapes（图形），Dimensions（尺寸标注），Text（文本），Brd.outline（边框）。

2. Layer 选项卡

该选项卡主要用于板层的选择，包括 All Layer 和 Top Layer 等选项，用户可以通过取消相应层选项，来禁止选取该层的任何对象。

当设置该对话框时，可以单击 Anything 和 Nothing 按钮选择全部选项或取消全部选择。如图 8-7 所示。

8.6 元器件基本操作

8.6.1 属性设置

选定一个元器件，单击鼠标右键，在弹出菜单中选择 Properties 命令，系统会弹出如图 8-8 所示的 Component Properties 对话框。

1. Layout Data 选项组

1）X、Y、Rotation 编辑栏　改变元器件的坐标、方位及旋转度，可以在相应的编辑栏中输入新数值。

2）Layer 下拉列表　在其下拉列表中选择元器件所在的层。

3）Glued 复选框　设置是否固定元器件。若该元器件被设置成复用模块或固定元器件，则元器件的坐标、方位及所在的层选项不允许被编辑。

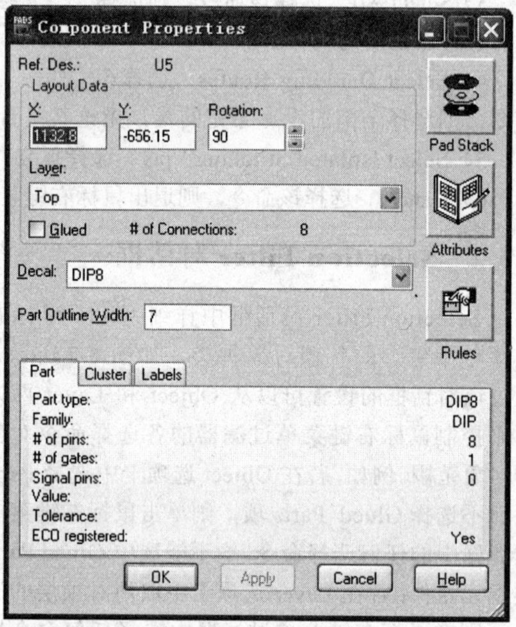

图 8-8　Component Properties 对话框

2. 元器件封装编辑

1）Decal 下拉菜单　在其下拉菜单中选择不同的封装。

2）Part Outline Width 编辑栏　在该编辑栏内输入新数值，则可以改变元器件封装的边框 2D 线宽。

3）Pad Stack 图标　单击 Component Properties 对话框中的图标，系统会弹出 Pad Stack 对话框，可以进行该元器件的焊盘风格等设置，设置方法参见第 7 章焊盘的设置。

3. 元器件属性设置

单击 Component Properties 对话框中的图标，系统会弹出如图 8-9 所示的 Object Attributes: Component U5 对话框，可以进行元器件属性的添加或修改，也可以添加元器件的制造商、颜色、高度、基本描述信息等。例如，添加元器件的颜色属性的步骤如下。

1）单击 Add 按钮。

2）在 Attribute 对应的编辑栏下拉菜单中选择 Color。

3）在 Value 栏内输入 Green。

4）单击 Close 按钮关闭 Object Attributes：Component U5 对话框，完成设置。

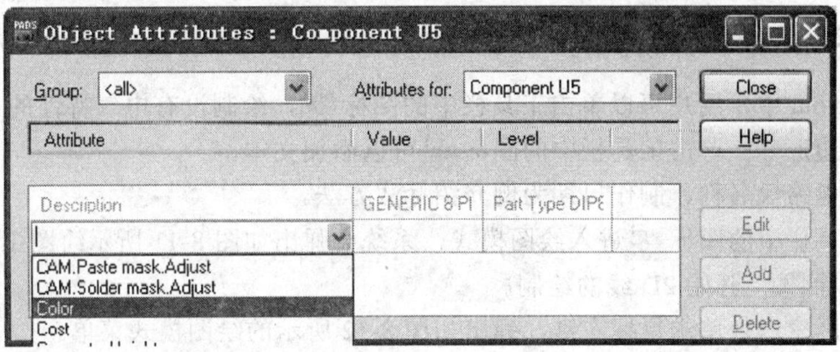

图 8-9　Object Attributes：Component U5 对话框

8.6.2　添加新标签

（1）用鼠标左键选中元器件，单击鼠标右键，在弹出菜单中选择 Add New Label 命令。

（2）系统会弹出如图 8-10 所示的 Add New Part Label 对话框。

（3）在 Attribute 栏的下拉菜单中选择需要的属性，如 Value。

（4）在 Value for Component U5 对话框中接受已有的值或修改该数值。

（5）在 Show 栏的下拉菜单中选择 Value。

（6）在 Font 栏的下拉菜单中选择想要的字体形式。

（7）在 Layer 栏的下拉菜单中选择放置该标签的层。

（8）在 Position and sizes 选项组中设置标签字号大小、坐标和是否镜像。

（9）在 Justification 选项组中随意设置即可。

（10）在 Right reading 选项组中设置习惯的读取方向，或选择 None。

（11）单击 OK 按钮，添加新标签成功。

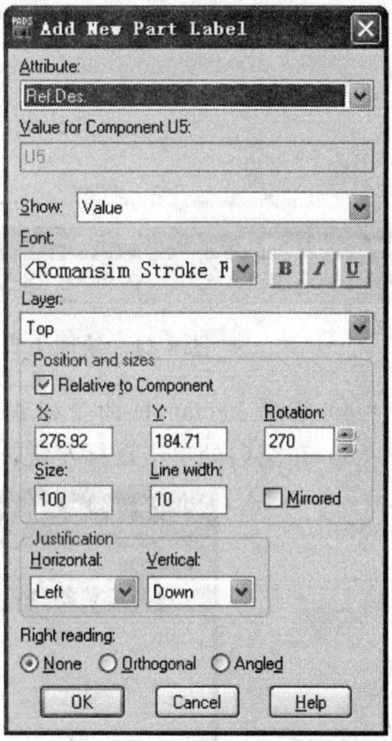

图 8-10　Add New Part Label 对话框

8.7　绘图基本操作

8.7.1　绘制板框

在绘制完原理图之后，用户需生成网络表，然后将网络表导入到 PADS 中。通常在导入网络表之前，需要绘制电路板边框（Board Outline 或 Board Cut Out），绘制过程如下。

（1）从 Auto CAD 中向 PADS 导入.dxf 格式的板框限高图文件。

（2）将其全部选中，在对话框中的 Layer 选项卡选择不经常使用的层，如 Layer9，即将板框限高图放置在第 9 层，设置好其显示颜色。如图 8-7 所示。

（3）设置原点位置。一般设置在电路板边框的右上角顶点处。

（4）按照板框限高图形状绘制电路板边框。

8.7.2 绘制 2D 线和标注文本

在 PADS Layout 中，用户可以单击工具栏中的图标，绘制没有电气特性的 2D 线，如直线、矩形、圆弧、多边形等；单击工具栏中的图标 abl 可以添加文本。

下面以标注电路板名称、制作日期为例介绍标注方法。

（1）单击工具栏中的图标进入绘图模式，系统会弹出如图 8-11 所示绘图工具栏。

（2）单击图标，开始 2D 线的绘制。

（3）在工作区空白处单击鼠标右键，弹出如图 8-12 所示的绘图模式菜单。

图 8-11 绘图工具栏

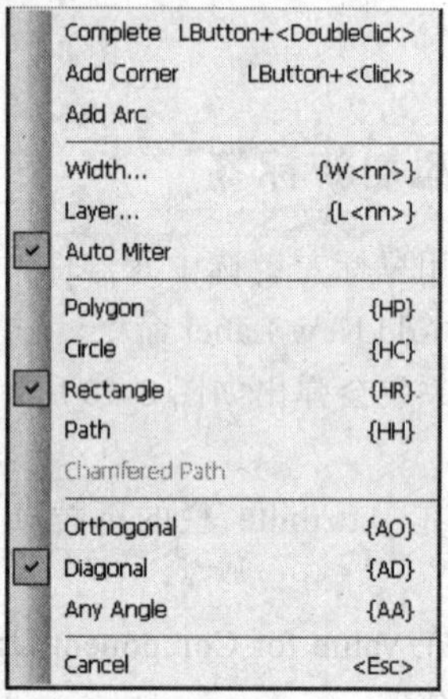

图 8-12 绘图模式菜单

（4）选择 Rectangle 命令和 Auto Miter 命令。

（5）在空白处单击鼠标左键，开始绘制矩形，如图 8-13 所示。

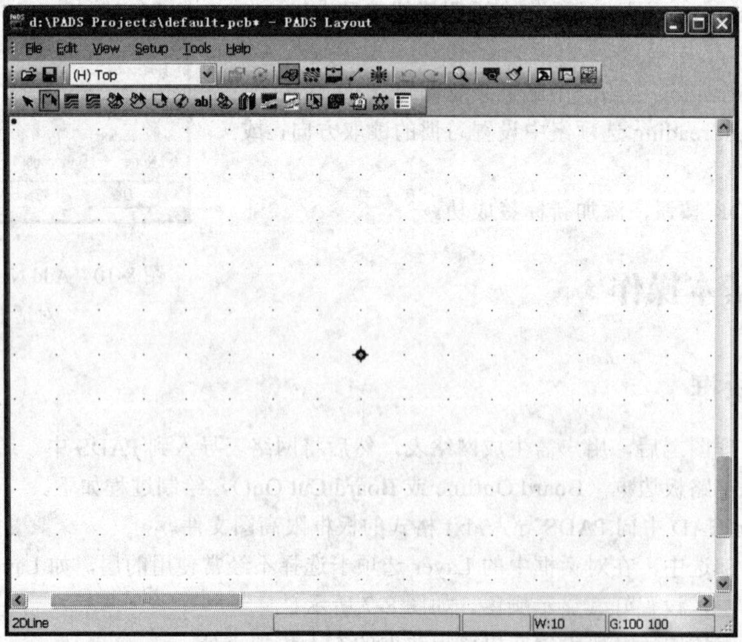

图 8-13 开始绘制矩形

（6）双击鼠标左键，则完成矩形绘制，如图 8-14 所示。

（7）进入选择模式，选择该矩形的边或整个矩形，然后单击鼠标右键选择 Properties 命令，系统会弹出如图 8-15 所示的 Drafting Edge Properties 对话框，在该对话框中可以编辑该矩形的尺寸大小。若选择整个矩形，单击鼠标右键，选择 Properties 命令，系统会弹出如图 8-16 所示的 Drafting Properties 对话框，在该对话框中可以设置该矩形的类型、旋转度和所在的层等信息。

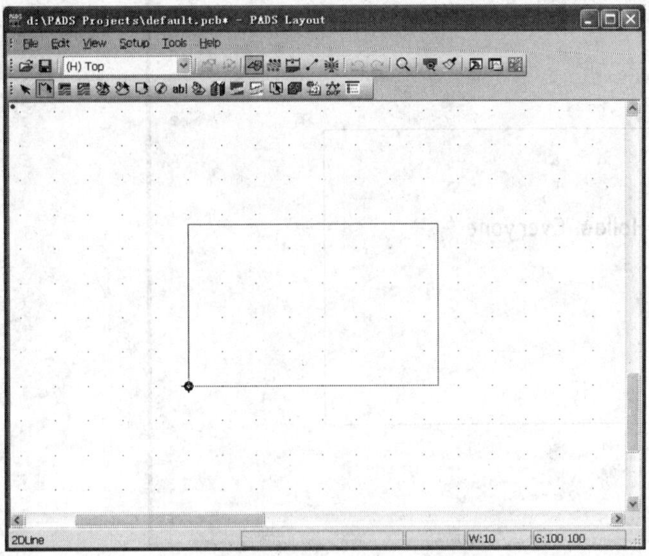

图 8-14　绘制矩形完成

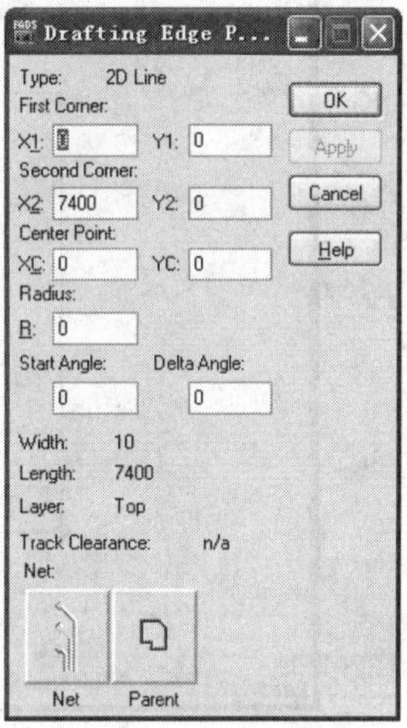

图 8-15　Drafting Edge Properties 对话框

（8）单击图标 abl 添加文本。例如，添加电路板名称 Hollow Everyone，首先在如图 8-17 所示的 Add Free Text 对话框的 Text 文本框中输入 Hollow Everyone。

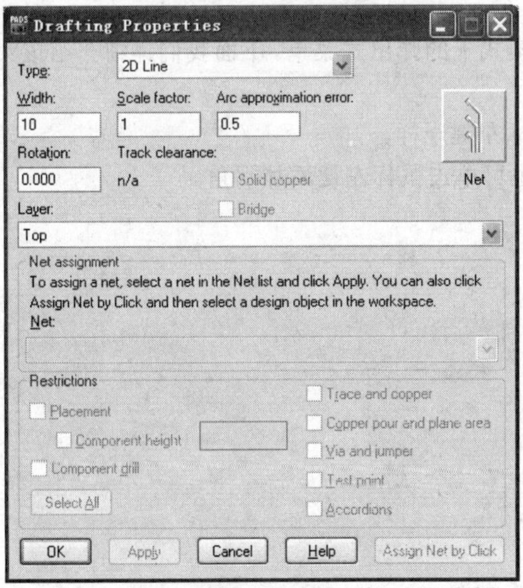

图 8-16　Drafting Properties 对话框

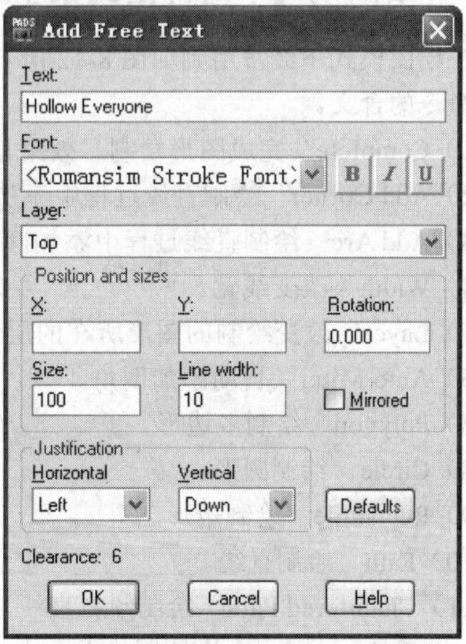

图 8-17　Add Free Text 对话框

（9）在 Add Free Text 对话框中设置文本的大小和所在的层等信息后，单击 OK 按钮关闭该对话框，则所要添加的文本的映像附着在光标上。

（10）选择文本放置位置，单击鼠标左键放置，如图 8-18 所示。

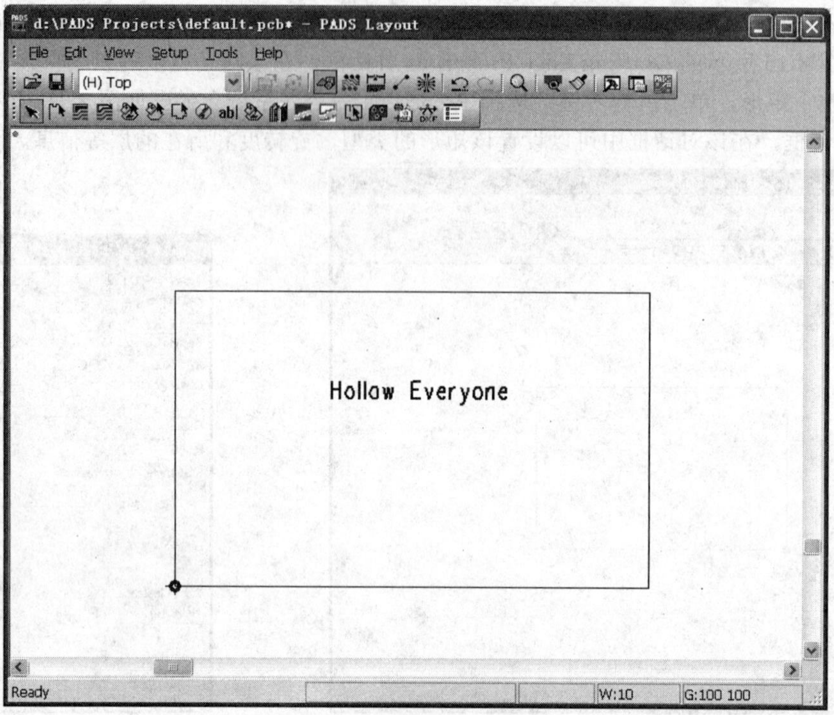

图 8-18 添加文本完成

（11）框选该图形，移动到相应位置，单击鼠标左键完成放置。

8.7.3 绘图模式下的弹出式菜单

在绘图模式下经常用到如图 8-12 所示的绘图模式下的弹出式菜单。下面我们详细介绍该菜单中各项命令的含义。

1）Complete 完成图形绘制，效果与双击鼠标左键一样。

2）Add Corner 绘制直线过程中添加拐角，也可单击鼠标左键添加拐角。

3）Add Arc 绘制直线过程中添加圆弧。

4）Width 改变线宽。

5）Layer 改变绘制的图形所在的层。

6）Auto Miter 自动添加倒角。

7）Polygon 绘制多边形。

8）Circle 绘制圆形。

9）Rectangle 绘制矩形。

10）Path 绘制直线。

11）Chamfered Path 绘制倾斜直线。

12）Orthogonal 允许绘制线方向为水平和垂直方向。

13）Diagonal 允许绘制线方向为水平、垂直和对角方向。

14）Any Angle 允许绘制线方向为任意方向。

15）Cancel 退出该菜单。

第 9 章　元器件类型及库管理

本章主要介绍：PADS Layout 的元器件类型；Decal Editor（封装编辑器）界面简介；封装向导；不常用元器件封装举例；建立元器件类型；库管理器。

在进行 PCB 设计的时候，经常会遇到一些元器件库中没有的元器件，这时就需要我们根据规格去建立该元器件封装，并存储在元器件库中以备使用。

本章主要介绍使用 PADS Layout 的 Library Manager（库管理器）及 PCB Decal Editor（PCB 封装编辑器）的方法，以及如何定义库中的 Part Type（元器件类型）。

9.1 PADS Layout 的元器件类型

在设计过程中，无论是使用 OrCAD 绘制原理图，还是使用 PADS 进行 PCB 设计，都需要一个用来表示元器件的具体图形，此图形代表实际中的相应元器件。在 OrCAD 中使用的图形称为 CAE Decal；在 PADS 中使用的图形称为 PCB Decal。

因为一个封装可以对应不同的元器件，那么在 PADS 中如何区分具有同种封装的不同元器件呢？为了解决这个问题，有必要先了解一下 Part Type（元器件类型）的概念。

当添加一个元器件到当前 PCB 设计中之前，这个元器件必须是 PADS 库中已经存在的一个元器件类型。

Part Type 元器件类型包含如下 3 个要素：Logic Symbol 或 CAE 封装；PCB Decal；电性能参数（Electrical Parameters），如 Pin Numbers（引脚编号）和 Gate Assignments（分配门）。

以元器件类型为 7404 的元器件为例：元器件类型（Part Type）为 7404；CAE 封装（CAE Decal）为 INV；PCB 封装（PCB Decal）为 DIP14；电性能参数（Electrical Parameters）为 6 个逻辑门（A～F）使用 12 个引脚、一个电源引脚和一个地线引脚。

注意： DIP14 这种封装形式不仅属于 7404 这一元器件类型，其他元器件类型也可以对应 DIP14 这一 PCB 封装形式。

9.2 Decal Editor（封装编辑器）界面简介

PCB 封装是指将实际元器件焊接到电路板时所显示的外观和焊点的位置图形，即提供它的引脚图形。因此，不同的元器件可公用同一 PCB 封装，同种元器件也可有不同的 PCB 封装。PCB 封装（PCB Decal）包含元器件引脚（Component Pins）的各个端点（Terminals）和元器件的外框（Component Outline）。所有的 PCB 封装都是在 PADS Layout 的 Decal Editor（封装编辑器）中建立的。

选择菜单中的 Tools→PCB Decal Editor 命令，系统会打开图 9-1 所示的封装编辑器界面。该界面与 PADS 工作区界面十分相似。因为 Decal Editor 中操作对象是单独的元器件封装图，故工具栏中的按钮少了一些。读者若熟悉了 PADS 的基本工作环境，也就熟悉了 Decal Editor 的基本操作。这里只介绍绘图按钮，其余的应用请参考第 6 章相关内容。

进入 Decal Editor 界面，字符 Name、Type，以及封装编辑器原点标志将出现，如图 9-1 所示。

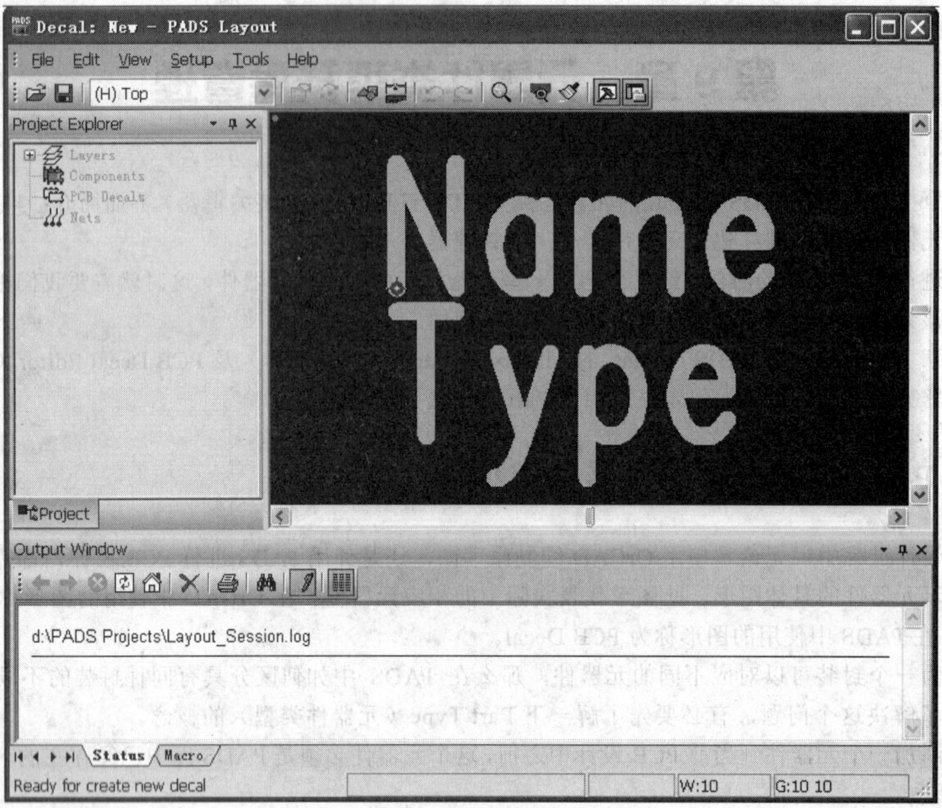

图 9-1　封装编辑器

（1）Name　字符标号 Text Label 放在这里，代表一个元器件（Part）的参考编号（Reference Designation）。无论将这个标签放在封装的什么地方，当使用 PCB 封装添加元器件到设计中时，参考编号总要出现。

（2）Type　代表 PCB 封装的元器件类型（Part Type）。

（3）原点标志　标志元器件的原点位置。一般 PADS Layout 中的移动、旋转，以及进行其他有关元器件的操作时均以其作为基准点。

（4）绘图按钮　单击按钮，系统会弹出如图 9-2 所示的绘图工具栏。该工具栏中的按钮只有和是新面孔，其余按钮的使用请参见第 8 章绘图基本操作内容。引脚按钮，顾名思义是连接在元器件封装上的焊盘或引脚。单击此按钮可为当前的封装添加一个引脚。

图 9-2　绘图工具栏

封装向导按钮可以方便用户创建标准封装。单击此按钮，系统会弹出 Pin Wizards 对话框。封装向导的使用将在下一节详细讲述。

9.3　封装向导

单击绘图工具栏中的图标，系统会弹出如图 9-3 所示的 Decal Wizards 对话框。利用元器件封装向导可以很方便地建立封装，但封装向导也有它的局限性，即该对话框只提供了 Dual、Quad、

Polar、BGA/PGA 四种标准封装形式向导，其中 Dual 选项卡包括 DIP 和 SOIC 两种封装向导，Polar 选项卡包括 Polar 和 Polar SMD 两种封装向导，而对于其他元器件的封装则需要用户自行设计。

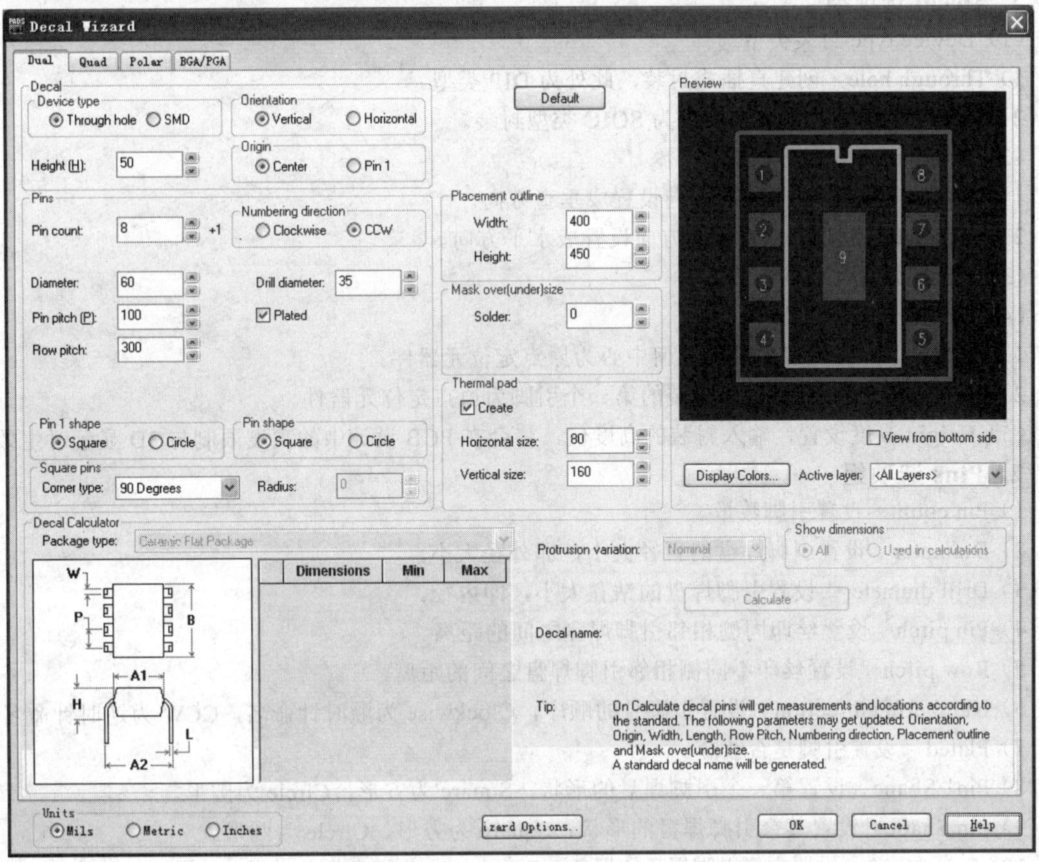

图 9-3　Decal Wizards 对话框

9.3.1　DIP 向导

DIP 也叫双列直插式封装，是指采用双列直插形式封装的集成电路芯片，其引脚数一般不超过 100，流行于 20 世纪 70 年代，现在绝大多数中小规模集成电路中仍广泛采用这种封装形式。DIP 形式如图 9-4 所示。DIP 结构形式包括多层陶瓷双列直插式 DIP，单层陶瓷双列直插式 DIP，引线框架式 DIP（含玻璃陶瓷封接式、塑料包封结构式、陶瓷低熔玻璃封装式）。

图 9-4　DIP

衡量一个芯片封装技术先进与否的重要指标是芯片面积与封装面积之比，这个比值越接近 1 越好。以采用 40 根 I/O 引脚塑料包封双列直插式封装（PDIP）的 CPU 为例，其芯片面积/封装面积=（3×3）/（15.24×50）≈0.01，由此可见，这种封装效率很低，浪费了很多面积。

在开始进行 PCB 设计时，若 PADS 库中没有相应元器件的 PCB 封装，则需要创建其 PCB 封装形式。

利用如图 9-3 所示的 Dual 封装向导，只要选中 Device type 中的 Through hole，再输入相应参数即可自动完成 PCB 封装设计。下面介绍各种参数的设置。

1. Decal 选项组

（1）Device type 封装类型选择

1）Through hole　创建直插式封装，此处为 DIP 类型。

2）SMD　创建贴片封装，此处为 SOIC 类型封装。

（2）Orientation 封装方向选择

1）Vertical（垂直）　封装的方向设置成垂直方向。

2）Horizontal（水平）　封装的方向设置成水平方向。

（3）Pins　设置封装的引脚数目

（4）Origin 封装原点选择

1）Center（中心）　以封装的几何中心为原点定位元器件。

2）Pin 1（第一个引脚）　以封装的第一个引脚为原点定位元器件。

（5）Height 高度设置，输入封装的高度值，将会在 PCB 设计中的高度限制与 3D 显示时生效。

2. Pins 选项组

1）Pin count　设置引脚数量。

2）Diameter　设置引脚焊盘的直径大小，即外径大小。

3）Drill diameter　设置引脚焊盘的钻孔大小，即内径。

4）Pin pitch　设置丝印同侧相邻引脚焊盘之间的距离。

5）Row pitch　设置丝印不同侧相邻引脚焊盘之间的距离。

6）Numbering direction　设置引脚号的顺序，Clockwise 为顺时针命名，CCW 为逆时针命名。

7）Plated　设置引脚是否镀金。

8）Pin1 Shape　设置第一个引脚焊盘的形状，Square 为方形，Circle 为圆形。

9）Pin Shape　设置其余引脚焊盘的形状，Square 为方形，Circle 为圆形。

10）Square pins　设置方形引脚焊盘的拐角。Corner type 为焊盘拐角类型，包括 90 Degrees（90°）、Chamfered（倒角）和 Rounded（圆形）三个选项；Radius 设置 Chamfered 以及 Rounded 的半径数值。

3. Placement outline 选项组

1）Width　设置元件放置边界线的宽度。

2）Height　设置元件放置边界线的高度。

4. Thermal pad 选项组

该选项组包括：Creat（创建芯片散热焊盘），Horizontal size（水平方向尺寸），Vertical size（垂直方向尺寸）。

5. Units 选项组

该选项组包括：Mils（密尔），Metric（公制），Inches（英制）。

6. Preview 窗口

View from bottom side 选项用于设置在预览窗口中，从反面观察设置的封装效果。

开始设计时，首先应该找到所用元器件的规格书，如 8—DIP—300 的规格书如图 9-5 所示，其中用 mm 和 in 两种单位标注了元器件实体的尺寸，根据该数据就可以精确地制作该元器件的封装。下面以 8—DIP—300 封装为例介绍 DIP 向导的使用。

（1）设置封装的方向　在 Decal 选项组中选择 Vertical（垂直）或 Horizontal（水平）均可。

（2）设置封装的引脚数目　在 Pin count 项中输入 8—DIP—300 封装的引脚数目 8。

（3）设置封装的原点　在 Origin 选项组中选择 Center（中心），以封装的几何中心为原点定位元件。

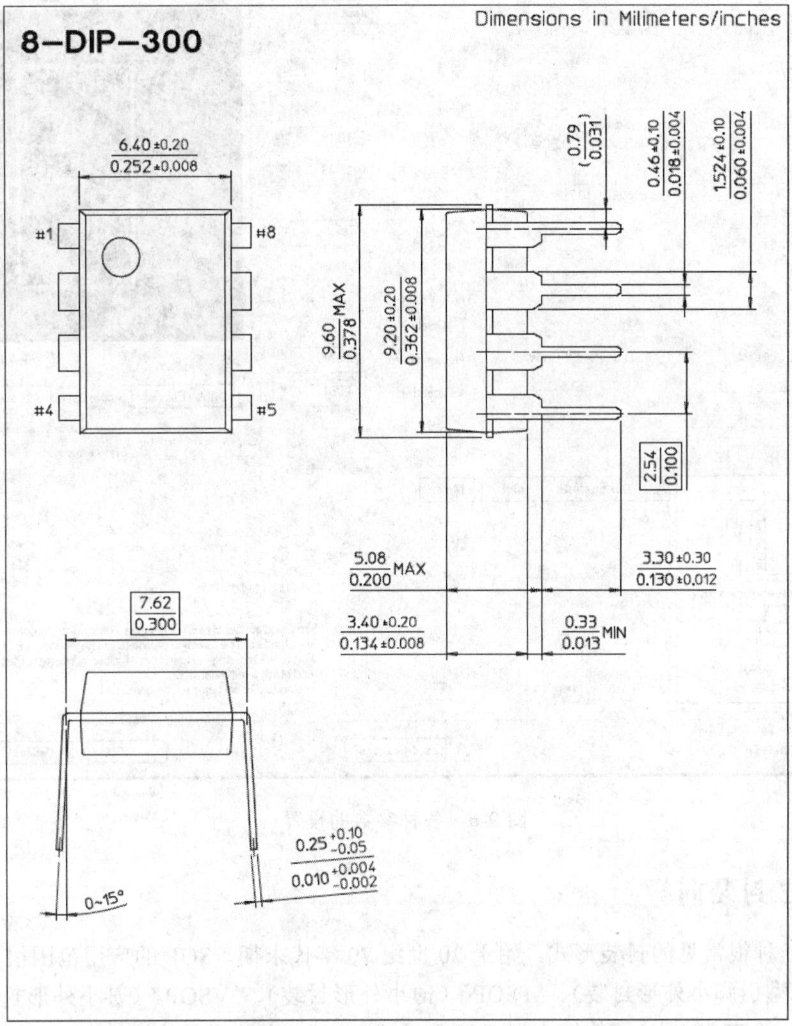

图 9-5　8—DIP—300 的规格书

（4）设置当前封装向导的单位　在 Units 选项组选择 Metric（公制）。

（5）设置“Pins”选项组参数

1）在 Diameter 项设置引脚焊盘的直径大小，即外径为 1.524mm。

2）在 Drill diameter 项设置引脚焊盘的钻孔大小，即内径为 0.762mm，略大于规格书中的引脚直径尺寸。

3）在 Pin pitch 项设置丝印同侧相邻引脚焊盘之间的距离为 2.54mm。

4）在 Row pitch 项设置丝印不同侧相邻引脚焊盘之间的距离为 7.62mm。

5）在 Pin 1 Shape 项设置第一个引脚焊盘的形状为方形。

（6）选中 Plated 复选框，使引脚镀金。

（7）设置 Create 选项　将 Thermal pad 中 Create 前复选框对勾取消，设置为不创建散热焊盘。单击 OK 按钮完成该封装的设置，如图 9-6 所示。

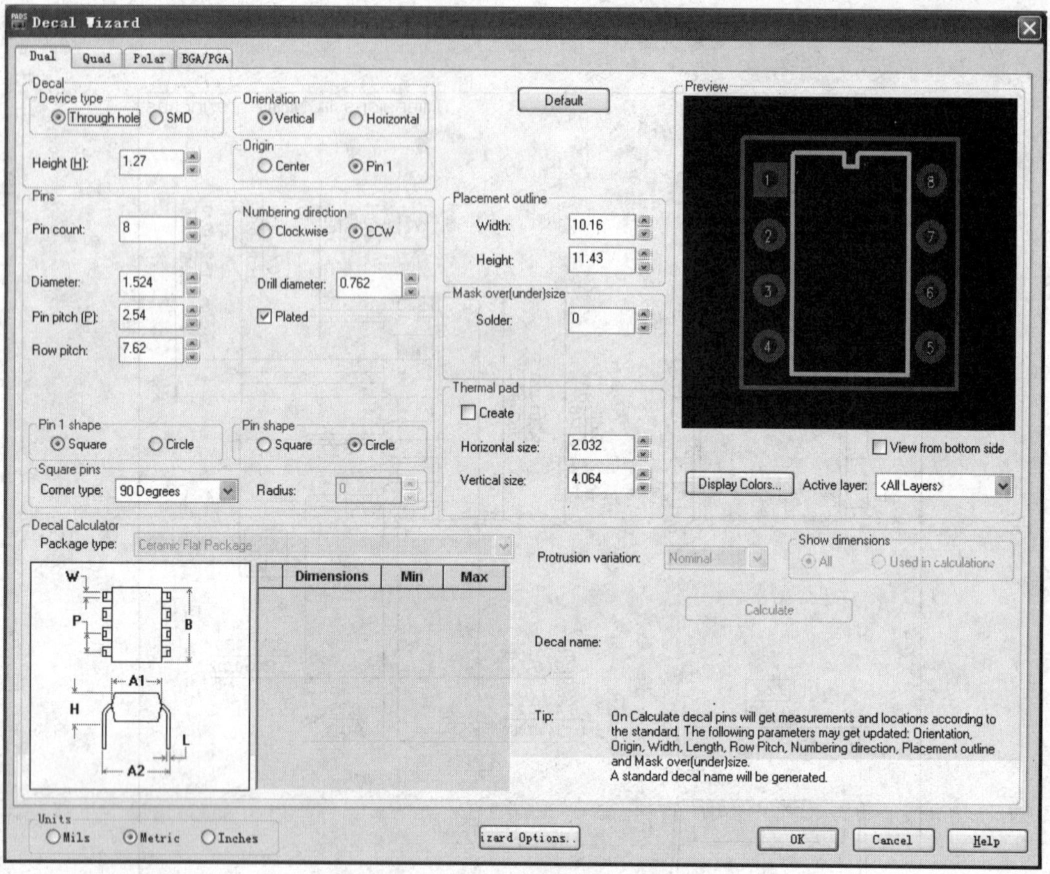

图 9-6 各种参数的设置

9.3.2 SOIC 封装向导

SOP 也是一种很常见的封装形式，始于 20 世纪 70 年代末期。SOP 的应用范围很广，并逐渐派生出“SOJ”（J 型引脚小外形封装）、“TSOP”（薄小外形封装）、“VSOP”（甚小外形封装）、“SSOP”（缩小型 SOP）、“TSSOP”（薄的缩小型 SOP）及“SOT”（小外形晶体管）、“SOIC”（小外形集成电路）等，在集成电路中起着举足轻重的作用。

SOIC 封装形式的元器件的 PCB 封装为贴片封装，与 DIP 相比，节省了 PCB 面积，同时有利于减弱引脚的寄生电感、电容，利于制作高密度的集成电路板。

SOIC 封装向导的设置与 DIP 向导的设置基本相同，单击 Device type 中的 SMD，系统会弹出 SOIC 封装向导如图 9-7 所示。与 DIP 向导不同的设置如下：

1）Width 引脚焊盘宽度；

2）Length 引脚焊盘长度；

3）Pin pitch 引脚间距；

4）Row pitch 两列引脚间距。其下拉列表中，Center to Center 为两列引脚中心之间的距离；Inner Edge to Edge 为两列引脚内边之间的距离；Outer Edge to Edge 为两列引脚外边之间的距离。

其中，PADS9.2 的封装向导新增的 Decal Calculator 功能可以更加方便地创建标准封装，用户可以在 Package type 中选择一种标准封装，然后根据元器件 datesheet 设置 Decal Calculator 中的数据表格，同时配合其他常规设置项进行参数设置，完成相应设置以后单击 Calculator 按钮，即可生成一个标准封装，同时显示其标准封装的名称。

SOIC 封装向导的使用这里就不再详述，读者可参见 DIP 向导的使用实例。

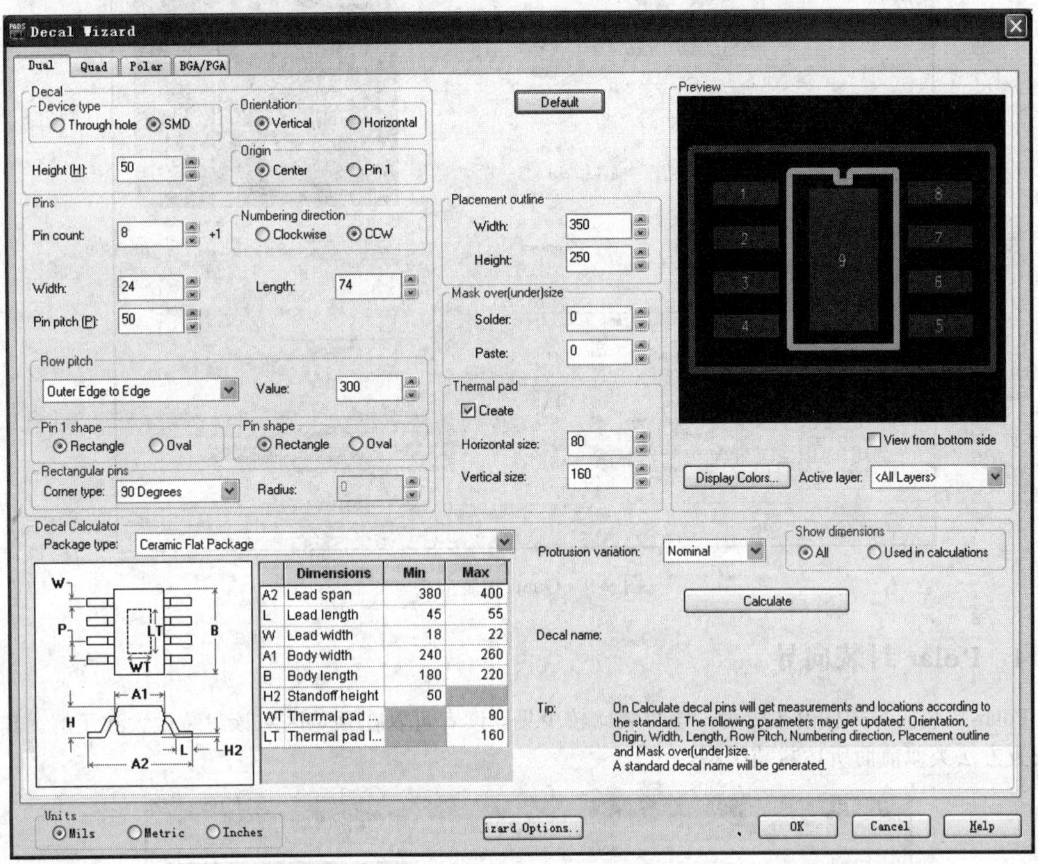

图 9-7　SOIC 封装向导

9.3.3　Quad 封装向导

Quad 封装具有以下特点：

1）适合用 SMT 技术在 PCB 上安装布线；

2）封装外形尺寸小，寄生参数小，适合高频应用；

3）操作方便；

4）可靠性高。

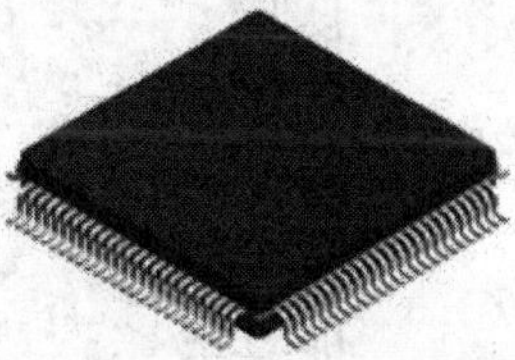

图 9-8　Quad 封装形式

Quad 封装四面都有引脚，如图 9-8 所示，该封装应用广泛，如 DSP、FPGA 系列元器件的封装均采用 Quad 封装形式，其封装向导如图 9-9 所示。

Quad 封装向导与 SOIC 封装向导和 DIP 向导的不同之处主要在 Pin 1 location 区域。

1）Side（边）选项组　Top 表示 Pin 1 在封装的顶部；Bottom 表示 Pin 1 在封装的底部；Right 表示 Pin 1 在封装的右边；Left 表示 Pin 1 在封装的左边。

2）Place（位置）选项组　Center 表示 Pin 1 在选择的边的中心位置；Left 表示 Pin 1 在选择的边的左侧位置；Right 表示 Pin 1 在选择的边的右侧位置。

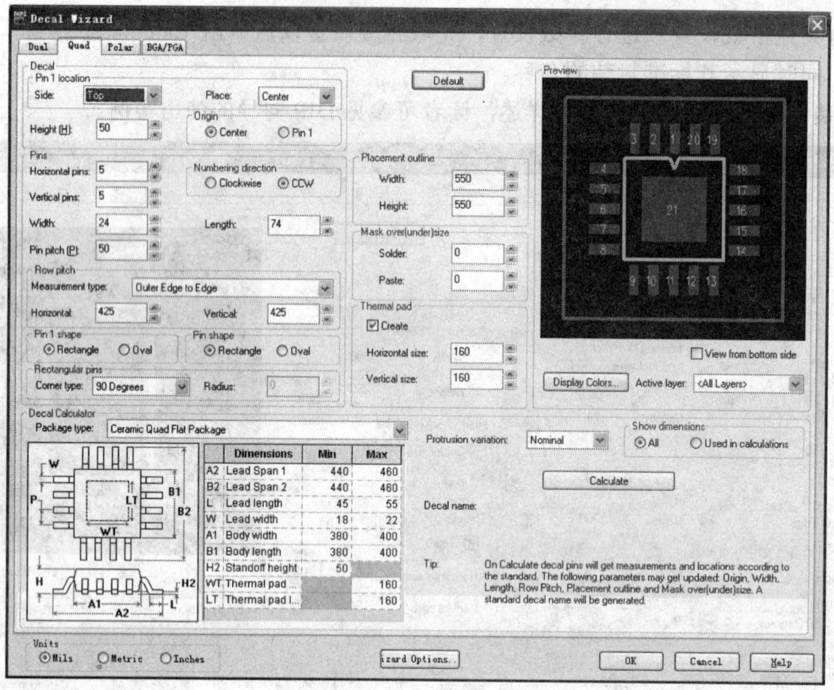

图 9-9 Quad 封装向导

9.3.4 Polar 封装向导

Polar 封装向导如图 9-8 所示，该封装比较少见。读者可以在预览区对该封装做大致了解。其参数设置方法类似前面所述封装类型。

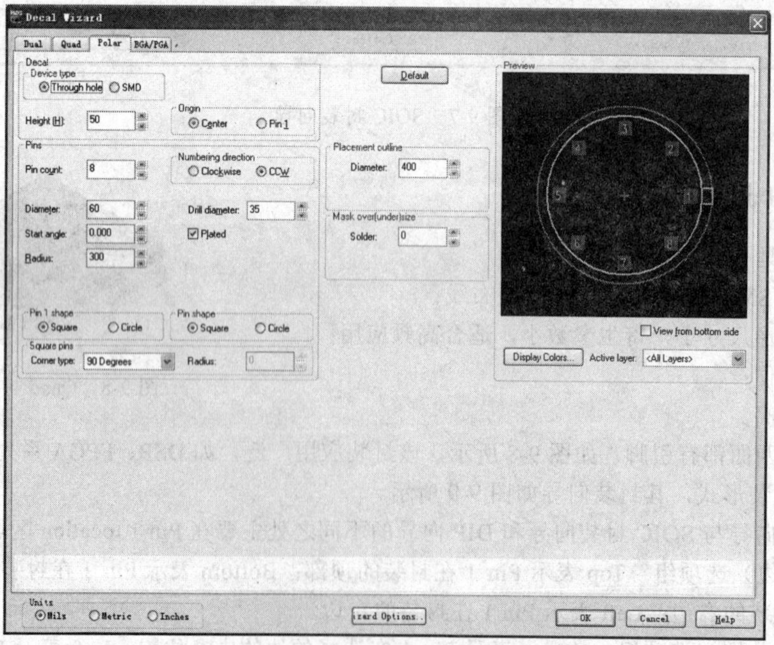

图 9-10 Polar 封装向导

9.3.5 Polar SMD 封装向导

Polar SMD 封装向导如图 9-11 所示，与 Polar 封装向导的不同之处可参见 SOIC 封装和 DIP 向导，这里不再赘述。

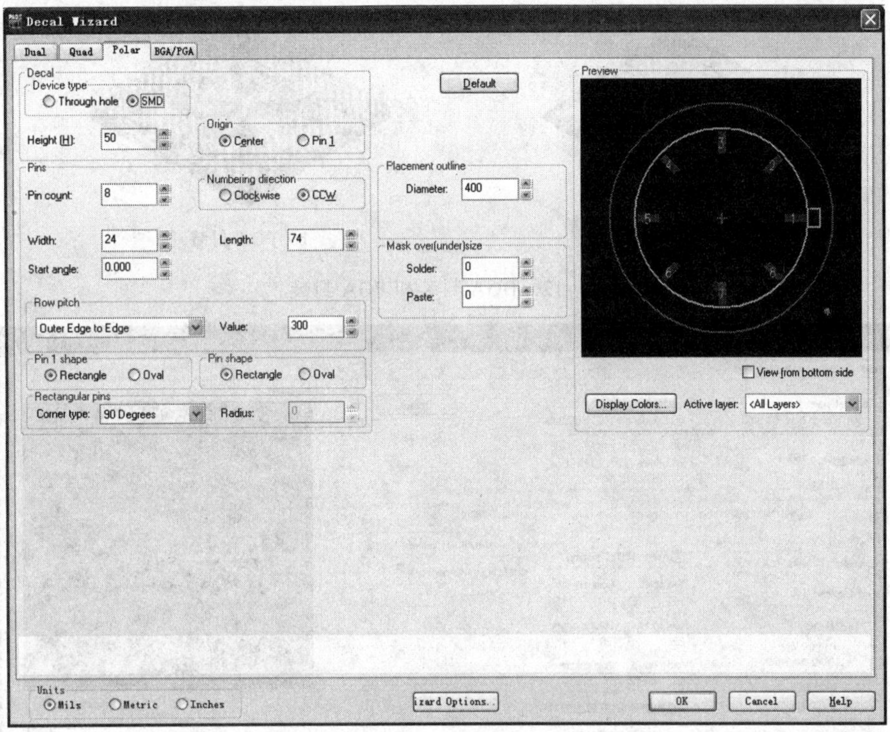

图 9-11 Polar SMD 封装向导

9.3.6 BGA/PGA 封装向导

首先来认识 BGA/PGA 封装技术。20 世纪 90 年代，随着集成技术的进步，设备的改进和深亚微米技术的使用，芯片集成度不断提高，对集成电路封装要求更加严格，I/O 引脚数急剧增加，功耗也随之增大。当 IC 的频率超过 100MHz 时，传统封装方式可能会产生所谓的串扰（Cross Talk）现象，而且当 IC 的引脚数大于 208 时，传统的封装方式难以满足要求。因此，除使用 QFP 方式外，现今大多数的高脚数芯片，像 CPU、南北桥等 VLSI 芯片的高密度、高性能、多功能及高 I/O 引脚封装皆使用 BGA（Ball Grid Array）封装技术，如图 9-12a 所示。BGA 封装的特点如下：

1）BGA 的 I/O 引脚数虽然增多，但引脚间距远大于 QFP，从而提高了组装成品率；

2）虽然它的功耗增加，但 BGA 能用可控塌陷芯片法焊接，简称 C4 焊接，从而可以改善它的电热性能；

3）厚度比 QFP 减少 1/2 以上，重量减轻 3/4 以上；

4）寄生参数减小，信号传输延迟小，使用频率大大提高；

5）组装可用共面焊接，可靠性高；

6）信号传输延迟小，适应频率大大提高。

PGA（Pin Grid Array）封装也叫插针网格阵列封装技术，目前 CPU 的封装方式基本上均采用

PGA 封装，在芯片下方围着多层方阵形的插针，每个方阵形插针是沿芯片的四周、按一定间隔进行排列的，根据引脚数目的多少，可以围成 2～5 圈，如图 9-12b 所示。它的引脚看上去呈针状，是用插件的方式和电路板相结合。安装时，将芯片插入专门的 PGA 插座即可。BGA/PGA 封装向导如图 9-13 所示。

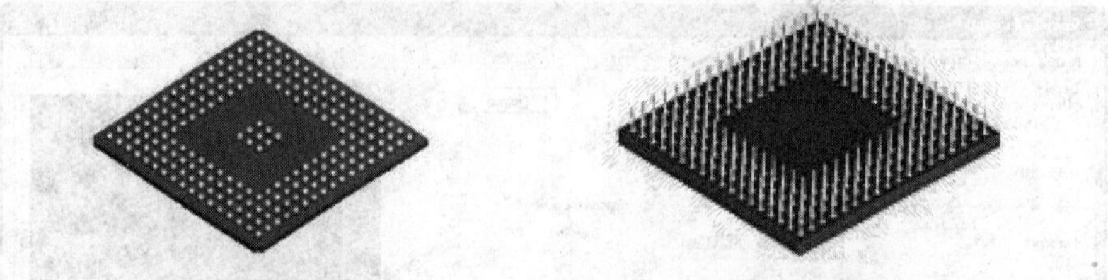

a）BGA 封装　　b）PGA 封装

图 9-12　BGA 封装和 PGA 封装

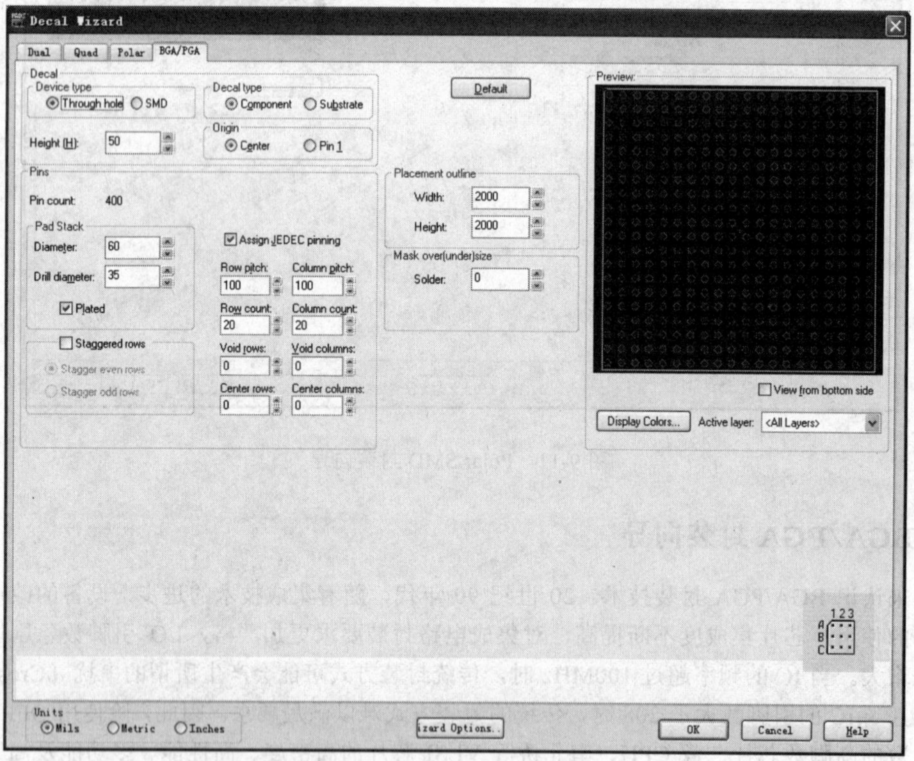

图 9-13　BGA/PGA 封装向导

1. Decal 选项组

（1）Origin（原点）　该选项用于设置原点的位置。

（2）Decal type（封装类型）　该选项用于设置封装类型。

1）Component（元器件）　选择该选项则元器件封装的引脚焊盘从左向右排列。

2）Substrate（镜像）　选择该选项则元器件封装的引脚焊盘排列与选择 Component 选项时的排列互为镜像。

（3）Device type（设备类型）　Through hole 为贯通孔，SMD 为表面贴装。

元器件封装的引脚焊盘排列方式与图 9-14 所示的图标相对应。例如，选择 Component，则如图

9-14a 所示，若选择 Substrate，则如图 9-14b 所示。

a）　　　　b）

图 9-14　引脚排列图标

2. Pins 选项组

（1）Pin count（引脚数）　该选项只显示引脚的总数，但不可以编辑其数值。

（2）Pad Stack（焊盘栈）　Diameter 为直径，Drill diameter 为钻孔直径。

（3）Staggered rows（交叉排列行）　Staggered even rows 为交叉偶排列，Staggered odd rows 为交叉奇排列。

（4）Row pitch（相邻行之间的距离）　该选项用于设置引脚阵列相邻行之间的距离。

（5）Column pitch（相邻列之间的距离）　该选项用于设置引脚阵列相邻列之间的距离。

（6）Row count（行数设置）　该选项用于设置引脚阵列的行数目。

（7）Column count（列数设置）　该选项用于设置引脚阵列的列数目。

（8）Void rows（空行数设置）　该选项用于设置引脚阵列的空行数目。如果引脚阵列的行数是偶数，则空行的数目也必须是偶数；如果引脚阵列的行数是奇数，则空行的数目也必须是奇数。

（9）Void columns（空列数设置）　该选项设置参见 Void Rows 项设置。但是 Void Columns 和 Void Rows 项必须同时设置才能生成预览，察看设置效果；否则设置不生效。

（10）Center rows（中心行数设置）　该选项用于设置空行中的行数。

（11）Center columns（中心列数设置）　该选项用于设置空列中的列数。

（12）Assign JEDEC pinning（为引脚分配名称）　选择该选项，则 PADS 会根据 JEDEC 标准命名方法为封装的每一个引脚分配一个由数字和字母组合而成的名称。行的命名方法是当行数小于 20 时，以 A～Y 的顺序从上到下命名，但其中 I、Q、S、X、Z 不被使用；当行数大于 20 时，以 AA～AY 顺序从上到下命名，但其中 AI、AQ、AS、AX、AZ 不被使用，依次类推，当行数大于 40 时将以 B 开始。引脚阵列的列命名方法是以 1 开始从左向右或从右向左命名。

9.4　不常用元器件封装举例

在 9.3 节中已经介绍了元器件封装向导的使用方法，但该方法具有局限性，只提供了几种常用的标准封装的向导，但当用户进行设计的时候，经常遇到一些封装向导之外的封装形式，这时需要进行手工制作封装。

在创建封装之前，应该先找到该元器件的规格书，或实际测量元器件的尺寸大小。下面以 64Pin 排插为例，介绍排插封装的建立。

1. 添加端点（Terminals）

（1）单击菜单栏中的 Tools→PCB Decal Editor 命令，进入封装编辑器界面，如图 9-1 所示。

（2）单击封装编辑器绘图工具栏中的图标，在原点处添加焊盘，如图 9-15 所示。

（3）选中该焊盘，单击鼠标右键，在弹出菜单中选择 Pad Stack 命令，在如图 9-16 所示的 Pad Stack Properties for Pin 对话框中设置焊盘为 60，35 类型。

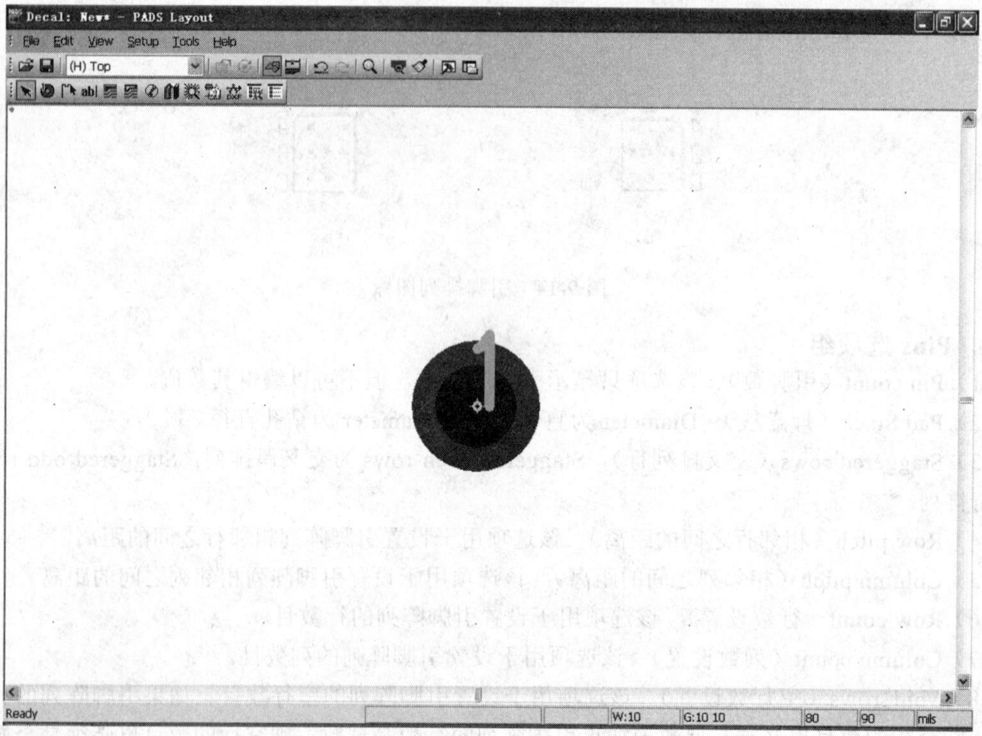

图 9-15　焊盘的添加

（4）选中该焊盘，单击鼠标右键，在弹出菜单中选择 Step and Repeat 命令，系统会弹出如图 9-17 所示的 Step and Repeat 对话框。

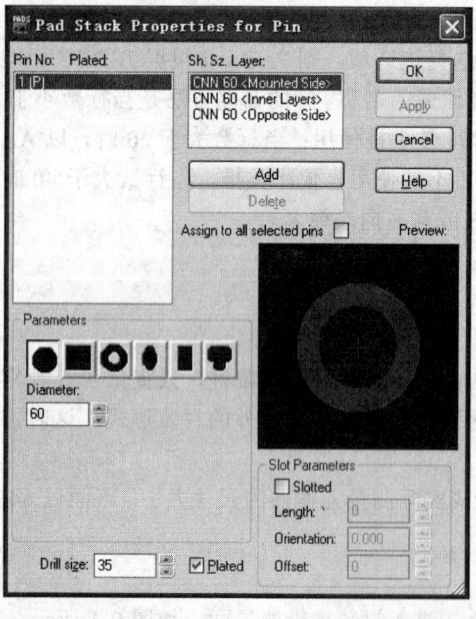

图 9-16　Pad Stack Properties for Pin 对话框

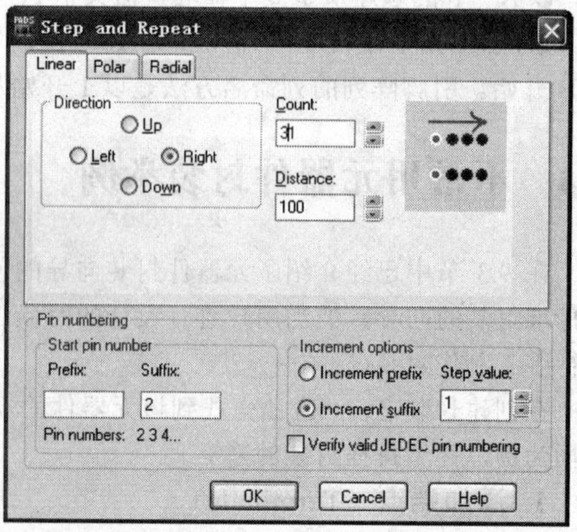

图 9-17　Step and Repeat 对话框

（5）设置 Count 项数值为 31，Distance 数值为 100，如图 9-17 所示。单击 OK 按钮，则焊盘自动从左到右排列，如图 9-18 所示。

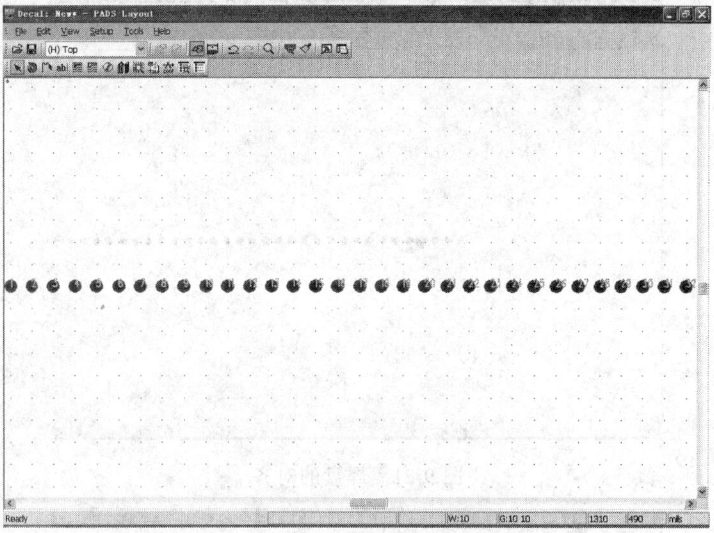

图 9-18　Step and Repeat 焊盘的效果

（6）单击图标，添加焊盘。双击该焊盘，系统会弹出如图 9-19 所示的 Terminal 对话框，在 X 栏中输入 0，Y 栏中输入−200，如图 9-20 所示。

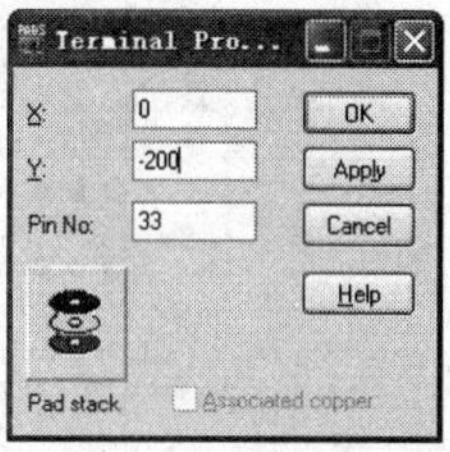

图 9-19　Terminal 对话框

（7）单击 Terminal 对话框中的 OK 按钮，则出现如图 9-21 所示效果。

（8）重复步骤（3）至步骤（5）的操作，则出现如图 9-22 所示效果。

（9）在（−160，120）和（3270，120）处添加焊盘，如图 9-23 所示，重复步骤（2）、步骤（3）、步骤（6）和步骤（7），设置焊盘。

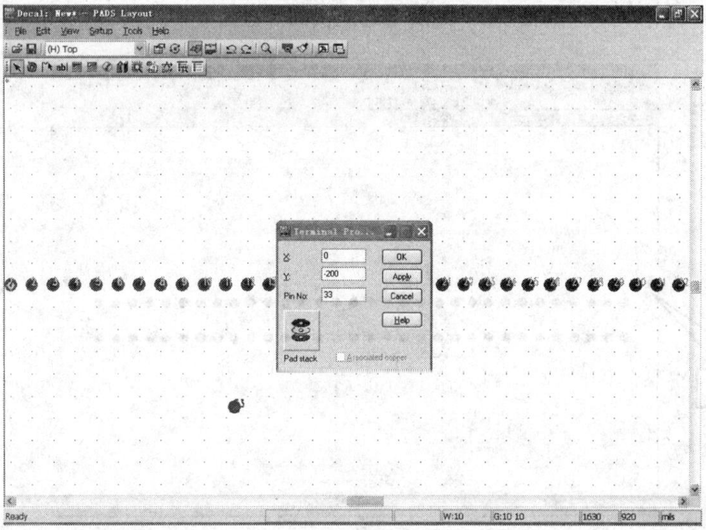

图 9-20　编辑 Terminal 焊盘坐标位置

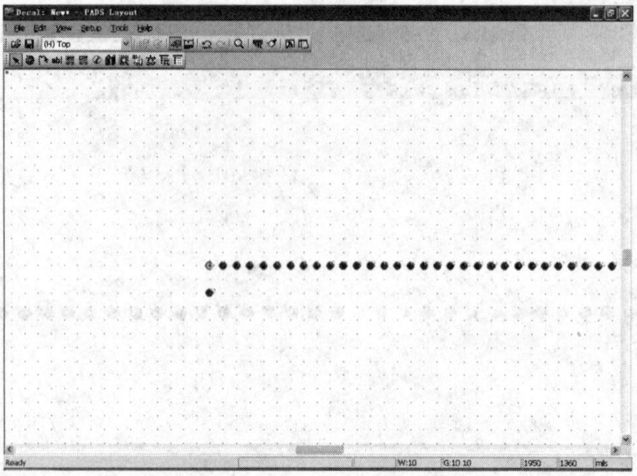

图 9-21　焊盘的对齐

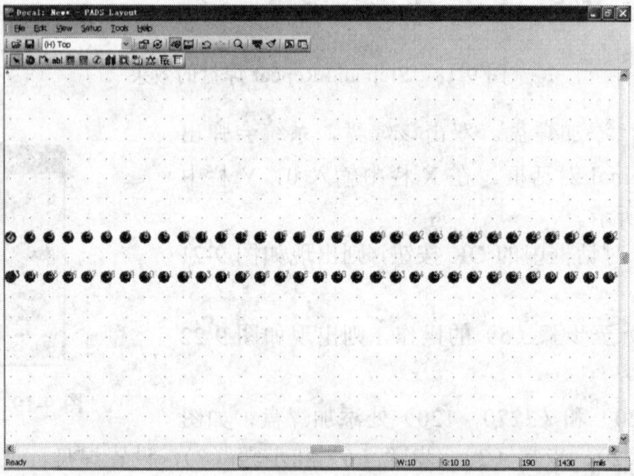

图 9-22　Step and Repeat 焊盘的效果

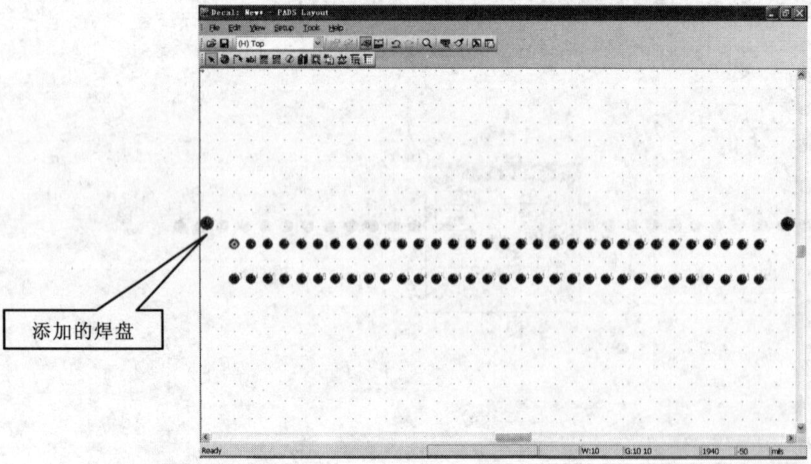

图 9-23　添加定位孔

2. 建立元器件边框（Component Outline）

（1）单击绘制 2D 线图标，进入添加 2D 线模式。在绘图模式的鼠标右键弹出菜单中选择 Rectangle 命令，如图 9-24 所示。

（2）输入 s-300 200，如图 9-25 所示，按 Enter 键，将光标放在边框的左上角。

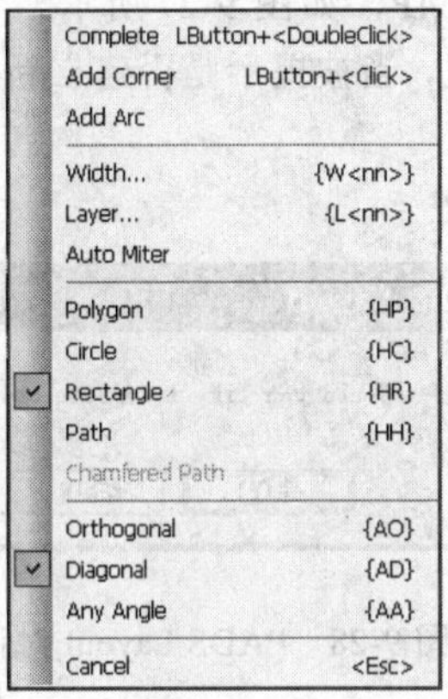

图 9-24 绘图模式的鼠标右键弹出菜单

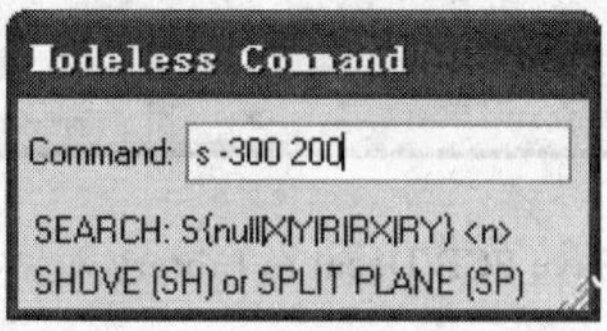

图 9-25 精确定位

（3）不要移动光标，单击鼠标左键或按空格键，然后输入 s 3400 -300，按 Enter 键，将光标放置在右下角，不要移动光标，按 M 键或单击鼠标左键，完成元器件边框绘制，如图 9-26 所示。

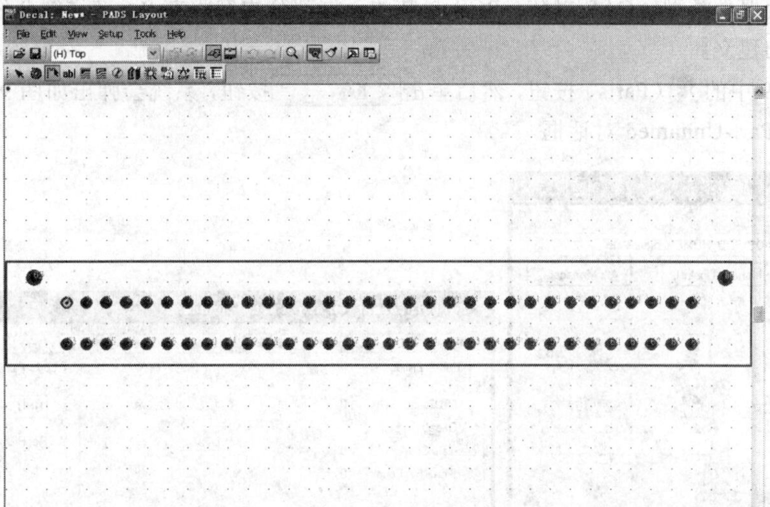

图 9-26 矩形边框绘制完成

3. 放置名称标号（Name Label）

（1）从如图 9-2 所示的绘图工具栏内，单击图标。

（2）单击鼠标右键，从弹出菜单中选择 Select Text/Drafting 快速过滤方式。

（3）从鼠标右键弹出菜单中选择移动 Move 命令，或者使用快捷键 Ctrl+E，移动此标号到希望的位置。

（4）单击鼠标左键放置标号，即完成移动。

4. 保存 PCB 封装（PCB Decal）

（1）保存新创建的封装。选择 File→Save Decal As 命令，系统会弹出如图 9-27 所示的对话框。

（2）在 Save PCB Decal to Library 对话框中的 Library 项中选择要将该封装保存在其中的库的路径名称；在 Name of PCB Decal 中输入该封装的名称 SIP-64P，如图 9-27 所示。

（3）单击 Save PCB Decal to Library 对话框中的 OK 按钮，当被提示是否建立新的 Part Type 时，单击是或否按钮都可以。如图 9-28 所示。

图 9-27 Save PCB Decal to Library 对话框

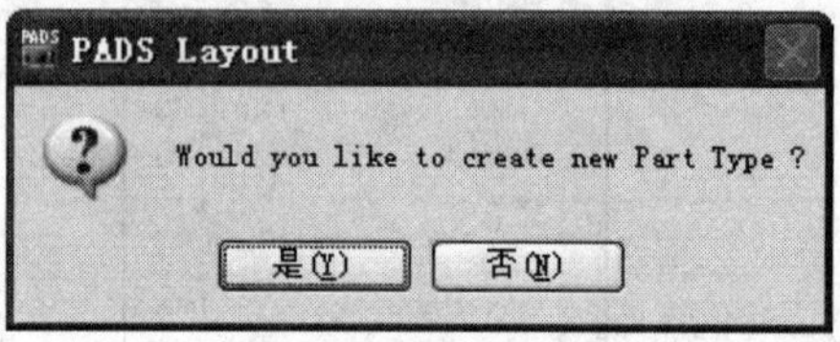

图 9-28 PADS Layout 对话窗口

9.5 建立元器件类型

选择 File→Library 命令，弹出如图 9-29 所示的 Library Manager（库管理器）对话框。库管理器是用来管理元器件类型、CAE 封装、PCB 封装的，这部分内容将在 9.6 节详细介绍。本节主要讲述元器件类型的建立。

单击图 9-29 中的（Parts）按钮，然后单击 New... 按钮，系统会弹出如图 9-30 所示的 Part Information for Part-Unnamed 对话框。

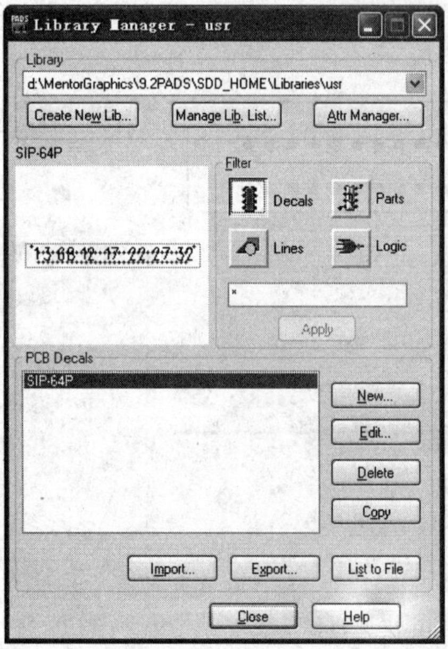

图 9-29 Library Manager(库管理器)对话框

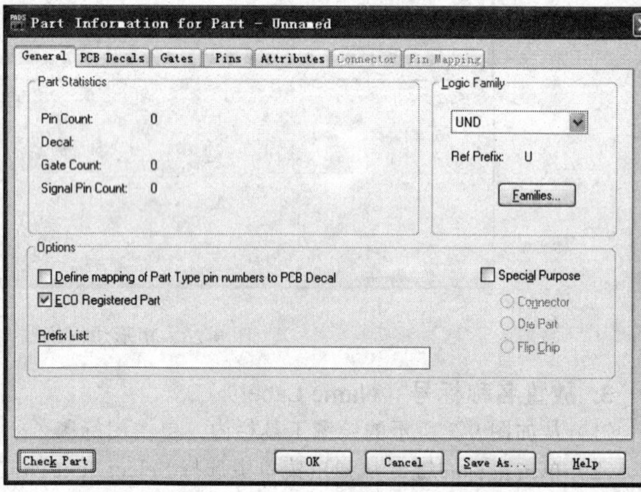

图 9-30 Part Information for Part-Unnamed 对话框

Part Information for Part-Unnamed 对话框中包含 7 个选项卡。

1. General 选项卡

General 选项卡如图 9-30 所示，主要用于元器件类型的全局设置。

（1）Part Statistics（元器件统计信息）

1）Pin Count（引脚数目）　该选项是只读选项，用于显示元器件的引脚数目。

2）Decal（封装）　该选项用于显示元器件 PCB 封装类型。

3）Gate Count（逻辑门数目）　该选项为只读选项，用来显示元器件类型的逻辑门数目。

4）Signal Pin Count（信号引脚数目）　该选项是只读选项，用于显示元器件类型的信号引脚数目。

（2）Logic Family（逻辑家族）　在该选项的下拉列表中，可以为元器件选择相应的逻辑家族，如图 9-31 所示。

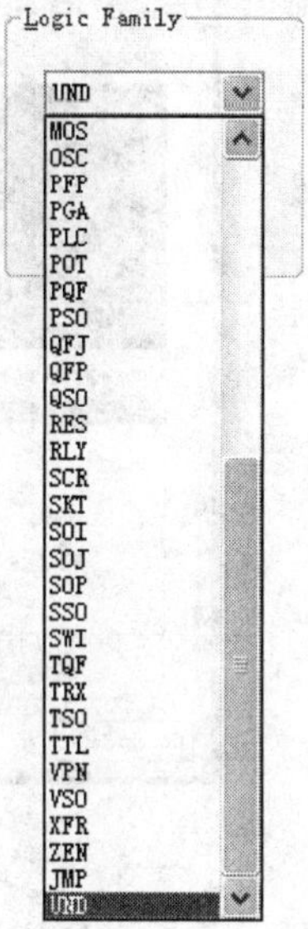

图 9-31　Logic Family 选项的下拉列表

如果对下拉列表中的缩写不太清楚的话，可以单击 Families... 按钮，系统会弹出如图 9-32 所示的对话框，通过该对话框用户可以自定义编辑不同逻辑家族的开头字母。

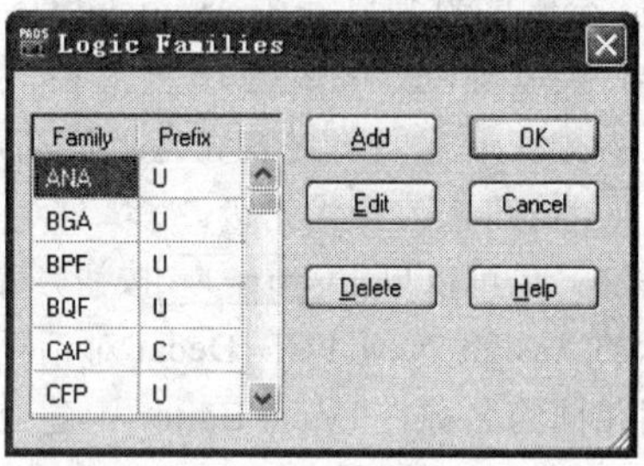

图 9-32　Logic Families 对话框

（1）Options（选项）

1）Define mapping of Part Type pin numbers to PCB Decal（为 PCB 封装定义元器件类型引脚映射）　该选项默认值为不选择。只有选择了该项，Pin Mapping 选项卡才有效。Pin Mapping 选项卡主要用于为数字标识的引脚绘制逻辑引脚。

2）Connector（连接器）　用于设置元器件类型为连接器。选择了该选项后，则 Connector 选项卡变为有效状态。

3）ECO Registered Part（ECO 注册元器件）　系统在默认情况下选择该项，即所有元器件默认都是 ECO 注册元器件。

4）Prefix List（前缀）　用户可以在该文本框内为该元器件类型输入多种前缀，即多种元器件都可以使用相同的元器件类型。

（2）Check Part（元器件检查）　单击 Check Part 按钮，检查对应选项卡中缺少或矛盾的元器件信息，并用记事本打开。

2. PCB Decals 选项卡

PCB Decals 选项卡如图 9-33 所示，该选项卡用于给元器件类型分配相应的 PCB 封装。可以为一个元器件类型设置多达 16 个 PCB 封装。

为元器件类型分配 PCB 封装的步骤如下。

（1）在 Library 选项的下拉列表中选择封装所在的库，如图 9-33 所示，选择 usr 库。

（2）在 Filter 文本框内输入想要查找的封装。

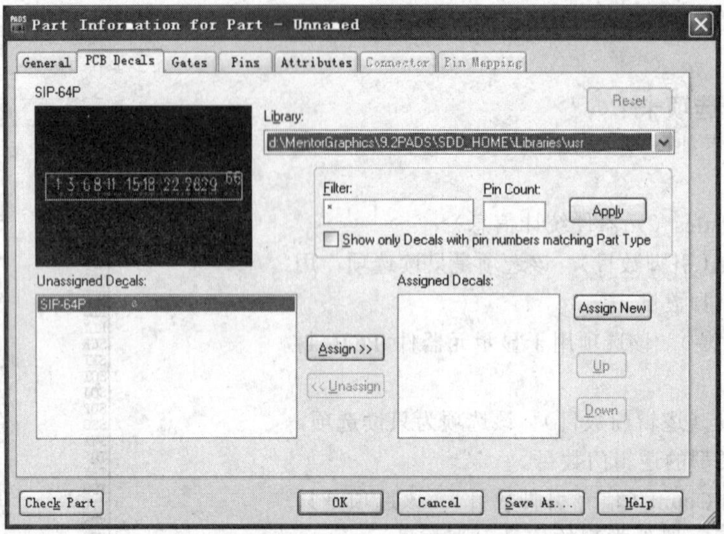

图 9-33 PCB Decals 选项卡

（3）在 Unassigned Decals 列表中找到需要的封装后，单击Assign >>按钮，将选中的封装分配给该元器件类型，分配的封装显示在 Assigned Decals 列表内。一个元器件类型可以分配多达 16 种封装。在 Assigned Decals 列表内排在最上面的封装优先级最高，可以使用Down和Up按钮来改变优先级。

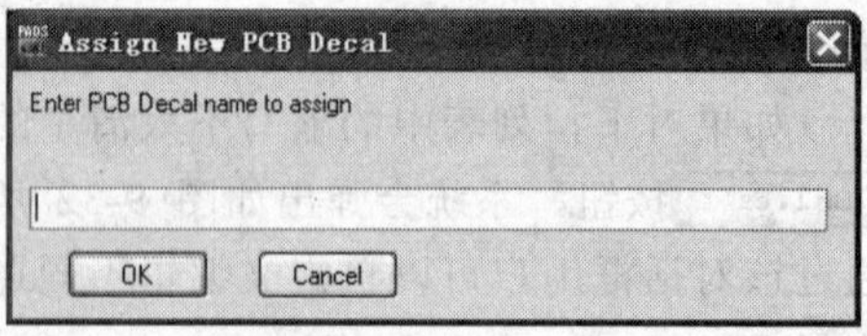

图 9-34 Assign New PCB Decal 对话窗口

（4）也可以单击Assign New按钮，系统弹出如图 9-34 所示的 Assign New PCB Decal 对话框，在文本框内输入一个还没有建立的 PCB 封装名称，以后再使用相同的名称在 Decal Editor 中建立一个 PCB 封装就可以了。

3. Gates 选项卡

Gates 选项卡如图 9-35 所示。下面以 7402 为例介绍该选项卡的功能。

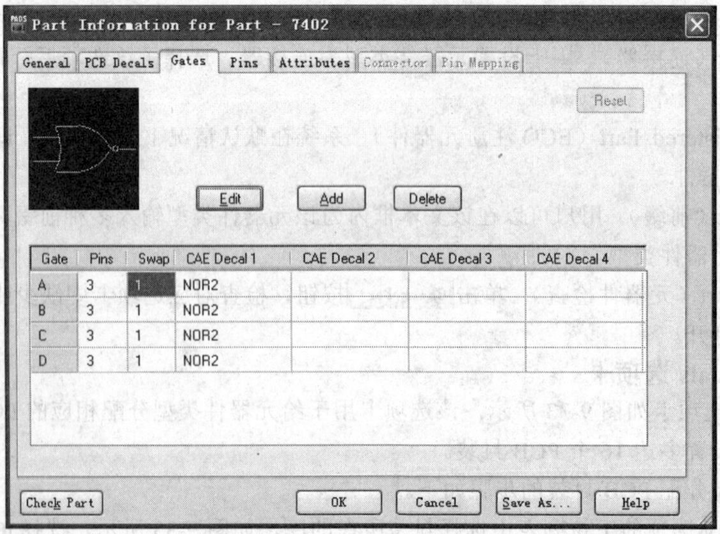

图 9-35 Gates 选项卡

1）Gate　该选项用于设置逻辑门的名称，如图 9-35 中所示的 A、B、C、D。

2）Swap　双击该选项，输入交换序号（Swap ID），范围为 0～100。具有相同 Swap ID 的逻辑门可以进行交换，以减少过孔的使用，方便 PCB 设计的布线操作。注意，当该选项设置值为 0 时，表示不可以进行交换操作，故 Swap ID 均为 0 的门不可以进行交换。

3）CAE Decal 1～CAE Decal 4　双击这些选项，添加或编辑 CAE 封装，PADS 最多允许一个元器件类型有 4 个 CAE 封装。

4. Pins 选项卡

Pins 选项卡如图 9-36 所示。该选项卡主要用于设置特殊的元器件引脚。在 Gates 选项卡中设置的是普通的门引脚，但在这里无法定义已经分配给逻辑门的引脚，即在 Gates 选项卡中已经使用过的引脚在这里无法定义。该选项卡经常用于设置电源/地，如图 9-36 所示，元器件 7402 的第⑦脚为地，第⑭脚为电源，可以双击相应的文本框来编辑电源或地的名称。

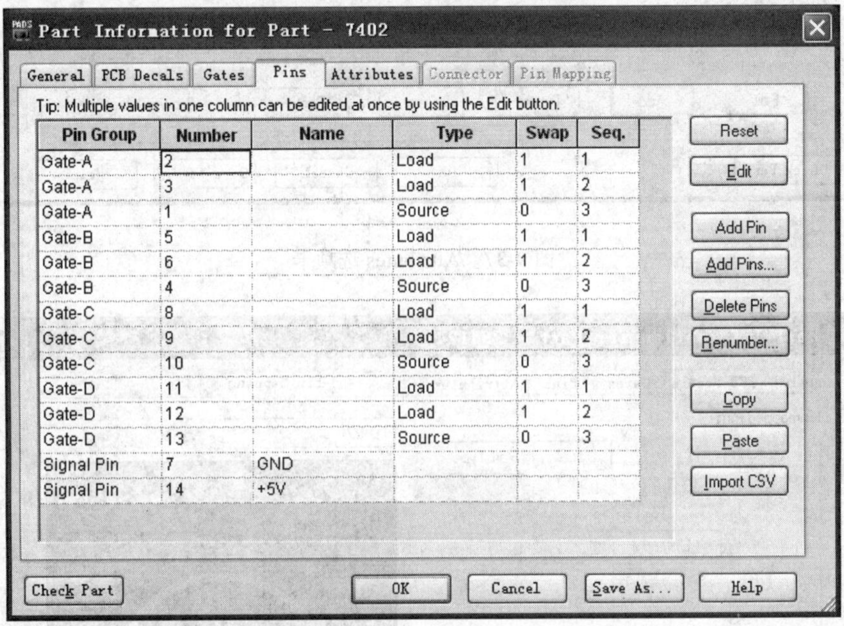

Pin Group	Number	Name	Type	Swap	Seq.
Gate-A	2		Load	1	1
Gate-A	3		Load	1	2
Gate-A	1		Source	0	3
Gate-B	5		Load	1	1
Gate-B	6		Load	1	2
Gate-B	4		Source	0	3
Gate-C	8		Load	1	1
Gate-C	9		Load	1	2
Gate-C	10		Source	0	3
Gate-D	11		Load	1	1
Gate-D	12		Load	1	2
Gate-D	13		Source	0	3
Signal Pin	7	GND			
Signal Pin	14	+5V			

图 9-36　Pins 选项卡

5. Attributes 选项卡

Attributes 选项卡如图 9-37 所示。该选项卡用于为元器件类型设置属性。元器件类型提供了元器件的价格、高度、说明和制造商等信息。这些属性只是一些描述性的文字说明，并不会影响设计，但应该养成良好的习惯，开始设计时尽量完整地建立元器件类型，以方便以后使用。

通过 Add 、 Delete 、 owse Lib. Attr. 、 Edit 等按钮可以添加、删除及编辑元器件类型属性。

6. Pin Mapping 选项卡

Pin Mapping 选项卡如图 9-38 所示。只有在 General 选项卡中选中 Define mapping of Part Type pin numbers to PCB Decal 项，该选项卡才为有效状态。

图 9-38 所示的元器件是三极管 2N4124，习惯上用 E、B、C 来标志三极管的发射极、基极、集电极。此处元器件的第①脚被定义成 E，第②脚被定义成 B，第③脚被定义成 C。若需要改动，可以双击 Part Type 文本框，然后重新赋值。

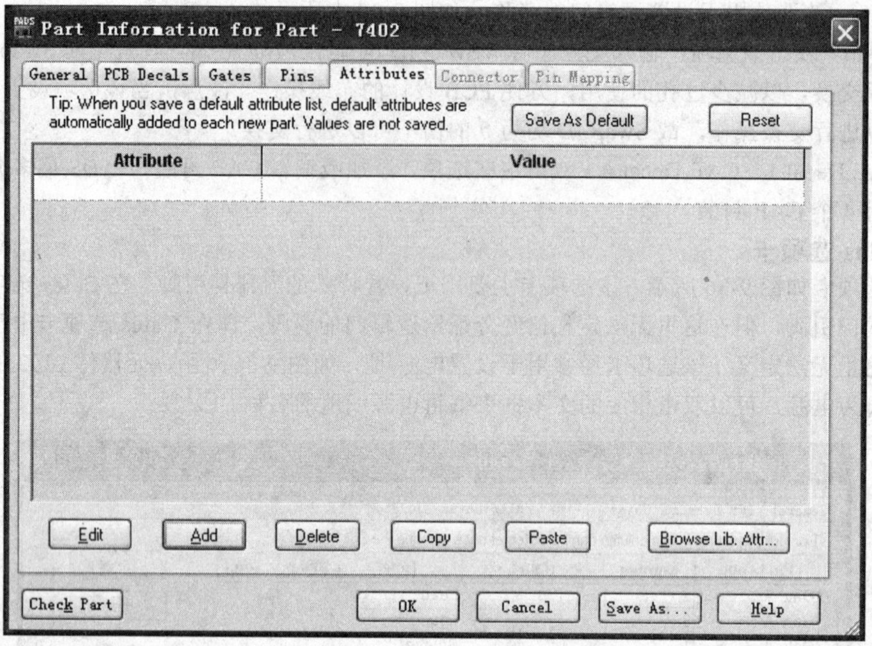

图 9-37 Attributes 选项卡

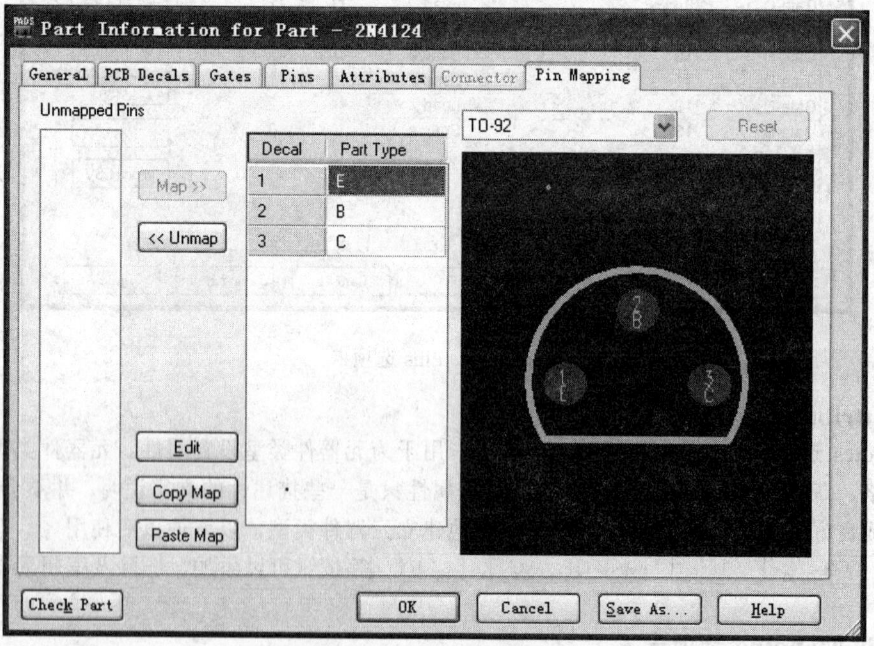

图 9-38 Pin Mapping 选项卡

7. Connector 选项卡

Connector 选项卡如图 9-39 所示。只有在 General 选项卡中选中 Connector 选项，该选项卡才生效。该选项卡用于设置连接器的各个引脚的引脚类型和 CAE 封装类型。

下面以 64 脚连接器为例，建立一个新的元器件类型。

创建了 64 脚连接器的 PCB 封装之后，在使用它之前必须为新的 64 脚连接器建立一个元器件类型（Part Type），因为 PADS 是通过元器件类型调用封装的。

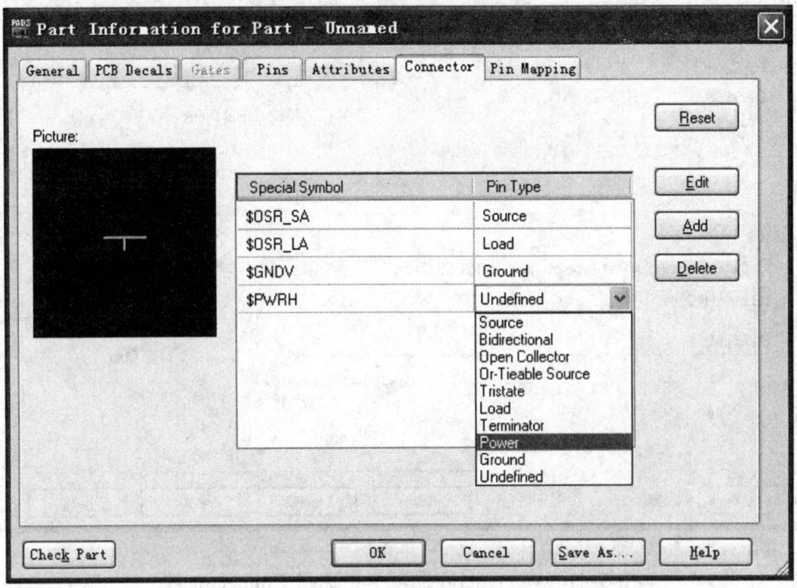

图 9-39　Connector 选项卡

（1）指定一般的参数（General Parameters）

1）选择 File→Library 命令，打开 PADS Layout 的 Library Manager（库管理器）对话框，如图 9-40 所示。

2）为了在 usr 库中建立一个新的元器件类型，从库的下拉列表中选择\Libraries\usr。

3）单击图标。

4）选择 New（新建），打开 Part Type Editor（元器件类型编辑器）对话框，然后选择 General 选项卡。

5）在 Logic Family 列表框内，选择 CON 系列类型，对应默认的元器件类型的前缀为字母 J。

6）在 General 选项卡中的 Options 选项区域内，选择 Connector（连接器）项，使建立的元器件类型为连接器，如图 9-41 所示。

（2）指定 PCB 封装（PCB Decals）

1）选择 PCB Decals 选项卡。

2）从库的下拉列表中选择\Libraries\usr。

3）从未指定的封装 Unassigned Decals 区域选择 SIP-64P 封装。

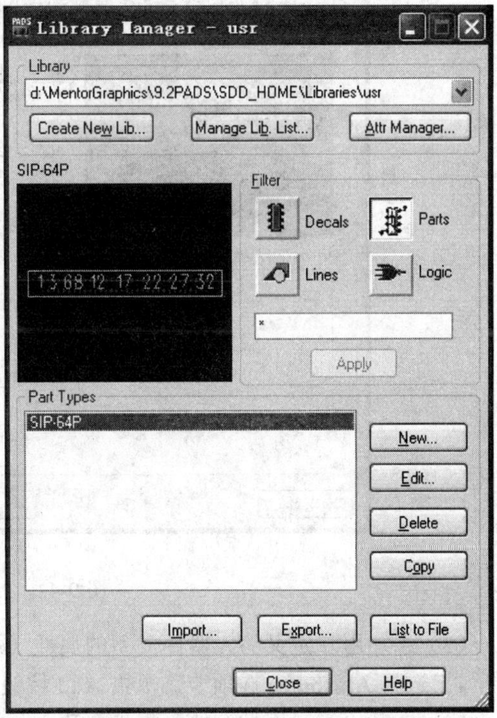

图 9-40　Library Manager 对话框

4）单击 Assign >> 按钮，移动该封装到 Assigned

Decals（指定封装）列表框中，如图 9-42 所示。

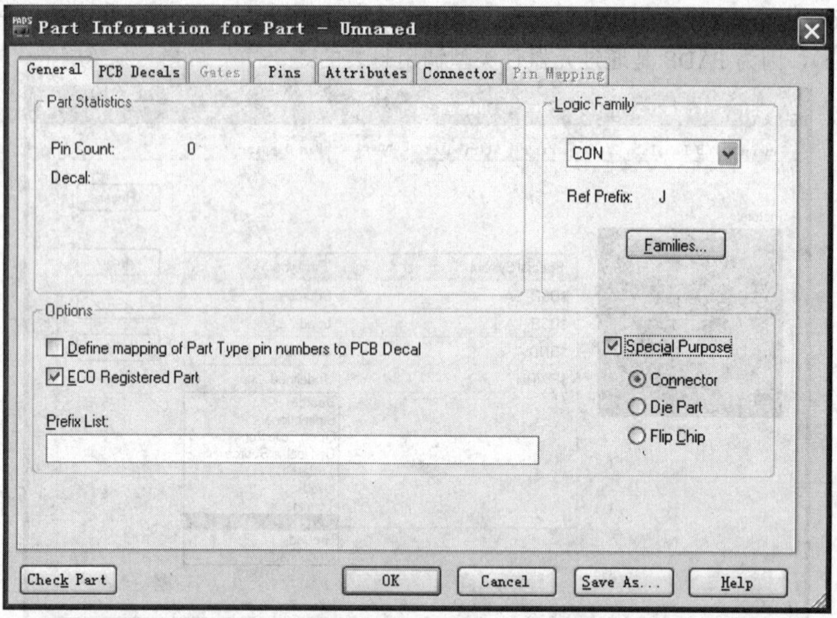

图 9-41 在 General 选项卡中选择 Connector 项

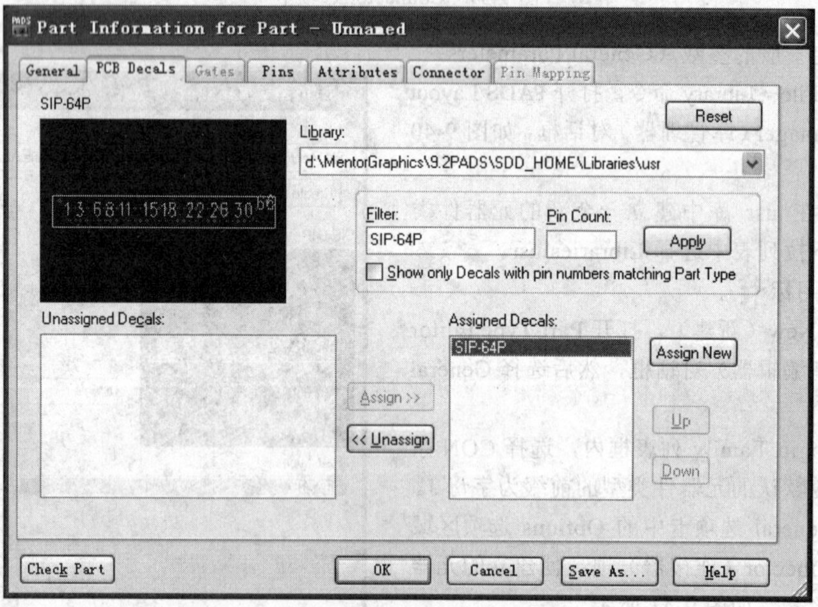

图 9-42 PCB Decals 选项卡

（3）添加用户定义的元器件类型的属性（Attributes）

1）选择 Attributes 选项卡，单击 Add 按钮。

2）在 Attributes 区域，输入属性名称，如输入 PART DESC。

3）按 Tab 键，切换到 Attribute Value（属性值）区域。

4）输入 CONNECTOR，64PIN。

5）单击 Add 按钮，重复前面的步骤，添加下列新的属性名称和属性值：MFG#1 ACM 和$（leave blank）。如图 9-43 所示。

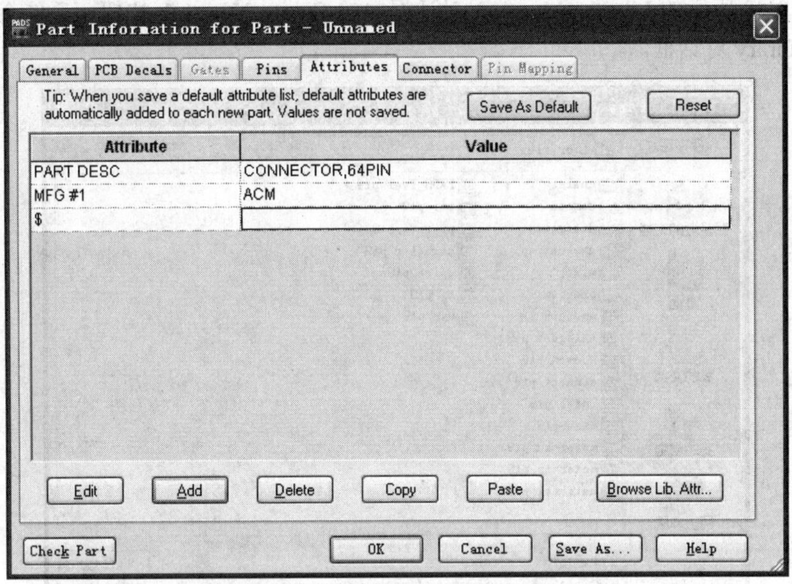

图 9-43　在 Attributes 选项卡中添加属性

（4）设置 Connector 选项卡

1）Special Symbol 项可以为相应的引脚分配 CAE 封装。

2）Pin Type 项的下拉列表中可以为相应引脚选择类型，如 Load（输出）、Source（输入）、Power（电源）和 Ground（地）等。用户可以根据自己对 64 脚连接器的实际需求设置相应的引脚类型。

单击 OK 按钮保存所创建类型，在 Library 中选择 usr 库，并在 Name of Part Type 中为该类型取名为 SIP-64P，如图 9-44 所示。元件类型名最好和指定的 PCB 封装名称一致。

图 9-44　将创建的元器件类型保存

9.6　库管理器

选择 File→Library 命令，打开库管理器，如图 9-40 所示。PADS 通过库来管理元器件类型、CAE 封装、PCB 封装和图形。库管理器用来创建库、显示库的内容及管理编辑库的内容。

1. 库文件的介绍

库按内容分为 4 种类型，即 Parts（元器件类型）、Logic（逻辑封装）、Decals（PCB 封装）和 Lines（图形）。

PADS 以 4 种不同的文件格式保存以上 4 种类型的内容：Logic 内容以.ld09 格式的文件保存在库中；Lines 内容以.ln09 格式的文件保存在库中；Decals 内容以.pd09 格式的文件保存在库中；Parts 类型以.pt09 格式的文件保存在库中。

2. 创建库

在进行较复杂的设计时，需要单独创建一个库来管理修改设计中的各种信息，或者在长时间的设计中积攒自己创建的各种封装元器件类型等信息。

单击如图 9-40 所示的 Library Manager 对话框中的 Create New Lib 按钮，系统会弹出如图 9-45 所示的 New Library 对话框。

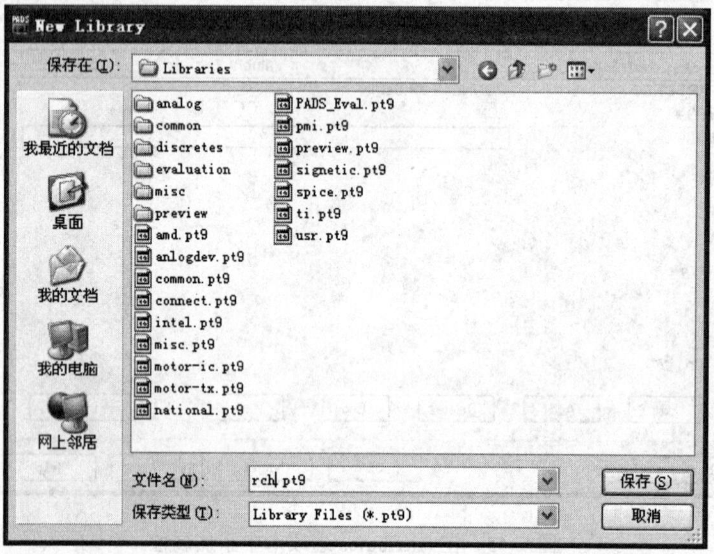

图 9-45　New Library 对话框

在文件名文本框内输入新库的名称，如输入 rch.pt9，单击保存按钮，则同时生成.pt9、.pd9、.ln9、.ld9 四种格式的库文件，从而生成 rch 库。此时 rch 库中没有内容，这需要用户以后不断地添加元器件。

用户可以针对某项设计建库，也可以针对元器件的类型建库。在此建议读者采取二者相结合的方法建库，即进行复杂设计时单独建库以方便设计，然后将其中的元器件分类保存，方便以后设计中使用。

3. 管理库清单

单击如图 9-40 所示的 Library Manager 对话框中的 Manage Lib List 按钮，系统会弹出如图 9-46 所示的 Library List 对话框。

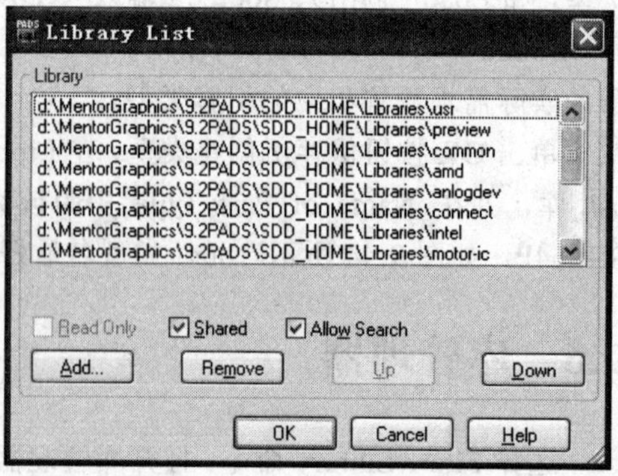

图 9-46　Library List 对话框

（1）从库清单中移出库　在库清单中选择想要移出的库，单击 Remove 按钮进行移出操作。注意，这里是使其不在库清单中显示，并不是从计算机中删除该库数据。

（2）添加库到库清单中　单击 Add 按钮，系统会弹出 Add Library 对话框。在 Add Library 对话框中的文件名栏中输入文件名。单击 打开(O) 按钮，则该库在库清单中出现。

（3）设置库清单中各项的优先级　在库清单中选择某个库，单击 Down、Up 按钮进行排序。在检索的时候，越靠前的库优先级就越高。PADS 系统总是先检索优先级高的元器件库，并使用最先检索到的元器件。对于一些常用的库，用户可以提高其优先级，以方便查找。

（4）设置库检索选项

1）Read Only（只读）　该选项用于显示只读类型的库文件，以禁止对该库文件进行任何修改。

2）Shared（共享）　选择该项允许多个用户同时使用该库。

3）Allow Search（允许检索）　选择该选项，则在进行与库有关的操作时，该库也包含在操作范围内。例如，在 Library List 对话框给某一个库选择了该选项，则当在 ECO 模式下添加元器件时，系统弹出的如图 9-47 所示的 Library 选项的下拉列表中将包含该库，即可以在该库中检索元器件。

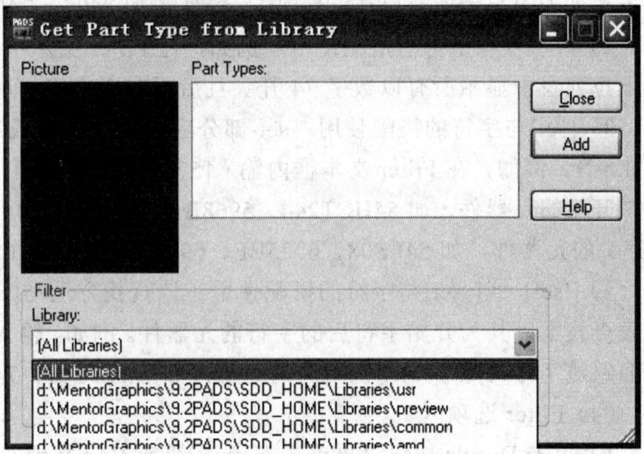

图 9-47　Library 选项的下拉列表

4. 属性管理器

单击如图 9-40 所示的 Attr Manager 按钮，系统会弹出如图 9-48 所示的 Manage Library Attributes 对话框。

该对话框主要用于添加、删除或者重命名某个库中或所有库中的所有元器件/封装的属性。但每个元器件的各项属性只需要在建立元器件类型或编辑元器件属性时进行设置或修改。

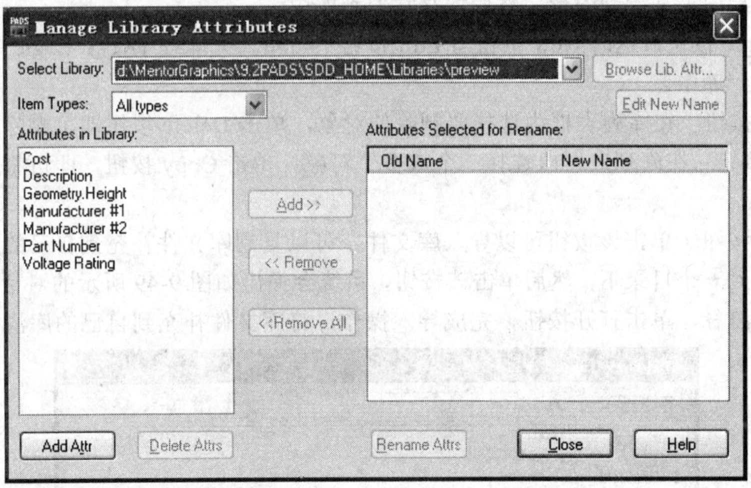

图 9-48　Manage Library Attributes 对话框

5. 编辑和使用库

（1）在如图 9-40 所示的 Library 选项的下拉列表中选择一个库。若选择 All Libraries，则 New、Edit、Delete、Copy、Import、Export 和 List to File 均不可用；若选择 read only library，则 New、Edit、Delete、Copy 和 Import 按钮不可用。

（2）单击相应的按钮来显示相应的内容，如：

1）　显示封装引脚图；

2）　显示元器件图形；

3）　显示元器件的逻辑封装；

4） 显示绘图对象。

（3）使用过滤功能在库管理器的下拉列表中进行查找。一般使用如下几类通配符及其公式进行过滤查找。

1）“*”号与字符的搭配使用　例如，在 Filter 文本框内输入 74*，单击 Apply 按钮，则在上面的下拉列表中显示所有以 74 开头的元器件，如 7404、74LS04、74622 等。

2）“?”号与字符的搭配使用　例如，在 Filter 文本框内输入 74??，单击 Apply 按钮，则在上面的下拉列表中显示所有以数字 74 开头且后面有 2 个字符的元器件，如 7404、74T2、74TP 等。

3）[set]与字符的搭配使用　set 部分应以多个字符或字符范围替代进行查找，如 57、A.Z、0.9 或 a.z 等。例如，在 Filter 文本框内输入[57]*，单击 Apply 按钮，则在下拉列表中显示所有以数字 5 或 7 开头的元器件，如 54HCT244、5968BAE4、74ACT44 等；若输入[5.7]*，则查找以数字 5、6 或 7 开头的元器件，如 54LS08、6225BE、69TF77、74ALS02 等。

4）[!set] 或[^set]与字符的搭配使用　该查找方法与[set]类似，只是该方法在中括号内所加字符代表查找不以其为开始字符后的字符的元器件。例如，输入 74A[!C.H]*，代表查找所有以 74A 开头，后面跟随字母为除了 C.H 范围内的字符，如 74ABT44、74ALS244、74ABF365 等。

（4）Filter 选项区

1）单击 Decals 按钮，再单击 New 按钮或 Edit 按钮，系统会弹出 PCB Decal Editor 对话框。

2）单击 Part 按钮，再单击 New 按钮或 Edit 按钮，系统会弹出 Part Information 对话框。

3）单击 Lines 按钮，这时 New 按钮与 Edit 按钮不可用，即 PADS 没有专门的图形编辑器，只能通过 PADS 的绘图工具绘制图形，然后保存它们到库中。

4）单击 Logic 按钮，这时 New 按钮与 Edit 按钮不可用，只能在 PADS Logic 中创建编辑 CAE 封装，然后保存到库中。

（5）Delete 按钮　在库列表框内选择要删除的对象，单击 Delete 按钮即可删除。

（6）Copy 按钮　在库列表框内选择一个或多个对象，单击 Copy 按钮，即可将选中的元器件复制到其他库中。

（7）Import 按钮　单击该按钮可以导入库文件。可以复制库文件补充到自己的库中。例如，可以将库文件存放到一个目录下，然后单击该按钮，系统会弹出如图 9-49 所示的对话框，找到要导入的库文件存放的路径，单击打开按钮，完成导入操作，将库文件补充到自己的库清单中供使用。

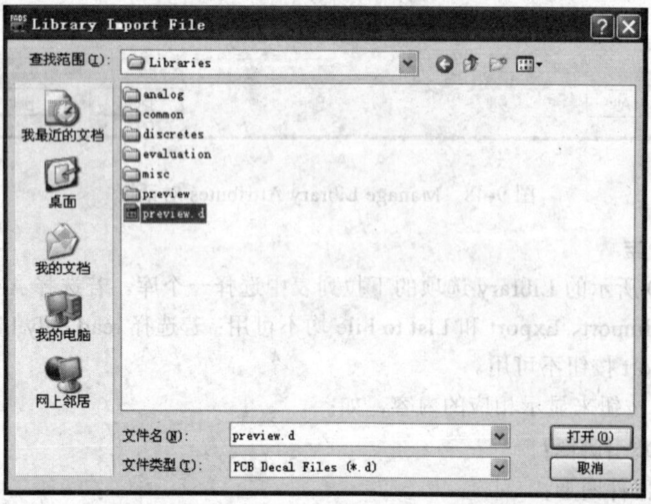

图 9-49　Library Import File 对话框

（8）Export 按钮　单击该按钮可以导出库文件。该项功能和导入功能正好相反。使用导出功能可以导出库文件到指定目录下，供用户导入使用。

（9）List to File 按钮　单击该按钮，则会显示选择的库中的元器件封装和元器件类型的修改时间，如图 9-50 所示，可以使用通配符及其公式进行过滤。

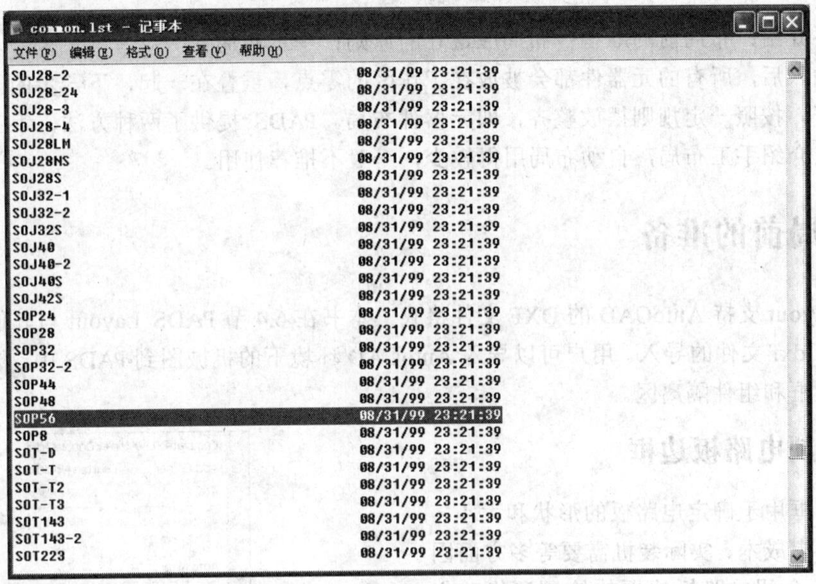
common.lst - 记事本
文件(F) 编辑(E) 格式(O) 查看(V) 帮助(H)

SOJ28-2	08/31/99 23:21:39
SOJ28-24	08/31/99 23:21:39
SOJ28-3	08/31/99 23:21:39
SOJ28-4	08/31/99 23:21:39
SOJ28LM	08/31/99 23:21:39
SOJ28NS	08/31/99 23:21:39
SOJ28S	08/31/99 23:21:39
SOJ32-1	08/31/99 23:21:39
SOJ32-2	08/31/99 23:21:39
SOJ32S	08/31/99 23:21:39
SOJ40	08/31/99 23:21:39
SOJ40-2	08/31/99 23:21:39
SOJ40S	08/31/99 23:21:39
SOJ42S	08/31/99 23:21:39
SOP24	08/31/99 23:21:39
SOP28	08/31/99 23:21:39
SOP32	08/31/99 23:21:39
SOP32-2	08/31/99 23:21:39
SOP44	08/31/99 23:21:39
SOP48	08/31/99 23:21:39
SOP56	08/31/99 23:21:39
SOP8	08/31/99 23:21:39
SOT-D	08/31/99 23:21:39
SOT-T	08/31/99 23:21:39
SOT-T2	08/31/99 23:21:39
SOT-T3	08/31/99 23:21:39
SOT143	08/31/99 23:21:39
SOT143-2	08/31/99 23:21:39
SOT223	08/31/99 23:21:39

图 9-50　报告清单

练　习　题

1. 如何设定元件的高度？设定元件高度的意义是什么？
2. Part Type、CAE Decal、PCB Decal 三者有什么联系？
3. 如何指定分装？有何注意事项？
4. 封装库中查找一个封装有几种过滤方法？分别具有什么特点？

第 10 章　布　局

本章主要介绍：布局前的准备；布局应遵守的原则；手工布局。

网络表输入后，所有的元器件都会被放在工作区的零点，重叠在一起，下一步的工作就是把这些元器件分开，按照一定规则摆放整齐，即元器件布局。PADS 提供了两种方法，手工布局和自动布局。本章只介绍手工布局，自动布局用得较少，一般不推荐使用。

10.1　布局前的准备

PADS Layout 支持 AutoCAD 的 DXF 文件格式，本书在 6.4 节 PADS Layout 与其他软件的链接中详细介绍了.dxf 文件的导入。用户可以导入 AutoCAD 环境下的机械图到 PADS 中，然后根据该图绘制电路板边框和组件隔离区。

10.1.1　绘制电路板边框

电路板边框用于确定电路板的形状和大小，一般应综合考虑成本、实际装机需要等多方面因素。下面详细介绍电路板边框的绘制和修改方法。

（1）单击工具栏中的图标，打开绘图工具栏，单击其中的图标，进入绘制电路板边框的模式。

（2）在工作区内单击鼠标右键，系统会弹出如图 10-1 所示绘图模式下的弹出式菜单，分别选择其中的 Polygon（多边形）和 Diagonal（对角）命令，绘制一个边框。

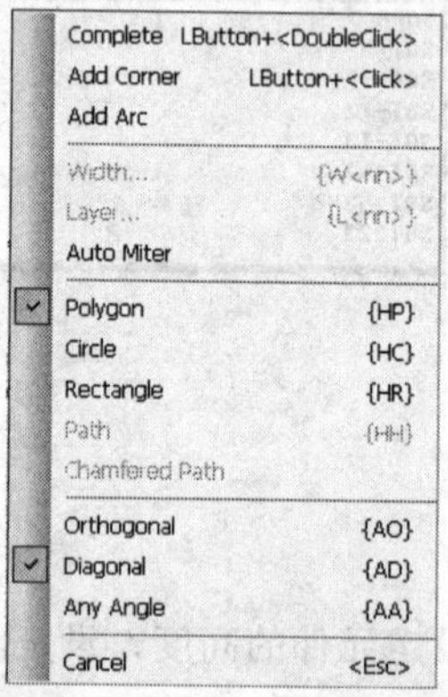

图 10-1　绘图模式的弹出式菜单

（3）在原点处单击鼠标左键→在坐标（850，0）处单击鼠标左键→将光标垂直移动到（850，210）处→单击鼠标左键→将光标水平移动到（4950，210）处→单击鼠标左键→垂直移动光标到（4950，-4260）处→单击鼠标左键；水平移动光标到（1150，-4260）处→单击鼠标左键→垂直移动光标到（1150，-4050）处→单击鼠标左键→水平移动光标到（0，-4050）处→单击鼠标左键→垂直移动光标到原点处→双击鼠标左键，完成多边形的绘制。

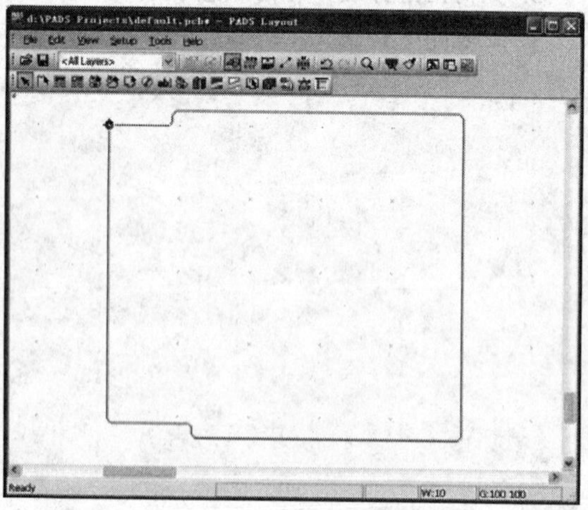

图 10-2　电路板边框的绘制

（4）在多边形各拐角处加倒角。选择边框拐角，在右键菜单中选择 Add Miter 命令，设置倒角半径值为 50 即可。完成的电路板边框绘制如图 10-2 所示。

10.1.2 组件隔离区的绘制

在进行PCB设计时，除了要考虑装机时2D空间的冲突，也要考虑3D空间的冲突。即从AutoCAD中导出边框限高图到PADS当中，该图中用不同的颜色和条纹表示边框中各区域所允许放置元器件的最大高度及是否允许走线和排放元器件。用户可以通过绘图工具栏中的图标（建立组件隔离区工具）来建立各种限制区域，并自动生成相应的检验规则。

下面以绘制矩形组件隔离区为例，介绍组件隔离区的建立。

（1）完成边框绘制后，单击工具栏中的图标，打开绘图工具栏，单击其中的图标，进入组件隔离区绘制模式。

（2）单击鼠标右键在弹出菜单中选择 Rectangle 命令。

（3）使用无模式命令 s{X}{Y}进行精确定位，然后单击鼠标左键开始绘制。

（4）再次使用无模式命令精确定位，单击鼠标左键，系统会弹出如图10-3所示的Add Drafting对话框，在该对话框中选择组件隔离区所在的层和限制的设定。这里选择顶层，设置元器件的限定高度及不可在该区域添加过孔和跳线。

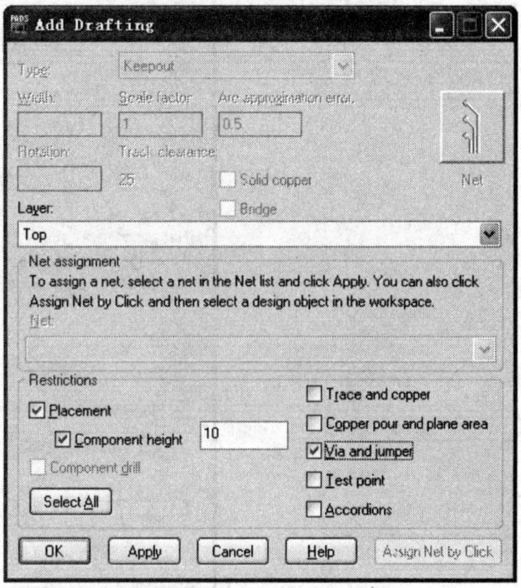

图 10-3 Add Drafting 对话框

（5）单击 OK 按钮，则显示组件隔离区如图 10-4 所示。若没有显示图形，则选择菜单栏中的Setup→Display Colors 命令，系统会弹出 Display Colors Setup 对话框，设置 Keepout 项的颜色，使之可见。

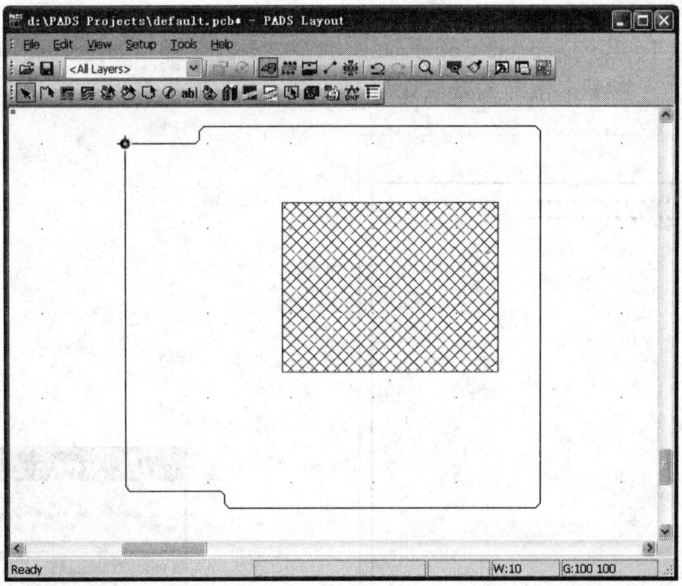

图 10-4 组件隔离区效果图

（6）用户可以选中该组件隔离区进行编辑。框选该区域，单击鼠标右键，在弹出菜单中选择 Properties 命令，系统会弹出如图 10-5 所示的 Drafting Properties 对话框，用户可以根据需要进行编辑。

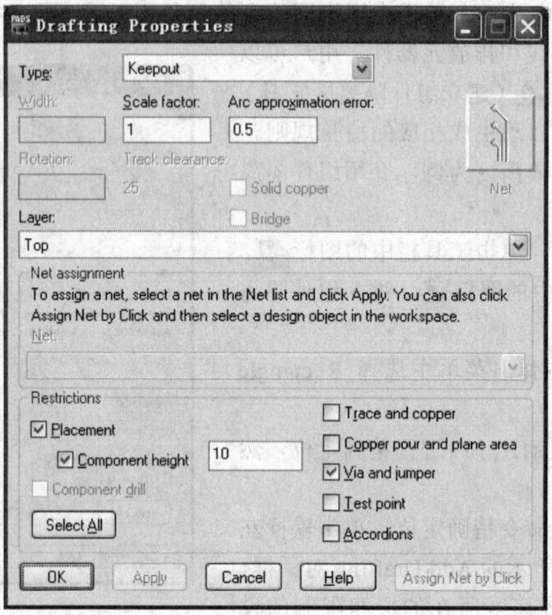

图 10-5　Drafting Properties 对话框

10.1.3　元器件的散布（Disperse）

绘制好板框之后，将.asc 格式的网络表文件导入到 PADS 中，当前设计中的所有元器件都重叠放置在一起，如图 10-6 所示。

选择菜单栏中的 Tools→Disperse Components 命令，系统会弹出如图 10-7 所示的 PADS Layout 对话框，单击 是(Y) 按钮，散布的效果如图 10-8 所示。

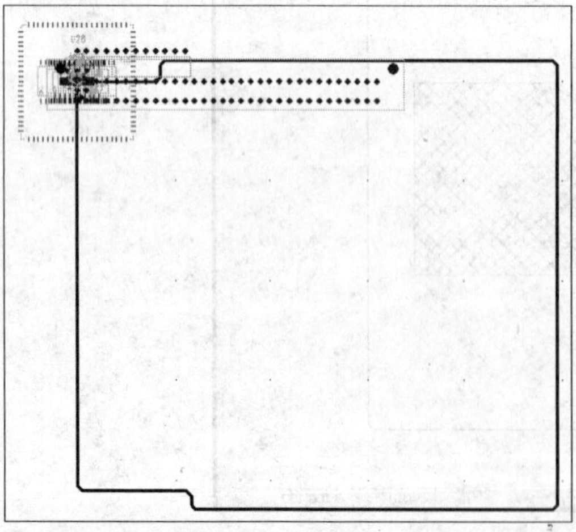

图 10-6　网络表文件导入到 PADS 的效果图

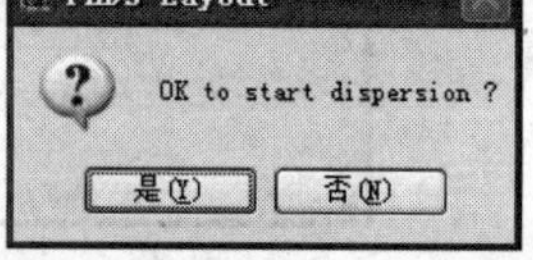

图 10-7　PADS Layout 对话窗口

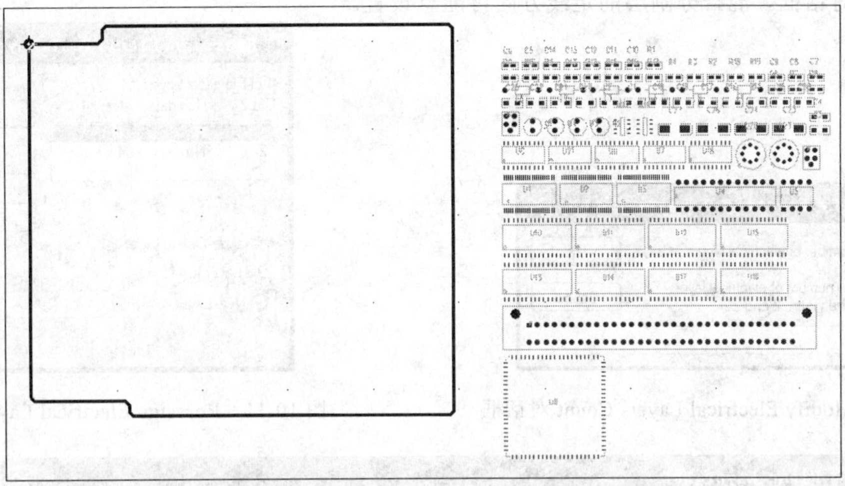

图 10-8 元器件散布的效果图

此时，元器件全部散布在板框外侧。也可以在板框内选择元器件后，单击鼠标右键，在弹出的菜单中选择 Disperse 命令，将元器件散布到板框外面。若选中板框外的元器件继续散布，则元器件将水平移动一段距离。

10.1.4 与布局相关的设置

1. Layer Definition 的设置

在开始布局之前，需要设置当前设计采用的板层数和每一层的类型。选择菜单栏中的 Setup→Layer Definition 命令，系统会弹出如图 10-9 所示的 Layers Setup 对话框。

（1）设置板层数　单击 Electrical Layers 选项组中的 Modify... 按钮，系统会弹出如图 10-10 所示的对话框，在该对话框中的文本框内输入 4，即定义当前设计的板层数为 4。单击 OK 按钮，退出 Modify Electrical Layers Count 对话框，系统会弹出如图 10-11 所示的对话框，单击 OK 按钮退出该对话窗口，完成板层数设置。

（2）层的名称、类型、布线方向的设置

1）在 Layers Setup 对话框的 Lev. Type Dir. Name 列表中选择第 1 层，在 Name 文本框内输入 Top，在 Electrical Layer Type 选项组中选择 Component 项，设置该层为摆放元器件层；选择 No Plane 选项，设置该层为非平面层；选择 Horizontal 选项，设置该层的走线方向为水平方向。

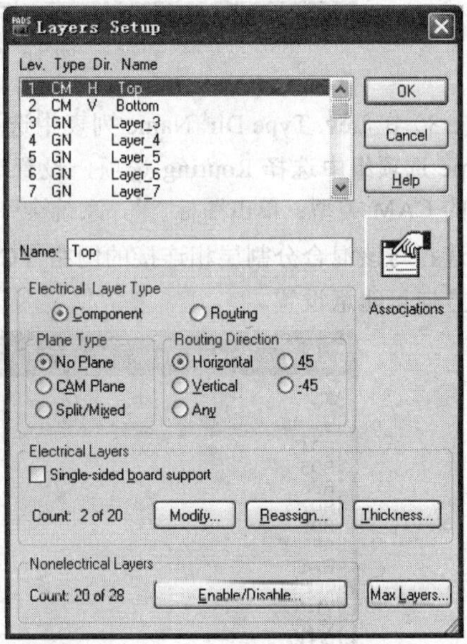

图 10-9 Layers Setup 对话框

2）在 Lev. Type Dir. Name 列表中选择第 2 层，在 Name 文本框内输入 GND，在 Electrical Layer Type 选项组中选择 Routing，设置该层为走线层；选择 Split/Mixed Plane 选项，设置该层为平面层中的混合分割类型；单击图标，系统会弹出如图 10-12 所示的 Plane Layer Nets 对话框，在该对话框中选择与该混合分割层相连接的网络，然后单击 OK

按钮退出该对话框。混合分割层的走线方向可随意设置。

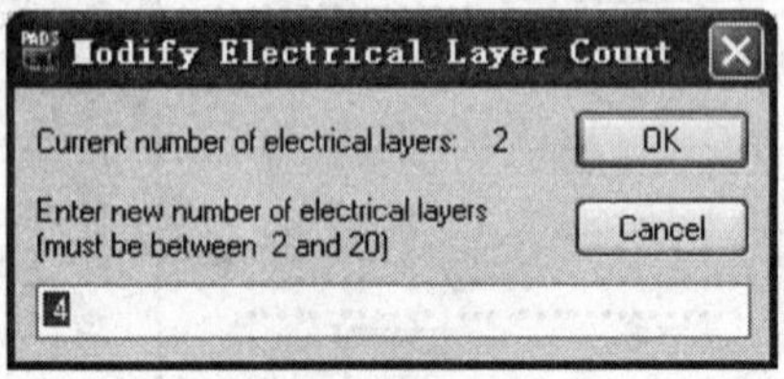

图 10-10 Modify Electrical Layers Count 对话框

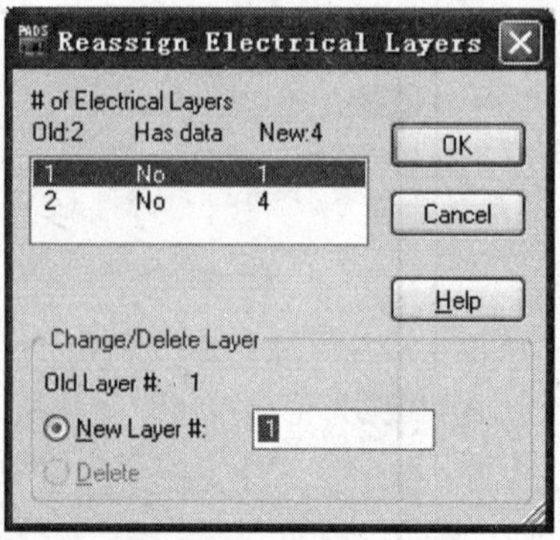

图 10-11 Reassign Electrical Layers 对话框

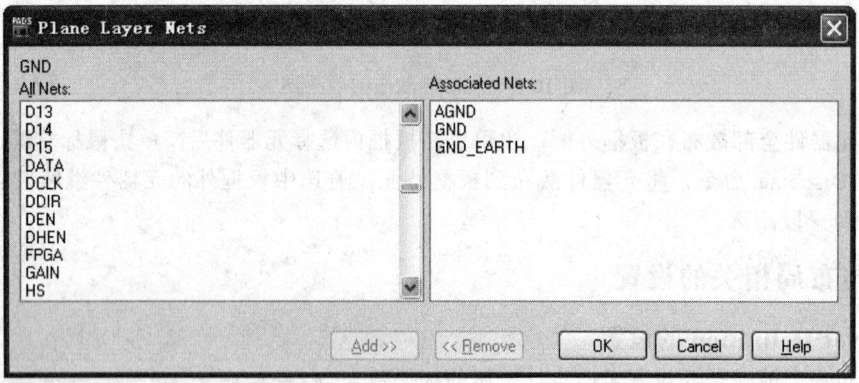

图 10-12 Plane Layer Nets 对话框

3）在 Lev. Type Dir. Name 列表中选择第 3 层，在 Name 文本框内输入 VCC，在 Electrical Layer Type 选项组中选择 Routing 选项，设置该层为走线层；选择 CAM Plane 选项，设置该层为平面层中的 CAM 类型；单击图标，系统会弹出如图 10-13 所示的 Plane Layer Nets 对话框，在该对话框中选择与该混合分割层相连接的网络 VCC，然后单击 OK 按钮退出该对话框。混合分割层的走线方向可随意设置。

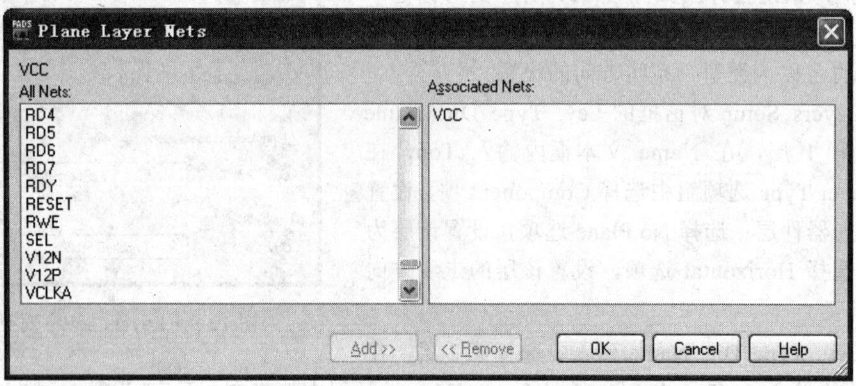

图 10-13 Plane Layer Nets 对话框

4）在 Lev. Type Dir. Name 列表中选择第 4 层，在 Name 文本框内输入 Bottom，在 Electrical Layer Type 选项组中选择 Component 选项，设置该层为摆放元器件层，选择 No Plane，设置该层为非平面层；选择 Vertical，设置该层的走线方向为垂直方向。

2. Design Rules 设置

完成层的设置之后，选择菜单栏中的 Setup→Design Rules 命令，系统会弹出如图 10-14 所示的 Rules 对话框，单击图标，弹出如图 10-15 所示的 Default Rules 对话框，单击图标，弹出如图 10-16 所示的 Clearance Rules：Default rules 对话框，在该对话框中进行默认安全间距设置。也可以根据设计的需要进行规则的层次结构中的其他规则设置。

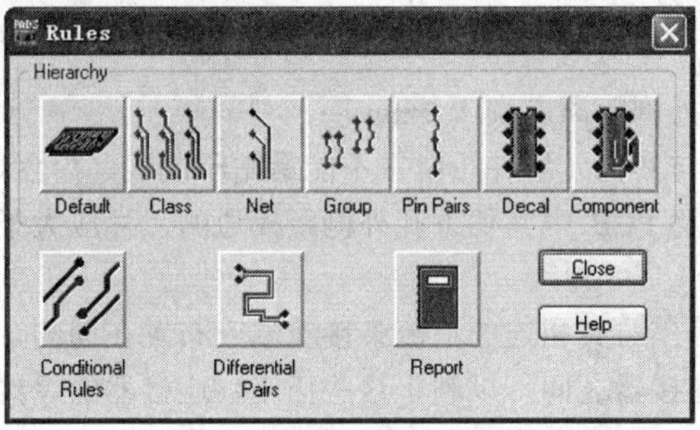

图 10-14　Rules 对话框

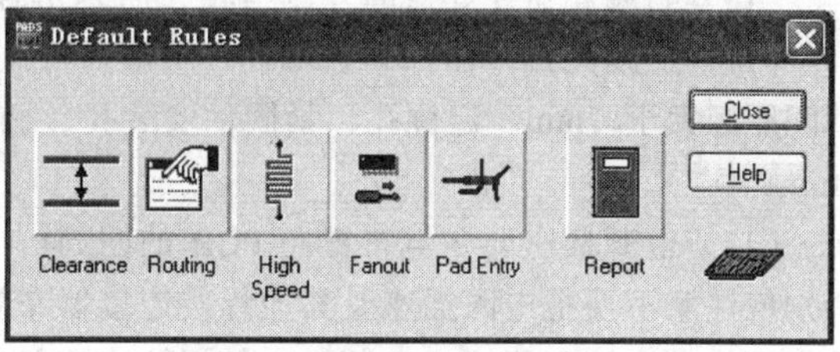

图 10-15　Default Rules 对话框

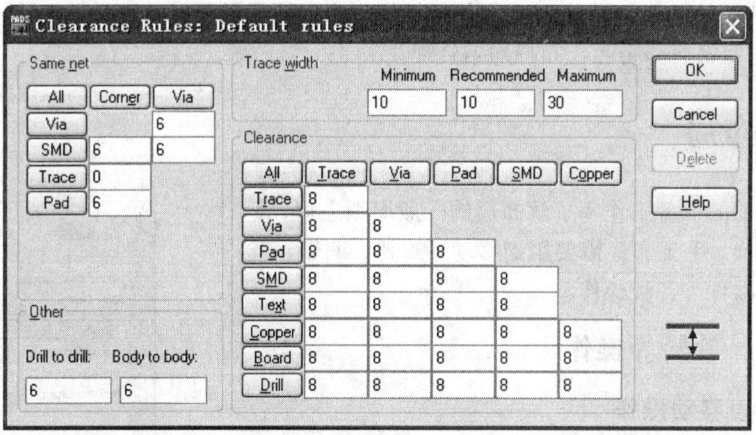

图 10-16　Clearance Rules：Default rules 对话框

10.2　布局应遵守的原则

在实际设计中布局的好坏直接关系到布线的质量，因此合理的布局是成功设计 PCB 至关重要的一步。在实际设计中，布局必须遵守以下原则。

（1）按电路模块进行布局。实现同一功能的相关电路称为一个模块，电路模块中的元器件应就近集中，同时将数字电路和模拟电路分开。

（2）布局时应该合理设置各个功能电路的位置，尽量使布局便于信号流通，使信号尽可能保持方向一致。

（3）以每一个功能电路的核心元器件为中心来布局。元器件应均匀、整齐、紧凑地摆放在 PCB

上，尽量减少和缩短元器件之间的引线和连接。

（4）尽可能缩短高频元器件之间的连线，设法减少它们的分布参数和相互之间的电磁干扰。易受干扰的元器件之间不可离得太近，输入和输出的元器件应该尽量远离。

（5）热敏元器件应该远离发热元器件，高热元器件要均衡分布。

（6）电感之间的距离和位置要得当，以免发生互感。

（7）定位孔、标准孔等非安装孔周围 1.27mm 距离内不得贴装元器件，螺钉等安装孔周围 3.5mm（对于 M2.5）、4mm（对于 M3）距离内不得贴装元器件。

（8）卧装电阻、电感（插件）、电解电容等元器件的下方避免布过孔，以免波峰焊后过孔与元器件壳体短路。

（9）元器件的外侧距板边的距离一般应大于 5mm。

（10）贴装元器件焊盘的外侧与相邻插装元器件的外侧距离应大于 2mm。

（11）金属壳体元器件和金属件（屏蔽盒等）不能与其他元器件相碰，不能紧贴印制线、焊盘，其间距应大于 2mm。定位孔、紧固件安装孔、椭圆孔及 PCB 中其他方孔外侧距板边的尺寸应大于 3mm。

（12）电源插座要尽量布置在 PCB 的四周，电源插座与其相连的汇流条接线端应布置在同侧。特别应注意不要把电源插座及其他焊接连接器布置在连接器之间，以利于这些插座、连接器的焊接及电源线缆设计和扎线。电源插座及焊接连接器的布置间距应考虑方便电源插头的插拔。

（13）尽量使贴片元器件单边对齐，字符方向一致，封装方向一致。

（14）有极性的元器件在同一 PCB 上的极性标志方向要尽量保持一致。

（15）元器件疏密应该得当，布局均匀合理。

10.3 手工布局

在完成布局前的准备工作和了解布局的一般原则之后，便可以开始手工布局。手工布局需要用到移动、旋转、编辑、查找和精确摆放元器件等各种操作。

10.3.1 移动、旋转等操作

1. 水平/垂直移动操作

（1）单击鼠标左键，拖动元器件使之附着在光标上，或者单击鼠标左键选中元器件/元器件组再单击鼠标右键，弹出如图 10-17 所示的元器件编辑菜单，选择 Move 命令。也可以使用鼠标左键单击选中元器件/元器件组后，使用快捷键 Ctrl+E 进行移动操作。

（2）元器件/元器件组高亮显示并附着在光标上。在移动过程中可以看到以白色显示的鼠线，表示元器件的网络连接属性，如图 10-18 所示。

（3）在元器件/元器件组移动过程中，单击鼠标右键，系统会弹出如图 10-19 所示的菜单。

（4）移动元器件/元器件组到需要的位置，单击鼠标左键放置元器件，完成移动操作。

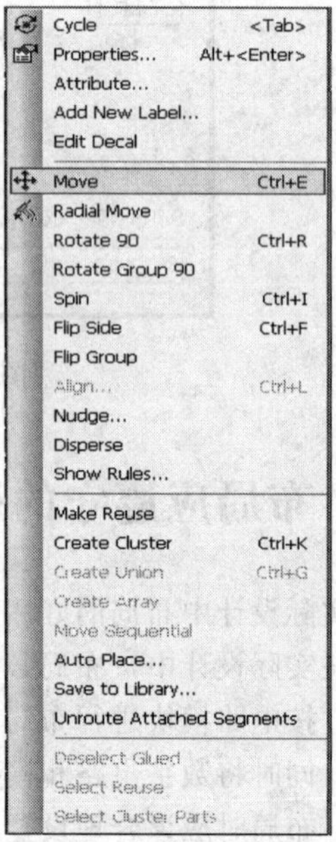

图 10-17 元器件编辑菜单

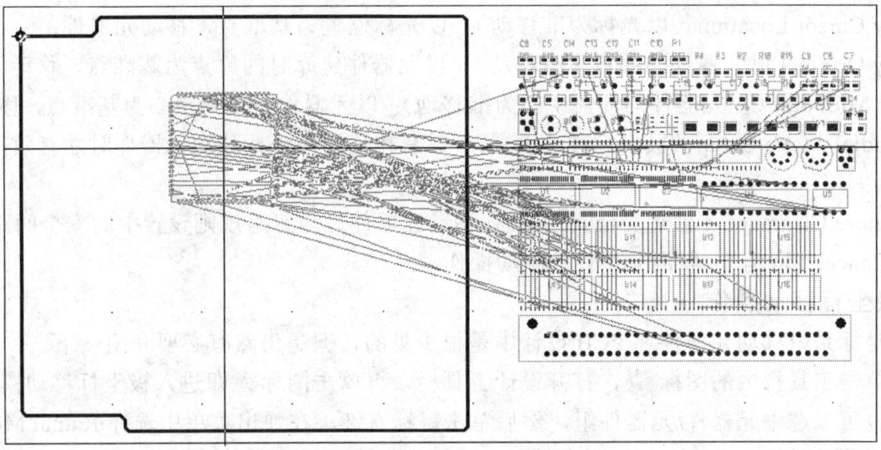

图 10-18 拖动元器件使之附着在光标上

（5）在元器件移动过程中，也可以利用无模式命令来精确定位元器件。例如，想要将元器件移动到原点处，则在元器件附着在光标上时，输入 s 0 0，按 Enter 键，则元器件移动到原点位置。注意，利用该方法移动元器件时，可以根据需要设置元器件移动时是以元器件的几何中心为准，还是以元器件的某个定点为准，这里不再赘述，读者可参见第 7 章相关内容。

（6）用户可以利用键盘上的方向键来进行元器件/元器件组位置的微调。每按动一次方向键，则元器件在指定方向上移动一个设计栅格的距离。

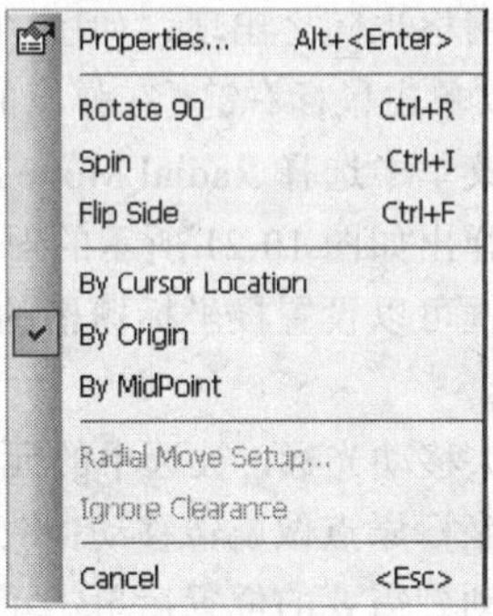

图 10-19 元器件移动过程中的右键菜单

图 10-17 所示的元器件编辑菜单各项命令含义如下：

1）Move（移动） 在直角坐标系中，垂直/水平移动被选中元器件；

2）Radial Move（极坐标移动） 在极坐标系中，按弧度移动被选中元器件；

3）Rotate 90（旋转 90°） 将选中元器件原地旋转 90°；

4）Rotate Group 90（组旋转 90°） 将选中的一组元器件作为一个整体进行原地旋转 90°；

5）Spin（任意旋转） 将选中元器件原地旋转任意角度；

6）Flip Side（换层） 将选中元器件换层，换层之后与没换层之前成镜像关系；

7）Flip Group（组换层） 将选中的一组元器件换层，但换层之后的位置由鼠标左键单击确定；

8）Align（对齐） 用于元器件摆放时的对齐操作；

9）Nudge（推挤） 用于元器件布局时的推挤操作；

10）Disperse（散布） 用于散布重叠元器件；

11）Show Rules（显示规则） 用于显示规则。

图 10-19 所示的元器件编辑菜单中的各项命令含义如下：

1）Properties（属性查询/修改） 对元器件的属性进行查询/修改；

2）Rotate 90（90° 旋转） 将选中元器件在移动中旋转 90°；

3）Spin（任意角度旋转） 将选中元器件在移动中按任意角度旋转（快捷键为 Ctrl+I）；

4）Flip Side（翻转到顶层/底层） 将选中元器件翻转到所设置层相对的另一面；

5）By Cursor Location（以光标为准移动） 以光标位置为基准点，移动元器件；

6）By Origin（以元器件的原点为准移动） 以元器件建库时的原点为基准点，移动元器件；

7）By MidPoint（以元器件的几何中心为准移动） 以元器件的几何中心为基准点，移动元器件；

8）Radial Move Setup（极坐标移动设置） 只有在使用极坐标移动元器件时才有效，否则为灰色无效态；

9）Ignore Clearance（忽略安全间距） 在移动元器件时，忽略规则设置中的安全间距设置；

10）Cancel（取消） 取消元器件的移动操作。

2. 极坐标移动操作

在极坐标系中移动元器件在 PCB 设计中是很少见的，但是仍然有必要介绍一下。

（1）单击工具栏中的图标，打开设计工具栏，再单击图标即进入极坐标移动模式。

（2）也可以选中元器件/元器件组，然后单击鼠标右键，在弹出菜单中选择 Radial Move 命令，进入极坐标移动模式。

（3）选择一个元器件/元器件组，或者用复选框选中多个元器件，使之高亮显示，极坐标的网格也随之出现，如图 10-20 所示。

（4）单击鼠标右键，在弹出的如图 10-19 所示的菜单中选择 Radial Move Setup 命令，系统会弹出如图 10-21 所示的对话框，通过该对话框可以设置极坐标栅格的原点、极角和极径。

（5）移动光标，被选中的元器件也随之围绕极坐标原点做旋转移动；将元器件/元器件组移动到需要的位置后单击鼠标左键，完成移动操作。

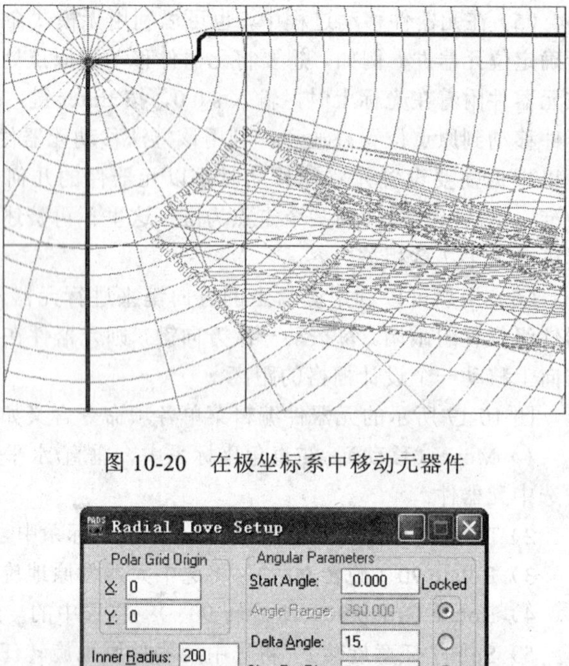

图 10-20 在极坐标系中移动元器件

3. 旋转 90° 操作

图标（Move）与图标（Rotate 90）是元器件布局时最常用的两个工具，一般电路板中元器件的放置只有水平和垂直两种，其他角度的放置很少见。

Rotate 90 命令的使用方法与 Move 命令一样。单击图标进入旋转工作模式，单击需要旋转的元器件即可使之旋转 90°，如果想旋转 180°，单击 2 次即可。也可以使用快捷键 Ctrl+R 进行旋转操作。若需要同时将多个元器件旋转 90°，可以使用如图 10-17 所示菜单中的 Rotate Group 90 命令，以下详细介绍其使用方法。

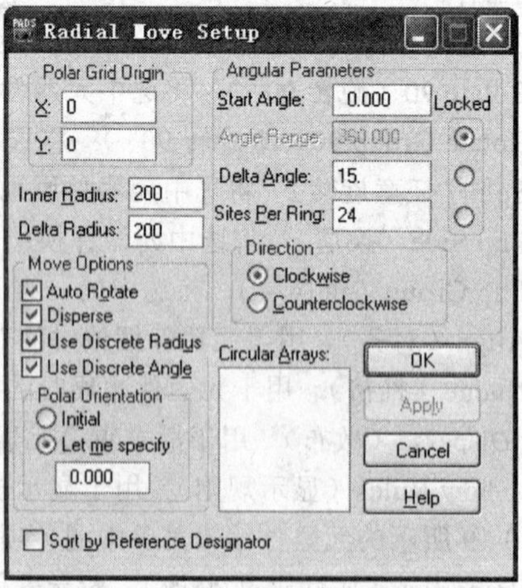

图 10-21 Radial Move Setup 对话框

（1）单击工具栏中的图标，打开设计工具栏，再单击图标，进入选择模式。

（2）拖动鼠标产生一个矩形复选框，将需要的元器件选中，被选中的元器件高亮显示，如图 10-22a 所示。

（3）单击鼠标右键，在弹出菜单中选择 Rotate Group 90 命令。

（4）单击鼠标左键，选择旋转中心，则被选中元器件以光标当前位置为中心作为一个整体旋转 90°，如图 10-22b 所示。

（5）若在步骤（3）中，在弹出菜单中选择 Rotate 90 命令，则旋转后效果如图 10-22c 所示。二者之间的区别不言而喻。

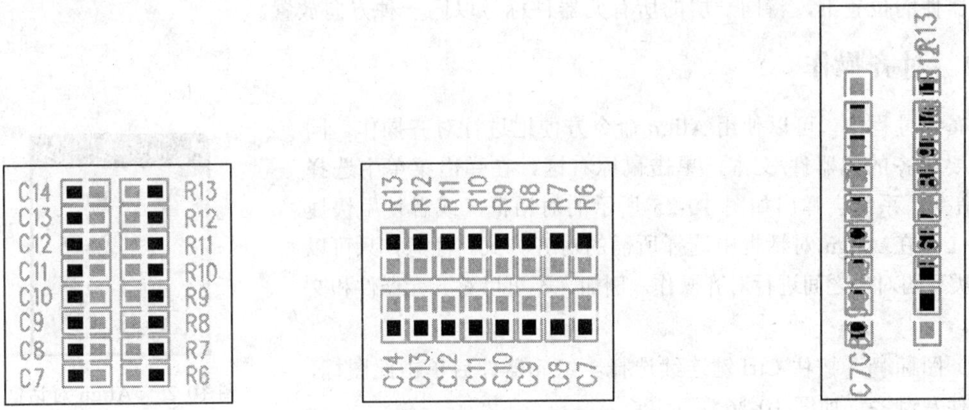

a）选中元器件组　　b）对元器件组进行 Rotate Group 90 操作　　c）对元器件组进行 Rotate 90 操作

图 10-22　将多个元器件旋转 90°

4. 以任意角度旋转

利用 Spin（对应图标）命令可以任意角度旋转元器件。单击设计工具栏中的图标，进入 Spin 模式，单击需要旋转的元器件即可，旋转的角度和放置的位置由光标来控制。旋转的中心为建立元器件封装时设置的原点，如图 10-23 所示的小十字（大十字为光标）。该命令一般较少使用，而 Rotate 命令的应用则比较广泛，因为大多数电路板设计均采用垂直和水平两种方式放置元器件。

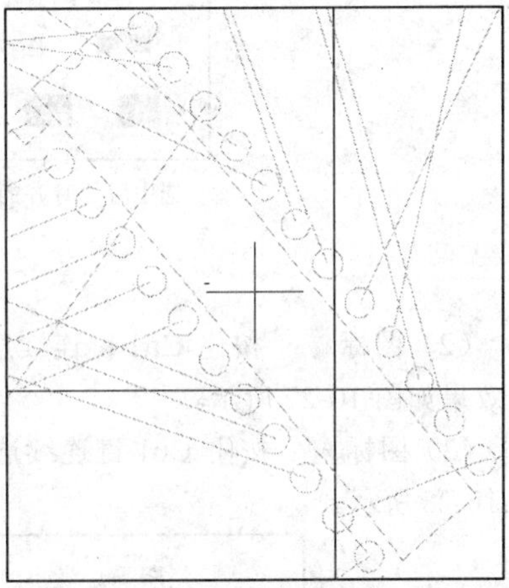

图 10-23　任意角度旋转元器件

5. 交换元器件

利用 Swap Part 命令（对应图标）可以很方便地交换元器件位置，以减少布线长度，改善电气特性。

（1）单击设计工具栏中的按钮，进入交换元器件状态。

（2）分别单击需要交换的两个元器件。在状态栏左侧显示连接总长度的改善值，并弹出提示交换的对话框，如图 10-24 所示。

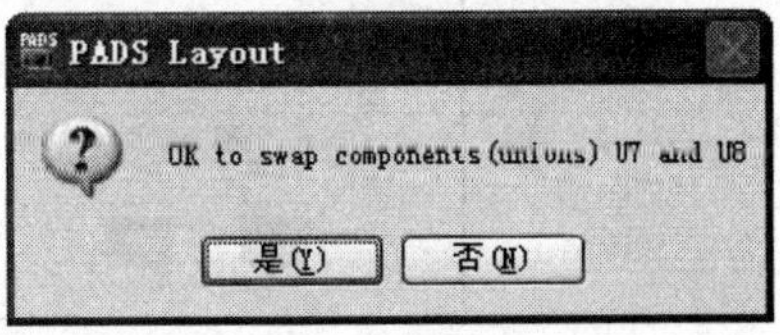

图 10-24　元器件交换对话框

（3）单击 是(Y) 按钮，确认元器件交换操作。

如果在 DRC 模式下进行元器件交换操作，则 PADS 会自动检查操作是否符合 DRC 规则。若不符合，则禁止进行此交换操作。

6. 文本对象的移动

在完成布局后需要移动文本标号，移动文本标号与移动元器件的操作类似，只是移动的是 Label

性质的图像，而不是电气特性的元器件。

移动文本标号时，可以单击设计工具栏中的图标进入移动文本标号模式。也可以选中文本标号，然后单击鼠标右键，在弹出菜单中选择 Move 命令；使用快捷键 Ctrl+E 也可进行移动操作。

放置元器件标号时，应注意不可将元器件标号放置在焊盘上，特别是不可以放置在贴片元器件的焊盘上，尽量全部显示元器件的标号，以便于维修时识别此元器件。要尽量将元器件标号放置在靠近元器件的位置上，将同一层的所有元器件标号以同一种方向放置。

10.3.2 对齐操作

在布局过程中，可以使用 Align 命令方便地进行对齐操作。同时选择要对齐的元器件/文本，单击鼠标右键，在弹出菜单中选择 Align 命令，系统会弹出如图 10-25 所示的对话框，或者使用快捷键 Ctrl+L，在 Align 对话框中选择所需的对齐方式。注意，只可以在相同类型的对象之间进行对齐操作。例如，不可以对齐元器件和文本对象。

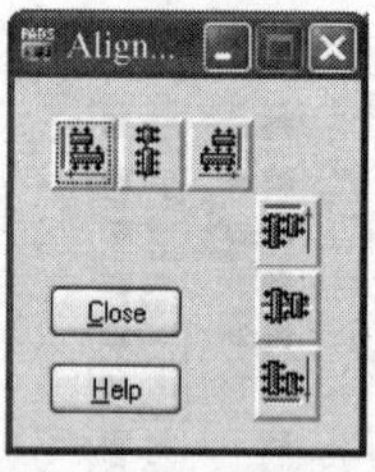

图 10-25 Align 对话框

（1）图标 按住 Ctrl 键连续选择一组元器件后单击此图标，则元器件左对齐，如图 10-26 所示。

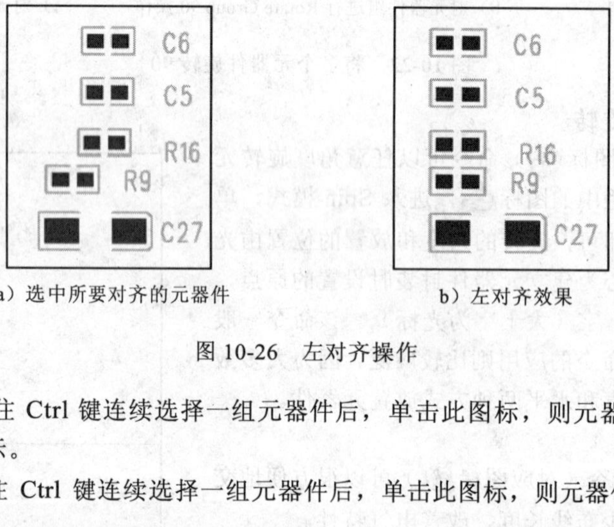

a）选中所要对齐的元器件　　b）左对齐效果

图 10-26 左对齐操作

（2）图标 按住 Ctrl 键连续选择一组元器件后，单击此图标，则元器件以中轴线对齐，对齐效果如图 10-27 所示。

（3）图标 按住 Ctrl 键连续选择一组元器件后，单击此图标，则元器件右对齐，对齐效果如图 10-28 所示。

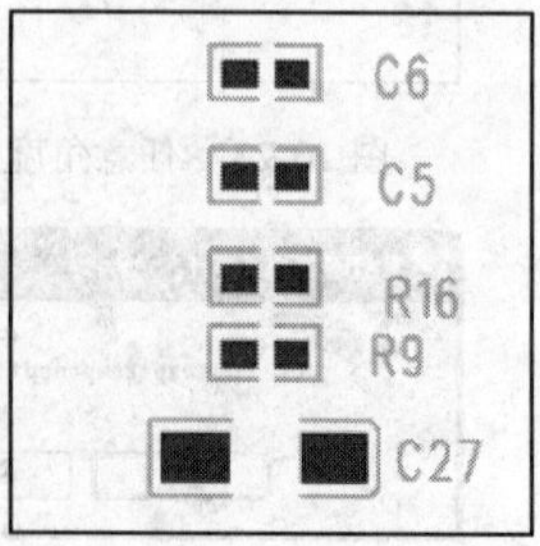

图 10-27 中轴线对齐效果

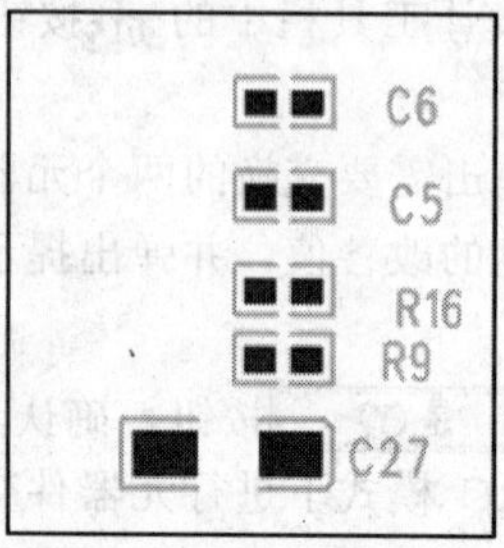

图 10-28 右对齐效果

（4）图标 按住 Ctrl 键连续选择一组元器件后，单击此图标，则元器件顶端对齐，如图 10-29 所示。

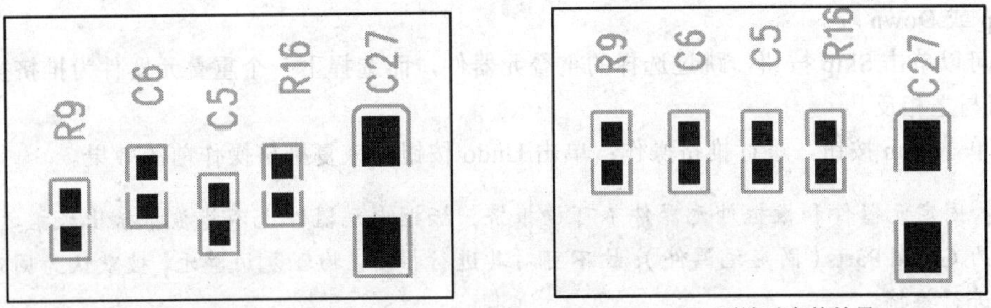

a）选中需要对齐的元器件　　　　b）顶端对齐的效果

图 10-29　顶端对齐操作

（5）图标 选择一组元器件后，单击此图标，则元器件中部对齐，如图 10-30 所示。

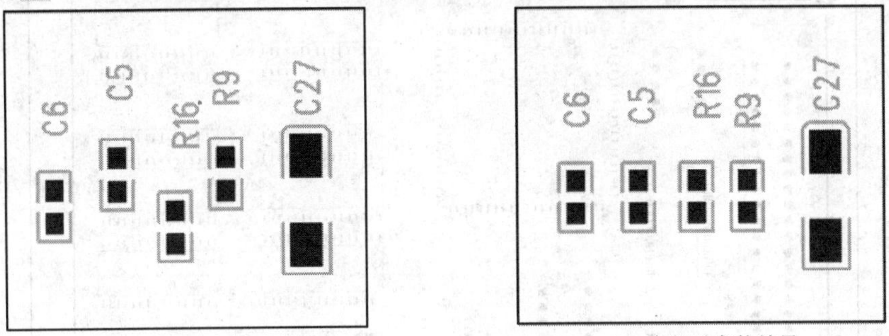

a）选中需要对齐的元器件　　　　b）中部对齐的效果

图 10-30　中部对齐操作

（6）图标 选择一组元器件后，单击此图标，则元器件底部对齐，效果如图 10-31 所示。

Align 命令对于文本标号的对齐同样有效，这里不再赘述。需要指出的是对齐操作中总是以单击选择时最后选择的元器件的相应部位为基准进行对齐操作的。

10.3.3　元器件的推挤

如果在 Design 选项卡中的 Nudge 选项区中选择 Off 项，则布局过程中当几个元器件发生重叠时，可以单击鼠标右键在弹出菜单中选择 Nudge 命令，系统会弹出如图 10-32 所示的 Nudge Parts and Unions 对话框。

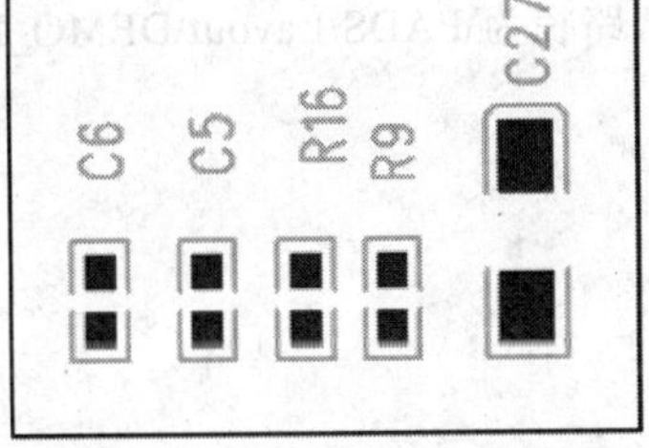

图 10-31　底部对齐效果

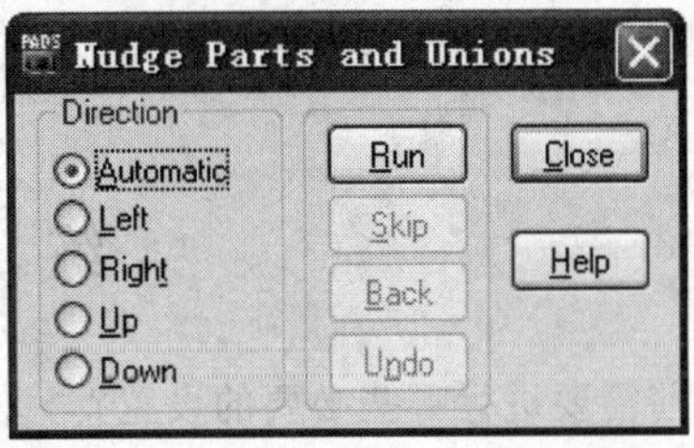

图 10-32　Nudge Parts and Unions 对话框

（1）选择一个重叠的元器件。

（2）单击鼠标右键，在弹出菜单中选择 Nudge 命令。

（3）在如图 10-32 所示的 Nudge Parts and Unions 对话框中，根据需要选择 Automatic、Left、

Right、Up 或 Down 项。

（4）可以单击 Skip 按钮，跳过选择的重叠元器件，而选择下一个重叠元器件为推挤操作对象；Back 按钮与之相反。

（5）单击 Run 按钮，进行推挤操作；单击 Undo 按钮，恢复推挤操作前的效果。

注意： 固定元器件和板框外元器件不可被推挤，板框内元器件也不能被推挤出板框之外。测试点被默认为 Glued Parts（固定元器件），故不可对其进行推挤。物理复用单元，被默认为固定元器件，不可对其进行推挤。

至此，用户已学习完布局方面的基本知识。电路板顶层布局如图 10-33 所示。

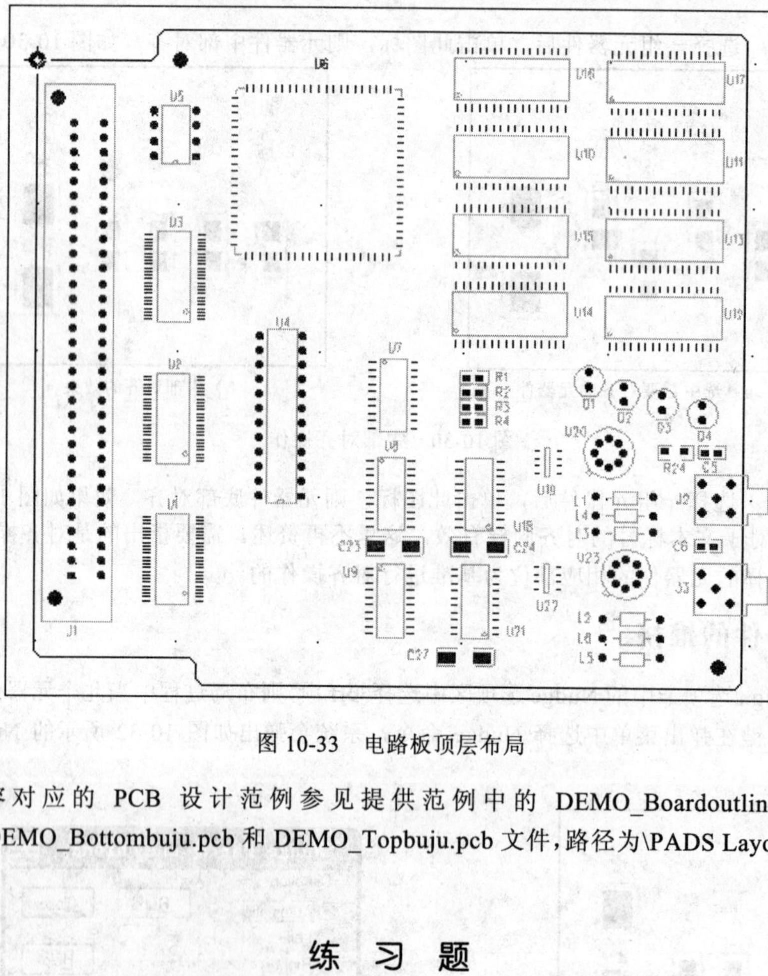

图 10-33　电路板顶层布局

本章内容对应的 PCB 设计范例参见提供范例中的 DEMO_Boardoutline.pcb、DEMO_Keepout.pcb、DEMO_Bottombuju.pcb 和 DEMO_Topbuju.pcb 文件，路径为\PADS Layout\DEMO_PCB\Chapter_10。

练 习 题

1. 布局之前需要进行哪些必要的设置？
2. 电路板的边框绘制有几种方法？分别怎么操作？
3. 如何规划电路板？
4. 如何绘制组件隔离区？隔离区的绘制有何意义？
5. 如何自动摆放元件？
6. 如何给元件分配 Room 属性？如何摆放有同样 Room 属性的元件？

第 11 章　布　　线

本章主要介绍：布线前的准备，布线的基本原则，布线操作，控制鼠线的显示和网络颜色的设置，自动布线器的使用。

完成布局之后，就要开始进行布线操作。在布线过程中，需要根据布局原则和实际电路板的要求，对布局进行微调，以方便布线。在 PCB 设计中，布线是完成产品设计的重要步骤，而且布线的设计过程要求高、技巧细、工作量大。

布线的方式有两种，手工布线和自动布线。PADS 提供的手工布线功能十分强大，包括 Automatic Nudge（自动推挤）和 DRC（在线设计规则检查），自动布线由 Spectra 的布线引擎或 PADS Router 进行，通常这两种方法相互配合使用，常用的步骤是手工→自动→手工。

11.1　布线前的准备

1. Pad Stacks 设置

选择菜单栏中的 Setup→Pad Stacks 命令，系统会弹出如图 11-1 所示的 Pad Stacks Properties 对话框。在该对话框中可以进行如下两项设置。

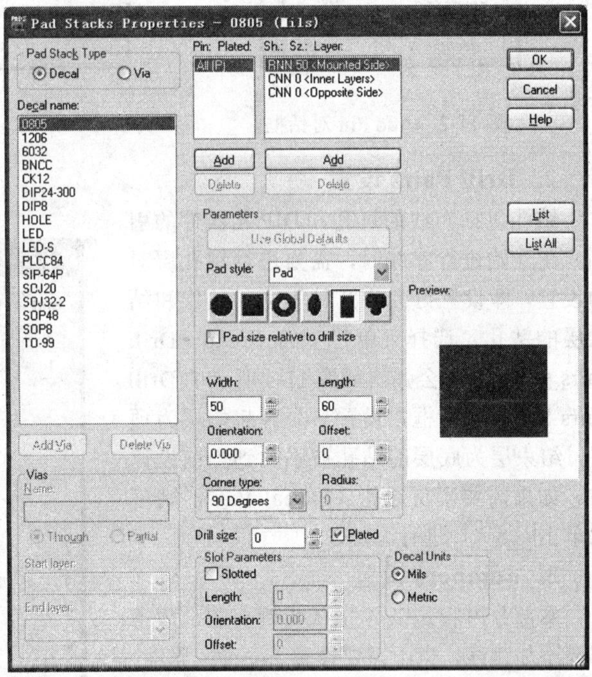

图 11-1　Pad Stacks Properties 对话框

（1）Decal（封装）　封装的设置主要是设置分类编辑元器件封装中的引脚焊盘风格。单击 Pad Stacks Properties 对话框中 Pin Plated 列表框下的 Add 按钮，系统会弹出如图 11-2 所示的 Add Pin 对话框。通过该对话框可以对当前设计中的某个元器件的引脚焊盘分类进行编辑，它提供了 3 种分类方法，在前面已经详细介绍了其使用方法及含义。例如，一个 DIP 元器件在封装编辑器中建立封装时，没有将其①脚焊盘设置成方形，则可以在这里进行设置。选择 Add Pin 对话框中的数字 1，单击 OK 按钮，退出该对话框，则在 Pad Stacks Properties 对话框中的 Pin Plated 列表框内显示 1（P）项，选中该项即可对该元器件的①脚进行编辑。同理，可以根据自己设计的需要采用不同的分类方法对当前设计中的元器件的引脚焊盘进行编辑。

（2）Via（过孔）　过孔的设置主要是设置在当前设计中布线换层时所用的布线过孔的风格。选择 Pad Stack Type 选项区的 Via 项则出现如图 11-3 所示的对话框。在该对话框中可以对当前设计中采用的过孔种类、大小、形状，以及是否为贯通孔进行设置。在此采用贯通孔，则布线过孔一律采用外径 28mil、内径 15mil 的过孔，形状为圆形。

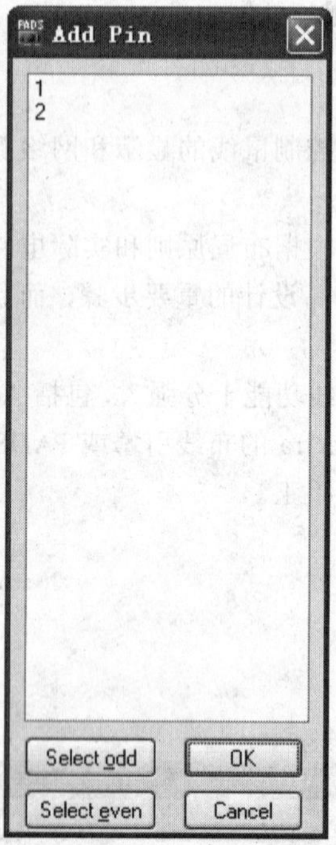

图 11-2 Add Pin 对话框

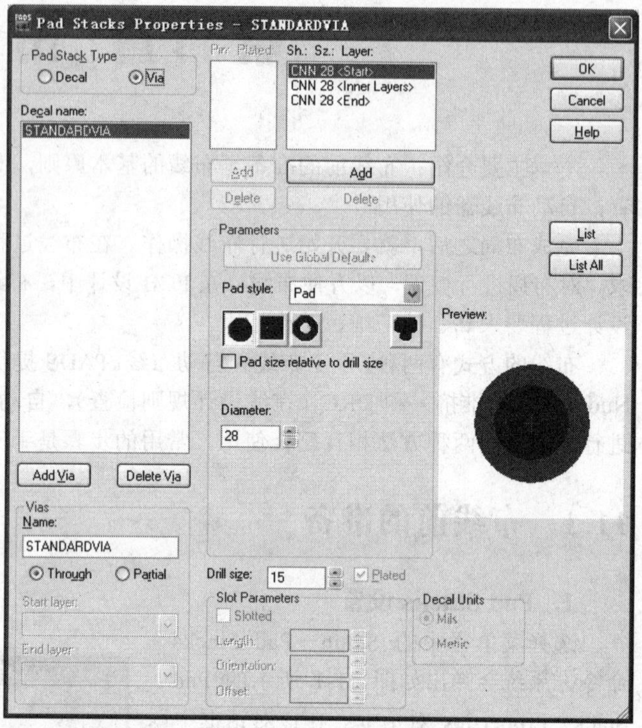

图 11-3 过孔的设置

2. Drill Pairs 设置

钻孔包括布线的过孔和DIP元器件的引脚。在开始进行布线时，需要进行钻孔层对的设置，即设置好允许几种不同起始层和结束层的钻孔。选择菜单栏中的 Setup→Drill Pairs 命令，系统会弹出如图 11-4 所示的 Drill Pairs Setup 对话框，设置只允许起始层为顶层，结束层为底层的钻孔被添加到当前设计中。如果需要半贯通孔（Partial Via），则可以单击进行添加。

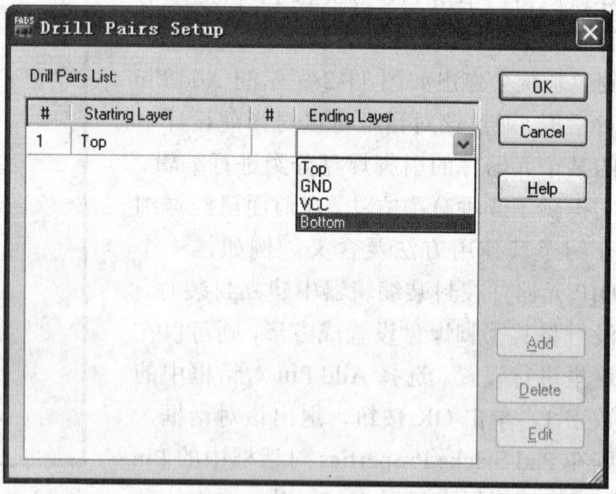

图 11-4 Drill Pairs Setup 对话框

3. Jumpers 设置

本部分内容是以 4 层板为例介绍，故不需要添加跳线，也不需要设置 Jumpers 属性。但是如果进行单面板设计，遇到布线不能布通的时候，还是要添加跳线的。添加跳线的方法请参考第 7.2.3 节内容，这里不再赘述。

4. Design Rules 设置

在开始布线之前，需要设置线宽和与布线相关的安全间距规则。选择菜单栏中的 Setup→Design Rules 命令，系统会弹出如图 11-5 所示的对话框，在该对话框中的 Trace Width 选项组中设置布线宽度的最大值、最小值和推荐值。在此设置布线的推荐值为 10mil，最小值为 10mil，最大值为 50mil，安全间距采用默认值即可。

5. Display Colors 设置

为了更好地进行布线设计，用户可以根据自己的喜好设置当前设计中不同层布线的颜色及其他对象的颜色。

（1）选择菜单栏中的 Setup→Display Colors 命令，系统会弹出如图 11-6 所示的 Display Colors Setup 对话框。在此设置顶层布线为红色，底层布线为蓝色，其他对象的颜色设置采用默认值。

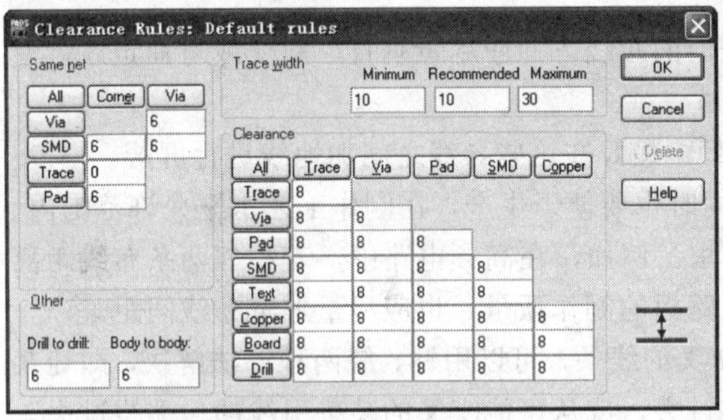

图 11-5 布线宽度和安全间距的设置

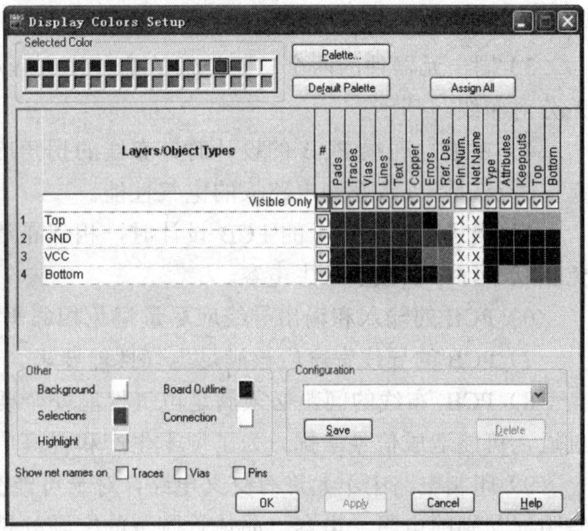

图 11-6 Display Colors Setup 对话框

（2）选择菜单栏中的 View→Nets 命令，系统会弹出如图 11-7 所示的 View Nets 对话框，通过该对话框可以设置当前设计中所有网络的颜色。在此设置 GND 网络为绿色，VCC 网络为粉色，AGND 网络为棕色，GND_EARTH 网络为黄色。

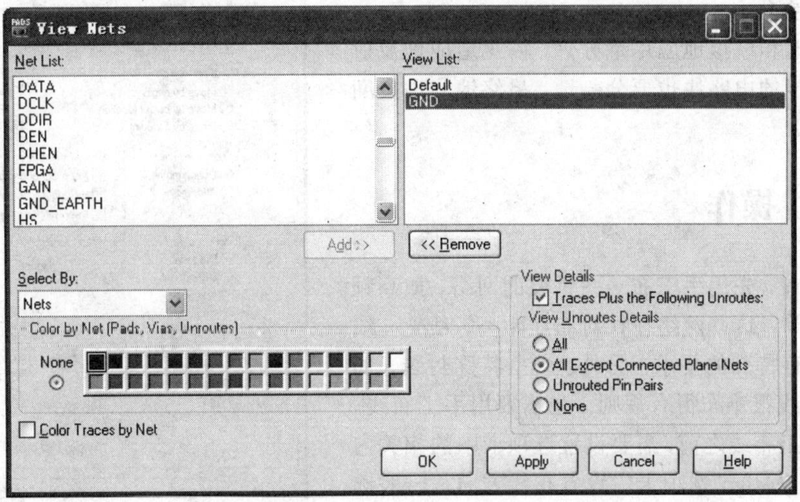

图 11-7 View Nets 对话框

至此，我们完成了实例的布线前的设置工作。这些只是初步的设置，在设计进行过程中可以根据需要随时更改以上设置。

11.2 布线的基本原则

电路板设计的好坏对电路抗干扰能力的影响很大。因此，在设计过程中除应满足工艺要求外，同时还要符合电路抗干扰的要求，使设计的电路板性能最佳。

1）印制导线应尽可能短，在高频回路中更应该如此。

2）同一元器件的地址线和数据线的长度应尽量保持一致。

3）同一元器件的两个功能类似的信号线也应尽量保持长度一致。例如，差分对信号，需要进行差分对布线。

4）在进行高频 PCB 的设计时，布线的拐角应该呈圆角，因为直角和尖角在高频电路中易于引起信号反射，以致影响电路板的电气性能。

5）当进行两层以上的 PCB 设计时，相邻布线层的布线方向应尽量垂直、斜交或弯曲走线，避免相互平行，以减小寄生电容。

6）PCB 的输入和输出导线应尽量避免相邻平行，最好在这些导线之间加地线进行屏蔽。

7）PCB 的导线宽度应该满足电气性能要求，同时也要便于生产，在制作工艺水平允许范围内。

8）PCB 布线的间距必须满足电气性能安全要求。例如，在高频电路中，若相邻两条布线距离过近，可能造成信号串扰。为了便于生产和提高电路板的制作质量，也应尽量加宽布线间距。

9）印制电路中不允许有交叉电路，对于可能交叉的线条，可以用钻、绕两种办法解决，即让某些引线从别的电阻、电容、晶体管脚下的空隙处钻过去，或从可能交叉的某条引线的一端绕过去。若电路很复杂，为简化设计也允许用导线跨接，解决交叉电路问题。

10）重要信号线的屏蔽。在两层板或单层板中，重要信号需要从起始端到结束端全程被两根地线保护，如时钟脉冲信号。一般应该尽可能多地使用覆铜进行地保护。在 4 层板中，应单独使用一层作为地层，此时分割地层后，重要信号线尽量不要跨不同的区域布线，以免造成地反射干扰。4 层板电磁兼容性比两层板更优。

11）数字地和模拟地应尽量分开，以免造成地反射干扰，不同功能的电路块也要分割地，最终地与地之间用 0Ω电阻跨接。

11.3 布线操作

自动布线前，先用手工布一些重要的网络，如高频时钟、主电源等，这些网络往往对布线距离、线宽、线间距、屏蔽等有特殊的要求；另外，一些特殊封装，如 BGA，自动布线很难布得有规则，也需要用手工布线。

在开始手工布线之前，需要设置选项卡中的相关内容。首先应在 Design 选项卡中设置布线方向，一般选择 Diagonal（对角方向）。DRC 模式下选择 Prevent Error（禁止错误）选项，如图 11-8 所示。然后在如图 11-9

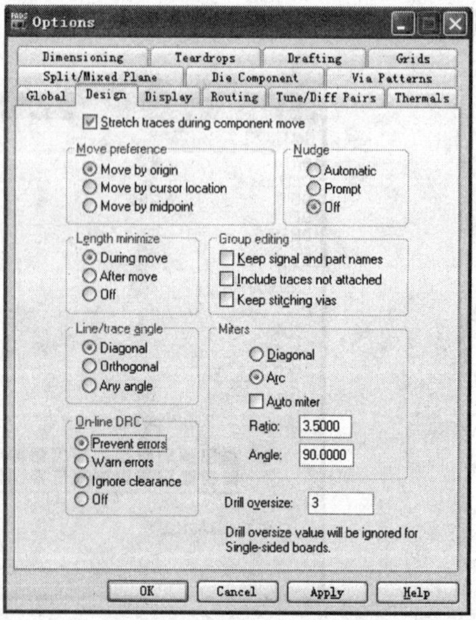

图 11-8 走线方向的设置

所示的Routing选项卡中设置鼠标双击的作用是进入Add Route模式还是Dynamic Route模式。

11.3.1 增加布线（Add Route）

单击工具栏中的图标，进入设计工作模式，然后单击设计工具栏中的图标，进入 Add Route（增加走线）模式，单击布线的起始点，开始增加布线，用光标控制布线的方向，单击鼠标左键改变布线方向，最终单击鼠标左键完成布线。

Add Route模式是最基本的布线操作模式。这种布线方式不带任何的智能性，每一步操作都由人工来完成，现在大部分的PCB布线仍然采取这种布线方法。

在采取这种布线模式之前，最好先设置栅格，使线宽和线间距等于栅格宽度的整数倍。例如，线宽为10mil，线间距为10mil，则设置栅格为5mil或10mil，这样在DRC的任意模式下布线，都可以保证布线间距。栅格宽度可以通过无模式命令W来设定。

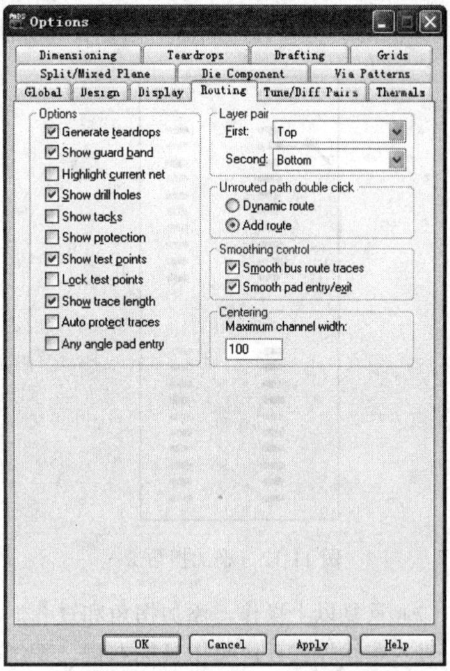

图11-9 鼠标双击作用的设置

下面通过实例来说明如何使用Add Route模式布线。

（1）单击设计工具栏中的图标，即进入设计工作模式，然后单击设计工具栏中的图标，进入添加布线模式。

（2）单击元器件U7的第⑱脚焊盘，开始布线操作，如图11-10所示。

（3）移动光标，预布线随之移动。

（4）在如图11-10所示的光标处单击鼠标左键，增加一个拐角，如图11-11所示。

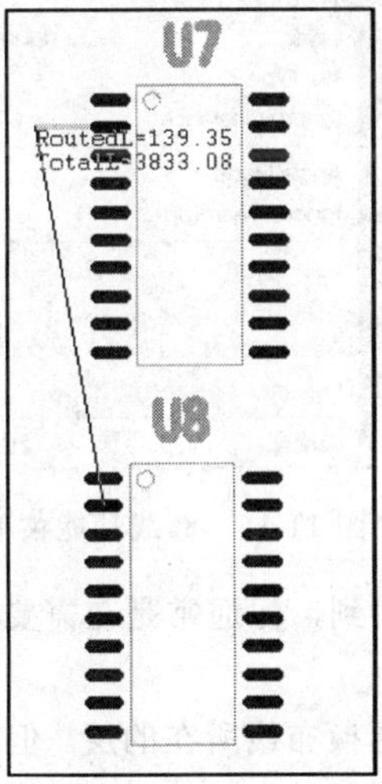

图11-10 开始布线

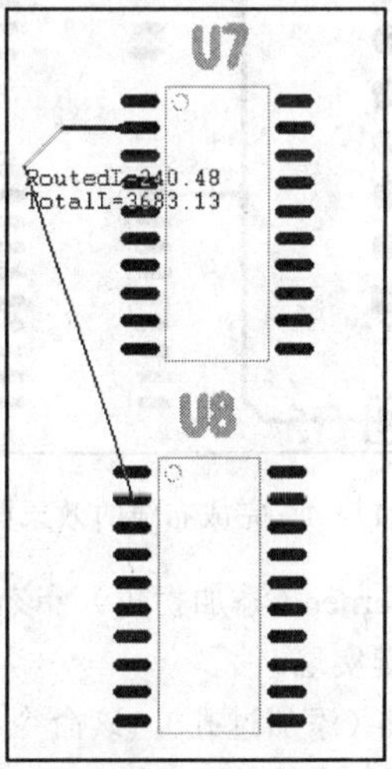

图11-11 添加拐角1

（5）在图 11-11 所示的光标处单击鼠标左键，增加一个拐角，如图 11-12 所示。

（6）按住 Shift 键，然后单击鼠标左键增加过孔，如图 11-13 所示。

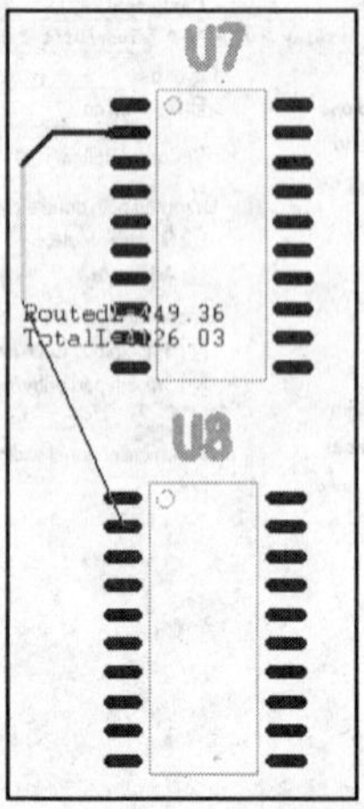

图 11-12　添加拐角 2

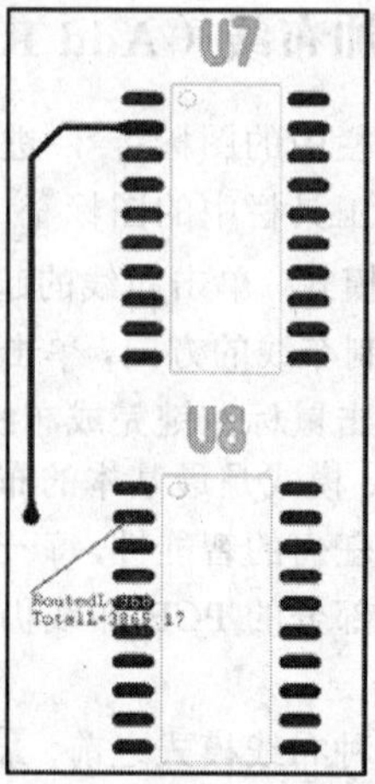

图 11-13　添加过孔

（7）重复以上操作，添加拐角和过孔，双击完成布线，如图 11-14 所示。

进入布线模式后，单击鼠标右键，系统会弹出如图 11-15 所示的布线功能菜单。

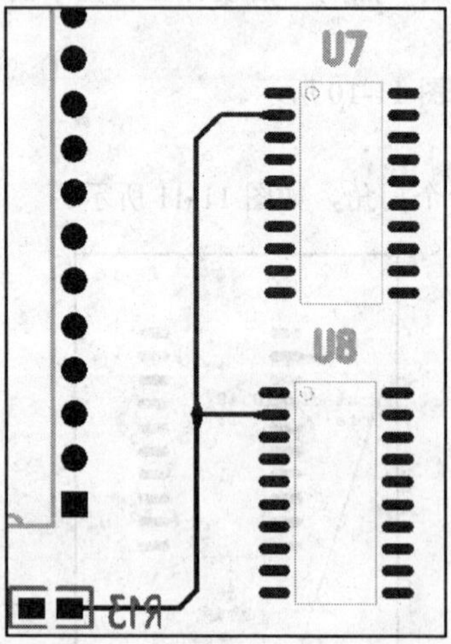

图 11-14　完成布线的效果图

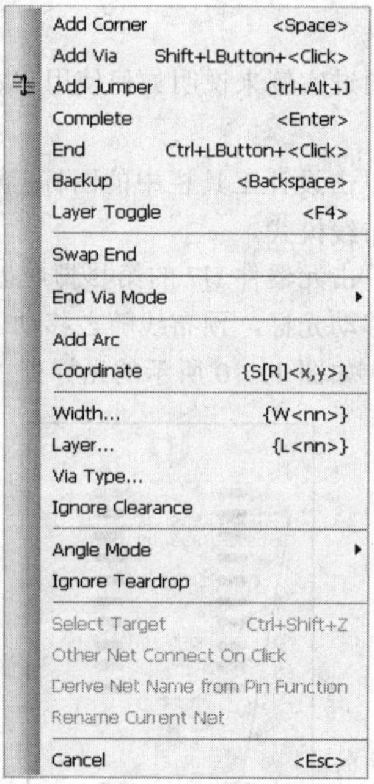

图 11-15　布线功能菜单

1）Add Corner（添加拐角）　该命令在手工布线中经常被用到，但通常是在需要增加拐角的地方单击鼠标左键实现。

2）Add Via（添加过孔）　该命令在手工布线中经常被用于更换布线所在的层。但最快捷的方法是按住 Shift 键，然后在需要增加过孔的地方单击鼠标左键。

3）Add Jumper（添加跳线）　该命令一般在单层板中比较常用，由于布线不能交叉，而单层板只有一个布线层，在不能布通时需增加跳线，其作用相当于双层板中的布线换层。但跳线属于一种元器件。通常使用快捷键 Ctrl+Alt+J 实现跳线的添加。

4）Complete（完成） 完成布线相关操作。通常双击鼠标左键完成操作。

5）End（暂停） 暂停布线。一般当布线距离比较大时，就需要暂停布线，将导线分成若干步完成。

6）Backup（返回） 返回上一次布线操作。若某一步布线出现错误的话，用户可以使用该命令返回上一步。通常使用 Backspace 键来实现该操作。

7）Layer Toggle（层激活） 该命令用于在布线时，在 Options 中设置好的层对之间的切换，通常使用 F4 键实现该操作。

8）Swap End（交换走线开始端） 如果布线完成一半时发现从当前端口布线非常困难，则可以选择该命令从另一端口开始布线。

9）End Via Mode（暂停的过孔模式） 该命令用于选择暂停布线的结束方式。End No Via（暂停无过孔）用于暂停布线，直接结束；End Via（以过孔暂停）用于暂停布线，以过孔结束；End Test Point（以测试点暂停）用于暂停布线，以测试点结束。

10）Add Arc（添加圆弧线） 在高频布线中该命令经常被使用。圆弧线的高频特性要优于拐角，可以减少信号辐射。如图 11-16 所示，使用 Add Arc 命令添加圆弧线。

11）Coordinate（坐标定位） 用坐标定位走线。选择该命令后系统会弹出 Coordinate 对话框，如图 11-17 所示，在文本框内输入布线下一个节点的坐标，单击 OK 按钮即可。

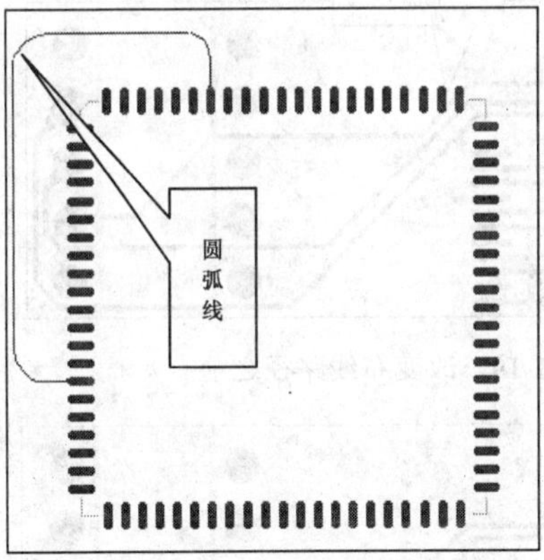

图 11-16 增加圆弧线

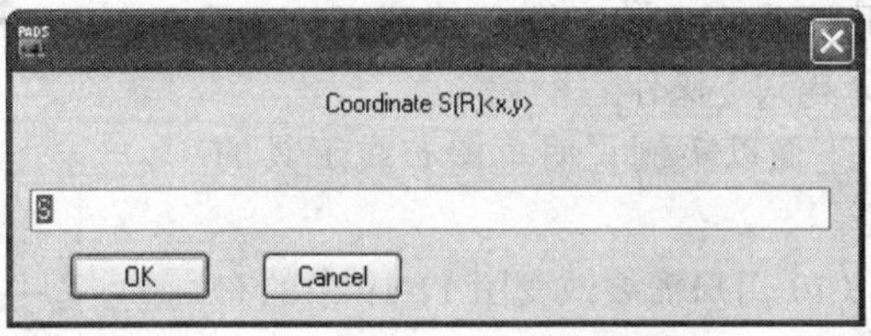

图 11-17 Coordinate 对话框

12）Width（宽度） 调整布线宽度命令。一般使用无模式命令 W 实现。注意，调整布线宽度需在设计规则中设置的布线宽度范围内调整。

13）Layer（层） 切换走线层，与 Layer Toggle 命令基本相同，但是 Layer Toggle 只是在设置好的层对之间进行切换，而 Layer 命令可以实现当前设计中所有层之间的任意切换，并无限制。通常使用无模式命令 L 进行层间切换。

14）Ignore Clearance（忽略安全间距规则） 选择该命令表示在布线过程中，关闭在线 DRC，即忽略规则设置中所设置的安全间距规则。

15）Angle Mode（角度模式） Orthogonal（直角）为只允许出现直角。也可使用无模式命令 AO 实现；Diagonal（对角）为允许出现 45° 角的整数倍拐角，也可使用无模式命令 AD 实现；Any Angle（任意角度）为允许出现任意角度的拐角，也可使用无模式命令 AA 实现。

16）Ignore Teardrop（忽略泪滴） 在布线过程中选择该命令，则不产生泪滴。

11.3.2 动态布线（Dynamic Route）

动态布线时只要移动光标就可以改变布线方向，而 Add Route（增加布线）时只有单击鼠标左键才可改变走线方向。动态布线可以根据规则设置最小化布线长度，通过光标牵引，动态绕过障碍，动态推挤其他网络的布线以腾出当前布线的空间，这样可以避免手工布线时寻找布线路径、修改和重新布线等复杂操作。由于动态布线需要在线检查布线是否符合设计规则，因此必须在 Prevent Error（禁止错误）模式下才能进行动态布线。

单击工具栏中的图标，进入设计工作模式，然后单击设计工具栏中的图标，进入动态布线模式。单击布线的起始端，开始动态布线，在布线结束端单击鼠标左键，完成布线。也可以用鼠标左键单击布线的起始端，然后按 F3 键进入动态布线模式，开始动态布线。开始动态布线的效果，如图 11-18 所示。但一般动态布线的形状需要进一步修整使之更为美观。

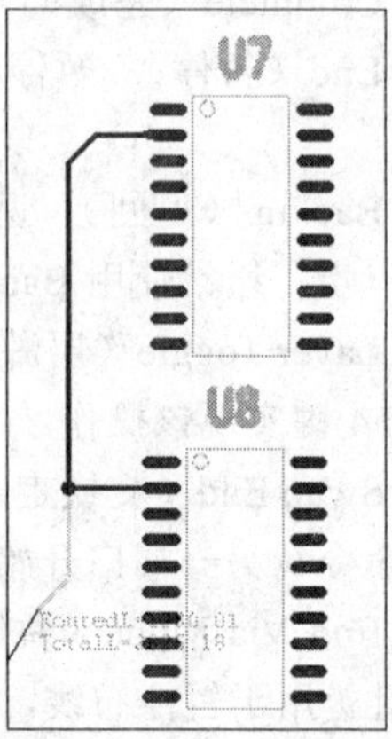

图 11-18 进入动态布线模式

11.3.3 草图布线（Sketch Route）

草图布线是用于修改布线的工具。有时当用户布完某条信号线后，发现这条布线要是从另外一条路径布会更好，这时只要使用草图布线工具大概描绘出这条路径，PADS 便会自动完成布线路径的变更。注意，草图布线工具与动态布线工具一样，都必须在 Prevent Error 模式下操作。

下面以实例说明草图布线工具的使用。

（1）用户需要改变图 11-19 中的布线 1 的路径。

（2）单击设计工具栏中的图标，打开设计工具栏，再单击图标，进入草图布线模式。

（3）单击如图 11-20 中右侧所示的焊盘，会留下光标移动的轨迹。

（4）根据需要布线的路径移动光标，留下光标移动的轨迹，在终点焊盘处单击鼠标左键结束此次草图布线操作，完成布线，如图 11-21 所示。

（5）需要指出的是，草图布线模式与动态布线模式同样只是找出布线的路径并把线布完，但并不保证布线的美

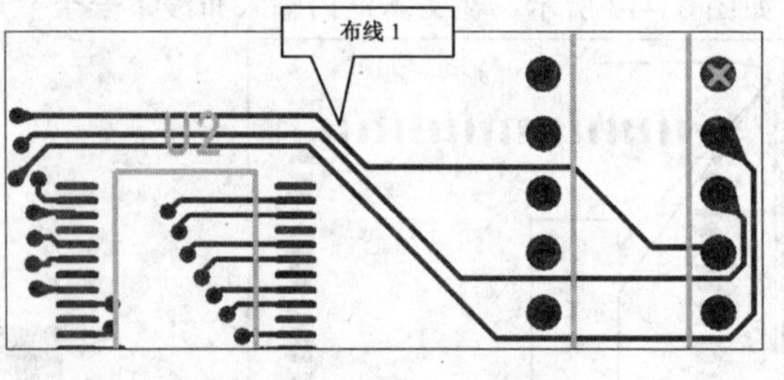

图 11-19 改变布线路径之前

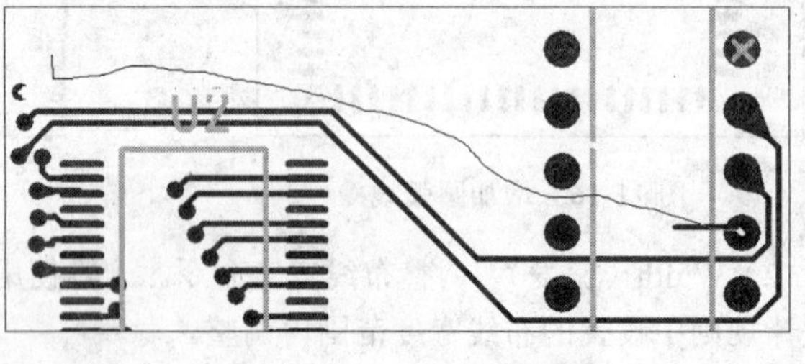

图 11-20 草图布线模式

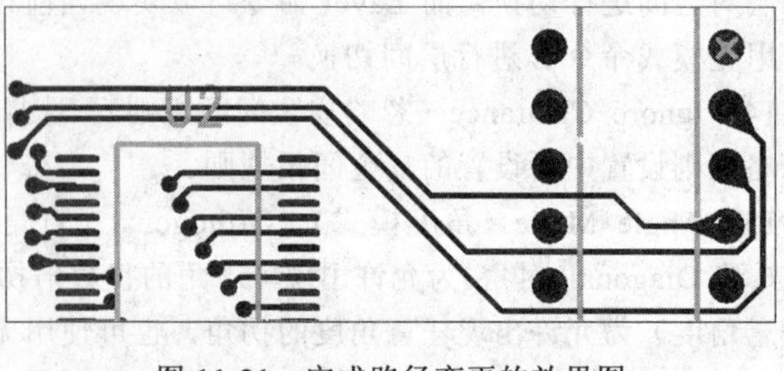

图 11-21 完成路径变更的效果图

观，均需再次修改使之美观。

11.3.4 自动布线（Auto Route）

自动布线的应用有其局限性。当电路板已完成大部分布线的情况下，自动布线模式需要大量的时间去寻找可以布通的路径，因此需要根据具体情况决定是否使用自动布线模式。

自动布线与前几种布线方式相比更具智能性、自动性。单击设计工具栏中的图标，进入自动布线模式，双击需要布线的焊盘，则系统会自动将此焊盘与同一网络的其他焊盘相连接。自动布线工具与草图布线工具和动态布线工具一样，都必须在 Prevent Error 模式下操作，才可保证布线完全符合设计规则设置。

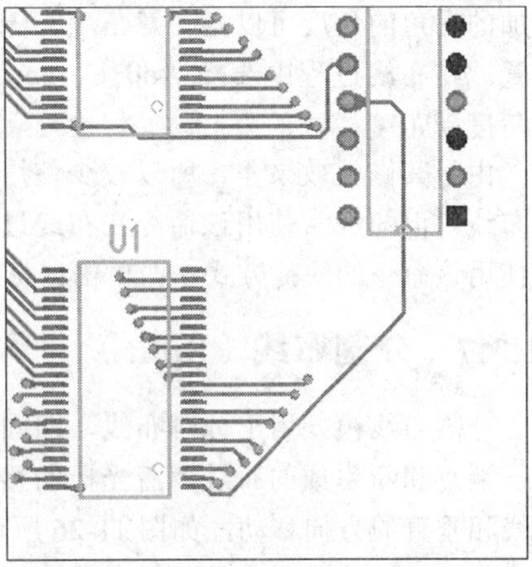

图 11-22　选中焊盘

11.3.5 总线布线（Bus Route）

总线布线模式其实是动态布线模式的复合，在布线过程上能自动寻找布线路径，而且可以同时进行多个信号线的布线操作。例如，数字电路设计中有大量的数据线和地址线，这些网络都是以布线形式出现的，此时使用总线布线模式非常适合。总线布线模式也必须工作在 Prevent Error 模式下。

下面以实例介绍总线布线模式的使用。

（1）单击设计工具栏中的图标，打开设计工具栏，再单击图标，进入选择模式。

（2）在工作区单击鼠标右键，在弹出菜单中选择 Select Pins/Vias/Tacks 命令。

（3）按住 Ctrl 键，依次单击需要布线的焊盘，如图 11-22 所示。

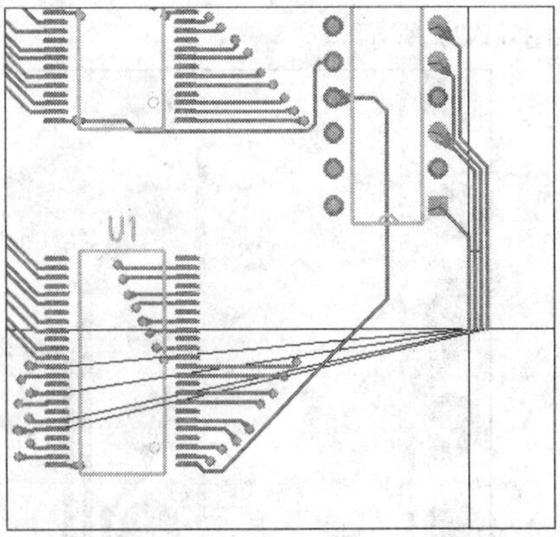

图 11-23　总线布线模式效果图

（4）单击设计工具栏中的图标，进入总线布线模式，然后单击最上面的焊盘开始总线布线，移动光标引导布线，如图 11-23 所示，单击鼠标左键为信号线增加拐角，则 4 根信号线全部增加拐角。

（5）依次单击 4 个信号线的终点，完成总线布线，如图 11-24 所示。总线布线还需修整使之更加美观。

在总线操作中，用户可以进行打过孔、换层布线等操作，这里不再赘述。PADS 为用户提供了多种功能各异的布线工具，供用户选择使用。各工具的有效配合使用可以高效地完成布线设计。

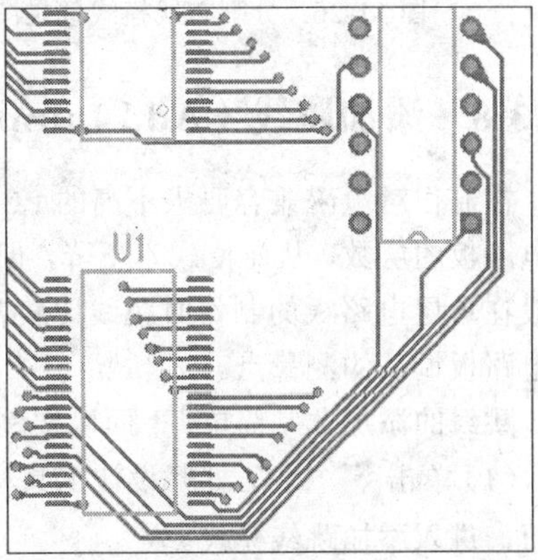

图 11-24　总线布线完成后的效果图

11.3.6 添加拐角（Add Corner）

添加拐角命令主要用于修改布线。利用它可以将一条连接线在指定位置上分为两段新的连接线，或者在布线过程中添加拐角以改变布线方向。

打开设计工具栏，单击图标，进入添加拐角模式，选择需要添加拐角的布线，如图 11-25 所示。注意，这里添加的拐角的角度可以是任意角度，无论角度模式中如何设置。在布线过程中选择 Add Corner 命令，所添加拐角的角度受角度模式的限制。

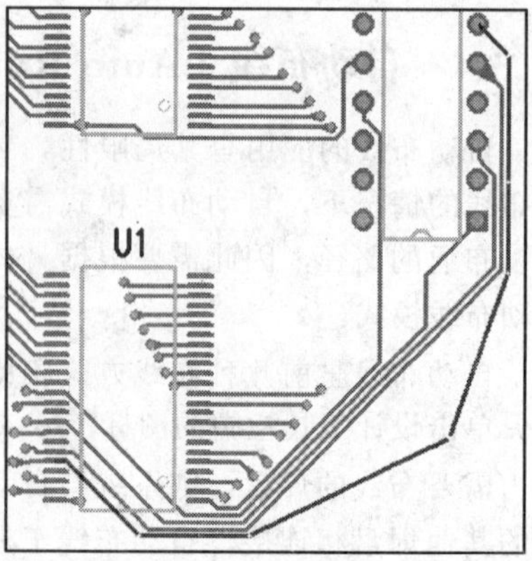

图 11-25　添加拐角效果图

由于其修整效果差，所以较少使用该命令修整已完成的布线，但却经常使用该命令在布线过程中添加拐角。通常使用该命令的快捷方式，即单击鼠标左键，添加拐角。

11.3.7　分割布线（Split）

分割布线模式用于分割布线，即固定其中一个端点，另一端点和新生成的布线随着光标的移动沿着与被分割的布线相垂直的方向移动，如图 11-26 所示。

单击设计工具栏中的图标，进入分割布线模式，然后选择需分割的布线，单击鼠标右键，在弹出菜单中选择 Split 命令，进行分割操作，在合适的位置单击鼠标左键完成分割。分割后的效果如图 11-27 所示。

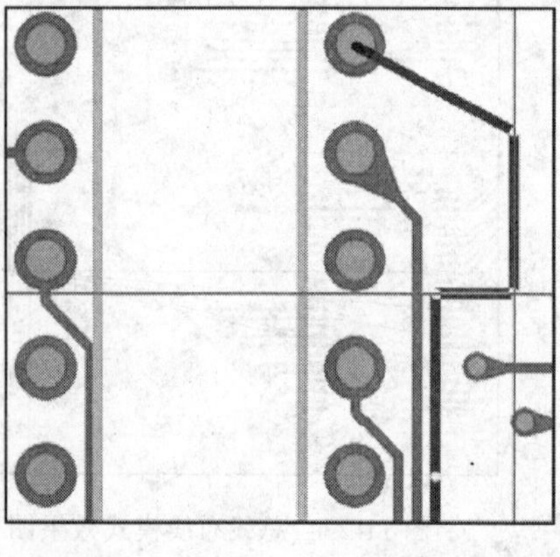

图 11-26　分割布线模式效果图

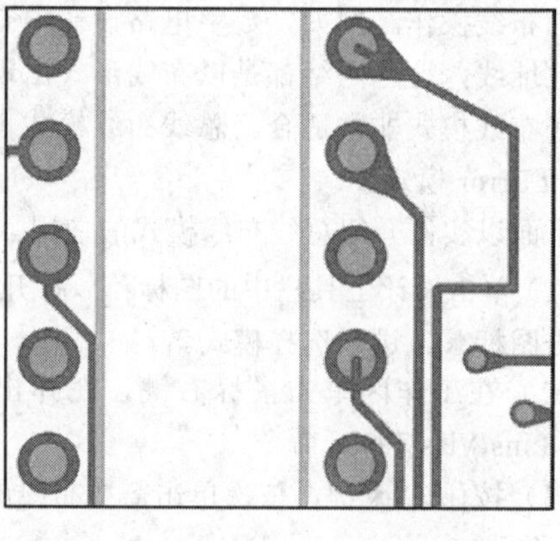

图 11-27　完成分割后的效果图

11.3.8　添加跳线（Add Jumper）

在制作对电磁兼容要求不高的 PCB 时，为了节约成本，可以采用跳线，因为跳线的添加可以减少电路板的层数，从而使成本下降，但质量也随之下降。一般在单层电路板的制作时跳线比较常用。跳线可以作为电路板调试的测量点。

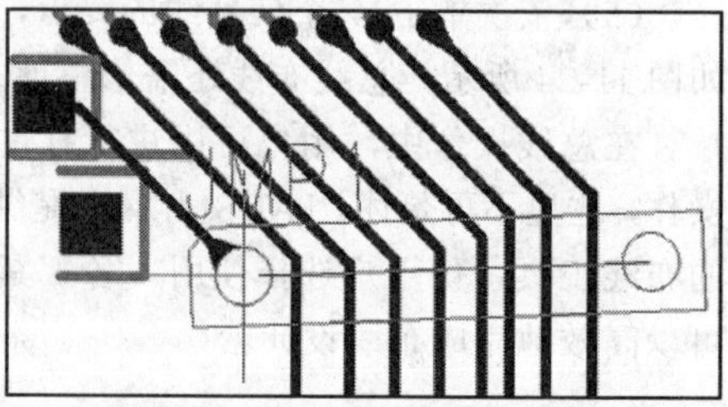

图 11-28　开始添加跳线效果

跳线的添加非常简单，下面以实例介绍跳线的添加。

（1）单击按钮，打开设计工具栏，单击其中的按钮，进入添加跳线模式。

（2）在走线过程中单击鼠标左键，开始添加跳线，如图 11-28 所示。

（3）在需要的位置单击鼠标左键，结束跳线的添加，开始预布线，如图 11-29 所示。

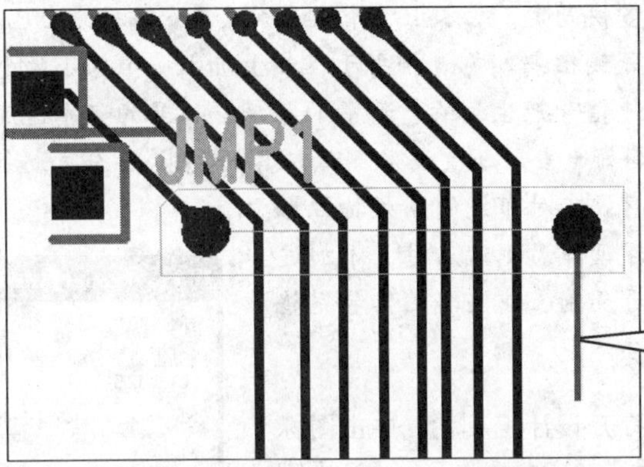

图 11-29 跳线预布线效果

（4）连接该信号线的终点，结束跳线的添加。也可以通过快捷键 Ctrl+Alt+J 进行跳线的添加。在布线过程中或选择需添加跳线的布线部位，然后按下快捷键 Ctrl+Alt+J，开始添加跳线。注意，跳线的添加最好在 Prevent Error 模式下操作，角度模式在添加跳线时不起作用。

添加完跳线后，可以随时根据需要修改跳线。选择跳线，在鼠标右键弹出菜单中选择 Properties 命令，系统会弹出如图 11-30 所示的对话框，在该对话框中显示添加跳线的信号线名称，可以编辑跳线的长度限制范围和实际长度大小及旋转度数。

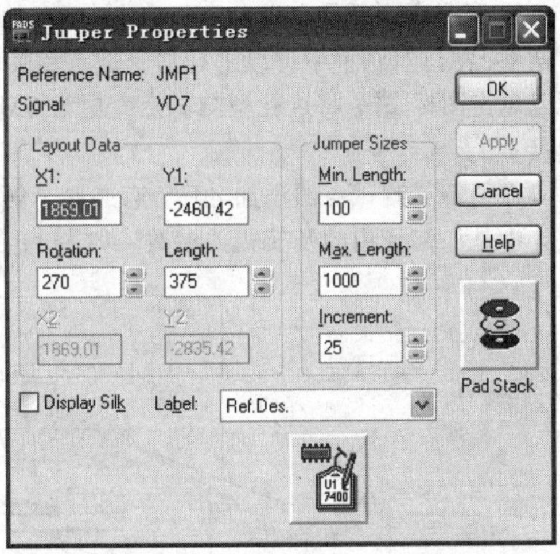

图 11-30 Jumper Properties 对话框

添加完跳线后，在电路板上的这根连接线被断开，但其实 PADS 认为跳线为一种元器件，故认为该连接线是连通的。在电路板生产的时候，一般需要在该跳线位置添加一段细导线作为跳线。一般跳线不宜太短（约 1cm）。跳线太短，不利于进行插件；同一电路板上的跳线添加不要长短不一，或长度相差很大，这样不利于加工实际的细导线跳线元器件。跳线长度的精确度要求并不高，用户可在实际设计工作中灵活掌握。

11.3.9 添加测试点（Add Test Point）

添加测试点模式主要用于添加测试信号用的焊盘。在默认状态下测试点为一个过孔，示波器和万用表等测量工具的表笔可以方便地插入测试点进行信号测试。根据实际情况需要，有时可以将测试点设置成为 SMD 类型的焊盘，也可很方便地使用示波器、万用表等测量仪器进行信号测试，需要的话还可以在测试点上焊接导线以方便测试。

测试点（Test Point）是电路板调试检修的重要工具，有经验的设计者，清楚地知道哪里是关键的信号点，需要经常测量调试。初学者在进行简单的低频电路设计时，可以试着尽量多加一些测试点。现在，随着封装技术的发展，贴片元器件越来越多，测试点的添加也越来越有必要，如 BGA、QFP 等封装的重要信号测试必须添加测试点。

注意：并不是测试点越多越好。一般测试点以过孔形式出现，至于会不会影响信号质量就要根据添加测试点的方式和信号到底多快而定。基本上，外加的测试点（不用线上已有的穿孔当测试点）可能加在线上或是从线上拉一小段线出来。前者相当于在线上加上一个很小的电容，后者则是多了一段分支，这两种情况都会对高速信号产生影响，影响的程度与信号的频率速度和信号边缘变化率有关。原则上测试点越小、越少越好（当然还要满足测试机具的要求），分支越短越好。当设计高频电路板时，过孔的寄生电容、电感效应对布线的高频特性影响较大。即使添加 SMD 类型的焊盘作为测试点时，添加过多也会造成阻抗不连续，引起信号反射，使电路的信号完整性受到影响。

测试点的添加很简单，首先打开设计工具栏，单击图标，进入添加测试点模式，然后选择 Prevent Error 禁止错误发生，在需要添加测试点的地方单击鼠标左键即可。用户可以选择添加的测试点，单击鼠标右键，在弹出菜单中选择 Properties 命令，系统会弹出如图 11-31 所示的 Via Properties 对话框，在该对话框中可以进行与测试点相关的修改。例如，可以单击图标，将过孔型测试点变更为 SMD 类型的焊盘测试点。

图 11-31 Via Properties 对话框

在了解了测试点的添加之后，有必要了解测试点在实际设计中是如何使用的及其相关参数。如图 11-32 所示。

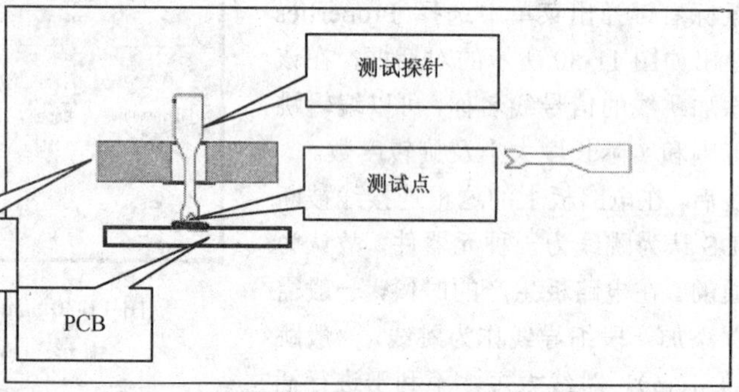

图 11-32 测试点的使用

PADS 提供了自动添加和检查测试点的工具，下面详细介绍该工具的使用。

可以在开始布线之前，添加测试点或者在 PADS Router 自动布线时自动添加测试点。通常根据如图 11-33 所示的对话框中的相关设置来验证测试点。

1. DFT Audit 对话框的设置

选择 Tools→DFT Audit 命令，系统会打开如图 11-33 所示的 DFT Audit 对话框。

（1）Options 选项卡

1）Create During Routing 选择该选项在使用 PADS Router Link 时，使 PADS Router 在布线网络时创建测试点。

2）Preserve Test Points 禁止再分配、移动、推挤、删除和修改已经被分配成测试点的过孔或元器件引脚。

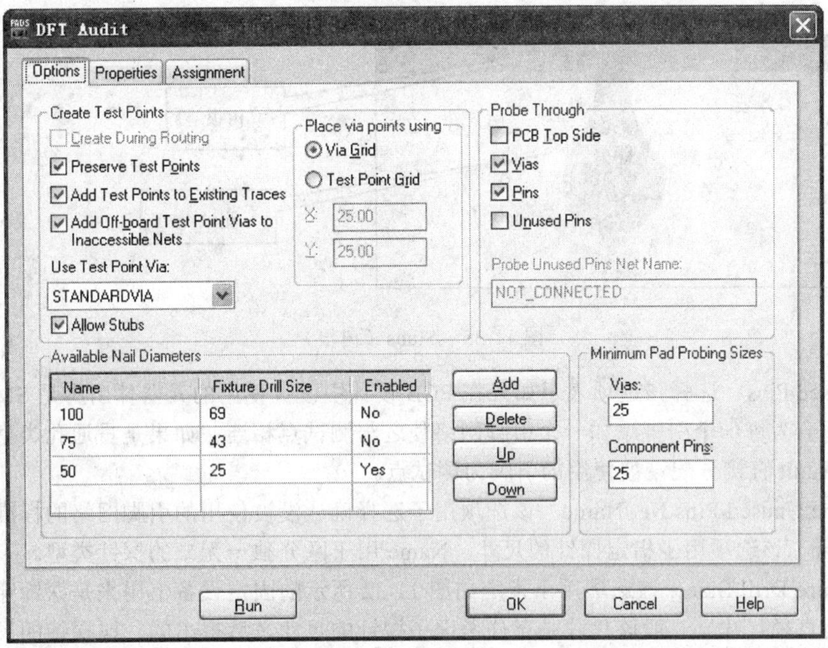

图 11-33 DFT Audit 对话框

3）Add Test Points to Existing Traces 选择该选项表示给已经布线的网络添加测试点。单击 Run 按钮设计自动转入如图 11-34 所示的 PADS Router Monitor 对话框进行测试点放置，在 PADS Router 中可以推挤布线为添加的测试点提供空间。

4）Add Off-board Test Points to Inaccessible Nets 选择该选项使 PADS Router 对不易放置测试点的网络的测试点放置到板框外面，然后再手工将其放置到板框内部。

5）Use Test Point Via 在该项的下拉清单中为以上各项设置选择测试点的过孔类型。

6）Allow Stubs 选择该选项表示在 PADS Router 中进行测试点放置时对易于放置测试点的网络允许放置 Stubs（树根），如图 11-35 所示。

7）Via Grid 选择该选项表示在放置测试点时使用过孔栅格。

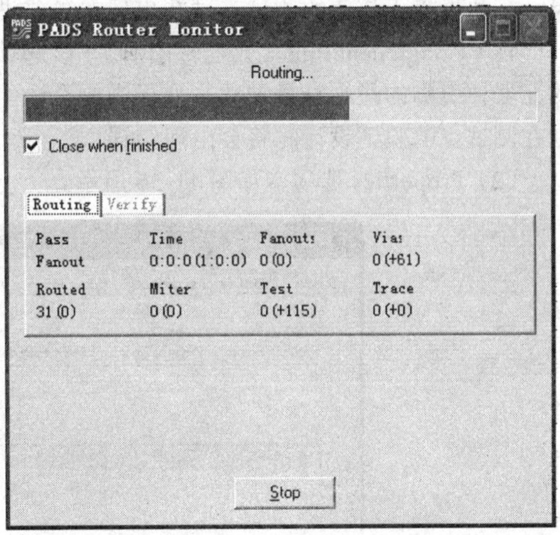

图 11-34 PADS Router Monitor 对话框

8）Test Points Grid 选择该选项表示在放置测试点时需要在该选项下面的文本框内设置测试点栅格。

9）PCB Top Side 选择该选项表示电路板的顶层和底层均可对测试点进行测试。

10）Vias 选择该选项表示用过孔作为测试点。

11）Pins 选择该选项表示使用元器件的引脚作为测试点。

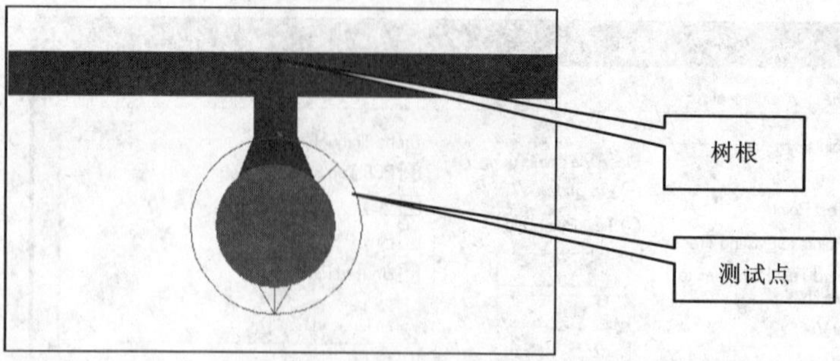

图 11-35 Stubs（树根）

12）Unused Pins 选择该选项表示如果在 PCB 设计中没被使用的元器件引脚是 SMD 焊盘，那么 DFT Audit 会为每一个引脚添加一个引脚网络使之与测试点相连；如果是贯通孔类型的元器件引脚，则 DFT Audit 直接分配没被使用的引脚为测试点。

13）Probe Unused Pins Net Name 该选项用于选择确认没被使用的引脚网络的标准。

14）Name 该选项用于指定探针的尺寸。Name 用于区分独一无二的探针类型。

15）Fixture Drill Size 该选项用于指定如图 11-32 所示的固定设备上用来是探针穿过以接触测试点的钻孔的直径尺寸。一般该尺寸是充分考虑了探针的尺寸之后得出的，比探针的尺寸略大。

16）Enabled 该选项用来设置是否使用相应的 Nail（探针头）进行测试点自动测试。该项为 Yes 表示使用测试点自动测试该型号的 Nail（探针头）；若为“No”，则反之。

17）Vias（过孔） 该选项的文本框内可以输入在测试点自动测试时进行探测的过孔的最小直径尺寸。如果小于该值的测试点过孔出现在当前设计中，则在测试点验证时将会出现错误。

18）Component Pins（元器件引脚） 该选项的文本框内可以输入在测试点自动探测时进行探测的元器件引脚的最小直径尺寸。如果当前设计中存在小于该值而又被设置为测试点的元器件引脚，则在测试点的验证设计时将会出现错误。

（2）Properties 选项卡如图 11-36 所示。

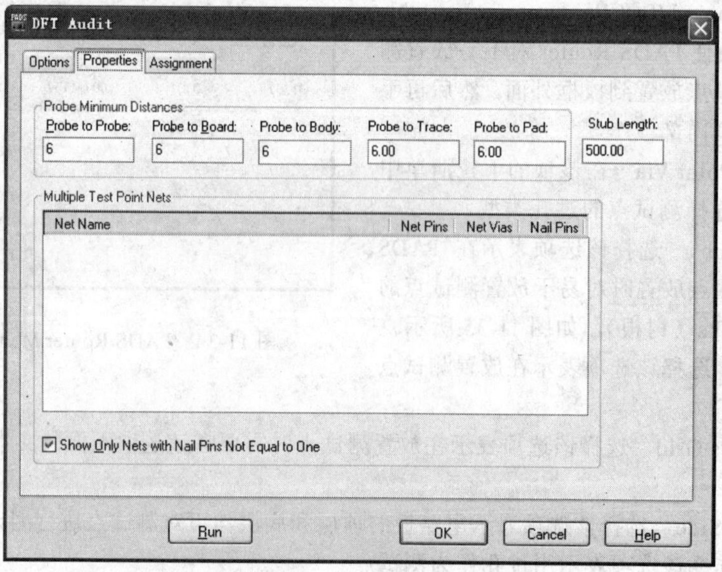

图 11-36 Properties 选项卡

1）Probe Minimum Distances 选项组　该选项组用于设置探针与其他设计客体之间所允许的最小距离。Probe to Body 为探针与元器件的距离限制；Probe to Pad 为探针与焊盘的距离限制；Probe to Trace 为探针与走线之间的距离限制；Probc to Board 为探针与板边的距离限制；Probe to Probe 为探针与探针之间的距离限制；为了使某网络可以容易地添加测试点并进行测试，Stub Length 为允许添加的 Stub（树根）的最大长度。

2）Multiply Test Points Nets 文本输入框　Net Name 为网络名称；Net Pins 为该网络中的引脚数；Net Vias 为网络过孔数；Nail Pins 为探针头引脚数（该网络需要的）；Show Only Nets with Nail Pins Not Equal to One 为只显示那些没有探针引脚或有多于一个探针引脚的网络。

（3）Assignment 选项卡

该选项卡的设置如图 11-37 所示，主要用于设置禁止/支持分配测试点给具体的元器件或过孔类型。

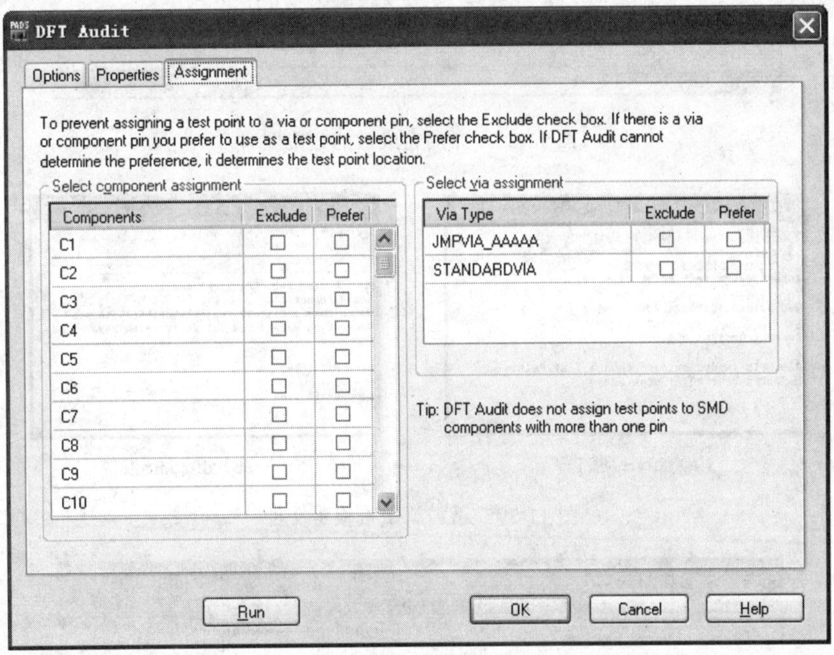

图 11-37　Assignment 选项卡

1）Select component assignment 选项组　Components 为元器件的参考标志；Exclude 为禁止该元器件添加测试点；Prefer 为允许该元器件添加测试点。

2）Select via assignment 选项组　Via Type 为当前设计中的过孔类型，也可以在这里添加新的过孔类型；Exclude 为禁止使用该类型的过孔作为测试点；Prefer 为允许使用该类型的过孔作为测试点。

2. 测试点的自动添加

（1）布局完成后的效果如图 11-38 所示。

（2）选择 Tools→DFT Audit 命令，系统会弹出如图 11-33 所示的对话框。

（3）设置好相应的参数后，单击

按钮，系统会弹出 11-34 所示的 PADS Router Monitor 对话框，显示测试点放置进程。

（4）放置完成后，系统会弹出如图 11-39 所示的两个报告文件，报告测试点的添加情况。

（5）添加完成后的效果如图 11-40 所示。

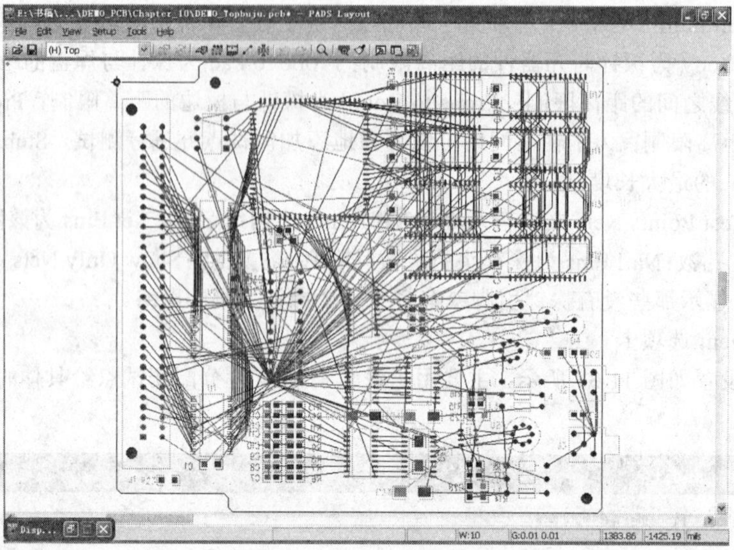

图 11-38　布局完成后的效果图

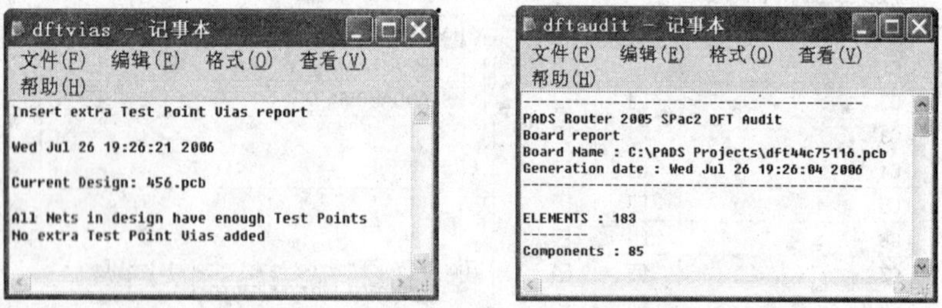

a）dftvias 报告　　　b）dftaudit 报告

图 11-39　添加测试点报告文件

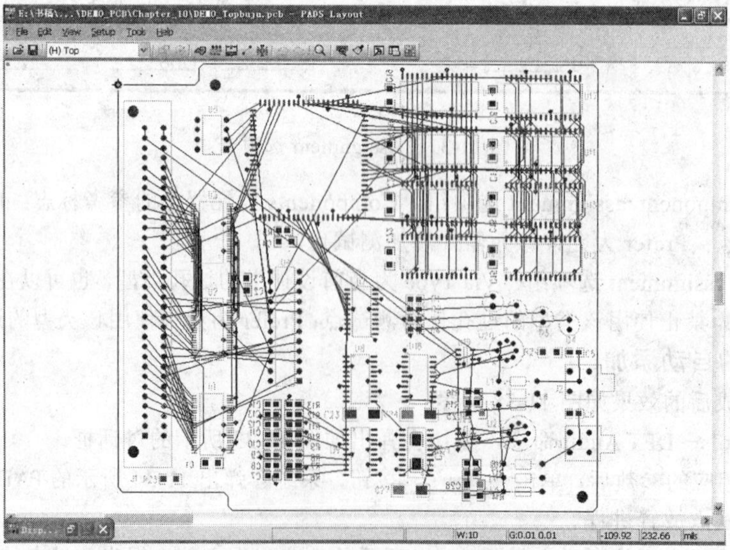

图 11-40　测试点的添加完成效果图

接下来就可以开始进行布线了。一般只将重要的网络信号手工布线，其他的网络连接使用自动布线器进行布线。在进行手工布线时，应该首先设置工作环境，以便提高工作效率。通常先把鼠线隐藏掉，然后设置手工布线的参数。

11.4 控制鼠线的显示和网络颜色的设置

控制鼠线的显示非常简单，方法如下。

（1）选择菜单栏中的 Setup→Display Color 命令，系统会弹出如图 11-41 所示的 Display Colors Setup 对话框。

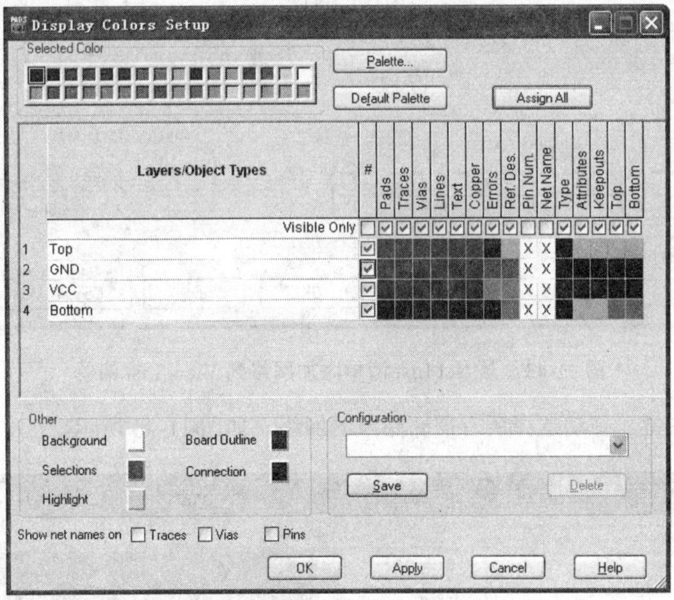

图 11-41 Display Colors Setup 对话框

（2）单击 Selected Color 区域的颜色方框中的黑色方框。

（3）单击 Other 区域的 Connection 颜色框使之变为黑色，单击 OK 按钮，从而使鼠线隐藏。

注意：在 Selected Color 区域选择何种颜色是由工作区背景为何种颜色决定的。例如，将工作区背景选择成白色，则鼠线也要选择成白色，才能达到隐藏的目的。但是这种鼠线显示控制方法只能控制全部鼠线的显示与否。

也可以通过以下方法实现鼠线显示的控制，这种方法可以控制任何具体网络鼠线连接的显示。

（1）选择菜单栏中的 View→Nets 命令，系统会弹出如图 11-42 所示的

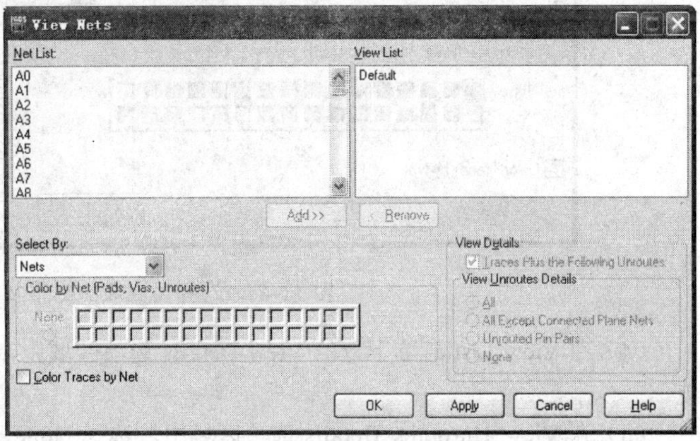

图 11-42 View Nets 对话框

View Nets 对话框，在该对话框左侧的 Net List 清单中，显示当前设计中的所有网络。

（2）选择需要隐藏的网络后，单击 Add >> 按钮，将选择的网络添加到右侧的 View List 清单中，如图 11-43 所示。

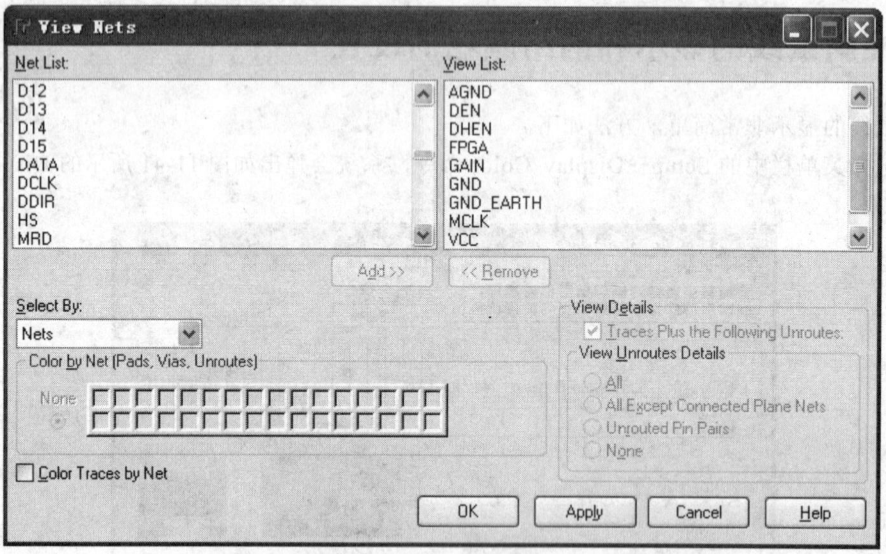

图 11-43　从 Net List 清单添加网络到 View List 清单

（3）单击鼠标左键，拖动选择所有需要隐藏的网络，如图 11-44 所示。

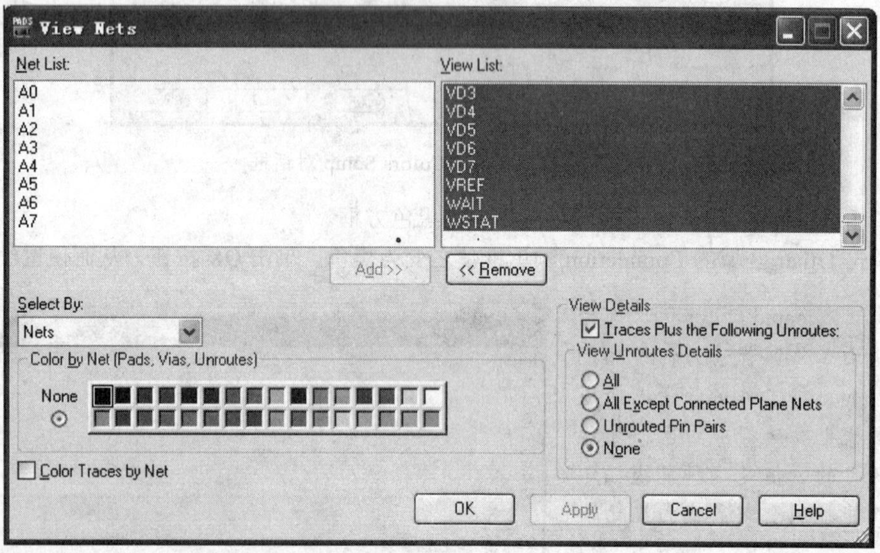

图 11-44　选择要隐藏的网络及参数设定

（4）在 View List 清单下方的 View Details 选项区域中，选择 Traces Plus the Following Unroutes 项。

（5）在 View Unroutes Details 选项区域中，选择 None，隐藏 View List 清单中的需要隐藏的网络。

（6）如图 11-45 所示，为当前设计中的所有的鼠线连接显示。然后在 Net List 清单中的网络和在 View List 清单中没有在 View Details 选项区域进行相关的隐藏设置的网络将显示其鼠线，如图 11-46 所示。

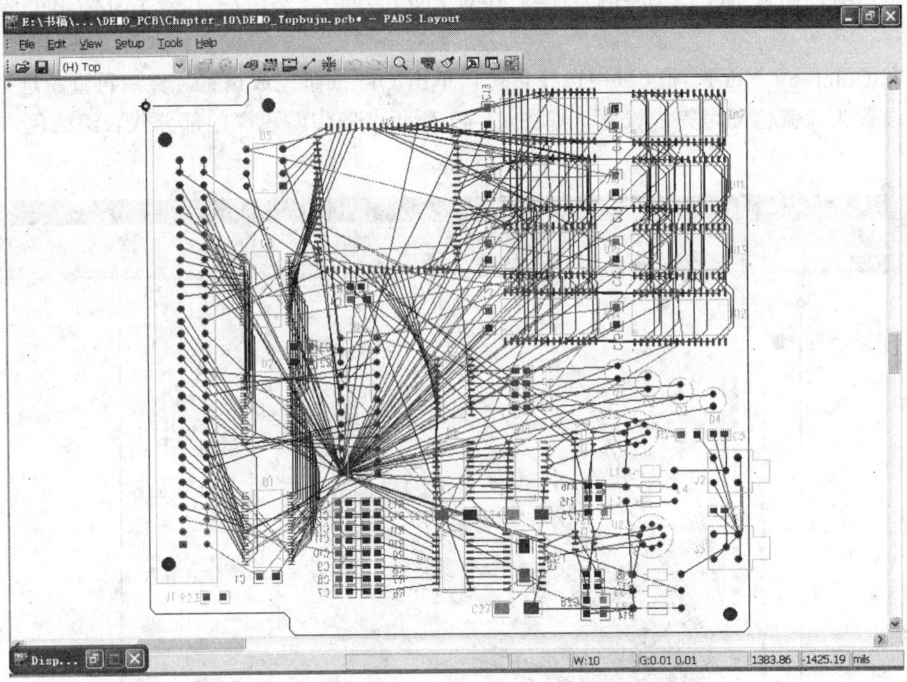

图 11-45 显示所有的鼠线连接

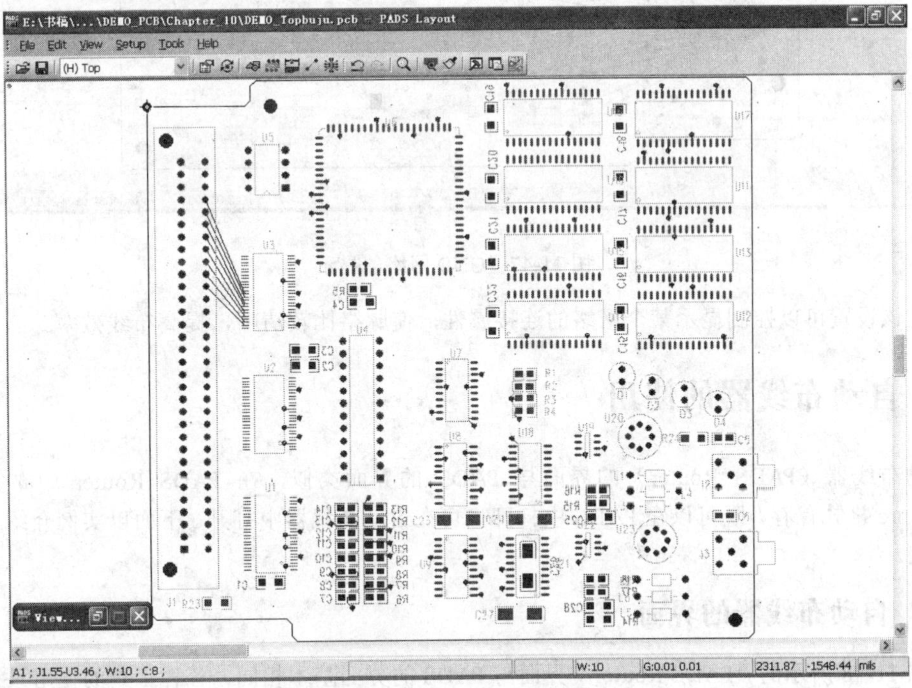

图 11-46 鼠线显示的控制

还可以进行各个网络的颜色设置，这样在进行布线时可以比较直观地辨别各个引脚所属网络。例如，设置 GND 网络为深蓝色，为了使其显示明显，可以将其他网络设置为黄色，设置方法如下。

（1）打开如图 11-44 所示的 View Nets 对话框。

（2）将所有网络从 Net List 清单添加到 View List 清单中，然后在 View List 清单中选择所有网络。

（3）在 Color by Net 选项区域中选择黄色，单击 OK 按钮完成设置，然后再重新选择 GND 网络，将其设置为深蓝色即可完成设置，如图 11-47 所示（图中颜色深的部分代表深蓝色，浅的代表黄色）。

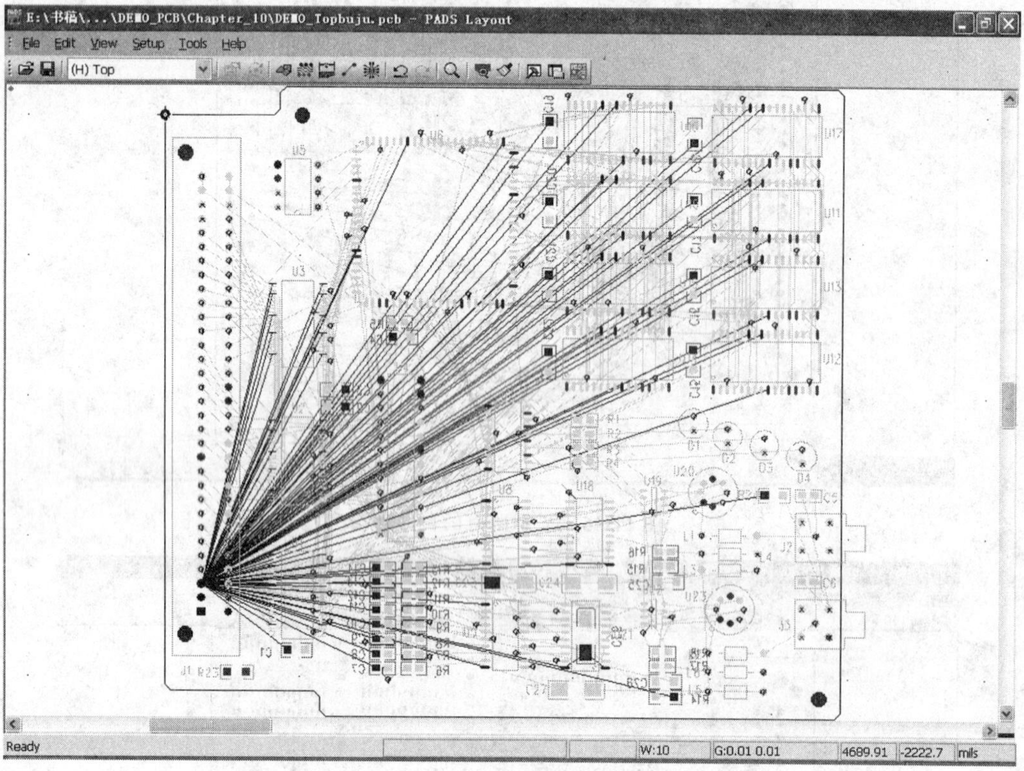

图 11-47 GND 网络的显示

通过该设置可以控制显示某个网络的连接属性，使脉络比较清晰，提高布线效率。

11.5 自动布线器的使用

自动布线器（PADS Router）的界面与 PADS 的界面类似，在 PADS Router 中布完线之后以.pcb、.bre 格式保存，既可以在 PADS 中打开也可在自动布线器中打开。下面以实例介绍自动布线器的使用。

11.5.1 自动布线器的界面

如图 11-48 所示的“PADS Router”界面与 PADS 的界面基本相同，各种工具的使用只是略有不同，这里不再赘述，读者可参见 PADS 中的相关设置。

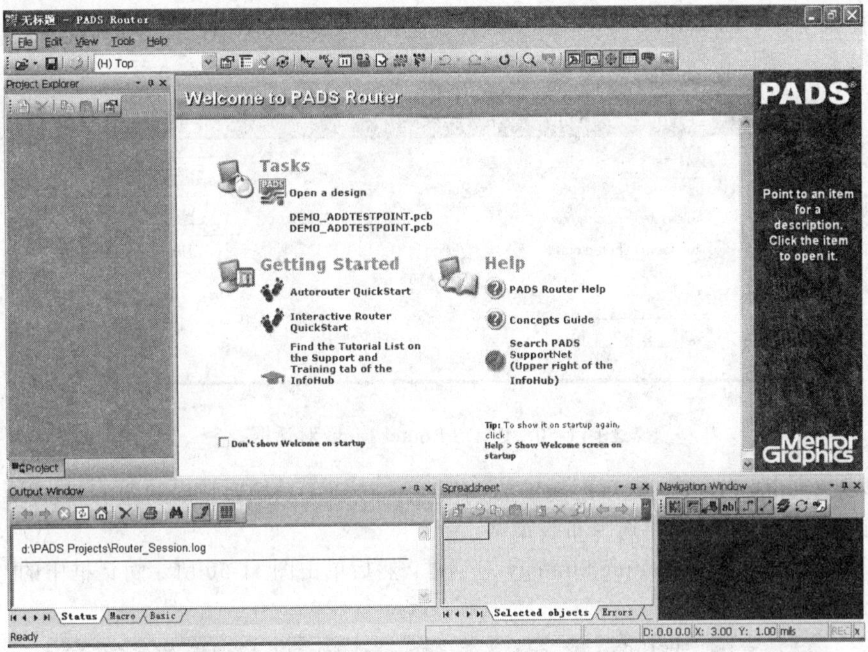

图 11-48　PADS Router 界面

11.5.2　自动布线器使用实例

（1）在 PADS 中完成布局之后，将重要信号网络先布好，绘制好平面分割层/CAM 平面层边框，手工布好 64Pin 接口和存储电路模块如图 11-49 所示。

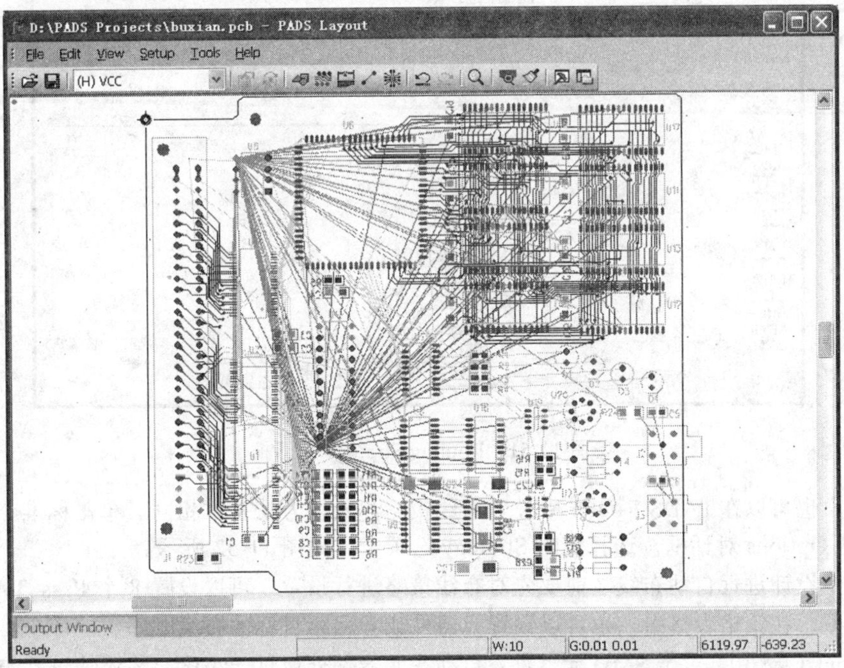

图 11-49　手工布好 64Pin 接口和存储电路模块

（2）选择菜单栏中的 Tools→PADS Router 命令，系统会弹出如图 11-50 所示的 PADS Router Link 对话框。

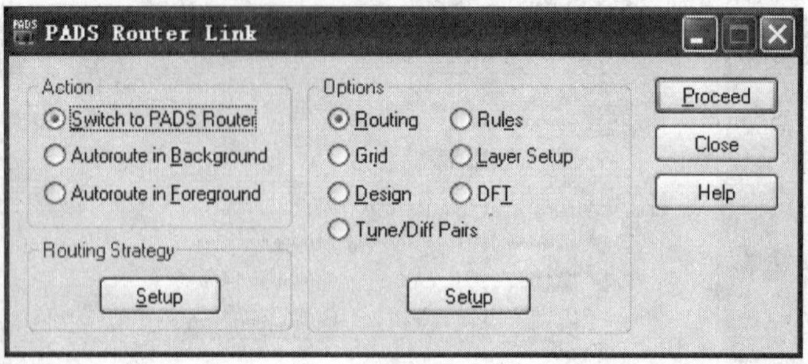

图 11-50 PADS Router Link 对话框

（3）单击 Routing Strategy 选项区域中的 Setup 按钮，系统会弹出如图 11-51 所示的 Routing Strategy 对话框，在该对话框内选择布线策略。

（4）单击 OK 按钮退出 Routing Strategy 对话框，然后单击图 11-50 所示对话框中的 Proceed 按钮，进入 PADS Router 界面。

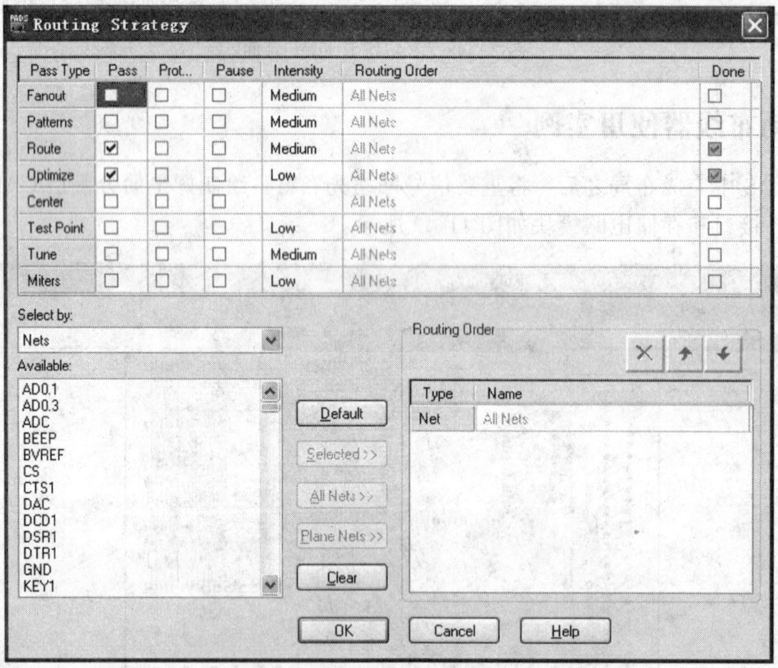

图 11-51 Routing Strategy 对话框

（5）用户也可以在 PADS Router 中设置布线策略，设置方法基本相同。单击标准工具栏上的图标，打开 Options 对话框，选择策略 Strategy 选项卡，如图 11-52 所示。

在对整个设计进行自动布线之前要先对布线策略进行设置，可以设置 8 个 Pass Type 中的一个或者几个类型。在策略表格中，也可以设置元器件或者网络目标的布线顺序。

1）Fanout（扇出） 对于 SMD 元器件，自动在元器件外通过一小段布线添加过孔与元器件引脚相连接。

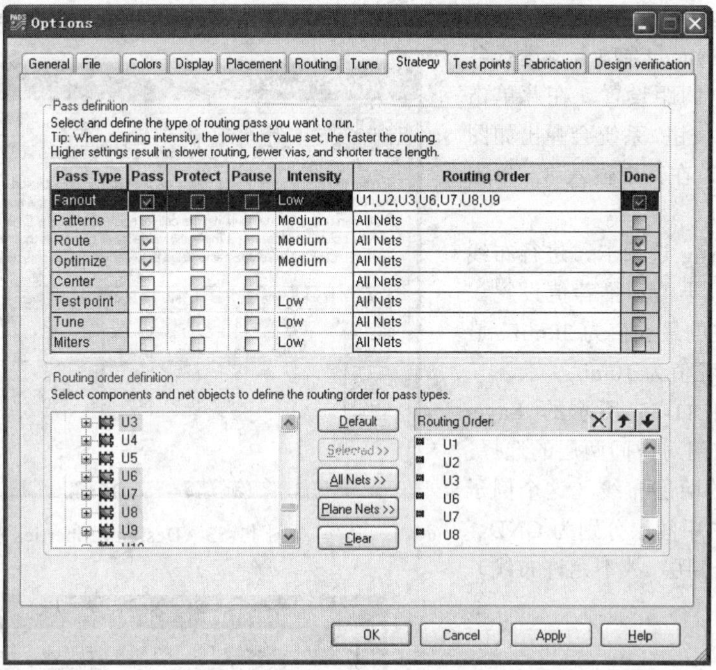

图 11-52 Strategy 选项卡

2）Patterns（模式） 找到未布线的模式将其按 Z 或 C 的模式完成。

3）Route（布线） 完成布线。

4）Optimize（优化） 对完成的布线图形进行优化，减少过孔和布线长度，使布线更加平滑美观。

5）Center（中心） 在元器件引脚和过孔之间的布线自动进行对中操作。

6）Test point（测试点） 对每个网络进行可测试性分析，按预先设置自动增加和指派测试点，目标是达到 100%的可测试性。

7）Tune（调整） 利用最小、最大和匹配长度约束调节网络的布线长度。

8）Miters（倒角） 所有布线拐角按设置好的角度倾斜，以及对布线拐角增加倒角。

不同的设计可能需要使用不同的自动走线策略，但是对于大部分 PCB 来说，使用 Route 和 Optimize 就足够了。在 Routing Order 列表中设置指定的布线顺序或对指定的目标进行 Pass 类型的应用。

1）单击 Fanout 栏的 Routing Order 区域。

2）在 Routing Order definition 区域，扩展元器件树，选择 U1，然后按住 Ctrl 键，依次选择 U2、U3、U6、U7、U8、U9。

3）单击中间的 Selected 按钮，将这些元器件增加到右边的 Routing Order 列表中。

4）在右边的 Routing Order 列表中，选择 All Nets 及其他网络，单击 Clear 按钮，将除刚才已选择的几个元器件外的所有网络从 Routing Order 列表中删除。这样就禁止了对其他元器件进行 Fanout 的操作。

5）在 Pass definition 选项区域，勾选 Fanout 中的 Pass 项。

6）在 Pass definition 选项区域，勾选 Route、Optimize、Center、Test Point 项。

7）单击“OK”按钮，结束设置并关闭对话框。

（6）单击工具栏中的图标，系统会弹出如图 11-53 所示的 Design Properties 对话框。

1）打开 Clearance 选项卡，进行各种对象之间的安全间距设置。在此单击设置矩阵中的 All 按钮，系统会弹出如图 11-54 所示对话框，在其中输入 8，单击 OK 按钮完成设置。

2）打开 Routing 选项卡，进行布线宽度的最大值、最小值和推荐值设置。在此设置布线宽度的最大值为 30mil，最小值为 10mil，推荐值为 10mil。

3）打开如图 11-55 所示的 Layer Biasing 选项卡，取消对中间两层的选择，即不允许在中间的两层布线（这个例子是 4 层 PCB，其中中间层分别为 GND、VCC 层，是混合分割层，故不允许布线）。

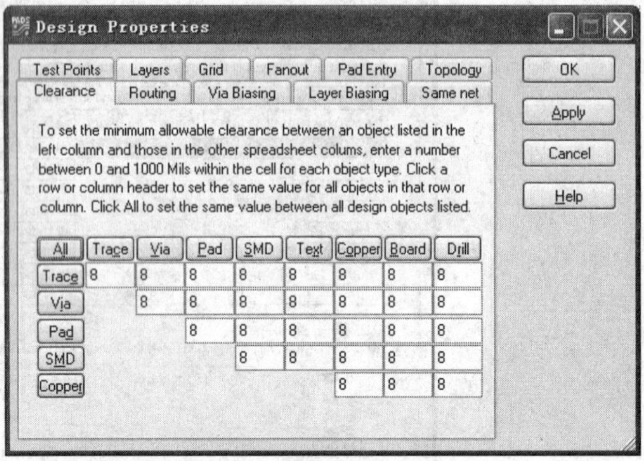

图 11-53 Design Properties 对话框

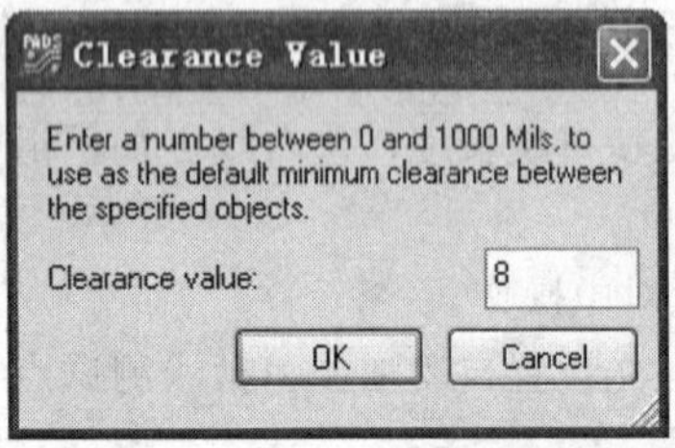

图 11-54 Clearance Value 对话框

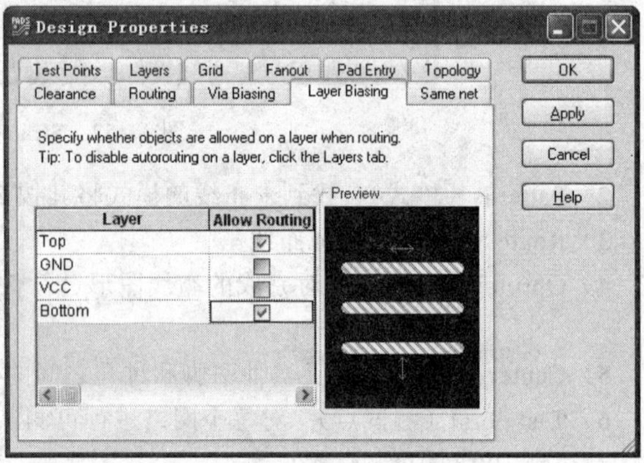

图 11-55 Layer Biasing 选项卡的设置

4）打开如图 11-56 所示的 Topology 选项卡，选择布线的拓扑类型。在此选择 Parallel 项。

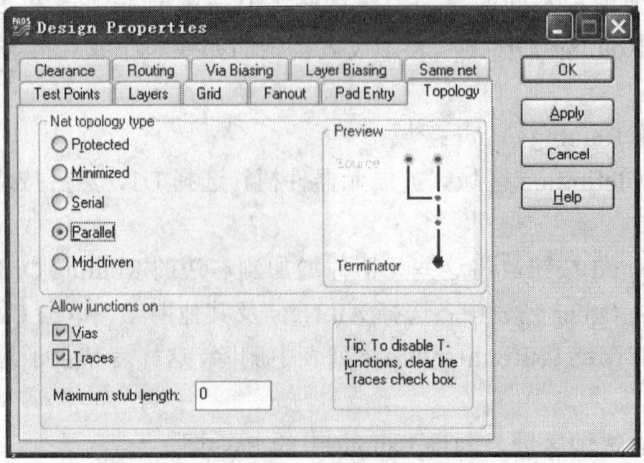

图 11-56 Topology 选项卡的设置

5）打开 Grid 选项卡，设置栅格距离。本例的设置如图 11-57 所示。

6）单击 OK 按钮，完成 Design Properties（设计属性）的设置。

（7）在 PADS Router 中选择工具栏中的 Tools→Autoroute→Start 命令，如图 11-58 所示。

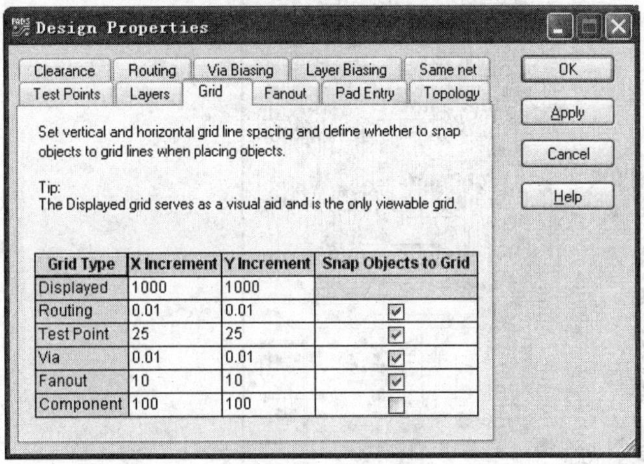

图 11-57 Grid 选项卡的设置

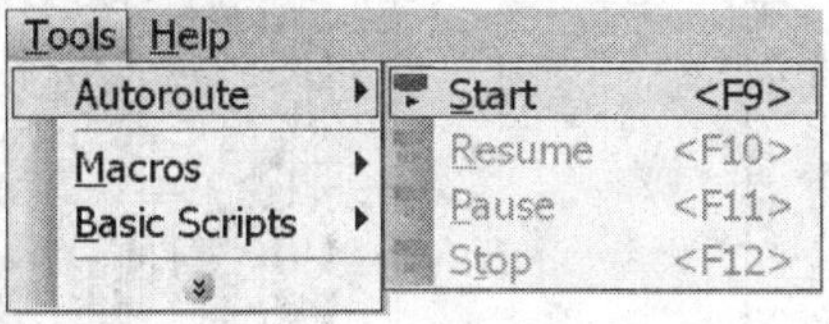

图 11-58 选择 Start 命令

（8）选择 Start 命令后，PADS Router 开始自动布线，如图 11-59 所示。

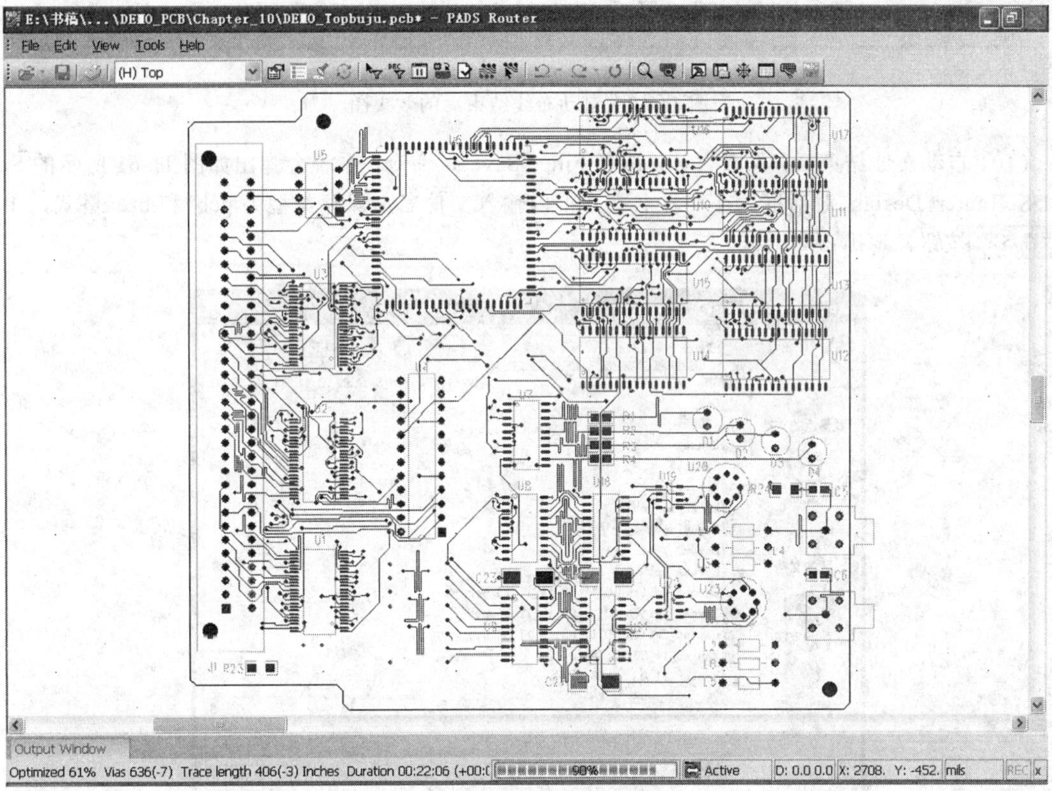

图 11-59 开始自动布线

（9）自动布线结束后的效果如图 11-60 所示。

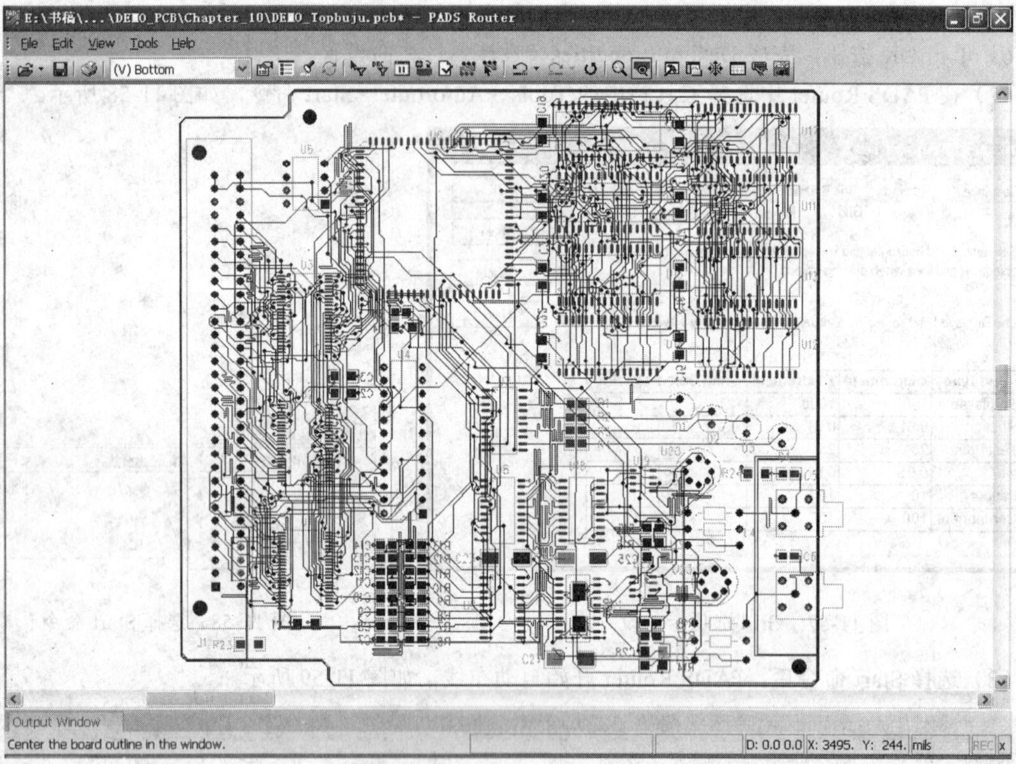

图 11-60　自动布线结束后的效果图

（10）自动布线结束后，保存设计。选择 File→Save as 命令，系统会弹出如图 11-61 所示的 Save PADS Router Design 对话框，在文件名文本框内输入文件名，保存类型为.pcb 和.bre 格式，单击 保存(S) 按钮，退出该对话框。

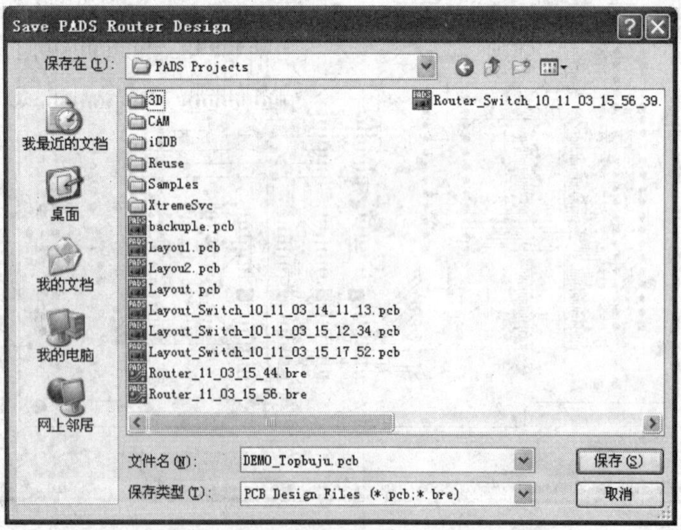

图 11-61　Save PADS Router Design 对话框

通常在自动布线器中完成自动布线后，还需要在 PADS 中打开进行修改，使设计更加合理。

11.5.3 自动布线器 Router 与 Layout 的同步

（1）PADS9.2 版本在 PADS2007 的基础上增强了 Router 与 Layout 的同步功能，它能够完全同步实时地更新每一个细微动作。

（2）首先需要选择 Layout 菜单栏中的 Tools→Options→Global 选项卡，系统会弹出如图 11-62 所示对话框。选中 Layout and Router Synchronization 中的 Enable 复选框，然后单击 OK 按钮重启 Layout。

（3）在 Layout 中进行规则设置并完成布局以后，布线则可以采用布线器 Router 来方便快捷地完成，有效合理地使用 Layout 与 Router 的同步功能可以大大提高设计的效率，减少工作量。在 Layout 中单击工具栏上的 Route 图标，即可方便地打开 Router，如图 11-63 所示。

（4）在同步操作过程中，要有效地应用 Router 与 Layout 的优势操作，比如通常使用 Layout 来进行布局与规则设置，以及进行最后的铺通灌铜等操作，而使用 Router 进行布线则比较方便，所以在 PCB 设计过程中难以避免随时的切换操作。PADS9.2 的同步切换同样非常方便，如图 11-63 所示，在 Router 的状态栏可以看到彩色 Active 标志，在 Layout 中显示为灰度 Inactive，可知此时活动的可操作窗口为 Router，要想切换到 Layout，只需单击工具栏中的 Layout 标志即可，Layout 中的切换方法不再赘述。

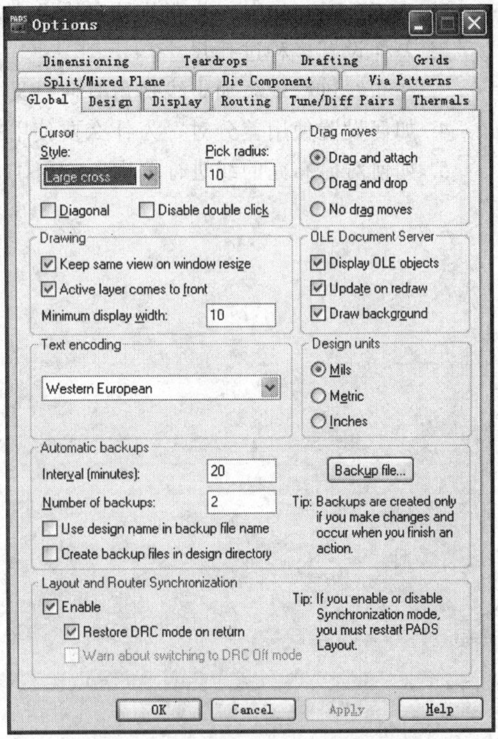

图 11-62 开启同步功能对话框

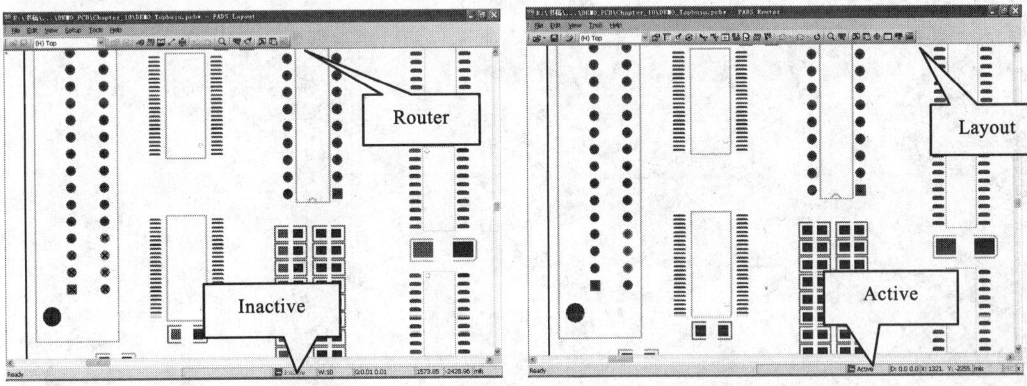

图 11-63 同步缩放操作的 Layout 与 Router

本章只是把基本的方法和流程介绍给读者。布线质量的好坏，取决于根据具体的设计进行与其相匹配的布线参数设置。

本章内容对应的 PCB 设计范例可参见所提供范例中的 DEMO_Viewnet，DEMO_AutoRouter1，

DEMO_AutoRouter2，DEMO_AutoRouter3，DEMO_Buxian1，DEMO_Buxian2，DEMO_Buxian3 和 DEMO_Addtestpoint 文件，路径为\PADS Layout\DEMO_ PCB\Chapter_11。

练 习 题

1. PADS Layout 中一共有几种布线方式？各有何优缺点？分别在何种情况下使用。
2. 怎样设置多种过孔尺寸？
3. 在布线过程中添加走线拐角有何意义？
4. 如何设置使用差分对？为什么要使用差分对？
5. 如何对已布完的线进行编辑？如何确认所有的网络均已布线？

第 12 章　覆铜及平面层分割

本章主要介绍：覆铜，平面层（Plane）。

在 PADS 中有 3 种不同的大面积覆铜方式，即铜箔（Copper）、灌铜（Copper Pour）和平面层（Plane）。在设计 4 层或 4 层以上的电路板时，一般需要单独设置地层和电源层，这就需要考虑平面层的分割和网络分配。

12.1　覆铜

顾名思义，覆铜就是将设计好的电路板覆盖上一层铜箔。一般覆铜又分为平面层覆铜和非平面层覆铜。一般非平面层是指元器件层和布线层，平面层也就是指内层中的电源层和地层。

布局完成之后要进行大面积覆铜，它对电路板的电磁兼容性影响很大。对于速率较高的电路，大面积覆铜是必不可少的。一般覆铜处理主要有以下 4 方面原因。

1）EMC 的要求　大面积的地或电源覆铜对噪声会起到屏蔽作用。

2）PCB 工艺要求　为了保证电镀效果，或者层压不变形，对于布线较少的 PCB 层覆铜。

3）信号完整性要求　给高频数字信号一个完整的回流路径，并减少直流网络的布线。

4）散热要求　特殊元器件安装要求覆铜。

注意：并不是所有的电路板都必须进行覆铜处理。假设某个 PCB 层为地平面，常规做法是用铜箔覆盖 PCB 表层和顶层的空白区域并接地。但是若将整个铜箔通过单点接地，将在地平面接地点形成一个以任何频率辐射能量的天线。考虑到这个原因，应该将地平面进行多点接地，或者不对那些空闲区域进行覆铜。由天线理论可知，应该避免出现浮空的铜箔（没有连接的铜箔），特别是浮空的带状线。因此，在布线密度较大的电路板上，可不进行覆铜处理

12.1.1　铜箔（Copper）

铜箔表示在电路板上绘制一块实心的铜，将铜箔区域的所有布线、过孔、焊盘连接在一起，而不考虑是否属于同一网络。铜箔工具不具有智能判断能力。

1. 建立铜箔

（1）单击工具栏中的图标，打开绘图工具栏，单击图标，进入铜箔绘制模式。

（2）注意，铜箔绘制只能在 DRC Off 下进行。如果目前工作在 DRC 模式下，则进入铜箔绘制模式时系统会弹出如图 12-1 所示的对话框，单击确定按钮即可进入铜箔绘制工作模式。

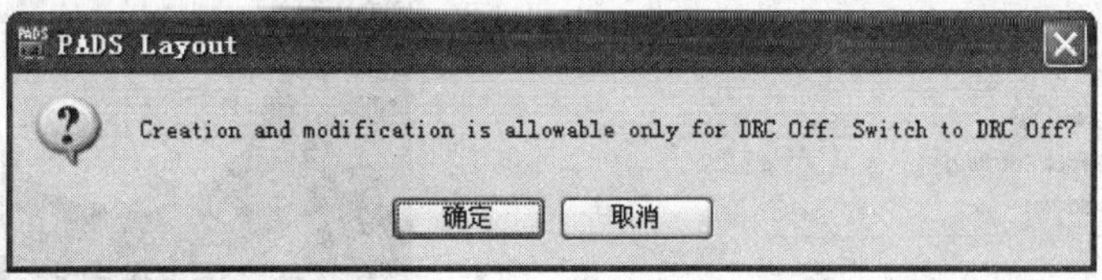

图 12-1　DRC 警告对话框

（3）在工作区空白区域内，单击鼠标右键，弹出绘图菜单，选择其中的 Rectangle 和 Orthogonal 命令。此时这两个命令前面出现选中符号，表示将要绘制的铜箔是水平方向上的矩形。

（4）在需要添加铜箔的位置单击鼠标左键，然后移动光标到相应位置，单击鼠标左键完成矩形铜箔的绘制，系统会弹出如图 12-2 所示的对话框，选择好铜箔所在的层和所属网络，单击 OK 按钮完成绘制，如图 12-3 所示。

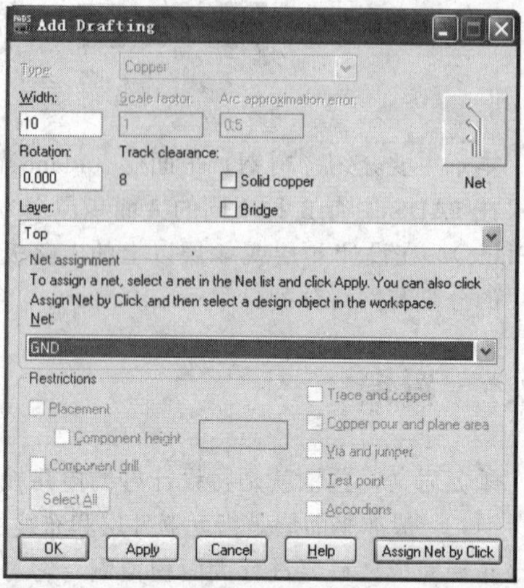

图 12-2　铜箔的相关参数设置

（5）单击绘图工具栏中的图标，进入挖铜箔的工作模式。

（6）在工作区域单击鼠标右键，弹出绘图菜单，选择其中的 Circle 命令。

（7）在如图 12-3 所示的矩形铜箔里单击鼠标左键，确定圆形挖空区域的圆心，移动光标到相应位置，单击鼠标左键结束绘制。

（8）此时用户看不到挖出的圆形，仍然显示图 12-3 所示的图形，只要用鼠标框选该图形，单击鼠标右键，在如图 12-4 所示的弹出菜单中选择 Combine 命令，即可显示挖出的图形，如图 12-5 所示。

图 12-3　矩形实心铜箔

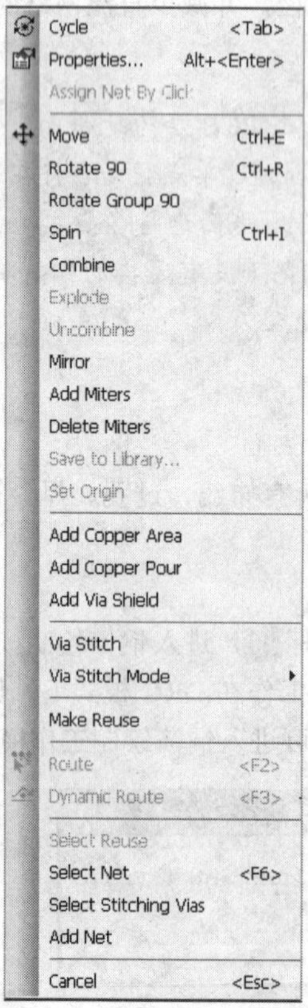

图 12-4　选中实心铜箔与挖空区域后单击鼠标右键弹出的菜单

图 12-5　中间挖空的铜箔

2. 编辑铜箔

本书已经讲述了如何建立一个实心铜箔和如何在实心铜箔区域挖出一部分铜箔。其实，铜箔和挖空区域都是通过多边形构成的封闭区域，其属性也可被改动。

（1）单击工具栏中的图标，进入选择模式，单击鼠标右键，在弹出的菜单中选择 Select Anything 命令。

（2）选择刚才绘制的铜箔区域边框，如图 12-6 所示。

（3）拖动光标，如图 12-7 所示。

图 12-6　选择铜箔的边框

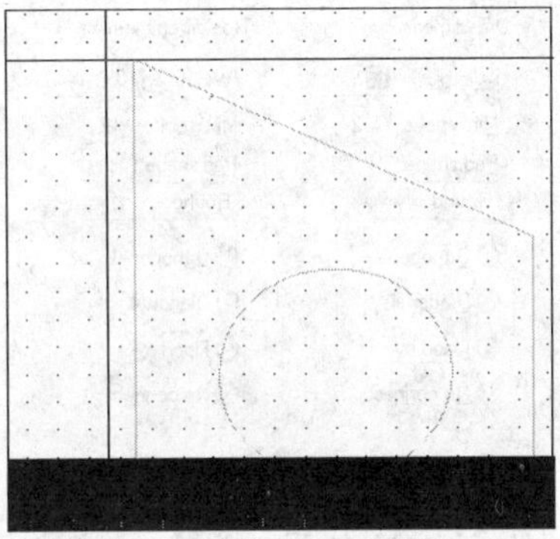

图 12-7　选择铜箔边框后拖动光标

（4）单击鼠标左键固定铜箔边框的一个顶点，如图 12-8 所示。

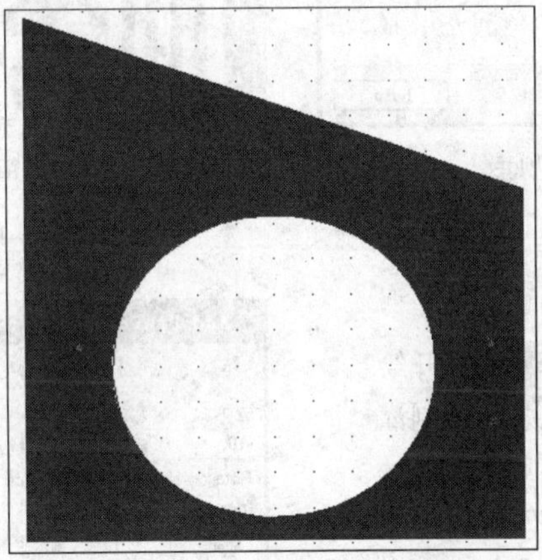

图 12-8　固定铜箔边框的一个顶点

（5）同理，可根据需要改变该铜箔区域的任意顶点的位置和任意边的位置（包括挖空区域的圆形边框）。

12.1.2　灌铜（Copper Pour）

灌铜工具主要用于电路板后期处理时的大面积覆铜，其作用与铜箔工具相近，但灌铜强调一个“灌”字，也就是说它具有智能性，会主动判断灌铜区域焊盘和过孔的所属网络，若属一个网络，则 PADS 灌铜工具会按照设定好的规则将过孔和焊盘与铜箔融合在一起；若不属于同一个网络，则 PADS 灌铜工具会按照规则设置使铜箔与过孔和焊盘保持安全间距。

为了避免孤立的铜箔出现，在 Options 对话框中的 Thermals 选项卡中选择 Remove isolated copper 选项，如图 12-9 所示。如果不选择该项，则在灌铜的时候，会出现孤立的铜箔。所谓孤立的铜箔就是指不与任何网络连接的铜箔，如图 12-10a 所示。

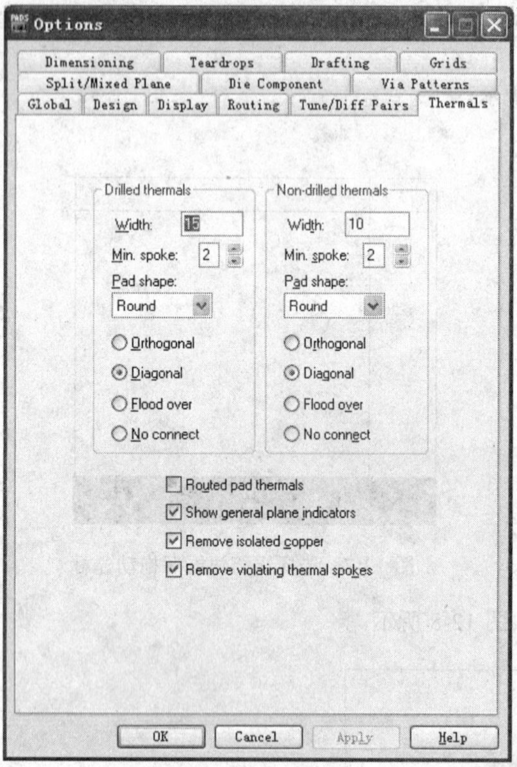

图 12-9　Thermals 选项卡

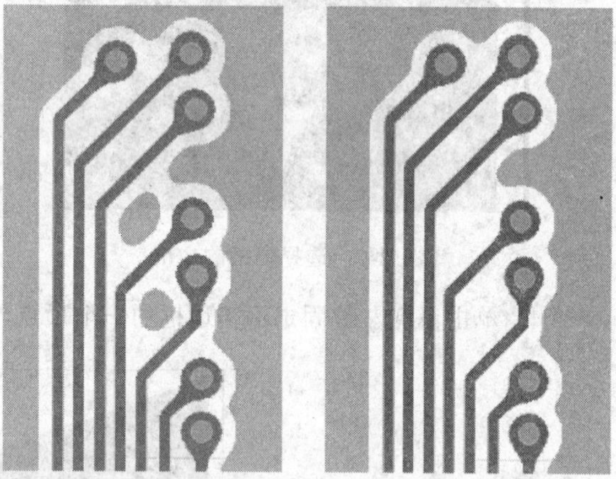

a）孤立的铜箔　　b）移除孤立的铜箔

图 12-10　孤立的铜箔及其移除

1. 灌铜区的建立

（1）单击工具栏中的图标，打开绘图工具栏，然后单击图标，进入绘制灌铜边框的模式。

（2）在工作区内单击鼠标右键，弹出绘图菜单，选择 Polygon 和 Orthogonal 命令。

（3）按照 PCB 边框的形状绘制灌铜边框。

（4）灌铜边框绘制完成后，系统会自动弹出如图 12-11 所示的对话框，在该对话框内设置灌铜区所在的层和所属的网络等参数。

（5）选择 Tools→Pour Manager 命令，系统会弹出如图 12-12 所示的对话框。

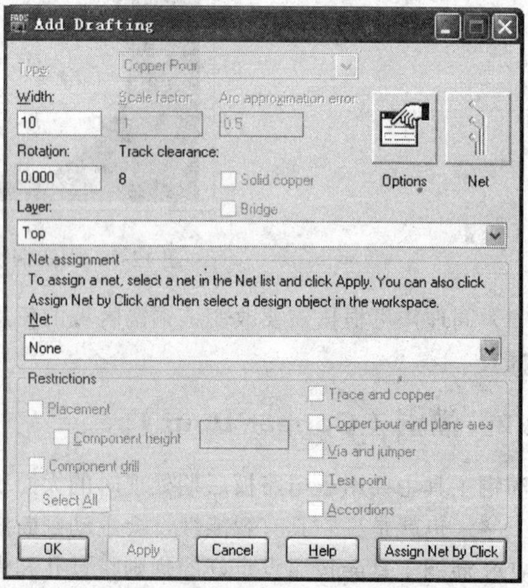

图 12-11　灌铜区相关参数的设置

（6）在 Pour Manager 对话框中，选择相应的灌铜种类，单击 Start 按钮，系统会弹出如图 12-13 所示的灌铜警告对话框。

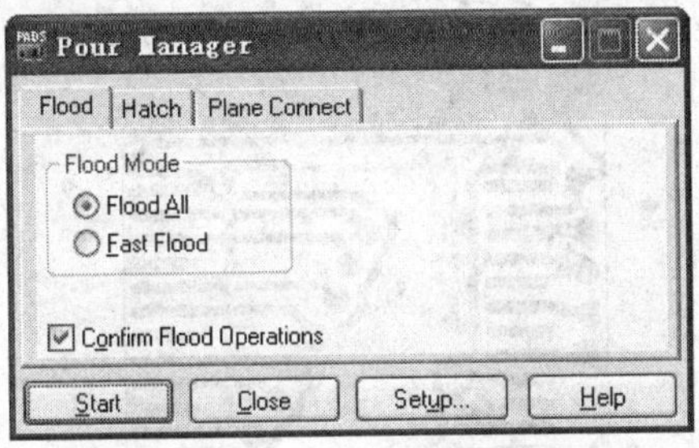

图 12-12　Pour Manager 对话框

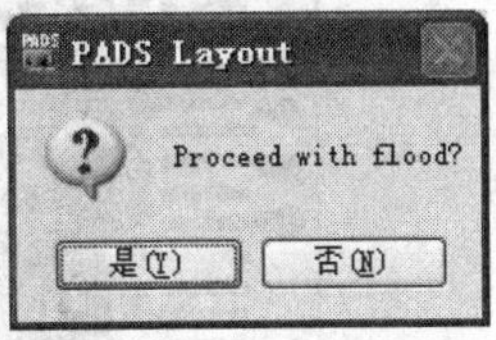

图 12-13　灌铜警告对话框

（7）在灌铜警告对话框中，单击 是(Y) 按钮，则 PADS 自动进行灌铜操作。完成灌铜后系统会自动打开如图 12-14 所示的记事本，将灌铜时产生的错误生成报告显示在记事本中，包含错误的原因和错误的坐标位置。此时灌铜操作完成，如图 12-15 所示。

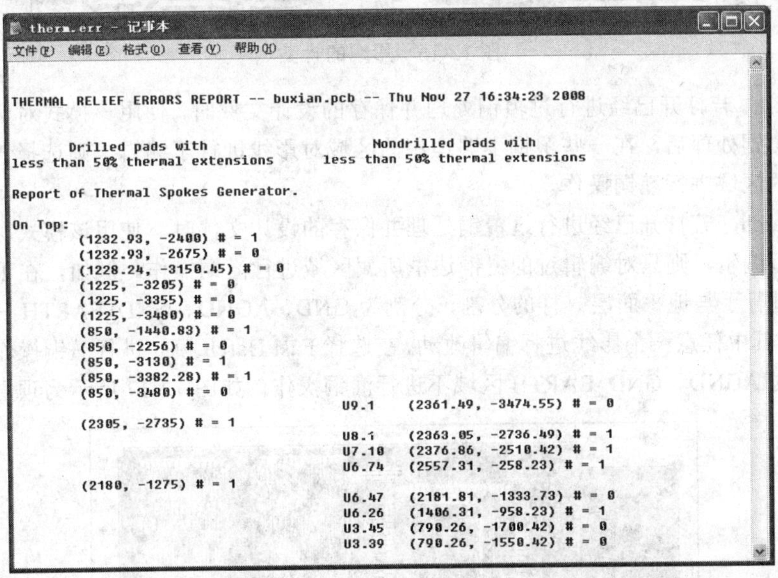

图 12-14　灌铜时产生的错误报告

2. 灌铜的编辑

灌铜的编辑与铜箔的编辑类似，只是灌铜的编辑是不规则的形状的编辑。灌铜效果如图 12-15 所示。

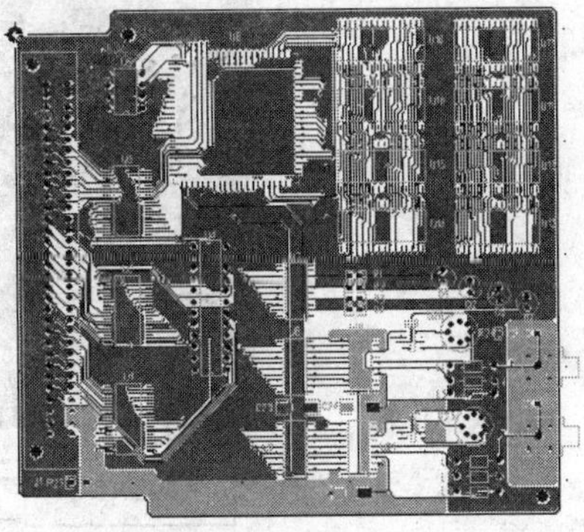

图 12-15　灌铜效果

12.1.3　灌铜管理

在进行灌铜操作和在第 12.2 节即将介绍到的平面层的灌铜（Plane Connect）操作中系统都将弹出如图 12-12 所示的 Pour Manager 对话框。下面介绍该对话框中各选项卡的使用及其各项含义。

（1）Flood 选项卡　包含两种灌铜模式：Flood All 为对所有的覆铜边框进行灌铜；Fast Flood 为只对新添加的

覆铜边框进行灌铜，而不对已经被使用过的覆铜边框进行灌铜，从而加快灌铜速度。

（2）Hatch 选项卡　当完成对一个设计的覆铜处理之后，需要进行保存，当再一次打开该设计时，会发现原先保存的覆铜不见了，取而代之的是一些边线，如图 12-16 所示，此时可以通过 Hatch 来恢复。

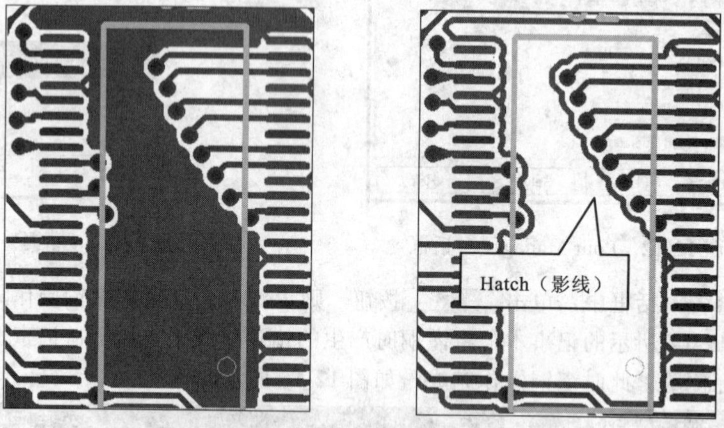

图 12-16　影线的含义

1）Hatch All　若打开已经进行过覆铜处理并保存的设计文件时，使用该模式对所有的影线区域进行灌铜；若覆铜处理后，在一些覆铜不够理想的区域对影线进行了编辑，则选择该模式只对最后一次影线编辑的区域进行灌铜操作。

2）Fast Hatch　若打开已经进行过覆铜处理并保存的设计文件时，使用该模式对其中某个区域的覆铜边框进行编辑，则只对编辑过的覆铜边框所属区域进行灌铜操作。例如，在 12.1.2 节的例子中，顶层对地进行了与地平面层一样的分割，分割为 GND、AGND、GND_EARTH 三个区域。如果在 GND 区域对其中任意一个影线进行编辑改动，在选择 Fast Hatch 模式进行灌铜操作时，只对 GND 区域灌铜，而对 AGND、GND_EARTH 区域不进行灌铜操作，如图 12-17 所示为顶层灌铜效果图。

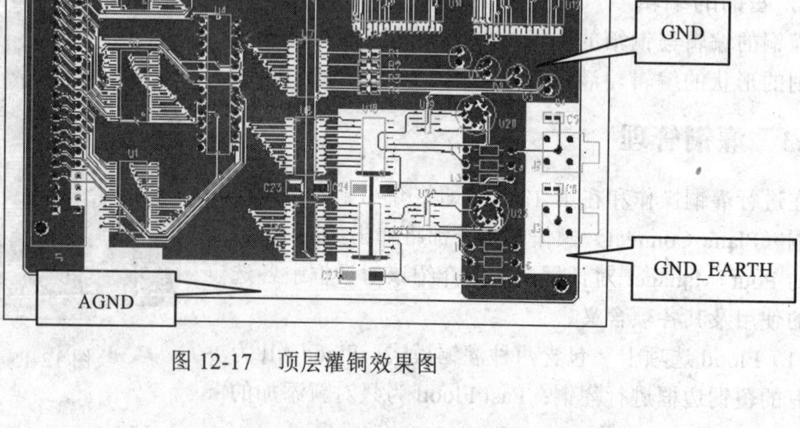

图 12-17　顶层灌铜效果图

（3）Plane Connect 选项卡　用于平面层的灌铜操作。Layers 选项组下方的 Confirm Connect Options 选项主要用于设置单击 Start 按钮后，是否弹出如图 12-13 所示的灌铜警告对话框，从而使用户可以再次选择是否进行灌铜操作。

12.2　平面层（Plane）

所谓平面层是指非布线层，一般作为地层或电源层，包括 CAM Plane 和 Split/Mixed 两种类型。Plane 也是大面积覆铜的工具之一，与灌铜类似，它也具有智能性，可以根据设置的规则，将与平面层所覆的铜属同一网络的过孔和焊盘融合到平面层中。下面以实例介绍 Plane 工具的使用。

1. 分割混合分割层

（1）单击工具栏中的图标，进入绘图工具栏。先切换到平面层，单击图标，进入平面层边框的绘制模式。

（2）单击鼠标右键，在弹出的绘图菜单中选择 Polygon 命令。

（3）按照电路板边框形状绘制平面层边框，如图 12-18 所示。

（4）根据需要单击绘图工具栏中的图标，进入平面层的分割模式。

（5）如图 12-19 所示，用鼠标左键单击平面层边框的某一点，作为分割的起始点。

图 12-18　平面层边框

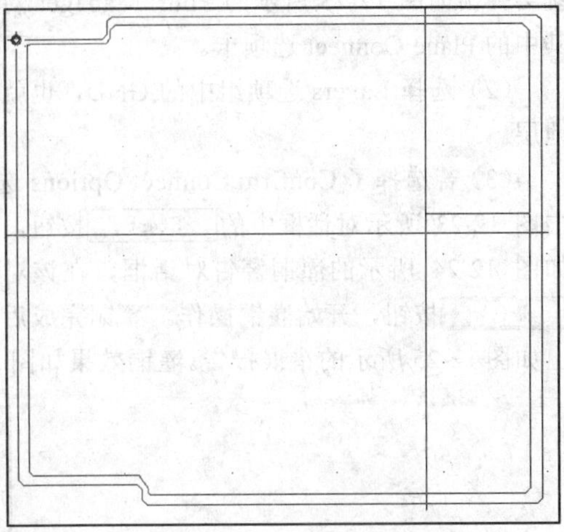

图 12-19　开始分割平面层

（6）在需要终止分割的位置双击鼠标左键，系统会弹出如图 12-20 所示的对话框，在该对话框中选择分割区域所属的网络，然后单击 OK 按钮。

（7）完成分割后的效果图如图 12-21 所示。

（8）同理，可以根据实际设计的需要继续分割平面层。注意，分割的原则是，尽量将属于一个地网络或电源网络的过孔包含在分割区域中，这样才能通过平面层的灌铜操作使之连接。如图 12-22 所示，最终完成本例的平面层分割。

在完成平面层的分割后，用户需要对平面层进行灌铜操作。

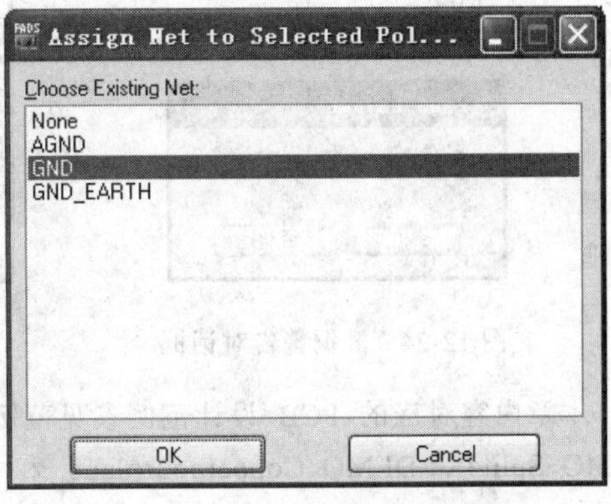

图 12-20　为分割区域分配网络

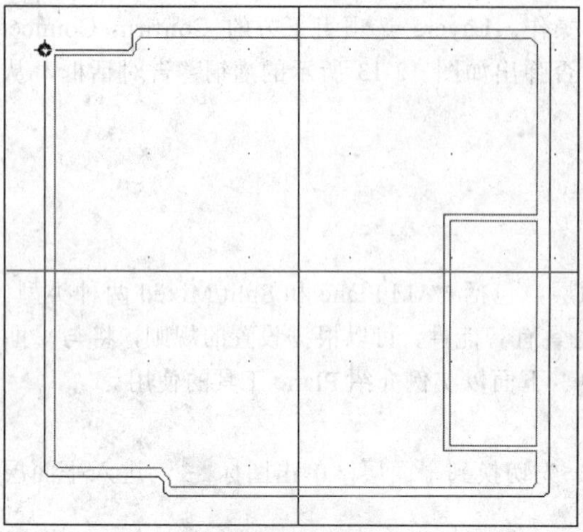

图 12-21　分割后的效果图

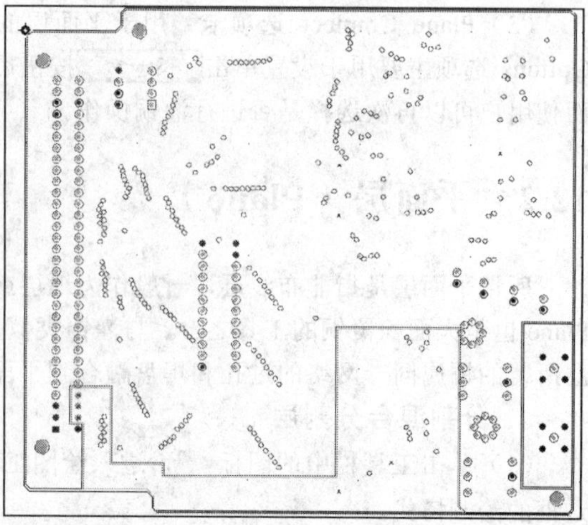

图 12-22　分割完成后的效果图

2. 对平面层进行灌铜操作

（1）选择菜单栏中的 Tools→Pour Manager 命令，系统会弹出如图 12-23 所示的 Pour Manager 对话框，选择其中的 Plane Connect 选项卡。

（2）选择 Layers 选项组中的 GND，也就是已分割的地层。

（3）若选择了 Confirm Connect Options 选项，则再单击图 12-23 所示对话框中的 Start 按钮，系统会弹出如图 12-24 所示的灌铜警告对话框，在该对话框中单击 是(Y) 按钮，开始灌铜操作。灌铜完成后，系统会弹出如图 12-25 所示的错误报告。灌铜效果如图 12-26 所示。

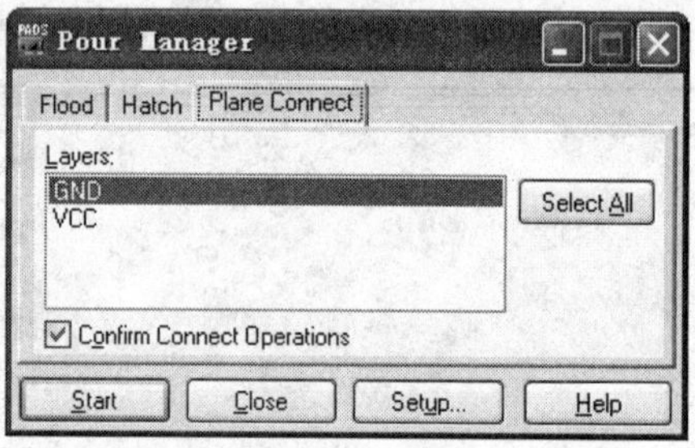

图 12-23　Pour Manager 对话框

图 12-24　灌铜警告对话框

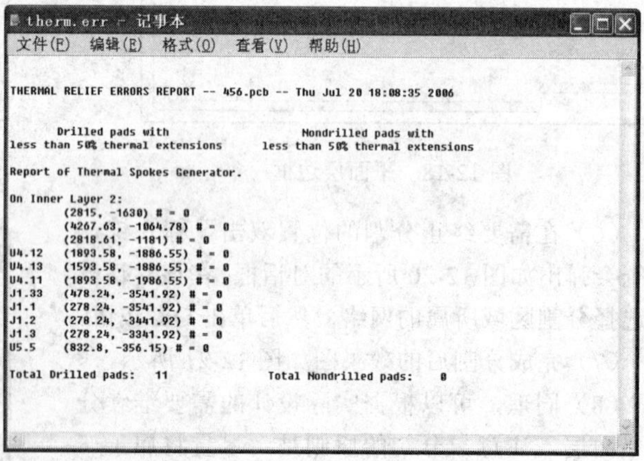

图 12-25　灌铜错误报告

本章内容对应的 PCB 设计范例参见范例中的 DEMO_Split1、DEMO_Split2、DEMO_Split3、DEMO_Split4、DEMO_Copperpourplane 和 DEMO_Copperpournon_plane 文件，路径为\PADS Layout\DEMO_PCB\Chapter_12。

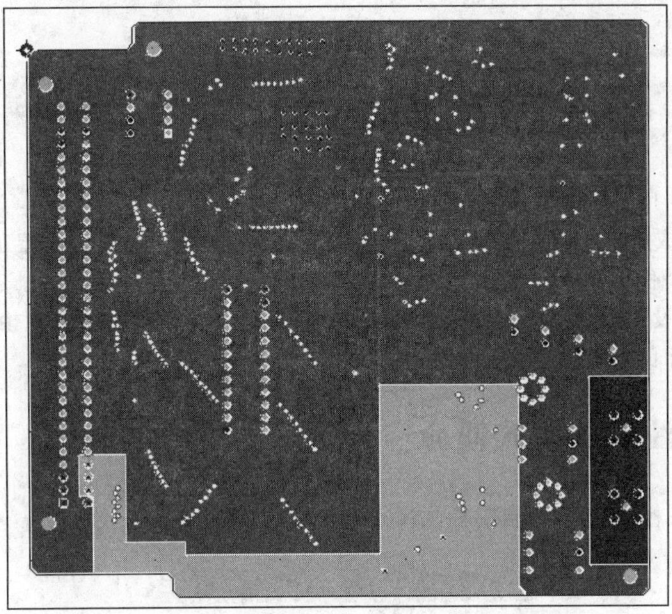

图 12-26　平面层分割后灌铜完成的效果图

练　习　题

1. 铺铜和灌铜各有什么意义？其区别和作用分别是什么？
2. 分割平面层有何意义？怎样分割平面层？如何对地层进行灌铜？
3. 孤铜有何影响？如何删除孤铜或者避免孤铜的产生？
4. 如何对信号层灌铜？有什么注意事项？
5. 如何设置热焊盘？

第 13 章　自动标注尺寸

本章主要介绍：自动标注尺寸模式简介，尺寸标注操作。

在 PCB 设计完成后，有必要对其尺寸进行标注。因为在进行一个电子产品的设计时，不但要使 PCB 设计的电气性能优良，同时也要考虑装机的要求，使 PCB 和机壳相匹配，而无 3D 空间上的冲突。在完成 PCB 的设计后，应该充分考虑机械方面的要求，在设计中标注 PCB 的尺寸信息。本章将详细介绍如何进行长度和角度的标注。

13.1　自动标注尺寸模式简介

单击工具栏的图标，打开自动标注尺寸工具栏，如图 13-1 所示。

图 13-1　自动标注尺寸工具栏

（1）Select Mode 为选择模式；
（2）Autodimension 为自动标注尺寸；
（3）Horizontal 为水平标注尺寸；
（4）Vertical 为垂直标注尺寸；
（5）Aligned 为对齐标注尺寸；
（6）Rotated 为旋转标注尺寸；
（7）Angular 为角度标注尺寸；
（8）Arc 为圆弧标注尺寸；
（9）Leader 为引出线标注尺寸；
（10）Dimension Options 为打开 Dimensioning 选项卡，进行参数设置。

在自动标注尺寸工具栏中各工具使用之前，先介绍如图 13-2 所示的自动标注尺寸模式下弹出菜单的各项含义。图 13-2 所示菜单分为如下 3 个部分：

（1）Snap Mode　两个端点的捕捉方式；
（2）Edge Preference　两个端点引出的边界模式；
（3）Baseline　标注基准线的模式。

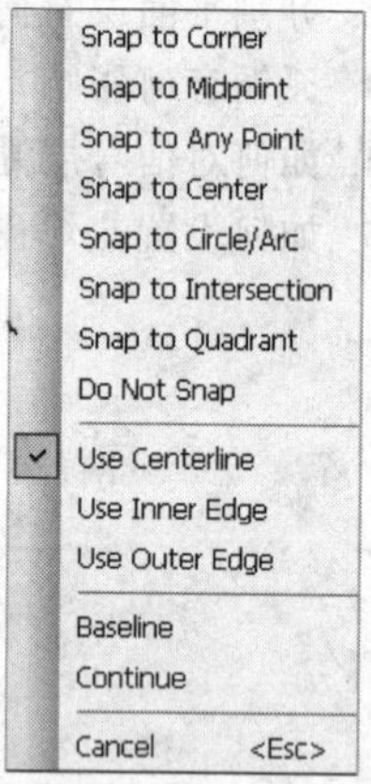

图 13-2　自动标注尺寸模式下弹出菜单

这 3 个概念各自对应着自动标注尺寸模式下弹出菜单中的若干个命令。

13.1.1　两个端点的捕捉方式

捕捉方式（Snap Mode）包含如下 8 类：

（1）Snap to Corner（附着拐角）　标注尺寸时，捕捉对象的拐角点作为标注的两个端点；
（2）Snap to Midpoint（附着中点）　标注尺寸时，捕捉对象的中点作为标注的两个端点；

（3）Snap to Any Point（附着任意点） 标注尺寸时，捕捉对象的任意点（当前光标单击的点）作为标注的两个端点；

（4）Snap to Center（附着中心点） 标注尺寸时，捕捉对象的中心作为标注的两个端点；

（5）Snap to Circle/Arc（附着圆/圆弧） 标注尺寸时，捕捉对象中的圆或圆弧边线上的点作为标注的两个端点；

（6）Snap to Intersection（附着交叉点） 标注尺寸时，捕捉对象中的交叉点作为标注的两个端点；

（7）Snap to Quadrant（附着象限点） 标注尺寸时，捕捉圆或圆弧上 0°、90°、180°或 270°的点作为标注的两个端点；

（8）Do Not Snap（不附着） 不使用捕捉的方式确定标注的两个端点，用最靠近光标单击处的栅格点确定两个端点。

所谓的捕捉方式，就是采用不同的方法确定标注的起点和终点的位置，另外可以在标注时单击鼠标右键，在自动标注尺寸模式下弹出菜单中，根据需要改变端点的捕捉方式。注意，Snap to Any Point 方式虽然可以捕捉到任何点，但捕捉的对象不能为空白，而 Do Not Snap 方式则允许捕捉空白处的点作为标注的两个端点。

13.1.2 两个端点引出的边界模式

在尺寸标注的格式中，需要从选定的两个端点处引出两条直线，以便尺寸的标注。进行标注时边缘的选取方式也就是两个端点的边界模式，PADS 中提供了 3 种模式供用户选择使用。

（1）Use Centerline 标注时对边缘的选取以对象的中心线作为标注端点，以引出两个端点的边界，如图 13-3 所示。

（2）Use Inner Edge 标注时对边缘的选取以对象的内侧边缘线作为标注端点，以引出两个端点的边界，如图 13-4 所示。

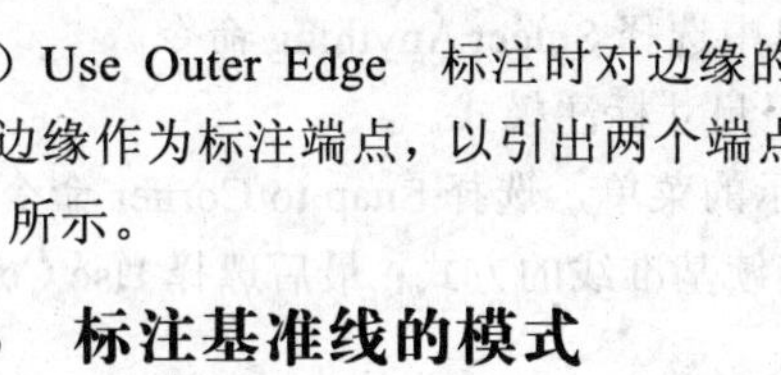

图 13-3 以对象的中心线作为标注端点

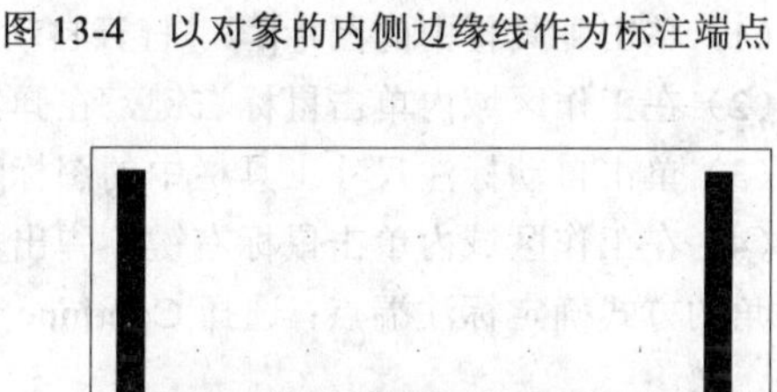

图 13-4 以对象的内侧边缘线作为标注端点

（3）Use Outer Edge 标注时对边缘的选取以对象的外侧边缘作为标注端点，以引出两个端点的边界，如图 13-5 所示。

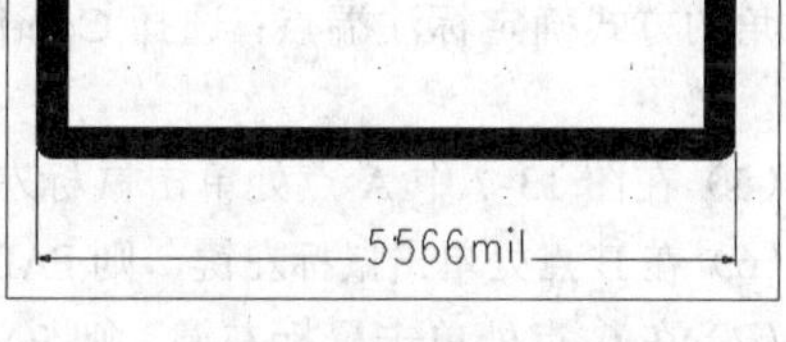

图 13-5 以对象的外侧边缘作为标注端点

13.1.3 标注基准线的模式

所谓基准线就是指在进行尺寸标注时作为参考对象的线条，标注时的起点就是基准线上的点。PADS 提供了两种基准线的选择方式。

1. Baseline（基线）

选取该模式，表示使用同一个基准线对几个对象进行尺寸标注，如图 13-6 所示。

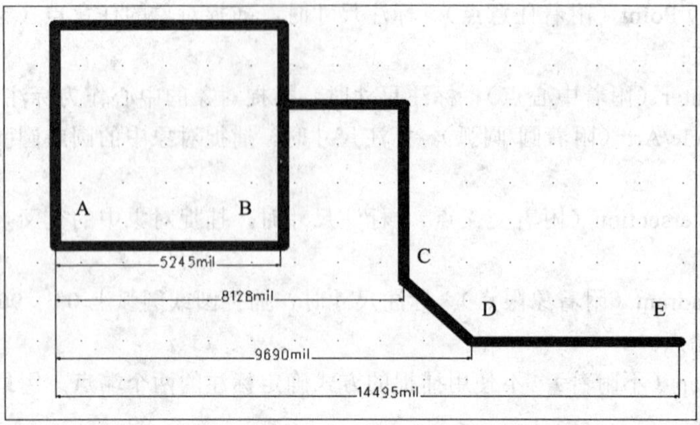

图 13-6 Baseline 模式下的标注效果图

下面以实例介绍 Baseline 模式的使用。

（1）单击工具栏中的图标，打开自动标注尺寸工具栏，单击图标，进入选择模式。

（2）在工作区域内单击鼠标右键，在弹出的右键菜单中选择 Select Anything 命令。

（3）单击自动标注尺寸工具栏中的图标，进入水平尺寸标注模式。

（4）在工作区域内单击鼠标右键，弹出如图 13-2 所示的菜单，选择 Snap to Corner 命令，以捕捉拐角的方式确定标注端点；选择 Baseline 命令，使用同一种基准线的方式；最后选择 Use Centerline 命令。

（5）在图 13-6 所示的 A 点图形拐角处单击鼠标左键，以 A 点为起点。

（6）在 B 点图形拐角处单击鼠标左键，则 PADS 自动以水平标注的方式标注 A、B 两点之间的距离。

（7）在 C 点处单击鼠标左键，则 PADS 自动以水平标注的方式标注 A、C 两点之间的距离。

（8）在 D、E 点处单击鼠标左键，则 PADS 自动以水平标注的方式分别标注 A 点与 D、E 两点之间的距离，标注完成效果如图 13-6 所示。

2. Continue

选择该模式，表示标注时使用连续的标注模式，也就是后一个标注自动以前一个标注的边界线为基准线进行标注，如图 13-7 所示。

下面以实例介绍 Continue 模式的使用。

（1）单击工具栏中的图标，打开自动标注尺寸工具栏，单击图标，进入选择模式。

（2）在工作区域内单击鼠标右键，在弹出的右键菜单中选择 Select Anything 命令。

（3）单击自动标注尺寸工具栏中的图标，进入水平尺寸标注模式。

（4）在工作区域内单击鼠标右键，弹出如图 13-2 所示的菜单，选择 Snap to Corner 命令，以捕捉拐角的方式确定标注端点；选择 Continue 命令，使用连续基准线的方式；最后选择 Use Centerline 命令。

（5）在图 13-7 中 A 点处单击鼠标左键，确定其为标注的起始端点。

（6）在 B 点处单击鼠标左键，则 PADS 会自动以水平标注模式，标注 A、B 之间的距离。

（7）在 C 点处单击鼠标左键，则 PADS 会自动以水平标注模式，标注 B、C 之间的距离。注意，此时基准线不再是 A 点所在的垂直方向的直线，而是 B 点所在的垂直方向的直线。

（8）在 D 点处单击鼠标左键，则 PADS 会自动以水平标注模式标注 C、D 之间的距离，此时基准线变为 C 点所在的垂直方向的直线。

（9）在 E 点单击鼠标左键，则 PADS 会自动以水平标注模式标注 D、E 之间的距离，此时基准线变为 D 点所在的垂直方向的直线。

在 Continue 模式下，基准线是连续变化的，故称为连续标注模式。

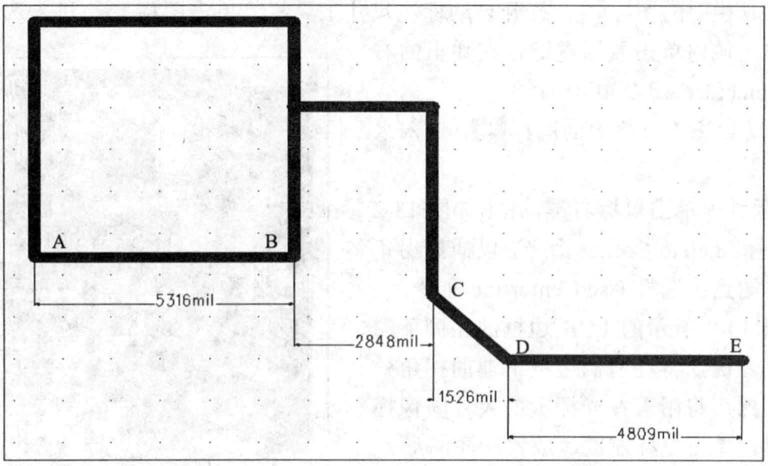

图 13-7 Continue 模式下的标注效果图

13.2 尺寸标注操作

PADS 为用户提供了 8 种不同的尺寸标注方式，供用户根据实际设计需要进行选择使用。

13.2.1 自动标注方式

自动标注方式（Autodimension）是 PADS 智能性的一种体现。在该模式下 PADS 自动辨别标注的类型，给出合适的标注方向和测量结果。这样可以减少标注方式之间的切换次数，提高工作效率。下面以图 13-8 为例介绍自动标注方式的使用方法。

（1）单击工具栏中的图标，打开自动标注尺寸工具栏，单击图标，进入选择模式。

（2）在工作区域内单击鼠标右键，在弹出的右键菜单中选择 Select Board Outline 命令。

（3）单击自动标注尺寸工具栏中的图标，进入自动标注尺寸模式。

（4）在工作区域中单击鼠标右键，在如图 13-2 所示的弹出菜单中选择 Use Centerline 命令。

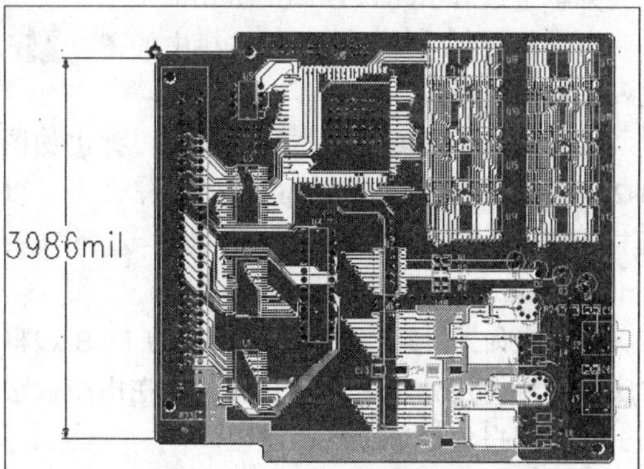

图 13-8 自动标注尺寸模式下的尺寸标注

（5）单击如图 13-8 所示 PCB 边框的左边的任意一点，则 PADS 会自动判断出需要对 PCB 的左边框进行尺寸标注。然后自动对 PCB 左边框进行标注，一个标注尺寸的映像 Image 附着在光标上，移动到相应位置单击鼠标左键，放置标注图形。

13.2.2 水平标注方式

水平标注方式（Horizontal）是用于标注对象在 X 轴上的投影长度。下面以图 13-8 为例介绍水平标注方式的使用方法。

（1）单击工具栏中的图标，打开自动标注尺寸工具栏，单击图标，进入选择模式。

（2）在工作区域内单击鼠标右键，在弹出的右键菜单中选择 Select Board Outline 命令。

（3）单击自动标注工具栏中的图标，进入水平标注尺寸模式。

（4）在工作区域内单击鼠标右键，弹出如图 13-2 所示的菜单，选择 Snap to Corner 命令，以捕捉拐角的方式确定标注端点；选择 Use Centerline 命令。

（5）在如图 13-9 所示的 PCB 边框的左侧下端拐角处单击鼠标左键，再在右侧边框下端的拐角处单击鼠标左键，然后将附着在光标上的尺寸映像拖动到合适的位置，单击鼠标左键，放置标注图形。

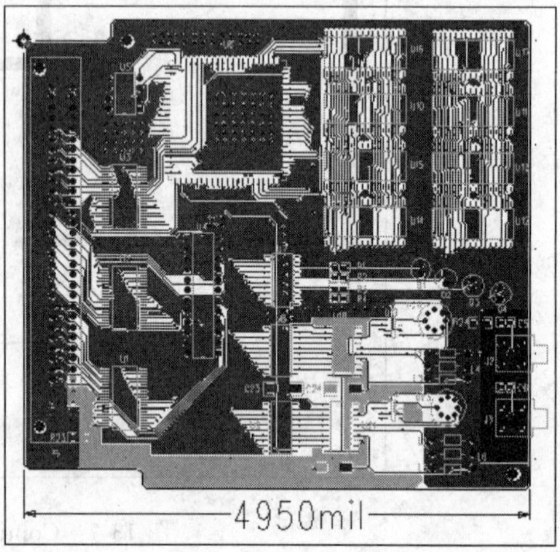

图 13-9 水平标注方式

当标注完成之后，PADS 仍然处于水平标注模式下，用户可以进行下一次的水平标注操作。注意，在水平标注模式下，垂直的直线是不能被标注的，因为它在 X 轴上的投影为 0。

13.2.3 垂直标注方式

垂直标注（Vertical）是用于标注对象在 Y 轴上的投影的长度。下面仍然以图 13-8 所示的图形为例，对垂直标注工具的使用方法进行介绍。

（1）单击工具栏中的图标，打开自动标注尺寸工具栏，单击图标，进入选择模式。

（2）在工作区域内单击鼠标右键，在弹出的右键菜单中选择 Select Board Outline 命令。

（3）单击自动标注尺寸工具栏中的图标，进入垂直标注模式。

（4）在工作区域内单击鼠标右键，弹出如图 13-2 所示的菜单，选择 Snap to Corner 命令，以捕捉拐角的方式确定标注端点；选择 Use Centerline 命令。

（5）在如图 13-8 所示的图形中的 PCB 边框的底边右端拐角处单击鼠标左键，再在电路板边框上端右侧拐角处单击鼠标左键。

（6）标注图形映像附着在光标上，在合适的位置单击鼠标左键放置，完成标注如图 13-10 所示。

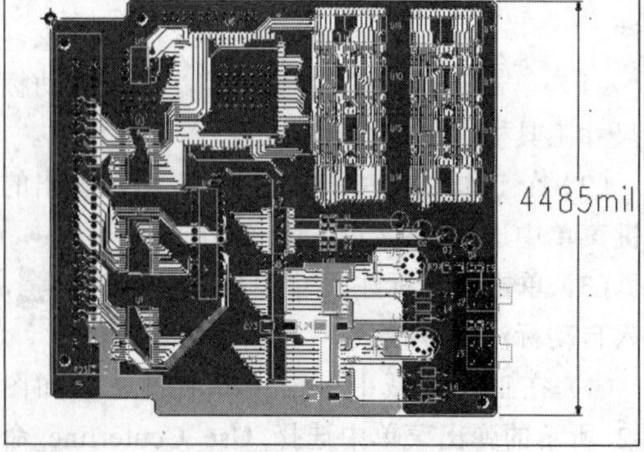

图 13-10 垂直标注模式下的尺寸标注

13.2.4 对齐标注方式

与垂直标注（Vertical）和水平标注（Horizontal）工具相比，对齐标注（Aligned）工具功能更加强大，它可以对任意角度的线段进行尺寸标注，包括水平和垂直方向线段的标注。下面以图 13-11 所示图形为例，对对齐标注工具的使用方法进行介绍。

（1）单击工具栏中的图标，打开自动标注尺寸工具栏，单击图标，进入选择模式。

（2）在工作区域内单击鼠标右键，在弹出的右键菜单中选择 Select Board Outline 命令。

（3）单击自动标注尺寸工具栏中的图标，进入对齐标注模式。

（4）在工作区域单击鼠标右键，在弹出的菜单中选择 Snap to Midpoint（捕捉对象中点）命令；选择 Use Centerline 命令。

（5）单击如图 13-8 所示的 PCB 的左边框中点，再单击上边框的中点。

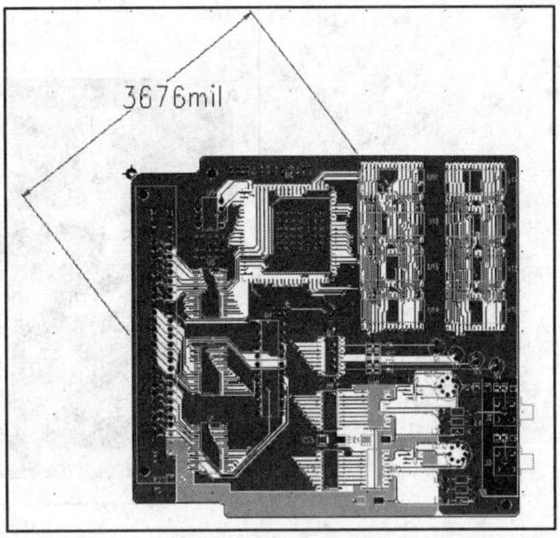

图 13-11　对齐标注模式下的尺寸标注

（6）标注图形映像附着在光标上，在合适的位置单击鼠标左键放置，完成标注如图 13-11 所示。

13.2.5　旋转标注方式

对齐标注方式可以标注当两个标注端点所在直线为任意方向时两端点之间的距离。但是旋转标注方式（Rotated）则是测量两个端点之间的距离在任意方向上的投影距离，读者要注意其中的差别。下面以实例介绍旋转标注方式的使用方法。

（1）单击工具栏中的图标，打开自动标注尺寸工具栏，单击图标，进入选择模式。

（2）在工作区域内单击鼠标右键，在弹出的右键菜单中选择 Select Board Outline 命令。

（3）单击自动标注尺寸工具栏中的图标，进入旋转尺寸标注模式。

（4）在工作区域单击鼠标右键，在弹出的菜单中选择 Snap to Midpoint 命令；选择 Use Centerline 命令。

（5）单击如图 13-8 所示的 PCB 的上边框中点，则在左边框的中点显示定位符号 Alignment，表示左边框的中点作为标注的起始端点。

（6）单击鼠标右键，在弹出菜单中选择 Snap to Any Point 命令，然后单击 PCB 边框上的任意点，确定标注的终点，系统会弹出如图 13-12 所示的 Angle Rotate 对话框，该对话框用于设置标注的尺寸是两个端点距离在与 X 轴正向夹角为多少度方向上的投影。

图 13-12　Angle Rotate 对话框

（7）分别在该对话框窗口中输入 90°和 45°。

（8）标注图形映像附着在光标上，在合适的位置单击鼠标左键放置，如图 13-13 所示。其中，标注了 A、B 两点间距在与 X 轴成 90°和 45°的方向上的投影距离。

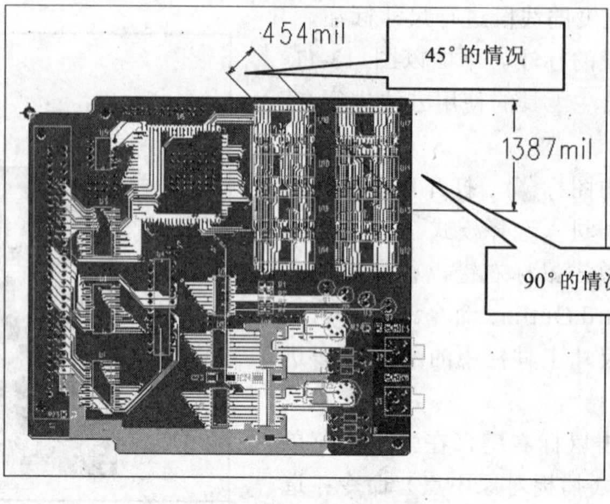

图 13-13　旋转标注模式下的尺寸标注

13.2.6　角度标注方式

角度标注方式（Angular）用于标注角度，用户可以使用该工具标注两个线段之间的夹角大小。下面以实例介绍角度标注工具的使用方法。

（1）单击工具栏中的图标，打开自动标注尺寸工具栏，单击图标，进入选择模式。

（2）在工作区域内单击鼠标右键，在弹出的右键菜单中选择 Select Board Outline 命令。

（3）单击自动标注尺寸工具栏中的图标，进入角度尺寸标注模式。

（4）在工作区域内单击鼠标右键，弹出如图 13-2 所示的菜单，选择 Snap to Corner 命令，以捕捉拐角的方式确定标注端点；选择 Use Centerline 命令。

（5）依次单击如图 13-14 所示的 PCB 边框上的 C、D、E 三个点，确定所要测量的∠CDE 的两条边，然后单击鼠标左键放置标注映像即可。

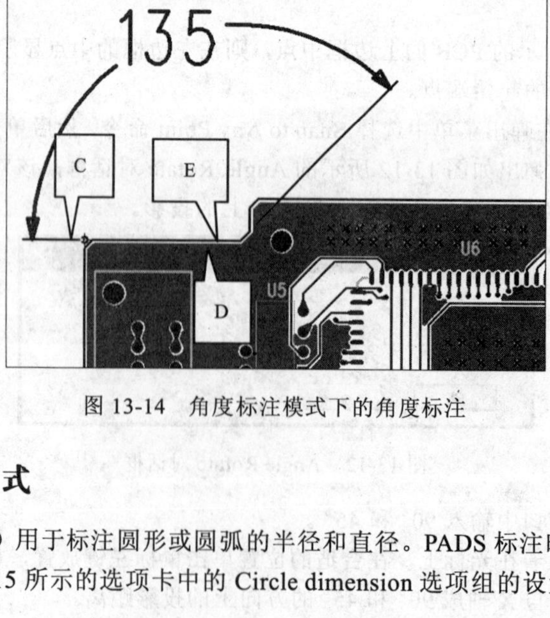

图 13-14　角度标注模式下的角度标注

13.2.7　圆弧标注方式

圆弧标注工具（Arc）用于标注圆形或圆弧的半径和直径。PADS 标注时采用半径还是直径标注圆弧，取决于在如图 13-15 所示的选项卡中的 Circle dimension 选项组的设置。标注圆弧的两种方式如图 13-16 所示。

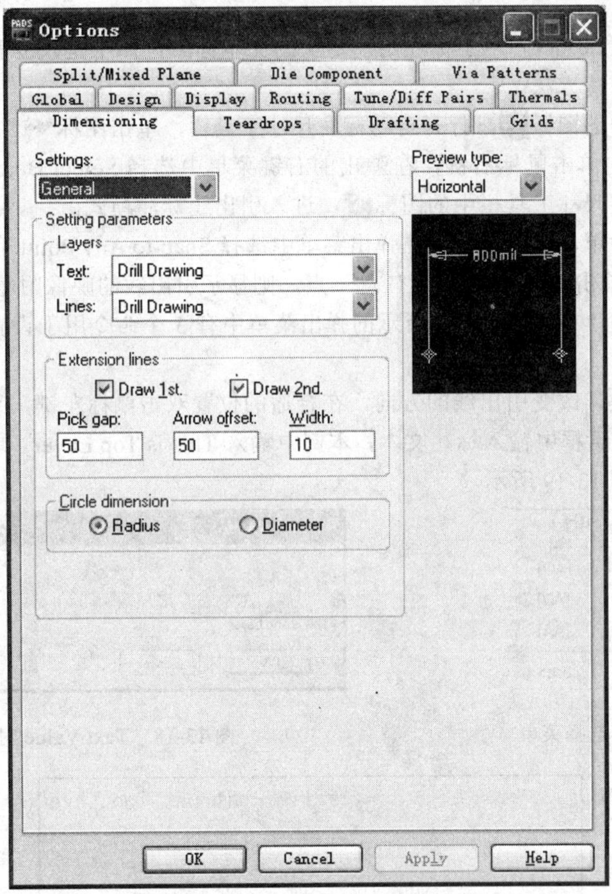

图 13-15　Dimensioning 选项卡

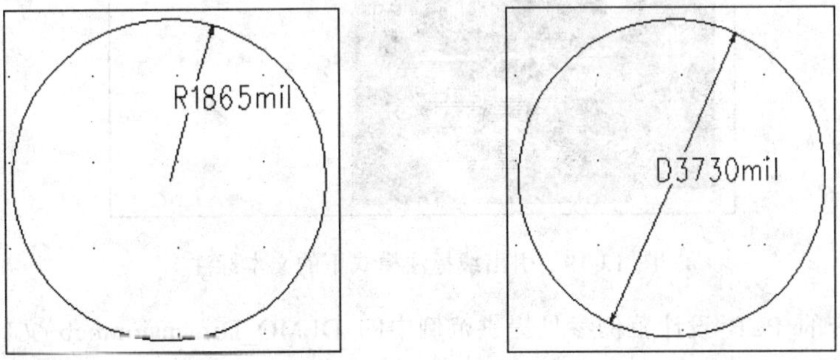

a）标注圆的半径　　　　b）标注圆的直径

图 13-16　在圆弧标注模式下的角度标注方式

圆弧标注的使用方法非常简单。只需单击自动标注尺寸工具栏中的图标，就可以进入圆弧尺寸标注模式，然后用鼠标左键单击所要标注的圆弧，PADS 就会根据设置显示圆弧的半径或直径尺寸的映像，在合适的位置单击鼠标左键，放置标注图形即可。

13.2.8 引出线标注方式

引出线标注工具（Leader）用于标注用户定义的文本标志，而不是尺寸和角度。下面以实例介绍引出线标注工具的使用方法。

（1）单击工具栏中的图标，打开自动标注尺寸工具栏，单击图标，进入选择模式。

（2）在工作区域内单击鼠标右键，在弹出的右键菜单中选择 Select Board Outline 命令。

（3）单击自动标注尺寸工具栏中的图标，进入引出线标注模式。

（4）在工作区域中单击鼠标右键，在弹出菜单中选择 Snap to Any Point 命令。

（5）在图 13-8 中单击 PCB 上边框上任意一点，则显示引出线的映像附着在光标上。

（6）单击鼠标右键，在如图 13-17 所示的弹出菜单中有 3 个命令用于设置引出线的角度，在此选择 Diagonal 命令。

（7）单击鼠标左键，改变引出线的方向，在合适的位置双击鼠标左键，系统会弹出如图 13-18 所示的对话框，在该对话框中输入标注文本，本例中输入 This is Top Layer，单击 OK 按钮完成引出线标注操作，效果如图 13-19 所示。

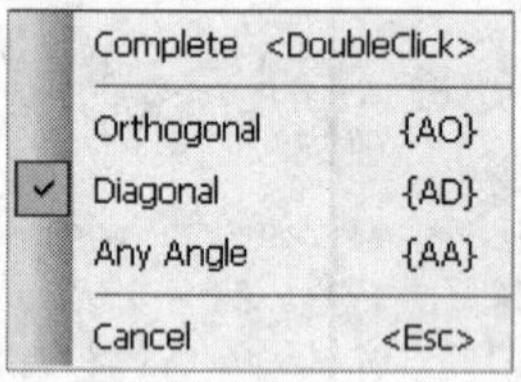

图 13-17 角度选择菜单

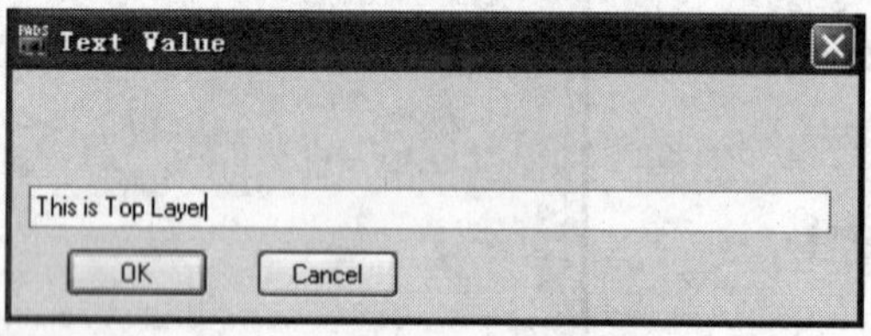

图 13-18 Text Value 对话框

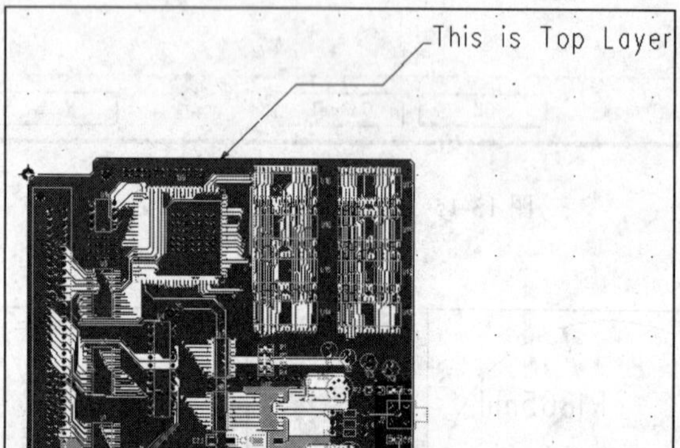

图 13-19 引出线标注模式下的文本标注

本章内容对应的 PCB 设计范例参见提供范例中的 DEMO_Dimension.pcb 文件，路径为\PADS Layout\DEMO_PCB\Chapter_13。

第 14 章 工程修改模式操作

本章主要介绍：工程修改模式简介，ECO 工程修改模式操作，比较和更新。

在设计中的任何修改和改变，都会被认为是一个工程设计更改，即 ECO（Engineering Change Order）。这些改变包括引脚和门的交换、删除或添加元器件及网络、重新命名元器件、重新命名网络和元器件的改变等。PADS Layout 提供的工具可以快速地执行这些修改，并将这些过程准确地记录在 ECO 文档资料中，以便进行原理图的反标注时调用。

当进行一些简单的设计时，可以不用导入网络表到 PADS 中建立元器件之间的鼠线连接，而是直接添加一些元器件和鼠线连接，建立一个新的设计，这就是所谓的空中飞入法（On the fly），这也需要使用 ECO 功能。

通过 ECO（工程修改）模式，用户可以直接在 PADS 中进行修改网络、增减元器件等原理上的修改，或元器件和网络名称的修改等。通常利用 OrCAD 完成原理图的绘制，然后生成网络表，再将网络表导入到 PADS 中进行布局布线，但是如果在布局布线中发现某些地方欠妥，需要做原理上的修改，尤其需要大面积修改时，有两种方案可供选择：一种是先在 OrCAD 中修改原理图，然后重新导入；另一种是使用 PADS 提供的反标注功能，使原理图与 PADS 中所做的修改匹配。若只需进行一些小的修改，可以直接在 PADS 中修改。通过本章的学习，读者可以熟悉工程修改模式工具栏中的各种工具的意义及使用方法。

14.1 工程修改模式简介

单击工具栏中的图标，打开工程修改模式 ECO 工具栏，系统会弹出如图 14-1 所示的 ECO Options 对话框。在 ECO 模式下进行的修改都会被记录并保存到 ECO 文档中，通过 ECO 文档可以对原理图进行自动更改，保证与 PADS 设计保持一致。如果用户使用的是 OrCAD 进行原理图的绘制则不能进行交互修改。

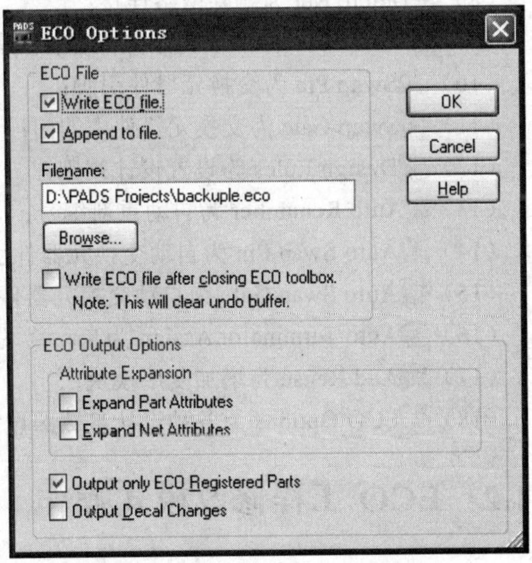

图 14-1 ECO Options 对话框

（1）ECO File（ECO 文件）选项组

1）Write ECO file（写 ECO 文件） 选择该选项，PADS 将会在 ECO 模式下将修改电路原理的操作记录在 Filename 文本框中所指定的保存路径中。这个文件可以直接用来同步原理图。如果该选项不被选中，则 ECO Options 对话框中的所有选项都不被激活。

2）Append to file（附加到文件） 选择该选项，PADS 将会把 ECO 模式下对 PCB 设计修改的每一步操作都追加到指定文件的末尾，而不会覆盖上一步修改操作的记录。

3）Filename（文件名） 在该选项的文本编辑框内输入文件的名称和存放路径，ECO 修改的每一步数据将会被保存到该文件中。

4）Write ECO file after closing ECO toolbox（关闭 ECO 工具栏后写 ECO 文件） 选择该选项表示只有关闭 ECO 工具栏或退出 ECO 模式时，PADS 才会将所进行的每一步 ECO 修改数据保存在 Filename 中指定的文件中。

（2）“ECO Output Options”（ECO 输出选项）选项组

1）Expand Part Attributes（扩展元器件属性） 选择该选项表示扩展元器件属性的记录。

2）Expand Net Attributes（扩展网络属性） 选择该选项表示扩展网络属性的记录。

3）Output Only ECO Registered Parts（只输出 ECO 注册元器件） 选择该选项表示只保存对注册元器件所做的 ECO 修改数据到 Filename 中指定的文件中。

4）Output Decal Changes（输出封装修改数据） 选择该选项表示将封装修改的数据保存到 Filename 中指定的文件中。

以上设置均采用默认设置即可。

设置完 ECO Options 对话框后，进入 ECO 修改模式界面。下面介绍 ECO 工具栏，如图 14-2 所示。

图 14-2 ECO 工具栏

（1） Add Connection 为增加连接；

（2） Add Route 为增加走线；

（3） Add Component 为增加元器件；

（4） Rename Net 为更改所属网络；

（5） Rename Component 为更改元器件名称；

（6） Change Component 为更改元器件的封装；

（7） Delete Connection 为删除连接；

（8） Delete Net 为删除网络连接；

（9） Delete Component 为删除元器件及其连接；

（10） Swap Pin 为交换元器件引脚；

（11） Swap Gate 为交换元器件中的门；

（12） Design Rules 为设置设计规则；

（13） Auto Renumber 为自动重新编号；

（14） Auto Swap Pin 为自动交换元器件引脚；

（15） Auto Swap Gate 为自动交换元器件中的门；

（16） Auto Terminator Assign 为自动终端分配；

（17） Add Reuse 为增加复用模块；

（18） ECO Options 为各种设计参数的设置。

图 14-3 PADS Layout 警告对话框

14.2 ECO 工程修改模式操作

ECO 模式下，用户可以进行删除或增加元器件。删除或增加连接以及网络和元器件名称的变更等不能在 PADS 的其他工作模式下进行的修改。例如，若用户在设计工作模式下进行删除元器件操作，系统会弹出如图 14-3 所示的警告对话框。

14.2.1　增加连接工具

在 ECO 模式下，用户可以对网络连接属性进行修改，增加连接（Add Connection）工具用于增加网络连接。例如，在当前设计中将地进行分割，分割为 GND、AGND、GND_EARTH 三部分，那么就需要将 3 种不同的地在覆铜处理之后，使用 0Ω电阻跨接于不同地之间。

下面就以增加 0Ω电阻之后，如何增加其连接为例介绍增加连接工具的使用。

（1）单击工具栏中的图标按钮，系统会弹出如图 14-1 中所示的对话框，单击 OK 按钮采用默认设置，系统会弹出如图 14-2 所示的 ECO 工具栏。

（2）单击 ECO 工具栏中的图标按钮，进入增加连接工具模式。

（3）单击新增加的电阻 R23 的左侧焊盘，则从该焊盘引出一条鼠线，鼠线的另一端附着在光标上，如图 14-4 所示。

（4）然后在属于 GND 网络的任意引脚处单击鼠标左键，建立电阻 R23 左侧引脚与 GND 网络的连接。

（5）单击电阻 R23 的右侧焊盘，重复上一步操作，建立电阻 R23 右侧引脚与 AGND 网络的连接。

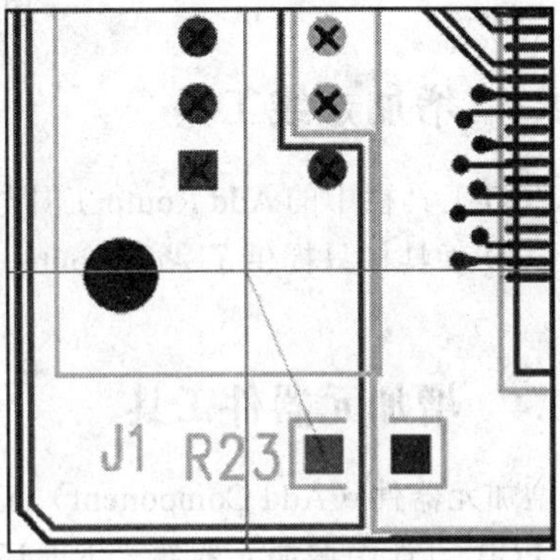

图 14-4　在 R23 左侧焊盘引出鼠线

（6）选中电阻 R23，将其移动到 GND 与 AGND 覆铜边框的临界处，连接 GND 与 AGND，如图 14-5 所示为完成增加鼠线连接后覆铜效果图。

注意：当增加鼠线连接使两个或两个以上引脚或过孔并到一个网络中时，PADS 会弹出如图 14-6 所示的对话框，要求选择网络。

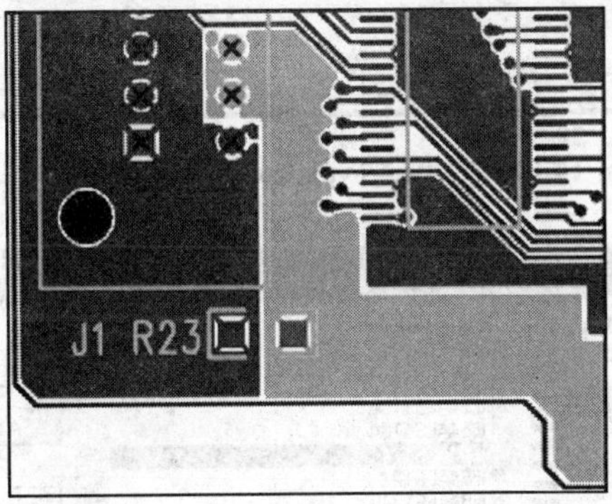

图 14-5　完成增加鼠线连接后覆铜效果图

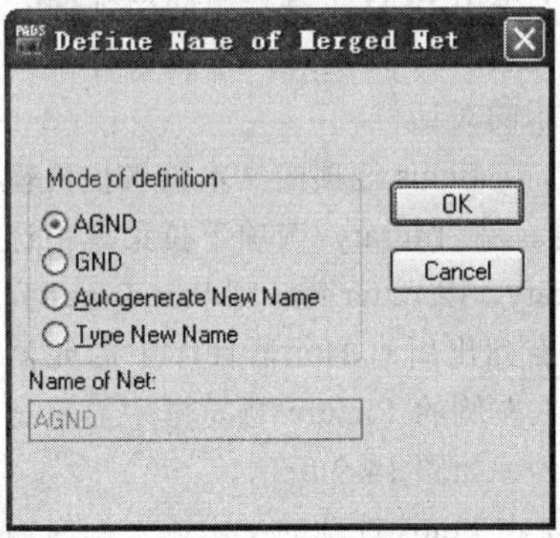

图 14-6　分配网络名称

14.2.2　删除连接工具

删除连接（Delete Connection）工具用于删除当前电路设计中的连接，与增加连接工具的作用正好相反，使用也很简单。单击 ECO 工具栏中的图标，进入删除连接工具模式，用鼠标左键单击需要删除的鼠线、布线或相应的焊盘，点击焊盘时 PADS 会弹出如图 14-7 所示的对话框，单击 OK 按钮，删除选择的连接。

增加连接工具只可以增加鼠线连接，即增加鼠线；而删除连接工具不但可以删除鼠线连接，也可以删除布线连接。

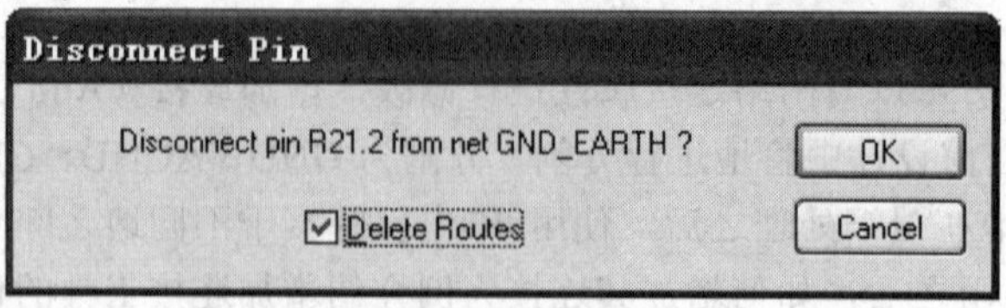

图 14-7 Disconnect Pin 对话框

14.2.3 增加走线工具

ECO 工具栏中的 Add Route 工具与设计工具栏中的 Add Route 工具的使用方法和意义完全一样。ECO 工具栏只提供了 Add Route 一种布线工具，而设计工具栏提供了 5 种布线工具，这里不再赘述。

14.2.4 增加元器件工具

增加元器件（Add Component）工具用于在 PCB 设计中增加元器件。下面还是以增加一个不同区域之间的跨接电阻 R23 为例，介绍增加元器件工具的使用方法。

（1）单击工具栏中的图标，系统会弹出如图 14-1 中所示的对话框，单击 OK 按钮采用默认设置，则弹出如图 14-2 所示 ECO 工具栏。

（2）单击 ECO 工具栏中的图标，进入增加元器件工具模式，系统会弹出如图 14-8 所示的对话框。

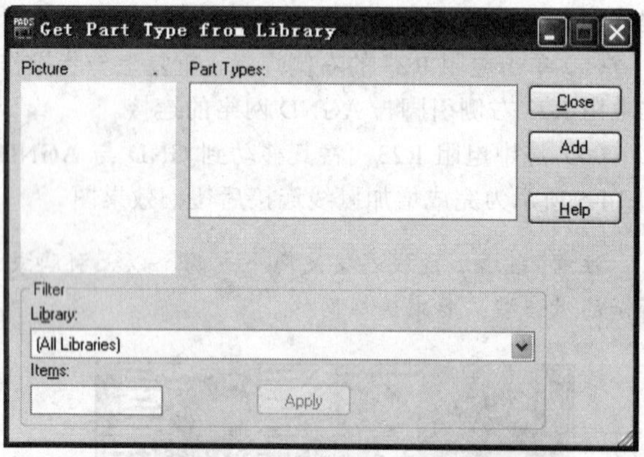

图 14-8 Get Part Type from Library 对话框

（3）在 Items 选项的文本输入框内输入“*”号，在 Library 选项下拉菜单中选择 All Library，按 Enter 键，则 Part Types 列表框内将会列出所有的元器件库中的元器件类型，在左侧的 Picture 预览框中显示选择的元器件，如图 14-9 所示。

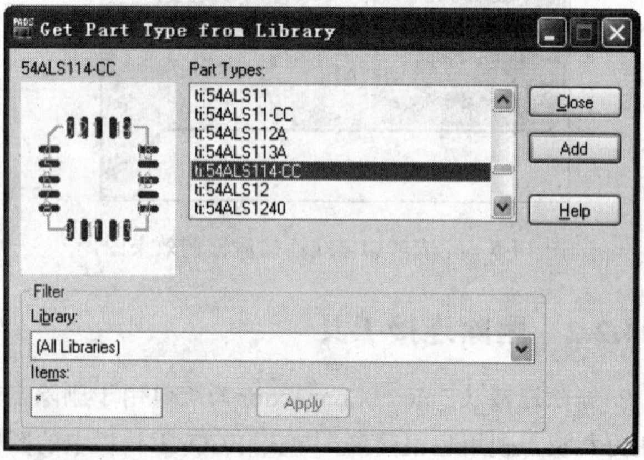

图 14-9 元器件类型查看

（4）在 Items 选项的文本输入框内输入 1206，按 Enter 键，则显示查找结果，如图 14-10 所示。

（5）单击 Get Part Type from Library 对话框右侧的 Add 按钮，进行元器件的添加。

（6）若该元器件封装类型在当前设计中已经存在，系统会弹出如图 14-11 所示的对话框，单击 确定 按钮。

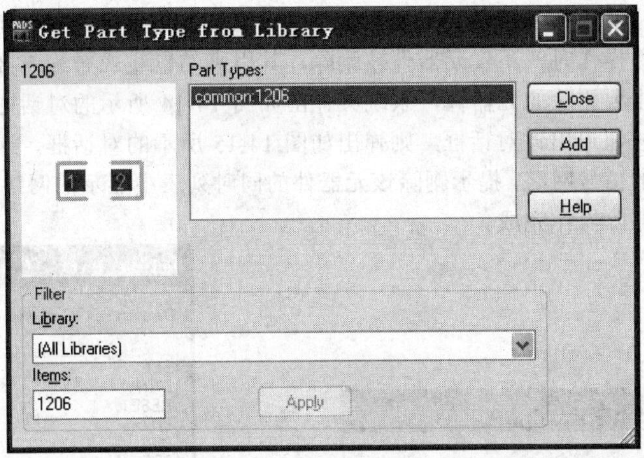

图 14-10　查找 1206 封装的元器件类型

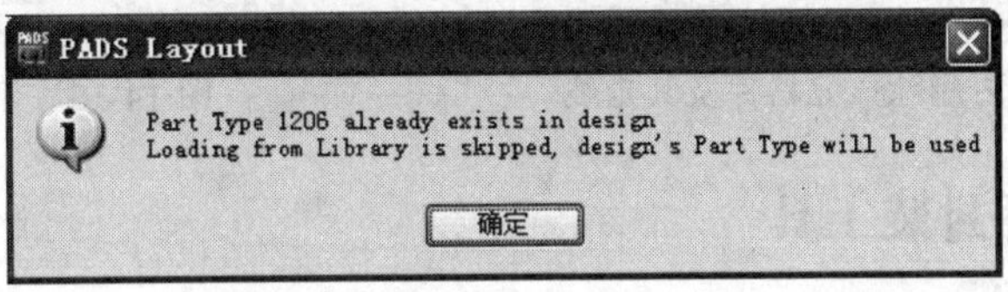

图 14-11　PADS Layout 提示对话框

（7）添加元器件的映像附着在光标上，如图 14-12 所示。

（8）在合适的位置单击鼠标左键，放置元器件 R23，如图 14-13 所示。

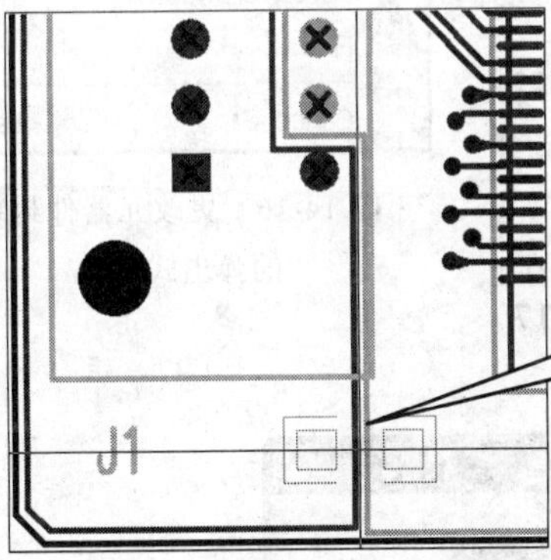

图 14-12　添加元器件的映像附着在光标上

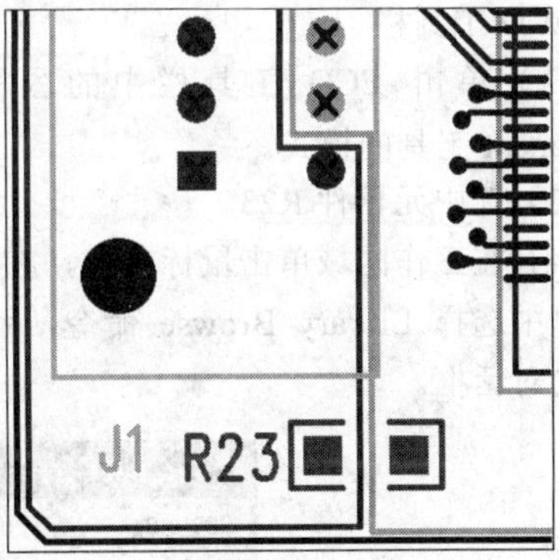

图 14-13　元器件 R23 的放置

也可以在进入增加元器件工具的模式后，不在 Get Part Type from Library 对话框中搜索元器件的封装类型进行添加，而直接在当前设计中寻找相同封装类型，然后用鼠标左键单击该元器件，则该元器件映像附着在光标上，在合适的位置单击鼠标左键放置该元器件，即可实现元器件的添加操作。

14.2.5　删除元器件工具

删除元器件（Delete Component）工具用于删除当前设计中的元器件。其使用方法与增加元器件工具基本相同，只要单击图标，进入删除元器件模式，然后单击所要删除的元器件即可。另外，也可以先选择元器件，然后按 Delete 键进行删除操作，其效果与增加元器件工具相反。

当进行删除元器件操作时，不仅元器件被删除，其引脚的鼠线或布线连接也同时被删除。进入删除元器件模式，单击要删除的元器件，系统会弹出如图 14-14 所示的对话框，提示用户是否进行删除操作，单击 OK 按钮退出该对话框，则弹出如图 14-15 所示的对话框，该对话框显示与这个被删除的元器件相连接的信号网络，提示删除该元器件的同时列表中显示的网络也被删除，单击 Close 按钮确认，则元器件删除操作完成。

图 14-14　提示是否删除该元器件及其走线

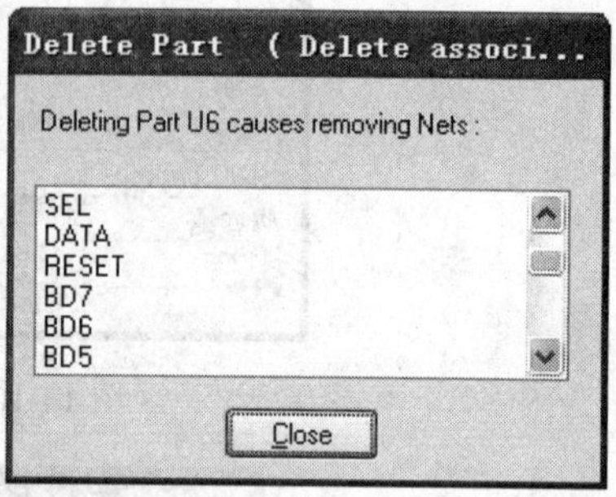

图 14-15　显示要删除的网络

14.2.6　更改元器件封装工具

更改元器件封装（Change Component）工具用于更改设计中的元器件的封装类型，下面举例介绍该工具的使用方法。

（1）单击工具栏中的图标，弹出如图 14-1 中所示的对话窗口，单击 OK 按钮采用默认设置，系统会弹出如图 14-2 所示 ECO 工具栏。

（2）单击 ECO 工具栏中的图标，进入 Change Component 工具的模式。

（3）选中元器件 R23。

（4）在工作区域单击鼠标右键，在如图 14-16 所示的弹出菜单中选择 Library Browse 命令，系统会弹出如图 14-17 所示的对话框。

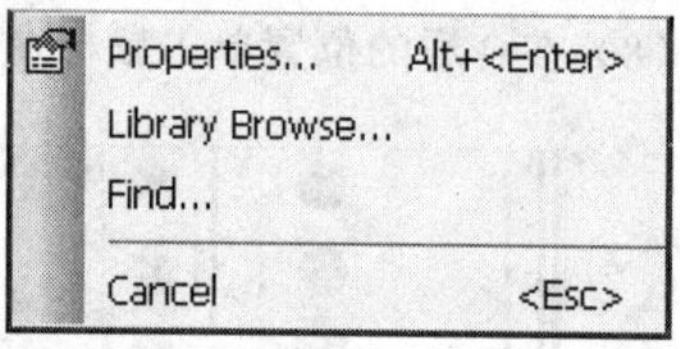

图 14-16　更改元器件封装的弹出式菜单

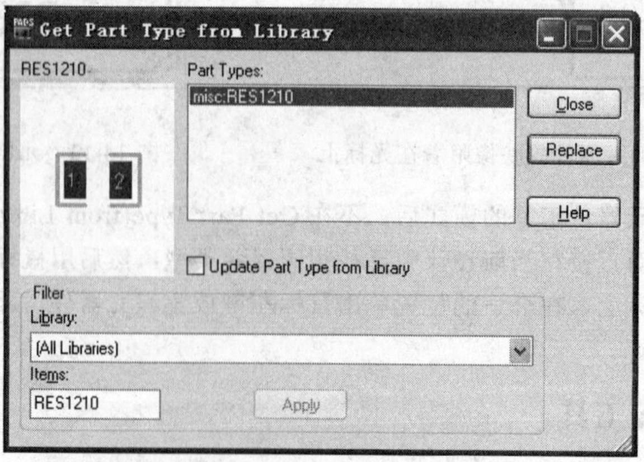

图 14-17　Get Part Type from Library 对话框

（5）在 Get Part Type from Library 对话框中查找相应的元器件封装，这里选择 RES1210。

（6）单击 Replace 按钮，系统会弹出如图 14-18 所示对话框，单击 Yes 按钮，则完成元器件 R23 的封装变更，如图 14-19 所示（封装变更之前的效果参见图 14-13）。

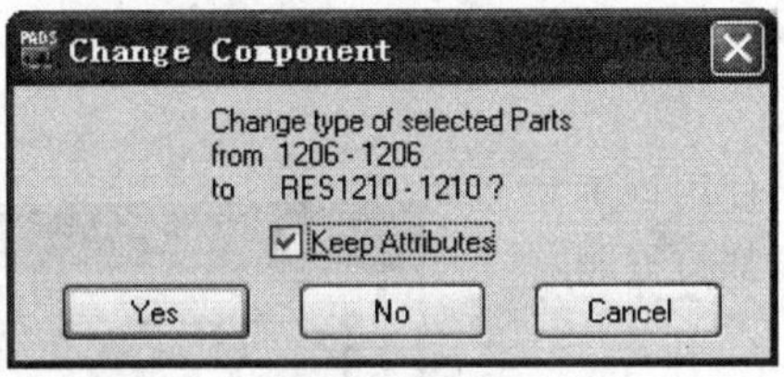

图 14-18　Change Component 对话框

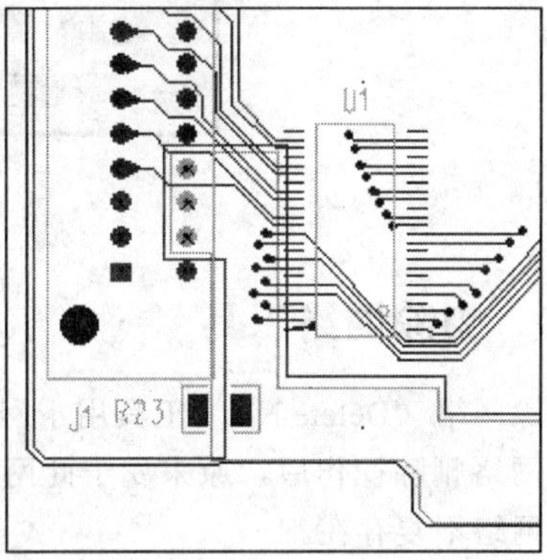

图 14-19　R23 封装变更后的效果图

也可以不用选择弹出菜单中的 Library Browse 命令来进行封装类型的查找，而是利用当前设计中的已有封装类型。例如，可以在更改元器件的封装模式下，单击想要变更其封装类型的元器件，然后单击具有所需封装的元器件，弹出如图 14-18 所示的对话框，单击 Yes 按钮，变更元器件的封装为第二个被单击的元器件的封装。

14.2.7　元器件标号更改工具

元器件标号更改（Rename Component）工具用于修改元器件的标号，具体方法如下。

（1）单击工具栏中的图标，弹出如图 14-1 中所示的对话框，单击 OK 按钮，采用默认设置，系统会弹出如图 14-2 所示 ECO 工具栏。

（2）单击 ECO 工具栏中的图标，进入元器件标号更改模式。

（3）单击电阻 R23，系统会弹出如图 14-20 所示的对话框。

（4）在 Rename Part 对话框中的 New Name 文本框中输入新的元器件标号，例如 L9，然后单击 OK 按钮，则电阻 R23 的标号变更为 L9，如图 14-21 所示。

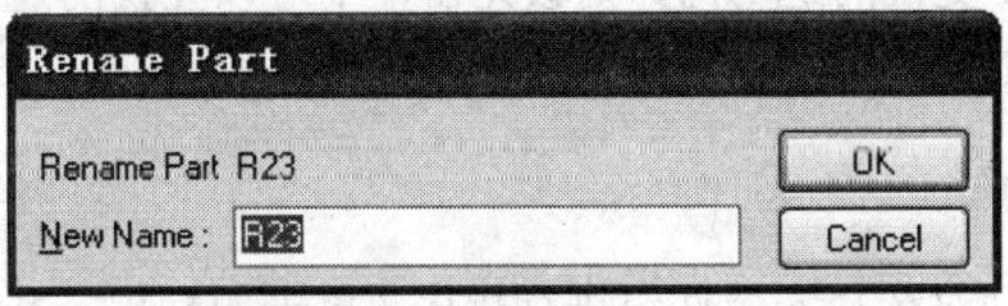

图 14-20　Rename Part 对话框

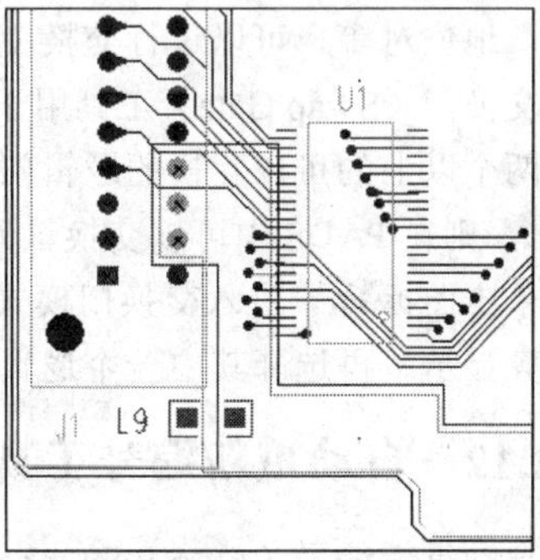

图 14-21　电阻 R23 的标号变更为 L9

14.2.8　网络名称更改工具

网络名称更改（Rename Net）工具用于更改网络的名称，其应用与元器件标号更改工具基本相同，只是弹出的不再是 Rename Part 对话框，而是 Rename Net 对话框，如图 14-22 所示。

图 14-22　Rename Net 对话框

14.2.9　删除网络工具

删除网络（Delete Net）工具用于网络的删除操作。使用该工具进行网络删除操作后，原来属于此网络的布线和鼠线都将被删除，该网络不复存在。

单击图标，进入删除网络模式，单击所要删除的网络中的任意一根布线或鼠线的任意部位，或单击属于该网络的焊盘或过孔，系统会弹出如图 14-23 所示的对话框，单击 是(Y) 即可删除网络。

图 14-23　PADS Layout 提示对话框

14.2.10　交换引脚工具

在设计 PCB 时，为了缩小布线长度，减少布线的过孔使布线更加顺畅，在不影响逻辑关系的前提下，有时候可以通过调整一下引脚的连接关系，如对于与门、非门等器件，可以互换它们的两个输入引脚的连接关系。

交换引脚（Swap Pin）工具用于将一个元器件上的两个引脚上的连接线进行交换，使用方法简单，只需单击图标，进入交换引脚模式，然后依次单击想要进行交换的两个引脚即可。

14.2.11　交换门工具

在不影响电路功能和逻辑关系的前提下，还可以进行门调换，从而达到使布线更加顺畅的目的。例如，一个包含 6 个相同与非门的元器件，若其中有两个与非门在电路逻辑关系中实现的是相同的功能，地位对等，可以进行交换使用而不影响电路的逻辑功能。

交换门（Swap Gate）工具用于交换一个元器件内部的门。也就是说，若一个元器件内部包含两个或两个以上的可以互换的逻辑门（在元器件建立时定义，例如，在 OrCAD 中定义的复合封装元器件），则在 PADS 中可以交换该元器件内部门之间的相应位置连接线。

单击图标，进入交换门模式，然后单击需要交换的逻辑门，则该元器件中可以互换的逻辑门都高亮显示，再选择其中一个逻辑门，即可进行交换门操作。

14.2.12　自动重新编号工具

自动重新编号（Auto Renumber）工具用于自动对选择元器件组进行排序。单击图标，系统会弹出如图 14-24 所示的对话框。

1. Prefix 列表框

该列表框内列出了当前设计中所有元器件的前缀类型。如果要对电阻元件进行自动排序，那么在该列表框内选择 R 即可。

2. Cell size 选项组

（1）On X（横坐标）　该选项用于输入要对其中元器件进行重新编号的区域的横坐标。

（2）On Y（纵坐标）　该选项用于输入要对其中元器件进行重新编号的区域的纵坐标。

3. Precedence 选项组

（1）Continuous numbering side to side 选项　选择该选项，在重新标号时，首先对 Start Renumbering from 选项组中所设置的层中的元器件进行重新编号，再对另一元器件层上的元器件进行重新编号。若不选择此选项，则重新排序时不管元器件所在的层，按照 Top 和 Bottom 中设置的元器件排序方向对元器件进行重新编号。

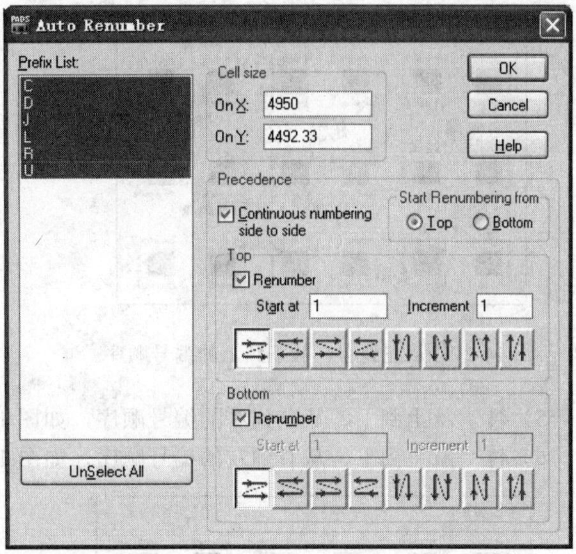

图 14-24　Auto Renumber 对话框

（2）Top 选项组

1）Renumber（重编号）　对 Top 层的元器件进行重新编号。

2）Start at（起始编号）　该文本框用于输入自动编号时，开始的元器件编号。

3）Increment（增量）　该文本框用于输入自动编号时，元器件编号的增量值。

（3）Bottom 选项组

1）Renumber（重编号）　对 Bottom 层的元器件进行重新编号。

2）Start at（起始编号）　该文本框用于输入自动编号时，开始的元器件编号。

3）Increment（增量）　该文本框用于输入自动编号时，元器件编号的增量值。

（4）元器件的自动编号　有 8 种顺序，用户可以通过选择如图 14-24 所示的按钮来选择相应的元器件编号顺序。

1）从左到右、从上到下的编号顺序，如图 14-25 所示。

2）从右到左、从上到下的编号顺序，如图 14-26 所示。

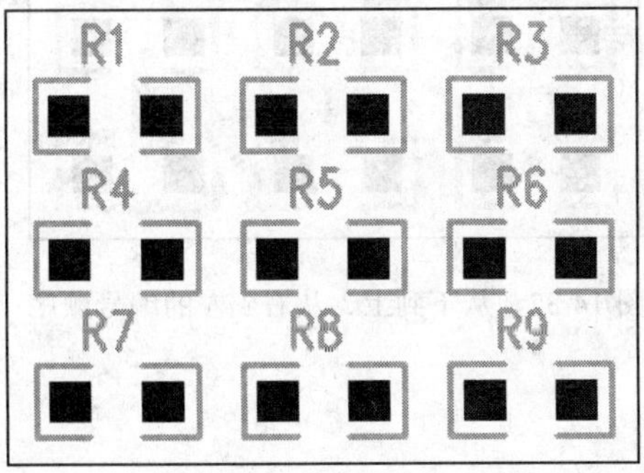

图 14-25　从左到右、从上到下的编号顺序

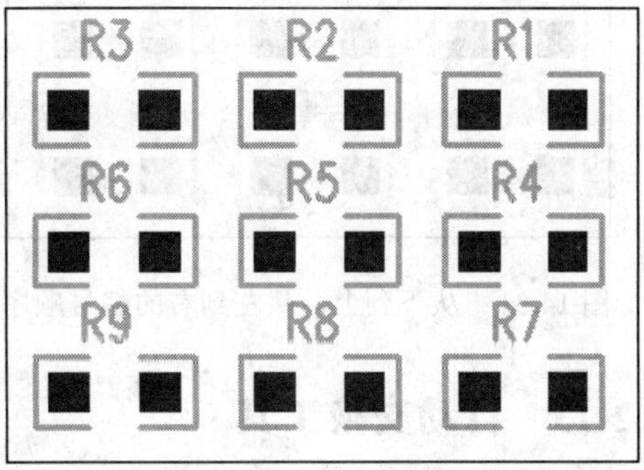

图 14-26　从右到左、从上到下的编号顺序

3）从左到右、从下到上的编号顺序，如图 14-27 所示。

4）从右到左、从下到上的编号顺序，如图 14-28 所示。

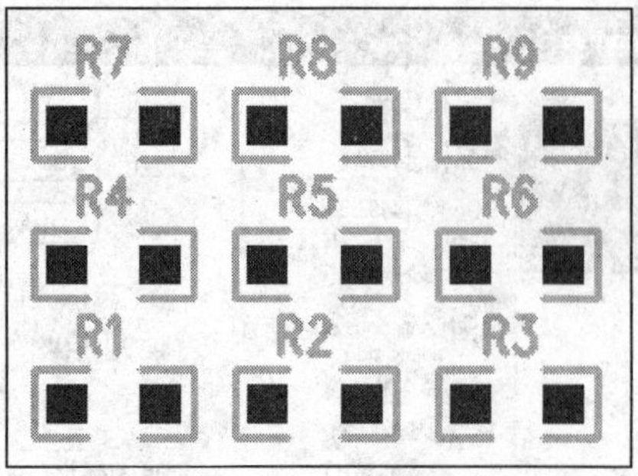

图 14-27　从左到右、从下到上的编号顺序

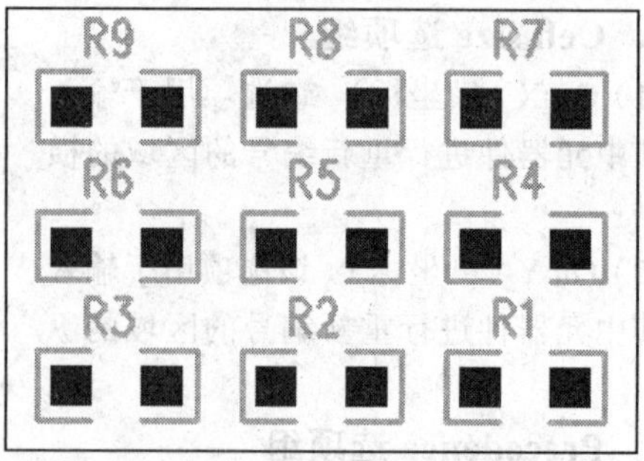

图 14-28　从右到左、从下到上的编号顺序

5）从上到下、从左到右的编号顺序，如图 14-29 所示。

6）从上到下、从右到左的编号顺序，如图 14-30 所示。

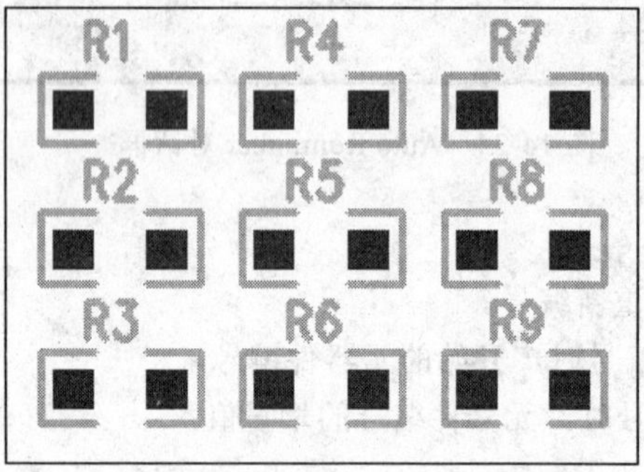

图 14-29　从上到下、从左到右的编号顺序

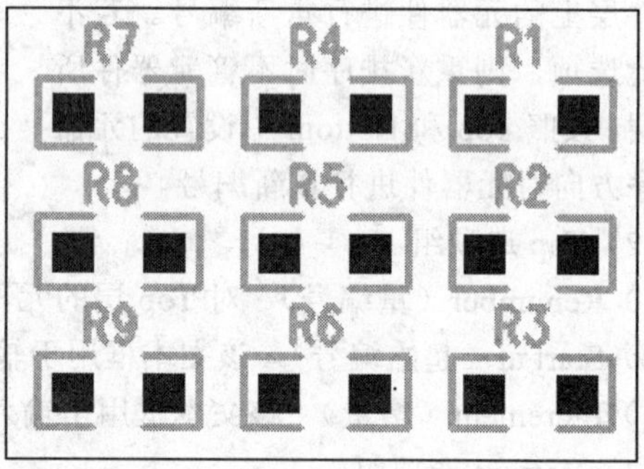

图 14-30　从上到下、从右到左的编号顺序

7）从下到上、从左到右的编号顺序，如图 14-31 所示。

8）从下到上、从右到左的编号顺序，如图 14-32 所示。

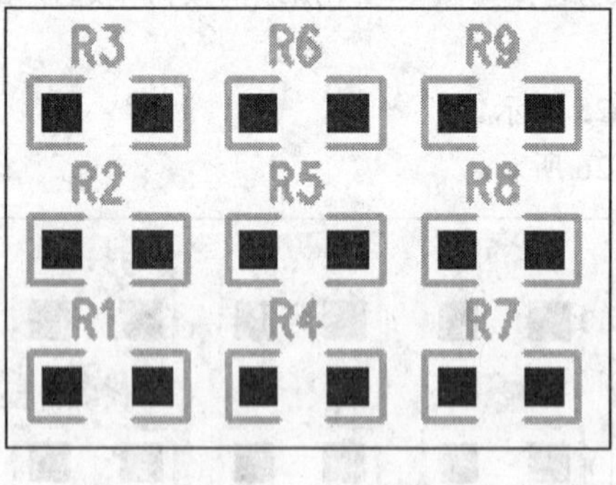

图 14-31　从下到上、从左到右的编号顺序

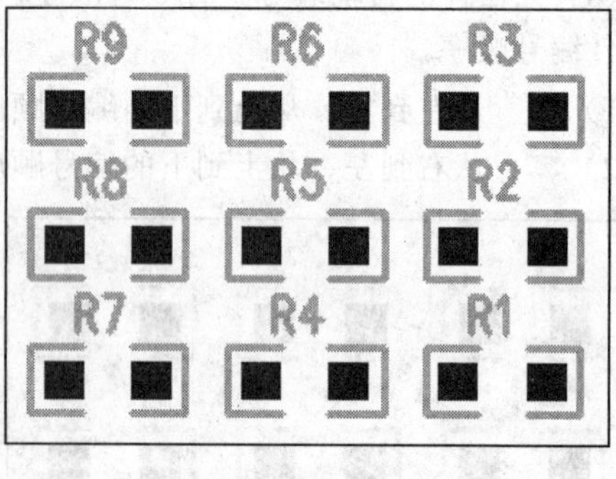

图 14-32　从下到上、从右到左的编号顺序

14.2.13　自动交换工具

作为交换门和交换引脚工具的扩展，PADS 又提供了自动交换门（Auto Swap Gate）和自动交换引脚（Auto Swap Pin）工具作为补充。使用交换门和交换引脚工具时，均需要指定交换对象，用户需要根据实际情况，做出最佳判断。而自动交换门和自动交换引脚工具会根据交换引脚和交换逻辑门之后的连接长度改善值，来判断是否进行交换操作。

自动交换工具的使用都比较简单，直接单击 ECO 工具栏中的相应按钮，PADS 会自动完成相应操作。

14.2.14　自动终端分配工具

ECL 是 Emitter-Coupled Logic 的缩写，即发射极耦合逻辑。由多输入端、差分放大器、偏置网络和互补发射极跟随输出构成，由于采用了差分输入的方式，它的共模抑制好，并且转换速度快。发射极跟随器在输出端产生一个二极管的压降，使输出电平与输入电平相匹配，但是 ECL 的以上优点是以高功耗作为代价的。基于 ECL 的以上特点一般在高速数字电路中应用是比较广泛的，故 PADS 专门提供自动终端分配（Auto Terminator Assign）工具，根据长度最小化原则，自动分配 ECL 终端。

14.2.15　增加复用模块工具

为了节省时间，提高设计效率，一些在以后设计中会被引用的电路模块可以在 PADS 中布局布线完成之后，将其设置成为复用模块并存放于文件之中，如果当前设计需要调用，则只需调用复用模块的文件即可。下面以实例介绍增加复用模块（Add Reuse）工具的调用方法。

（1）单击图标，系统会弹出如图 14-33 所示的对话框，在该对话框中选择相应的复用文件。

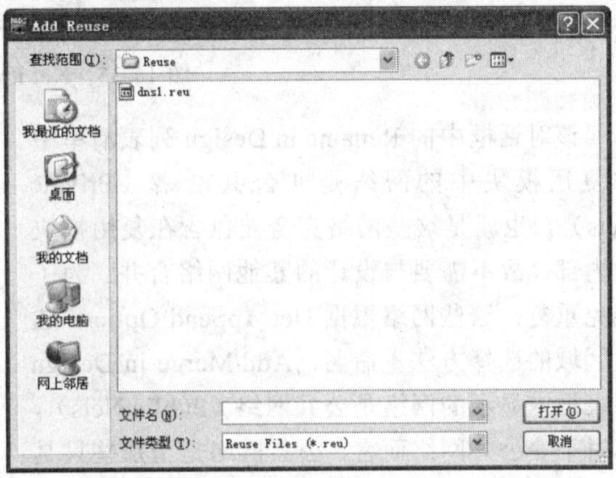

图 14-33　Add Reuse 对话框

（2）单击打开按钮，系统会弹出如图 14-34 所示的 Reuse Properties 对话框。添加复用模块时，为了避免复用模块与当前设计中的元器件、跳线的参考标志（Reference Designators）和网络名称重复，需要通过 Reuse Properties 对话框重新命名复用模块中的元器件、跳线和网络。

（3）Reuse Properties 对话框中的相关设置。

1）Same or Next Highest　选择该选项表示采用添加的复用模块中定义的元器件的参考标志。但若发生重复，则下一个没有使用的元器件参考标志将被分配给复用模块中与当前设计发生重复的元器件。

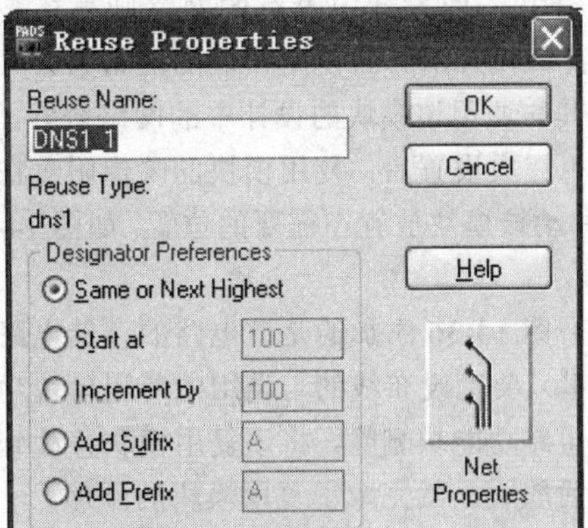

图 14-34　Reuse Properties 对话框

2）Start at　选择该选项表示添加的复用模块中的元器件的参考标志以该文本框内输入的数字为起始，依次编号。

3）Increment by　选择该选项表示添加的复用模块中的元器件的参考标志以该文本框内输入的数字为增量，依次排号。例如，在该文本框内输入 50，则添加的复用模块中的 R1 就变为 R51。

4）Add Suffix　选择该选项为添加的复用模块中的元器件的参考标志添加后缀，以避免发生重复。

5）Add Prefix 选择该选项为添加的复用模块中的元器件的参考标志添加前缀，以避免发生重复。

6）Net Properties 单击 Reuse Properties 对话框中的图标，系统会弹出如图 14-35 所示的对话框。

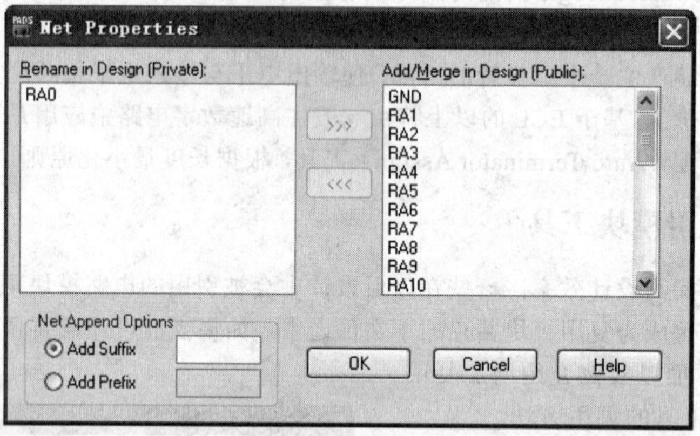

图 14-35 Net Properties 对话框

该对话框中的 Rename in Design 列表清单中的复用模块中的网络是非公共网络（Private Nets），也就是这些网络完全被包含在复用模块的内部，故不需要与设计的其他网络合并。为了避免重复，这些网络根据 Net Append Options 选项区域的选择方法重命名；Add/Merge in Design 列表框内显示的网络是公共网络（Public Nets），相对于非公共网络而言，公共网络是指那些只是部分被包含在复用模块内部的网络。复用模块和调用该模块的设计中存在公共网络，所有的公共网络被合并，而设计中没有的网络则直接被添加。在此，设置所有的复用模块的网络为公共网络，使其与调用该模块的设计中的网络合并。

（4）完成设置后，复用模块的映像附着在光标上，移动该模块放置在需要的位置，如图 14-36 所示。

（5）图 14-36 添加的是该电路的存储电路部分。这里只要把没布线的与调用的复用模块功能一样的电路功能块删除，将该复用模块移动到相应位置后放置，就完成了复用模块的添加。

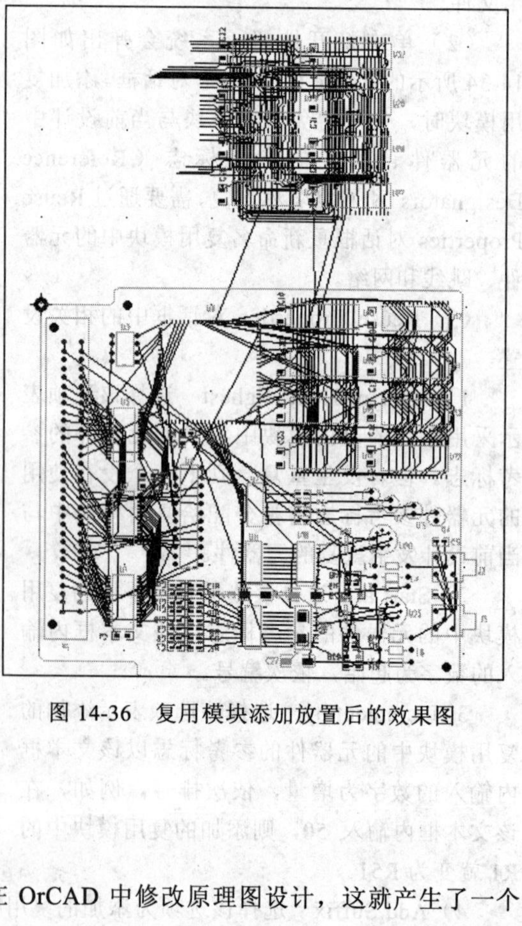

图 14-36 复用模块添加放置后的效果图

14.3 比较和更新

在设计过程中，时常会在 PADS 中修改设计或在 OrCAD 中修改原理图设计，这就产生了一个如何使 PADS 中 PCB 设计修改与 OrCAD 原理图修改同步的问题。为了解决这个问题，PADS 提供了 Compare/ECO 工具。

选择菜单栏中的 Tools→Compare/ECO 命令，系统会弹出如图 14-37 所示的 Compare/ECO Tools 对话框。

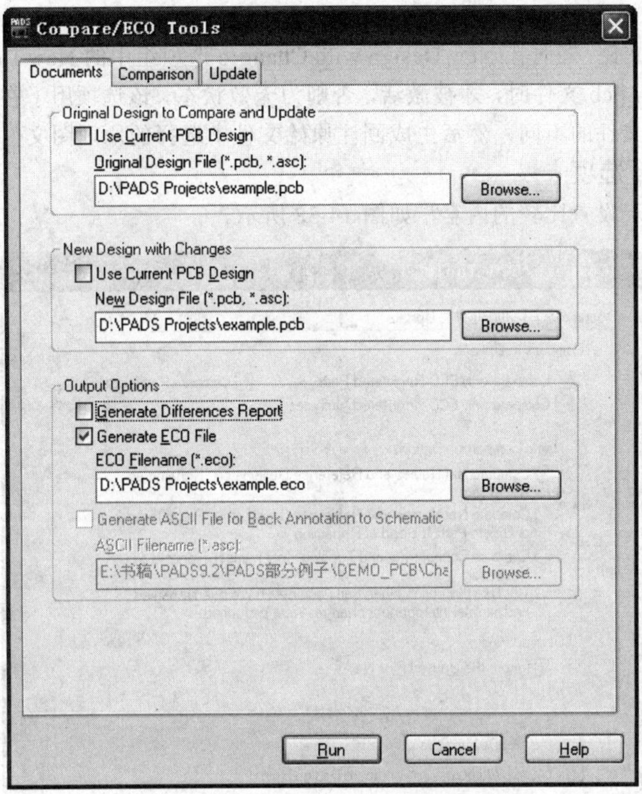

图 14-37　Compare/ECO Tools 对话框

1. Documents 选项卡

该选项卡如图 14-37 所示，主要用于设置原始设计文件、新设计文件、ECO 文件和回注文件的选取。

（1）Original Design to Compare and Update（比较和更新原始设计）　用于选择需要进行更新的原始设计。可以选择 Use Current PCB Design 项，采用当前打开的设计作为原始设计；也可以取消对 Use Current PCB Design 项的选择，在 Original Design File 文本框内输入原始设计文件存放的路径，或者单击其中的 Browse... 按钮，查找原始设计文件。注意，原始文件不能和新设计文件具有相同的文件名。原始设计文件可以是二进制格式的 .pcb 文件或 ASCII 格式的.asc 文件。

（2）New Design with Changes（修改的新设计）　用于选择用来更新原始设计的新设计文件。可以选择 Use Current PCB Design 项，采用当前打开的设计作为原始设计；也可以取消对 Use Current PCB Design 项的选择，在 New Design File 文本框内输入新设计文件存放路径，或者单击其中的 Browse... 按钮，查找新设计文件。新设计文件可以是二进制格式的 .pcb 文件或 ASCII 格式的 .asc 文件。

（3）Output Options（输出选择）

1）Generate Differences Report（产生不同报告）　产生包含原始设计和新设计的不同的报告文

件。该文件被命名为 Layout.rep，存放在\PADS Projects 文件夹中。

2）Generate ECO File（生成 ECO 文件） 选择该选项生成 ECO 文件，直接在 ECO Filename 文本框内输入 ECO 文件名，该文件中包含使原始设计匹配新设计的描述变化的 ECO 命令。

3）Generate ASCII File for Back Annotation to Schematic（生成回注原理图的 ASCII 的文件） 该选项只有在 Original Design to Compare and Update 选项组中的 Original Design File 文本框内输入的是 ASCII 格式的.asc 文件，同时在 New Design with Changes 选项组中的 New Design File 文本框内输入的是二进制格式的 .pcb 文件时，才被激活，否则为无效状态。该选项用于在网络表层次上比较原始设计文件和新设计文件的不同，然后生成回注原始文件中选择的原理图文件（.asc 文件）。

2. Comparison 选项卡

该选项卡主要用于设置比较的内容，如图 14-38 所示。

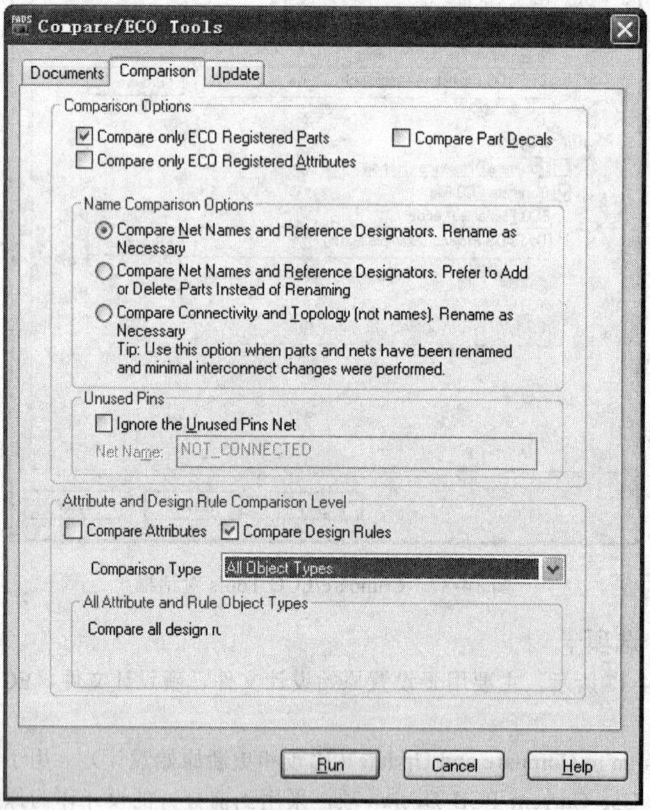

图 14-38 Comparison 选项卡

（1）Comparison Options（比较选择）

1）Compare only ECO Registered Parts 比较除了非 ECO 注册元器件以外的所有元器件。所谓的非 ECO 注册元器件（Non.ECO.registered parts）是指出现在当前 PCB 设计中，但不出现在原理图中的机械或非电气元器件。

2）Compare only ECO Registered Attributes 比较除了非 ECO 注册属性之外的所有属性。例如，在如图 14-39 所示的 Object Attributes：Component U6 对话框中已经添加了 Description 属性，则称元器件 U6 的 Description 属性是 ECO 注册属性。若元器件 U6 没有在 Object Attributes：Component U6 对话框中添加 Description 属性，就是非 ECO 注册属性。

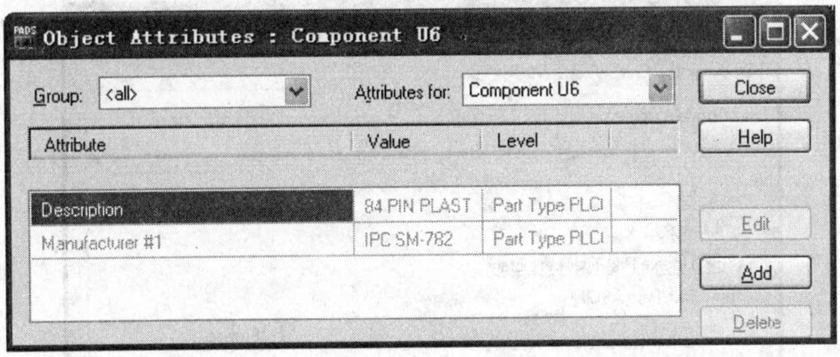

图 14-39　Object Attributes：Component U6 对话框

3）Compare Part Decals　比较元器件封装。

4）Compare Net Names and Reference Designators. Rename as Necessary　比较网络名和元器件参考标志，必要的时候进行修改。选择该选项可能导致元器件位置的交换。当为了使布线长度最小化而进行元器件交换时，这种修改以更改元器件名字，同时修改网络连接来实现交换。

5）Compare Net Names and Reference Designators. Prefer to Add or Delete Parts Instead of Renaming　比较网络名和元器件参考标志。进行修改时，不是重命名元器件或网络，而是添加元器件或删除元器件。

6）Compare Connectivity and Topology (not names). Rename as Necessary　比较连接性和拓扑形式，即不比较元器件的参考标志和网络名，而是比较引脚名和元器件类型名等的不同，必要时进行修改。

7）Ignore the Unused Pins Net　比较不包含未被使用的引脚网络。

8）Net Name　选择 Ignore the Unused Pins Net 选项后，在 Net Name 文本框内输入未被使用的网络名称，则进行设计比较时不比较未被使用的网络。

（2）Attribute and Design Rule Comparison Level（属性和设计规则比较水平）

1）Compare Attributes　比较元器件、网络、引脚等的属性。

2）Compare Design Rules　比较网络、网络类、差分对规则，以及通用设计规则。

3）Comparison Type　比较类型选择。根据对元器件属性和设计规则，以及比较类型的不同选择，会在下面的 DxDesigner Comparison Objects 提示框中显示比较内容。PADS Logic Object Types 用于比较只含有元器件定义的 PADS Logic 网络表；DxDesigner Object Types 用于比较 DxDesigner 网络表，其中包含板层、元器件、网络和引脚属性的定义；All Object Types 用于比较不同版本的 PADS Layout 设计。

3. Update 选项卡

该选项卡用于设置是否更新原始设计文件、更新原始文件的何种数据和是否更新库文件的数据，如图 14-40 所示。

（1）Update Options 选项组

1）Update Original Design　通过自动导入比较产生的 ECO 文件到原始的 PADS 设计文件中，更新 PADS 设计使之与新设计文件相匹配。注意，只有在 Documents 选项卡中的 Original Design to Compare and Update 选项区域中选择 Use Current Design 选项，Update Original Design 选项才可用。

2）Pause Before Updating Original Design　只有选择了 Update Original Design 选项后，该选项才被激活。选择该选项，在自动导入比较产生的 ECO 文件到原始的 PADS 设计文件中之前，查看比较产生的不同报告（Differences Report）和 ECO 文件（ECO File）。

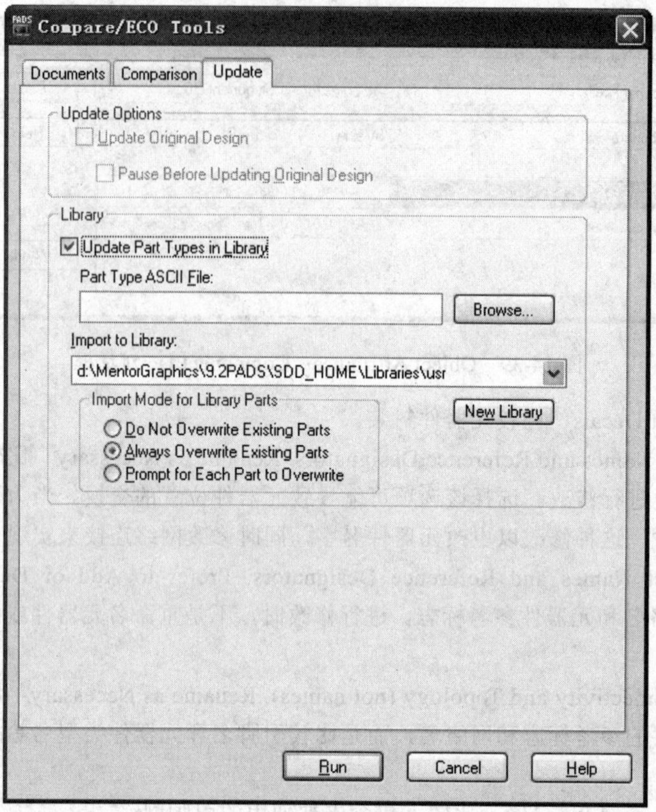

图 14-40 Update 选项卡

（2）Library 选项组

1）Update Part Types in Library 在使用 DxDesigner 时，通过自动导入用 DxDesigner 中的 ViewPCB 产生的 PADS 格式的 ASCII 文件 PADS.format ASCII part type file (.p)更新 PADS 的元件类型库。

2）Part Type ASCII File 在该选项的文本框内直接输入 ASCII 格式的文件路径，或者单击 Browse... 按钮进行查找添加。

3）Import to Library 在该选项的下拉列表中选择一个库，将从 ASCII 格式的元器件类型文件中导入元器件类型到该库中。

（3）Import Mode for Library Parts 选择库元器件的导入模式

1）Do Not Overwrite Existing Parts 不覆写已经存在的元器件。

2）Always Overwrite Existing Parts 覆写已经存在的元器件。

3）Prompt for Each Part to Overwrite 弹出对话框提示用户选择是否覆写该元器件。

完成以上 3 个选项卡的设置之后，单击 Run 按钮，进行比较和更新设计。ECO 模式主要用于修改当前设计，并生成 ECO 文件供比较和更新原理图设计。

练 习 题

1. 如何实现元器件管脚功能的交换？
2. 如何增加或者删除一个器件、一条走线？
3. 如何对器件标识重新编号？

第 15 章　设计验证

本章主要介绍：设计验证简介，设计验证的使用。

在完成对PCB设计的布局、布线和覆铜之后，PCB的设计已基本完成，这时还需要验证PCB的设计是否是在Design Rules（设计规则）约束内进行的。PADS提供了设计验证工具，保证不遗漏任何错误。

15.1　设计验证简介

Verify Design（设计验证）命令主要用于检查设计中的Clearance（安全间距）、Connectivity（连接性）、High Speed（高速规则）和Plane（平面层）的错误。先进的空间检查可以进行快速的检查，且精度为0.00001。

可以对所有的Nets（网络）、Same Net（相同的网络）、Trace Width（导线宽度）、Drill to Drill（钻孔到钻孔）、Body to Body（元器件到元器件）和元器件外框之间等项目进行设计安全间距规则检查。也可以对整个PCB是否已经全部完成走线进行连接性检查。平面层网络检查，主要验证热焊盘是否在平面层都已经产生。还有动态电性能检查（Electro.Dynamic Checking），主要是针对Parallelism（平行）、Stub（树根）、Loop（回路）、Delay（延时）、Capacitance（电容）、Impedance（阻抗）和Length Violations（长度冲突），避免在高速电路设计中产生问题。

15.2　设计验证的使用

选择菜单栏中的Tools→Verify Design命令，系统会弹出如图15-1所示的对话框。

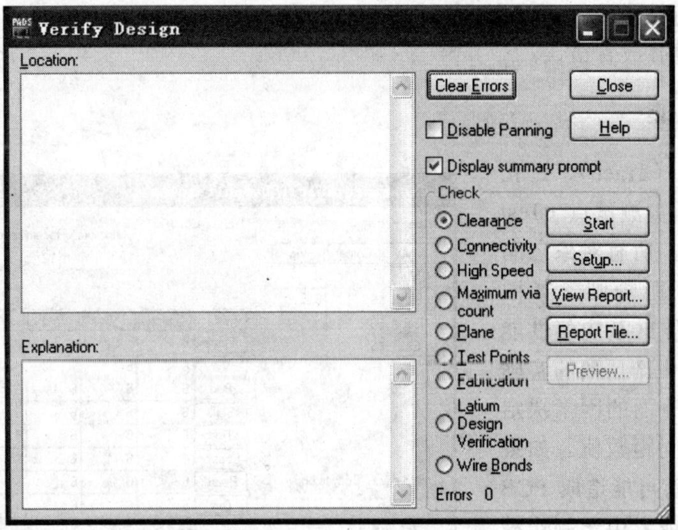

图15-1　Verify Design对话框

（1）Location 列表框　该列表框用于显示设计验证时找出的错误所在的坐标位置。

（2）Explanation 列表框　显示对错误的解释，并且与 Location 列表框中列出的错误排列一一对应。

（3）Clear Error 按钮　清除错误在 Location 和 Explanation 列表框中的显示，以及错误标志在 PADS 工作区域内的显示。故每次进行新的设计验证时，用户需单击该按钮，以便清除之前产生的错误。

（4）Disable Panning 选项　设置 PADS 是否在用户单击 Location 或 Explanation 列表框中相应的错误项时自动定位该错误位置，即将光标位置移动到错误发生的坐标位置。当选择该选项时，表示不能自动定位错误位置。

（5）Check 选项组

1）Clearance　检查设计中的各种间距是否满足规则设置中的要求。

2）Connectivity　检查设计中的线路连通性（例如是否断路）。设计中钻孔的尺寸大于其所在的焊盘的尺寸的错误也属于连通性错误。

3）High Speed　检查设计的高频特性是否符合要求。

4）Maximum via count　检查设计中的过孔总数是否符合设置值。

5）Plane　检查设计中的平面层。

6）Test Points　检查设计中的测试点是否符合在 DFT Audit program 中的设置。

7）Fabrication　检查设计中的装配错误。

8）Latium Design Verification　对工作区域中的可视设计范围进行检查。

9）Wire Bonds　检查设计中的导线限制错误。

在 Verify Design 对话框中的 Check 选项组中选择需要进行的规则检查项后，单击 Start 按钮，开始设计验证。检测到的错误会在 Location 和 Explanation 列表框内显示，包括错误的位置和原因解释，同时在 PADS 工作区域内对应的出错的地方显示相应的图标，用以显示错误种类。

1）安全间距错误。

2）装配错误。

3）连接性错误。

4）高频特性错误。

5）钻孔重叠放置错误。

15.2.1　间距验证

PCB 上有走线（Trace）、过孔（Via）、焊盘（Pad）、测试点（Test Point）等设计对象，所有对象之间都必须设置安全间距规则，如图 15-2 所示。一般根据 PCB 电气性能实现的需要和 PCB 生产厂商的实际制作精度的限制两方面的因素决定规则设置中的暗区间距数值。如果安全间距值太小则有可能造成 PCB 的高频性能不良，或者由于制作精度不够的原因造成短路。

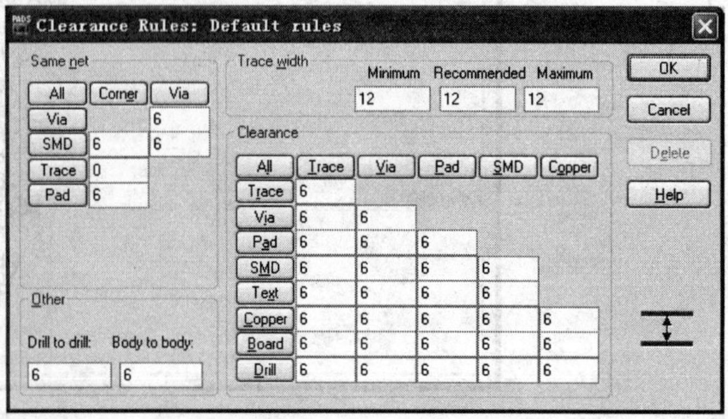

图 15-2　Clearance Rules: Default rules 对话框

在 Verify Design 对话框中选择

Check 选项组中的 Clearance 选项，对整个设计中的安全间距进行验证，可以毫无遗漏地检查整个设计中的各个对象之间的间距是否满足设计规则中所设置的 Clearance 参数。

单击图 15-1 中所示的 Setup... 按钮，系统会弹出如图 15-3 所示的 Clearance Checking Setup 对话框，在该对话框中可设置安全间距验证过程中所要验证的项目。

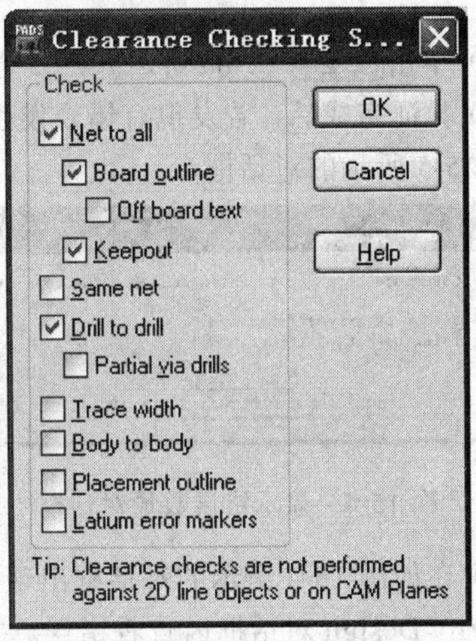

图 15-3 Clearance Checking Setup 对话框

（1）Net to all 选项　验证每一个网络或层次结构与其他任何障碍对象的间距。只有选择该选项时，才能激活 Board Outline 和 Keepout 选项。

1）Board outline　对 PCB 的边框与其他对象的间距进行验证。Off board text 为在进行间距验证时若发现 PCB 外有文本或符号，则认为是间距错误。

2）Keepout　使用组件隔离区的严格规则设置来检验组件隔离区域内各个对象之间的间距。

（2）Same net 选项　对同一个网络的对象也要进行间距验证。PADS 提供了如下 5 种同一个网络内的对象之间的间距设置。

1）Via to Via　同一个网络中过孔之间的安全间距。

2）SMD to Corner　同一个网络中贴片焊盘与走线拐角之间的间距。

3）SMD to Via　同一个网络中贴片焊盘与过孔之间的安全间距。

4）Trace to Corner　同一个网络中走线与走线拐角的安全间距。

5）Pad to Corner　焊盘与其引出线的第一个拐角之间的间距。

（3）Drill to drill 选项　验证 PCB 设计中的所有钻孔之间的安全间距。Partial via drills 为验证可能在制造过程中引起钻孔错误的过孔结构，特别是半贯通孔。

（4）Trace width 选项　验证当前设计中的走线宽度是否满足规则设置中的走线宽度范围的设置。

（5）Body to body 选项　验证当前设计中的元器件边框之间的间距是否太近。

（6）Placement outline 选项　在默认层模式（Default Layer Mode）下在第 20 层比较元器件边框（Outline）之间的间距；若在增加层模式（Increased Layer Mode）下（所有层号增加 100），则在第 120 层比较元器件边框之间的间距。

（7）Latium error marks 选项　标注当前设计中违背 Latium rules 的错误。Latium rules 包括如下几方面：

1）component clearance rules 为元器件安全间距规则；

2）component routing rules 为元器件布线规则；

3）differential pair rules 为差分对规则；

4）via at SMD rules SMD 为焊盘上的过孔规则。

下面介绍安全间距验证方法。

（1）为了验证整个 PCB 的设计，必须显示整个 PCB。单击工具栏中的查看整板（View Board）图标，或者按 Home 键（在 Num Lock 键关闭时，也可以通过按数字键盘上的 7 键来实现）。

（2）选择菜单栏中的 Tools→Verify Design 命令，系统会弹出验证设计 Verify Design 对话框，如图 15-1 所示。

（3）从 Check 选项组选择 Clearance 项。

（4）单击 Setup... 按钮，系统会弹出 Clearance Checking Setup 对话框，如图 15-3 所示。

（5）选择 Net to All 和 Drill to drill 选项，然后单击 OK 按钮，退出 Clearance Checking Setup 对话框。

（6）单击 Start 按钮，开始安全间距验证。状态条将显示检查已经完成的百分比。

（7）验证完成后，若发现有错误发生系统会弹出如图 15-4 所示的对话框；若没有错误发生则弹出如图 15-5 所示的对话框。

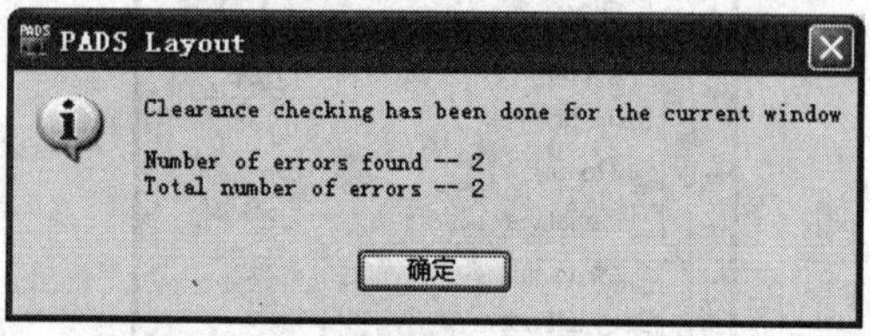

图 15-4　显示错误数量对话框

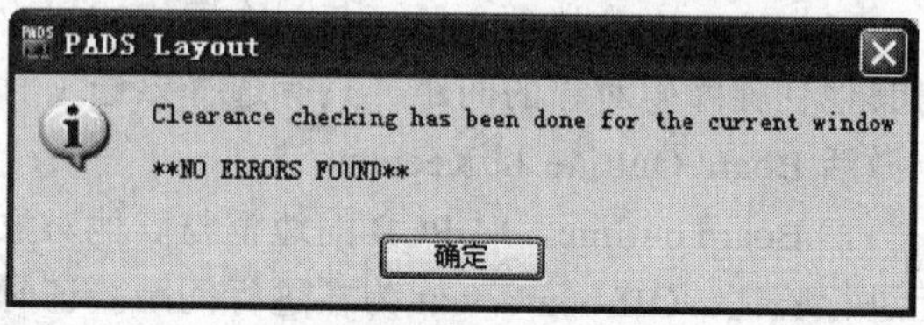

图 15-5　无错误对话框

（8）在如图 15-4 所示的对话框出现时，单击 确定 按钮，可在 Verify Design 对话框内查看错误。

当前设计中发现的任何与相关设置不符的地方，都认为间距出错，将在错误处以符号表示间距错误的发生，如图 15-6 所示。

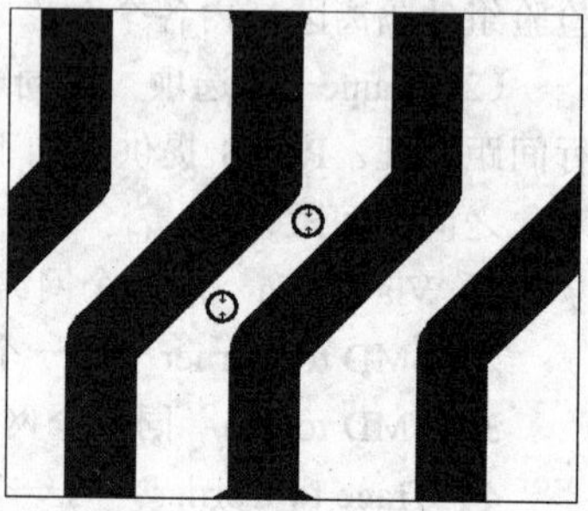

图 15-6　间距错误标志

（9）不选择 Disable Panning 项时，从 Location 列表框中选择一个错误，则屏幕被刷新，并在视图的中心位置以当前高亮的颜色显示被选择项的错误。

（10）在 Explanation 列表框中将描述错误的详细信息。如果要关闭刷新和中心显示错误标志，则关闭图 15-1 所示的 Verify Design 对话框中的 Disable Panning 选项。

（11）为了观察准确的定位和整个错误的描述，可单击 View Report... 按钮，系统会弹出如图 15-7 所示的错误报告，通过该报告查看错误的数量、位置和种类。

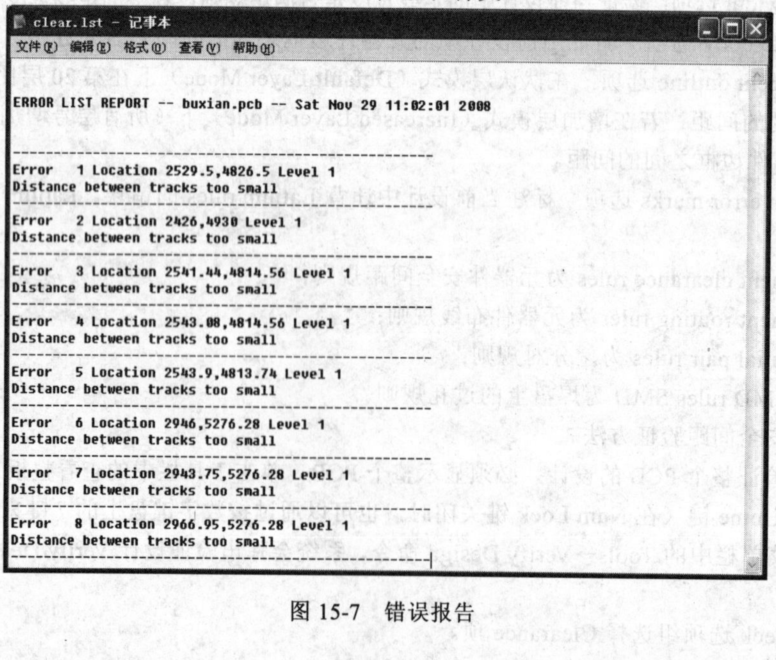


```
ERROR LIST REPORT -- buxian.pcb -- Sat Nov 29 11:02:01 2008

-----------------------------------------------------------
Error   1 Location 2529.5,4826.5 Level 1
Distance between tracks too small
-----------------------------------------------------------
Error   2 Location 2426,4930 Level 1
Distance between tracks too small
-----------------------------------------------------------
Error   3 Location 2541.44,4814.56 Level 1
Distance between tracks too small
-----------------------------------------------------------
Error   4 Location 2543.08,4814.56 Level 1
Distance between tracks too small
-----------------------------------------------------------
Error   5 Location 2543.9,4813.74 Level 1
Distance between tracks too small
-----------------------------------------------------------
Error   6 Location 2946,5276.28 Level 1
Distance between tracks too small
-----------------------------------------------------------
Error   7 Location 2943.75,5276.28 Level 1
Distance between tracks too small
-----------------------------------------------------------
Error   8 Location 2966.95,5276.28 Level 1
Distance between tracks too small
-----------------------------------------------------------
```

图 15-7　错误报告

15.2.2 连接性验证

连接性验证用于验证当前设计中是否有鼠线存在。一般连接性错误主要有以下 3 种。

1. A small Unroute 类

连接布线中间有断裂处或鼠线连接没有布线，造成连接性错误，如图 15-8 所示。通常在 Display Colors 对话框内设置使所有的层不可见，然后给 Connections（鼠线）设置一个明亮的颜色，在设计中寻找没有布线的鼠线。

2. An Unplated Component Pin 类

元器件引脚焊盘栈没有镀金，如图 15-9 所示为没有镀金的错误。检查元器件引脚焊盘栈的属性设置对话框，以确保 Plated 选项被选中。

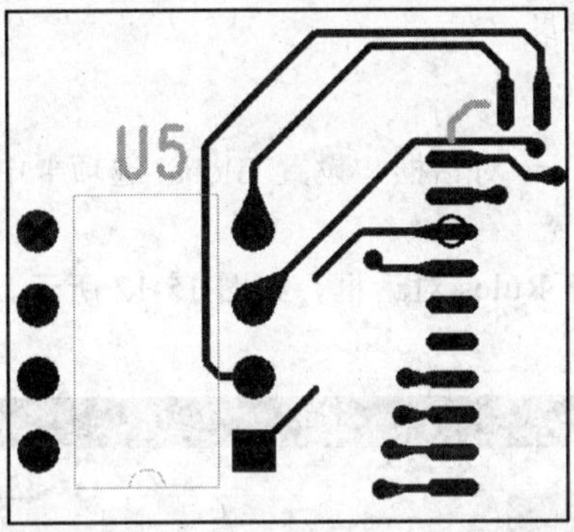

图 15-8 布线中间有断裂处错误

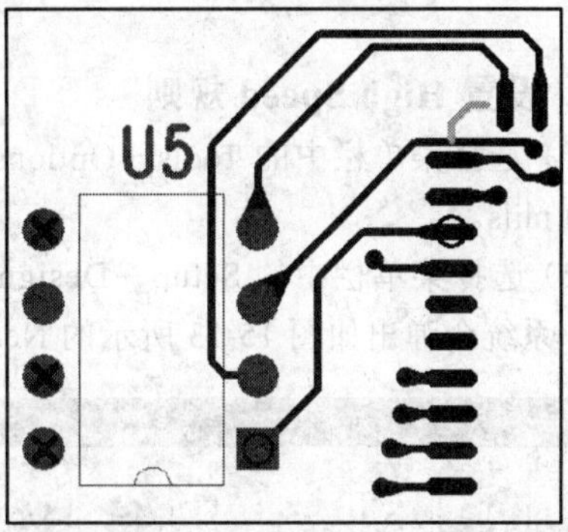

图 15-9 元器件引脚焊盘栈没有镀金的错误

3. A via without a plane thermal 类

一个属于平面分割层网络的过孔没有被设置成热焊盘类型导致连接错误，如图 15-10 所示。打开 Via Properties 对话框，检查 Plane Thermal 项是否被选中。

打开如图 15-1 所示的 Verify Design 对话框，在 Check 选项组中选择 Connectivity 选项，单击 Start 按钮，开始连接性验证，出错信息注释和坐标位置显示在 Location 或 Explanation 列表框中。

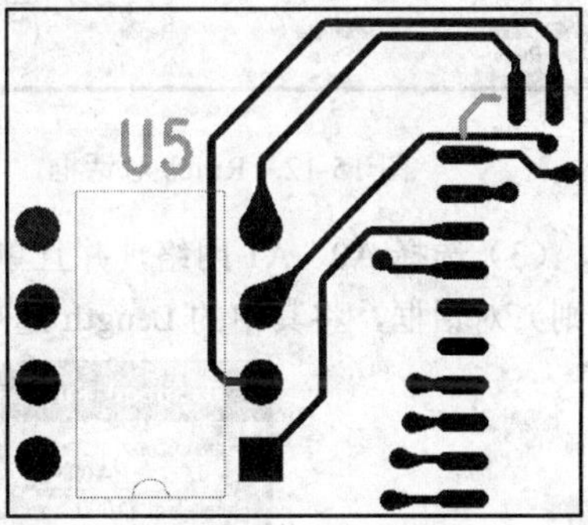

图 15-10 过孔没有被设置成热焊盘类型的错误

15.2.3 高速验证

目前，高速数字电路的设计越来越普遍。设计高速 PCB 的约束要比低速 PCB 严格得多。PADS 根据在规则设置中的 High.Speed Rules（高速规则）对话框中设置的相关限制参数，对整个设计进行验证，即所谓的动态电性能检查（EDC，Electro Dynamic Checking）对 PCB 的高速特性进行验证。因为 EDC 主要是指串行导线（Tandem Track）检查，或者在交叉层上进行平行冲突（Parallelism Violations）检查，故必须在如图 15-11 所示的对话框中描述层的厚度（Layer Thickness）、铜箔的厚度（Copper Thickness）和介电常数（Dielectric Constant），以及 PCB 制造材料和误差说明等。输入这些信息后，PADS 才可以返回去验证 PCB 设计中的高速特性的问题。

下面详细介绍高速特性 High Speed 验证的使用。

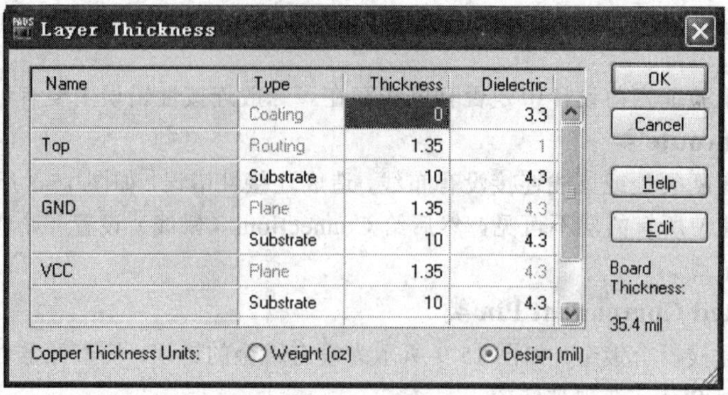

图 15-11　定义板层厚度

1. 设置 High Speed 规则

（1）选择菜单栏中的 Tools→Options 命令，打开 Options 对话框，设置 Global 选项卡中的设计单位为 mils。

（2）选择菜单栏中的 Setup→Design Rules 命令，打开 Rules 对话框，如图 15-12 所示。单击图标 ，系统会弹出如图 15-13 所示的 Net Rules 对话框。

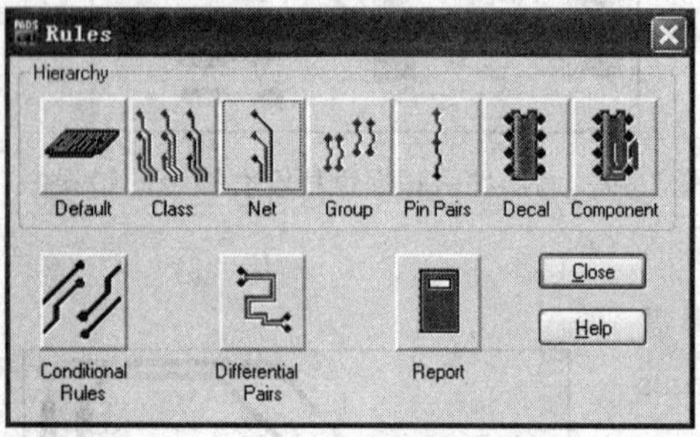

图 15-12　Rules 对话框

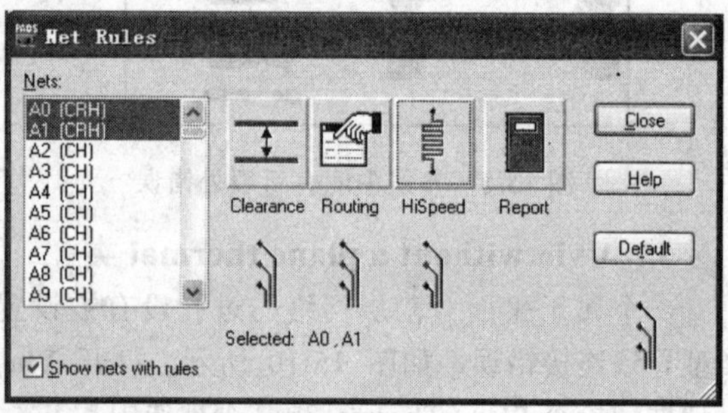

图 15-13　Net Rules 对话框

（3）选择 A0、A1 网络，并且单击图标 ，系统会弹出如图 15-14 所示的 HiSpeed Rules（高速规则）对话框，将其中的 Length 选项中的 Maximum 项设置成 100，单击 OK 按钮退出该对话框。

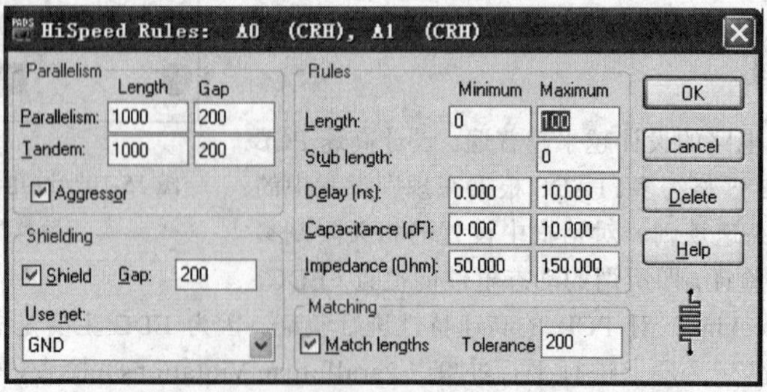

图 15-14　HiSpeed Rules（高速规则）对话框

2. 设置 EDC 检查参数

（1）选择菜单栏中的 Tools→Verify Design 命令，系统会弹出如图 15-1 所示的 Verify Design 对

话框。

（2）从 Check 选项组中选择 High Speed 选项。

（3）单击 Setup... 按钮，系统会弹出如图 15-15 所示的 Electrodynamic Check（动态电性能检查）对话框。添加 Nets 或 Classes，以指定需要检查的内容。

（4）添加网络 A0、A1。

1）单击 Add Nets... 按钮，系统会弹出如图 15-16 所示的对话框。

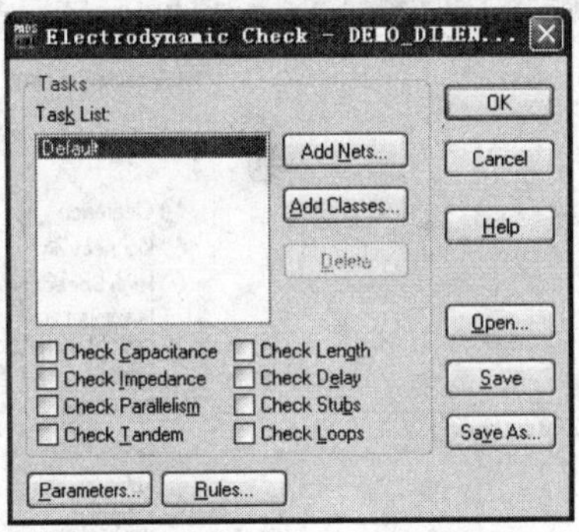

图 15-15 Electrodynamic Check（动态电性能检查）对话框

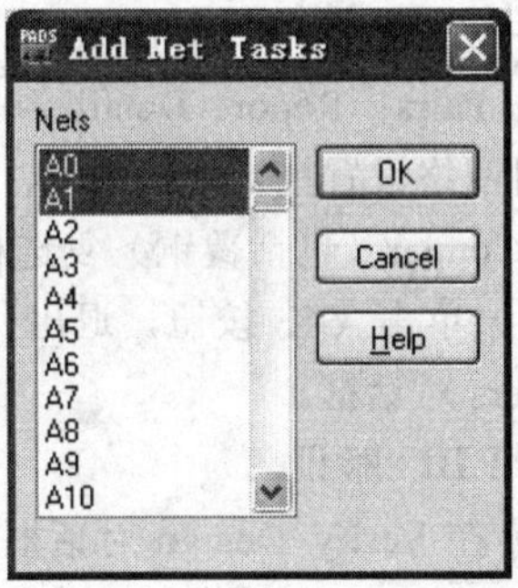

图 15-16 Add Net Tacks 对话框

2）在 Add Net Tasks 对话框中选择 A0、A1 网络，然后单击 OK 按钮退出该对话框。这将使 EDC 的所有检查都针对网络 A0、A1。在如图 15-15 所示的对话框中选择 A0、A1 网络，然后选择验证内容，包括电容（Capacitance）、阻抗（Impedance）、平行（Parallelism）、串行（Tandem）、长度（Length）、延时（Delay）、树根（Stubs）和回路（Loops）。

（5）单击 Parameters... 按钮，系统会弹出如图 15-17 所示的对话框，设置 Parallelism 选项组中 Check Against 选项为 Nets/Pin Pairs（网络/引脚对）。

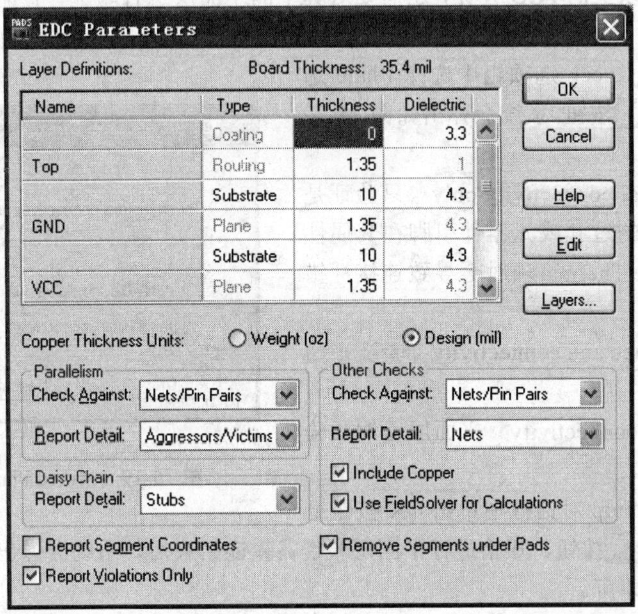

图 15-17 EDC Parameters 对话框

（6）在 Report Detail 下拉列表中选择 Aggressors/Victims（入侵者/受害者），即详细报告 Aggressors/Victims 情况。

（7）在 Daisy Chain（菊花链）选项组的下拉列表中选择 Stubs 项，即详细报告 Stubs 情况。

（8）关闭报告各段坐标 Report Segment Coordinates 复选框。

（9）选中 Report Violations Only（仅仅报告冲突）复选框。

（10）在 Other Checks（其他检查）选项组中设置 Check Against 选项为 Nets/Pin Pairs；Report Detail 项选择 Nets，对网络设置报告详细情况；选中 Include Copper（包括覆铜）复选框。

（11）单击 OK 按钮，退出 EDC Parameters 对话框。

3. EDC 验证

（1）在 Verify Design 对话框中，单击 Start 按钮。

（2）在 Explanation 和 Location 列表框中查看错误，如图 15-18 所示。

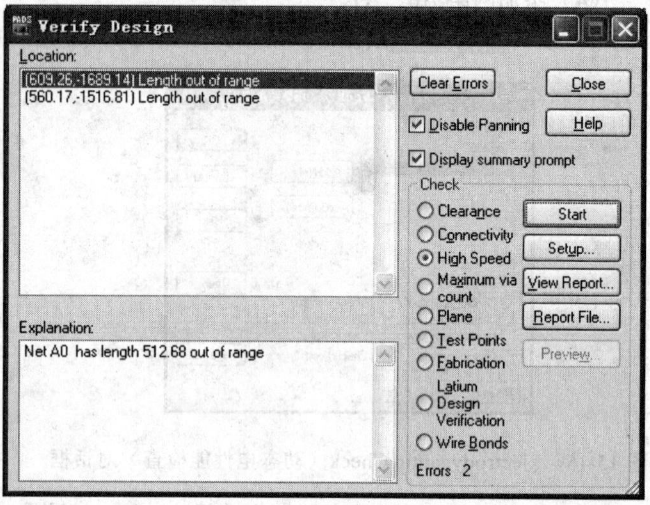

图 15-18　验证结果

（3）在 Location 列表框中单击相应错误，使 PADS 工作区域中与之相对应的错误标志高亮显示。

（4）完成设计验证操作。

15.2.4　验证平面层

对于 4 层或 4 层以上的 PCB 设计，还需要对其中的平面层进行验证，验证平面层中是否有间距错误和连接性错误。

在图 15-18 中的 Check 选项组中选择 Plane 选项，然后单击 Setup... 按钮，系统会弹出如图 15-19 所示的对话框。

（1）Check thermal connectivity only　只验证是否有属于平面层网络的过孔或元器件引脚在其属性设置中没有选择 Plane Thermal 项时会导致连接性错误。

（2）Check clearance and connectivity　验证平面层的连接性和间距。

（3）Same layer connectivity　平面层覆铜后验证是否有孤立的铜箔。

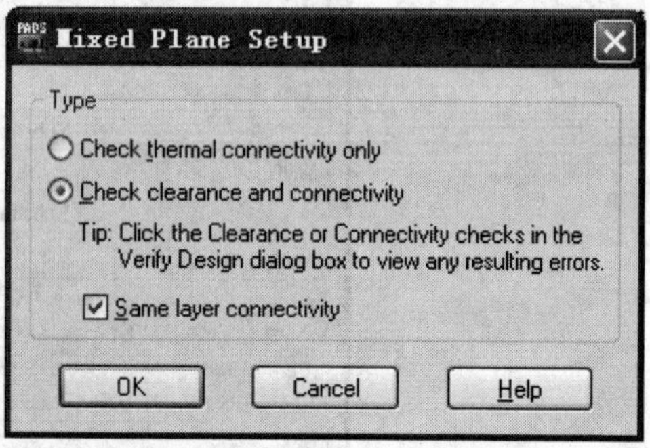

图 15-19　Mixed Plane Setup 对话框

在 Mixed Plane Setup 对话框中单击 OK 按钮退出，然后单击 Start 按钮，开始进行平面层验证。验证结束后，系统会弹出如图 15-20 所示的对话框，单击确定按钮即可。

注意，只有在图 15-18 所示的对话框中 Check 选项组中选择 Clearance 项才能查看平面层中间距方面的错误，同理选择 Connectivity 项才能查看平面层验证连接性的错误。

15.2.5　测试点验证

在图 15-1 所示的 Verify Design 对话框中选择 Test Points 项，单击 Start 按钮，则开始对整个设计进行测试点的验证。测试点的验证主要验证以下内容：

1）Probe Clearances：探针与设计中其他对象间距的设置；

2）Minimum Via/pad Sizes for Probing：可探测的最小过孔/焊盘尺寸的设置；

3）SMD Pin Probing：SMD 引脚的探测设置；

4）Test Point Count Per Net：每个网络的测试点数；

5）Nail Diameter：探针直径的设置。

比较当前设计中的以上各项是否有与 DFT Audit 中的设置不符的，如有不符则认为出现测试点验证错误。

（1）首先完成测试点的添加以及在 DFT Audit 中的设置。

（2）在如图 15-1 所示的 Verify Design 对话框中选择 Test Points 项，单击 Start 按钮，开始测试点验证，系统会弹出如图 15-21 所示对话框。

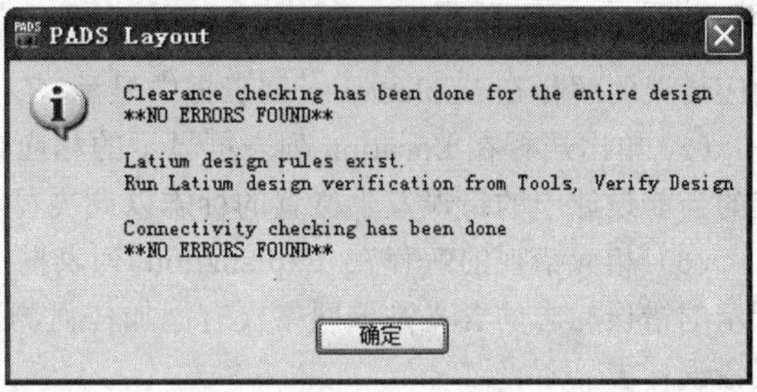

图 15-20　设计验证提示对话框

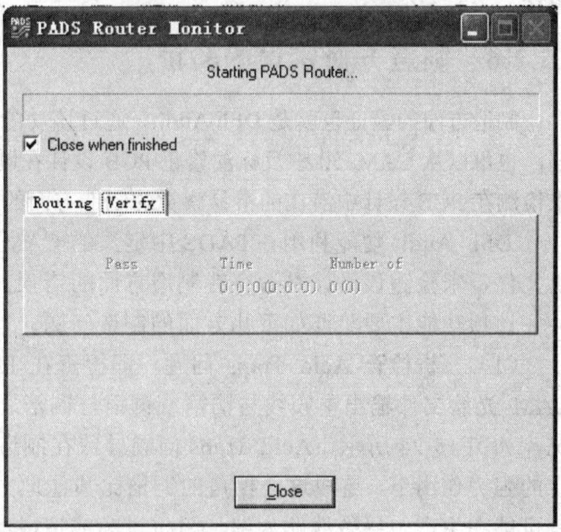

图 15-21　PADS Router Monitor 中的 Verify 项

（3）验证完成后，系统会弹出如图 15-22 所示的对话框。

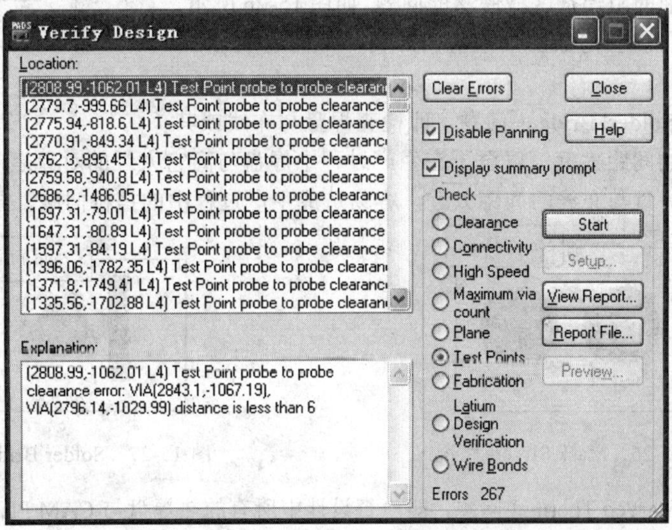

图 15-22　测试点验证结果显示

（4）被检测到的错误的坐标位置将在 Location 列表框中显示，相应错误的解释在 Explanation 列表框中显示。

（5）单击选择在 Location 列表框显示的相应错误，则与之相对应的当前设计中的错误发生位置的标志以高亮显示。

（6）相应错误的解释在 Explanation 列表框中显示。图 15-23 所示的错误标志的含义是该网络没有添加任何测试点，故这里以连接错误标志显示。

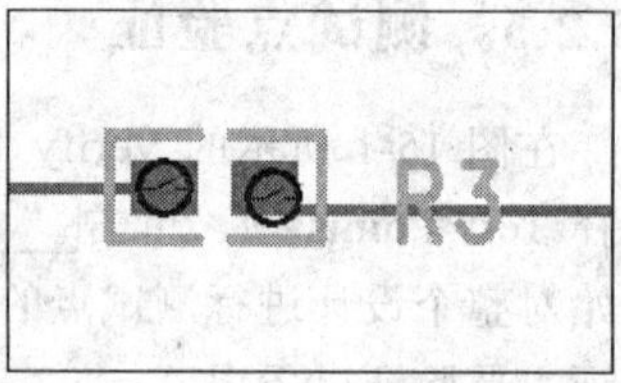

图 15-23　错误标志的显示

（7）根据测试点在 DFT Audit 中的设置原则，依次修改相应的错误。

15.2.6　制造方面错误的验证

制造方面的验证也就是 DFF Audit，通过该功能不仅可以在 PADS 内检测 PCB 设计在制造方面的问题，也可以从 CAM350 中反标注修正 PCB 设计在制造方面的错误（Fabrication Errors）。DFF Audit 用来检测在 PCB 设计中潜在的不易察觉的制造方面的错误，以便在 PCB 制造之前解决该错误。

DFF Audit 功能利用在 PADS 中定义的 CAM 文件产生的光绘文件，来检测该设计是否存在制造方面的错误。

该项功能主要验证如下几方面的制造问题。

（1）分析检查 Acid Traps 问题，即检查在 PADS 中定义的 CAM 光绘文件输出中布线与铜箔或铜箔与铜箔之间成锐角的情况，如图 15-24 所示。Acid Traps 问题导致在制造中由于蚀刻药水的强力作用下，造成这个拐角的铜箔比其他地方要细，这样就有可能在生产中导致线路太细、阻抗过高或造成线路断裂。

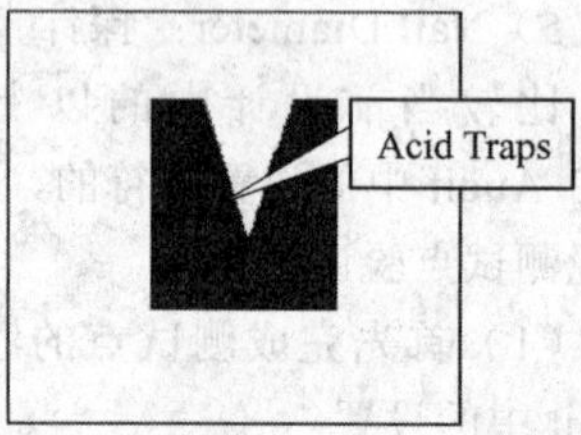

图 15-24　Acid Traps 问题

（2）分析检查 Copper Slivers 问题，即检查在生产过程中容易脱落的细而窄的铜箔区域，如图 15-25 所示。

（3）分析检查 Mask Slivers 问题，即检查在生产过程中细而窄容易造成俗称绿油的阻焊剂区域脱落的问题，如图 15-26 所示。一旦有阻焊剂脱落，就会造成阻焊剂滑向焊料，从而造成 PCB 不良。

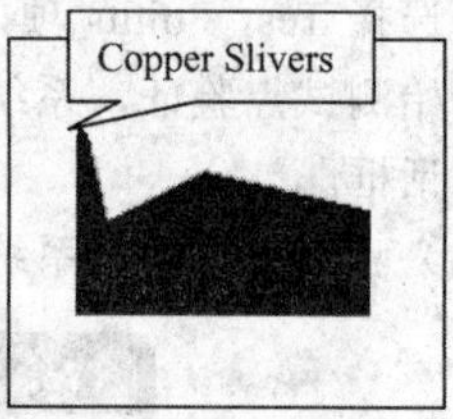

图 15-25　Copper Slivers 情况

（4）分析检查 Solder Bridges 问题，即检查焊盘与布线或其他传导性对象之间的间距太近，以至于在生产过程中焊盘与离它太近的对象之间短路。如图 15-27 所示，由于设计中焊盘与布线的间距太近，容易造成生产过程中的搭桥问题，导致 PCB 不良。

图 15-26　Mask Slivers 情况

图 15-27　Solder Bridges 情况

（5）分析检查 Starved Thermal 问题，即检查设计中所有的热焊盘与 CAM Plane 的连接是否有效。注意，这里是相对于 CAM Plane 负片类型的平面层而言的，如图 15-28 所示。

（6）分析检查 Silkscreen Over Pads 问题，即检查是否有如图 15-29 所示的丝印覆盖焊盘的情况出现。

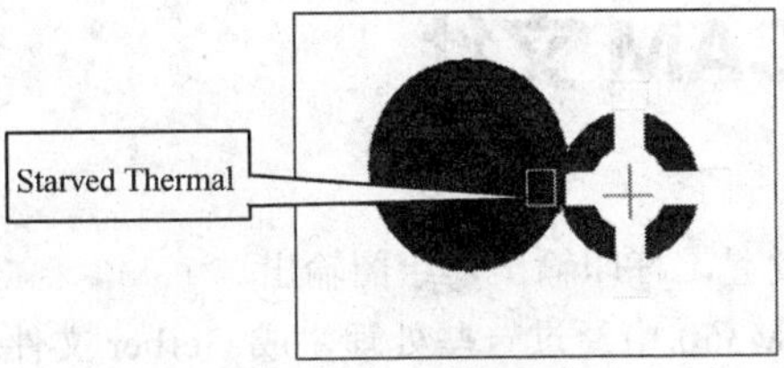

图 15-28 Starved Thermal 情况

图 15-29 Silkscreen Over Pads 情况

在如图 15-1 所示的 Verify Design 对话框中选择 Fabrication Latium 项，然后单击 Setup... 按钮，系统会弹出如图 15-30 所示的对话框，该对话框用于选择需检查的制造问题和设置各种检查制造问题的参数，例如，Acid Traps 项可以设置其大小和角度，超过设置则视为出现制造方面的错误。

在该对话框设置完成后，单击 OK 按钮退出，然后单击 Verify Design 对话框中的 Start 按钮，开始设计验证。验证完成后，被检测到的错误的坐标位置将在 Location 列表框中显示，相应错误的解释在 Explanation 列表框中显示，如图 15-31 所示为 DEF 错误显示。

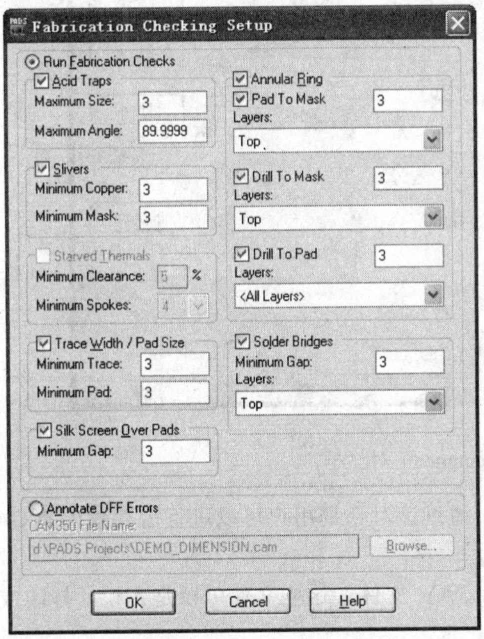

图 15-30 Fabrication Checking Setup 对话框

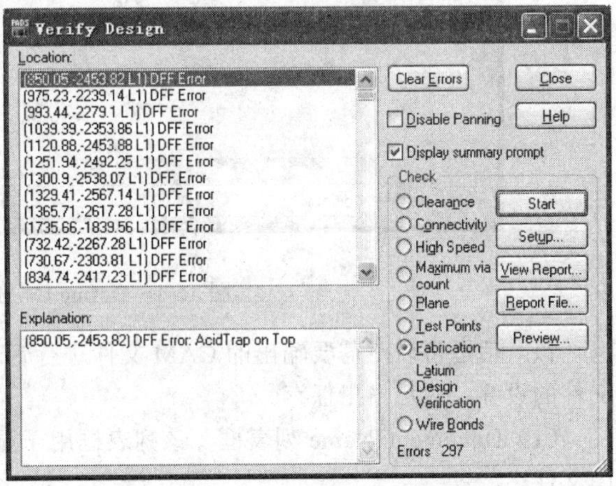

图 15-31 DFF 错误显示

练 习 题

1. 如何设置验证参数？如何设置检查规则？
2. 哪些验证错误必须处理？

第 16 章　定义 CAM 文件

本章主要介绍：CAM 文件简介，光绘输出文件的设置，打印输出，绘图输出。

在使用 PADS 完成 PCB 的设计后，通常还需在 CAM350 中经过一些处理生成 Gerber 文件，交给制板厂商进行 PCB 的生产，这就要求在 PADS 中设置生成 CAM 文件，然后导入到 CAM350 中进行处理，再导出送交制板厂商进行 PCB 制作。

16.1　CAM 文件简介

选择菜单栏中的 File→CAM 命令，系统会打开如图 16-1 所示的 Define CAM Documents 对话框。

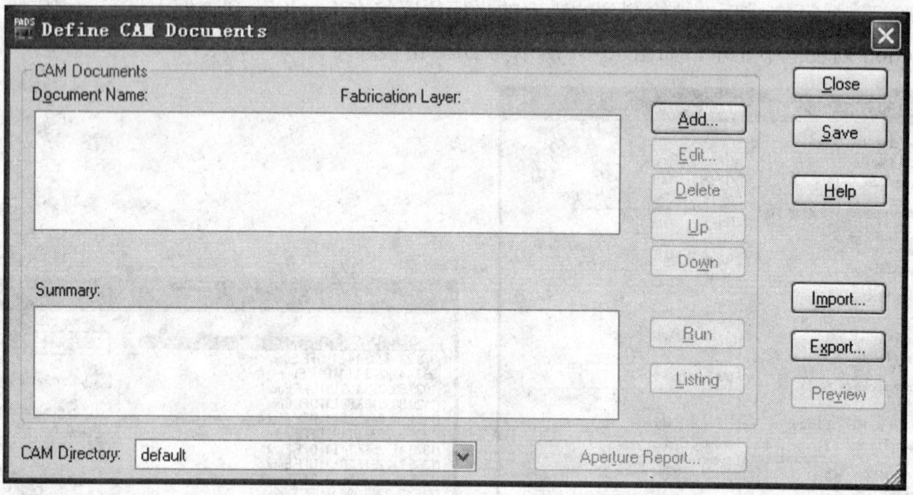

图 16-1　Define CAM Documents 对话框

该对话框可以对需要输出的 CAM 文件进行管理。通过该对话框用户可以进行需要输出的 CAM 文件的设置，然后导出保存。

（1）Document Name 列表框　该列表框用于显示 CAM 文件，这些文件可以是光绘、打印或绘图文件。

（2）Summary 列表框　当在 Document Name 列表框中选择一个 CAM 文件时，则在 Summary 列表框中显示该文件的概要说明。

（3）CAM Directory 选项　该选项用于设置保存 CAM 输出文件的路径。若该选项为 default 时，表示文件保存在 PADS 的默认目录下；若该选项为 Create 时，系统会弹出如图 16-2 所示的 CAM Question 对话框，单击

按钮，弹出如图 16-3 所示的 Choose Directory 对话框，在该对话框中选择存放路

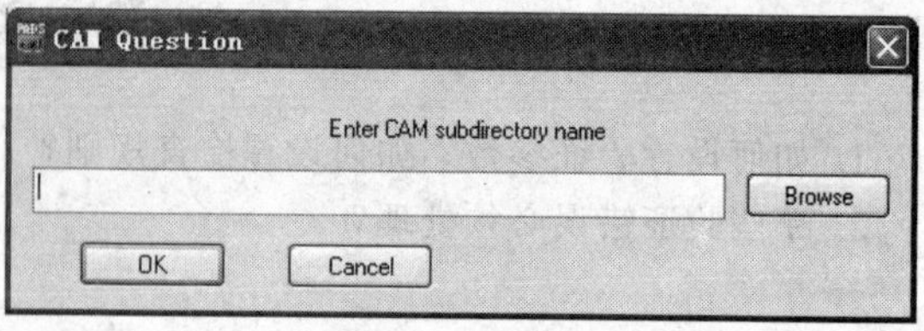

图 16-2　CAM Question 对话框

径。然后在 CAM Question 对话框中的 Enter CAM subdirectory name 文本框内输入文件夹名称，则输出的 CAM 文件就保存在该文件夹中了。

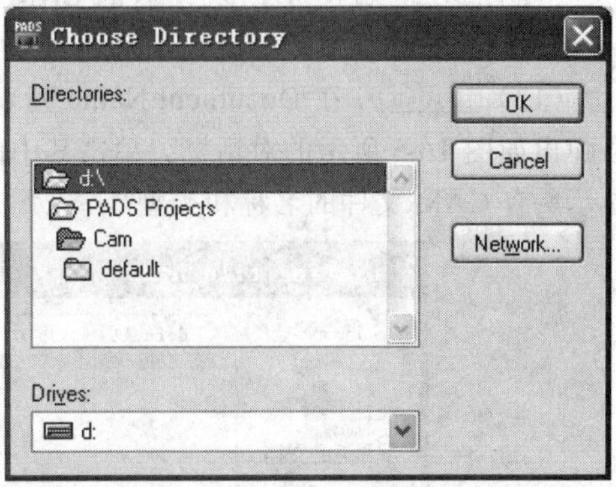

图 16-3　Choose Directory 对话框

（4）Add... 与 Delete 这两个按钮用于增加和删除 Document Name 列表框中的 CAM 文件。

（5）Edit... 该按钮用于更改各个 CAM 文件的输出参数设置。

（6）Up 与 Down 这两个按钮用于调整 Document Name 列表框中 CAM 文件的顺序，也就是调整 CAM 文件输出的顺序。

（7）Import... 该按钮用于从文件夹中导入 CAM 文件。

（8）Export... 该按钮用于导出 CAM 文件到文件夹中保存。

（9）Run 选择 Document Name 列表框中的所有 CAM 文件，单击 Run 按钮，PADS 会自动按顺序输出所有设定的 CAM 文件。

（10）Preview 在 Document Name 列表框中选择相应的 CAM 文件，然后单击 Preview 按钮，即可预览该 CAM 文件的输出数据，如图 16-4 所示。

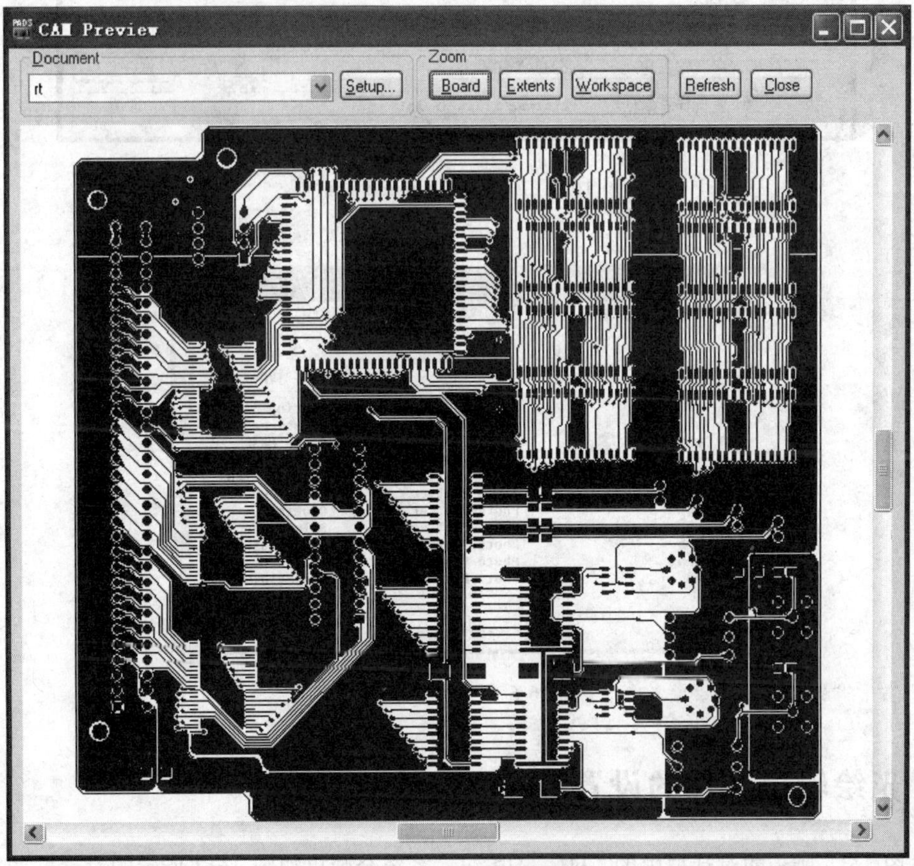

图 16-4　CAM Preview 对话框

（11）Aperture Report... 将所有的 CAM 输出光码文件的数据合并成一个光码表文件，并在 CAM Preview 对话框中显示。

（12）Listing 在 Document Name 列表框中选择任意一个 CAM 文件，单击 Listing 按钮，系统会弹出如图 16-5 所示的对话框。单击其中的 保存(S) 按钮，则弹出如图 16-6 所示的 CAM 文件清单，显示所有 CAM 文件的名称和类型。

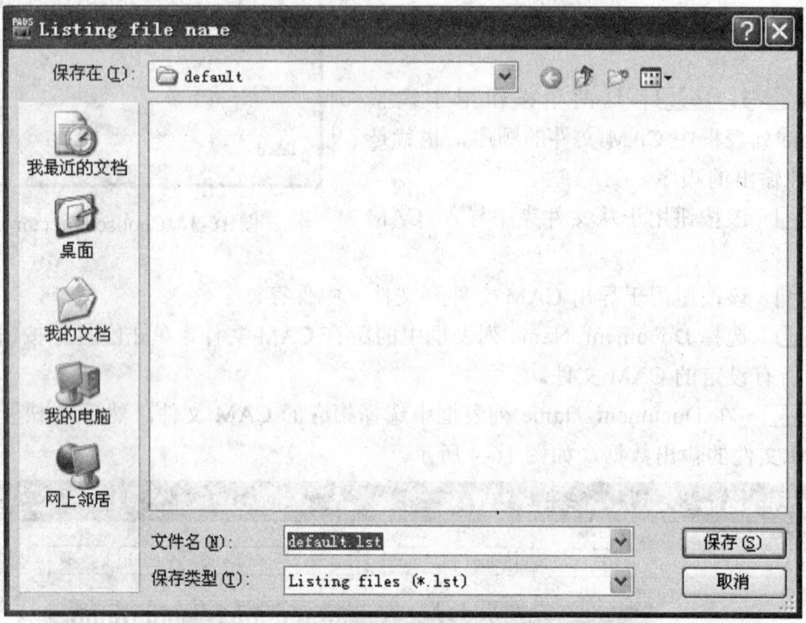

图 16-5 Listing file name 对话框

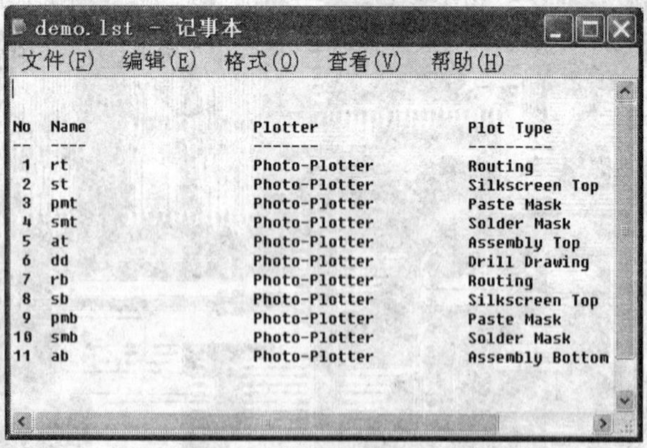

No	Name	Plotter	Plot Type
1	rt	Photo-Plotter	Routing
2	st	Photo-Plotter	Silkscreen Top
3	pmt	Photo-Plotter	Paste Mask
4	smt	Photo-Plotter	Solder Mask
5	at	Photo-Plotter	Assembly Top
6	dd	Photo-Plotter	Drill Drawing
7	rb	Photo-Plotter	Routing
8	sb	Photo-Plotter	Silkscreen Top
9	pmb	Photo-Plotter	Paste Mask
10	smb	Photo-Plotter	Solder Mask
11	ab	Photo-Plotter	Assembly Bottom

图 16-6 CAM 文件清单

16.2 光绘输出文件的设置

单击图 16-1 所示的对话框中的 Add... 按钮，系统会弹出如图 16-7 所示的对话框，从中可以定义 CAM 文件。

（1）Document Name 用于输入CAM文件的名称。

（2）Document Type 不同的输出数据对应的CAM文件的种类。

1）Custom 用户自主定义CAM输出文件的类型。

2）CAM Plane 输出CAM层的CAM数据。

3）Routing/Split Plane 输出布线/分割层的CAM数据。

4）Silkscreen 输出丝印层的CAM数据。

5）Paste Mask 输出锡膏层的CAM数据。

6）Solder Mask 输出阻焊层的CAM数据。

7）Assembly 输出装配层的CAM数据。

8）Drill Drawing 输出钻孔孔位和钻孔信息的（大小、镀金）CAM数据。

9）NC Drill 输出钻孔文件，用于控制钻孔设备。

10）Verify Photo 验证输出的CAM数据。

（3）Output File 该选项与Document选项中设置的类型相对应。

（4）Fabrication Layer 用于选择CAM输出用哪一种装配方式。

（5）Summary 用户对CAM输出文件设置的简要说明。

（6）Customize Document 选项组

1）Layers 按钮 用于选择CAM输出数据是针对PCB上的哪几层进行的，以及被选择层中需要输出的对象。单击该按钮，系统会弹出如图16-8所示的对话框。

2）Options 按钮 用于设置CAM输出文件的相关参数。单击该按钮，系统会弹出如图16-9所示的对话框。

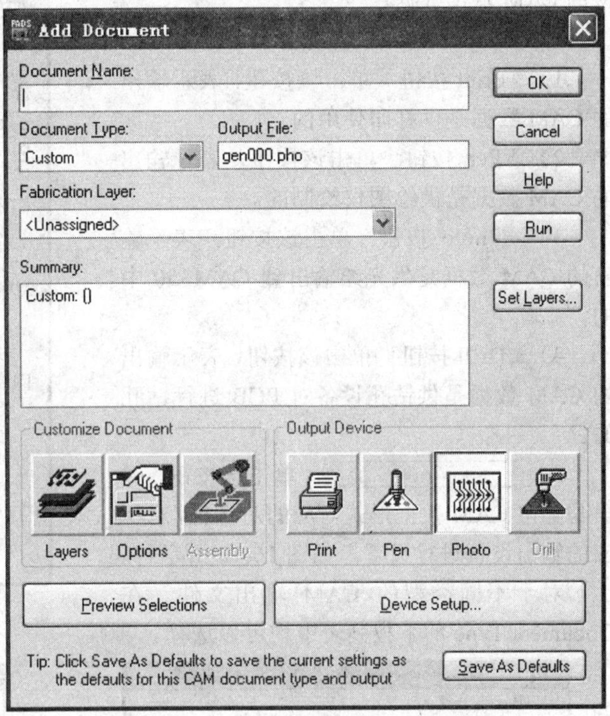

图16-7 Add Document 对话框

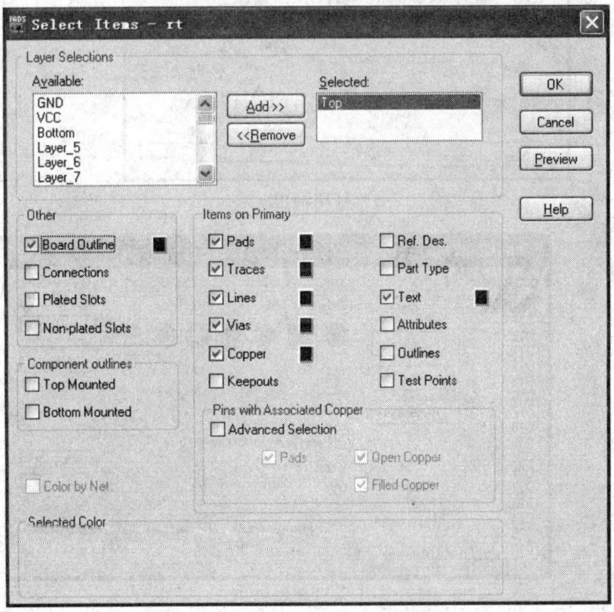

图16-8 Select Items 对话框

3）Assembly 按钮 表示输出装配图的相关设置。

4）Preview Selections 单击该按钮，系统会弹出如图16-4所示的CAM Preview对话框，显示相应的 CAM 输出数据。

（7）Output Device 选项组

1）Print 按钮　单击该按钮，表示输出的 CAM 数据是供打印使用的。

2）Pen 按钮　单击该按钮，表示输出的 CAM 数据是供绘图仪绘制的。

3）Photo 按钮　单击该按钮，表示输出的 CAM 数据是供光绘输出到 CAM350 中的。

4）Drill 按钮　单击该按钮，表示输出的 CAM 数据是供钻孔设备对 PCB 进行钻孔的。

5）Device Setup... 单击该按钮，弹出与输出 CAM 数据形式对应的对话框，对相应的输出设备进行设置，如图 16-10 所示。

对于不同类型的 CAM 输出文件，在 Document Type 的下拉列表中均可以选择。

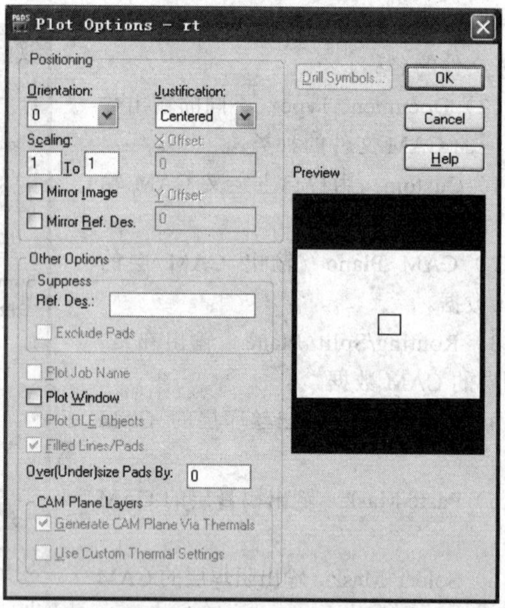

图 16-9　Plot Options 对话框

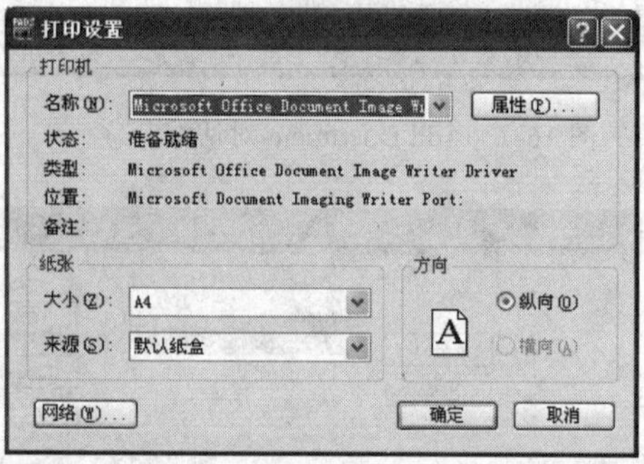

a）打印输出

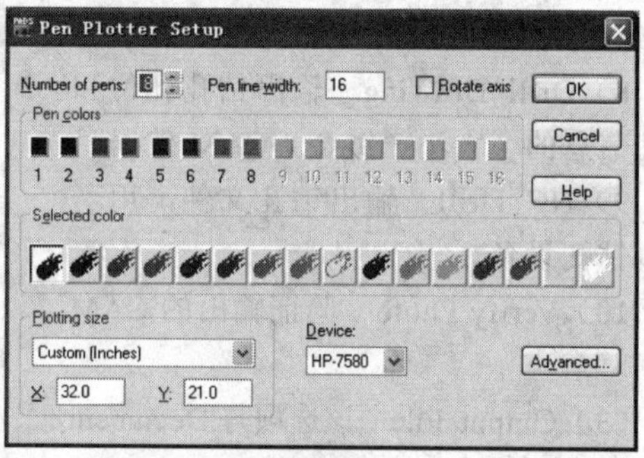

b）绘图输出

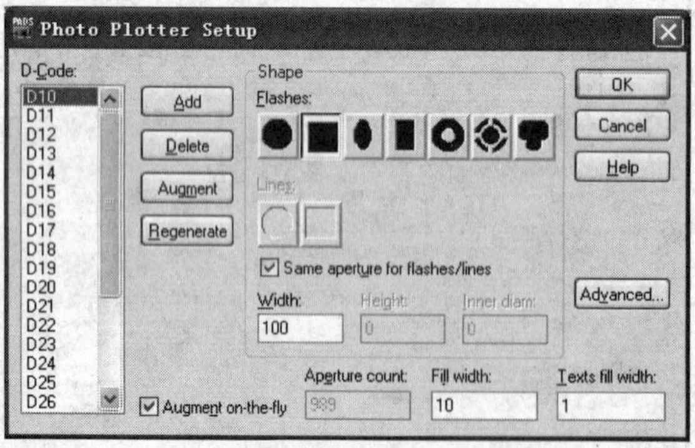

c）光绘输出

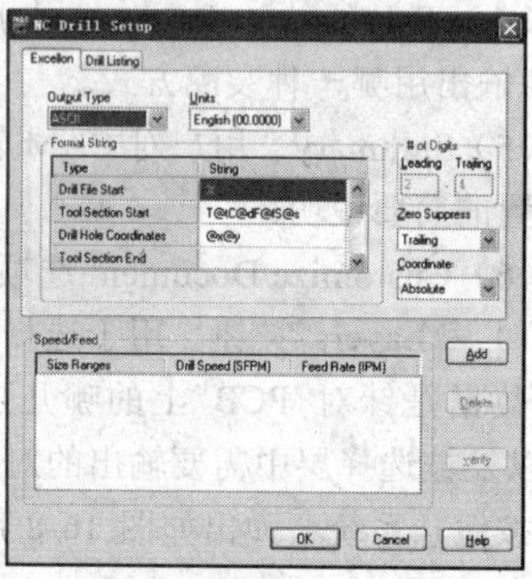

d）钻孔文件输出

图 16-10　与 CAM 数据输出形式对应的设备设置对话框

16.2.1　Routing/Split Plane 类型

为了输出 Gerber 文件到 CAM350 中，应该对各层 CAM 数据的输出进行相关参数设置。下面以实例介绍 Routing /Split Plane 类型的设置。

（1）选择菜单栏中的 File→CAM 命令，系统会打开如图 16-1 所示的 Define CAM Documents 对话框。

（2）单击其中的 Add... 按钮，则弹出如图 16-7 所示的 Add Document 对话框，在 Document Name 文本框中输入 CAM 输出文档名称 RT。

（3）在 Document Type 选项的下拉列表中选择 Routing/Split Plane 选项，系统会弹出如图 16-11 所示的 Layer Association 对话框，在该对话框中的下拉列表中选择 Top，单击 OK 按钮关闭对话框。PADS 会自动在 Add Document 对话框中的 Output File 选项文本框中输入文件名。

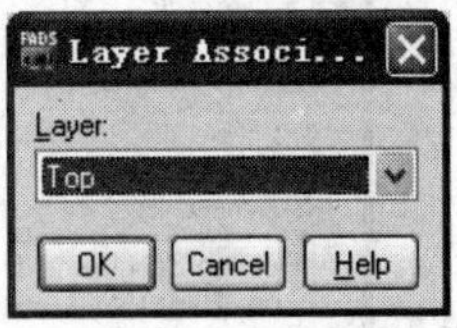

图 16-11 Layer Association 对话框

（4）在 Add Document 对话框中的 Output Device 选项组中单击图标，表示输出的数据形式是光绘图。

（5）在 Add Document 对话框中单击图标，系统会弹出如图 16-12 所示的 Select Items 对话框，在 Available 列表框中选择 Top，单击 Add>> 按钮，使之在 Selected 列表框中显示。

（6）在 Top 层的 Select Items 对话框中选择要 CAM 输出的对象，如图 16-12 中黑色方框项表示被选择。单击 OK 按钮退出该对话框。

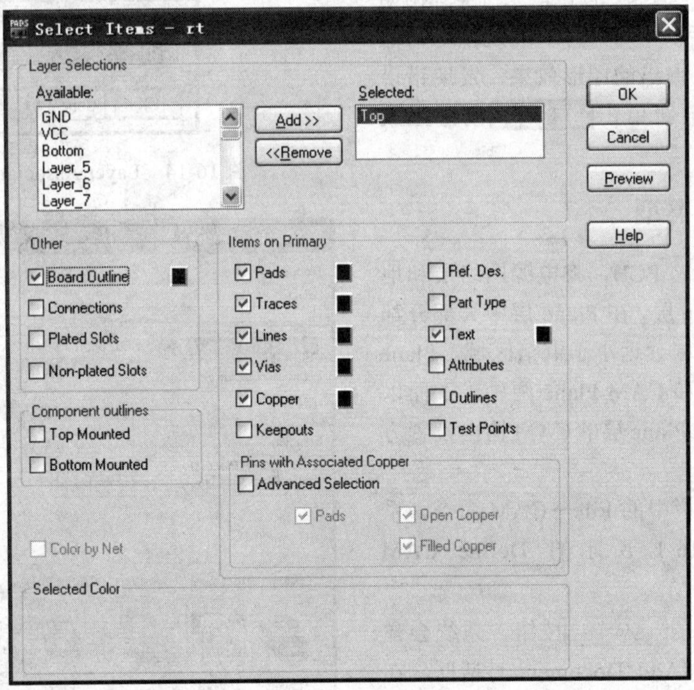

图 16-12 Select Items 对话框

（7）单击如图 16-7 中的图标，系统会弹出如图 16-9 所示的对话框，在其中的 Justification 选项中选择 Centered，使预览图形在窗口中居中。单击 OK 按钮退出该对话框。

（8）单击图 16-7 对话框中的 Run 按钮，则进行布线层光绘文件的输出。

（9）单击 OK 按钮退出 Add Document 对话框，添加的 CAM 文档将会在 Define CAM Documents 对话框中显示，如图 16-13 所示。

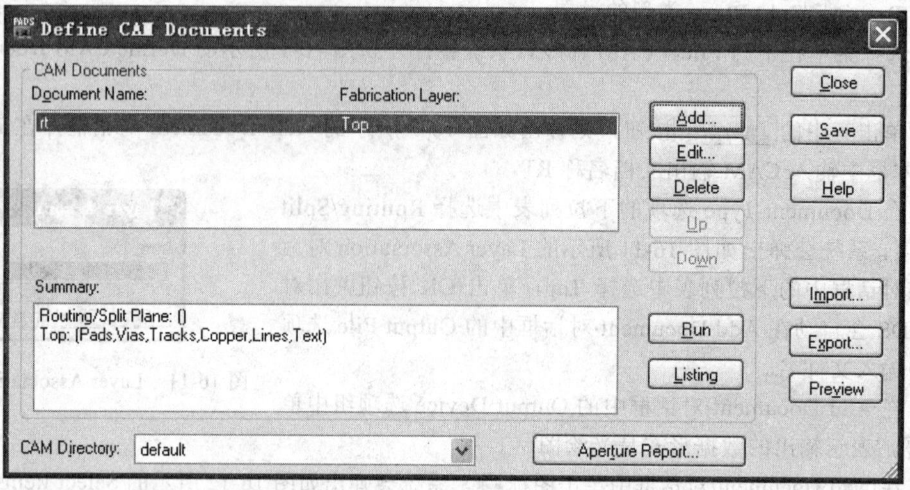

图 16-13　Top 层 CAM 文档

完成布线顶层的光绘文件输出后，单击图 16-13 对话框中的 Preview 按钮，系统会弹出如图 16-4 所示的对话框，用户可以通过该对话框预览 Top 层 CAM 输出的图形效果，发现错误及时修改后，再重新单击 Run 按钮生成 CAM 输出文件。

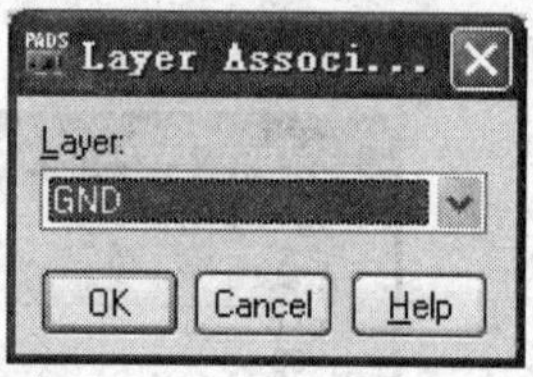

图 16-14　Layer Association 对话框

16.2.2　Plane 类型

一般 4 层以上的 PCB，将电源网络层和地网络层设置为 Plane 层，在 Plane 层中大部分都是铜箔，非铜箔区域远远小于铜箔区域。Plane 层分为 Split Plane 和 CAM Plane 两种。下面以实例详细介绍 Split Plane 层的 CAM 输出设置方法。

（1）选择工具栏中的 File→CAM 命令，系统会打开如图 16-1 所示的 Define CAM Documents 对话框。

（2）单击其中的 Add... 按钮，系统会弹出如图 16-7 所示的 Add Document 对话框，在 Document Name 文本框中输入 CAM 输出文档名称 GND。

（3）在 Document Type 选项的下拉列表中选择 Routing/Split Plane，系统会弹出如图 16-14 所示的 Layer Association 对话框，在该对话框的下拉列表中选择 GND，单击 OK 按钮关闭对话框。

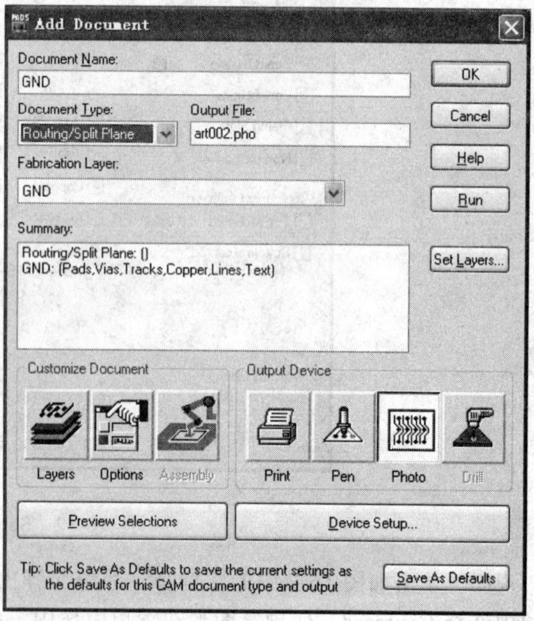

图 16-15　Add Document 对话框

（4）PADS会自动将Add Document对话框中的Fabrication Layer项选择为GND。

（5）在Add Document对话框中的Output Device选项组中单击图标，表示输出的数据形式是光绘图，如图16-15所示。

（6）在图16-15中单击图标，系统会弹出如图16-16所示的Select Items对话框，在Available列表框中选择GND，单击 Add>> 按钮，使之在Selected列表框中显示。

（7）在GND层的Select Items对话框中选择要CAM输出的对象，如图16-18中黑色方框项表示被选择。单击OK按钮退出该对话框。

（8）单击图16-15中的图标，系统会弹出如图16-9所示的对话框，在其中的Justification下拉列表中选择Centered，使预览图形在窗口中居中。单击OK按钮退出该对话框。

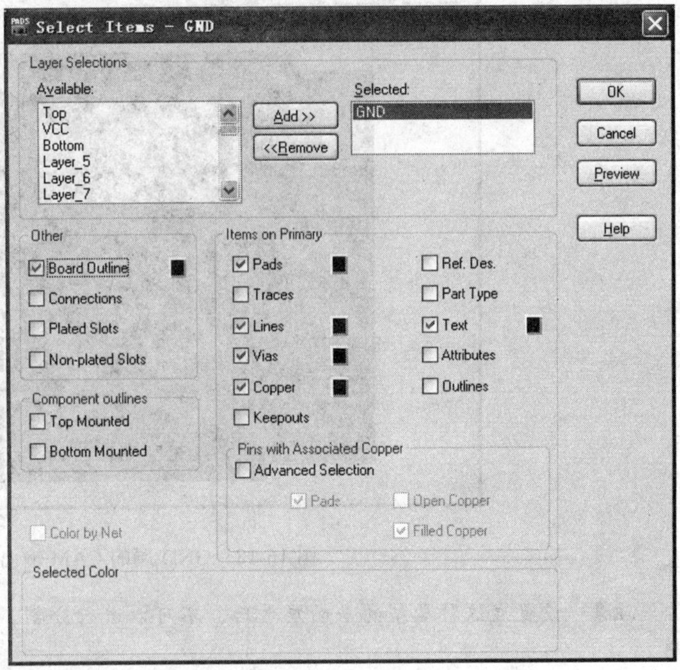

图16-16 GND层的Select Items设置

（9）单击Add Document对话框中的 Run 按钮，则进行地平面层光绘文件的输出。

（10）单击OK按钮退出Add Document对话框，添加的GND层的CAM文档将在Define CAM Documents对话框中显示，如图16-17所示。

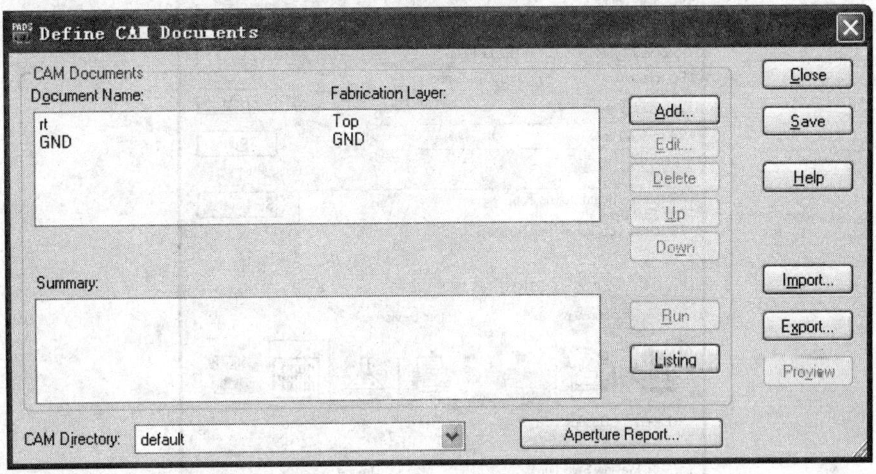

图16-17 GND层的CAM文档

完成GND层的光绘文件输出后，单击该对话框中的 Preview 按钮，系统会弹出如图16-18所示的对话框，预览GND层CAM输出的图形效果。

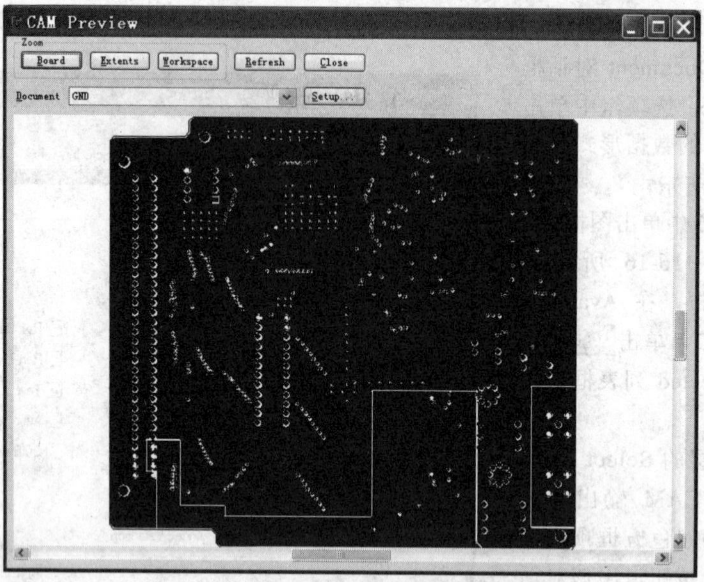

图 16-18 GND 层的 CAM 输出预览

注意：设置成这种类型的平面层之后，不可以进行分割，而且不允许布线，且输出为负片。

16.2.3 Silkscreen 类型

丝印层的 CAM 输出设置方法与布线层和平面层的 CAM 输出设置方法基本相同，只是在 Add Document 对话框中的 Document Type 选项的下拉列表中选择 Silkscreen，如图 16-19 所示。在图 16-12 的 Select Items 对话框中选择要 CAM 输出的对象，如图 16-20 中黑色方框项表示被选择。

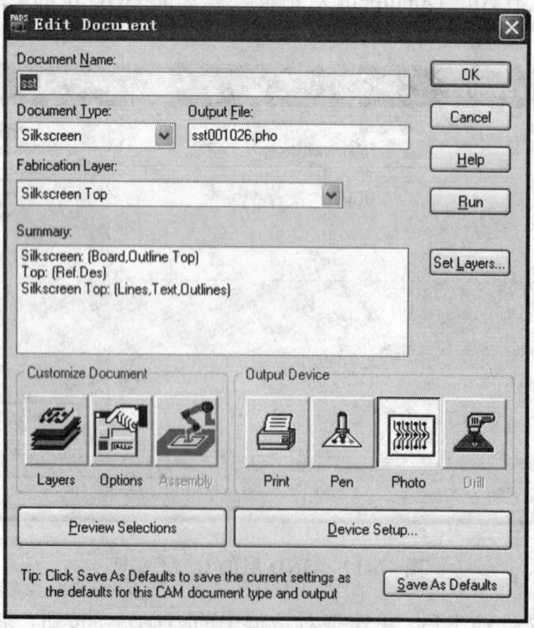

图 16-19 Silkscreen 层的设置

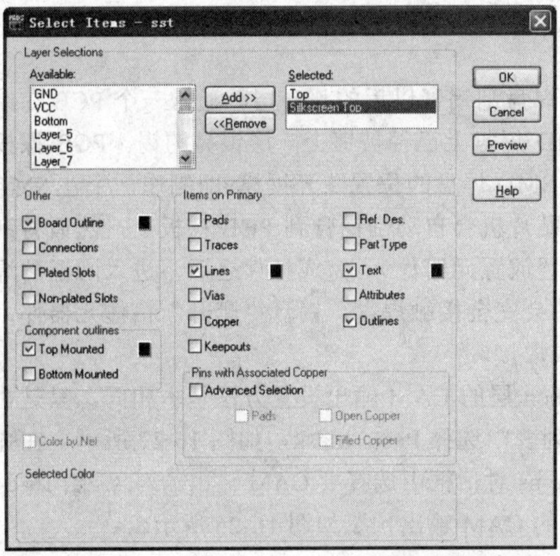

a）Silkscreen Top 层的 Select Items 设置

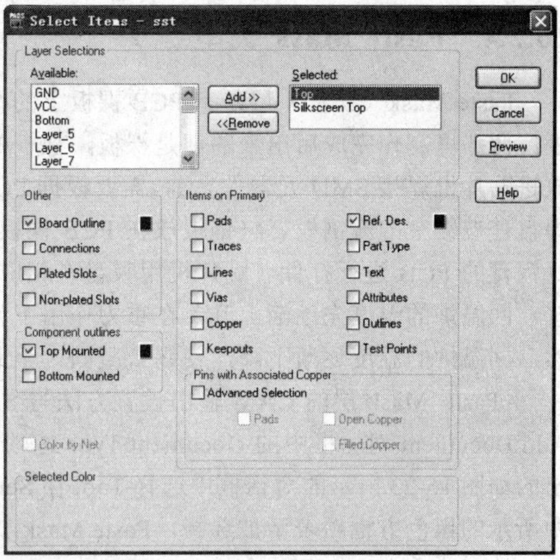

b）Top 层的 Select Items 设置

图 16-20　Select Items 对话框

注意：在图 16-20 所示的对话框中的 Selected 列表框中同时显示 Top 和 Silkscreen Top 层。这是因为元器件的边框在 Top 层，而元器件的标号在 Silkscreen Top 层，为了让这两种印制对象在输出的 CAM 文件中都显示在丝印层，故需在 Available 列表框中选择 Top 和 Silkscreen Top 层添加到 Selected 列表框，再进行相关的设置。

Silkscreen Top 层的 CAM 输出预览如图 16-21 所示。

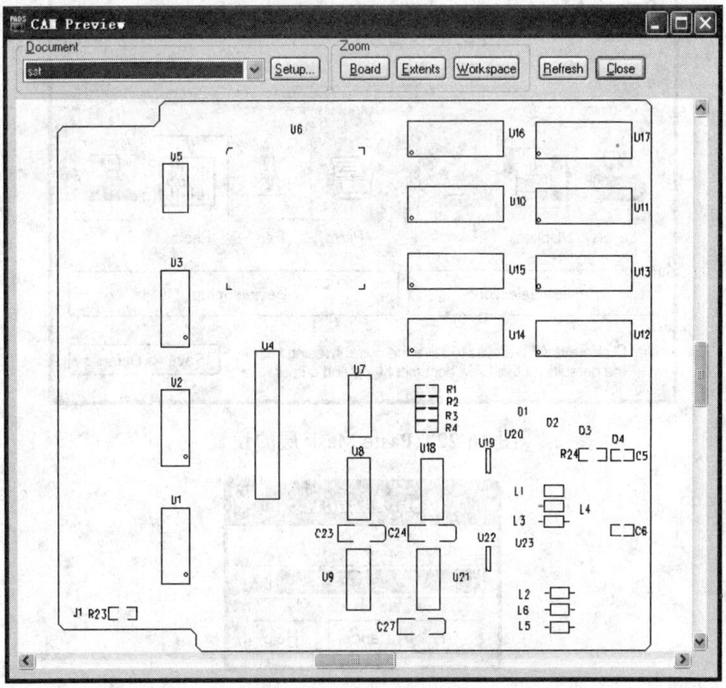

图 16-21　Silkscreen Top 层的 CAM 输出预览

16.2.4 Paste Mask 类型

Paste Mask（锡膏）层是指 PCB 裸板上的 SMD 焊盘刮锡膏以后的那一层。通常一个 PCB 在制板厂商那里制作完成后出来的便是裸板，裸板的 SMD 焊盘上已经被镀上一层银亮的锡。PCB 裸板放进贴片机焊接 SMD 元器件之前，需要根据 PCB 上 SMD 焊盘的位置图开钢模，即制作一个在 SMD 焊盘处被镂空的薄钢板。将钢板放在 PCB 裸板上，贴片机会自动刮锡膏到 PCB 裸板上，然后将刮好锡膏的 PCB 进行打件（贴片机用吸盘在相应的位置放置元器件），完成打件之后，进入回温炉焊接。回温炉的温度先逐渐上升，在重力作用下元器件会完全接触焊盘，锡膏"爬升"粘住元器件，然后回温炉的温度逐渐下降，使锡膏凝固，至此完成焊接。

Paste Mask 层的 CAM 输出设置方法与 Silkscreen 层的 CAM 输出设置方法基本相同，只是在 Add Document 对话框中的 Document Type 选项下拉列表中选择 Paste Mask，如图 16-22 所示。在弹出的如图 16-23 所示的对话框中选择 Top。在 Select Items 对话框中选择要 CAM 输出的对象，图 16-24 中所示的黑色方框项表示被选择。Paste Mask Top 层的 CAM 输出预览如图 16-25 所示。

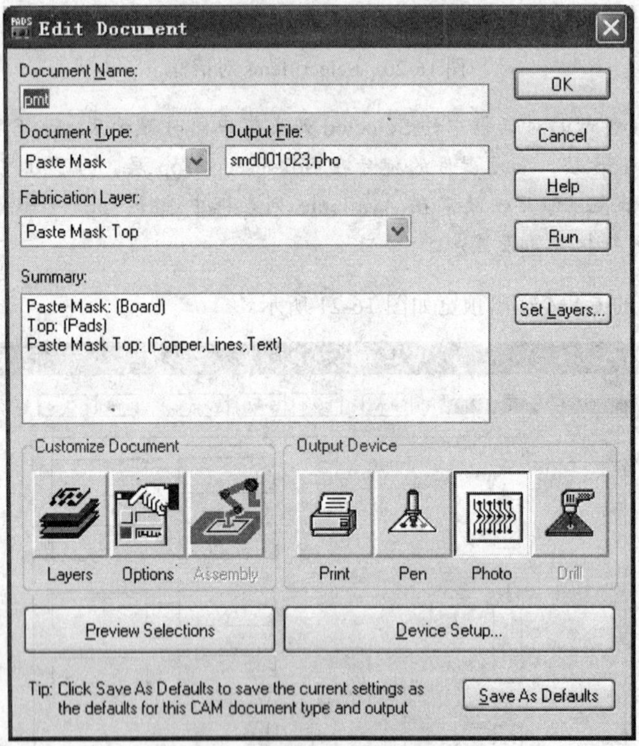

图 16-22　Paste Mask 层的设置

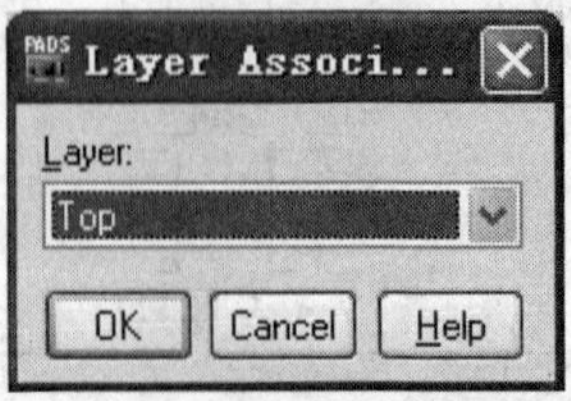

图 16-23　Layer Association 对话框

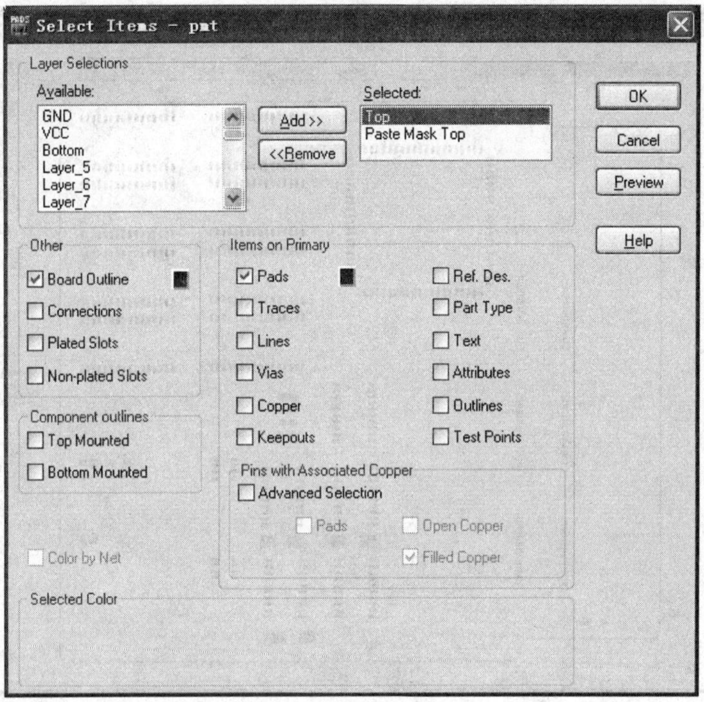

a）Top 层的 Select Items 设置

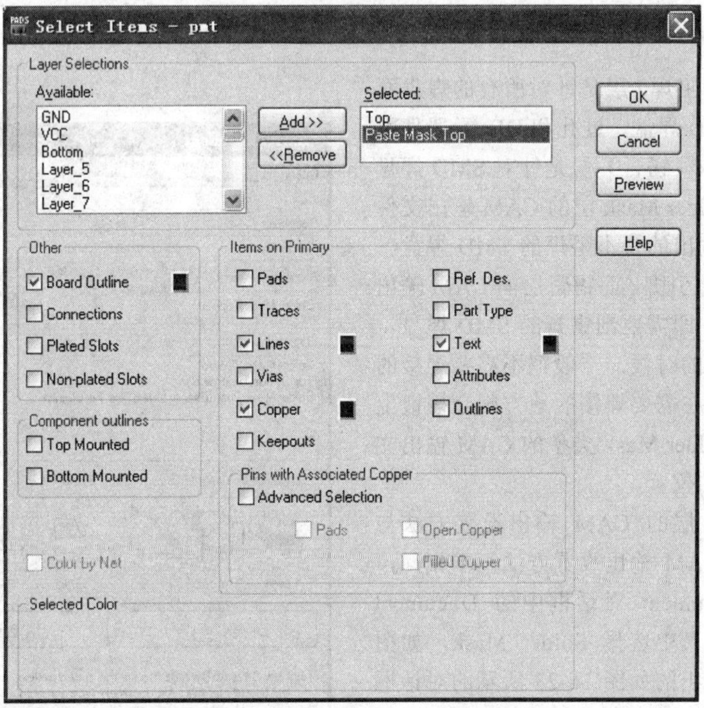

b）Paste Mask Top 层的 Select Items 设置

图 16-24　Select Items 对话框

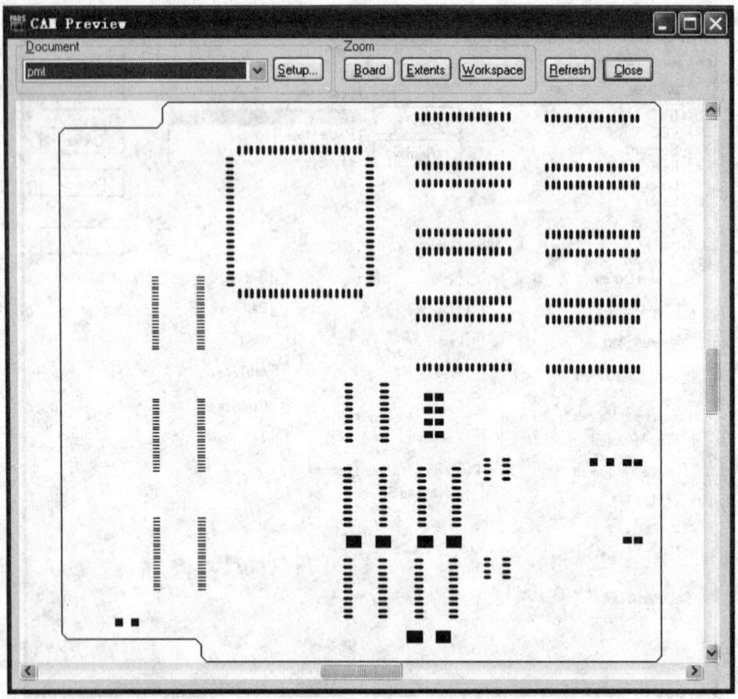

图 16-25 Paste Mask Top 层的 CAM 输出预览

16.2.5 Solder Mask 类型

Solder Mask（阻焊）层是针对所有的焊盘而言的，即包括 SMD 焊盘、过孔和 DIP 元器件引脚；而 Paste Mask（锡膏）层是针对 SMD 焊盘而言的。另外，Solder Mask 层的 CAM 输出文件是负片输出，即输出的是不阻焊的 SMD 焊盘、过孔和 DIP 元器件引脚，而锡膏层的 CAM 输出文件是正片输出，即需要刮锡膏的 SMD 焊盘。

在 PCB 制作的时候，一般把不需要焊接的地方涂上阻焊漆，在需要焊接的地方则会被镀上一层银亮的锡。Solder Mask 类型的 CAM 输出文件就是显示镀锡的位置。

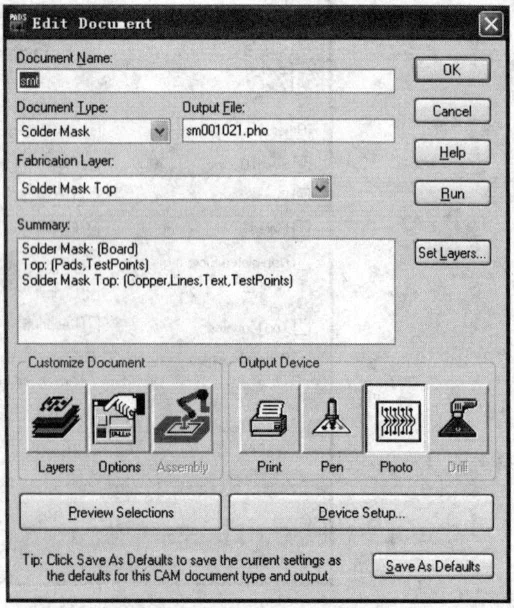

图 16-26 Solder Mask 层的设置

Solder Mask 层的 CAM 输出设置方法与 Silkscreen 层的 CAM 输出设置方法基本相同，只是在 Add Document 对话框中的 Document Type 选项下拉列表中选择 Solder Mask，如图 16-26 所示。在弹出的如图 16-23 所示的对话框中选择 Top。在 Select Items 对话框中选择要 CAM 输出的对象，图 16-27 中所示的黑色方框项表示被选择。Solder Mask Top 层的 CAM 输出预览如图 16-28 所示。

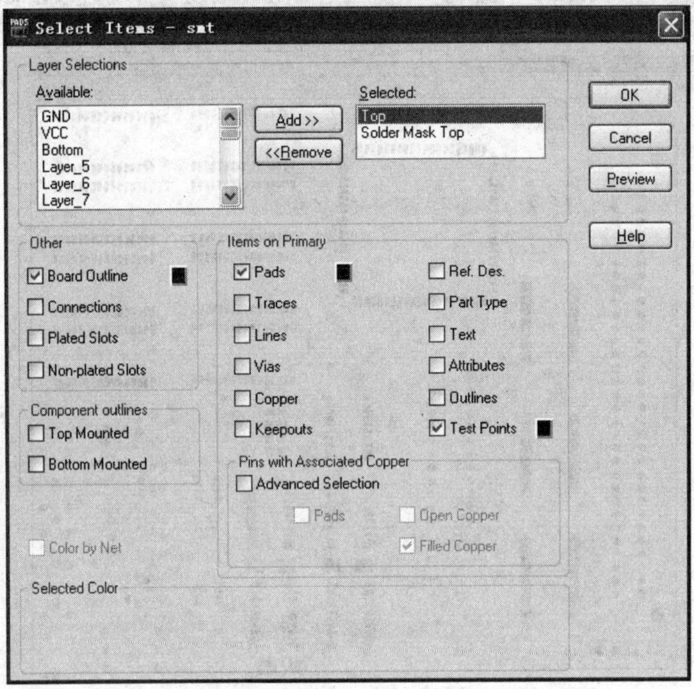

a）Top 层的 Select Items 设置

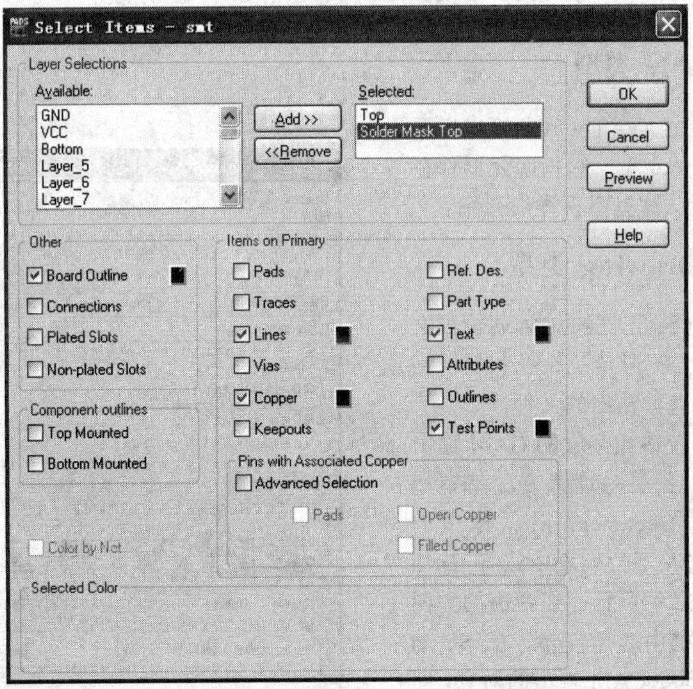

b）Solder Mask Top 层的 Select Items 设置

图 16-27　Select Items 对话框

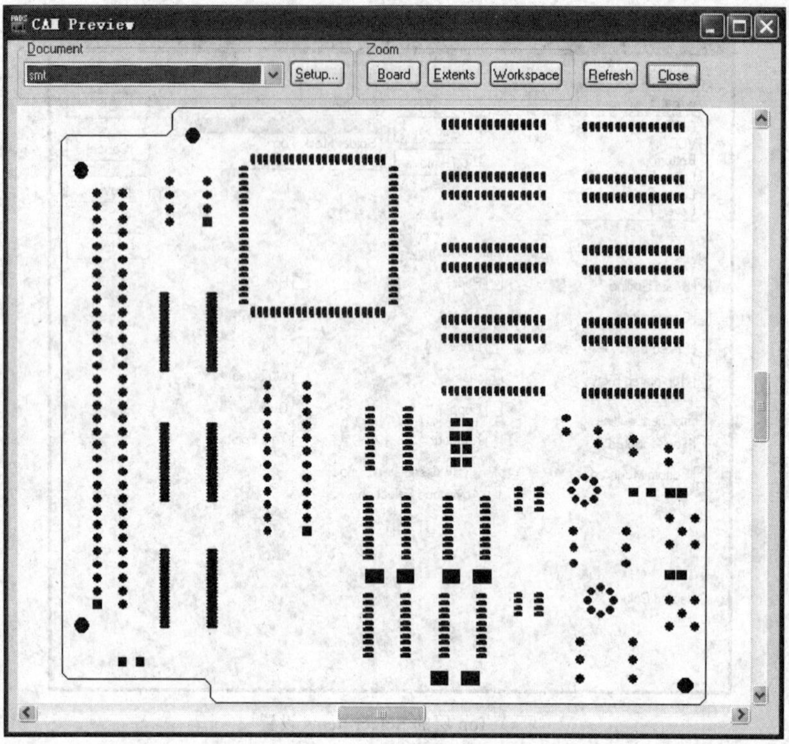

图 16-28 Solder Mask Top 层的 CAM 输出预览

16.2.6 Assembly 类型

Assembly（装配）层的 CAM 输出主要用于元器件焊接时的定位，它指明元器件在 PCB 上的坐标位置。这里不再详细介绍。

16.2.7 Drill Drawing 类型

Drill Drawing（钻孔）层的 CAM 输出文件主要用于加工 PCB 时定位钻孔和显示钻孔信息（大小、镀金）输出的文件。

Drill Drawing（钻孔）层的 CAM 输出文件的设置与以上各层的设置方法基本相同，只是在 Add Document 对话框中的 Document Type 选项下拉列表中选择 Drill Drawing，如图 16-29 所示。在弹出的如图 16-23 所示的对话框中选择 Top。在 Select Items 对话框中选择要 CAM 输出的对象，图 16-30 中所示的黑色方框项表示被选择。Drill Drawing 层的 CAM 输出预览如图 16-31 所示。

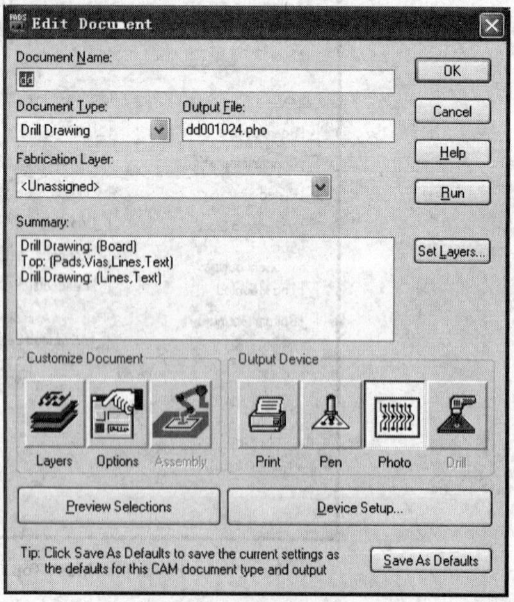

图 16-29 Drill Drawing 层的设置

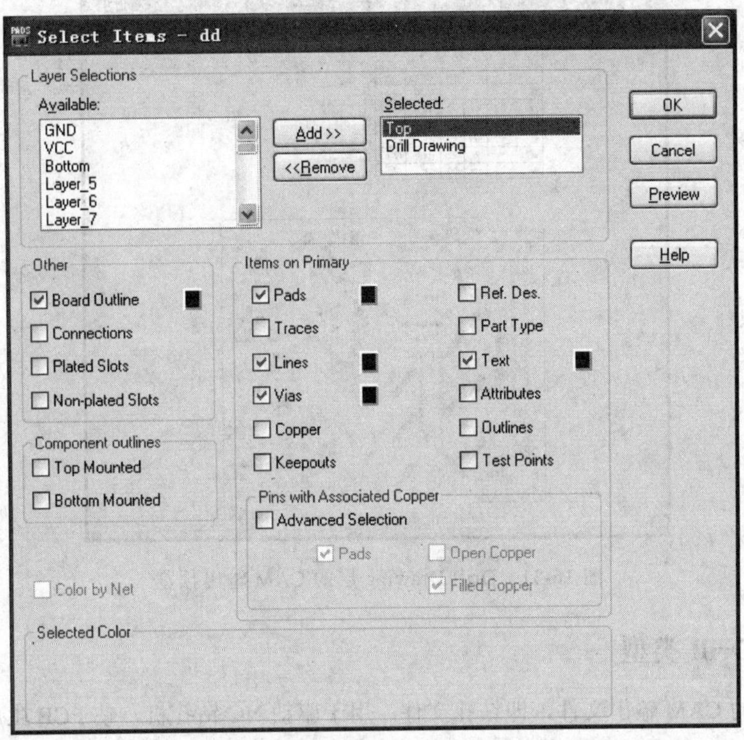

a）Top 层的 Select Items 设置

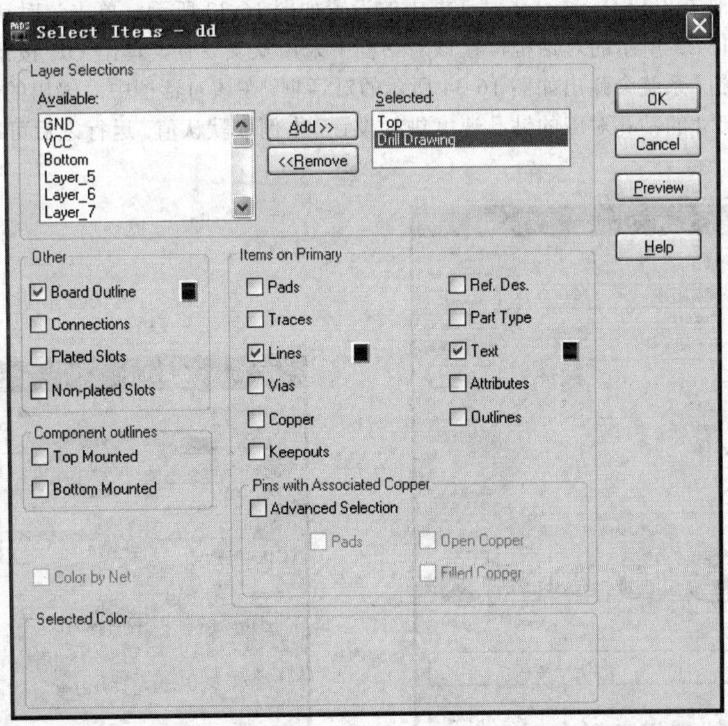

b）Drill Drawing 层的 Select Items 设置

图 16-30　Select Items 对话框

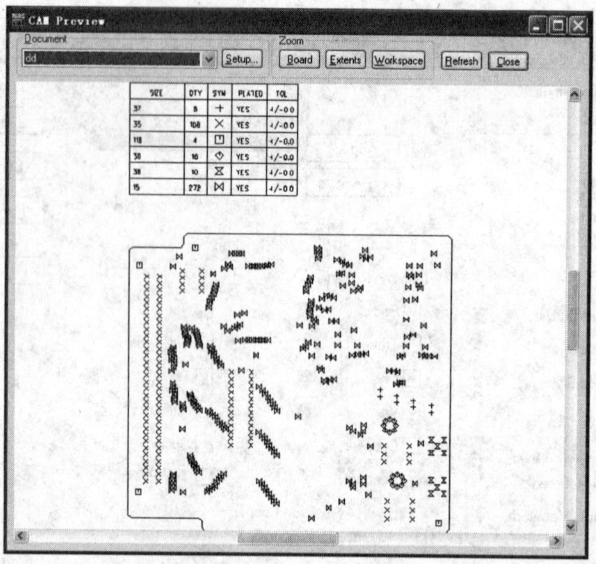

图 16-31 Drill Drawing 层的 CAM 输出预览

16.2.8 NC Drill 类型

NC Drill 层的 CAM 输出文件，即钻孔文件，用于驱动 NC 钻孔机，使 PCB 生成自动化生产中不可缺少的文件。

CAM 输出文件在 Edit Document 对话框中的设置如图 16-32 所示。单击该对话框中的图标，系统会弹出如图 16-33 所示的对话框，在该对话框中采用默认设置，单击 OK 按钮退出。然后单击 Device Setup…按钮，系统会弹出如图 16-34 所示的对话框，在该对话框中对输出的钻孔文件的格式、单位和各种不同尺寸的钻孔对应的钻孔速度进行设置，本例取默认值。运行之后可以得到如图 16-35 所示的预览图形。

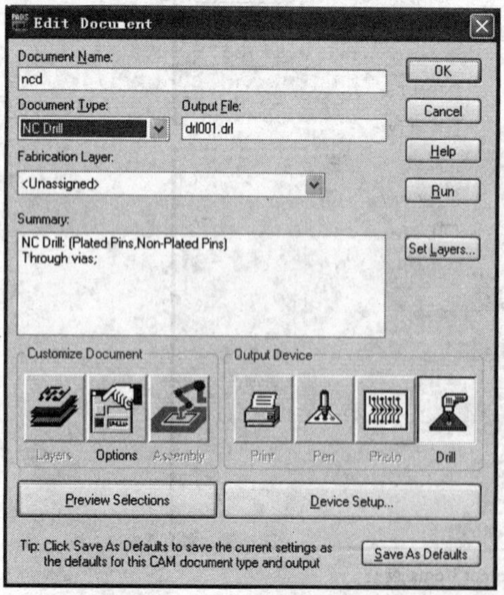

图 16-32 Edit Document 中的设置

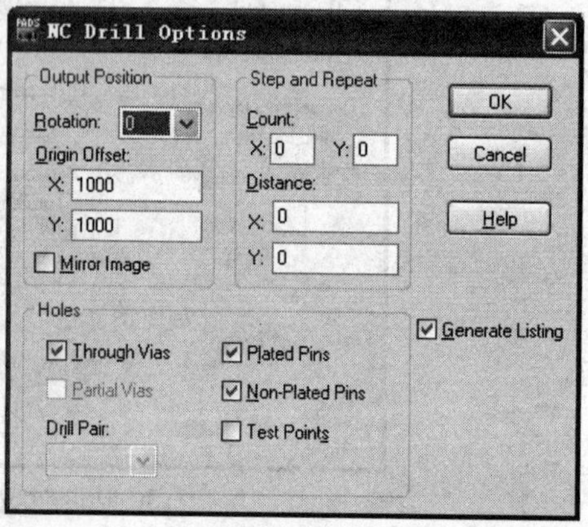

图 16-33 NC Drill Options 对话框

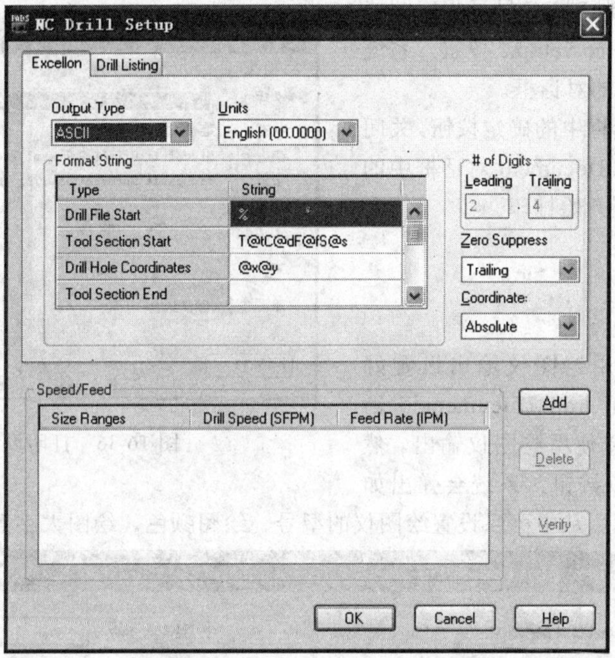

图 16-34 NC Drill Setup 对话框

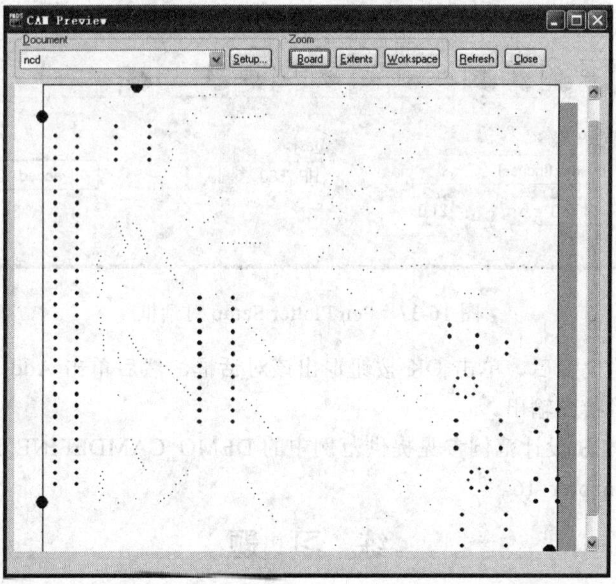

图 16-35 NC Drill 层的 CAM 输出预览

16.3 打印输出

光绘输出的文件设置完成后，用户只需在 Add Document 对话框中的 Output Device 选项组中单击图标，使用打印机输出设置好的 CAM 输出文件。单击 Add Document 对话框中的

Preview Selections按钮，则 PADS 显示相应图层的打印预览。单击 Device Setup…按钮，系统会弹出如图 16-36 所示的对话框。

单击打印设置对话框中的确定按钮，关闭该对话框，再单击 Add Document 对话框中的Run按钮，则系统开始打印。

图 16-36　打印设置对话框

16.4　绘图输出

绘图输出是指使用绘图仪输出设置好的 CAM 输出文件。在 Add Document 对话框中单击图标，选择使用绘图仪输出。然后单击 Device Setup…按钮，系统会弹出如图 16-37 所示的对话框。从中可以设置绘图仪的型号、绘图颜色、绘图大小等参数。

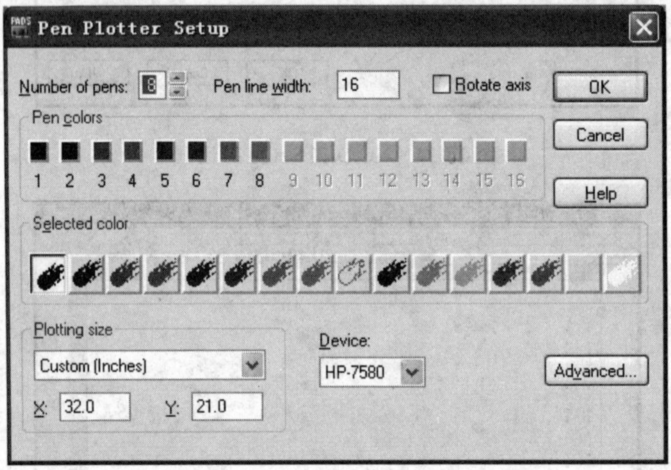

图 16-37　Pen Plotter Setup 对话框

完成如图 16-37 的设置后，单击 OK 按钮退出该对话框，然后单击 Add Document 对话框中的Run按钮，则开始绘图输出。

本章内容对应的 PCB 设计范例参见提供范例中的 DEMO_CAMDEFINE.pcb 文件，路径为\PADS Layout\DEMO_ PCB\Chapter_16。

练　习　题

1. 在 CAM 文件的定义中，哪些层文件必须定义？各层的定义需要注意什么？
2. 光绘文件各层的物理意义是什么，在实际 PCB 设计中如何体现？

第 17 章　CAM 输出和 CAM Plus

本章主要介绍：CAM350 用户界面介绍，CAM350 的快捷键及 D 码，CAM350 中 Gerber 文件的导入，CAM 的排版输出，CAM Plus 的使用。

在 PADS 中完成了 CAM 输出文件设置之后，将所有定义好的文件运行并保存到设置好的目录下，将生成的光绘文件导入到 CAM 软件中进行处理，然后再导出 Gerber 文件送交制板厂商制板。在 PC Gerber、View 2001、ECAM 等众多的 CAM 软件之中，CAM350 的功能相当强大，价格适中，而且能适应复杂的要求，目前应用相当广泛。

17.1　CAM350 用户界面介绍

下面以 CAM350 Version 9.0.1 为例介绍，其界面如图 17-1 所示。

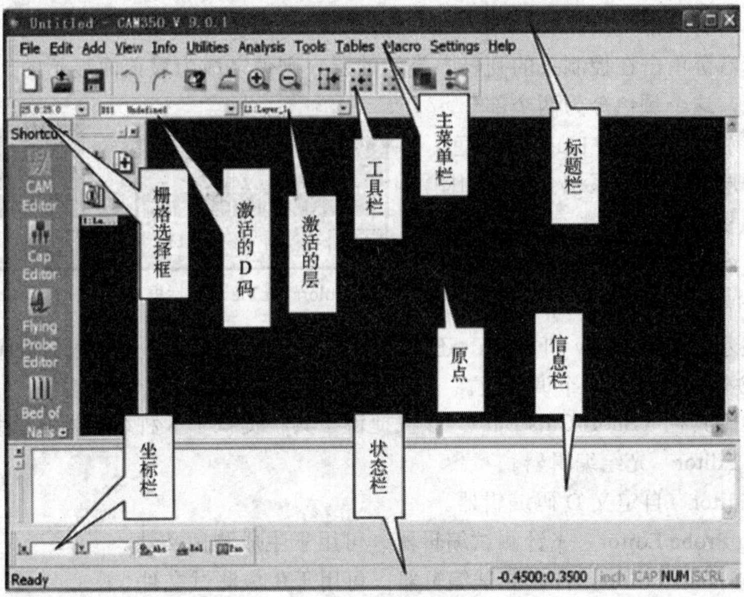

图 17-1　CAM350 Version 9.0.1 的界面

（1）标题栏（Title Bar）　显示文件名称和路径。

（2）主菜单栏（Main Menu Bar）　在相应的菜单名称上单击鼠标左键即可打开该菜单，也可通过 ALT 键与菜单项首字母的组合打开相应的菜单。

（3）工具栏（Tool Bar）　工具栏如图 17-2 所示。

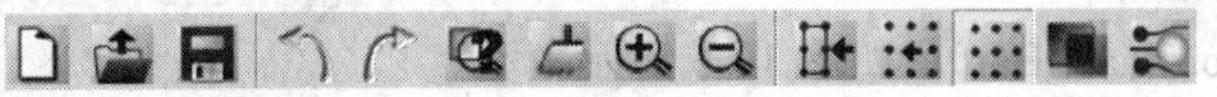

图 17-2　工具栏

（4）仪表板（Dashboard）

1）栅格选择框（Grid Selection）　利用栅格组合框可以从下拉列表中选择栅格大小，也可以直接输入栅格尺寸。输入的 X、Y 坐标值可以是整数，也可以是小数，而且可以是不同的值。如果输入了 X 坐标后按 Enter 键，那么 Y 坐标就默认为与 X 坐标相同。

2）激活的 D 码（Active D code） 这是一个当前定义的镜头（Aperture）的下拉列表，在列表中被选中的选项将设置为当前激活的 D 码。

（5）激活的层（Active Layer） 这个下拉列表中包含光绘输出的所有层，单击任何一层将激活该层，并使该层设置为当前层。与快捷键 L 具有相同功能。例如，按 L 键，系统会弹出如图 17-3 所示的对话框，在该对话框中输入相应的层的序号即可激活该层。

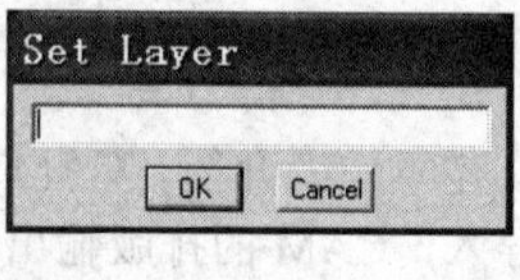

图 17-3 Set Layer 对话框

（6）层控制工具（Layer Control Bar） 这个垂直的工具栏位于窗口的左侧，用来控制所有层的信息。控制条的上方为 Redraw、Add Layers、All On、All Off 按钮。

1）Redraw 按钮 单击该按钮，刷新显示，与快捷键 R 功能相同。

2）Add Layers 按钮 单击该按钮，可以在现有层的后面再加一层。同样，也可以利用菜单中执行 Edit→Layers→Add Layers 命令来实现增加层的操作。

3）All On 按钮 单击该按钮，使所有层都在主工作区域内显示出来。

4）All Off 按钮 在控制条中用鼠标左键单击某一层激活其为当前层，然后单击该按钮，将除当前层之外的所有层都关闭。

如果用鼠标右键单击在控制条的列表中显示的层，则使之成为最前面显示的一层。在层的名称右侧是层的颜色，这个颜色分为两个部分，左边是 Draw 的颜色，右边是 Flash 的颜色。用鼠标右键单击层的颜色，系统会弹出如图 17-4 所示的调色板对话框。

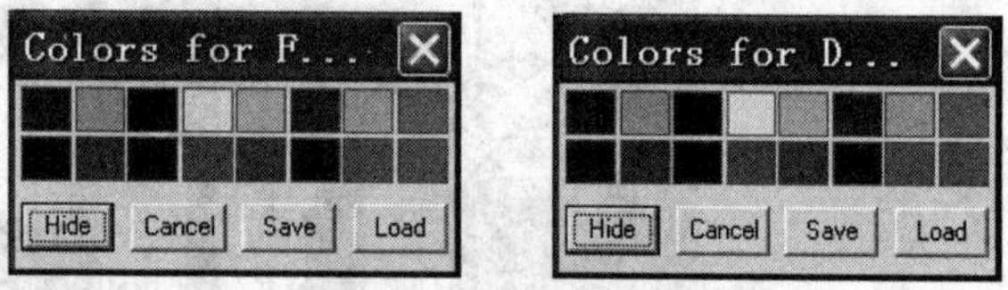

a）Colors for Flash 对话框　b）Colors for Draw 对话框

图 17-4 调色板对话框

通过调色板对话框可以改变 Draw/Flash 的颜色，可以在调色板对话框中单击 Show 或 Hide 按钮，来显示或隐藏 Draw 和 Flash，还可以单击 Load 按钮来导入另一个调色板。

（7）快捷键工具栏（Short Cuts Bar） 该快捷键工具栏提供了 8 种编辑器之间切换的快捷图标。

1）CAM Editor 光绘编辑器。

2）Cap Editor 自定义 D 码编辑器。

3）Flying Probe Editor 飞针测试编辑器，可用于生成测试文件。

4）Bed of Nails Editor 针床测试编辑器，可用于生成测试文件。

5）Part Editor 元器件编辑器。

6）Panel Editor 面板编辑器。

7）NC Editor NC 编辑器，其中有许多指令用于 NC 程序的制作生成。

8）Symbol Editor 符号编辑器。

（8）状态栏（Status Bar） 提供了有关当前命令、光标所在位置的坐标、单位等信息。显示当前光标位置精确到小数点后 4 位的坐标。

（9）坐标栏（Coordinate Bar） 如图 17-5 所示，利用该工具可以直接输入新的坐标，相当于用鼠标左键在工作区内单击所显示的坐标。此时，该对话框中显示的值是用鼠标左键上次单击的坐标值。另外，对话框中还有 3 种模式可供选择。

图 17-5 Coordinate Bar 坐标栏

1）Abs（绝对坐标模式）　显示实际的坐标值。

2）Rel（相对坐标模式）　显示当前坐标相对于前一坐标的变化值。屏幕上会出现一个小的圈记录光标前一次所在的位置。在输入坐标时，如果以@符号开头，系统将默认选择进入 Rel 模式。

3）Pan（自动取景）　自动显示输入点，包括不在当前显示范围内的点。

17.1.1　CAM 350 的菜单

1. File（文件）菜单

File 菜单如图 17-6 所示。

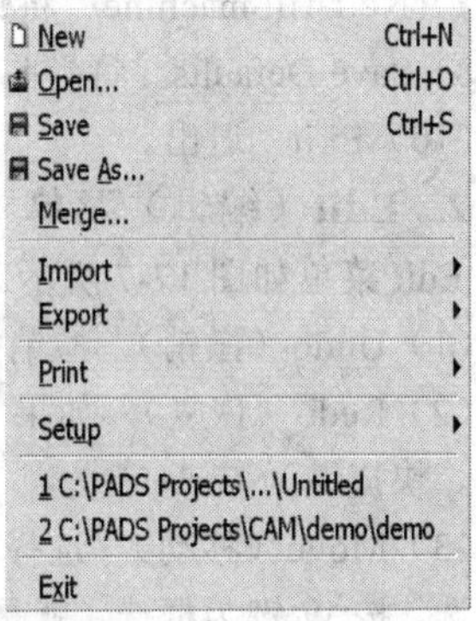

图 17-6　File 菜单

（1）New　新建文件，快捷键为 Ctrl+N。

（2）Open　CAM 可通过该指令打开存储的 CAM 包，快捷键为 Ctrl+O。

（3）Save　会存成一个 CAM 包，存盘后将覆盖该文件名的原文件。快捷键为 Ctrl+S。

（4）Save As　当不太确认对某一文件的改动时，可将其另存为一个文件。

（5）Merge　可将两层排列方式基本一致的 PCB 做拼接，若熟练掌握可拼接文件用于菲林绘制。

（6）Import

1）Autoimport　自动导入文件。系统自动为选择的文件做光圈表匹配，若有匹配不正确或无法匹配的情况，则可做调整，选择其他光圈编译器或重新编辑编译器并做检查。

2）Gerber data　导入 Gerber 文件。对于 RS274.X 文件（自带 D 码）可直接将文件调入；而对于 RS274.D 文件，则通过格式调整从而调试出正确的图形。

3）Drill data　导入钻孔数据。通过格式调整从而调试出正确的图形。

4）Mill data　导入铣边资料。

5）DXF　Auto CAD 的一种文件格式，一般由客户提供此类文件作为说明。

6）Append DXF　附加 DXF 格式的文件到已打开的文件中。

7）ODB++　是 Open Data Base（开放数据库）的缩写。ODB++是一种可扩展的 ASCII 格式，它可在单个数据库中保存 PCB 制造和装配所必需的全部工程数据。单个文件即可包含图形、钻孔信息、布线、元器件、网络表、规格、绘图、工程处理定义、报表功能、ECO 和 DFM 结果等信息。

8）Aperture Table　光圈表。当确定光绘文件调入正确而光圈表不匹配时，可使用该指令来调整光圈表使用的编译器。

（7）Export

1）Composites　复合层输出。

2）Drill data　钻孔数据。

3）Mill data　铣边数据。

（8）Print　文件打印。

（9）Setup　系统设置。

1）Preferences　参数选择。可设置优先缓存区，有恢复功能及自动备份的功能（但常规下不做自动备份）。

2）Paths　路径。定义系统显示的输入、输出及其他一些环境文件所在的默认路径。

3）File Extensions　设置输入、输出文件扩展名的默认值。

4）Colors　设置显示的颜色。

5）Photoplotter　对光绘程序中指令的识别进行设置。有的客户设计软件生成的文件，在此项选择不同时，可能会出现识别程度不同的情况，因此不要轻易更改其参数。若发现文件中有设计不清楚的圆弧，可通过选择 Ignore arcs with same start/cnd points 调试后与客户确认。若发现文件中焊盘线未填实，可将 Interpolated Arc if No G74/G75 由 Quadran 调至 360 Degrees，注意，在调试完成后做其他 PCB 之前，务必将其调回原默认状态。

6）Nc.Mill machine　将铣边文件设置为默认格式。

7）Nc.Drill machine　将钻孔文件设置为默认格式。

8）Save Defaults　将当前环境设置为默认环境。在每次使用 New 命令时即可进入该默认环境。

（10）Exit　退出。

2. Edit（编辑）菜单

Edit 菜单如图 17-7 所示。

（1）Undo（撤销）　撤销操作返回上一步。快捷键为 U。

（2）Redo（恢复）　如果 Undo 命令用错了，就可以用 Redo 命令恢复。快捷键为 Ctrl+U。

（3）Move（移动）　选择 Move 命令后，按 A 键为全选，按 I 键为反选，按 W 键为框选（就是要用光标把整个元素都框上才能选中），什么键都不按的话就是单元素选择。

（4）Copy（复制）　在 Copies 文本框内输入要复制的份数，在 To Layers 层列表中选择要复制到的层（可以是一层，也可以是多层）。

（5）Delete（删除）　选择该命令，然后选择需要删除的对象，即可删除选中的对象。

（6）Rotate（旋转）　有几种角度可以选择，也可以自定义旋转角度。

（7）Mirror（镜像）　Vertical 是指关于 X 轴镜像；再按一下就变成 Horizontal，是指关于 Y 轴镜像。

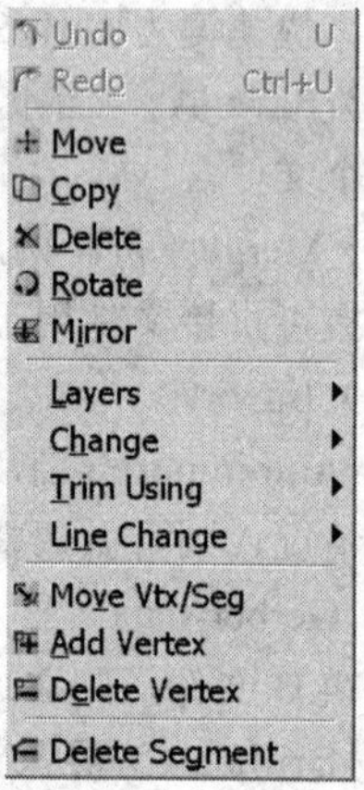

图 17-7　Edit 菜单

（8）Layers（层操作）　PCB 是由线路层、阻焊层、锡膏层、丝印层、钻孔层、装配层和 NC 钻孔层组成。在 CAM350 中每载入一层都会以不同的颜色加以区分，同时还提供了强大的层处理功能。

1）Add Layers　增加层。

2）Remove　移走或删除层。

3）Reorder　重新定义层的排列，可通过鼠标来调整，在选择 Renumrer 命令后其层号才会依次排列。

4）Allign　层对齐命令。

5）Snap drill to pad　将焊盘与焊盘对中，可选择 Tolerance 命令来确定在坐标相差多少时可做对中操作。

6）Snap pad to drill　将焊盘向钻孔对中。

7）Scale　层的比例缩放。

8）Explode　解散某组合，如字符可解散为线，客户自定义光圈及铜箔均可解散成线。

9）Origin　坐标原点。

（9）Change　将某一个或多个 D 码的元素转换成另一个 D 码。例如，左上角有对线或焊盘，在 Filter 选择 D 码，若输入 0 或不输入任何值则表示选择全部元素。选择的各个元素之间可通过“，”

分隔，若用“:”分隔表示范围，若用“.”分隔表示除了该 D 码的其他元素。

（10）Trim Using（修剪）

1）Line　可通过一条线作为修剪边界，进行修剪操作。

2）Circle/Arc　以一圆或弧作为修剪边界，进行修剪操作。

（11）Line Change（线的更改）

1）Join segments　合并各段线条。

2）Segment to arc　将各段线条组成弧。

（12）Move Vtx/Seg　移动某线段或角度。

（13）Add Vertex　增加角度。

（14）Delete Vertex　删除角度。

（15）Delete Segment　删除线条段。

3. Add（添加）菜单

Add 菜单如图 17-8 所示。

（1）Flash　增加焊盘。

（2）Line　增加线段。

（3）Polygon　增加多边形或铜箔。铜箔分为非矢量（Raster）和矢量（Vector）两种，可设置填充铜箔与边框线的距离。注意，用于填充的边框必须封闭。

（4）Text　增加字符。字符设置可在 Style 中进行。

（5）Rectangle　增加方框。

（6）Circle　增加圆。

（7）Arc　增加一段圆弧。

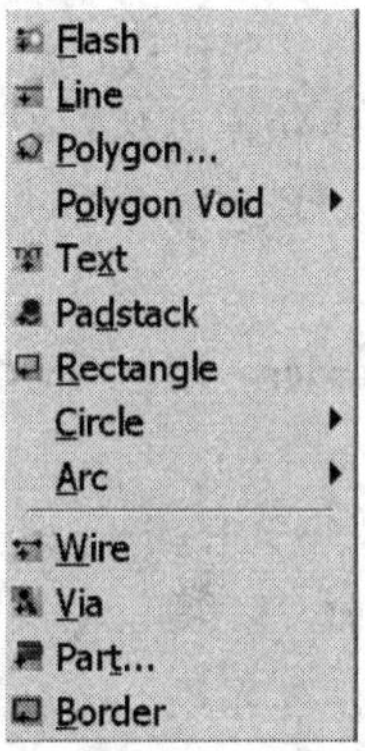

图 17-8　Add 菜单

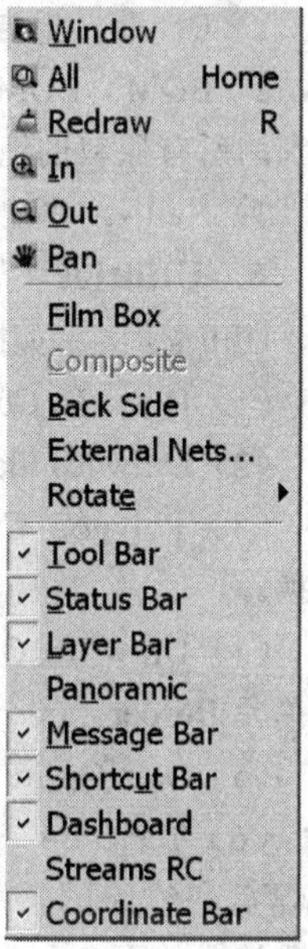

图 17-9　View 菜单

4. View（查看）菜单

View 菜单如图 17-9 所示。

（1）Window　窗口放大查看模式。快捷键为 W 键，可与许多操作指令配合使用，使用 I 键可选择窗口内或窗口外。

（2）All　查看整个图形模式，快捷键为 Home 键。

（3）Redraw　刷新显示工作区域的图形。

（4）In　放大显示模式。快捷键为“+”键。

（5）Out　缩小显示模式。快捷键为“.”键。

（6）Pan　平移显示模式。快捷键为 Ins 键，此项操作用于逐屏检查。

（7）Tool Bar　显示工具条。

（8）Status Bar　显示状态条。

（9）Layer Bar　显示层工具条。

（10）Panoramic　显示取景窗口。

（11）Message Bar　显示信息窗口。

（12）Shortcut Bar　显示快捷键工具条。

（13）Dashboard　显示仪表板工具条。

（14）Streams RC　显示 Streams RC 窗口。

（15）Coordinate Bar　显示坐标栏。

5. Info（信息）菜单

Info 菜单如图 17-10 所示。

图 17-10　Info 菜单

（1）Query

1）All　显示当前选择元素的所有信息。

2）Net　显示当前网络的所有信息。

3）Dcode　显示当前 D 码的所有信息。

（2）Measure

1）Point to Point　测量点到点的距离。

2）Object to Object　测量两元素间的距离。

3）Net to Net　测量两个网络之间的距离。左上角的 L0、L45、L90 表示测量的方向角度。

（3）Report

1）Dcode　报告各层及所有层的 D 码表。

2）BOM　BOM 是原料清单（Bill of Materials）的英文缩写。用 BOM 命令可生成当前设计中用到的所有原料的清单。

3）Netlist　报告各层的网络清单。

6. Utilities（转换）菜单

Utilities 菜单如图 17-11 所示。

（1）Draw To Custom　选择某些线段，组成自定义 D 码。

（2）Draw To Flash　将某线转换成某一焊盘。

（3）Polygon Conversion　多边形转换。

（4）Draw To One-Up Boarder　定义单元 Border。

（5）Data Optimization　数据优化。

（6）Teardrop　泪滴焊盘命令。增加焊盘和线路的接触面积从而避免因开路造成的不良。

（7）Over/Under Size　统一放大/缩小各元素的尺寸，这将重新生成新的 D 码，但并不会改动图形的尺寸比例。

7. Analysis（分析）菜单

Analysis 菜单如图 17-12 所示。

（1）Acid Traps　分析查找布线与铜箔夹角是锐角的地方。

（2）Copper Slivers　分析文件中的细而狭小的在制造过程中易脱落的铜箔。

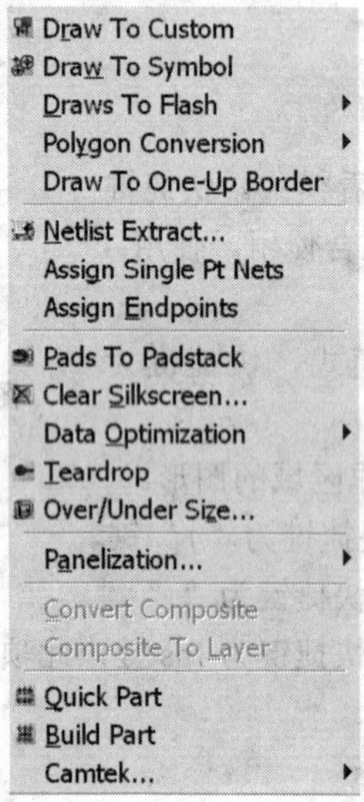

图 17-11　Utilities 菜单

图 17-12　Analysis 菜单

（3）Mask Slivers　分析文件中的阻焊碎片。

（4）Find Solder Bridges　文件中的阻焊桥的检测。

（5）Find Pin Holes　文件中的引脚孔的测试。

（6）Silk to Solder Spacing　丝印至线路的间距检测。

（7）Part to Part Spacing　元器件之间的距离检测。

（8）Solder Mask to Trace Spacing　锡膏层与布线之间的距离检测。

（9）DRC　可测试不符合规范的各种数据。

8. Tools（工具）菜单

Tools 菜单如图 17-13 所示。

（1）Cap Editor　光栅编辑器。建立或修改一个自定义 D 码，后缀为 CLB。

（2）Flying Probe Editor　飞针测试编辑器。

（3）Bed Of Nails Editor　针床编辑器，即电脑测试架。

（4）Part Editor　元器件编辑器。建立或修改一个新的零件，后缀为 PLB。

（5）Panel Editor　面板编辑器。

（6）NC Editor　数控钻、铣编辑器，即 CNC 数据，用于 NC 程序的制作和生成。

9. Tables（表）菜单

Tables 菜单如图 17-14 所示。

图 17-13　Tools 菜单

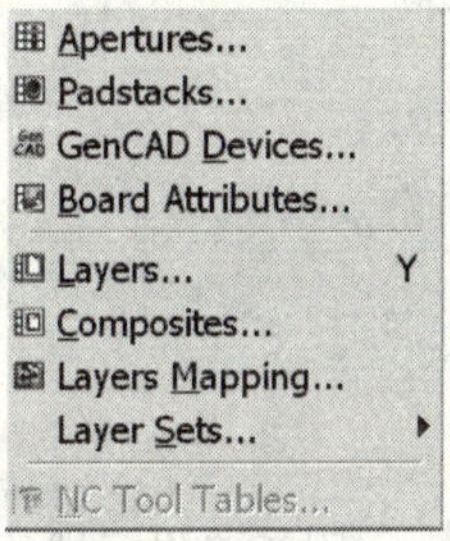

图 17-14　Tables 菜单

（1）Apertures　光圈表，包括多种类型，如自定义（Custom）型。

（2）Padstacks　焊盘堆表，生成网络时会将同一孔位的所有焊盘组成一个焊盘堆。

（3）Layers　层属性表定义每层的属性为自动拼版和生成网络的前提条件。

（4）Composites　复合层定义，Black 为正片，Clear 为负片。

（5）Layers Mapping　层的映射表。

（6）Layer Sets　层的设置表。

（7）NC Tool Tables　钻孔刀具表。

10. Marco（宏）菜单

该命令主要用于定义快捷键（Assign Function Keys），可通过功能键或功能键组合启动某菜单命令或宏命令。要求用户有一定的编程能力。

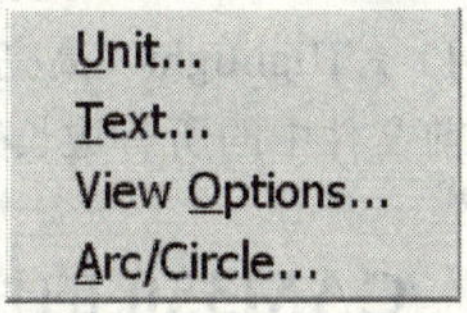

图 17-15　Settings 菜单

11. Settings（设置）菜单

Settings 菜单如图 17-15 所示。

（1）Unit　设置单位和分辨率（小数位数）。

（2）Text　设置字体属性。

（3）View Options　设置显示选项。

（4）Arc/Circle　设置弧度/圆的默认值。

12. Help（帮助说明）菜单

Help 菜单如图 17-16 所示。用户可以通过该菜单查找解决 CAM350 设计操作中的疑难问题的方法。

图 17-16　Help 菜单

17.1.2　CAM350 的工具栏

CAM350 的工具栏如图 17-1 所示，下面逐一介绍工具栏中各项的含义。

（1）New　新建立一个文件。

（2）Open　打开一个已经保存过的 CAM 文件包。

（3）Save　保存当前文件。

（4）Undo　取消上一次的操作。

（5）Redo　恢复上一次的操作。

（6）Query All　单击该图标，弹出如图 17-17 所示的对话框，该命令用来显示选择的任意对象的属性。

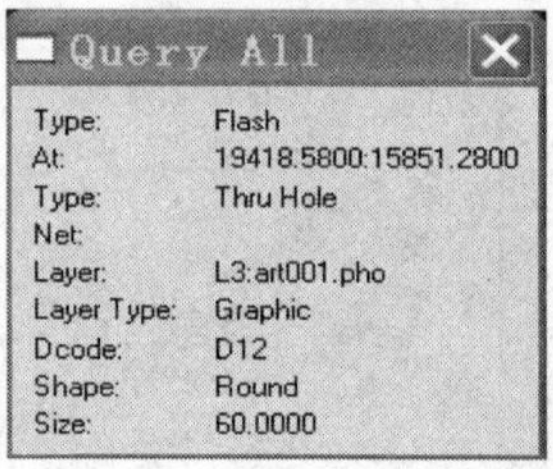

图 17-17　Query All 对话框

（7）Redraw　刷新工作区域的图形。

（8）ZoomIn　进入放大模式，在需要放大的区域单击鼠标左键进行放大。

（9）ZoomOut　进入缩小模式，在需要缩小的区域单击鼠标左键进行缩小。

（10）Object Snap　使光标附着在对象上。

（11）Grid Snap　使光标附着在网格上，即按网格移动。

（12）Grid Vis　转换栅格点的可视与否。

（13）Transpar　切换普通显示模式和透明显示模式。

（14）Highlight　高亮显示从 D 码清单中选择的对象。例如，选择 D29 Square 70.00，则高亮显示当前文件中的所有边长为 70.00mil 的方形焊盘。

17.2　CAM350 的快捷键及 D 码

（1）快捷键

1）A　如图 17-18 所示对话框，该对话框中显示当前光绘图形中的所有 D 码，即镜头编号。若在选择模式、复制模式 、旋转模式、镜像模式和删除模式下按下 A 键，则全选工作区域的图形。

2）C　放大光标临近范围的图形。

3）D　弹出如图 17-19 所示对话框，在该对话框中选择当前激活的 D 码。

4）F　切换填充模式，包括实填充、外形线填充和中心线填充 3 种模式。

5）H　与单击（Highlight）按钮作用一致。

6）I　在选择模式、复制模式、旋转模式、镜像模式和删除模式下，进行针对框内或框外选取的切换。注意，需先按 W 键，再按 I 键，其光标模式如图 17-20 所示。

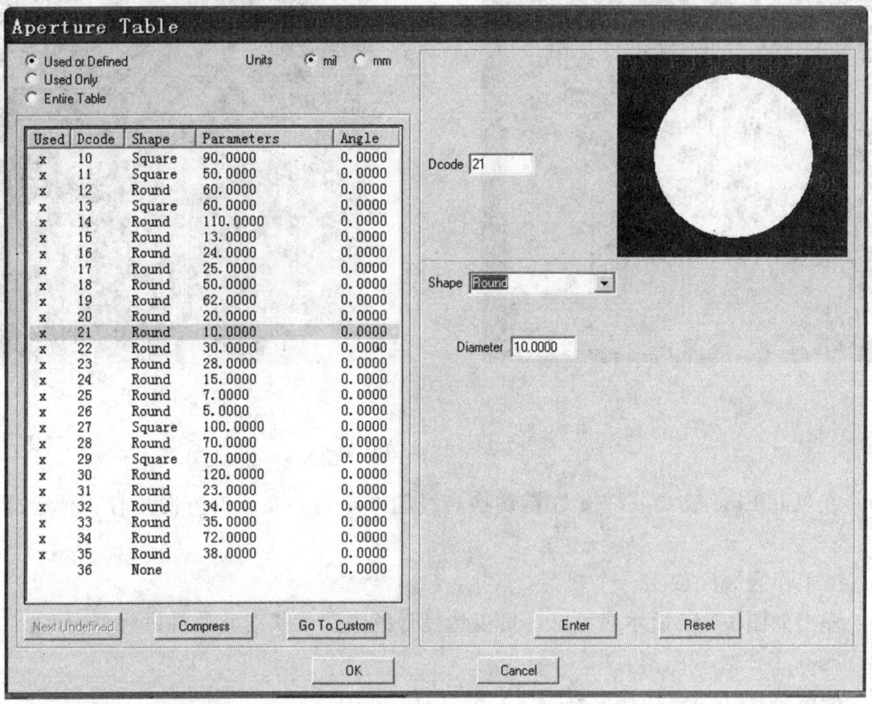

图 17-18　Aperture Table 对话框

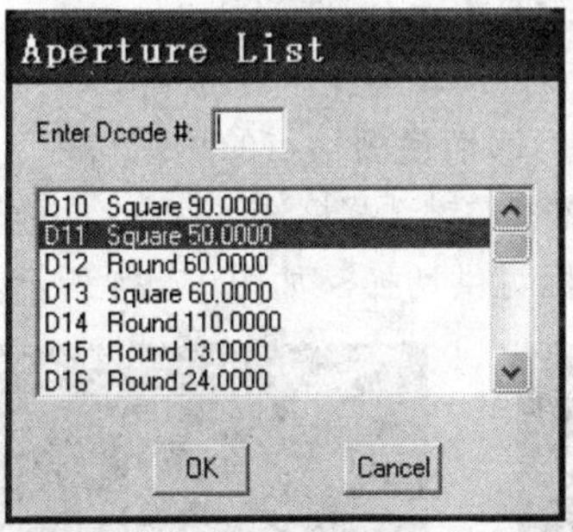

图 17-19　Aperture List 对话框

图 17-20　针对框外的选取模式

7）K　弹出如图 17-21 所示对话框，在该对话框中输入相应的层的序号，对该层进行删除操作。

8）L　弹出如图 17-22 所示对话框，在该对话框中输入相应的层的序号，则该层被显示为当前层。

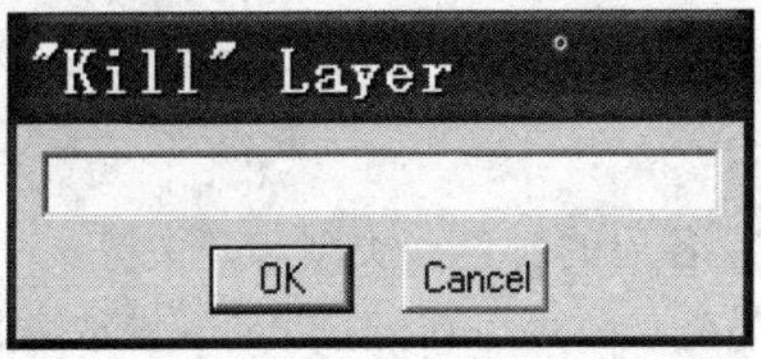

图 17-21　“Kill”Layer 对话框

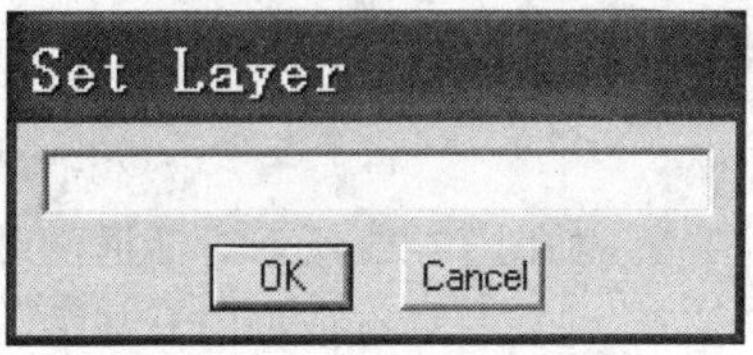

图 17-22　Set Layer 对话框

9）N　切换当前层的正、负片显示，如图 17-23 所示。

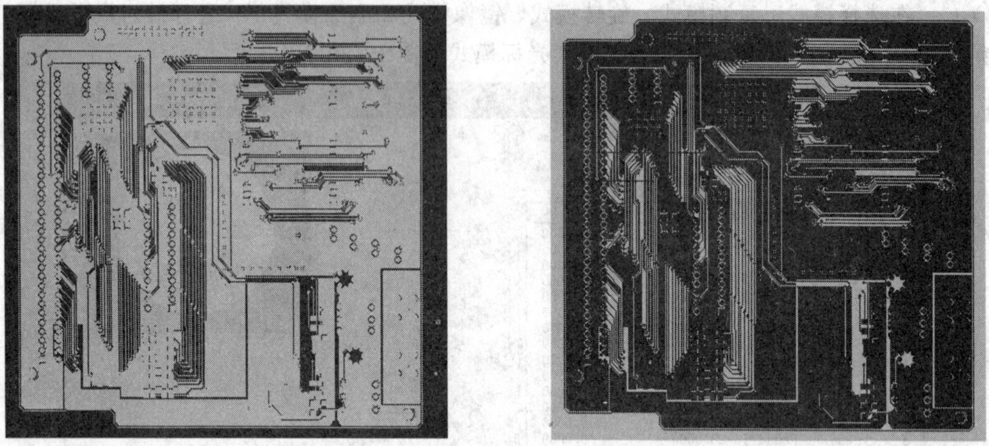

a）正片显示　　b）负片显示

图 17-23　正、负片显示

10）O　在 Add Line 模式下，按 O 键切换布线的方向角。布线的方向角有 3 种选择，即 L90、L45 和 L0。

11）P　在工作区域回放上一个视图。

12）Q　弹出如图 17-17 所示对话框，可以选择任意图形元素对其属性进行查看。

13）R　刷新工作区域图形。

14）S　按网格移动与否切换光标。

15）T　切换透明显示模式与普通显示模式。

16）U　与单击工具栏中的 （Undo）按钮作用一致，即取消上一次操作。

17）Ctrl+U　与单击工具栏中的 （Redo）按钮作用一致，即恢复上一次操作。

18）V　与单击工具栏中的 （Grid Vis）按钮作用一致，即切换栅格点的显示与否。

19）W　进入框选模式。单击鼠标左键选定开始点，再单击鼠标左键选择框选结束点，完成框选操作。

20）X　进行光标形式的切换，有大小十字形和 X 形光标可供切换，如图 17-24 所示。

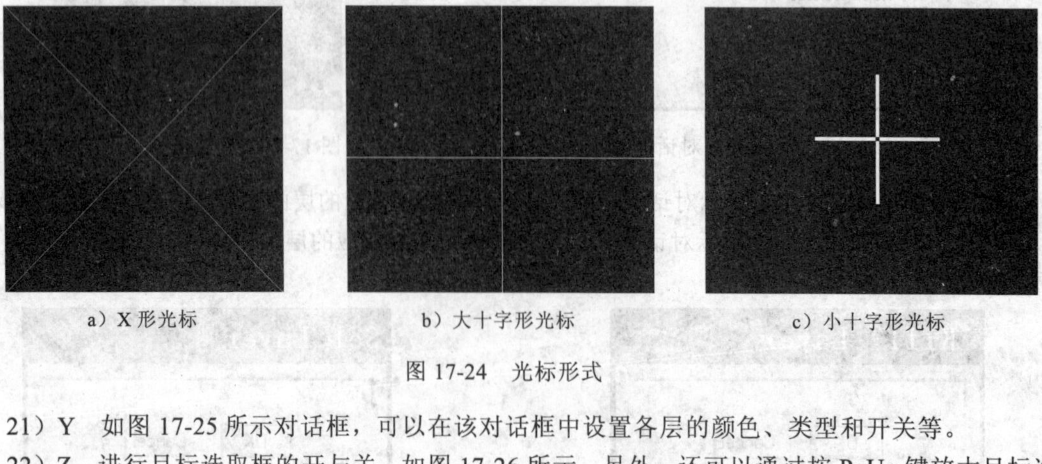

a）X 形光标　　b）大十字形光标　　c）小十字形光标

图 17-24　光标形式

21）Y　如图 17-25 所示对话框，可以在该对话框中设置各层的颜色、类型和开关等。

22）Z　进行目标选取框的开与关，如图 17-26 所示。另外，还可以通过按 PgUp 键放大目标选取框，按 PgDn 键缩小目标选取框。

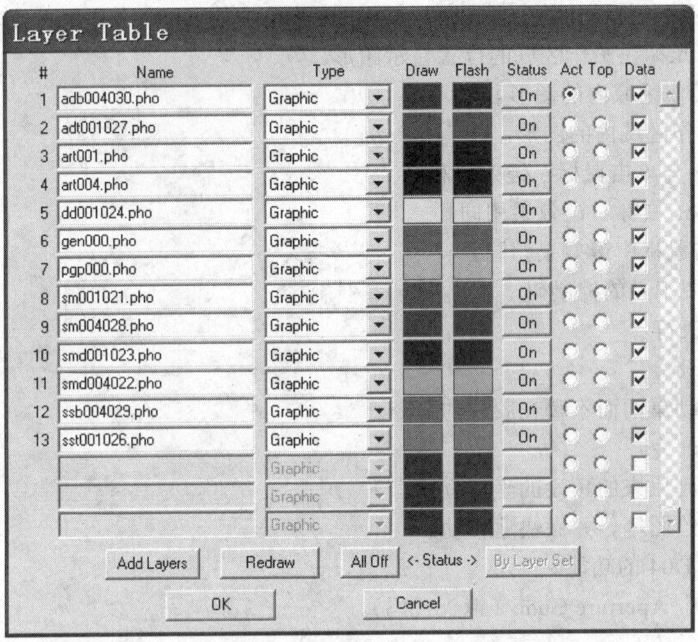

图 17-25 Layer Table 对话框

a）目标选取框关

b）目标选取框开

图 17-26 目标选取框的开与关

23）F1 弹出如图 17-27 所示对话框，该对话框的内容可以帮助用户掌握 CAM350 的使用方法。

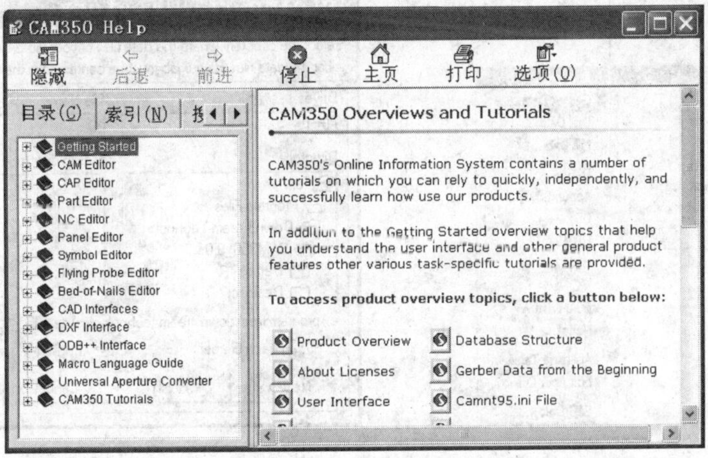

图 17-27 CAM350 Help 对话框

24）Home　显示当前设计的全部图形，与 View 菜单中的 All 命令作用一致。

25）Insert　按光标在工作区域的位置显示图形。

26）+　放大工作区域内的图形。

27）.　缩小工作区域内的图形。

28）Spacebar　与单击鼠标左键效果相同。

29）Esc　与单击鼠标右键效果相同。

30），　与单击鼠标中键效果相同。

（2）D 码是绘图工具的控制码

1）*　命令结束符。

2）D01　画线命令。

3）D02　只移动桌面而不曝光胶片的命令。

4）D03　闪烁命令。

5）D00　恢复到原来的预设的坐标位置。

6）D04　提起绘图笔，并做快速移动。

7）D05　结束 D04 的功能。

8）D10～D999　Aperture Code（镜头代码）。

17.3　CAM350 中 Gerber 文件的导入

在 CAM350 中，读入 Gerber 文件的方法有两种，即自动导入和手动导入。因为在 CAM350 中通常的 D 码都能自动识别，所以大多采用自动导入。手工导入操作比较麻烦，主要是在软件不能自动识别其 D 码时使用。

（1）在第 16 章中介绍了 CAM 文档的定义，将定义好的文档运行后保存。下面要做的是把 CAM 文档，即 Gerber 文件，导入到 CAM350 中。选择工具栏中的 File→Import→AutoImport 命令，如图 17-28 所示。

（2）系统会弹出如图 17-29 所示的 AutoImport Directory 对话框。

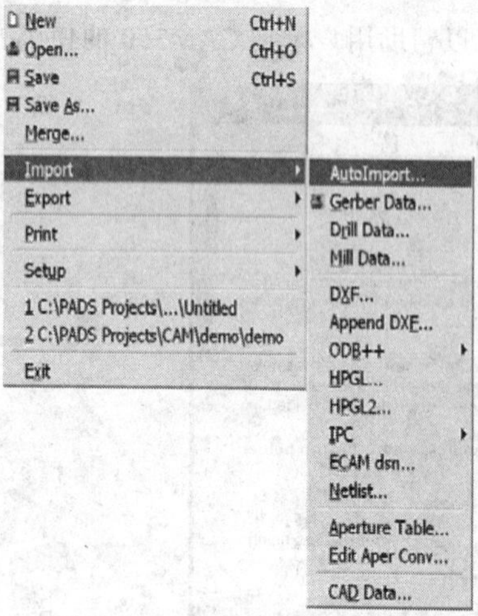

图 17-28　AutoImport 命令

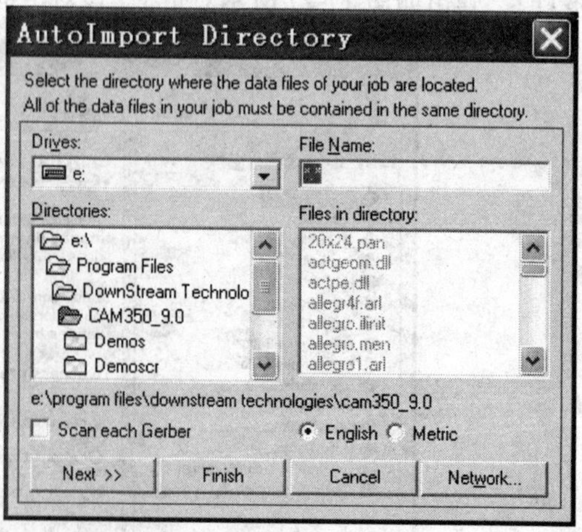

图 17-29　AutoImport Directory 对话框

（3）在该对话框中选择要导入的 Gerber 文件的路径，如图 17-30 所示。

（4）在该对话框中的 Files in directory 列表中选择一个文件，并选择英制单位，然后单击 Next >> 按钮，系统会弹出如图 17-31 所示的对话框，该对话框列出了该文件的 D 码类型和光栅格式。

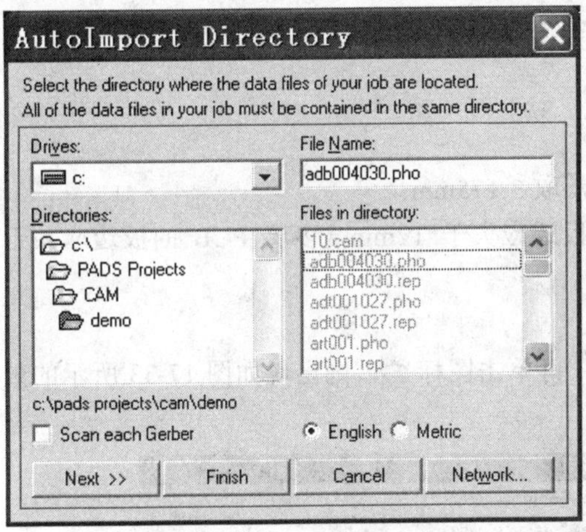

图 17-30 选择 Gerber 文件的路径

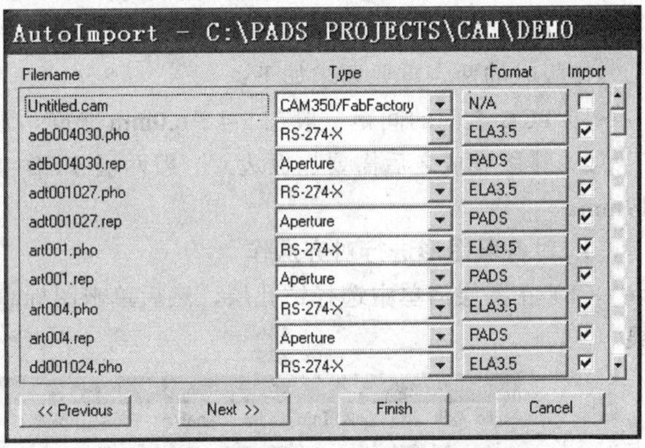

图 17-31 设置 Gerber 文件对话框

（5）单击如图 17-31 所示对话框中的 Finish 按钮，则进行 Gerber 文件的导入，效果如图 17-32 所示。

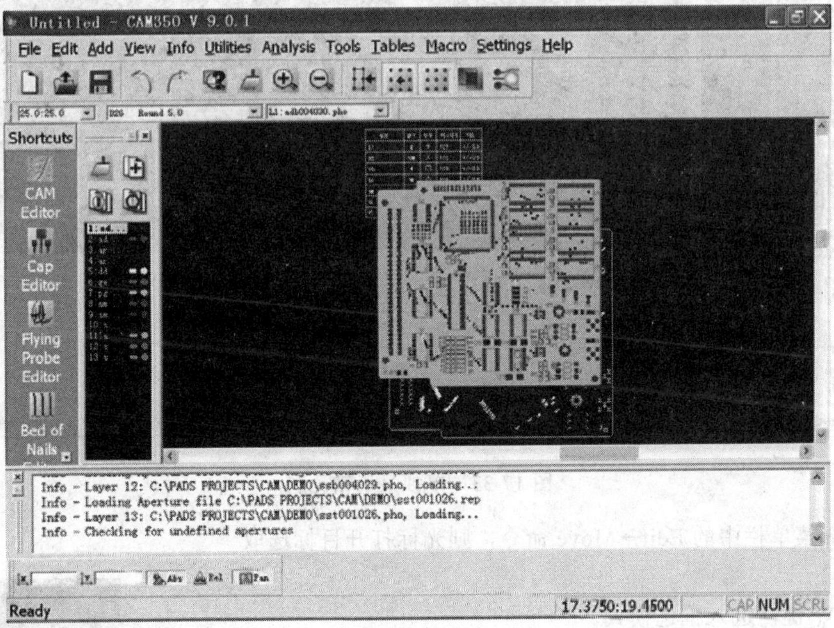

图 17-32 Gerber 文件导入后的效果

17.4 CAM 的排版输出

通常排版的工作是交由制板商来处理的，用户一般只需将要求告知制板商即可。也可以按照自己的要求进行排版和初步处理，然后导出 Gerber 文件，再交给制板商进行进一步的处理后生产制作，这样可以保证 PCB 是完全按照自己的要求制作的。

制约排版尺寸的因素一般有如下几方面：

1）设计的电路的单元尺寸的制约；

2）PCB 生产商的生产工艺能力的制约；

3）PCB 板料尺寸规格的制约。

排版时的两点重要要求如下：

1）PCB 之间的间距一般在 2.4～6.0mm 之间，通常取 3.175mm；

2）排版完成之后需要加板边，一般两层 PCB 的板边应大于 12mm，多层 PCB 的板边应大于 19mm。

1. 对各层图形进行对齐操作

（1）在图层清单中选择钻孔层，然后单击图标，再单击图标，则出现如图 17-33 所示的效果。

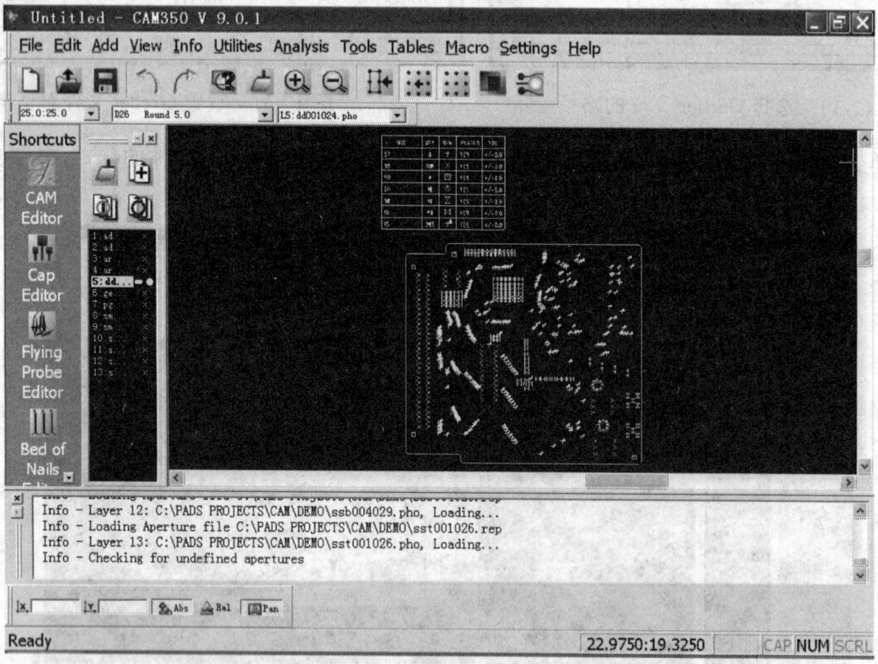

图 17-33　单独显示钻孔层

（2）选择菜单栏中的 Edit→Move 命令，则光标打开目标选取框。

（3）按 W 键，进入框选模式。

（4）在钻孔层的文本表格右上角单击鼠标左键，然后拖动光标到其左下角单击鼠标左键，则该文本表格高亮显示。

（5）单击鼠标右键，则光标变成如图 17-34 所示的形式。

图 17-34　光标的选基准点模式

（6）拖动鼠标中键（与 PADS 中的取景方法一样）进行放大操作，以便选取移动的基准点。在该表格的某一点单击鼠标左键，选取其为移动的基准点，则该表格的映像将附着在光标上，如图 17-35 所示。

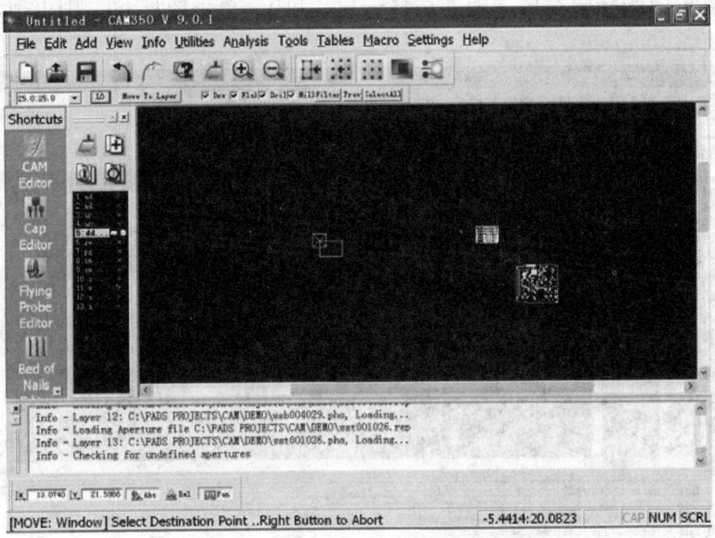

图 17-35　移动钻孔层的文本列表

（7）在相应的位置单击鼠标左键进行放置。

（8）重复以上的移动操作，移动钻孔层的主文件图形。注意，这里需要按 S 键，使光标不附着在格子上，然后选择菜单中的 Setting→Unit 命令，系统会弹出如图 17-36 所示的对话框，在该对话框中选择 1/10000 项，然后单击 OK 按钮退出。这样便提高了选取基准点的精度，即提高了对齐的精度。

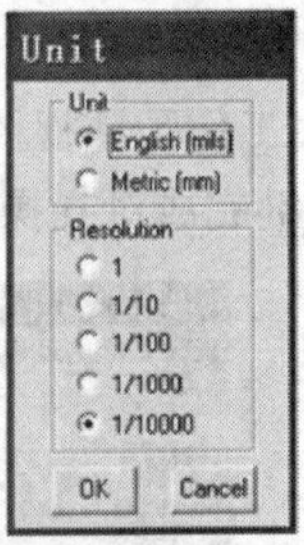

图 17-36　Unit 对话框

（9）如图 17-37 所示，使钻孔层图形的映像附着在光标上。

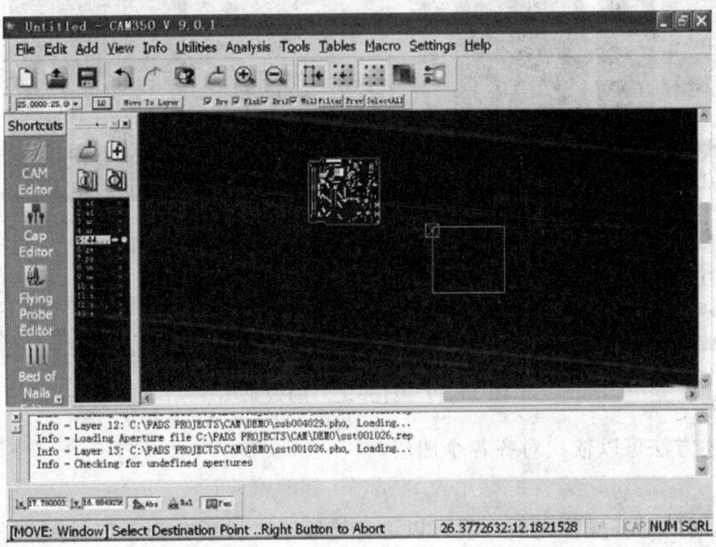

图 17-37　移动钻孔层图形

（10）在图层清单中选择布线层（随便选择一层均可），单击图标，则出现如图 17-38 所示的效果。

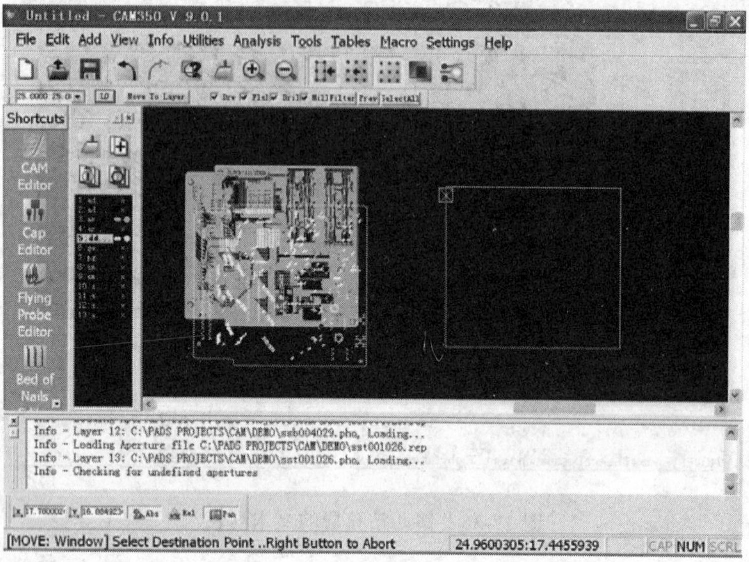

图 17-38　选择布线层作为对齐层

（11）放大工作区域视图，然后选取与刚才选取钻孔层图形时相对应的位置，单击鼠标左键，然后单击鼠标右键完成对齐操作，对齐之后的效果如图 17-39 所示。

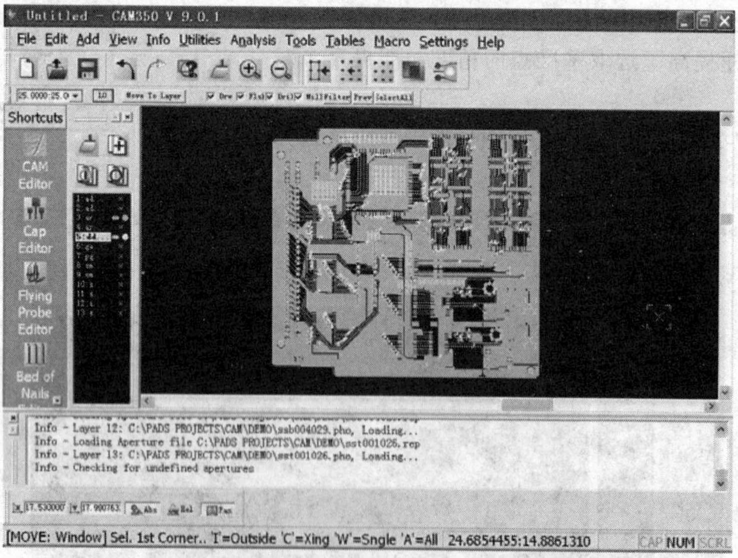

图 17-39　对齐之后的效果图

（12）依据上述方法可以依次对齐各个图层。

2. 排版

在完成各层之间的对齐操作之后，就可以进行排版了。排版分为手工排版和自动排版两种，在此重点介绍手工排版，关于自动排版的使用方法读者可参见 CAM350 的 Help 文件。

（1）单击层清单中的图标，然后单击图标使所有的层全部显示。

（2）选择菜单栏中的 Edit→Copy 命令，然后按 W 键，进入框选模式。

（3）选中各层图形使之高亮显示，然后单击鼠标右键，选取复制时拖动的基准点，图片的映像附着在光标上。

（4）单击鼠标左键放置图片，如图 17-40 所示。

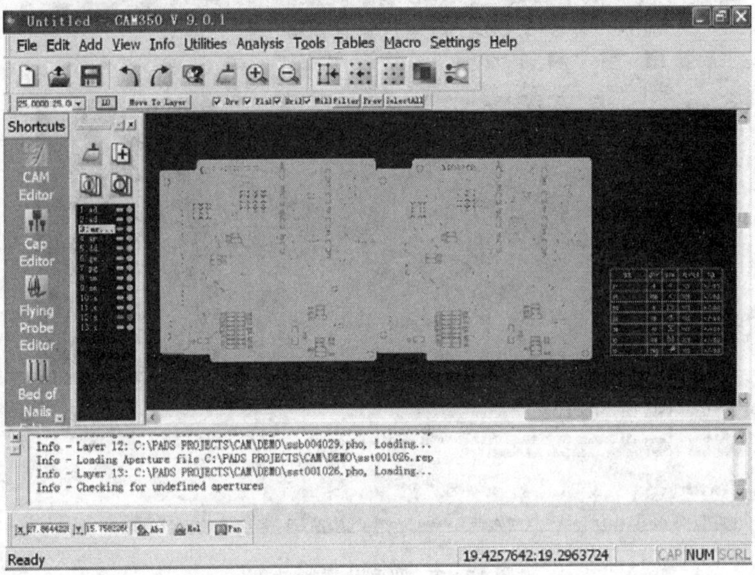

图 17-40　第一次复制之后的效果图

（5）复制工作区域内的两联片，然后单击鼠标右键放置在工作区域的空白处。

（6）选择菜单中的 Edit→Mirror 命令，然后按 W 键进入框选模式，框选刚才复制的两联片。

（7）单击鼠标左键，则出现如图 17-41 所示的镜像的对称线。

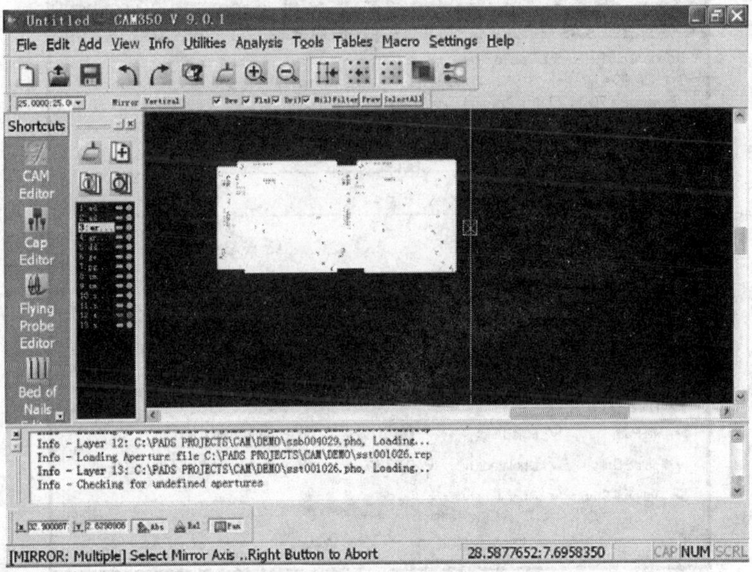

图 17-41　镜像两联片

（8）单击鼠标左键，进行镜像操作，单击鼠标右键完成镜像操作。

（9）完成复制的两联片的镜像操作后，移动该两联片，如图 17-42 所示进行放置。之所以需要做镜像操作，将 4 联片排成阴阳版，是因为对 PCB 裸板进行进一步加工时，首先需要刮锡膏，而为了刮锡膏则需开钢模。排成阴阳版的好处就是可以只开一块钢模，就可以对 PCB 的两面进行刮锡膏。

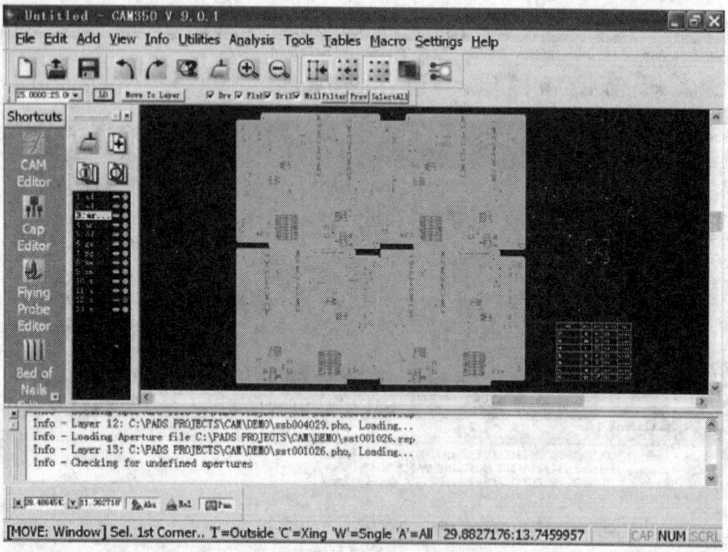

图 17-42　四联片排版效果

（10）将除了元器件引脚过孔之外的过孔在阻焊层中全部删除，只有这样才能使制作出来的 PCB 的布线过孔和热风焊盘不在焊接时着锡，从而避免与其他网络短路。

（11）选择菜单栏中的 Edit→Delete 命令，然后单击工作区域上方的 Filter，系统会弹出如图 17-43 所示的对话框。

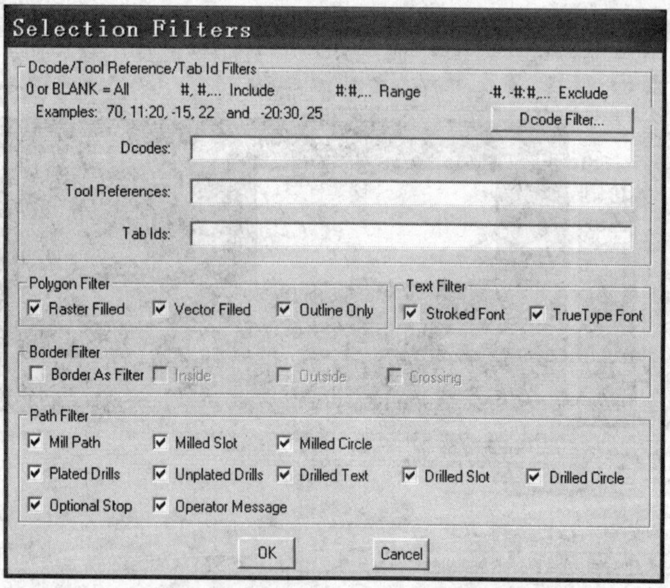

图 17-43　Selection Filters 对话框

（12）在 D 码清单中易查得要在阻焊层删除的过孔的 D 码。例如，需要删除 D22 的过孔，则在图 17-43 中的 Dcodes 项中输入 22，然后单击 OK 按钮即可。

（13）按 W 键，进入框选模式，然后框选整个四联片，则四联片中所有的 D22 类型的过孔被选中高亮显示，如图 17-44 所示。

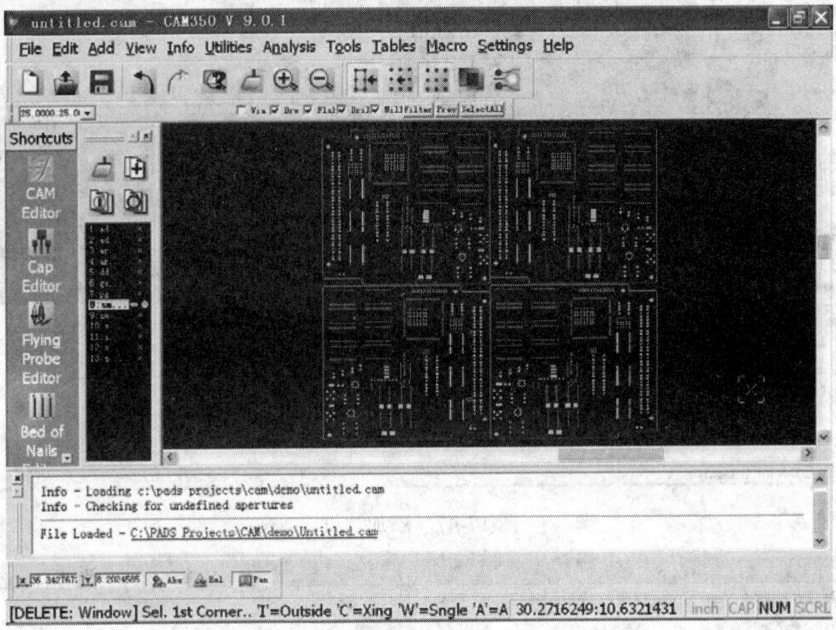

图 17-44　阻焊层显示效果

（14）单击鼠标右键，系统会弹出如图 17-45 所示的对话框。单击 确定 按钮，完成删除操作。

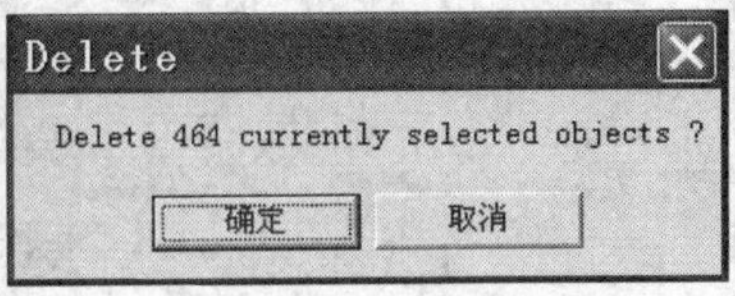

图 17-45　Delete 提示对话框

3. 导出

下面为排好的四联片加边，然后导出，将导出的 Gerber 文件压缩后交给制板商就可以了。

（1）选择菜单栏中的 Info→Query→All 命令，然后拖动鼠标中键放大视图，在四联片的右侧边框（无论哪一层均可）单击鼠标左键，使之高亮显示。

（2）选择菜单栏中的 Add→Line 命令，出现如图 17-46 所示的光标形式，进入添加线段模式。

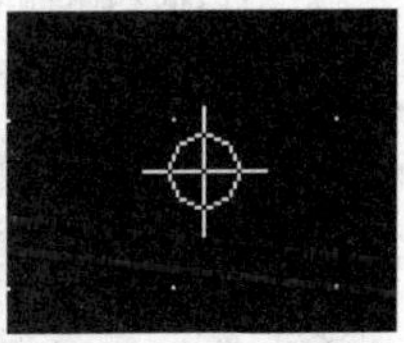

图 17-46　光标的添加模式

（3）用光标单击高亮显示的右侧边框，开始添加边框的操作，如图 17-47 所示。选择 L90，使添加的线段只能水平或垂直布线。

（4）在右侧边框处单击鼠标左键，再单击鼠标右键结束添加线段，如图 17-48 所示，这样就完成了边的添加。

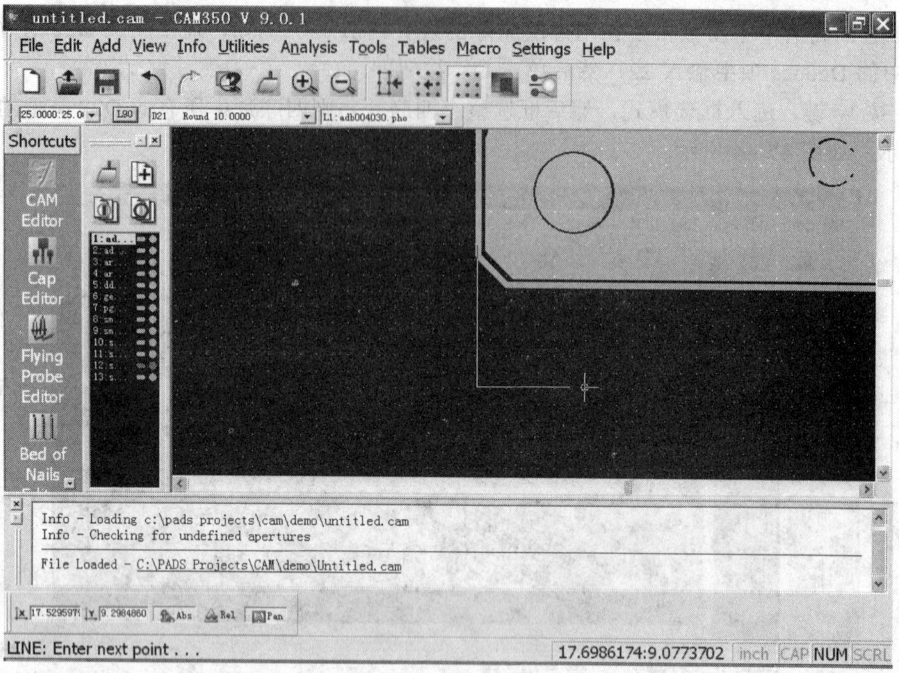

图 17-47 添加边框

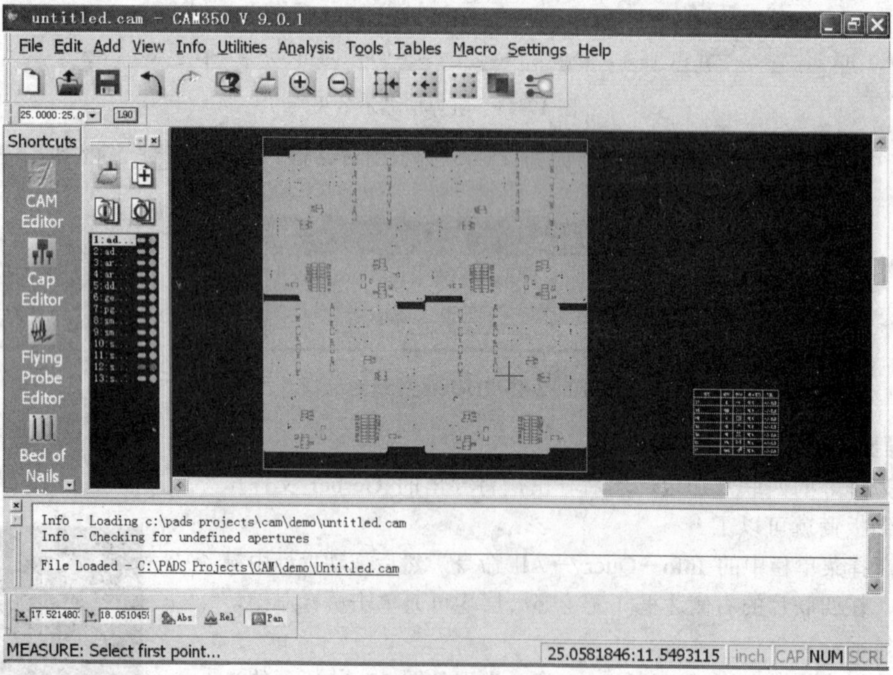

图 17-48 添加边后的效果图

4. 导出 Gerber 数据

（1）选择菜单栏中的 File→Export 命令，系统会弹出如图 17-49 所示对话框。

（2）单击 Export Path 按钮，系统会弹出如图 17-50 所示的对话框，在该对话框中选择在 PADS 中创建 CAM 文档的目录。单击确定按钮退出该对话框。

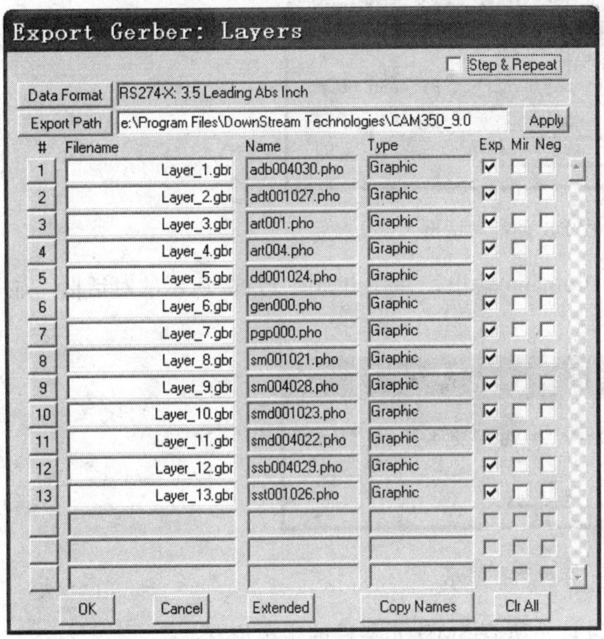

图 17-49　Export Gerber:Layers 对话框

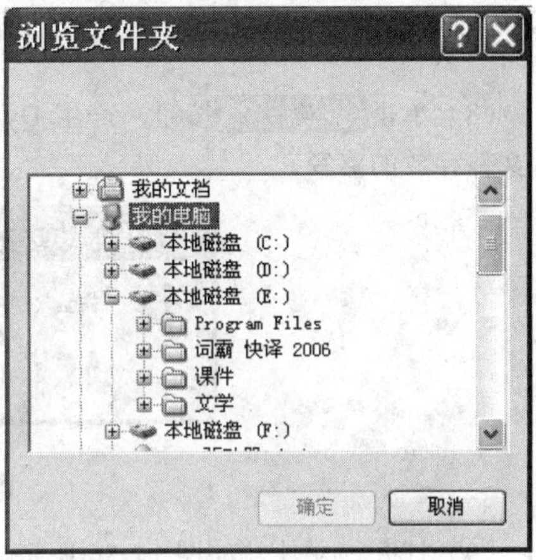

图 17-50　浏览文件夹对话框

（3）单击如图 17-49 所示对话框中的 OK 按钮，开始 Gerber 数据的导出。

（4）导出完成之后，打开存放的文件夹，然后将其全部的文件压缩，再加上必要的说明，如板厚和加边的宽度等信息。

17.5　CAM Plus 的使用

当使用贴片机大量加工 PCB 时，可以使用机器自动打件到 PCB 上面，这就要求提供每个 SMD 贴片元器件的坐标文件。在 PADS 中完成设计之后，使用 CAM Plus 命令生成相应的坐标文档，具体方法如下。

（1）选择菜单栏的 File→CAM Plus 命令，系统会弹出如图 17-51 所示的 CAM Plus 对话框。

（2）在 Part Definition 文本框内采用默认的 part.def 文件。

（3）在 Setup 选项组中的 Side 下拉列表中选择 Top 选项，在 Parts 的下拉列表中选择 SMD 项。

（4）选择 Setup 选项组中的 Read Part Definition 和 Read Value Attribution 两个选项。

（5）在 Output 的下拉列表中选择 Dynapert Promann 选项。

（6）Geometry 选项组中采用默认设置。

（7）单击 Run 按钮，系统会弹出如图 17-52 所示的 PADS 警告对话框。

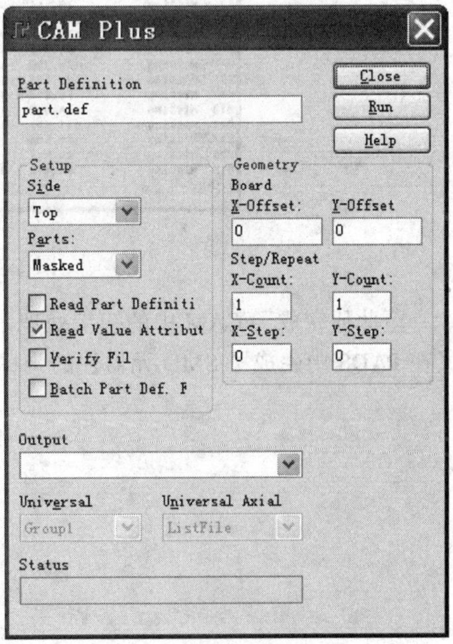

图 17-51　CAM Plus 对话框

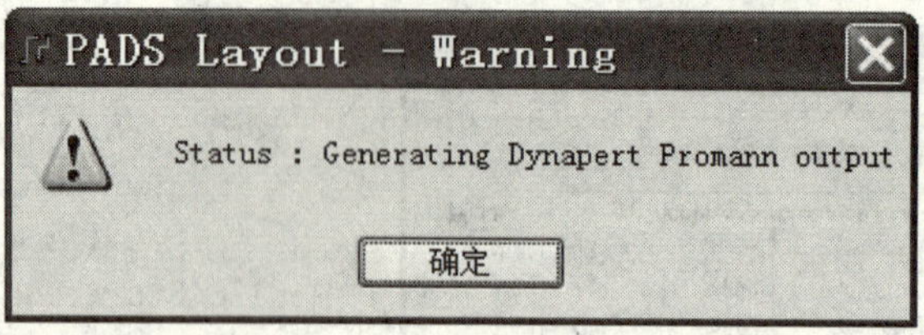

图 17-52　PADS 警告对话框

（8）单击 确定 按钮，产生 Dynapert Promann 输出，并弹出如图 17-53 所示的对话框，显示文件存放的路径。

图 17-53　存放路径显示

（9）打开该文件，如图 17-54 所示，显示设计中所有 SMD 元器件的坐标位置。

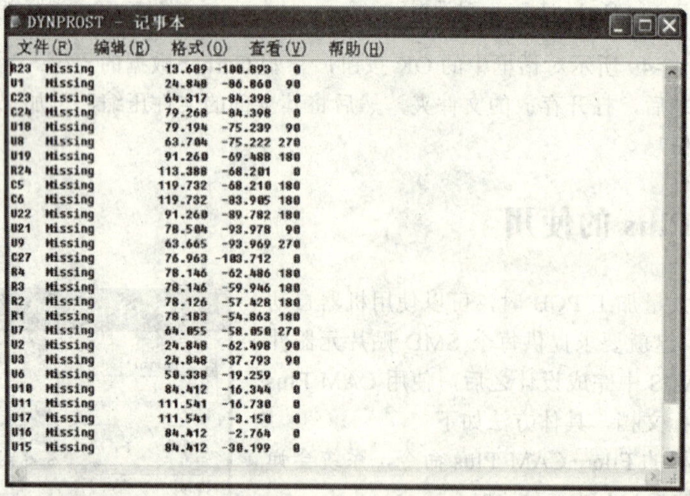

图 17-54　SMD 元器件坐标显示

至此便完成了 CAM 中的初步处理，导出排版加边处理之后的 Gerber 文件，供裸板的生产使用；又在 PADS 中生成了 SMD 元器件的坐标文件，供进一步加工裸板时使用，并对其进行打件。